P. S. Alexandroff
Lehrbuch der Mengenlehre

P. S. Alexandroff

Lehrbuch der Mengenlehre

Mit 23 Abbildungen

Titel der Originalausgabe:

П. С. Александров
Введение в теорию множеств и общую топологию
„Наука“, Москва 1977

Übersetzung aus dem Russischen:
Manfred Peschel, Wolfgang Richter und Horst Antelmann

DIE DEUTSCHE BIBLIOTHEK – CIP-EINHEITSAUFNAHME
Ein Titeldatensatz für diese Publikation ist
bei der Deutschen Bibliothek erhältlich.
Zu recherchieren auch unter:
<http://www.ddb.de/online/index.htm>

ISBN 3-8171-1657-8

7. Auflage 2001

Druck: Präzis-Druck GmbH, Karlsruhe <www.praezis-druck.de>
Printed in Germany

Vorwort

Dieses Buch war als zweite Ausgabe meines im Jahre 1948 erschienenen Buches „Einführung in die Mengenlehre und die Theorie der reellen Funktionen“ gedacht. Allerdings wurde mir schon bald nach Beginn der Arbeiten an dieser zweiten Ausgabe klar, daß es faktisch um die Abfassung eines neuen Buches und nicht um die Neufassung eines bereits erschienenen ging; und tatsächlich sind aus dem alten Buch in das neue ohne wesentliche Änderungen nur die ersten drei Kapitel übernommen worden. In überarbeiteter Form wurde das Material des sechsten und siebenten Kapitels aus dem alten Buch von mir teilweise in das fünfte Kapitel des neuen Buches aufgenommen. Die den Hauptteil des neuen Buches bildenden Kapitel 4 und 6 wurden neu geschrieben, wobei in geringem Umfang Teile aus den Anhängen zu den beiden letzten Kapiteln des alten Buches übernommen wurden. Allerdings blieb der ihm eigene Charakter erhalten, der in einer elementaren und — wie ich hoffe — logisch sorgfältigen Darlegung der Untersuchungen besteht sowie in dem das ganze Buch durchziehenden sogenannten „naiven“ Zugang zu den Grundbegriffen der Mengenlehre, wie er unübertroffen in dem klassischen Werk „Mengenlehre“ von Hausdorff verwirklicht worden ist.

Wie mir scheint, kann das vorliegende Buch in seiner jetzigen Form als Leitfaden zu einer ersten Bekanntschaft mit der allgemeinen Topologie, d. h. mit der Theorie topologischer Räume unter besonderer Heraushebung ihres wichtigsten Spezialfalles, der metrisierbaren Räume, dienen. Hieraus resultiert auch die besondere Aufmerksamkeit, die wir auf das Problem der Metrisierung topologischer Räume verwendet haben. Auf der anderen Seite nehmen Räume von unterschiedlichem „Kompaktheitstyp“, d. h. vor allem bikompakte (und lokal bikompakte), aber auch parakompakte Räume, im Text einen außerordentlich breiten Raum ein. Die zuletzt genannten Räume sind eng mit dem allgemeinen Metrisierungsproblem verbunden. Fügt man hinzu, daß die vollständig regulären, oder Tychonoffschen, Räume nichts anderes als Teilräume von Bikompakta sind, so wird klar, daß die Heraushebung einerseits der metrisierbaren Räume und andererseits von Räumen, die bestimmten Kompaktheitstypbedingungen genügen, uns praktisch einen Zugang zu den wichtigsten Arten topologischer Räume bietet, woraus sich auch die Überschrift des grundlegenden und abschließenden sechsten Kapitels unseres Buches erklärt.

In diesem Zusammenhang möchte ich nachdrücklich darauf hinweisen, daß der Anhang zum Buch von diesem nicht getrennt werden kann. Er ist von W. I. SAIZEW geschrieben und einem Kreis von untereinander eng verknüpften Fragen gewidmet, die ich zu den wichtigsten, im letzten Vierteljahrhundert in der allgemeinen Topologie bearbeiteten Problemen zähle, nämlich die Theorie der inversen Spektren (speziell der Projektionsspektren) sowie die Theorie der Absoluta und der irreduziblen vollständigen Abbildungen topologischer Räume. Die Grundlagen für die erste Theorie sind in Arbeiten von P. S. ALEXANDROFF [4, 5, 8] und A. G. KUROSCH [1] gelegt worden und fanden eine neue und sehr interessante Entwicklung in den Arbeiten W. I. SAIZEWS [2, 3].[1]) Die zweite Theorie geht auf Arbeiten GLEASONS und sogar von M. H. STONE [1] zurück, fand ihre volle Entwicklung jedoch erst in den Arbeiten W. I. PONOMAREWS [2, 3], in denen insbesondere auch der Zusammenhang zwischen der Theorie der Absoluta und der Theorie der Projektionsspektren dargestellt wurde. Außer dem Anhang schrieb W. I. SAIZEW auch Abschnitt 6.5., in dem er die von ihm angegebene innere Charakterisierung der Tychonoffschen Räume darlegt.

Die Beteiligung W. I. SAIZEWS an der Abfassung meines Buches war so groß, daß ich seine besondere Erwähnung als notwendig ansehe. Das trifft auch für W. W. FEDORTSCHUK zu, der das ganze Buch nicht nur sorgfältig redigierte, sondern auch in beinahe allen Abschnitten Verbesserungen, und oft sehr wesentliche, vorschlug. Ich kann ohne weiteres sagen, daß das vorliegende Buch in seiner jetzigen Form ohne die Mitarbeit W. W. FEDORTSCHUKS überhaupt nicht geschrieben worden wäre. Bei der Arbeit an diesem Buch wurde W. W. FEDORTSCHUK wesentlich von seinem Schüler A. W. IWANOW unterstützt. Meinen genannten verehrten Schülern und Kollegen danke ich auf das aufrichtigste und herzlichste.

HILBERT hat die Mathematik häufig mit einem wunderschönen, zauberhaften Garten verglichen. In diesen Garten führen viele verschiedene Eingänge. Einer davon ist auch die mengentheoretische Topologie. Mein Buch wendet sich in erster Linie an die jungen, beginnenden Mathematiker, die eben diesen Zugang gewählt haben. Das viele Schöne, das sie, wie ich hoffe, bereits am Anfang des Weges entdecken, ermöglicht es ihnen, im weiteren unterschiedlichen Wegen zu folgen und in solche Tiefen des Gartens zu gelangen, deren Vorhandensein beim Eintreten gar nicht vorauszusehen war.

Moskau, im Juni 1976 P. ALEXANDROFF

[1]) Im Literaturverzeichnis findet der Leser nur solche Arbeiten, die unmittelbar mit Textstellen des Buches im Zusammenhang stehen.

Inhalt

1. Unendliche Mengen

1.1. Der Begriff der Menge

Auf Schritt und Tritt begegnet uns dieser schwer definierbare Begriff, den man durch das Wort „Gesamtheit" umschreiben kann. So spricht man beispielsweise von der Gesamtheit der Menschen, die sich zu einem bestimmten Zeitpunkt in einem gegebenen Zimmer befinden, von der Gesamtheit der Gänse, die auf einem Teich schwimmen, der Hasen, die in den Wäldern um Moskau leben, usw. In allen diesen Fällen kann man für „Gesamtheit" auch „Menge" sagen.

In der Mathematik hat man es fortwährend mit verschiedenen Mengen zu tun, z. B. mit der Menge der Eckpunkte oder der Diagonalen irgendeines Vielecks, der Menge aller Teiler der Zahl 30 usw.

Alle oben angeführten Beispiele für Mengen besitzen eine wesentliche Eigenschaft: Alle diese Mengen bestehen aus einer bestimmten Anzahl von Elementen. Dies ist in dem Sinne zu verstehen, daß in jedem der erwähnten Fälle die Frage „wieviel?" (Leute im Zimmer, Gänse auf dem Teich, Teiler der Zahl 30) beantwortet werden kann, und zwar entweder durch direkte Angabe einer uns bekannten ganzen Zahl (z. B. ist die Anzahl der Teiler von 30 gleich 8) oder indem man zeigt, daß eine solche ganze Zahl, die unsere Frage beantwortet, jedenfalls existiert, auch wenn im gegebenen Moment und beim gegenwärtigen Stand unserer Erkenntnis noch nicht bekannt ist, wie groß sie wirklich ist. Mengen, die nur aus endlich vielen Elementen bestehen, heißen *endliche Mengen.*

Jedoch treten uns in der Mathematik auch dauernd andere, nicht endliche, sondern, wie man sie gewöhnlich nennt, *unendliche* Mengen entgegen. So sind z. B. die Menge aller natürlichen Zahlen, die Menge aller geraden Zahlen, aller Zahlen, die bei Division durch 11 den Rest 7 ergeben, aller Geraden, die durch einen bestimmten Punkt der Ebene gehen, unendliche Mengen.

Zu den endlichen Mengen rechnen wir auch die *leere* Menge, d. h. die Menge, die kein einziges Element enthält; die Anzahl der Elemente der leeren Menge ist Null. Daß es notwendig ist, die leere Menge in Betracht zu ziehen, ersieht man daraus, daß man nicht von vornherein wissen kann, ob eine irgendwie definierte Menge überhaupt ein Element enthält. So ist wahrscheinlich die Menge aller Strauße, die sich zur Zeit auf dem Polarkreis befinden, leer; jedoch kann man dies nicht mit Bestimmtheit sagen, könnte es doch sein, daß ein Kapitän zufällig einen Strauß mit über den Polarkreis genommen hat. Die leere Menge wird mit $\emptyset$ bezeichnet.

1.2. Teilmengen. Mengenoperationen

Wir wollen jetzt folgende grundlegenden Begriffe und Bezeichnungen einführen.

Um auszudrücken, daß x ein Element der Menge A ist, schreibt man $x \in A$ oder $A \ni x$ (man bezeichnet gewöhnlich Mengen mit großen und ihre Elemente mit kleinen Buchstaben).

Definition 1. Ist jedes Element einer Menge A auch Element einer Menge B, so nennt man die Menge A eine *Teil-* oder *Untermenge* der Menge B.

Die Menge aller geraden Zahlen ist z. B. eine Teilmenge der Menge aller ganzen Zahlen. Anstatt zu sagen, die Menge A sei Teilmenge der Menge B, sagt man auch oft, die Menge A sei in der Menge B enthalten oder werde von B umfaßt; man schreibt dies folgendermaßen:

$$A \subseteqq B \quad \text{oder} \quad B \supseteqq A.$$

Ist A eine Untermenge der Menge B und gilt $A \neq B$, so schreibt man

$$A \subset B \quad \text{oder} \quad B \supset A.$$

Die Zeichen $\subseteqq$, $\subset$ heißen *Inklusionszeichen.*

Gemäß unserer Definition ist jede Menge A Untermenge von sich selbst. Außerdem ist die leere Menge Teilmenge jeder Menge. Die Menge A und die leere Menge werden *uneigentliche* Untermengen der Menge A genannt; alle übrigen Untermengen heißen *eigentliche* (oder *echte*) Untermengen. Für jedes Element $a \in A$ ist auch die Menge $\{a\}$, die nur aus diesem Element besteht, eine Untermenge der Menge A. Häufig werden wir die Klammern weglassen und die Menge $\{a\}$ mit a bezeichnen.

Die Untermenge der Menge A, die aus allen, einer gegebenen Bedingung $\mathcal{R}$ genügenden Elementen besteht, wird mit $\{a \in A : a \text{ erfüllt } \mathcal{R}\}$ bezeichnet.

Es sei ein gewisses (endliches oder unendliches) System von Mengen M_α gegeben.[1]) Wir betrachten die Menge der Elemente, die in wenigstens einer der Mengen unseres Mengensystems enthalten sind. Die Menge aller dieser Elemente nennen wir *Vereinigung(-smenge)* (oder *Summe*) der Mengen, aus denen unser Mengensystem besteht.

Die Vereinigung von Mengen bezeichnet man mit Hilfe des Symbols $\cup$; z. B. ist $A \cup B$ die Vereinigung der Mengen A und B. Die Vereinigung aller Mengen A eines gegebenen Mengensystems $\mathfrak{A}$ bezeichnet man mit $\bigcup\limits_{A \in \mathfrak{A}} A$. Besteht das Mengensystem $\mathfrak{A}$ aus Mengen A_α, wobei α eine Indexmenge I durchläuft, so schreiben wir $\bigcup\limits_{\alpha \in I} A_\alpha$ oder einfach $\bigcup\limits_{\alpha} A_\alpha$. Besteht das Mengensystem $\mathfrak{A}$ aus Mengen A_n, wobei n die Menge der natürlichen Zahlen durchläuft, so schreiben wir $\bigcup\limits_{n=1}^{\infty} A_n$ oder $A_1 \cup A_2 \cup A_3 \cup \cdots$.

Die Menge aller ganzen Zahlen ist z. B. die Vereinigung der Menge aller geraden und der Menge aller ungeraden Zahlen; sie ist aber auch die Vereinigung der Menge

---

[1]) Die Indizes $\alpha, \beta, \ldots$ (die z. B. die Werte $1, 2, 3, \ldots$ annehmen können) dienen dazu, die Elemente unseres Systems zu unterscheiden; so sprechen wir z. B. von den Mengen A_α, A_β, A_γ eines gegebenen Mengensystems.

A_1 aller ungeraden Zahlen, die nicht durch 3 teilbar sind, mit der Menge A_2 aller geraden Zahlen und der Menge A_3 aller Zahlen, die durch 3 teilbar sind (dabei haben die Mengen A_2 und A_3 gemeinsame Elemente, nämlich die durch 6 teilbaren Zahlen).

Wir betrachten jetzt die Subtraktion von Mengen. Gegeben seien zwei Mengen A und B (von denen die zweite nicht notwendig in der ersten enthalten zu sein braucht). Unter der *Differenz* der Mengen A und B versteht man die Menge aller derjenigen Elemente der Menge A, die nicht Elemente der Menge B sind. Die Differenz der Mengen A und B wird mit $A \setminus B$ bezeichnet.

Wir gehen jetzt zu der dritten und letzten grundlegenden Mengenoperation über, zu der Operation, die uns den gemeinsamen Teil oder den Durchschnitt von Mengen liefert. Es sei wiederum ein endliches oder unendliches System von Mengen A_α gegeben. Unter dem *Durchschnitt* dieser Mengen verstehen wir die Menge derjenigen Elemente, die in jeder der gegebenen Mengen enthalten sind (die Menge der Elemente, die allen Mengen A_α gemeinsam sind).

Der Durchschnitt wird mit Hilfe des Symbols $\cap$ bezeichnet; so ist z. B. $A \cap B$ der Durchschnitt der Mengen A und B. Der Durchschnitt aller Mengen A_α eines gegebenen Mengensystems $\mathfrak{A}$ wird mit $\bigcap_{A \in \mathfrak{A}} A$ bezeichnet. Den Durchschnitt eines Systems von Mengen A_α, wobei α eine Indexmenge I durchläuft, bezeichnen wir mit $\bigcap_{\alpha \in I} A_\alpha$ oder mit $\bigcap_{\alpha} A_\alpha$; speziell ist $\bigcap_{n=1}^{\infty} A_n = A_1 \cap A_2 \cap A_3 \cap \cdots$.

Beispiele.

1. Es sei A_n die Menge aller derjenigen rationalen Zahlen, deren absoluter Betrag kleiner als $\frac{1}{n}$ ist (wobei n eine natürliche Zahl ist). Der Durchschnitt $\bigcap_{n=1}^{\infty} A_n$ aller Mengen A_n besteht nur aus der Zahl 0.

2. A_n sei die Menge aller derjenigen positiven rationalen Zahlen, die kleiner als $\frac{1}{n}$ sind; in diesem Fall gibt es kein einziges Element, das allen Mengen A_n angehört, d. h., der Durchschnitt aller Mengen A_n ist die leere Menge.

Von den offenkundigen Eigenschaften der Vereinigung, des Durchschnitts und der Differenz erwähnen wir die folgenden:

Kommutativität:

$$A \cup B = B \cup A, \qquad A \cap B = B \cap A.$$

Assoziativität:

$$(A \cup B) \cup C = A \cup (B \cup C) = A \cup B \cup C,$$

$$(A \cap B) \cap C = A \cap (B \cap C) = A \cap B \cap C.$$

Distributivität (des Durchschnitts bezüglich der Vereinigung):

$$(A \cup B) \cap C = (A \cap C) \cup (B \cap C),$$

allgemein

$$\left(\bigcup_\alpha A_\alpha\right) \cap B = \bigcup_\alpha (A_\alpha \cap B),$$

und weiter

$$(A \setminus B) \cap C = (A \cap C) \setminus B = (A \cap C) \setminus (B \cap C),$$

$$A \setminus B = A \setminus (A \cap B), \qquad A = (A \cap B) \cup (A \setminus B).$$

Fast ebenso offensichtlich sind folgende wichtigen Relationen, die unter der Bezeichnung *Dualitätsrelationen* (der Vereinigung und des Durchschnitts) bekannt sind:

Für jedes (endliche oder unendliche) *System von Untermengen* A_α *einer gegebenen beliebigen Menge* X *gelten folgende Identitäten:*

$$X \setminus \bigcap_\alpha A_\alpha = \bigcup_\alpha (X \setminus A_\alpha), \tag{1}$$

$$X \setminus \bigcup_\alpha A_\alpha = \bigcap_\alpha (X \setminus A_\alpha). \tag{2}$$

Die Beweise der beiden Formeln (1) und (2) sind völlig analog. Wir beweisen die Formel (1).

Es sei $x \in X \setminus \bigcap_\alpha A_\alpha$. Das bedeutet, x ist in wenigstens einer der Mengen A_α nicht enthalten, also gehört x zu wenigstens einer Menge $X \setminus A_\alpha$, d. h. $x \in \bigcup_\alpha (X \setminus A_\alpha)$. Also ist die linke Seite der Formel (1) in der rechten Seite enthalten.

Es sei jetzt umgekehrt $x \in \bigcup_\alpha (X \setminus A_\alpha)$; das bedeutet, x gehört zu wenigstens einer Menge $X \setminus A_\alpha$, folglich kann x nicht allen A_α angehören, kann also nicht im Durchschnitt $\bigcap_\alpha A_\alpha$ liegen und ist somit ein Element aus $X \setminus \bigcap_\alpha A_\alpha$. Also ist die rechte Seite der Formel (1) eine Untermenge der linken Seite. Damit ist Formel (1) bewiesen.

Zum Abschluß dieses Paragraphen wollen wir etwas über fallende und wachsende Mengenfolgen sagen.

Eine Folge von Mengen

$$A_1, A_2, A_3, \ldots, A_n, \ldots \tag{3}$$

heißt *fallend* bzw. *wachsend,* wenn für alle n die Beziehung $A_n \supseteq A_{n+1}$ bzw. $A_n \subseteq A_{n+1}$ gilt. Gelten für alle n die schärferen Relationen $A_n \supset A_{n+1}$ bzw. $A_n \subset A_{n+1}$, so nennt man die Folge (3) *eigentlich fallend* (*eigentlich wachsend*).

Man erkennt leicht, daß *der Durchschnitt* (*bzw. die Vereinigung*) *jeder unendlichen Teilfolge einer fallenden* (*bzw. wachsenden*) *Folge* (3) *mit dem Durchschnitt* (*bzw. der Vereinigung*) *der ganzen Folge* (3) *übereinstimmt.*

Ein (endliches oder unendliches) Mengensystem heißt *disjunkt* oder *aus disjunkten Mengen bestehend,* wenn der Durchschnitt von je zwei (verschiedenen) zu diesem System gehörenden Mengen leer ist.

1.3. Eineindeutige Zuordnungen zwischen Mengen. Abbildung einer Menge auf eine andere. Zerlegung einer Menge in Teilmengen. Mengenfamilien und Überdeckungen

Bestehen Mengen aus ein und derselben endlichen Anzahl von Elementen, so kann man zwischen den Elementen dieser Mengen eine *umkehrbar eindeutige* (auch *eineindeutige*) *Zuordnung* herstellen, d. h. eine Zuordnung, bei der jedem Element der einen Menge ein und nur ein Element der anderen Menge entspricht und umgekehrt; ist die Anzahl der Elemente der einen Menge kleiner als die der anderen, so kann man eine umkehrbar eindeutige Zuordnung zwischen der einen Menge und einer Teilmenge der anderen herstellen.

Jedoch ist der Begriff der umkehrbar eindeutigen Zuordnung seinem Wesen nach nicht an die Voraussetzung gebunden, daß die Mengen, zwischen deren Elementen eine solche Zuordnung hergestellt wird, notwendigerweise endlich sind.

Wir wollen einige Beispiele von eineindeutigen Zuordnungen zwischen unendlichen Mengen anführen.

1. Die Menge A bestehe aus allen ganzen positiven Zahlen, die Menge B aus allen ganzen negativen Zahlen.

Es ist offensichtlich, daß wir zwischen den Mengen A und B eine umkehrbar eindeutige Zuordnung bekommen, wenn wir jeder positiven Zahl die negative Zahl mit demselben Absolutbetrag zuordnen.

2. Die Menge A bestehe aus allen positiven ganzen Zahlen, die Menge B aus allen positiven geraden Zahlen.

Wir erhalten eine umkehrbar eindeutige Zuordnung zwischen A und B, wenn wir jeder Zahl $n \in A$ die Zahl $2n \in B$ zuordnen.

3. Die Menge A bestehe aus allen Punkten einer Geraden (die wir als x-Achse eines Koordinatensystems wählen).[1] Die Menge B bestehe aus allen Punkten des Halbkreises

$$x^2 + (y-1)^2 = 1, \qquad y < 1,$$

um den Mittelpunkt (0, 1). Die Endpunkte des Halbkreises, d. h. die Punkte (1, 1) und (−1, 1), gehören nicht dazu (wegen der Bedingung $y < 1$) (Abb. 1).

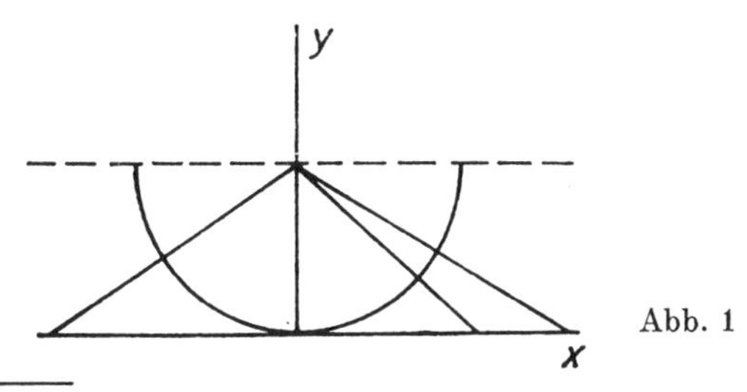

Abb. 1

[1] Wir setzen voraus, daß dem Leser die Begriffe der Zahlengeraden und der reellen Zahl durch die Analysisvorlesung vertraut sind. Mit den reellen Zahlen werden wir uns eingehend im folgenden Kapitel beschäftigen.

Der Halbkreis berührt unsere Gerade im Koordinatenursprung. Wir stellen zwischen den Mengen A und B eine umkehrbar eindeutige Zuordnung her, indem wir jedem Punkt ξ der Geraden den Punkt η des Halbkreises zuordnen, in dem der Kreis von dem Strahl geschnitten wird, der den Mittelpunkt des Kreises mit ξ verbindet.

4. Es seien A und B dieselben Mengen wie im vorigen Beispiel; ferner sei B' das Intervall $(-1; 1)$ der Zahlengeraden, d. h. die Menge aller Punkte x der Abszissenachse, die der Ungleichung $-1 < x < 1$ genügen. Wir projizieren den Halbkreis B senkrecht auf das Intervall B' und berücksichtigen, daß wir schon eine umkehrbar eindeutige Zuordnung zwischen A und B hergestellt hatten; somit erhalten wir eine umkehrbar eindeutige Zuordnung zwischen der Zahlengeraden A und dem Intervall $(-1; 1)$. Offenbar kann man so eine umkehrbar eindeutige Zuordnung zwischen der Zahlengeraden und jedem Intervall auf ihr herstellen und folglich auch zwischen zwei beliebigen Intervallen.

Ausgehend von dem Begriff der umkehrbar eindeutigen Zuordnung formulieren wir folgende

Definition 2. Zwei Mengen heißen *quantitativ äquivalent,* wenn man zwischen ihnen eine umkehrbar eindeutige Zuordnung herstellen kann. Somit sind alle Mengen A und B der obenstehenden Beispiele quantitativ äquivalente Mengen.

Quantitativ äquivalente Mengen nennt man auch einfach *äquivalent.*

Bemerkung 1. Von zwei äquivalenten Mengen sagt man, sie seien *von gleicher Mächtigkeit.*

Bemerkung 2. Offenbar sind zwei endliche Mengen dann und nur dann äquivalent, wenn sie aus gleich vielen Elementen bestehen.

Bemerkung 3. Aus dieser Äquivalenzdefinition folgt, daß zwei Mengen A und B, die beide derselben Menge C äquivalent sind, auch zueinander äquivalent sind.

Bemerkung 4. Auf die Frage nach dem Wesen der Mächtigkeit (vgl. Bemerkung 1) kann man nur mit der „Definition durch Abstraktion" antworten: Die Mächtigkeit ist das, was allen einander äquivalenten Mengen gemeinsam ist. Stellen wir uns die Frage: „Was ist allen äquivalenten endlichen Mengen gemeinsam?", so folgt aus dem in Bemerkung 2 Gesagten, daß das Gemeinsame ein und dieselbe Anzahl der Elemente ist, aus denen alle einander äquivalenten endlichen Mengen bestehen. In diesem Sinne wird der Begriff der Mächtigkeit bei Anwendung auf unendliche Mengen das Analogon zum Begriff der Anzahl (Kardinalzahlen).[1])

Definition 3. Eine Menge, die der Menge aller natürlichen Zahlen äquivalent ist, heißt *abzählbare Menge.*

Aus dem in Bemerkung 3 Gesagten schließen wir:

1. Jede Menge, die einer abzählbaren Menge äquivalent ist, ist selbst abzählbar.
2. Je zwei abzählbare Mengen sind äquivalent.

---

[1]) Man beachte im Zusammenhang damit die Bemerkung in 1.5.

Die Definition einer abzählbaren Menge kann auch folgendermaßen formuliert werden: Eine abzählbare Menge ist eine solche Menge, deren sämtliche Elemente in einer unendlichen Folge durchnumeriert werden können:

$$a_1, a_2, a_3, \ldots, a_n, \ldots,$$

so daß dabei jedes Element einen Index n erhält und jede natürliche Zahl n genau einem Element unserer Menge als Index zugeschrieben wird.

Eine unendliche Menge, die nicht abzählbar ist, wird *überabzählbar* genannt.

Eine umkehrbar eindeutige Zuordnung zwischen zwei Mengen oder, wie man auch sagt, eine eineindeutige Abbildung einer Menge auf eine andere, ist ein Spezialfall des allgemeinen *Abbildungsbegriffs*: *Wird jedem Element x einer gewissen Menge X irgendwie ein bestimmtes Element y einer gewissen Menge Y zugeordnet, so sprechen wir von einer Abbildung der Menge X in die Menge Y oder von einer Funktion f, deren Argument die Menge X durchläuft und deren Funktionswerte der Menge Y angehören, und schreiben dafür $f\colon X \to Y$.* Um auszudrücken, daß dem Element x ein bestimmtes Element y zugeordnet wird, schreibt man $y = f(x)$ und sagt, y sei das *Bild* des Elementes x bei der gegebenen Abbildung f.

Dabei werden wir häufig anstelle von $y = f(x)$ die Bezeichnung $y = fx$ verwenden, wie man ja auch $y = \sin x$ oder $y = \log x$ schreibt und nicht $\sin(x)$ oder $\log(x)$.

Wird *jedes* Element der Menge Y wenigstens einem Element der Menge X zugeordnet, so spricht man von einer Abbildung der Menge X *auf* die Menge Y.

Die Abbildung einer Menge *auf* eine andere ist der wichtigste Fall, der bei Abbildungen auftritt. Auf diesen kann man auch leicht den allgemeinen Fall einer Abbildung einer Menge in eine andere zurückführen. Es sei irgendeine Abbildung f einer Menge X in eine Menge Y gegeben; *die Menge Y_1 aller derjenigen Elemente der Menge Y, die bei der Abbildung f wenigstens einem Element der Menge X zugeordnet werden, nennen wir das Bild der Menge X bei der Abbildung f und bezeichnen sie mit $f(X)$ oder fX.* Offenbar wird die Menge X auf die Menge $Y_1 = fX \subseteqq Y$ abgebildet.

Es sei $f\colon X \to Y$ und X_0 eine nichtleere Teilmenge der Menge X. *Unter der Einschränkung der Abbildung f auf X_0 verstehen wir die Abbildung $f|_{X_0}\colon X_0 \to Y$, die gegeben ist durch die Gleichung $f|_{X_0}x = fx$, $x \in X_0$.*

Definition 4. Gegeben sei eine Abbildung f einer Menge X auf eine Menge Y. Es sei y ein beliebiges Element der Menge Y. Die Menge aller derjenigen Elemente der Menge X, denen durch die Abbildung f das gegebene Element $y \in Y$ zugeordnet wird, nennt man das (*volle*) *Urbild* des Elementes y bei der Abbildung f. Diese Menge bezeichnen wir mit $f^{-1}(y)$.

Eine Abbildung f einer Menge X auf eine Menge Y ist offensichtlich dann und nur dann umkehrbar eindeutig, wenn das volle Urbild $f^{-1}(y)$ jedes Elementes y der Menge Y nur aus einem einzigen Element der Menge X besteht.

Gegeben sei eine Abbildung $f\colon X \to Y$ der Menge X in die Menge Y, und es sei M eine beliebige Untermenge der Menge X. Unter dem *kleinen Bild* der Menge M bei der Abbildung f verstehen wir die Menge aller Punkte $y \in Y$, deren Urbilder in M liegen.

Für das kleine Bild der Menge M wird $f^{\#}M$ geschrieben. Somit ist $f^{\#}M = \{y \in Y: f^{-1}y \subseteqq M\}$. Man prüft leicht nach, daß $f^{\#}M = Y \setminus f(X \setminus M)$ ist.

Aus der Definition des kleinen Bildes folgt, daß jedes Element $y \in Y$, das vermittels der Zuordnung f keinem Element der Menge X zugeordnet ist, zum kleinen Bild jeder Menge M gehört. Daher ist der Begriff des kleinen Bildes am natürlichsten für Abbildungen „auf", da nur in diesem Fall das kleine Bild kleiner (und nicht größer) als das Bild ist, d. h. $f^{\#}M \subseteqq fM$.

Gegeben sei eine Menge X, die als Vereinigung von (endlich oder unendlich vielen) disjunkten (d. h. paarweise elementefremden) Untermengen dargestellt sei. Diese Untermengen (aus denen sich X zusammensetzt) sind die Elemente der gegebenen *Zerlegung* der Menge X. Erstes Beispiel: X sei die Menge aller Schüler der Oberschulen Moskaus. Die Menge X kann man z. B. auf folgende zwei Arten in disjunkte Untermengen zerlegen: 1. Die Gesamtheit der Schüler jeweils einer Schule betrachten wir als eine einzige Teilmenge[1]) von X (d. h., wir zerlegen die Menge aller Schüler nach den Schulen); 2. wir betrachten die Gesamtheit aller Schüler derselben Klassenstufe (auch wenn sie verschiedenen Schulen angehören) als Untermengen von X. Zweites Beispiel: X sei die Menge aller Punkte der Ebene; wir wählen auf dieser Ebene irgendeine Gerade d und zerlegen die ganze Ebene in Geraden, die der Geraden d parallel sind. Die Mengen der Punkte jeder solchen Geraden sind die Untermengen, in welche die Menge X zerlegt wird.

Bemerkung 5. Hat man eine gegebene Menge X in disjunkte (paarweise elementefremde) Untermengen zerlegt, deren Vereinigung die Menge X bildet, so spricht man kurz von einer Zerlegung (Einteilung) der Menge X in *Klassen*.

Der nächste Satz folgt unmittelbar aus unseren Definitionen. Gegeben sei eine Abbildung f einer Menge X auf eine Menge Y. Die vollen Urbilder $f^{-1}(y)$ aller Elemente y der Menge Y bewirken eine Zerlegung der Menge X in Klassen. Die Menge der Klassen läßt sich umkehrbar eindeutig der Menge Y zuordnen.
Umgekehrt: Gegeben sei eine Zerlegung der Menge X in Klassen. Diese Zerlegung erzeugt eine Abbildung der Menge X auf eine gewisse Menge Y, nämlich auf die Menge, deren Elemente die Klassen der gegebenen Zerlegung sind. Diese Abbildung erhält man, wenn man jedem Element der Menge X die Klasse zuordnet, der es angehört.

Beispiel. Durch die Verteilung der Schüler Moskaus auf die Schulen hat man eine Abbildung der Menge X aller Schüler auf die Menge Y aller Schulen hergestellt[1]): Jedem Schüler wird die Schule zugeordnet, die er besucht.

So offenkundig die dargestellten Tatsachen auch sind, so wurden sie in der Mathematik doch erst relativ spät präzise formuliert; nachdem man sie aber einmal klar ausgesprochen hatte, gewannen sie sofort sehr große Bedeutung beim logischen Aufbau verschiedener mathematischer Disziplinen.

---

[1]) Unter der Voraussetzung, daß jeder Schüler nur eine Schule besucht.

Gegeben sei eine Zerlegung einer Menge X in Klassen. Wir wollen nun folgende Definition einführen: Wir nennen zwei Elemente dieser Menge *äquivalent bezüglich der gegebenen Zerlegung*, wenn sie ein und derselben Klasse angehören.

Teilen wir die Schüler Moskaus nach den Schulen ein, so nennen wir zwei Schüler „äquivalent", wenn sie in ein und dieselbe Schule gehen, auch wenn sie in verschiedene Klassen gehören. Teilen wir die Schüler nach Klassen ein, so sind zwei Schüler genau dann „äquivalent", wenn sie in die gleiche Klasse gehen, wobei es gleichgültig ist, ob sie verschiedene Schulen besuchen. Die Äquivalenzrelation, die wir eben definiert haben, besitzt folgende Eigenschaften:

Symmetrie: Ist x äquivalent x', so ist auch x' äquivalent x.

Transitivität: Sind die Elemente x und x' äquivalent und ist x' äquivalent x'', so ist auch x äquivalent x''. („Zwei Elemente x und x'', die einem dritten Element x' äquivalent sind, sind auch untereinander äquivalent.")

Schließlich ist noch jedes Element sich selbst äquivalent; diese Eigenschaft der Äquivalenzrelation nennt man Reflexivität.

Jede Zerlegung einer gegebenen Menge in Klassen definiert unter den Elementen dieser Menge eine bestimmte Äquivalenzrelation, die symmetrisch, transitiv und reflexiv ist.

Nehmen wir umgekehrt an, wir hätten ein Kriterium gefunden, das uns Paare von Elementen einer Menge X äquivalent zu nennen gestattet. Von dieser Äquivalenz verlangen wir nur, daß sie symmetrisch, transitiv und reflexiv ist. Wir wollen zeigen, daß *diese Äquivalenzrelation eine Einteilung der Menge X in Klassen definiert.*

Wir bezeichnen die Menge aller Elemente aus X, die einem gegebenen Element x aus X äquivalent sind, als Klasse $\xi(x)$ dieses Elementes. Wegen der Reflexivität ist jedes Element x in seiner Klasse enthalten. Wir wollen zeigen, daß zwei Klassen, die auch nur ein einziges Element gemeinsam haben, notwendigerweise übereinstimmen.

Die Klassen $\xi(x)$ und $\xi(x')$ mögen das Element x'' gemeinsam haben. Deuten wir die Äquivalenz durch das Zeichen $\sim$ an, so gilt nach der Definition der Klassen $x \sim x''$, $x' \sim x''$. Daraus folgt wegen der Symmetrie $x'' \sim x'$ und wegen der Transitivität $x \sim x'$. Es sei x^* ein beliebiges Element der Klasse $\xi(x')$. Damit erhalten wir $x \sim x' \sim x^*$ und wegen der Transitivität $x \sim x^*$, d. h. $x^* \in \xi(x)$; das bedeutet aber $\xi(x') \subseteqq \xi(x)$. Es sei jetzt $\tilde{x}$ ein Element der Klasse $\xi(x)$. Dann ist $x \sim \tilde{x}$, wegen der Symmetrie $\tilde{x} \sim x$, und weil $x \sim x'$ ist, gilt wegen der Transitivität auch $\tilde{x} \sim x'$, woraus $x' \sim \tilde{x}$ folgt, d. h. $\tilde{x} \in \xi(x')$, oder $\xi(x) \subseteqq \xi(x')$. Haben also zwei Klassen $\xi(x)$ und $\xi(x')$ auch nur ein einziges Element gemeinsam, so stimmen sie überein.

Wir fassen das eben Bewiesene in einem Satz zusammen:

Jede Einteilung irgendeiner Menge X in Klassen definiert zwischen den Elementen der Menge X eine bestimmte Äquivalenzrelation, die symmetrisch, transitiv und reflexiv ist. Umgekehrt bestimmt jede Äquivalenzrelation, die zwischen den Elementen einer Menge X hergestellt wird und symmetrisch, transitiv und reflexiv ist, eine Zerlegung der Menge X in Klassen äquivalenter Elemente.

Mengenfamilien und Überdeckungen. Es sei X eine beliebige Menge. Ferner sei $\sigma = \{M\}$ eine beliebige Familie von Teilmengen der Menge X; die Vereinigung aller $M \in \sigma$ wird der *Körper* der Familie σ genannt und mit $\tilde{\sigma}$ bezeichnet, so daß $\tilde{\sigma} \subseteqq X$ gilt. Ist E eine beliebige Untermenge der Menge X, so bezeichnen wir mit σ_E die Unterfamilie der Familie σ, die aus allen Elementen dieser Familie besteht, deren Durchschnitt mit E nicht leer ist.

Die Menge $\tilde{\sigma}_E$ wird der *Stern* der Menge E bezüglich der Familie σ genannt und häufig mit $\mathrm{St}_\sigma E$ bezeichnet; wenn E dabei aus einem einzigen Punkt $x \in X$ besteht, so schreibt man $\mathrm{St}_\sigma x$ und spricht vom *Stern des Punktes* x bezüglich der Familie σ; ist $x \in X \setminus \tilde{\sigma}$, so erhält man $\mathrm{St}_\sigma x = \emptyset$.

Jede Familie $\sigma = \{M\}$ definiert eine Familie $\sigma^* = \{\mathrm{St}_\sigma x\}$, deren Elemente die Sterne sämtlicher Punkte $x \in X$ bezüglich der Familie σ sind. Offenbar besitzen die Familien σ und σ^* denselben Körper $\tilde{\sigma} = \tilde{\sigma}^*$.

Eine Familie σ wird eine *Überdeckung* der Menge $X_0 \subseteqq X$ genannt, wenn $X_0 \subseteqq \tilde{\sigma}$ gilt. Zumeist werden wir Überdeckungen der ganzen Menge X betrachten, d. h. Mengenfamilien $\sigma = \{M\}$, für die $\tilde{\sigma} = X$ ist. In diesem Fall wird jede Unterfamilie $\sigma_0 \subseteqq \sigma$, für die $\tilde{\sigma}_0 = X$ ist, eine *Teilüberdeckung* der Überdeckung σ genannt.

Die *Vielfachheit* einer Mengenfamilie σ in einem gegebenen Punkt $x \in X$ — kurz mit $\mathrm{v}_x\sigma$ bezeichnet — ist die Mächtigkeit der Menge aller Elemente von σ, die den Punkt x enthalten. Eine Familie σ heißt von *endlicher Vielfachheit* oder *punktendlich,* wenn die Zahl $\mathrm{v}_x\sigma$ für alle $x \in X$ endlich ist. Eine Mengenfamilie wird *sternendlich* (bzw. *sternabzählbar*) genannt, wenn jedes Element der Familie mit nur endlich (bzw. abzählbar) vielen Elementen dieser Familie einen nichtleeren Durchschnitt hat.

Es seien $\alpha = \{A\}$ und $\beta = \{B\}$ Überdeckungen der Menge X. Man sagt, die Überdeckung β sei der Überdeckung α *einbeschrieben*, wenn jedes Element B der Überdeckung β in wenigstens einem Element A der Überdeckung α enthalten ist. Insbesondere ist die Überdeckung β der Überdeckung α einbeschrieben, wenn β eine Teilüberdeckung der Überdeckung α ist.

Überdeckungen sowie damit verwandte Begriffsbildungen werden in Kapitel 6 eine wesentliche Rolle spielen.

1.4. Sätze über abzählbare Mengen

Wir beweisen nun einige Sätze:

Theorem 1. *Jede Teilmenge einer abzählbaren Menge ist entweder endlich oder abzählbar.*

Beweis. Es sei A eine abzählbare Menge. Auf Grund der Definition der abzählbaren Menge können wir annehmen, daß alle Elemente der Menge A durchnumeriert sind; folglich kann die Menge selbst in Gestalt einer unendlichen Folge

$$a_1, a_2, a_3, \ldots, a_n, \ldots \tag{1}$$

dargestellt werden. Es sei A' eine Teilmenge der Menge A und a_{n_1} das erste Element der Folge (1), das zugleich Element der Menge A' ist; a_{n_2} sei das zweite solche Element in der Folge (1) usw. Es sind nur zwei Fälle möglich: Entweder erschöpfen wir nach endlich vielen Schritten die ganze Menge A', die in diesem Fall eine endliche Menge ist, oder wir erhalten eine unendliche Folge

$$a_{n_1}, a_{n_2}, a_{n_3}, \ldots, a_{n_k}, \ldots,$$

die aus allen Elementen von A' besteht. Bezeichnen wir einfach a_{n_k} mit a_k', so sehen wir, daß A' eine abzählbare Menge ist.

Theorem 2. *Die Vereinigung endlich oder abzählbar vieler endlicher oder abzählbarer Mengen ist wieder eine endliche oder abzählbare Menge.*

(Ist dabei auch nur eine einzige Menge unendlich, so kann die Vereinigung nicht endlich, muß daher abzählbar sein.)

Beweis. Die gegebenen Mengen seien $A_1, A_2, A_3, \ldots, A_n, \ldots$; ihre Vereinigung bezeichnen wir mit A. Ferner bezeichnen wir mit P_1 die Menge aller Primzahlen, mit P_2 die Menge aller der Zahlen, die Quadrate von Primzahlen sind, allgemein mit P_n die Menge aller der Zahlen, die n-te Potenzen von Primzahlen sind. Die Mengen P_n sind disjunkte abzählbare Mengen.

Wir setzen zunächst voraus, die Mengen A_n seien disjunkt. Weil jede dieser Mengen endlich oder abzählbar ist, kann man eine umkehrbar eindeutige Zuordnung zwischen der Menge A_n und der Menge P_n oder einer Untermenge von P_n herstellen. Dadurch wird eine umkehrbar eindeutige Zuordnung zwischen der ganzen Menge A und einer gewissen Teilmenge aller natürlichen Zahlen hergestellt, woraus folgt, daß die Menge A höchstens abzählbar sein kann.

Im allgemeinen Fall, wenn es unter den Mengen A_n sich überschneidende Mengen (d. h. Mengen mit gemeinsamen Elementen) gibt, setzen wir

$$A_1' = A_1, \quad A_2' = A_2 \setminus A_1', \quad \ldots, \quad A_n' = A_n \setminus (A_1' \cup \cdots \cup A'_{n-1}), \ldots$$

Die Mengen A_n' sind disjunkte endliche oder abzählbare Mengen, deren Vereinigung gleich der Vereinigung der Mengen A_n ist; daraus folgt, daß A endlich oder abzählbar sein muß.

Zweiter Beweis. (Wir führen ihn der Einfachheit halber nur für den Fall abzählbar vieler paarweise elementefremder abzählbarer Mengen.) Die gegebenen abzählbaren Mengen seien

$$\begin{aligned}
A_1 &= \{a_{11}, a_{12}, a_{13}, \ldots, a_{1n}, \ldots\}, \\
A_2 &= \{a_{21}, a_{22}, a_{23}, \ldots, a_{2n}, \ldots\}, \\
A_3 &= \{a_{31}, a_{32}, a_{33}, \ldots, a_{3n}, \ldots\}, \\
&\ldots\ldots\ldots\ldots\ldots\ldots \\
A_m &= \{a_{m1}, a_{m2}, a_{m3}, \ldots, a_{mn}, \ldots\}, \\
&\ldots\ldots\ldots\ldots\ldots\ldots
\end{aligned}$$

Dann kann man die Menge $A = \bigcup_n A_n$ folgendermaßen als abzählbare Folge schreiben:

$$a_{11}\,;\ a_{12},\ a_{21}\,;\ a_{13},\ a_{22},\ a_{31}\,;\ a_{14},\ a_{23},\ a_{32},\ a_{41}\,;\ \ldots$$

Theorem 3. *Jede unendliche Menge M enthält eine abzählbare Untermenge.*

Beweis. Da M unendlich ist, können wir in M zwei voneinander verschiedene Elemente finden, die wir mit a_1 und b_1 bezeichnen; M wird gewiß nicht durch diese zwei Elemente erschöpft, wir können daher in M ein von a_1 und b_1 verschiedenes Element a_2 finden; M wird auch durch diese drei Elemente a_1, b_1, a_2 nicht erschöpft, also existiert ein viertes Element b_2, das von den ausgewählten drei Elementen verschieden ist.

Setzen wir diesen Prozeß fort, so sondern wir aus der Menge M nicht nur eine, sondern zwei abzählbare Mengen

$$A = \{a_1, a_2, a_3, \ldots\}, \qquad B = \{b_1, b_2, b_3, \ldots\}$$

aus, wodurch unser Theorem bewiesen ist. Die Tatsache, daß wir zwei disjunkte abzählbare Mengen erhalten haben, gestattet uns, die Formulierung von Theorem 3 folgendermaßen zu verschärfen:

Jede unendliche Menge M enthält eine abzählbare Menge A, deren Komplement bezüglich M, $M \setminus A$, eine unendliche Menge ist (weil $M \setminus A$ eine abzählbare Menge B enthält).

Theorem 4. *Ist M eine überabzählbare Menge*[1]*), A eine endliche oder abzählbare in M enthaltene Menge, so sind M und $M \setminus A$ einander äquivalent.*

Die Menge $M \setminus A$ ist überabzählbar (denn wäre $M \setminus A$ endlich oder abzählbar, dann wäre auf Grund von Theorem 2 die Menge $M = A \cup (M \setminus A)$ ebenfalls endlich oder abzählbar. Auf Grund von Theorem 3 kann man aus der Menge $M \setminus A$ eine abzählbare Menge A_1 aussondern. Den dann noch übrigbleibenden Teil $(M \setminus A) \setminus A_1$ der Menge bezeichnen wir mit N. Wir erhalten

$$M \setminus A = A_1 \cup N, \qquad M = (A \cup A_1) \cup N.$$

Zwischen den abzählbaren Mengen A_1 und $A \cup A_1$ stellen wir eine umkehrbar eindeutige Zuordnung her; jedes Element der Menge N ordnen wir sich selbst zu. Auf diese Weise wird eine eineindeutige Zuordnung zwischen M und $M \setminus A$ hergestellt.

Theorem 5. *Vereinigen wir eine unendliche Menge A mit einer abzählbaren oder endlichen Menge B, so erhalten wir eine Menge $A \cup B$, die der Menge A äquivalent ist.*

Ist nämlich A abzählbar, so ist nach Theorem 2 auch $A \cup B$ abzählbar und folglich der Menge A äquivalent. Ist A überabzählbar, so erhalten wir die Menge A, indem wir aus der überabzählbaren Menge $A \cup B$ die endliche oder abzählbare Menge B herausnehmen. Auf Grund des vorhergehenden Satzes sind dann A und $A \cup B$ äquivalent.

---

[1]) Die Existenz überabzählbarer Mengen wird in 1.6. bewiesen werden.

Theorem 6. *Jede unendliche Menge A enthält eine Teilmenge A', die der ganzen Menge A äquivalent ist (wobei man annehmen kann, daß $A \setminus A'$ eine unendliche Menge ist).*

Ist A eine abzählbare Menge, so kann man aus ihr (nach Theorem 3) eine abzählbare Untermenge A' aussondern (und zwar so, daß $A \setminus A'$ noch unendlich ist), womit unsere Behauptung bereits bewiesen ist. Ist A überabzählbar, so können wir aus A eine gewisse abzählbare Menge A_0 aussondern. Wir erhalten dann eine Teilmenge $A' = A \setminus A_0$, die nach Theorem 4 der Menge A äquivalent ist.

Da es keine endliche Menge gibt, die einer ihrer Teilmengen äquivalent ist, drückt Theorem 6 eine charakteristische Eigenschaft der unendlichen Mengen aus, d. h. eine Eigenschaft, die alle unendlichen Mengen und nur diese besitzen. Daher kann man die durch Theorem 6 ausgedrückte Eigenschaft zur Definition der unendlichen Mengen benutzen.

Folgender einfacher Satz findet häufig Anwendung:

Theorem 7. *Die Menge P aller Paare natürlicher Zahlen ist abzählbar.*[1])

Beweis. Wir wollen die natürliche Zahl $p + q$ Höhe des Paares (p, q) nennen. Die Anzahl der Paare mit gegebener Höhe n $(n > 1)$ ist gleich $n - 1$; denn nur folgende $n - 1$ Paare haben die Höhe n:

$$(1, n-1), \quad (2, n-2), \quad \ldots, \quad (n-1, 1).$$

Bezeichnen wir die Menge aller Paare der Höhe n mit P_n, so erkennen wir, daß die Menge P die Vereinigung von abzählbar vielen endlichen Mengen P_n, d. h. eine abzählbare Menge ist.

Weil jeder positiven rationalen Zahl umkehrbar eindeutig ein Bruch von teilerfremden natürlichen Zahlen p und q entspricht, also ein Paar natürlicher Zahlen (p, q) zugeordnet werden kann, bilden auf Grund der Theoreme 7 und 1 die positiven rationalen Zahlen eine abzählbare Menge. Ebenso ist die Menge aller negativen rationalen Zahlen abzählbar. Also:

Theorem 8. *Die Menge aller rationalen (d. h. der ganzen und gebrochenen) Zahlen ist abzählbar.*

Jedes Paar natürlicher Zahlen ist ein Spezialfall einer endlichen Folge

$$p_1, p_2, \ldots, p_m$$

natürlicher Zahlen.[2]) Wir wollen folgenden allgemeinen Satz beweisen:

Theorem 9. *Die Menge S aller endlichen Folgen, die aus Elementen einer gegebenen abzählbaren Menge D bestehen, ist abzählbar.*

---

[1]) Unter einem Paar natürlicher Zahlen versteht man zwei nicht notwendig verschiedene natürliche Zahlen, die in einer bestimmten Reihenfolge gegeben sind. So sind (1, 2), (2, 1), (1, 1) usw. verschiedene Paare natürlicher Zahlen.

[2]) Streng genommen ist jede Folge aus n (beliebigen) Zahlen $f_1, f_2, \ldots, f_n$ eine auf der Menge der ersten n natürlichen Zahlen definierte Funktion mit den Funktionswerten $f_1 = f(1)$, $f_2 = f(2), \ldots, f_n = f(n)$.

Beweis (durch vollständige Induktion). Aus Theorem 7 geht hervor, daß die Menge aller Paare, die aus Elementen einer abzählbaren Menge D bestehen, abzählbar ist. Wir nehmen an, die Abhängigkeit der Menge S_m aller Folgen, die aus m Elementen einer gegebenen abzählbaren Menge D bestehen, sei bereits bewiesen. Wir zeigen, daß dann die Menge S_{m+1} aller Folgen, die aus $m + 1$ Elementen der Menge D bestehen, ebenfalls abzählbar ist. Es sei

$$D = \{d_1, d_2, \ldots, d_n, \ldots\}.$$

Jeder Folge $s^{(m+1)} = (d_{i1}, \ldots, d_{im}, d_k) \in S_{m+1}$ entspricht ein Paar $(s^{(m)}, d_k)$ mit $s^{(m)} = (d_{i1}, \ldots, d_{im}) \in S_m$, wobei verschiedenen $s^{(m+1)}$ verschiedene Paare dieser Gestalt entsprechen. Da die Menge S_m aller $s^{(m)}$ abzählbar ist und in der Form $s_1^{(m)}, s_2^{(m)}, \ldots, s_i^{(m)}, \ldots$ geschrieben werden kann, ist auch die Menge aller Paare $(s_i^{(m)}, d_k)$ abzählbar (wegen der umkehrbar eindeutigen Zuordnung dieser Paare zu den Paaren natürlicher Zahlen (i, k)), d. h. aber, daß die Menge aller $s^{(m+1)}$ abzählbar ist.

Da jede Menge S_m nach dem eben Bewiesenen abzählbar ist, ist auch die Menge S abzählbar.

Aus Theorem 9 kann man eine Anzahl von Folgerungen ziehen. Wir nennen einen Punkt der Ebene (und auch des dreidimensionalen, allgemein des n-dimensionalen Raumes) *rational*, wenn alle seine Koordinaten rationale Zahlen sind. Jeder rationale Punkt des n-dimensionalen Raumes wird dann durch eine Folge von n rationalen Zahlen bestimmt. Daher folgt aus Theorem 9 und der Abzählbarkeit der Menge aller rationalen Zahlen

Theorem 10. *Die Menge aller rationalen Punkte des n-dimensionalen Raumes ist abzählbar.*

Wir nennen einen Kreis (oder eine Sphäre im dreidimensionalen, allgemein im n-dimensionalen Raum), deren Mittelpunkt und Radius durch rationale Zahlen ausgedrückt werden können, „rationalen Kreis" oder „rationale Sphäre". So stehen alle rationalen Umgebungen von Punkten der Ebene in umkehrbar eindeutiger Zuordnung zu den Zahlentripeln (x, y, r) rationaler Zahlen (x und y sind die Koordinaten des Mittelpunktes, und r ist der Radius). Hieraus und aus den entsprechenden Überlegungen für den Raum folgt, daß die Menge aller rationalen Kreise (oder auch die Menge aller rationalen Sphären) abzählbar ist.

Ebenso beweist man

Theorem 11. *Die Menge aller Polynome*

$$P(x) = a_0 x^n + a_1 x^{n-1} + \cdots + a_{n-1} x + a_n \tag{2}$$

mit rationalen Koeffizienten ist abzählbar.

Diese Polynome lassen sich nämlich umkehrbar eindeutig den endlichen Folgen

$$(a_0, a_1, a_2, \ldots, a_n)$$

rationaler Zahlen zuordnen.

Eine komplexe (speziell eine reelle) Zahl ξ heißt bekanntlich *algebraisch*, wenn es ein Polynom (2) mit rationalen Koeffizienten gibt, das an der Stelle $x = \xi$ den Wert Null hat. Bezeichnet man mit $A(P)$ die Menge aller Nullstellen eines gegebenen

Polynoms $P(x)$ mit rationalen Koeffizienten, so erkennt man, daß die Menge aller algebraischen Zahlen die Vereinigung von abzählbar vielen endlichen Mengen $A(P)$, d. h. eine abzählbare Menge ist. Also:

Theorem 12 (CANTOR). *Die Menge aller algebraischen Zahlen ist abzählbar.*

Im zweiten Kapitel werden wir beweisen, daß die Menge aller reellen Zahlen überabzählbar ist. Nennen wir eine komplexe (speziell reelle) Zahl *transzendent*, wenn sie keine algebraische Zahl ist, so erhalten wir aus den Theoremen 12 und 5 als Korollar den Satz, daß die Menge aller reellen (und erst recht aller komplexen) transzendenten Zahlen überabzählbar ist.

1.5. Teilweise geordnete und (linear) geordnete Mengen

In 1.4. und auch schon in der Vorlesung über elementare Algebra hatte der Leser Gelegenheit, Mengen kennenzulernen, deren Elemente in einer bestimmten Reihenfolge betrachtet werden.

Definition 5. Eine Menge X, die aus irgendwelchen Elementen besteht, heißt *teilweise geordnet*, wenn in ihr eine „Ordnungsbeziehung" besteht, d. h., wenn für Paare x, x' von (verschiedenen) Elementen der Menge bekannt ist, daß ein Element dem anderen vorangeht, z. B., daß das Element x dem Element x' vorangeht, was wir folgendermaßen schreiben:

$$x < x' \quad \text{oder} \quad x' > x.$$

Dabei wird angenommen, daß die Ordnungsbeziehung der folgenden *Transitivitätsbedingung* genügt:

Ist $x < x'$ und $x' < x''$, so ist $x < x''$.

Wenn in einer gegebenen teilweise geordneten Menge X die Ordnungsbeziehung für jedes Paar verschiedener Elemente besteht, d. h., wenn für je zwei verschiedene Elemente x, x' eines dem anderen vorangeht, d. h., wenn genau eine der beiden Beziehungen $x < x'$ oder $x > x'$ gilt, dann wird die teilweise geordnete Menge *linear geordnet* oder einfach *geordnet* genannt.

Eine teilweise geordnete Menge wird *gerichtet* genannt, wenn zu je zwei ihrer Elemente x, x' ein drittes Element x'' existiert, das sowohl auf x als auch auf x' folgt: $x'' > x, x'' > x'$.

Der Begriff der endlichen geordneten Menge stimmt mit dem Begriff der endlichen Folge, die aus lauter verschiedenen Elementen besteht, überein (woraus unter anderem folgt, daß die Menge aller geordneten endlichen Mengen, die man aus den Elementen einer gegebenen abzählbaren Menge bilden kann, abzählbar ist).

Die einfachsten Beispiele für unendliche geordnete Mengen sind die Menge aller ganzen Zahlen und die Menge aller rationalen Zahlen. In beiden Mengen wird ein Element x als einem anderen Element x' vorangehend betrachtet, wenn $x < x'$

gilt; diese Ordnung in der Menge der rationalen, speziell der Menge der ganzen Zahlen, heißt die *natürliche* Anordnung.

Die Menge aller reellen Zahlen (Zahlengerade) kann ebenfalls als Beispiel einer geordneten Menge dienen.

Es ist wichtig, gleich am Anfang zu bemerken, daß ein und dieselbe Menge auf viele verschiedene Arten geordnet werden kann, so daß man verschieden geordnete Mengen bekommt. So kann man z. B. die natürlichen Zahlen in der „natürlichen" Reihenfolge anordnen; man erhält dann die Folge

$$1, 2, 3, 4, 5, \ldots$$

Man kann aber auch alle ungeraden Zahlen für sich und alle geraden Zahlen für sich nach wachsendem Betrag ordnen und die Gesamtmenge der natürlichen Zahlen so ordnen, daß jede ungerade Zahl jeder geraden Zahl vorangeht. Auf diese Weise erhalten wir die geordnete Menge

$$1, 3, 5, \ldots, 2, 4, 6, \ldots$$

Man kann auch irgendwie die rationalen Zahlen in einer Folge durchnumerieren,

$$r_1, r_2, \ldots, r_n, \ldots,$$

und $r_n \prec r_{n'}$ setzen, wenn $n < n'$ ist.

Auf einer Menge X sind die teilweisen Ordnungen selbst in natürlicher Weise geordnet. Man sagt, die Ordnung $\prec_1$ sei stärker als die Ordnung $\prec_2$ (oder die Ordnung $\prec_2$ sei schwächer als die Ordnung $\prec_1$), wenn für alle $x, y \in X$ aus $x \prec_2 y$ folgt, daß $x \prec_1 y$ ist.

Unmittelbar aus der Definition ergibt sich, daß jede (linear) geordnete Menge auch teilweise geordnet ist. Als Beispiel für eine teilweise, jedoch nicht linear geordnete Menge mag die Menge X aller Paare von natürlichen Zahlen mit der folgenden Ordnung dienen: $(x, y) \prec (x', y')$ genau dann, wenn gleichzeitig $x < x'$ und $y < y'$ gilt. Eines der wichtigsten Beispiele für eine teilweise geordnete Menge ist die Menge aller Teilmengen einer gegebenen Menge X, geordnet bezüglich der Inklusion:

$$M \prec M', \quad \text{wenn} \quad M \subset M' \subseteqq X.$$

Definition 6. Es seien a und b zwei Elemente einer geordneten Menge X. Gilt $a \prec x \prec b$, so sagt man, das Element $x \in X$ *liege zwischen* den Elementen a und b. Die Menge aller Elemente x, die zwischen zwei Elementen a und b liegen, nennt man das (*offene*) *Intervall* $(a; b)$ der geordneten Menge X. Fügen wir zu dem Intervall beide „Endpunkte", d. h. die Elemente a und b hinzu, so erhalten wir das *Segment* $[a; b]$[1]. Wenden wir dies auf die Zahlengerade an, so bekommen wir die aus den Grundlagen der Analysis vertrauten Begriffe des Intervalls und des Segments reeller Zahlen.[2]

---

[1] Auch „*abgeschlossenes Intervall*" genannt. (Anm. d. Red. d. deutschsprachigen Ausgabe.)

[2] Fügt man zu dem Intervall $(a; b)$ nur den einen der beiden Endpunkte hinzu, so erhält man die sogenannten *halboffenen* Intervalle $[a; b) = a \cup (a; b)$ und $(a; b] = (a; b) \cup b$.

Eine geordnete Menge kann auch leere Intervalle enthalten. So sind z. B. in der in natürlicher Ordnung geordneten Menge aller natürlichen Zahlen alle Intervalle der Form $(n; n + 1)$ leer.

Elemente x und x' einer geordneten Menge X heißen *benachbart*, wenn das Intervall $(x; x')$ leer ist.

Gibt es in einer teilweise geordneten Menge X ein Element a mit der Eigenschaft, daß für jedes $x \in X$, $x \neq a$, die Beziehung $a \not\succ x$ gilt, so nennen wir a das *erste* (oder das *kleinste*) Element der geordneten Menge X. Gilt umgekehrt für alle $x \in X$, $x \neq a$, die Beziehung $x \not\succ a$, so heißt a *letztes* (oder *größtes*) Element der geordneten Menge X. Offensichtlich gibt es in jeder linear geordneten Menge höchstens ein erstes und höchstens ein letztes Element. In einer teilweise, jedoch nicht linear geordneten Menge hingegen kann es mehrere erste und mehrere letzte Elemente geben. So sind beispielsweise in der oben erwähnten teilweise geordneten Menge X von Paaren natürlicher Zahlen alle Paare der Form $(1, y)$ und $(x, 1)$ erste Elemente. Für jedes Segment $[a; b]$ einer geordneten Menge X (speziell für jedes Segment der Zahlengeraden) ist das Element a das erste und das Element b das letzte Element. In dem Intervall $(a; b)$ der Zahlengeraden gibt es weder ein erstes noch ein letztes Element. In der Menge aller nichtnegativen reellen (bzw. rationalen bzw. ganzen) Zahlen ist Null das erste Element, doch es gibt kein letztes Element. In der Menge aller nichtpositiven Zahlen ist Null das letzte Element.

Definition 7. Eine umkehrbar eindeutige Abbildung f einer geordneten Menge X auf eine geordnete Menge Y heißt *Ähnlichkeitsabbildung* oder *ähnliche Abbildung*, wenn sie die Ordnung unverändert läßt (d. h., wenn aus $x \prec x'$ in X die Beziehung $f(x) \prec f(x')$ in Y folgt).

Zwei geordnete Mengen heißen *ähnlich* (oder *gleichgeordnet* oder *vom selben Ordnungstypus*), wenn man eine von ihnen ähnlich auf die andere abbilden kann.

Beispiele für ähnliche (gleichgeordnete) Mengen.

1. Je zwei endliche geordnete Mengen X und Y, die aus derselben Anzahl s von Elementen bestehen, sind einander ähnlich. Schreiben wir nämlich alle Elemente der beiden Mengen X und Y in der Reihenfolge hin, die jeweils der in den Mengen definierten Ordnung entspricht,

$$x_1 \prec x_2 \prec \cdots \prec x_s,$$

$$y_1 \prec y_2 \prec \cdots \prec y_s,$$

und ordnen wir jedem Element $x_i \in X$ das Element $y_i \in Y$ zu, so erhalten wir offensichtlich eine Ähnlichkeitsabbildung von X auf Y.

2. Die in 1.3. (Beispiel 4, Abb. 1) aufgestellte umkehrbar eindeutige Zuordnung zwischen der ganzen Zahlengeraden und ihrem Intervall $(-1; 1)$ ist eine Ähnlichkeitsabbildung. Die lineare Substitution $y = \dfrac{x - a}{b - a}$ stellt eine umkehrbar eindeutige Zuordnung zwischen den Intervallen $a < x < b$ und $0 < y < 1$ der Zahlengeraden her. Somit sind also alle Intervalle der Zahlengeraden einander und auch der ganzen

Zahlengeraden ähnlich. Ebenso sind auch alle Segmente der Zahlengeraden einander ähnlich. Wichtig ist folgende Bemerkung:

In Definition 7 wurden zwei gleichgeordnete (ähnliche) Mengen als Mengen von gleichem Ordnungstypus bezeichnet. So erhält man den *Begriff des Ordnungstypus durch Abstraktion aus dem Begriff der Klasse der einander ähnlichen Mengen* in gleicher Weise, wie wir den Begriff der Mächtigkeit (oder des „quantitativen" Typus einer Menge) durch Abstraktion aus dem Begriff der Klasse einander äquivalenter Mengen bekamen.

Bemerkung. Die Klasse der geordneten Mengen, die einer gegebenen Menge ähnlich sind, ebenso wie die Klasse der Mengen, die (im Sinne der Mächtigkeit) einer gegebenen Menge äquivalent sind, kann man nicht als logisch einwandfreie Bildung ansehen, als Menge, deren Elemente wirklich gegeben sind. Man kann sich nämlich die Gesamtheit aller möglichen Mengen, die einer gegebenen Menge äquivalent oder ähnlich sein können, nicht vorstellen, schon allein deshalb, weil man die Gesamtheit der Dinge, welche Elemente von irgendwelchen Mengen sein können, einfach nicht übersehen kann. Spricht man in der Mathematik von der Menge aller Gegenstände, die irgendeine Eigenschaft besitzen, so verlangt man natürlicherweise, daß von vornherein eine wohlbestimmte Menge existiert, deren Elemente die in Betracht kommenden Gegenstände sind; sonst gelangt man leicht zu solchen nicht nur inhaltslosen, sondern auch widerspruchsvollen Begriffen wie z. B. dem Begriff „der Menge aller Mengen", aus deren Existenz man jede beliebige sinnlose Schlußfolgerung ziehen kann (die Menge aller Mengen müßte sich selbst als Element enthalten und müßte als Untermenge auch die Menge aller ihrer Untermengen enthalten usw.). Andererseits kann man, wenn das Wort „alle" mit der nötigen Vorsicht und nur im angeführten Sinne gebraucht wird (d. h., wenn dieses Wort nur auf Elemente von Mengen angewendet wird, die von vornherein gegeben sind), soweit man nach der Erfahrung der Geschichte der Mengenlehre urteilen kann, den sogenannten „Paradoxien" dieser Theorie entgehen.

Offenbar sind zwei ähnliche Mengen erst recht einander äquivalent, d. h., sie haben gleiche Mächtigkeit. Daher kann man von der *Mächtigkeit eines gegebenen Ordnungstypus* sprechen, worunter man die Mächtigkeit jeder Menge dieses Typus versteht. Da endliche geordnete Mengen genau dann einander ähnlich sind, wenn sie aus der gleichen Anzahl von Elementen bestehen, stehen die Ordnungstypen der endlichen geordneten Mengen (Ordinalzahlen) in umkehrbar eindeutiger Zuordnung zu ihren Kardinalzahlen (Mächtigkeiten) und können mit diesen identifiziert werden. So wird es in der Arithmetik auch immer gemacht: Die natürlichen Zahlen 1, 2, 3, 4, 5, ... bringen sowohl die Mächtigkeit der endlichen Mengen als auch den Ordnungstypus der endlichen geordneten Mengen zum Ausdruck. Ganz anders liegen die Dinge aber schon bei den einfachsten unendlichen Mengen, nämlich bei den abzählbaren Mengen: Alle abzählbaren Mengen haben auf Grund ihrer Definition die gleiche Mächtigkeit (die Mächtigkeit der Menge aller natürlichen Zahlen, die mit $\aleph_0$ [1]) bezeichnet wird). Übrigens werden wir in Kapitel 3 zeigen, daß die Anzahl der verschiedenen Ordnungstypen abzählbarer unendlicher Mengen nicht nur nicht endlich, sondern sogar überabzählbar ist.

Eine Teilmenge M einer geordneten Menge X heißt *ordnungskonvex*, wenn sie mit je zwei Elementen a, b ($a \prec b$) das durch diese begrenzte Segment $[a; b]$ enthält. Es sei nun Y eine beliebige Teilmenge einer geordneten Menge X. Eine Menge

[1]) $\aleph$ ist der erste Buchstabe des hebräischen Alphabets, genannt „Aleph"; den Ausdruck $\aleph_0$ liest man „Aleph-Null".

$C \subseteqq Y$ wird *Ordnungskomponente* der Menge Y genannt, wenn C ordnungskonvex ist und darüber hinaus keine ordnungskonvexe Menge $C' \subseteqq Y$ existiert, die C als echte Teilmenge enthält.

Wir betrachten auf einer Menge Y die folgende Relation $\sim$:

1. Für jeden Punkt $x \in Y$ gilt stets $x \sim x$.

2. Sind x, y Elemente von $Y, x \neq y$, so gilt $x \sim y$ genau dann, wenn $[x; y] \subseteqq Y$ ist, falls $x \prec y$ ist, oder $[y; x] \subseteqq Y$, falls $y \prec x$ ist.

Der Leser überzeugt sich leicht, daß die Relation $\sim$ auf der Menge Y eine Äquivalenzrelation darstellt. Die Menge Y zerfällt folglich in Äquivalenzklassen. Es sei C eine beliebige Äquivalenzklasse, $a, b \in C$ und $a \prec b$. Aus der Definition der Äquivalenzrelation folgt $[a; b] \subseteqq Y$. Für jeden Punkt $x \in (a; b)$ gilt $[a; x] \subseteqq Y$. Somit ergibt sich $a \sim x$ und $x \in C$. Die Menge C ist also ordnungskonvex. Zugleich ist jede ordnungskonvexe Menge in einer Äquivalenzklasse enthalten. Die Menge C ist somit eine Ordnungskomponente der Menge Y. Diese Überlegungen sind ein Beweis für das folgende

Theorem 13. *Jede Teilmenge Y einer geordneten Menge X zerfällt in eine disjunkte Summe von Ordnungskomponenten.*

Den geordneten Mengen ist das dritte Kapitel dieses Buches gewidmet. Hier wollen wir uns auf diese einführenden Bemerkungen beschränken.

1.6. Vergleich von Mächtigkeiten

Schon bei der Definition der Mächtigkeit sprachen wir davon, daß der Begriff der Mächtigkeit im Fall unendlicher Mengen die Verallgemeinerung des Begriffes der Anzahl der Elemente einer endlichen Menge ist. Eine der Haupteigenschaften der Quantität besteht jedoch darin, daß zwei Quantitäten entweder gleich oder eine von ihnen größer als die andere ist. Dadurch ergibt sich das Problem des Vergleichs von Mächtigkeiten.

Es seien zwei Mengen A und B gegeben. Logisch sind folgende Fälle möglich:

1. Es gibt eine umkehrbar eindeutige Zuordnung zwischen A und B.

2. Es gibt eine umkehrbar eindeutige Zuordnung zwischen der einen Menge, z. B. A, und einer echten Teilmenge der anderen Menge B, aber keine umkehrbar eindeutige Zuordnung zwischen der Menge B und einer Teilmenge von A.

3. Es existiert eine umkehrbar eindeutige Zuordnung zwischen der Menge A und einer echten Teilmenge von B, aber auch eine umkehrbar eindeutige Zuordnung zwischen der Menge B und einer echten Teilmenge der Menge A.

4. Es gibt weder eine umkehrbar eindeutige Zuordnung zwischen der Menge A und einer Teilmenge von B noch eine umkehrbar eindeutige Zuordnung zwischen B und einer Teilmenge von A.

Sind A und B endliche Mengen, so sind der dritte und der vierte Fall unmöglich. Haben nämlich diese Mengen die gleiche Anzahl von Elementen, so tritt der erste Fall ein, andernfalls der zweite.

In 3.6. wird bewiesen, daß der vierte Fall auch für unendliche Mengen unmöglich ist. Dieser Beweis beruht jedoch auf einem Axiom (dem sogenannten Axiom von ZERMELO [„Auswahlaxiom“]), das in den meisten, aber nicht allen Axiomensystemen der Mengenlehre enthalten ist.

Der dritte Fall kann bei unendlichen Mengen auftreten; sind z. B. A und B abzählbare Mengen, so läßt sich für sie gleichzeitig der erste und dritte Fall realisieren. Wir werden gleich zeigen, daß mit dem dritten Fall auch immer der erste eintritt. Für unendliche Mengen folgt, wie man leicht aus Theorem 6 herleitet, aus dem ersten Fall immer der dritte.

Gehen wir also zum Beweis des folgenden Satzes über:

Theorem 14 (Cantor-Bernsteinscher Äquivalenzsatz). *Ist von zwei Mengen jede einer Teilmenge der anderen äquivalent, so sind diese beiden Mengen einander äquivalent.*

Beweis. Es sei A der Menge $B_1 \subset B$ und gleichzeitig B der Menge $A_1 \subset A$ äquivalent.

Wegen der umkehrbar eindeutigen Zuordnung, die laut Voraussetzung zwischen B und A_1 besteht, entspricht der Menge B_1 eine gewisse (offenbar echte) Untermenge A_2 von A_1. Also gilt

$$\left.\begin{array}{l} A \supset A_1 \supset A_2, \\ A \text{ äquivalent } A_2, \\ B \text{ äquivalent } A_1. \end{array}\right\} \quad (1)$$

Wenn wir zeigen, daß unter den Bedingungen (1) die Menge A_1 der Menge A (und A_2) äquivalent ist, so ist damit auch der Cantor-Bernsteinsche Satz bewiesen.

Wir betrachten irgendeine eineindeutige Abbildung f der Menge A auf die Menge A_2. Bei der Abbildung f wird

$$\begin{array}{l} A \text{ abgebildet auf } A_2, \\ A_1 \subset A \text{ abgebildet auf ein gewisses } A_3 \subset A_2, \\ A_2 \subset A_1 \text{ abgebildet auf ein gewisses } A_4 \subset A_3, \\ A_3 \subset A_2 \text{ abgebildet auf ein gewisses } A_5 \subset A_4, \\ \dots\dots\dots\dots\dots\dots \end{array}$$

usw. in unendlicher Folge.

Da f eineindeutig ist, wird offenbar

$$\begin{array}{l} A \setminus A_1 \text{ abgebildet auf } A_2 \setminus A_3, \\ A_1 \setminus A_2 \text{ abgebildet auf } A_3 \setminus A_4, \\ A_2 \setminus A_3 \text{ abgebildet auf } A_4 \setminus A_5, \\ A_3 \setminus A_4 \text{ abgebildet auf } A_5 \setminus A_6, \\ A_4 \setminus A_5 \text{ abgebildet auf } A_6 \setminus A_7, \\ \dots\dots\dots\dots\dots \end{array}$$

woraus die Äquivalenz der Mengen

$$\left.\begin{array}{l}(A \setminus A_1) \cup (A_2 \setminus A_3) \cup (A_4 \setminus A_5) \cup \cdots, \\ (A_2 \setminus A_3) \cup (A_4 \setminus A_5) \cup (A_6 \setminus A_7) \cup \cdots\end{array}\right\} \qquad (2)$$

folgt.

Setzen wir jetzt

$$D = A \cap A_1 \cap A_2 \cap A_3 \cap \cdots,$$

so lassen sich die Identitäten

$$\left.\begin{array}{l}A \;= D \cup (A \setminus A_1) \cup (A_1 \setminus A_2) \cup (A_2 \setminus A_3) \cup (A_3 \setminus A_4) \cup \cdots, \\ A_1 = D \cup \qquad\qquad\quad (A_1 \setminus A_2) \cup (A_2 \setminus A_3) \cup (A_3 \setminus A_4) \cup \cdots\end{array}\right\} \qquad (3)$$

leicht bestätigen, die man offensichtlich auch wie folgt schreiben kann:

$$\left.\begin{array}{l}A \;= [D \cup (A_1 \setminus A_2) \cup (A_3 \setminus A_4) \cup \cdots] \cup [(A \setminus A_1) \cup (A_2 \setminus A_3) \cup \cdots], \\ A_1 = [D \cup (A_1 \setminus A_2) \cup (A_3 \setminus A_4) \cup \cdots] \cup [(A_2 \setminus A_3) \cup (A_4 \setminus A_5) \cup \cdots].\end{array}\right\} \qquad (3')$$

Auf den rechten Seiten dieser beiden Gleichungen steht jeweils in der ersten eckigen Klammer dieselbe Menge, während in den zweiten eckigen Klammern die äquivalenten Mengen (2) stehen; stellen wir zwischen den beiden Mengen (2) eine umkehrbar eindeutige Zuordnung her und ordnen wir jedes Element der Menge

$$D \cup (A_1 \setminus A_2) \cup (A_3 \setminus A_4) \cup \cdots$$

sich selbst zu, so erhalten wir eine umkehrbar eindeutige Zuordnung zwischen den Mengen A und A_1. Damit ist der Satz bewiesen.

Hätten wir die Unmöglichkeit des vierten Falles schon bewiesen, so könnten wir sagen, daß für zwei Mengen A und B nur folgende zwei Möglichkeiten in Frage kommen: Entweder sind die Mengen A und B äquivalent (gleichmächtig) oder eine von ihnen, z. B. A, ist einer echten Teilmenge der anderen, der Menge B, äquivalent, wobei dann die Menge B keiner Teilmenge der Menge A äquivalent ist.

Im zweiten Fall sagen wir, die Mächtigkeit der Menge A sei kleiner als die Mächtigkeit der Menge B (oder die Mächtigkeit der Menge B sei größer als die Mächtigkeit der Menge A).

Alle diese Erörterungen über die Mächtigkeit sind natürlich nur dann von Interesse, wenn es verschiedene unendliche Mächtigkeiten gibt. Wir werden gleich sehen, daß dies wirklich der Fall ist. Wir werden zeigen, daß zu jeder Menge M eine Menge existiert, deren Mächtigkeit größer ist als die Mächtigkeit der Menge M.

Wir beweisen nämlich folgenden Satz:

Theorem 15. *Es seien X und Y zwei beliebige nichtleere Mengen, die der einzigen Bedingung genügen, daß Y aus mehr als einem Element besteht. Die Menge aller verschiedenen Abbildungen der Menge X in die Menge Y hat eine Mächtigkeit, die größer ist als die Mächtigkeit der Menge X.*

Dabei sehen wir natürlich zwei Abbildungen f_1 und f_2 der Menge X in die Menge Y

als verschieden an, wenn für wenigstens ein Element $x \in X$ die Elemente $f_1(x)$ und $f_2(x)$ der Menge Y voneinander verschieden sind.

Beweis. Wir bezeichnen mit Y^X die Menge aller Abbildungen der Menge X in die Menge Y. Entsprechend der Definition der Ungleichheit von Mächtigkeiten müssen wir zwei Behauptungen beweisen:

1. Es gibt eine eineindeutige Abbildung der Menge X auf eine gewisse Untermenge der Menge Y^X.

2. Es gibt keine eineindeutige Abbildung der Menge X auf die ganze Menge Y^X.

Zum Beweis der ersten Behauptung wählen wir in der Menge Y zwei beliebige verschiedene Elemente y' und y'' und stellen auf folgende Weise für jedes Element x_0 der Menge X eine Abbildung f_{x_0} der Menge X in die Menge Y her: Das Bild eines gegebenen Elementes x_0 bei der Abbildung f_{x_0} sei $f_{x_0}(x_0) = y'$, und das Bild jedes von x_0 verschiedenen Elementes $x \in X$ bei der Abbildung f_{x_0} sei $f_{x_0}(x) = y''$. Verschiedenen Elementen x_1, x_2 der Menge X entsprechen verschiedene Abbildungen; denn es ist

$$f_{x_1}(x_1) = y',$$

$$f_{x_2}(x_1) = y''.$$

Somit haben wir eine eineindeutige Zuordnung zwischen der Menge X und einer Teilmenge der Menge Y^X hergestellt.

Wir zeigen jetzt, daß es keine eineindeutige Zuordnung zwischen der Menge X und der Menge Y^X gibt.

Dazu nehmen wir an, es existiere eine solche Zuordnung, und bezeichnen mit f^ξ dasjenige Element der Menge Y^X, das bei dieser Zuordnung dem Element ξ der Menge X entspricht. Den gewünschten Widerspruch erhalten wir, wenn wir ein Element f der Menge Y^X angeben können, das von allen f^ξ verschieden ist.

Ein solches Element f, d. h. eine solche Abbildung der Menge X in die Menge Y, stellen wir auf folgende Weise her. Wir betrachten ein beliebiges Element ξ der Menge X; das Bild dieses Elementes bei der Abbildung f^ξ ist das Element $f^\xi(\xi)$ der Menge Y. Wir definieren nun $f(\xi)$, indem wir $f(\xi) = \eta$ setzen, wobei η ein beliebiges Element der Menge Y ist, das lediglich der Bedingung $\eta \neq f^\xi(\xi)$ unterliegt (diese Bedingung ist immer erfüllbar, da nach Voraussetzung die Menge Y wenigstens zwei Elemente enthält).

Wir behaupten, daß die Abbildung f von allen Abbildungen f^ξ verschieden ist; denn würde f mit einem f^ξ übereinstimmen, so hätten wir speziell für das Element $\xi \in X$ die Beziehung

$$f(\xi) = f^\xi(\xi),$$

die aber der Definition unserer Abbildung widerspricht. Damit ist der Satz bewiesen.

Bemerkung 1. Der eben bewiesene Satz, der zu den bedeutendsten Sätzen der Mengenlehre gehört, wurde von Georg Cantor, dem Begründer der Mengenlehre, bewiesen, der dabei diese Beweismethode anwandte. Diese Beweismethode ist unter dem Namen *Cantorsches Diagonalverfahren* bekannt.

Wir wollen verschiedene Spezialfälle des Cantorschen Satzes betrachten.

Zunächst möge die Menge Y aus zwei Elementen, etwa aus den Elementen 0 und 1, bestehen. Dann entspricht jeder Abbildung f der Menge X in die Menge Y eine Zerlegung der Menge X in zwei disjunkte Untermengen: in die Untermenge $X_0{}^f$, die aus denjenigen Elementen $x \in X$ besteht, für die $f(x) = 0$ ist, und in die Untermenge $X_1{}^f$, die aus den übrigen Elementen der Menge X besteht (d. h. aus denjenigen $x \in X$, für die $f(x) = 1$ ist). Richten wir unsere Aufmerksamkeit auf die Untermenge $X_0{}^f$, so können wir sagen: Jeder Abbildung f der Menge X in die Menge Y, die aus den beiden Elementen 0 und 1 besteht, entspricht eine bestimmte Untermenge X_0 der Menge X (nämlich die Untermenge $X_0{}^f$). Dabei wird jeder Untermenge X_0 der Menge X eine wohlbestimmte Abbildung der Menge X in die Menge Y zugeordnet, nämlich die Abbildung f, die durch die Bedingung $f(x) = 0$ für $x \in X_0$, $f(x) = 1$ für $x \in X \setminus X_0$ festgelegt ist. Somit wurde eine eineindeutige Zuordnung zwischen der Menge aller Untermengen einer Menge X und der Menge aller Abbildungen der Menge X in die aus den beiden Elementen 0 und 1 bestehende Menge Y hergestellt.[1]) Da diese Menge der Abbildungen von größerer Mächtigkeit ist als die Menge X, ist damit folgender Satz bewiesen:

Theorem 16. *Die Menge aller Untermengen jeder nichtleeren Menge X hat größere Mächtigkeit als die Menge X selbst.*

Bemerkung 2. Die Aussage von Theorem 16 gilt auch für die leere Menge X. In diesem Fall enthält die Menge aller Teilmengen von X ein Element, die leere Menge nämlich, und besitzt somit die Mächtigkeit 1. Die Menge X ihrerseits besitzt die Mächtigkeit 0.

Bemerkung 3. Die Anzahl der Abbildungen einer endlichen Menge X in eine endliche Menge Y ist, wie man leicht zeigen kann, gleich b^a, wobei a die Anzahl der Elemente der Menge X und b die Anzahl der Elemente von Y ist.

Insbesondere ist die Anzahl aller Abbildungen einer endlichen Menge X in eine nur aus zwei Elementen bestehende Menge (oder die Anzahl aller Untermengen einer endlichen Menge X) gleich 2^a. Daher bezeichnet man auch im Fall unendlicher Mengen die Mächtigkeit der Menge der Abbildungen von X in Y mit b^a, wobei a und b die Mächtigkeiten der Mengen X bzw. Y sind. Speziell bezeichnet man die Mächtigkeit der Menge aller Untermengen einer Menge X mit 2^a, wenn a die Mächtigkeit der Menge X ist. Diese Bezeichnungen gliedern sich logisch in die allgemeine Arithmetik der Mächtigkeiten ein, in der nicht nur das Potenzieren, sondern auch die allgemeine Operation der Multiplikation von Mächtigkeiten (bei beliebiger Mächtigkeit der Menge der Faktoren) sowie die sehr einfache Operation der Addition von Mächtigkeiten betrachtet werden. Näheres darüber siehe in 3.6.

[1]) Bei dieser Zuordnung entsprechen den uneigentlichen Untermengen der Menge X zwei Abbildungen, von denen die eine die ganze Menge X auf das Element 1 und die andere die ganze Menge X auf das Element 0 abbildet.

Wir betrachten die Menge aller Abbildungen der Menge N der natürlichen Zahlen in die Menge, die nur aus den Elementen 0 und 1 besteht. Jede solche Abbildung, die jeder natürlichen Zahl n eine Zahl i_n, wobei $i_n = 0$ oder $i_n = 1$ ist, zuordnet, führt zur Konstruktion einer unendlichen Folge

$$i_1, i_2, i_3, \ldots, i_n, \ldots, \qquad i_n = \begin{cases} 0 \\ 1 \end{cases}, \tag{4}$$

oder eines unendlichen Dualbruches

$$0{,}i_1 i_2 \ldots i_n, \qquad i_n = \begin{cases} 0 \\ 1 \end{cases},$$

und umgekehrt definiert jede solche Folge, jeder unendliche Dualbruch eine Abbildung f, wobei $f(n) = 0$ oder $f(n) = 1$ ist. Somit hat die Menge aller unendlichen Dualbrüche die gleiche Mächtigkeit wie die Menge aller Untermengen der Menge der natürlichen Zahlen.

Bezeichnet man (wie es oben gemacht wurde) die Mächtigkeit einer abzählbaren Menge mit $\aleph_0$, so kann man sagen, die Mächtigkeit der Menge aller Folgen (4) sei $2^{\aleph_0}$.

Folglich ist die Menge aller unendlichen Dualbrüche äquivalent der Menge aller Untermengen der Menge der natürlichen Zahlen und hat daher die Mächtigkeit $2^{\aleph_0}$.

Definition 8. Die Mächtigkeit $2^{\aleph_0}$ heißt *Mächtigkeit des Kontinuums* und wird mit $\mathfrak{c}$ bezeichnet; sie ist überabzählbar ($2^{\aleph_0} > \aleph_0$).

Wir beschäftigen uns mit dieser Mächtigkeit in 2.4.

2. Reelle Zahlen

2.1. Die Dedekindsche Definition der Irrationalzahl

In diesem Kapitel wird die Theorie der reellen Zahlen aufbauend auf der Voraussetzung entwickelt, daß die rationalen Zahlen und ihre Rechengesetze bekannt sind. Die Menge R_0 der rationalen Zahlen wollen wir durch neue mathematische Objekte ergänzen, die sogenannten Irrationalzahlen, um so die Menge der reellen Zahlen mit ihrer Algebra und Topologie zu gewinnen.

R_0 ist eine geordnete Menge, die keine leeren Intervalle besitzt (wie wir auch zwei verschiedene rationale Zahlen r' und r'' wählen, immer gibt es zwischen r' und r'' unendlich viele rationale Zahlen r, z. B. $r_1 = \frac{1}{2}(r' + r'')$, $r_2 = \frac{1}{2}(r' + r_1)$, $r_3 = \frac{1}{2}(r' + r_2), \ldots$).

Nach dieser einleitenden Bemerkung wollen wir zur Dedekindschen Definition der irrationalen Zahlen übergehen.

Eine Zerlegung einer geordneten Menge X in zwei disjunkte Teilmengen A und B mit der Eigenschaft, daß $x < y$ für beliebige Elemente $x \in A$, $y \in B$ gilt, heißt ein *Schnitt* in X. Ein Schnitt (A, B) heißt *eigentlich*, wenn die beiden Mengen A und B nicht leer sind. Im allgemeinen werden wir im weiteren unter einem Schnitt einen eigentlichen Schnitt verstehen, ohne darauf jeweils hinzuweisen. Gelegentlich werden wir jedoch auch gezwungen sein, auf uneigentliche Schnitte zurückzugreifen.

Die Menge A heißt *Unterklasse* und die Menge B *Oberklasse*.

In diesem Paragraphen werden wir nur Schnitte in der (in *natürlicher* Weise[1]) geordneten) Menge aller rationalen Zahlen betrachten.

Beispiele für Schnitte.

1. Ist r eine beliebige rationale Zahl und nehmen wir als Menge A die Menge aller rationalen Zahlen $a \leqq r$ und als B die Menge aller übrigen rationalen Zahlen, so bekommen wir einen Schnitt.

Offensichtlich ist r die größte aller zur Unterklasse A gehörenden Zahlen.

2. Es sei r eine beliebige rationale Zahl; rechnen wir zur Klasse A alle rationalen Zahlen, die kleiner als r sind, und zur Klasse B alle übrigen rationalen Zahlen, so

---

[1]) Das heißt der Größe nach (siehe S. 24).

erhalten wir wieder einen Schnitt, wobei jetzt r die kleinste der Zahlen der Klasse B ist.

3. Zur Klasse A zählen wir alle negativen rationalen Zahlen, die Zahl Null und alle positiven rationalen Zahlen, deren Quadrat kleiner als 2 ist. Zur Klasse B rechnen wir alle übrigen rationalen Zahlen. Da es keine rationale Zahl gibt, deren Quadrat gleich 2 ist,[1]) sind die Quadrate aller rationalen Zahlen, die zu B gehören, größer als 2.

Wir wollen zeigen, daß es in A keine größte und in B keine kleinste Zahl gibt.

Es sei r eine beliebige Zahl aus der Klasse A, so daß $r^2 < 2$ ist. Dann ist für hinreichend großes n auch die Zahl $r + \frac{1}{n}$ in dieser Klasse enthalten; denn für $n > 1$ gilt

$$\left(r + \frac{1}{n}\right)^2 = r^2 + \frac{2r}{n} + \frac{1}{n^2} < r^2 + \frac{2r + 1}{n}.$$

Damit die rechte Seite kleiner als 2 wird, genügt es, $n > \frac{2r + 1}{2 - r^2}$ zu wählen. Somit gilt für beliebiges $r \in A$ bei hinreichend großem n auch $r + \frac{1}{n} \in A$, d. h. aber, in A gibt es keine größte Zahl. Ganz analog zeigt man, daß es in B keine kleinste Zahl gibt.

Theorem 1. *Für jeden Schnitt (A, B) in der Menge aller rationalen Zahlen gibt es nur folgende drei Möglichkeiten:*

1. ***Es gibt in der Unterklasse A eine größte Zahl r (dann gibt es in der Oberklasse keine kleinste Zahl).***

2. ***In der Oberklasse B gibt es eine kleinste Zahl r (dann gibt es in der Unterklasse keine größte Zahl).***

3. ***Es gibt weder in der Unterklasse eine größte noch in der Oberklasse eine kleinste Zahl.***

Beweis. Der vierte logisch mögliche Fall, daß es in A ein größtes Element a und in B ein kleinstes Element b gibt, kann nicht eintreten, da dann zwischen den Zahlen a und b keine einzige rationale Zahl liegen würde.

Definition 1. In den Fällen 1 und 2 sagt man, der Schnitt (A, B) bestimme eine rationale Zahl r; im Fall 3 sagt man, der Schnitt bestimme eine gewisse *irrationale* Zahl.

---

[1]) Da $r^2 = |r|^2$ ist, genügt es zu zeigen, daß es keine positive rationale Zahl gibt, deren Quadrat gleich 2 ist. Sicherlich gibt es keine ganze Zahl, deren Quadrat gleich 2 ist, da $1^2 = 1$ und $n^2 \geqq 4$ für $n \geqq 2$ ist. Angenommen, es gäbe einen Bruch aus teilferfremden Zahlen p und q derart, daß $\left(\frac{p}{q}\right)^2 = 2$ ist. Dann wäre $p^2 = 2q^2$ eine gerade Zahl. Da das Quadrat einer ungeraden Zahl wieder eine ungerade Zahl ist, ist p eine gerade Zahl, also $p = 2p'$ (p' ganz), d. h., es wäre $4p'^2 = 2q^2$ oder $q^2 = 2p'^2$. Dann wäre aber auch q gerade, und somit wären p und q nicht teilerfremd. Durch diesen Widerspruch ist unsere Behauptung bewiesen.

Manchmal sagt man, eine irrationale Zahl sei ein Schnitt. Bei einem anderen Aufbau der Theorie der reellen Zahlen werden eben diese irrationalen Zahlen (z. B. $\sqrt{2}$ oder π) mit ganz anderen Gebilden, z. B. mit unendlichen Dezimalbrüchen, in Zusammenhang gebracht, wobei man auch hier manchmal sagt, eine irrationale Zahl sei ein unendlicher (nichtperiodischer) Dezimalbruch. In beiden Fällen wollen wir lieber sagen, eine irrationale Zahl werde durch einen Schnitt oder einen unendlichen Dezimalbruch usw. bestimmt.

Wir wollen nun definieren, was wir unter den Begriffen „größer" und „kleiner" bei Anwendung auf irrationale Zahlen zu verstehen haben.

Gegeben sei eine irrationale Zahl ξ, d. h., wir haben einen Schnitt (A_ξ, B_ξ) in der Menge aller rationalen Zahlen. Wir führen folgende Definition ein: Die irrationale Zahl ξ ist größer als jedes $a \in A_\xi$ und kleiner als jedes $b \in B_\xi$.

Definition 2. Eine irrationale Zahl ξ heißt *positiv*, wenn $\xi > 0$, und *negativ*, wenn $\xi < 0$ ist.

Wir nehmen an, wir hätten zwei irrationale Zahlen ξ und η, die durch die Schnitte (A_ξ, B_ξ) und (A_η, B_η) bestimmt sind. Dann können drei Fälle eintreten:

1. $A_\xi = A_\eta$; dann ist $B_\xi = B_\eta$ und $\xi = \eta$.

2. Es gibt eine Zahl $a \in A_\xi$, die nicht zu A_η gehört (d. h. $a \in A_\xi \cap B_\eta$). Dann[1]) gilt $A_\eta \subset A_\xi$, und wir setzen $\eta < \xi$.

3. Es gibt eine Zahl $a \in A_\eta$, die nicht zu A_ξ gehört (d. h. $a \in A_\eta \cap B_\xi$). Dann ist $A_\xi \subset A_\eta$, und wir setzen $\xi < \eta$.

Man prüft leicht nach, daß diese Definitionen die Menge R^1 aller *reellen* (d. h. der rationalen und irrationalen) Zahlen in eine geordnete Menge verwandeln.

Theorem 2. *Unter den reellen Zahlen gibt es keine kleinste und keine größte Zahl.*

Beweis. Es sei ξ die größte Zahl; ξ kann nicht rational sein, weil dann $\xi + 1 > \xi$ wäre. Wäre ξ irrational, so sei (A, B) der Schnitt, durch den ξ bestimmt wird, und $b \in B$; dann wäre $b > \xi$. Ganz analog zeigt man, daß es keine kleinste reelle Zahl gibt.

Theorem 3. *Wie man auch zwei verschiedene reelle Zahlen x und $y \neq x$ wählt, immer lassen sich unendlich viele rationale Zahlen finden, die zwischen ihnen liegen.*

Es genügt zu zeigen, daß zwischen je zwei reellen Zahlen wenigstens eine rationale Zahl liegt.

Der Satz ist gewiß richtig, wenn x und y beide rational sind.

Es sei eine von ihnen, z. B. x, irrational, $x = (A, B)$, und die andere rational. Ist $y > x$, so ist $y \in B$, und in B gibt es keine kleinste Zahl. Daher existiert in B bestimmt eine (rationale) Zahl y', die kleiner als y und größer als x ist. Ist $y < x$, so ist $y \in A$, und es gibt dann in A sicher eine (rationale) Zahl y', die größer als y und kleiner als x ist.

Schließlich seien beide Zahlen x und y irrational. Da sie voneinander verschieden sind, existiert gewiß eine rationale Zahl, die der Unterklasse des einen Schnitts

[1]) Jedes $x \in A_\eta$ ist kleiner als a, also in A_ξ enthalten, d. h. $A_\eta \subset A_\xi$.

und der Oberklasse des anderen Schnitts angehört und infolgedessen kleiner als eine der beiden irrationalen Zahlen und größer als die andere ist.

Theorem 4. *Gegeben sei eine irrationale Zahl* $\xi = (A, B)$. *Zu jeder positiven Zahl* ε *gibt es zwei rationale Zahlen* a *und* b, *die den Ungleichungen* $a < \xi < b$ *und* $b - a < \varepsilon$ *genügen.*

Es genügt, den Satz für rationale ε zu beweisen. Wäre nämlich ε irrational, so brauchte man nur eine positive rationale Zahl $\varepsilon' < \varepsilon$ zu nehmen (ein solches ε' existiert auf Grund des vorhergehenden Satzes). Also sei ε rational. Dann wählen wir beliebige $a_0 \in A$ und $b_0 \in B$ und konstruieren eine Folge rationaler Zahlen:

$$a_0, a_1 = a_0 + \frac{\varepsilon}{2}, \ \ldots, \ a_n = a_0 + n\,\frac{\varepsilon}{2}. \tag{1}$$

Nehmen wir $n > \dfrac{2(b_0 - a_0)}{\varepsilon}$, so ist $a_n > b_0$, $a_n \in B$. Es sei nun a_k, $k \geqq 1$, die erste unter den Zahlen (1), die zu B gehört. Dann ist $a_{k-1} \in A$, $a_k \in B$, $0 < a_k - a_{k-1} = \varepsilon/2 < \varepsilon$.

2.2. Schnitte in der Menge der reellen Zahlen. Obere und untere Grenze

Theorem 5. *Zu jedem beliebigen Schnitt* (A, B) *in der Menge aller reellen Zahlen existiert immer entweder eine größte Zahl in* A *oder eine kleinste Zahl in* B, *wobei die eine Möglichkeit die andere ausschließt.*

Beweis. Wir bezeichnen mit A' bzw. B' die Menge der rationalen Zahlen, die zu A bzw. B gehören. Somit haben wir also einen Schnitt (A', B') in der Menge der rationalen Zahlen. Dann sind drei Fälle möglich:

1. Entweder es gibt in A' eine größte rationale Zahl;
2. oder es gibt in B' eine kleinste rationale Zahl;
3. oder es gibt weder in A' eine größte noch in B' eine kleinste rationale Zahl.

Es sei ξ die größte Zahl in A'. Wir wollen zeigen, daß ξ auch die größte Zahl in A ist. Wäre nämlich ξ nicht die größte Zahl in A, so gäbe es in A eine gewisse Zahl $a > \xi$; nehmen wir nun eine rationale Zahl a' zwischen ξ und a, so erhielten wir einen Widerspruch, denn es wäre $a' \in A'$ und $a' > \xi$.

Ganz analog zeigt man, daß die kleinste Zahl in B' auch die kleinste Zahl in B ist.

Es bleibt also nur noch der dritte Fall zu betrachten. Hier definiert der Schnitt (A', B') eine irrationale Zahl ξ. Da jede reelle Zahl entweder in A oder in B enthalten ist, muß auch ξ in einer der beiden Mengen enthalten sein. Es sei etwa $\xi \in A$. Gäbe es in A eine Zahl $a > \xi$, so könnten wir eine rationale Zahl a' zwischen a und ξ wählen, und es wäre $a' \in A'$ und $a' < \xi$ (im Widerspruch zu der Wahl von a').

Ist $\xi \in B$, so können wir entsprechend zeigen, daß ξ in B die kleinste Zahl ist. Gäbe es schließlich in A eine größte und in B eine kleinste Zahl, so bekämen wir einen Widerspruch zu Theorem 3.

Bemerkung über die geometrische Darstellung der reellen Zahlen. Schon in der elementaren Algebra zeigt man, von der anschaulichen Vorstellung der Geraden ausgehend, daß bei Wahl von zwei Punkten, eines Nullpunktes (Koordinatenursprung) und eines Einheitspunktes, auf dieser Geraden ein Gitter sogenannter rationaler Punkte aufgetragen werden kann, wobei diese rationalen Punkte den rationalen Zahlen eineindeutig entsprechen. Dieses Konstruktionsverfahren für die Menge aller rationalen Punkte einer Geraden kann streng begründet werden, d. h., es kann aus einem Axiomensystem der elementaren Geometrie abgeleitet werden, worauf wir aber hier nicht eingehen wollen. Dieselben Axiome gestatten es, auch die übrigen (d. h. die nichtrationalen) Punkte der Geraden umkehrbar eindeutig den irrationalen Zahlen zuzuordnen, so daß man schließlich eine eineindeutige Zuordnung zwischen der Menge aller Punkte der Geraden und der Menge aller reellen Zahlen erhält. Haben wir ein für alle Mal eine solche Zuordnung hergestellt, so sprechen wir von der „Zahlengeraden". Im übrigen kann sich der Leser damit begnügen, der Einfachheit halber die reellen Zahlen Punkte der Zahlengeraden zu nennen, und bei allen Erörterungen über reelle Zahlen sich der geometrischen Ausdrucksweise bedienen. So sagen wir z. B. oft, wenn die reelle Zahl a kleiner als die reelle Zahl b ist, der Punkt a liege links vom Punkt b, usf.

Definition 3. Eine Menge M reeller Zahlen heißt *nach oben* (bzw. *nach unten*) *beschränkt*, wenn es eine Zahl c gibt derart, daß alle Elemente dieser Menge kleiner (bzw. größer) sind als c. Eine Menge heißt *beschränkt*, wenn sie sowohl nach oben als auch nach unten beschränkt ist.

Gegeben sei eine nichtleere nach oben beschränkte Menge M reeller Zahlen. Wir bezeichnen mit B die Menge aller derjenigen Punkte der Zahlengeraden, die rechts von allen Punkten liegen, die zur Menge M gehören, und mit A die Menge derjenigen reellen Zahlen, die nicht in B liegen. Offenbar gibt es für jeden Punkt $x \in A$ wenigstens ein $\xi \in M$ mit $x \leqq \xi$; folglich gilt $M \subseteqq A$.

Es sei a ein beliebiger Punkt der Menge A und b ein beliebiger Punkt der Menge B. Wegen $a \in A$ gibt es einen Punkt $\xi \in M$ derart, daß $a \leqq \xi$ ist; wegen $b \in B$ gilt $\xi < b$. Folglich ist $a < b$, d. h., (A, B) ist ein Schnitt in der Menge aller reellen Zahlen. Dieser Schnitt bestimmt auf Grund von Theorem 5 eine reelle Zahl β_M, die entweder die größte Zahl in A oder die kleinste Zahl in B ist.

Wir wollen zeigen, daß β_M *die kleinste aller reellen Zahlen* β *ist, die der Bedingung*

$$\beta \geqq \xi \quad \textit{für alle} \quad \xi \in M \tag{1}$$

genügen.

Die Zahl β_M ist nämlich entweder die größte Zahl in A oder die kleinste Zahl in B. In dem einen wie in dem anderen Fall kann β_M nicht kleiner als irgendeine Zahl $\xi \in A$ sein, infolgedessen erst recht nicht kleiner als irgendeine Zahl $\xi \in M$.

Andererseits läßt sich für jedes $a < \beta_M$ eine Zahl a' zwischen a und β_M finden;

wegen $a' \in A$ gibt es eine Zahl $\xi \in M$, so daß $a' \leqq \xi$ ist, d. h. $a < \xi$. Somit ist β_M tatsächlich die kleinste unter allen Zahlen β, die der Bedingung (1) genügen. Die Zahl β_M ist für jede nichtleere nach oben beschränkte Menge M eindeutig bestimmt und heißt die *obere Grenze* der Menge M.

Wir werden die obere Grenze einer Menge M reeller Zahlen immer mit $\sup M$ bezeichnen (gelesen: supremum von M).

Die obere Grenze einer Menge reeller Zahlen gehört in manchen Fällen zur Menge, in anderen Fällen nicht, wie aus folgenden Beispielen ersichtlich ist:

1. Die Menge aller negativen ganzen Zahlen hat als obere Grenze die Zahl -1, die der Menge angehört.

2. Die Menge aller negativen Zahlen hat als obere Grenze die Zahl 0, die dieser Menge nicht angehört.

3. Das Intervall $(0; 1)$ hat als obere Grenze die Zahl 1, die nicht mehr zum Intervall gehört.

4. Das Segment $[0; 1]$ hat als obere Grenze die Zahl 1, die selbst dazu gehört.

5. Die Menge der rationalen Zahlen, die kleiner als Eins sind, hat als obere Grenze die Zahl 1, die nicht zu dieser Menge gehört.

Es sei jetzt eine nichtleere nach unten beschränkte Menge M gegeben. Zur Klasse A zählen wir alle Zahlen, die kleiner als alle Elemente der Menge M sind, zur Klasse B alle übrigen reellen Zahlen. Auf diese Weise erhalten wir einen Schnitt in der Menge aller reellen Zahlen, der eine gewisse Zahl α_M bestimmt. Entsprechend den eben durchgeführten Überlegungen überzeugen wir uns davon, daß *α_M die größte aller der Zahlen ist, die der Bedingung $\alpha \leqq \xi$ für alle $\xi \in M$ genügen.* Die Zahl α_M heißt *untere Grenze* der Menge M und wird mit $\inf M$ bezeichnet (gelesen: infimum von M).

Aus den vorhergehenden Definitionen folgt:

Theorem 6. *Es gibt keinen einzigen Punkt der Menge M, der links von $\alpha = \inf M$ liegt, aber jedes halboffene Intervall der Gestalt $[\alpha; b)$ enthält wenigstens einen Punkt $\xi \in M$.*

Theorem 7. *Es gibt keinen einzigen Punkt der Menge M, der rechts von $\beta = \sup M$ liegt, aber jedes halboffene Intervall der Gestalt $(a; \beta]$ enthält wenigstens einen Punkt $\xi \in M$.*

Ist die Menge M beschränkt, so hat sie sowohl eine untere Grenze α als auch eine obere Grenze β. Das Segment $[\alpha; \beta]$ enthält die ganze Menge M, und es ist das kleinste Segment, das diese Menge enthält (mit anderen Worten, es gibt kein Segment, das eine echte Teilmenge des Segments $[\alpha; \beta]$ ist und in dem schon alle Punkte der Menge M enthalten sind).

Gibt es in der Menge M eine größte (kleinste) Zahl γ, so ist γ offenbar die obere (untere) Grenze der Menge M.

Theorem 8. *Ist M nach oben beschränkt und $M_1 \subseteqq M$, so ist* $\sup M_1 \leqq \sup M$.

Beweis. Es sei (A, B) der Schnitt, der $\sup M$ bestimmt, und (A_1, B_1) der entsprechende Schnitt für $\sup M_1$. Aus der Definition der Klassen B und B_1 folgt $B_1 \supseteqq B$, also $\sup M_1 \leqq \sup M$.

Genau so beweist man

Theorem 9. *Ist die Menge M nach unten beschränkt und $M_1 \subseteqq M$, so ist*

$$\inf M_1 \geqq \inf M.$$

Folgerung. *Besteht M nur aus Zahlen, die kleiner oder gleich a sind* (wobei a eine beliebige reelle Zahl ist), *so ist* $\sup M \leqq a$.

Die Menge M ist nämlich eine Teilmenge der Menge A aller Zahlen $x \leqq a$, und nach Theorem 8 ist dann $\sup M \leqq \sup A = a$.

Besteht M nur aus Zahlen, die größer oder gleich a sind, so ist ganz entsprechend $\inf M \geqq a$.

Definition 4. Die Zahl $b - a$ heißt *Abstand der rationalen Punkte a und $b \geqq a$ der Zahlengeraden.*

Gegeben seien zwei reelle Zahlen a und b ($b > a$). Wir betrachten die Menge M aller rationalen Zahlen, die Abstände zwischen irgendwelchen zwei rationalen Punkten des Segmentes $[a; b]$ sind. Die obere Grenze der (offensichtlich beschränkten) Menge M heißt *Abstand zwischen den Punkten a und b* und wird mit $\varrho(a, b)$ bezeichnet; die gleiche Zahl wird auch *Länge* des Segmentes $[a; b]$ bzw. des Intervalles $(a; b)$ genannt.

Wir wollen jetzt folgenden für viele Fälle nützlichen Satz beweisen:

Theorem 10. *Es seien P und Q zwei nichtleere Mengen von folgender Beschaffenheit: Jeder Punkt der Menge P liege links von jedem Punkt der Menge Q. Gibt es außerdem für jedes beliebige $\varepsilon > 0$ zwei Punkte $x \in P$, $y \in Q$ derart, daß ihr Abstand kleiner als ε ist, so gilt*

$$\sup P = \inf Q.$$

Beweis. Zunächst ist die Menge P nach oben und die Menge Q nach unten beschränkt. Es sei

$$\beta = \sup P \quad \text{und} \quad \alpha = \inf Q.$$

Wäre $\alpha < \beta$, so gäbe es in $(\alpha; \beta]$ wenigstens einen Punkt $x \in P$ und in $[\alpha; x)$ einen Punkt $y \in Q$, und es wäre dann $y < x$ im Widerspruch zur Voraussetzung.

Also ist bestimmt $\beta \leqq \alpha$. Wäre $\beta < \alpha$, so nähmen wir zwei rationale Zahlen a und b derart, daß $\beta < a < b < \alpha$ gilt; dann wäre für jedes $x \in P$ und jedes $y \in Q$ die Ungleichung $\varrho(x, y) > b - a$ erfüllt im Widerspruch zur Voraussetzung. Damit ist der Satz bewiesen.

Aus Theorem 10 gewinnen wir die

Folgerung 1. *Die Mengen P und Q mögen den Bedingungen von Theorem* 10 *genügen, und es gelte $\xi = \sup P = \inf Q$. Besitzen $P_1 \subseteqq P$ und $Q_1 \subseteqq Q$ ebenfalls die*

Eigenschaft, daß es zu jedem $\varepsilon > 0$ *zwei Punkte* $x \in P_1$ *und* $y \in Q_1$ *mit* $\varrho(x, y) < \varepsilon$ *gibt, so ist*

$$\sup P_1 = \inf Q_1 = \xi .$$

P_1 und Q_1 erfüllen nämlich die Bedingungen von Theorem 10, infolgedessen ist $\sup P_1 = \inf Q_1 = \xi_1$. Wegen $P_1 \subseteqq P$ und $Q_1 \subseteqq Q$ gilt (auf Grund der Theoreme 8 und 9)

$$\xi_1 \leqq \xi, \quad \xi_1 \geqq \xi,$$

d. h. $\xi_1 = \xi$.

Folgerung 2. *Ist* (A, B) *ein Schnitt in der Menge aller rationalen* (*bzw. aller reellen*) *Zahlen und ist* ξ *die durch diesen Schnitt bestimmte Zahl, so gilt*

$$\xi = \sup A = \inf B .$$

Die Mengen A und B genügen (auf Grund von Theorem 4) allen Voraussetzungen von Theorem 10, so daß $\sup A = \inf B = \xi'$ gilt. Da ξ nicht kleiner als eine Zahl aus A und nicht größer als eine Zahl aus B ist, gilt $\sup A \leqq \xi \leqq \inf B$, d. h. aber $\xi = \xi'$.

Folgerung 3. *Gegeben sei eine fallende Folge von Segmenten*

$$\varDelta_1 \supseteqq \varDelta_2 \supseteqq \cdots \supset \varDelta_n \supseteqq \cdots, \quad \varDelta_n = [a_n; b_n],$$

wobei die Länge der Segmente mit wachsendem n *unbegrenzt abnehmen möge.*

Dann gibt es genau einen Punkt ξ, *der allen Segmenten* $\varDelta_n$ *angehört.*

Die Menge P, die aus allen Punkten a_n, und die Menge Q, die aus allen Punkten b_n besteht, erfüllen offenbar alle Voraussetzungen von Theorem 10; daher ist

$$\sup P = \inf Q = \xi ,$$

wobei $a_n \leqq \xi \leqq b_n$ für alle n gilt, d. h. $\xi \in \varDelta_n$. Gäbe es noch einen von ξ verschiedenen Punkt ξ', der allen $\varDelta_n$ angehört, so könnte die Länge von $\varDelta_n$ für wachsendes n im Widerspruch zu unserer Voraussetzung nicht unbegrenzt abnehmen.

2.3. Das Rechnen mit reellen Zahlen

Wir benutzen Theorem 10, um die Addition und die Multiplikation reeller Zahlen zu definieren.

Gegeben seien zwei reelle Zahlen x und y; sie seien durch Schnitte (A_x, B_x) und (A_y, B_y) in der Menge aller rationalen Zahlen bestimmt, wobei A_x bzw. A_y aus allen rationalen Zahlen $a_x \leqq x$ bzw. $a_y \leqq y$ bestehen; auf Grund von Theorem 4 gibt es für jedes $\varepsilon > 0$ Zahlen $a_x \in A_x$, $b_x \in B_x$ bzw. $a_y \in A_y$, $b_y \in B_y$ derart, daß

$$0 < b_x - a_x < \varepsilon \quad \text{bzw.} \quad 0 < b_y - a_y < \varepsilon$$

ist. Wir betrachten jetzt die Menge A aller rationalen Zahlen der Form $a_x + a_y$, wobei a_x, a_y beliebige Elemente aus A_x bzw. A_y sind; ebenso betrachten wir die Menge aller rationalen Zahlen der Gestalt $b_x + b_y$ mit $b_x \in B_x$ und $b_y \in B_y$. Da jedes a_x kleiner als jedes b_x und jedes a_y kleiner als jedes b_y ist, muß auch jede Zahl $a_x + a_y$ kleiner als jede Zahl $b_x + b_y$ sein. Außerdem kann man für jedes beliebige $\varepsilon > 0$ eine Zahl $a = (a_x + a_y) \in A$ und eine Zahl $b = (b_x + b_y) \in B$ so angeben, daß $b_x - a_x < \frac{\varepsilon}{2}$ und $b_y - a_y < \frac{\varepsilon}{2}$, also auch $0 < b - a < \varepsilon$ wird.

Die Mengen A und B erfüllen somit alle Voraussetzungen von Theorem 10; daher gilt $\sup A = \inf B = \xi$. Wir definieren jetzt als Summe von x und y die Zahl ξ:

$$\xi = x + y.$$

Sind x und y beide rational, so läuft unsere Definition auf die gewöhnliche Definition der Summe hinaus; denn nach der Definition der Menge A ist in diesem Falle $x + y$ die größte Zahl in A.

Ist x eine rationale Zahl, so ist $x + y$ die obere Grenze der Menge aller rationalen Zahlen der Form $x + a_y$, wobei a_y irgendeine rationale Zahl sein kann, die y nicht übertrifft. Hieraus folgt speziell, daß $0 + y = y$ ist.

Die auf diese Weise definierte Addition ist offenbar kommutativ:

$$x + y = y + x.$$

Um zu zeigen, daß sie auch assoziativ ist, also

$$(x + y) + z = x + (y + z)$$

gilt, betrachten wir folgende Mengen rationaler Zahlen:

A_1 bestehe aus allen Zahlen der Gestalt $a_{x+y} + a_z$ (wobei $a_{x+y} \leqq x + y$, $a_z \leqq z$ ist);

B_1 bestehe aus allen $b_{x+y} + b_z$ (mit $b_{x+y} > x + y$, $b_z > z$);

A_2 bestehe aus allen $a_x + a_{y+z}$;

B_2 bestehe aus allen $b_x + b_{y+z}$;

A_3 bestehe aus allen $a_x + a_y + a_z$;

B_3 bestehe aus allen $b_x + b_y + b_z$.

Offenbar ist

$$A_3 \subseteqq A_1, \quad A_3 \subseteqq A_2,$$
$$B_3 \subseteqq B_1, \quad B_3 \subseteqq B_2.$$

Da jedes Paar von Mengen A_i, B_i $(i = 1, 2, 3)$ den Voraussetzungen von Theorem 10 genügt, erhält man aus der Folgerung 1 dieses Theorems

$$\sup A_3 = \inf B_3 = \sup A_1 = \inf B_1 = (x + y) + z,$$
$$\sup A_3 = \inf B_3 = \sup A_2 = \inf B_2 = x + (y + z);$$

also ist $(x + y) + z = x + (y + z)$.

Um die Subtraktion reeller Zahlen einzuführen, muß man zunächst zu jeder reellen Zahl x die Zahl $-x$ definieren. Zu diesem Zweck betrachten wir die Menge B

aller rationalen Zahlen b mit $b \geqq x$ und die Menge A aller rationalen Zahlen a mit $a < x$. In A gibt es keine größte Zahl; gibt es in B eine kleinste Zahl, so muß sie unbedingt mit x übereinstimmen, da $x = \inf B$ ist. Wir bezeichnen mit $\bar{A}$ die Menge aller Zahlen $-b$; alle übrigen rationalen Zahlen mögen die Menge $\bar{B}$ bilden, die dann aus allen Zahlen $-a$ besteht; der Schnitt $(\bar{A}, \bar{B})$ ist ein Schnitt in der Menge aller rationalen Zahlen.

Gibt es in $\bar{A}$ eine größte Zahl y, so ist $-y = x$ (die kleinste Zahl in B); dann sind sowohl x als auch $y = -x$ rational. Wir stellen fest, daß es in $\bar{B}$ keine kleinste Zahl gibt (weil es in A keine größte gibt). Gibt es in $\bar{A}$ keine größte Zahl, so bestimmt der Schnitt $(\bar{A}, \bar{B})$ eine irrationale Zahl, die wir mit $-x$ bezeichnen (in diesem Fall gibt es in B keine kleinste Zahl, und da es in A keine größte Zahl gibt, ist auch x irrational). Ist $x > 0$, so ist $0 \in A$, folglich $0 \in \bar{B}$, d. h. $-x$ kleiner als 0 und umgekehrt. Ist $x \neq 0$, so wird eine der beiden Zahlen x und $-x$ positiv, die andere negativ; die positive der beiden Zahlen x und $-x$ bezeichnet man mit $|x|$ und nennt sie den *absoluten Betrag* der Zahlen x und $-x$.

Der Leser möge selbst beweisen, daß von zwei negativen Zahlen diejenige größer ist, die den kleineren absoluten Betrag hat.

Wir wollen zeigen, daß $x + (-x) = 0$ ist. Nach der Definition der Summe ist $x + (-x) = \sup A$; dabei ist A die Menge aller rationalen Zahlen der Gestalt $a + \bar{a}$ mit $a \leqq x$ und $\bar{a} \leqq -x$.

Zunächst stellen wir fest, daß die Menge A keine einzige positive Zahl enthält. Ist nämlich von den beiden Zahlen x und $-x$ die eine, z. B. x, positiv, so muß die andere negativ und deshalb auch $\bar{a}$ negativ und $|\bar{a}| \geqq x$ sein. Ist a negativ oder Null, so ist auch $a + \bar{a}$ negativ; ist aber a positiv, so ist in diesem Fall $a = |a|$ und damit $|a| \leqq x = |x|$; folglich $|a| \leqq |\bar{a}|$, d. h. aber, $a + \bar{a}$ ist negativ oder Null. Somit kann $x + (-x)$ keine positive Zahl sein.

Wir zeigen nun, daß $x + (-x)$ auch nicht negativ sein kann.

Wäre nämlich $\sup A < 0$, so könnten wir erstens eine rationale Zahl r zwischen $\sup A$ und 0, zweitens zwei rationale Zahlen r' und r'' derart wählen, daß

$$r' < x < r'', \qquad r'' - r' < |r| = -r$$

gelten würde. Nun ist $-r'' < -x$; hieraus und aus $r' < x$ folgt, daß $r' - r'' = r' + (-r'') \in A$ ist. Andererseits ist $r'' - r' < -r$, d. h. $r' - r'' > r > \sup A$, was aber im Widerspruch zu $r' - r'' \in A$ steht. Somit ist die Gleichung $x + (-x) = 0$ bewiesen.

Die reelle Zahl $x + (-y)$ heißt die *Differenz* der beiden reellen Zahlen x und y; sie wird mit $x - y$ bezeichnet.

Die so definierte Subtraktion ist die Umkehrung der Addition; es ist nämlich

$$(x - y) + y = \big(x + (-y)\big) + y = x + \big((-y) + y\big) = x + 0 = x.$$

Aus den angeführten Eigenschaften der Addition und Subtraktion folgen bekanntlich alle in der elementaren Algebra dargelegten Rechenregeln für diese Operationen.

Zum Abschluß wollen wir noch zeigen, daß der absolute Betrag der Differenz zweier Zahlen x und y gleich dem Abstand der Punkte x und y ist.

Ohne Beschränkung der Allgemeinheit sei $y < x$. Es ist zu zeigen, daß $x - y = \varrho(x, y)$ ist. Dazu betrachten wir die Menge A aller Zahlen $a_x + \bar{a}_y$, wobei a_x und $\bar{a}_y$ rational sind, $a_x \leqq x$, $\bar{a}_y \leqq -y$; ferner die Menge D aller Zahlen der Gestalt $a_x' - a_y'$, wobei a_x' und a_y' rational sind mit $y \leqq a_y' < a_x' \leqq x$.

Die Elemente der Menge D können in der Gestalt $a_x' + \bar{a}_y'$ geschrieben werden, wobei $\bar{a}_y' = -a_y'$ der Bedingung $-x < \bar{a}_y' \leqq -y$ genügt. Es ist klar, daß dann $\sup D = \sup A$ ist. Nun ist aber $\sup D = \varrho(x, y)$ und $\sup A = x + (-y) = x - y$, was zu beweisen war.

Die Multiplikation zweier reeller Zahlen x und y wollen wir zunächst für den Fall definieren, daß $x \geqq 0$ und $y \geqq 0$ sind. Wir gehen dabei ähnlich vor wie bei der Definition der Addition[1]). Die Menge A bestehe aus allen Zahlen der Gestalt $a_x a_y$, mit rationalen a_x, a_y und $0 \leqq a_x \leqq x$, $0 \leqq a_y \leqq y$, die Menge B aus allen Zahlen der Gestalt $b_x b_y$ mit $b_x > x$ und $b_y > y$, b_x, b_y rational. Gegeben sei ferner eine beliebige rationale Zahl $\varepsilon > 0$, und es sei m eine natürliche Zahl, die größer ist als die Zahlen $x + 1$, $y + 1$, $\frac{\varepsilon}{2}$. Wir wählen a_x, b_x, a_y, b_y so, daß

$$0 < b_x - a_x < \frac{\varepsilon}{2m}, \qquad 0 < b_y - a_y < \frac{\varepsilon}{2m}$$

ist. Dann gilt $a_x a_y \in A$, $b_x b_y \in B$, und wegen

$$b_x < a_x + \frac{\varepsilon}{2m} < x + 1 < m$$

gilt

$$0 < b_x b_y - a_x a_y = b_x(b_y - a_y) + a_y(b_x - a_x) < b_x \frac{\varepsilon}{2m} + a_y \frac{\varepsilon}{2m} < \frac{\varepsilon}{2} + \frac{\varepsilon}{2} = \varepsilon .$$

Damit sind die Voraussetzungen von Theorem 10 erfüllt, und daher ist

$$\sup A = \inf B .$$

Wir nennen die Zahl $\sup A = \inf B$ das *Produkt* xy der gegebenen reellen Zahlen x und y.

Nachdem die Multiplikation für nichtnegative Zahlen eingeführt worden ist, können wir sie auch auf die negativen Zahlen ausdehnen, indem wir für $x > 0$ und $y > 0$ die Festsetzung

$$x(-y) = (-x)\,y = -(xy),$$

$$(-x)\,(-y) = xy$$

treffen.

Die Beweise für die Grundgesetze der Multiplikation (Kommutativität, Assoziativität, Distributivität hinsichtlich der Addition) und die Gültigkeit der Gleichungen $x \cdot 0 = 0$, $x \cdot 1 = x$ mögen dem Leser überlassen bleiben. Ferner sei ihm empfohlen,

[1]) Bei der Definition der Addition wurde jedoch $x \geqq 0$, $y \geqq 0$ nicht vorausgesetzt.

selbst die Division (als Umkehrung der Multiplikation) zu definieren. Dabei geht man ähnlich vor wie bei der Einführung der Subtraktion: Man beginnt mit der Definition der Zahl $\frac{1}{x}$ (zunächst für $x > 0$), gibt den ihr entsprechenden Schnitt in der Menge der rationalen Zahlen an und hat dann zu zeigen, daß $x \cdot \frac{1}{x} = 1$ ist. Schließlich ist $\frac{x}{y}$ als $x \cdot \frac{1}{y}$ zu definieren (wobei $y \neq 0$ ist). Die Durchführung aller diesbezüglichen Überlegungen wird eine gute Übung sein.

Bemerkung über die Vervollständigung der Zahlengeraden durch Hinzunahme der beiden „uneigentlichen" Punkte $+\infty$ und $-\infty$. Manchmal erweist es sich als zweckmäßig, außer den „eigentlichen" Punkten der Zahlengeraden (die eineindeutig den reellen Zahlen entsprechen und für uns mit jenen identisch sind) noch zwei neue „uneigentliche" Punkte einzuführen, die man mit $+\infty$ und $-\infty$ bezeichnet.

Dabei sind diese beiden uneigentlichen Punkte mit den eigentlichen Punkten durch folgende Relationen verknüpft:

1°. Für jede reelle Zahl x soll folgende Ungleichung gelten:

$$-\infty < x < +\infty;$$

also gilt auch die Ungleichung

$$-\infty < +\infty.$$

2°. Für jede reelle Zahl x gelte ferner

$$(+\infty) + x = x + (+\infty) = +\infty,$$
$$(-\infty) + x = x + (-\infty) = -\infty,$$
$$+\infty + (+\infty) = +\infty,$$
$$-\infty + (-\infty) = -\infty,$$
$$-(+\infty) = -\infty, \qquad -(-\infty) = +\infty;$$

dementsprechend gilt auch für jedes beliebige reelle x

$$x - (+\infty) = x + (-\infty) = -\infty,$$
$$x - (-\infty) = x + (+\infty) = +\infty.$$

3°. Für jede positive Zahl x gelte

$$x \cdot (+\infty) = (+\infty) \cdot x = (+\infty) \cdot (+\infty) = (-\infty) \cdot (-\infty) = +\infty,$$
$$x \cdot (-\infty) = (-\infty) \cdot x = (+\infty) \cdot (-\infty) = (-\infty) \cdot (+\infty) = -\infty.$$

Für negative x sei dann

$$x \cdot (+\infty) = -(-x) \cdot (+\infty) = -\infty$$

usw.

Zum Unterschied von diesen Rechenregeln werden wir Ausdrücke wie $+\infty + (-\infty)$, $(+\infty) \cdot 0$, $(-\infty) \cdot 0$ nicht einführen, da sie sich nicht auf vernünftige Weise definieren lassen. Die durch die Punkte $+\infty$, $-\infty$ vervollständigte Zahlengerade heißt erweiterte Zahlengerade und wird mit R^* bezeichnet.

2.4. Entwicklung der reellen Zahlen in dyadische Brüche. Die Mächtigkeit des Kontinuums

Wir nennen das Segment $[0; 1]$ ein Segment nullten Ranges und bezeichnen es mit Δ. Die Segmente $\left[0; \frac{1}{2}\right]$ und $\left[\frac{1}{2}; 1\right]$ nennen wir Segmente ersten Ranges und bezeichnen sie mit Δ_0 und Δ_1. Jedes Segment ersten Ranges halbieren wir und erhalten vier Segmente zweiten Ranges:

$$\Delta_{00} = \left[0; \frac{1}{4}\right]; \quad \Delta_{01} = \left[\frac{1}{4}; \frac{1}{2}\right]; \quad \Delta_{10} = \left[\frac{1}{2}; \frac{3}{4}\right]; \quad \Delta_{11} = \left[\frac{3}{4}; 1\right].$$

Allgemein erhält man die Segmente n-ten Ranges, die die Länge $\frac{1}{2^n}$ haben, indem man die Segmente $(n-1)$-ten Ranges halbiert. Wir bezeichnen sie mit $\Delta_{i_1 \ldots i_n}$, wobei $i_1, \ldots, i_n$ unabhängig voneinander die Werte 0 und 1 annehmen; dabei sind $\Delta_{i_1 \ldots i_{n-1}0}$ bzw. $\Delta_{i_1 \ldots i_{n-1}1}$ die linken bzw. rechten Hälften des Segmentes $\Delta_{i_1 \ldots i_{n-1}}$.

Es sei x eine nichtnegative reelle Zahl. Ist x keine ganze Zahl, so ist x innerer Punkt genau eines Segmentes der Gestalt $[k; k+1]$ mit ganzem nichtnegativem k; die Zahl k bezeichnen wir mit $[x]$ und nennen sie *ganzzahligen Teil* von x; dann ist $x = k + x'$, wobei x' dem Intervall $(0; 1)$ angehört. Wir betrachten zunächst den Fall, daß x' nicht die Form $\frac{m}{2^n}$ (mit ganzzahligem m) hat. Dann liegt x' in genau einem Segment ersten Ranges Δ_{i_1}, in genau einem Segment zweiten Ranges $\Delta_{i_1 i_2} \subset \Delta_{i_1}$, allgemein für jedes n in genau einem Segment n-ten Ranges $\Delta_{i_1 i_2 \ldots i_n}$. Auf diese Weise wird eindeutig eine Folge von Segmenten

$$\Delta_{i_1} \supset \Delta_{i_1 i_2} \supset \Delta_{i_1 i_2 i_3} \supset \cdots \supset \Delta_{i_1 \ldots i_n} \supset \cdots \tag{1}$$

durch den ihnen allen gemeinsamen Punkt x' bestimmt. Die Folge der Zahlen

$$i_1, i_2, i_3, \ldots, i_n, \ldots, \tag{2}$$

von denen jede 0 oder 1 ist, ist damit ebenfalls eindeutig bestimmt und heißt *Dualziffernfolge* der reellen Zahlen x' und $x = k + x'$; diese Zahlen selbst schreibt man in der Gestalt

$$x' = 0{,}i_1 i_2 i_3 \ldots i_n \ldots; \qquad x = k{,}i_1 i_2 i_3 \ldots i_n \ldots \tag{2'}$$

und nennt dies eine *Darstellung* der betreffenden Zahlen als unendliche dyadische Brüche (auch Entwicklung in unendliche „Dualbrüche").

Es sei jetzt $x' \in (0; 1)$ eine sogenannte *dyadisch-rationale* Zahl, d. h., x' habe die Gestalt

$$x' = \frac{m}{2^n}, \tag{3}$$

wobei m und 2^n teilerfremd sein sollen; folglich hat n in der Darstellung (3) den kleinstmöglichen Wert. Dann ist x' der gemeinsame Randpunkt zweier Segmente Δ_* und $\Delta_{*'}$ vom Rang n, z. B. der rechte Randpunkt des Segmentes Δ_* und der linke Randpunkt des Segmentes $\Delta_{*'}$ (wobei wir zur Abkürzung $* = i_1 \dots i_{n-1}\,0$ und $*' = i_1 \dots i_{n-1}\,1$ gesetzt haben). Dann wird x' der rechte Randpunkt des Segmentes Δ_{*1} und der linke Randpunkt des Segmentes $\Delta_{*'0}$, der rechte Randpunkt des Segmentes Δ_{*11} und der linke Randpunkt des Segmentes $\Delta_{*'00}$ usw. Somit bestimmt die Zahl x' nicht nur eine, sondern zwei Folgen von Segmenten der Gestalt (1), nämlich

$$\Delta_{i_1} \supset \cdots \supset \Delta_{i_1 \dots i_{n-1}} \supset \Delta_{i_1 \dots i_{n-1}0} \supset \Delta_{i_n \dots i_{n-1}01} \supset \Delta_{i_1 \dots i_{n-1}011} \supset \cdots$$

und

$$\Delta_{i_1} \supset \cdots \supset \Delta_{i_1 \dots i_{n-1}} \supset \Delta_{i_1 \dots i_{n-1}1} \supset \Delta_{i_1 \dots i_{n-1}10} \supset \Delta_{i_1 \dots i_{n-1}100} \supset \cdots;$$

dementsprechend erhalten wir auch zwei Dualziffernfolgen für die Zahl x':

$$\begin{aligned} &i_1, \dots, i_{n-1}, 0, 1, 1, 1, \dots, \\ &i_1, \dots, i_{n-1}, 1, 0, 0, 0, \dots, \end{aligned} \tag{4}$$

von denen vom Rang $n + 1$ an die eine nur aus Nullen und die andere nur aus Einsen besteht. Die Zahlen x und x' haben dann also zwei dyadische Darstellungen.

Haben wir umgekehrt eine Folge

$$i_1, i_2, i_3, \dots, i_n, \dots, \qquad i_n = 0 \text{ oder } 1, \tag{2}$$

so entspricht ihr eine Folge von Segmenten (1) mit einem einzigen gemeinsamen Punkt x', und (2) ist dann die Dualziffernfolge der Zahl x'. Haben wir zwei verschiedene Folgen der Gestalt (2), die ein und dieselbe reelle Zahl x' des Segmentes $(0; 1)$ bestimmen, so haben diese beiden Folgen (da sie die Dualziffernfolgen für dieselbe Zahl x' sind) nach dem eben Bewiesenen notwendig die Gestalt (4); die Zahl x' ist dann eine dyadisch rationale Zahl. Da jede ganze Zahl k zwei dyadische Darstellungen $k{,}000 \dots 0 \dots$ und $k - 1{,}111 \dots 1 \dots$ hat, folgt hieraus:

Jede reelle Zahl $x \geqq 0$ hat entweder nur eine dyadische Darstellung

$$k{,}i_1 i_2 \dots i_n \dots$$

oder die beiden dyadischen Darstellungen

$$k{,}i_1 \dots i_{n-1}\,0111 \dots \qquad \textit{und} \qquad k{,}i_1, \dots i_{n-1}\,1000 \dots,$$

wobei der zweite Fall dann und nur dann eintritt, wenn x eine dyadisch-rationale Zahl ist, d. h. die Gestalt $x = \dfrac{m}{2^n}$ mit ganzzahligen m und n hat. Umgekehrt bestimmt jede dyadische Darstellung eine einzige nichtnegative reelle Zahl, deren Darstellung sie ist.

Bemerkung 1. Teilen wir die Segmente n-ten Ranges nicht in zwei, sondern in irgendeine andere konstante Anzahl s gleicher Teile[1]) (z. B. in drei oder in 10 Teile), so bekommen wir für jede reelle Zahl $x \geqq 0$ eine Entwicklung in einen unendlichen triadischen, dekadischen, allgemein s-adischen Bruch. Nach wie vor gibt es für jede Zahl entweder nur eine oder zwei solcher Entwicklungen, wobei die Zahlen, für die es zwei s-adische Entwicklungen gibt, eine abzählbare Menge bilden, nämlich die Menge aller rationalen Zahlen der Form $\frac{m}{s^n}$ mit ganzzahligen m und n.

Theorem 11. *Die Menge aller reellen Zahlen hat die Mächtigkeit des Kontinuums* $\mathfrak{c} = 2^{\aleph_0}$ *und ist infolgedessen überabzählbar*[2]).

Beweis. Da man zwischen der ganzen Zahlengeraden und jedem beliebigen ihrer Intervalle eine eineindeutige Zuordnung herstellen kann und da die Menge aller dyadisch-rationalen Zahlen abzählbar ist, genügt es zu zeigen, daß die Menge J' aller nicht dyadisch-rationalen Zahlen des Intervalls $(0; 1)$ die Mächtigkeit $\mathfrak{c}$ hat. Die Menge J' kann man umkehrbar eindeutig der Menge D' aller nichtperiodischen (d. h. solchen, die nicht von einer Stelle an aus Einsen und Nullen bestehen) unendlichen dyadischen Brüche

$$0{,}i_1 i_2 \ldots i_n \ldots$$

zuordnen.

Die Menge D *aller* unendlichen dyadischen Brüche hat aber, wie wir sahen,[3]) die Mächtigkeit $\mathfrak{c}$; die Menge D' erhält man aus der Menge D, indem man aus D die beiden Mengen aussondert, die aus allen Brüchen der Gestalt

$$0{,}i_1 i_2 \ldots i_n\, 000 \ldots$$

und der Gestalt

$$0{,}i_1 i_2 \ldots i_n\, 111 \ldots$$

bestehen. Jede dieser Mengen läßt sich eineindeutig der Menge aller dyadisch-rationalen Zahlen des Intervalls $(0; 1)$ zuordnen; daher ist jede dieser Mengen abzählbar; folglich hat die Menge D' und damit auch J' die Mächtigkeit $\mathfrak{c}$.

Der folgende elementare Beweis des Satzes der Überabzählbarkeit der Menge aller reellen Zahlen ist eine Anwendung der allgemeinen Überlegungen, die wir in 1.6. anstellten. Wir beweisen speziell die Überabzählbarkeit der Menge aller Dezimalbrüche, d. h. die Überabzählbarkeit der Menge aller Abbildungen der Menge der natürlichen Zahlen in die Menge, die aus den 10 Elementen 0, 1, 2, 3, 4, 5, 6, 7, 8, 9 besteht.

Es genügt zu zeigen, daß die Menge aller Zahlen des Intervalls $(0; 1)$ überabzählbar ist. Wir nehmen an, sie wäre abzählbar; das bedeutet, daß man alle reellen Zahlen des Intervalls

---

[1]) Die ganze Zahl $s \geqq 2$ ist die sogenannte „Basis des Zahlensystems".

[2]) Vgl. den Schluß von Kap. 1, S. 32. Die Zahlengerade nennt man oft arithmetisches Kontinuum; daher heißt die Mächtigkeit $\mathfrak{c} = 2^{\aleph_0}$ (die Mächtigkeit der Menge aller reellen Zahlen) auch *Mächtigkeit des Kontinuums*.

[3]) Vgl. den Schluß von Kap. 1, S. 32.

(0; 1) in einer Folge

$$x_1, x_2, \ldots, x_n, \ldots \tag{5}$$

anordnen könnte.

Jede Zahl x_n kann man eindeutig als unendlichen Dezimalbruch darstellen, der kein periodischer Bruch der Periode 9 ist:

$$x_n = 0{,}a_1^{(n)}a_2^{(n)} \ldots a_n^{(n)} \ldots$$

Für jedes n wählen wir jetzt eine Zahl b_n, die entweder 1 oder 2 und *von* $a_n^{(n)}$ *verschieden* ist.

Wir treffen beispielsweise die Festsetzung

$$b_n = 1, \quad \text{wenn} \quad a_n^{(n)} \neq 1,$$

$$b_n = 2, \quad \text{wenn} \quad a_n^{(n)} = 1$$

ist. Wir betrachten den unendlichen Dezimalbruch

$$0{,}b_1b_3 \ldots b_n \ldots \tag{6}$$

Er bestimmt eine gewisse Zahl x des Intervalls (0; 1) (überdies gehört die Zahl x sogar zum Segment [0,1; 0,3]).

Da wir annehmen, daß die Folge (5) alle reellen Zahlen des Intervalls (0; 1) enthält, muß auch die Zahl x in unserer Folge (5) an einer bestimmten, z. B. an der m-ten Stelle stehen. Dann ist

$$x = 0{,}a_1^{(m)}a_2^{(m)} \ldots a_n^{(m)} \ldots \tag{7}$$

und folglich

$$a_1^{(m)} = b_1, \quad a_2^{(m)} = b_2, \quad \ldots, \quad a_n^{(m)} = b_n, \quad \ldots$$

(weil (6) und (7) identisch sind). Es ist also speziell

$$a_m^{(m)} = b_m;$$

das ist aber unmöglich, da wir b_m so gewählt haben, daß

$$b_m \neq a_m^{(m)}$$

ist. Durch diesen Widerspruch ist der Satz bewiesen.

Bemerkung 2. Aus dem eben Bewiesenen folgt, daß jedes Segment, Intervall oder Halbsegment der Zahlengeraden die Mächtigkeit des Kontinuums hat, weil alle diese Mengen untereinander und der Menge aller reellen Zahlen äquivalent sind.

Hieraus folgt unmittelbar, daß die Menge aller irrationalen Zahlen sowie die Menge der irrationalen Zahlen, die in einem beliebigen Intervall der Zahlengeraden enthalten sind, überabzählbar ist, da man jede von ihnen dadurch erhält, daß man aus einer überabzählbaren Menge eine abzählbare Untermenge aussondert. Auf Grund dessen können wir insbesondere sagen: Zwischen je zwei verschiedenen reellen Zahlen gibt es eine irrationale Zahl, ja sogar überabzählbar viele.

Wir benutzen die Bemerkung 2 zum Beweis des folgenden Satzes:

Theorem 12. *Die Vereinigung endlich oder abzählbar vieler Mengen der Mächtigkeit des Kontinuums hat wieder die Mächtigkeit des Kontinuums.*

Unsere Mengen seien

$$E_1, E_2, E_3, \ldots, E_n, \ldots,$$

und es sei $E = \bigcup_n E_n$. Wir setzen $A_1 = E_1$, $A_2 = E_2 \setminus A_1$, allgemein

$$A_n = E_n \setminus (A_1 \cup \cdots \cup A_{n-1}).$$

Offenbar ist

$$E = \bigcup_n E_n = \bigcup_n A_n,$$

wobei die Mengen A_n paarweise elementefremd sind. Die Menge $A_1 = E_1$ hat die Mächtigkeit des Kontinuums, während jede der Mengen A_n, $n > 1$, Untermenge einer gewissen Menge von der Mächtigkeit des Kontinuums ist. Daher kann man die Menge A_1 eineindeutig der Menge aller Punkte des Intervalls $(0; 1)$ zuordnen, und jede Menge A_n, $n > 1$, kann eineindeutig einer gewissen Untermenge des Intervalls $(n - 1; n)$ zugeordnet werden. Infolgedessen läßt sich die ganze Menge E umkehrbar eindeutig auf eine Untermenge der Menge aller reellen Zahlen abbilden. Da E eine Teilmenge E_1 von der Mächtigkeit des Kontinuums enthält, hat nach dem Cantor-Bernsteinschen Äquivalenzsatz E selbst die Mächtigkeit des Kontinuums.

3. Geordnete und wohlgeordnete Mengen. Transfinite Zahlen

3.1. Geordnete Mengen

Die Begriffe der geordneten Menge und der Ähnlichkeitsabbildung einer geordneten Menge auf eine andere sowie der Begriff des Ordnungstypus einer gegebenen geordneten Menge wurden bereits in 1.5. eingeführt. Diese Begriffe liegen diesem ganzen Kapitel zugrunde. Zu diesen elementaren Begriffen machen wir noch folgende, eigentlich selbstverständliche

Bemerkung 1. Man nennt eine geordnete Menge A *geordnete Untermenge* einer geordneten Menge X, wenn jedes Element a der Menge A Element der Menge X ist und die Relation $a \prec a'$ in A mit der Relation $a \prec a'$ in X übereinstimmt. Ferner werden wir in diesem Kapitel jede Untermenge einer geordneten Menge X als geordnete Untermenge betrachten. Schließlich soll für das ganze Kapitel die folgende Verabredung gelten: Die Menge aller reellen Zahlen und alle ihre Untermengen, insbesondere jede beliebige Menge, die aus rationalen Zahlen besteht, wird als in der natürlichen Weise geordnet angesehen (d. h., für je zwei reelle, speziell für je zwei rationale Zahlen x, x' bedeutet die Ordnungsrelation $x \prec x'$, daß $x < x'$ ist).

Nach diesen einführenden Bemerkungen beweisen wir das folgende

Theorem 1. *Jede abzählbare geordnete Menge X ist einer gewissen Untermenge der Menge D aller dyadisch-rationalen Zahlen des Intervalls* $(0; 1)$ *ähnlich. Besitzt die Menge X weder leere Intervalle noch ein erstes noch ein letztes Element, so ist sie der ganzen Menge D ähnlich.*

Beweis.[1]) Wir denken uns alle Elemente der Menge X in einer Folge

$$x_1, x_2, \ldots, x_n, \ldots \tag{1}$$

angeordnet (wobei die Anordnung der Elemente in der Menge X im allgemeinen nichts mit ihrer Reihenfolge in (1) zu tun hat).

Wir nehmen irgendeine dyadisch-rationale Zahl d und schreiben sie in der Gestalt $\frac{m}{2^n}$, wobei m und 2^n teilerfremd seien. Wir nennen n den Rang der Zahl d. Die

---

[1]) Siehe Bemerkung 2.

ganze Menge D zerfällt in „Gitter“ von Elementen verschiedenen Ranges: Das Gitter ersten Ranges D_1 besteht aus nur einem Element, nämlich aus der Zahl $\frac{1}{2}$, das Gitter zweiten Ranges D_2 aus den zwei Zahlen $\frac{1}{4}$ und $\frac{3}{4}$ usw. Der Zahl $\frac{1}{2}$ ordnen wir jetzt das Element $x_1 = f\left(\frac{1}{2}\right)$ zu und gehen zum Gitter zweiten Ranges D_2 über. Gibt es in X dem Element x_1 vorangehende Elemente, so wählen wir von allen diesen Elementen dasjenige, das in der Folge (1) den kleinsten Index n hat, und setzen $f\left(\frac{1}{4}\right) = x_n$. Gibt es kein solches Element $x_n \prec x_1$ in X, so streichen wir im Gitter D_2 das Element $\frac{1}{4}$, suchen ebenfalls in (1) das erste Element $x_n \succ x_1$, ordnen es der Zahl $\frac{3}{4}$ zu und betrachten jetzt das Gitter D_3. In ihm nehmen wir zunächst die Zahl $\frac{1}{8}$ und suchen zu ihr das Element x_n mit dem kleinsten Index, das allen bereits irgendeinem Gitterpunkt zugeordneten Elementen vorangeht. Gibt es ein solches, so ordnen wir es der Zahl $\frac{1}{8}$ zu; ist dies nicht der Fall, so streichen wir die Zahl $\frac{1}{8}$ und gehen zur Zahl $\frac{3}{8}$ über. Zu der Zahl $\frac{3}{8}$ suchen wir das Element mit dem kleinsten Index, das zu den bereits ausgewählten Elementen der Menge X in derselben Ordnungsbeziehung steht wie die Zahl $\frac{3}{8}$ zu den bereits betrachteten und nicht gestrichenen Zahlen. Dann betrachten wir die Zahl $\frac{5}{8}$ usw.; in dieser Weise gehen wir von einem Gitter zum Gitter nächsthöheren Ranges über und betrachten dabei innerhalb jedes Gitters die Elemente in der Reihenfolge des wachsenden Betrages. Als Resultat erhalten wir eine Ähnlichkeitsabbildung f der Menge D' aller nichtgestrichenen dyadisch-rationalen Zahlen in die Menge X. Wir wollen zeigen, daß f eine Abbildung auf die ganze Menge X ist. Wäre dies nicht der Fall, so gäbe es ein erstes Element x_n der Menge X, das keinem d zugeordnet wird. Dann sind die Elemente $x_1, \ldots, x_{n-1}$ gewissen Elementen $d_1, \ldots, d_{n-1}$ zugeordnet, die zur Vereinigung der ersten k Gitter gehören mögen, wobei x_n zwischen x_p, dem nächsten ihm vorangehenden, und x_q, dem nächsten ihm folgenden Element liegen möge. Da es im Gitter D_{k+1} Elemente gibt, die zwischen zwei beliebigen benachbarten Elementen der Menge $D_1 \cup \cdots \cup D_k$ liegen, existiert in D_{k+1} bestimmt auch ein dem Betrag nach erstes Element d_n, das zwischen d_p und d_q liegt; diesem Element muß aber nach unserer Konstruktion das Element x_n zugeordnet sein. Ebenso schließen wir in dem Fall, daß x_n allen Elementen $x_1, \ldots, x_{n-1}$ vorangeht oder auf alle diese Elemente folgt.

Die erste Behauptung des Satzes ist damit bewiesen. Enthält X keine Randelemente und keine leeren Intervalle, so braucht man, wie leicht zu sehen ist, überhaupt keine Elemente von D zu streichen; man erhält dann eine Ähnlichkeitsabbildung der ganzen Menge D auf die Menge X.

Folgerung. *Die Menge aller rationalen Zahlen ist der Menge aller dyadisch-rationalen Zahlen ähnlich.*

Jede abzählbare geordnete Menge ohne leere Intervalle und ohne Randelemente ist daher der Menge aller rationalen Zahlen ähnlich.

Bemerkung 2. Interessiert uns nur die erste Behauptung von Theorem 1, so kann man folgenden äußerst einfachen Beweis liefern. Wir setzen $f(x_1) = \frac{1}{2}$. Den Elementen $x_1, \ldots, x_n$ seien bereits die dyadisch-rationalen Zahlen $d_1, \ldots, d_n$ des Intervalls $(0; 1)$ zugeordnet, unter denen d_i die kleinste und d_k die größte sei. Geht x_{n+1} allen $x_1, \ldots, x_n$ voran oder folgt x_{n+1} allen diesen Zahlen, so setzen wir

$$f(x_{n+1}) = \frac{1}{2}\, d_i \quad \text{bzw.} \quad f(x_{n+1}) = \frac{1}{2}\,(1 + d_k).$$

Liegt x_{n+1} zwischen x_p und x_q, $p \leqq n$, $q \leqq n$, wobei x_p, x_q Nachbarelemente von x_{n+1} sind, so setzen wir

$$f(x_{n+1}) = \frac{1}{2}\,(d_p + d_q).$$

Somit haben wir eine Ähnlichkeitsabbildung f der Menge X in die Menge D definiert, und die erste Behauptung von Theorem 1 ist bewiesen.

Unter einem Schnitt einer geordneten Menge Θ verstanden wir eine Zerlegung der Menge Θ in zwei nichtleere Untermengen (in zwei „Klassen") A und B derart, daß jedes Element der einen Menge (der Unterklasse A) jedem Element der zweiten Menge (der Oberklasse B) vorangeht.

Dabei sind folgende Typen von Schnitten möglich:

1. In der Unterklasse A gibt es ein größtes Element a und in der Oberklasse B ein kleinstes Element b; ein solcher Schnitt heißt *Sprung*. Offenbar ist in diesem Fall $(a; b)$ ein leeres Intervall.

Umgekehrt entspricht jedem leeren Intervall $(a; b)$ einer geordneten Menge Θ eindeutig ein Sprung (A, B), wobei A aus allen $x \preceq a$ und B aus allen $y \succeq b$ besteht.[1])

Beispiel: Θ bestehe aus allen $x \leqq 0$ und allen $y \geqq 1$; dann besteht A aus allen $x \leqq 0$, B aus allen $y \geqq 1$; $a = 0$, $b = 1$.

2. In der Unterklasse gibt es ein größtes Element ξ, aber in der Oberklasse kein kleinstes Element.

3. In der Unterklasse gibt es kein größtes, aber in der Oberklasse ein kleinstes Element ξ (die Schnitte vom Typ 2, 3 nennt man *Dedekindsche Schnitte*, das Element ξ nennt man das durch diesen Schnitt bestimmte Element).

4. In der Unterklasse gibt es kein größtes und in der Oberklasse kein kleinstes

[1]) Die Schreibweise $x \preceq a$ (bzw. $y \succeq b$) bedeutet, daß entweder $x \prec a$ oder $x = a$ (bzw. entweder $y \succ b$ oder $y = b$) ist.

Element. Einen solchen Schnitt nennt man „*Lücke*". Eine durch einen uneigentlichen Schnitt bestimmte Lücke heißt *uneigentlich.*

Die Menge aller Lücken einer geordneten Menge Θ ist eine geordnete Menge: Sind $\lambda = (A, B)$ und $\lambda' = (A', B')$ zwei Lücken, so setzen wir $\lambda \prec \lambda'$, wenn $A \subset A'$ ist.

Eine geordnete Menge heißt *abgeschlossen,* wenn sie keine (eigentlichen und uneigentlichen) Lücken hat. Jede abgeschlossene Menge besitzt offensichtlich ein größtes und ein kleinstes Element. Eine geordnete Menge heißt *stetig,* wenn alle Schnitte in ihr Dedekindsche Schnitte sind. Eine stetige geordnete Menge heißt *offen,* wenn sie weder ein größtes noch ein kleinstes Element hat. Fügt man zu einer stetigen offenen Menge diese Elemente (ein erstes und ein letztes) hinzu, so erhält man eine abgeschlossene stetige geordnete Menge (so führten wir den Übergang von der Zahlengeraden R^1, die eine offene stetige geordnete Menge ist, zu der abgeschlossenen stetigen geordneten Menge R^* durch).

Wir nennen eine Untermenge D einer geordneten Menge Θ *in Θ ordnungsdicht,* wenn jedes Intervall der Menge Θ wenigstens ein Element aus D enthält. Schließlich nennen wir die Menge D *dicht in Θ,* wenn jedes nichtleere Intervall der Menge Θ wenigstens ein Element aus D enthält.

Bemerkung 3. Aus dieser Definition folgt, daß eine Untermenge D einer geordneten Menge Θ in Θ nicht dicht sein kann, wenn es in Θ Sprünge (leere Intervalle) gibt.

Im folgenden werden wir uns nur für dichte Untermengen stetiger geordneter Mengen interessieren, in denen die Begriffe Dichte und Ordnungsdichte in Θ übereinstimmen.

Theorem 2. *Ist Θ eine stetige offene geordnete Menge und D eine dichte Untermenge von Θ, so existiert eine Ähnlichkeitsabbildung zwischen den Elementen der Menge $\Theta \setminus D$ und der (geordneten) Menge aller Lücken der Menge D.*

Beweis. Es sei ξ ein beliebiges Element der Menge $\Theta \setminus D$. Wir bezeichnen mit D_ξ' die Menge aller dem Element ξ vorangehenden Elemente, und mit D_ξ'' die Menge derjenigen Elemente von D, die auf ξ folgen. Man erkennt leicht, daß die Zerlegung $\lambda_\xi = (D_\xi', D_\xi'')$ ein Schnitt in der Menge D ist, und zwar eine Lücke (denn gäbe es in D_ξ' ein größtes Element a, so könnte zwischen a und ξ kein einziges Element von D liegen). Ebenso ist klar, daß zwei verschiedenen Elementen ξ, η der Menge $\Theta \setminus D$ verschiedene Lücken $\lambda_\xi = (D_\xi', D_\xi'')$ und $\lambda_\eta = (D_\eta', D_\eta'')$ entsprechen, wobei aus $\xi \prec \eta$ die Beziehung $\lambda_\xi \prec \lambda_\eta$ folgt. Es bleibt also nur noch zu zeigen, daß jeder Lücke $\lambda = (D', D'')$ der Menge D ein Element $\xi \in \Theta \setminus D$ entspricht, für das $D' = D_\xi'$, $D'' = D_\xi''$ ist. Wir bezeichnen mit Θ' die Menge aller derjenigen $x \in \Theta$, die jedem Element $d \in D''$ vorangehen, und bilden $\Theta'' = \Theta \setminus \Theta'$. Man sieht leicht, daß $D' = D \cap \Theta'$, $D'' = D \cap \Theta''$ und daß (Θ', Θ'') ein Schnitt in Θ ist. Ist ξ das Element, das in Θ durch den Dedekindschen Schnitt (Θ', Θ'') bestimmt wird, so gilt $D' = D_\xi'$, $D'' = D_\xi''$. Damit ist Theorem 2 bewiesen.

Theorem 3. *Gegeben seien zwei offene stetige geordnete Mengen Θ_1 und Θ_2 und zwei in ihnen dichte Mengen D_1 bzw. D_2. Sind die Mengen D_1 und D_2 einander ähnlich, so sind auch die Mengen Θ_1 und Θ_2 einander ähnlich.*

Die Ähnlichkeitsabbildung, die zwischen D_1 und D_2 besteht (wir bezeichnen sie mit φ), erzeugt eine Ähnlichkeitsabbildung ψ zwischen den Mengen der Lücken dieser Mengen, also zwischen den Mengen $\Theta_1 \setminus D_1$ und $\Theta_2 \setminus D_2$. Man sieht leicht, daß beide Abbildungen φ und ψ zusammen eine Ähnlichkeitsabbildung zwischen Θ_1 und Θ_2 liefern, womit Theorem 3 bewiesen ist.

Theorem 4. *Jede offene stetige geordnete Menge Θ, in der eine abzählbare Untermenge D dicht ist, ist der Menge aller reellen Zahlen ähnlich.*

Beweis. Man erkennt leicht, daß eine abzählbare Menge E, die in einer offenen stetigen geordneten Menge Θ dicht ist, weder Sprünge (leere Intervalle) noch ein kleinstes noch ein größtes Element haben kann. Daher ist eine solche Menge nach Theorem 1 der Menge R_0 aller rationalen Zahlen ähnlich. Da R_0 eine dichte Untermenge der offenen stetigen geordneten Menge R^1 aller reellen Zahlen ist, kann die Ähnlichkeitsabbildung zwischen D und R_0 nach Theorem 3 zu einer Ähnlichkeitsabbildung zwischen Θ und R^1 fortgesetzt werden. Damit ist unser Satz bewiesen.

Bemerkung 4. Aus Theorem 4 folgt, daß jede abgeschlossene stetige geordnete Menge, in der eine abzählbare Menge dicht ist, einem Segment der Zahlengeraden ähnlich ist.

Theorem 5. *Zu jeder geordneten Menge X gibt es eine abgeschlossene geordnete Menge Y, die die Menge X als dichte Teilmenge enthält.*

Beweis. Die Menge $Y \setminus X$ besteht aus allen Lücken (A, B) der Menge X, wobei diese in natürlicher Weise geordnet sind. Ist $x \in X$ und $\xi = (A, B) \in Y \setminus X$, so ist $x \prec \xi$ genau dann, wenn $x \in A$ ist. Von der Abgeschlossenheit der Menge Y überzeugt man sich genauso wie vom Fehlen echter Lücken in der Menge der reellen Zahlen (vgl. 2.2., Theorem 5). Wir zeigen nun, daß X in Y dicht ist. Angenommen, es gäbe in der Menge Y ein nichtleeres Intervall $(a; b)$, das X nicht schneidet. Dann ist jedes Element aus $(a; b)$ eine Lücke. Wir wählen ein derartiges Element $\xi \in (a; b)$. Es sei $\xi = (A, B)$. Da $A \cap (a; b) = \emptyset$ ist, findet man für jedes $x \in A$ entweder $x \prec a$ oder $x = a$. Die Gleichung $x = a$ ist ausgeschlossen, da es in A kein größtes Element gibt. Das Element a ist somit eine Lücke. Nehmen wir an, es wäre $a = (A', B')$, so ergibt sich $A = A'$, d. h. $a = \xi$. Mit diesem Widerspruch ist Theorem 5 bewiesen.

3.2. Definition und Beispiele von wohlgeordneten Mengen

Definition 1. Eine geordnete Menge heißt *wohlgeordnet*, wenn jede nichtleere Untermenge ein erstes Element enthält.

Aus dieser Definition folgt sofort, daß jede Untermenge einer wohlgeordneten Menge wieder eine wohlgeordnete Menge ist.

Bemerkung 1. Da wir zu den Untermengen einer Menge auch die gegebene Menge selbst rechnen, enthält jede wohlgeordnete nichtleere Menge ein erstes Element. Die Existenz eines ersten Elementes in einer gegebenen geordneten Menge ist jedoch noch nicht hinreichend dafür, daß die Menge wohlgeordnet ist; dazu ist vielmehr erforderlich, daß in jeder nichtleeren Untermenge der gegebenen Menge ein erstes Element vorhanden ist. So hat die Menge aller rationalen Zahlen des Segmentes $[0; 1]$ wohl ein erstes und auch ein letztes Element, aber sie ist keineswegs wohlgeordnet, da es z. B. in der Untermenge, die aus allen rationalen Zahlen des Intervalls $(0; 1)$ besteht, kein erstes Element gibt.

Alle endlichen geordneten Mengen sind wohlgeordnet. Ein Beispiel für eine unendliche wohlgeordnete Menge ist die Menge aller natürlichen Zahlen; diese und alle ihr ähnlichen Mengen heißen *Mengen vom Typus* ω. So ist z. B. auch die Menge aller Zahlen

$$\frac{1}{2}, \frac{2}{3}, \frac{3}{4}, \ldots, \frac{n}{n+1}, \ldots \tag{1}$$

eine Menge vom Typus ω (da sie offenbar der Menge aller natürlichen Zahlen ähnlich ist). Vervollständigen wir nun die Menge (1) noch durch ein Element, nämlich durch die Zahl 1 (die bei einer Anordnung nach wachsendem Betrag allen Zahlen der Gestalt $\frac{n}{n+1}$ folgt), so erhalten wir die Menge, die aus allen Zahlen

$$\frac{1}{2}, \frac{2}{3}, \frac{3}{4}, \ldots, \frac{n}{n+1}, \ldots, 1 \tag{2}$$

besteht. Diese Menge ist ebenfalls wohlgeordnet und abzählbar, aber sie ist nicht mehr der Menge aller natürlichen Zahlen ähnlich, und zwar aus dem Grunde, daß es in der Menge (2) ein letztes Element gibt, nämlich die Zahl 1, während die Menge aller natürlichen Zahlen kein letztes Element hat. Die Menge (2) und jede ihr ähnliche heißt Menge vom Typus $\omega + 1$. Sogar wohlgeordnete abzählbare Mengen können also verschiedene Ordnungstypen besitzen. Darüber hinaus werden wir in diesem Kapitel sehen, daß es für wohlgeordnete abzählbare Mengen überabzählbar viele verschiedene Ordnungstypen gibt.

Ehe wir die wohlgeordneten Mengen weiter untersuchen (und um die Bezeichnung $\omega + 1$ für den Ordnungstypus von Mengen der Art (2) zu begründen), führen wir einige sehr wichtige Hilfsbegriffe ein, von denen wir im folgenden fortwährend Gebrauch machen werden.

Definition 2. Es seien zwei elementefremde geordnete Mengen A und B in bestimmter Reihenfolge gegeben (nämlich zuerst A, dann B). Wir betrachten die Menge $A \cup B$, die aus allen Elementen $a \in A$ und $b \in B$ besteht. Wir verwandeln die Menge $A \cup B$ in eine geordnete Menge $A + B$, indem wir in folgender Weise eine Ordnung einführen: Sowohl die Elemente der Menge A als auch die Elemente der Menge B behalten auch in $A + B$ ihre Ordnung bei (d. h., gilt $a \prec a'$ in A bzw. $b \prec b'$ in B, so bleiben diese Relationen auch in $A + B$ erhalten); ist $a \in A$, $b \in B$, so setzen wir

$$a \prec b \quad \text{in} \quad A + B.$$

Die geordnete Menge $A + B$ heißt *geordnete Summe* der (in der Anordnung $A \prec B$ gegebenen) geordneten Mengen A und B. Sind α, β die Ordnungstypen der Mengen A und B, so wird der Ordnungstypus der Menge $A + B$ die *Summe* $\alpha + \beta$ der Ordnungstypen α und β (in dieser Reihenfolge) genannt.

Fügen wir zu einer beliebigen Menge vom Ordnungstypus ω noch ein Element hinzu, das allen Elementen der gegebenen Menge vom Typus ω folgen möge, so erhalten wir eine geordnete Menge, deren Ordnungstypus auf Grund der eben formulierten Definition der Addition von Ordnungstypen gleich $\omega + 1$ ist, wenn wir festsetzen, daß eine aus einem einzigen Element bestehende Menge den Ordnungstypus 1 hat.

Analog dazu hat die Menge

$$\frac{1}{2}, \frac{2}{3}, \frac{3}{4}, \ldots, \frac{n}{n+1}, \ldots, 1, 2, \ldots, m$$

den Ordnungstypus $\omega + m$ und die Menge

$$\frac{1}{2}, \frac{2}{3}, \frac{3}{4}, \ldots, \frac{n}{n+1}, \ldots, 1, \frac{3}{2}, \frac{5}{3}, \ldots, \frac{2n+1}{n+1}, \ldots$$

den Ordnungstypus $\omega + \omega$. Den gleichen Ordnungstypus $\omega + \omega$ erhalten wir, wenn wir die natürlichen Zahlen nicht in der natürlichen Reihenfolge (ihrer Größe nach), sondern wie folgt anordnen. Zunächst ordnen wir alle ungeraden Zahlen ihrer Größe nach und lassen darauf die geraden Zahlen (ebenfalls der Größe nach geordnet) folgen: 1, 3, 5, 7, 9, ..., 2, 4, 6, 8, ...

Die eben eingeführte Addition von Ordnungstypen ist nicht kommutativ; so ist z. B.

$$1 + \omega = \omega \neq \omega + 1;$$

allgemein ist für beliebiges n

$$n + \omega = \omega \neq \omega + n.$$

Dagegen erkennt man leicht, daß die Addition von Ordnungstypen assoziativ ist:

$$(\alpha + \beta) + \gamma = \alpha + (\beta + \gamma).$$

Wir führen jetzt den Begriff der Summe einer geordneten Menge von geordneten Mengen ein, der eine Verallgemeinerung des Begriffs der Summe zweier geordneter Mengen darstellt. Gegeben sei irgendeine nichtleere geordnete Menge A, deren Elemente paarweise elementefremde geordnete Mengen B_ξ seien. Wir machen die Vereinigung $S = \bigcup_{B_\xi \in A} B_\xi$ aller $B_\xi \in A$ zu einer geordneten Menge, die wir mit $S = \sum_{B_\xi \in A} B_\xi$ bezeichnen, indem wir in der Menge S auf folgende Weise eine Ordnung einführen: Die Elemente jeder Menge B_ξ behalten die Ordnung, die sie in B_ξ haben; ist $x \in B_\xi$, $x' \in B_{\xi'}$, so setzen wir $x \prec x'$, wenn $B_\xi \prec B_{\xi'}$ in A gilt. Die geordnete Menge $\sum_{B_\xi \in A} B_\xi$ nennen wir die Summe der geordneten Menge A von geordneten Mengen B_ξ.

Ist b_ξ der Ordnungstypus der Menge B_ξ und a der Ordnungstypus der Menge A, so nennt man den Ordnungstypus s der geordneten Menge $\sum_{B_\xi \in A} B_\xi$ die *Summe der Ordnungstypen b_ξ bezüglich des Typus a.* Diese Definition ist sinnvoll, da offenbar der Ordnungstypus s nur von den gegebenen Ordnungstypen b_ξ und dem Ordnungstypus a abhängt, nicht aber davon, welche Mengen B_ξ und A dieser Typen man gerade gewählt hat.

Wir betrachten einen Spezialfall der eben eingeführten Definition. Alle Mengen B_ξ mögen ein und denselben Typus b haben. Dann bezeichnet man den Ordnungstypus ihrer Summe bezüglich des Typus a mit $b \cdot a$ und nennt dies das *Produkt der Ordnungstypen b und a in dieser Reihenfolge.* So ist z. B. $\omega + \omega = \omega \cdot 2$, $\omega + \omega + \omega = \omega \cdot 3$ usw.

Bemerkung 2. Man erkennt leicht, daß $2 \cdot \omega = \omega$, $3 \cdot \omega = \omega$ ist usw., also $2 \cdot \omega \neq \omega \cdot 2$, $3 \cdot \omega \neq \omega \cdot 3$ usw. Die Multiplikation der Ordnungstypen (sogar wohlgeordneter Mengen) ist nicht kommutativ.

Ein weiteres Beispiel für die Multiplikation von Ordnungstypen ist das folgende. Die Menge der rationalen Zahlen

$$\frac{1}{2}, \frac{2}{3}, \ldots, \frac{n}{n+1}, \ldots, \frac{3}{2}, \frac{5}{3}, \ldots, 1 + \frac{n}{n+1}, \ldots,$$

$$k + \frac{1}{2}, k + \frac{2}{3}, \ldots, k + \frac{n}{n+1}, \ldots$$

ist offensichtlich vom Ordnungstypus $\omega \cdot \omega = \omega^2$; der Typus $\omega \cdot \omega = \omega^2$ ergibt sich, wenn man die Summe der Mengenfolge

$$A_1, A_2, \ldots, A_n, \ldots,$$

von denen jede nach dem Typus ω geordnet ist, bildet. Ebenso liefert uns die Summe der Mengenfolge

$$A_1, A_2, A_3, \ldots, A_n, \ldots,$$

bei der jede Menge vom Typus ω^2 ist, eine geordnete Menge vom Typus $\omega^2 \cdot \omega = \omega^3$ usw., so daß man vom Ordnungstypus ω^n für jedes n sprechen kann.

Man beweist leicht das folgende

Theorem 6. *Die Summe einer wohlgeordneten Menge von wohlgeordneten Mengen ist wieder eine wohlgeordnete Menge.*

Es sei die geordnete Menge C definiert als Summe $\sum_{B_\xi \in A} B_\xi$ einer wohlgeordneten Menge A von wohlgeordneten Mengen B_ξ. Es sei C' irgendeine nichtleere Untermenge der Menge C. Da die Menge A wohlgeordnet ist, gibt es unter den Mengen B_ξ, welche Elemente der Menge C' enthalten, eine erste Menge B_{ξ_0}. Da die Menge $C' \cap B_{\xi_0}$ eine nichtleere Untermenge der wohlgeordneten Menge B_{ξ_0} ist, gibt es in ihr ein erstes Element. Dieses Element ist offensichtlich auch das erste Element der geordneten Menge C'. Damit ist der Satz bewiesen.

Wendet man also die Addition auf wohlgeordnete Mengen, speziell auf endliche Mengen und auf Folgen wohlgeordneter Mengen an, so erhält man auf Grund von Theorem 6 immer kompliziertere Beispiele wohlgeordneter Mengen. Dabei führt uns natürlich die Addition endlich oder abzählbar vieler Folgen abzählbarer wohlgeordneter Mengen aus der Klasse der abzählbaren Mengen nicht heraus.

Wir betrachten speziell die Summe

$$\omega + \omega^2 + \omega^3 + \cdots + \omega^n + \cdots = \sum_{n=1}^{\omega} \omega^n. \tag{3}$$

Den Ordnungstypus $\sum_{n=1}^{\omega} \omega^n$ bezeichnen wir verabredungsgemäß[1]) mit ω^ω. Um eine Menge rationaler Zahlen vom Ordnungstypus ω^ω zu konstruieren, kann man z. B. wie folgt verfahren: Wir wählen im Intervall $\left(0; \frac{1}{2}\right)$ irgendeine nach dem Typus ω, im Intervall $\left(\frac{1}{2}; \frac{2}{3}\right)$ irgendeine nach dem Typus ω^2, allgemein im Intervall $\left(\frac{n}{n+1}; \frac{n+1}{n+2}\right)$ $(n = 1, 2, 3, \ldots)$ irgendeine nach dem Typus ω^{n+1} geordnete Menge. Die Summe aller so erhaltenen Mengen hat den Typus ω^ω. Jetzt kann man weiter die Typen

$$\omega^\omega + 1, \ldots, \omega^\omega + n, \ldots, \omega^\omega + \omega, \ldots, \omega^\omega + \omega \cdot 2, \ldots, \omega^\omega + \omega \cdot n, \ldots,$$

$$\omega^\omega + \omega \cdot \omega = \omega^\omega + \omega^2, \ldots, \omega^\omega + \omega^n, \ldots, \omega^\omega + \omega^\omega = \omega^\omega \cdot 2, \ldots, \omega^\omega \cdot n, \ldots$$

konstruieren, und ebenso den Typus $\omega^\omega \cdot \omega$, den wir mit $\omega^{\omega+1}$ bezeichnen, dann

$$\omega^{\omega+1} + 1, \ldots, \omega^{\omega+1} + \omega^\omega, \ldots, \omega^{\omega+1} + \omega^\omega \cdot 2, \ldots, \omega^{\omega+1} + \omega^\omega \cdot n, \ldots,$$

$$\omega^{\omega+1} + \omega^{\omega+1} = \omega^{\omega+1} \cdot 2, \ldots, \omega^{\omega+1} \cdot n, \ldots, \omega^{\omega+1} \cdot \omega = \omega^{\omega+2}, \ldots, \omega^{\omega+n}, \ldots,$$

$$\omega^{\omega+\omega} = \omega^{\omega\cdot 2}, \ldots, \omega^{\omega\cdot n}, \ldots, \omega^{\omega\cdot\omega} = \omega^{\omega^2}, \ldots, \omega^{\omega^n}, \ldots, \omega^{\omega^\omega}, \ldots, \underbrace{\omega^{\omega^{\cdot^{\cdot^{\omega}}}}}_{n\text{-mal}}, \ldots$$

Die Summe $\omega^\omega + \omega^{\omega^\omega} + \omega^{\omega^{\omega^\omega}} + \cdots + \underbrace{\omega^{\omega^{\cdot^{\cdot^{\omega}}}}}_{n\text{-mal}} + \cdots$ bezeichnet man mit $\omega^{\omega^{\omega^{\cdot^{\cdot^{\cdot}}}}}$ oder mit ε (Cantor). Genau so kann man fortfahren und bekommt die Ordnungstypen $\varepsilon + 1, \ldots, \varepsilon + \omega, \ldots, \varepsilon + \varepsilon = \varepsilon \cdot 2, \ldots, \varepsilon \cdot \varepsilon = \varepsilon^2$ usw., dieser Prozeß hat kein Ende. Diese Beispiele (übrigens auch schon ω, $\omega + 1$, $\omega + 2, \ldots$) zeigen, daß die Menge der Ordnungstypen der abzählbaren wohlgeordneten Mengen unendlich ist.

Seit Cantor nennt man die *Ordnungstypen wohlgeordneter Mengen Ordnungszahlen.* Die Ordnungszahlen endlicher Mengen sind, wie wir schon erwähnten, die

[1]) In diesem Buch wird die Definition der Potenz mit dem Exponenten ω nicht eingeführt; die sich für diesen und die folgenden Begriffe der Theorie der geordneten Mengen interessierenden Leser verweisen wir auf die „Mengenlehre" von Hausdorff („Grundzüge der Mengenlehre", Leipzig 1914, Kap. 4 und 5; 2. und 3. Auflage, „Mengenlehre", Leipzig und Berlin 1927, Kap. 3 und 4).

natürlichen Zahlen und die Zahl Null; *die Ordnungstypen der unendlichen wohlgeordneten Mengen heißen transfinite Zahlen.*

Bemerkung 3. Bei der Betrachtung wohlgeordneter Mengen ersetzt man die Zeichen $\prec, \succ$ durch die gewöhnlichen $<, >$-Zeichen.

Zum Schluß bringen wir noch einige Beispiele für Ordnungstypen geordneter, aber nicht wohlgeordneter Mengen.

Wir bezeichnen mit ϱ den Ordnungstypus der Menge aller reellen Zahlen. Wir ordnen die Menge aller komplexen Zahlen $z = x + iy$, indem wir für $z = x + iy$ und $z' = x' + iy'$ festsetzen:

$$z \prec z',$$

wenn (ungeachtet dessen, welche der beiden Zahlen y, y' größer als die andere ist) $x < x'$ gilt. Ist $x = x'$ und $y < y'$, so setzen wir $z \prec z'$ (mit anderen Worten, wir ordnen alle Paare (x, y) „lexikographisch"). Auf diese Weise wird die Menge aller komplexen Zahlen nach dem Typus ϱ^2 geordnet.

Bemerkenswert ist der Ordnungstypus θ^2, wobei θ der Ordnungstypus eines Segments der Zahlengeraden ist. Eine nach dem Typus θ^2 geordnete Menge erhält man, wenn man in der Ebene das abgeschlossene achsenparallele Quadrat wählt, dessen Eckpunkte $(0, 0)$, $(0, 1)$, $(1, 0)$, $(1, 1)$ sind, und die Menge aller Punkte $z = (x, y)$, $0 \leqq x \leqq 1$, $0 \leqq y \leqq 1$ dieses Quadrates „lexikographisch" ordnet (d. h., wenn man $(x, y) \prec (x', y')$ setzt, falls $x < x'$ oder falls $x = x'$ und $y < y'$ ist).

Wir überlassen es dem Leser nachzuprüfen, daß die Intervalle $(z; z')$ dieser geordneten Menge für verschiedene z, z' die in Abb. 2 gezeigte Gestalt haben und daß es unter ihnen ein System der Mächtigkeit $\mathfrak{c}$ von paarweise elementefremden Intervallen gibt; außerdem ist unsere geordnete Menge stetig und besitzt sowohl ein erstes als auch ein letztes Element.

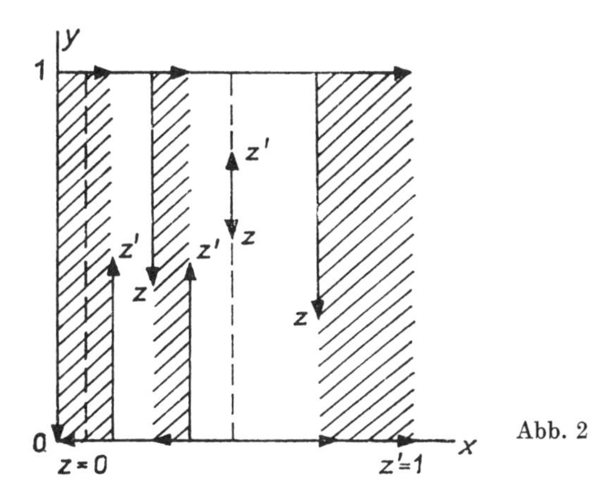

Abb. 2

3.3. Grundlegende Sätze über wohlgeordnete Mengen

Die Menge aller negativen ganzen Zahlen

$$\ldots, -(n + 1), -n, \ldots, -3, -2, -1 \tag{1}$$

und jede ihr ähnliche Menge heißt Menge vom Ordnungstypus ω^*.

In der Menge (1) gibt es ein letztes Element -1, aber offenbar kein erstes Element; daher ist diese Menge zwar geordnet, aber nicht wohlgeordnet, und der Ordnungstypus ω^* ist keine Ordnungszahl. Darüber hinaus gilt das sehr einfache, aber wichtige

Theorem 7. *Eine geordnete Menge ist genau dann nicht wohlgeordnet, wenn es in ihr eine Untermenge vom Typus ω^* gibt.*

Da jede Untermenge einer wohlgeordneten Menge wieder wohlgeordnet ist, Mengen vom Typus ω^* aber nicht wohlgeordnet sind, kann keine wohlgeordnete Menge eine Untermenge vom Typus ω^* enthalten. Ist umgekehrt eine geordnete Menge C nicht wohlgeordnet, so enthält sie eine Untermenge A, die kein erstes Element besitzt. Wir wählen irgendein Element der Menge A und bezeichnen es mit a_{-1}. Da kein Element der Menge A, also auch a_{-1} nicht, erstes Element sein kann, gibt es in A gewiß ein Element, das dem Element a_{-1} vorangeht; eines dieser Elemente bezeichnen wir mit a_{-2}:

$$a_{-2} \prec a_{-1}.$$

Da auch a_{-2} nicht erstes Element in A sein kann, gibt es ein Element a_{-3}, das dem Element a_{-2} vorangeht. Durch Wiederholung dieser Überlegung können wir für jede natürliche Zahl n ein Element a_{-n} der Menge A finden derart, daß

$$a_{-(n+1)} \prec a_{-n}$$

gilt. Die Menge

$$\ldots, a_{-(n+1)}, a_{-n}, \ldots, a_{-3}, a_{-2}, a_{-1}$$

ist eine Untermenge der Menge $A \subseteqq C$ und hat den Typus ω^*.

Theorem 8. *Ist f eine Ähnlichkeitsabbildung einer wohlgeordneten Menge A in sich, so gilt für jedes beliebige Element $x \in A$ die Beziehung $f(x) \geqq x$.*

Beweis. Angenommen, es gäbe in A Elemente x, die dieser Ungleichung nicht genügen. Dann gibt es unter diesen Elementen ein erstes; wir bezeichnen es mit x_1. Demnach ist

$$f(x_1) < x_1. \tag{2}$$

Wir bezeichnen das Element $f(x_1)$ mit x_0 und schreiben die Ungleichung (2) in der Gestalt

$$x_0 < x_1. \tag{2'}$$

Berücksichtigen wir, daß f eine Ähnlichkeitsabbildung ist, so erhalten wir aus (2') die Ungleichung

$$f(x_0) < f(x_1) = x_0.$$

Die Ungleichungen $f(x_0) < x_0$ und $x_0 < x_1$ widersprechen aber der Definition des Elements x_1 als des ersten Elementes $x \in A$, das der Ungleichung $f(x) < x$ genügt. Damit ist Theorem 8 bewiesen.

Es sei jetzt x ein beliebiges Element einer wohlgeordneten Menge A. Wir nennen die Menge aller Elemente $x' \in A$, die dem Element x vorangehen, *den durch das Element x bestimmten Abschnitt der Menge A* und bezeichnen ihn mit $A(x)$. Ist x erstes Element der Menge A, so ist $A(x)$ die leere Menge. Die Menge aller übrigen Elemente der Menge A, d. h. die Menge aller $x'' \in A$, die der Ungleichung $x'' \geqq x$ genügen, heißt der durch das Element x bestimmte *Rest* der Menge A.

Aus Theorem 7 folgt

Theorem 9. *Es gibt keine Ähnlichkeitsabbildung einer wohlgeordneten Menge A in einen Abschnitt einer Untermenge $A' \subseteqq A$.*

Beweis. Gäbe es eine Ähnlichkeitsabbildung einer wohlgeordneten Menge A in einen Abschnitt $A'(x)$ irgendeiner Untermenge $A' \subseteqq A$, so wäre $f(x) \in A'(x)$, d. h. $f(x) < x$ im Widerspruch zu Theorem 8.

Es seien $A(x)$ und $A(x')$ zwei verschiedene Abschnitte einer wohlgeordneten Menge A; eines der Elemente x, x' geht dem anderen voran, sagen wir $x < x'$. Dann ist $A(x)$ offenbar ein Abschnitt der Menge $A(x')$. Von zwei verschiedenen Abschnitten ein und derselben wohlgeordneten Menge ist also einer ein Abschnitt des anderen. Daher ergibt sich

Folgerung 1. *Zwei verschiedene Abschnitte einer wohlgeordneten Menge können einander nicht ähnlich sein.*

Aus Theorem 9 folgt weiter

Theorem 10. *Es gibt höchstens eine Ähnlichkeitsabbildung einer wohlgeordneten Menge auf eine andere.*

Es seien f und g zwei verschiedene Ähnlichkeitsabbildungen der wohlgeordneten Menge A auf die wohlgeordnete Menge B. Da f und g als verschieden vorausgesetzt wurden, gibt es ein Element $a \in A$, für welches $b = f(a) \neq b' = g(a)$ ist. Es sei etwa $b < b'$. Da bei jeder Ähnlichkeitsabbildung f der Menge A auf die Menge B ein Abschnitt $A(x)$ der Menge A in einen Abschnitt $B(y)$ der Menge B übergeht, wobei $y = f(x)$ ist, ist der Abschnitt $A(a)$ der Menge A den Abschnitten $B(b)$ und $B(b')$ der Menge B ähnlich. Hieraus folgt, im Widerspruch zu dem oben Bewiesenen, daß die Abschnitte $B(b)$ und $B(b')$ der Menge B einander ähnlich sind.

Folgerung 2. *Die einzige Ähnlichkeitsabbildung einer wohlgeordneten Menge auf sich ist die identische Abbildung.*

Wir führen jetzt folgende grundlegende Definition ein:

Wir sagen, *die Ordnungszahl α sei kleiner als die Ordnungszahl β, wenn irgendeine* (also jede) *wohlgeordnete Menge vom Typus α einem gewissen Abschnitt irgendeiner* (also jeder) *wohlgeordneten Menge vom Typus β ähnlich ist.* Offenbar folgt aus $\alpha < \beta$, $\beta < \gamma$ auch $\alpha < \gamma$. Außerdem folgt aus unserer Definition und aus Theorem 8, daß die Relationen $\alpha < \beta$ und $\alpha = \beta$ sowie $\alpha < \beta$ und $\alpha > \beta$ einander ausschließen; mit anderen Worten, für gegebene Ordnungszahlen α, β kann höchstens eine der drei Relationen $\alpha = \beta$, $\alpha < \beta$, $\alpha > \beta$ erfüllt sein.

Wir wollen zeigen, daß eine dieser Relationen immer erfüllt ist; mit anderen Worten, es gilt

Theorem 11. *Für beliebige Ordnungszahlen* α *und* β *liegt immer genau einer der drei Fälle* $\alpha < \beta$, $\alpha = \beta$, $\alpha > \beta$ *vor.*

Auf Grund der oben gegebenen Definition der Ungleichheit von Ordnungszahlen kann Theorem 11 auch folgendermaßen formuliert werden:

Theorem 11'. *Gegeben seien zwei wohlgeordnete Mengen* A *und* B. *Dann gibt es nur drei Möglichkeiten: Entweder* A *und* B *sind einander ähnlich oder* A *ist einem gewissen Abschnitt der Menge* B *ähnlich oder* B *ist einem gewissen Abschnitt der Menge* A *ähnlich.*

Dem Beweis von Theorem 11 wollen wir folgende Bemerkung vorausschicken:

Hat man irgendeine Ordnungszahl ξ, so ist auch die Menge $W(\xi)$ aller Ordnungszahlen, die kleiner als ξ sind, bekannt; denn die Angabe der Ordnungszahl ist gleichbedeutend mit der Angabe irgendeiner wohlgeordneten Menge vom Typus ξ. Dann sind aber auch alle Abschnitte dieser Menge gegeben; die Ordnungstypen dieser Abschnitte erschöpfen jedoch gerade die Menge aller Ordnungszahlen, die kleiner als ξ sind. Daher gilt

Theorem 11''. *Die für Ordnungszahlen oben definierte Ordnungsrelation* $\alpha < \beta$ *macht die Menge* $W(\xi)$ *aller Ordnungszahlen, die kleiner als eine gegebene Ordnungszahl* ξ *sind, zu einer wohlgeordneten Menge vom Typus* ξ.

Beweis von Theorem 11''. Wie wir eben sahen (und wie unmittelbar aus der Definition der Relation $\alpha < \beta$ folgt), läßt sich die Menge $W(\xi)$ umkehrbar eindeutig der Menge aller Abschnitte $A(x)$ einer beliebig gewählten Menge A vom Typus ξ zuordnen; da die Abschnitte $A(x)$ umkehrbar eindeutig den Elementen $x \in A$ entsprechen, haben wir eine umkehrbar eindeutige Zuordnung $\alpha = f(x)$, $x \in A$, $\alpha \in W(\xi)$ zwischen der Menge $W(\xi)$ und der Menge A vom Typus ξ. Bei dieser Zuordnung folgt aus $x < x'$ in A, daß $A(x)$ ein Abschnitt der Menge $A(x')$ ist, d. h. $\alpha = f(x) < \beta = f(x')$ in $W(\xi)$ und umgekehrt. Damit ist Theorem 11'' bewiesen.

Das eben bewiesene Theorem 11'' kann man auch folgendermaßen formulieren:

Theorem 11'''. *Die Elemente jeder wohlgeordneten Menge* A *von gegebenem Typus* ξ *kann man (und zwar auf genau eine Weise) mit Hilfe der Ordnungszahlen* $\alpha < \xi$ *so durchnumerieren, daß man eine ähnliche Zuordnung zwischen der Menge* A *und der Menge aller Ordnungszahlen* $\alpha < \xi$ *erhält (d. h.,* $x_\alpha < x_\beta$ *in* A *ist gleichwertig mit* $\alpha < \beta$*).*

Jetzt wollen wir zum Beweis von Theorem 11 übergehen. Gegeben seien Ordnungszahlen α und β. Wir bezeichnen mit D die Menge $W(\alpha) \cap W(\beta)$. Diese Menge ist wohlgeordnet; ihren Typus bezeichnen wir mit δ. Wir wollen zeigen, daß die Ungleichungen $\delta \leqq \alpha$, $\delta \leqq \beta$ gelten. Wir beweisen nur die erste der beiden, die zweite beweist man analog. Es ist $D \subseteq W(\alpha)$. Wäre $D = W(\alpha)$, so wäre δ der Ordnungstypus der Menge $W(\alpha)$, d. h. $\delta = \alpha$. Es sei nun $D \subset W(\alpha)$. Die Zerlegung

$$W(\alpha) = D \cup \big(W(\alpha) \setminus D\big)$$

ist ein Schnitt in der wohlgeordneten Menge $W(\alpha)$. Es sei $x \in D$, $y \in W(\alpha) \setminus D$. Da $W(\alpha)$ geordnet ist, gilt entweder $x < y$ oder $y < x$. Wir zeigen, daß der zweite

Fall unmöglich ist. Wegen $x \in W(\alpha)$, $x \in W(\beta)$ ist nämlich $x < \alpha$, $x < \beta$. Wäre $y < x$, so wäre auch $y < \alpha$, $y < \beta$, d. h. $y \in D$. Damit ist gezeigt, daß für beliebige $x \in D$, $y \in W(\alpha) \setminus D$ die Beziehung $x < y$ gilt; also ist $(D, W(\alpha) \setminus D)$ ein Schnitt in $W(\alpha)$. Es sei ξ mit $\xi < \alpha$ das erste Element in $W(\alpha) \setminus D$. Dann stimmt der durch das Element ξ in $W(\alpha)$ bestimmte Abschnitt mit D überein, d. h., ξ ist der Ordnungstypus der Menge D, $\xi = \delta$ und $\delta < \alpha$.

Ebenso beweist man $\delta \leqq \beta$.

Die Ungleichungen $\delta < \alpha$, $\delta < \beta$ können jedoch nicht gleichzeitig erfüllt sein, da in diesem Fall $\delta \in D$, also δ der Typus eines Abschnittes der Menge D wäre und somit nicht der Typus der ganzen Menge D sein könnte. Daher gibt es nur die Möglichkeiten, daß

entweder $\delta = \alpha$, $\delta = \beta$, d. h. $\alpha = \beta$,

oder $\delta = \alpha$, $\delta < \beta$, d. h. $\alpha < \beta$,

oder $\delta < \alpha$, $\delta = \beta$, d. h. $\beta < \alpha$,

ist. Damit ist das wichtige Theorem 11 vollständig bewiesen.

Theorem 12. *Jede aus Ordnungszahlen bestehende Menge A ist wohlgeordnet.*

Beweis. Es genügt zu beweisen, daß jede nichtleere Menge A', die aus Ordnungszahlen besteht, ein erstes Element hat. Damit hat man dann insbesondere gezeigt, daß jede nichtleere Untermenge A' der Menge A ein erstes Element besitzt, d. h., daß A wohlgeordnet ist.

Wir wählen irgendein $a' \in A'$. Ist a' die kleinste der Zahlen x mit $x \in A'$, so ist alles bewiesen. Ist dies nicht der Fall, so ist der Durchschnitt $W(a') \cap A'$ nicht leer und enthält, da er eine Untermenge der wohlgeordneten Menge $W(a')$ ist, ein erstes Element a. Die Ordnungszahl a ist dann gerade das erste Element in A'.

Theorem 13. *Es sei ξ irgendeine Ordnungszahl; dann ist $\xi + 1 > \xi$. Es gibt keine Ordnungszahl ξ', die der Beziehung $\xi < \xi' < \xi + 1$ genügt.*

Beweis. Es sei A irgendeine wohlgeordnete Menge vom Typus ξ. Nach Definition der Addition von Ordnungstypen erhalten wir eine Menge A' vom Typus $\xi + 1$, indem wir zu A ein neues Element a' hinzufügen, das auf alle Elemente $a \in A$ folgt. Dann ist offenbar $A = A'(a')$, d. h. $\xi < \xi + 1$. Jede Ordnungszahl $\xi' < \xi + 1$ ist Ordnungstypus eines bestimmten Abschnittes $A'(x)$ der Menge A'. Ist aber $x = a'$, so folgt $A'(x) = A'(a') = A$ und $\xi' = \xi$; ist $x = a < a'$, so ist $A'(x) = A(a)$ und $\xi' < \xi$. Damit ist der Satz bewiesen.

Die Behauptung von Theorem 13 kann man auch wie folgt formulieren: Die Zahl $\xi + 1$ ist die erste Ordnungszahl, die auf ξ folgt.

Theorem 14. *Es seien A und B wohlgeordnete Mengen der Ordnungstypen α und β. Ist $A \subseteqq B$, so gilt $\alpha \leqq \beta$.*

Andernfalls wäre $\beta < \alpha$ und die Menge B einem Abschnitt ihrer Untermenge A ähnlich, was dem Theorem 9 widerspricht.

Es sei eine Ordnungszahl τ gegeben, und jedem $\alpha < \tau$ sei eine Ordnungszahl x_α zugeordnet. Es sei ξ die Summe aller Ordnungszahlen x_α mit $\alpha < \tau$; wir bezeichnen sie mit

$$\xi = \sum_{\alpha<\tau} x_\alpha .$$

Ist X_α irgendeine nach dem Typus x_α geordnete Menge, so ist die Summe der (nach dem Typus $W(\tau)$) wohlgeordneten Menge der Mengen X_α eine wohlgeordnete Menge X vom Typus ξ. Da die Menge X jede der Mengen X_α als Untermenge enthält, gilt auf Grund von Theorem 14 die Beziehung $x_\alpha \leqq \xi$ für jedes x_α. Damit haben wir bewiesen:

Theorem 15. *Die Summe von in beliebiger Reihenfolge gegebenen Ordnungszahlen x_α eine Ordnungszahl ξ, die mindestens so groß ist wie jeder der gegebenen Summanden x_α.*

Dann ist insbesondere $\xi + 1$ größer als jedes der gegebenen x_α. Also gilt

Theorem 16. *Zu jeder gegebenen Menge von Ordnungszahlen läßt sich eine Ordnungszahl konstruieren, die größer ist als jede Zahl dieser Menge.*

Hieraus folgt, daß die Begriffsbildung „Menge aller Ordnungszahlen“ unzulässig ist (die „Menge aller Ordnungszahlen“ existiert nicht).[1]) Das ergibt sich auch aus folgender Betrachtung: Den Prozeß der Konstruktion immer größerer Ordnungszahlen darf man sich nicht als abgeschlossen denken; die „Menge aller Ordnungszahlen“ aber würde erst als Resultat dieses Prozesses entstehen.

Es sei nun A irgendeine nichtleere Menge von Ordnungszahlen. Nach Theorem 16 gibt es Zahlen ξ, die größer sind als alle $x \in A$. Unter diesen ξ gibt es genau eine kleinste Zahl ξ_0. Um sie zu erhalten, nehmen wir irgendein ξ, das größer ist als alle $x \in A$. Dann gibt es in der wohlgeordneten Menge $W(\xi + 1)$ gewiß Zahlen, die größer sind als alle $x \in A$ (z. B. die Zahl ξ). Unter diesen Zahlen gibt es eine kleinste; diese ist die gesuchte Zahl ξ_0.

Es sind zwei Fälle möglich:

1. In der Menge A gibt es ein letztes Element, d. h., unter allen Zahlen $x \in A$ existiert eine größte Zahl x'. Dann ist offenbar $\xi = x' + 1$ die erste Ordnungszahl, die größer ist als alle Zahlen $x \in A$.

2. In A gibt es kein letztes Element. In diesem Fall besitzt die erste Zahl ξ, die größer ist als alle $x \in A$, folgende Eigenschaft: Wie auch $\xi' < \xi$ gewählt wird, immer enthält das Intervall (ξ', ξ) der wohlgeordneten Menge $W(\xi + 1)$ Zahlen $x \in A$, und mit jeder Zahl $x' \in A$, die sich in ihm befindet, liegen auch alle Zahlen $x \in A$, die größer sind als x', in diesem Intervall. In diesem Fall sagt man, *die wohlgeordnete Menge A von Ordnungszahlen konvergiere gegen die Zahl ξ* (besitze ξ als Grenzwert), und schreibt

$$\xi = \lim_{x \in A} x .$$

[1]) Siehe 1.5., Bemerkung.

Es sei jetzt speziell $A = W(\xi)$, wobei ξ irgendeine Ordnungszahl ist. Gibt es in $W(\xi)$ eine größte Zahl ξ', so ist $\xi = \xi' + 1$; in diesem Fall besteht das Intervall $(\xi'; \xi' + 2)$ nur aus der Zahl $\xi = \xi' + 1$, und die Zahl ξ heißt *Ordnungszahl erster Art* (oder *isolierte* Zahl). Solche Zahlen sind z. B. alle natürlichen Zahlen, die Zahlen $\omega + 1$, $\omega + n$, $\omega^2 + n$, $\omega^2 + \omega + n$ usw. Gibt es in $W(\xi)$ keine größte Zahl, so enthält jedes Intervall $(\xi'; \xi)$, wobei ξ' eine beliebige Ordnungszahl $< \xi$ ist, eine unendliche Menge von Ordnungszahlen, und die Zahl ξ heißt *Limeszahl* oder *Ordnungszahl zweiter Art*. Solche Zahlen sind z. B. ω, $\omega \cdot 2$, $\omega \cdot n$, ω^n, ω^{ω^ω} usw.

Bemerkung. Das Prinzip der transfiniten Induktion. Gegeben sei irgendeine wohlgeordnete Menge W und eine gewisse Aussage $P = P(x)$, die von einem variablen Element dieser wohlgeordneten Menge W abhängen soll (gewöhnlich ist W die Menge aller Ordnungszahlen, die kleiner als eine gegebene Ordnungszahl α sind, d. h. in unserer Bezeichnung $W = W(\alpha)$). Unter diesen Voraussetzungen kann man folgende Aussage machen, die man *Prinzip der transfiniten Induktion* nennt:

Ist die Aussage P für das erste Element x_0 der Menge W richtig und folgt aus ihrer Gültigkeit für alle Elemente x, die einem Element x' vorangehen, daß sie auch für das Element x' richtig ist, so ist die Aussage P für jedes Element $x \in W$ richtig. (Ist $W = W(\omega)$, d. h., ist W die Menge aller natürlichen Zahlen, so geht das Prinzip der transfiniten Induktion in das dem Leser wohlbekannte Prinzip der vollständigen Induktion über.)

Zum Beweis des Prinzips der transfiniten Induktion genügt folgende Bemerkung: Gäbe es Elemente $x \in W$, für die die Aussage P nicht gilt, so ließe sich unter diesen Elementen x gewiß ein erstes Element x_0 finden. Da dann aber die Aussage P für alle Elemente $x \in W$, die dem Element x_0 vorangehen, richtig wäre, müßte sie auf Grund unserer Voraussetzungen auch für das Element x_0 richtig sein. Durch diesen Widerspruch ist unsere Behauptung bewiesen.

3.4. Abzählbare transfinite Zahlen (Zahlen der zweiten Zahlklasse). Der Begriff der Konfinalität. Das Auswahlaxiom

Die natürlichen Zahlen und die Zahl Null werden (*Ordnungs-*) *Zahlen der ersten Zahlklasse* genannt; somit sind die Zahlen der ersten Zahlklasse die Ordnungstypen der endlichen wohlgeordneten Mengen. Die Ordnungstypen der abzählbaren wohlgeordneten Mengen nennen wir *abzählbare transfinite Zahlen* oder (*transfinite*) (*Ordnungs-*) *Zahlen der zweiten Zahlklasse*. Die wohlgeordnete Menge aller Zahlen der ersten Zahlklasse bezeichnen wir mit W_0; die wohlgeordnete Menge aller Zahlen der ersten und der zweiten Zahlklasse mit W_1; die wohlgeordnete Menge aller Zahlen der zweiten Zahlklasse mit Z_1.

Theorem 17. *Die erste Ordnungszahl α, die auf alle Zahlen α_i einer beliebigen* *endlichen oder abzählbaren Menge von Zahlen*

$$\alpha_1, \alpha_2, \ldots, \alpha_n, \ldots \tag{1}$$

der zweiten Zahlklasse folgt, ist wieder eine Zahl der zweiten Zahlklasse.

Wir betrachten zwei Fälle:

a) Unter den Zahlen (1) gibt es eine größte Zahl, die wir mit α_m bezeichnen; die Zahl $\alpha_m + 1$, welche nach Definition eine Zahl der zweiten Zahlklasse ist, ist die erste Zahl, die auf alle Zahlen (1) folgt.

b) Unter den Zahlen (1) gibt es keine größte Zahl. Wir bezeichnen mit α die erste Ordnungszahl, die auf alle α_n folgt. Betrachten wir die Menge $W(\alpha)$, so gilt

$$W(\alpha) = \bigcup_{n=1}^{\infty} W(\alpha_n). \tag{2}$$

Die rechte Seite ist nämlich sicher in der linken enthalten. Wir zeigen, daß auch umgekehrt die linke Seite in der rechten enthalten ist. Es sei $\xi \in W(\alpha)$. Da α die erste Zahl ist, die allen α_n folgt, und $\xi < \alpha$ ist, gibt es ein $\alpha_m > \xi$, also gilt $\xi \in W(\alpha_m)$. Damit ist Gleichung (2) bewiesen. Aus (2) folgt, daß die Menge $W(\alpha)$ abzählbar ist. Nun ist α aber der Ordnungstypus der Menge $W(\alpha)$, d. h. der Ordnungstypus einer abzählbaren wohlgeordneten Menge, womit Theorem 17 bewiesen ist.

Aus Theorem 17 kann man sehr wichtige Folgerungen ziehen, nämlich:

Theorem 18. *Die Menge Z_1 aller Zahlen der zweiten Zahlklasse ist überabzählbar.*

Angenommen der Satz wäre falsch; dann gäbe es nach Theorem 17 eine Zahl α der zweiten Zahlklasse, die auf alle Zahlen der zweiten Zahlklasse folgt, d. h., es wäre speziell $\alpha > \alpha$, was den Ordnungsaxiomen widerspricht.

Die Mächtigkeit der Menge Z_1 bezeichnet man mit $\aleph_1$ (wir erinnern daran, daß die abzählbare Menge W_0 die Mächtigkeit $\aleph_0$ hat). Die erste Ordnungszahl, die auf alle Zahlen der zweiten Zahlklasse folgt, bezeichnet man mit ω_1 (manchmal auch mit Ω). Somit ist ω_1 der Ordnungstypus der wohlgeordneten Menge $W_1 = W(\omega_1)$. Nach Definition ist ω_1 die erste überabzählbare transfinite Zahl, jede Ordnungszahl $\alpha < \omega_1$ ist endlich oder abzählbar. Hieraus folgt, daß jede überabzählbare Untermenge der Menge W_1 vom selben Ordnungstypus ω_1 ist (und infolgedessen auch dieselbe Mächtigkeit $\aleph_1$ hat). Insbesondere kann man ω_1 auch als Ordnungstypus der wohlgeordneten Menge Z_1 aller Zahlen der zweiten Zahlklasse definieren.

Folgerung. *Es gibt keine Kardinalzahl m, die der Ungleichung*

$$\aleph_0 < m < \aleph_1 \tag{3}$$

genügt.

Angenommen, m wäre eine solche Zahl; wegen $m < \aleph_1$ gäbe es dann eine Untermenge M der Menge W_1, welche die Mächtigkeit m hat; wegen Ungleichung (3) wäre die Menge M überabzählbar und müßte daher nach dem eben Bewiesenen die Mächtigkeit $\aleph_1$ haben. Durch diesen Widerspruch ist unsere Behauptung bewiesen.

Theorem 17 veranlaßt uns, den wichtigen Begriff der *Konfinalität* einzuführen, den wir gleich in seiner vollen Allgemeinheit definieren wollen.

Definition der Konfinalität einer geordneten Menge mit einer Untermenge. Wir sagen, eine geordnete Menge X sei mit ihrer Untermenge A *konfinal*, wenn in X kein einziges Element existiert, das auf alle Elemente $x \in A$ folgt.

Aus dieser Definition folgt sofort: Genau dann, wenn es in einer geordneten Menge X ein letztes Element x_1 gibt, ist die ganze Menge X mit der Untermenge konfinal, die aus dem einzigen Element x_1 besteht. Beispielsweise ist das Segment $0 \leqq t \leqq 1$ der Zahlengeraden mit seinem Randpunkt 1 konfinal.

Das Intervall $0 < t < 1$ ist mit der Untermenge konfinal, die aus allen Zahlen der Gestalt $\frac{n}{n+1}$ besteht, wobei n eine natürliche Zahl ist.

Definition der Konfinalität zweier Ordnungstypen. Wir sagen, ein Ordnungstypus ξ sei mit dem Ordnungstypus α konfinal, wenn irgendeine (und folglich auch jede) Menge X, die nach dem Typus ξ geordnet ist, mit irgendeiner ihrer Untermengen vom Typus α konfinal ist.

So ist z. B. ein beliebiger Ordnungstypus ξ genau dann mit der Ordnungszahl 1 konfinal, wenn ξ der Ordnungstypus einer geordneten Menge ist, die ein letztes Element besitzt. Der Ordnungstypus eines Intervalls der Zahlengeraden (der mit dem Ordnungstypus der ganzen Zahlengeraden übereinstimmt) ist mit der Ordnungszahl ω konfinal (da die Zahlengerade mit der Menge der natürlichen Zahlen konfinal ist).

Bemerkung 1. Die Konfinalität[1] geordneter Mengen ist zwar nicht symmetrisch (in bezug auf die in die Definition eingehenden Mengen), wohl aber transitiv: Ist die geordnete Menge X mit einer Untermenge X_1 und die Menge X_1 mit einer Untermenge X_2 konfinal, so ist auch X mit der Untermenge X_2 konfinal. Entsprechendes gilt auch für die Ordnungstypen.

Theorem 17 läßt sich nun folgendermaßen formulieren:

Theorem 17′. *Die Menge W_1 aller Zahlen der ersten und zweiten Zahlklasse ist mit keiner ihrer endlichen oder abzählbaren Untermengen konfinal.*

Angenommen, W_1 wäre mit einer endlichen oder abzählbaren Untermenge konfinal, dann könnte man eine endliche oder abzählbare Menge von Ordnungszahlen der zweiten Zahlklasse finden, denen keine Zahl der zweiten Zahlklasse mehr folgt; das widerspricht jedoch Theorem 17.

Gehen wir zu Ordnungstypen über, so können wir sagen:

Theorem 17″. *Die transfinite Zahl ω_1 ist mit keiner kleineren transfiniten Zahl (insbesondere nicht mit der Zahl ω) konfinal.*

---

[1]) Im Sinne unserer Definition.

Auf jede Ordnungszahl $\alpha < \omega_1$ folgt eine Zahl $\alpha + 1 < \omega_1$, d. h. eine Zahl erster Art; also ist die ganze Menge W_1 mit der Untermenge aller Zahlen erster Art konfinal; diese Untermenge ist demzufolge überabzählbar und hat dann, wie wir bewiesen haben, den Typus ω_1. Ordnet man jeder Zahl $\alpha < \omega_1$ die Zahl $\alpha + 1$ zu, so erhält man, wie man ohne Mühe unmittelbar beweist, eine Ähnlichkeitsabbildung der Menge W_1 auf die Untermenge aller Zahlen erster Art. Andererseits folgt auf jede Zahl $\alpha < \omega_1$ eine Limeszahl (z. B. die Zahl $\alpha + \omega$). Hieraus folgt, daß die Menge W_1 mit der Untermenge aller transfiniten Limeszahlen der zweiten Zahlklasse konfinal ist, so daß auch diese Menge überabzählbar ist und den Ordnungstypus ω_1 hat.

Theorem 19. *Ist $\alpha < \omega_1$ eine transfinite Limeszahl, so gibt es eine abzählbare Folge*

$$\alpha_0, \alpha_1, \alpha_2, \ldots, \alpha_n, \ldots \tag{4}$$

wachsender Ordnungszahlen, die kleiner sind als α, derart, daß α der Grenzwert der Folge ist:

$$\alpha = \lim_n \alpha_n .$$

(Mit anderen Worten, zu jeder Limeszahl α kann man eine passende Folge (4) von Zahlen finden derart, daß α die erste Zahl ist, die jede Zahl der Folge (4) übertrifft.)

So ist z. B.

$$\omega = \lim_n n, \qquad \omega \cdot 2 = \lim_n (\omega + n), \qquad \omega^2 = \lim_n \omega \cdot n, \qquad \omega^\omega = \lim_n \omega^n,$$

$$\varepsilon = \lim_n \underbrace{\omega^{\omega^{\cdot^{\cdot^{\cdot^{\omega}}}}}}_{n\text{-mal}} \quad \text{usw.}$$

Beweis von Theorem 19. Die Menge $W(\alpha)$ aller Zahlen, die kleiner sind als α, ist abzählbar (hat den Typus α), d. h., ihre Elemente können in einer Folge

$$\xi_0, \xi_1, \xi_2, \ldots, \xi_m, \ldots \tag{5}$$

angeordnet werden (wobei die Reihenfolge der Indizes m in (5) im allgemeinen nichts mit der Ordnung in der wohlgeordneten Menge $W(\alpha)$ zu tun hat). Unter den Zahlen (5) gibt es keine größte (da α eine Limeszahl ist). Wir setzen $\xi_0 = \alpha_0$. Da ξ_0 nicht die größte Zahl in der Folge (5) ist, gibt es in dieser Folge Zahlen, die größer als ξ_0 sind. Es sei $\alpha_1 = \xi_{p_1}$ diejenige unter ihnen, die den kleinsten Index $p_1 \geqq 1$ besitzt; dann ist

$$p_0 = 0 < p_1, \qquad \xi_{p_0} < \xi_{p_1}.$$

Da auch die Zahl ξ_{p_1} nicht die größte Zahl in der Folge (5) sein kann, gibt es in (5) Zahlen, die größer sind als ξ_{p_1}; unter ihnen wählen wir die Zahl $\alpha_2 = \xi_{p_2}$ mit dem kleinsten Index p_2; dabei ist $p_2 > p_1 > p_0 = 0$. Setzen wir diese Überlegung fort, so bekommen wir die Folge

$$\alpha_0 = \xi_{p_0}, \quad \alpha_1 = \xi_{p_1}, \quad \alpha_2 = \xi_{p_2}, \quad \ldots, \quad \alpha_n = \xi_{p_n}, \ldots \tag{6}$$

mit

$$0 = p_0 < p_1 < p_2 < \cdots < p_n < \cdots. \tag{7}$$

Wir wollen zeigen, daß $\alpha = \lim_n \alpha_n$ ist. Offenbar ist α größer als jedes beliebige α_n. Es bleibt nur zu zeigen, daß es kein einziges $\xi \in W(\alpha)$ gibt, das alle Zahlen (6) übertrifft. Wir wählen ein beliebiges $\xi \in W(\alpha)$. Da in der Folge (5) alle Elemente der Menge $W(\alpha)$ auftreten, ist ξ einem gewissen ξ_m gleich. Da die natürlichen Zahlen p_n unbeschränkt wachsen, gibt es genau eine Zahl p_n derart, daß

$$p_n \leqq m < p_{n+1}$$

ist; dann ist sicher $\xi_m < \xi_{p_{n+1}} = \alpha_{n+1}$ gemäß der Auswahl von $\xi_{p_{n+1}}$; sonst wäre ξ_m mindestens gleich $\xi_{p_{n+1}}$ und hätte einen kleineren Index m als die Zahl $\xi_{p_{n+1}}$. Damit ist Theorem 19 bewiesen.

Diesen Satz kann man auch folgendermaßen formulieren:

Theorem 19'. *Jede transfinite Limeszahl der zweiten Zahlklasse ist mit der Zahl ω konfinal.*

Daher ist jede natürliche Zahl mit der Zahl 1 und jede transfinite Zahl der zweiten Zahlklasse entweder mit der Zahl 1 (wenn sie von erster Art ist) oder mit der Zahl ω (wenn sie eine Limeszahl ist) konfinal.

Bemerkung 2. Aus Theorem 19 kann man eine Folgerung ziehen, der man besonders in der ersten, der „klassischen" Periode der Entwicklung der Mengenlehre großen Wert beimaß, der Periode, in der man nicht an der Zuverlässigkeit irgendwelcher vom naiven Standpunkt aus einleuchtenden mengentheoretischen Konstruktionen zweifelte. Die Folgerung, von der die Rede ist, lautet: Hat man auf irgendeine Art bereits die Menge $W(\alpha)$ aller Ordnungszahlen, die kleiner als eine gegebene Zahl α der zweiten Zahlklasse sind, konstruiert, so kann man die Zahl α immer durch eines der beiden folgenden Verfahren gewinnen: Entweder man fügt zu einer wohlbestimmten Zahl $x' \in W(\alpha)$ die Zahl 1 hinzu (nämlich zur größten unter allen Zahlen $x \in W(\alpha)$, wenn eine solche größte Zahl existiert), oder man geht bei einer gewissen wachsenden Folge (4), die aus Zahlen $x < \alpha$ besteht, zur Grenze über. Während man jede natürliche Zahl erhalten kann, indem man zu der größten vorhergehenden natürlichen Zahl die Zahl 1 hinzufügt, reicht im Gebiet der transfiniten Zahlen der Prozeß des Hinzufügens von 1 nicht aus; man braucht noch die Operation des Übergangs zum Grenzwert einer wachsenden Folge. Dieser Sachverhalt gibt zu folgender Bemerkung Anlaß: Im Fall der natürlichen Zahlen (und der transfiniten Zahlen erster Art) ist der Übergang von Zahlen, die kleiner als α sind, zur Zahl α wohlbestimmt, da es eine einzige größte Zahl in der Menge $W(\alpha)$ gibt; zu dieser Zahl hat man einfach 1 hinzuzufügen. Diese Bestimmtheit liegt jedoch nicht mehr vor, wenn es sich darum handelt, eine Folge (4) zu konstruieren, welche eine gegebene Limeszahl α zum Grenzwert hat. Man erhält die Folge (4) automatisch und, wie man sagt, „effektiv", sobald man die Menge $W(\alpha)$ in bestimmter Weise in Gestalt einer Folge (5) geschrieben hat. Die Wahl einer solchen Schreibweise jedoch (d. h. die Wahl einer gewissen umkehrbar eindeutigen Abbildung f_α der Menge $W(\alpha)$ auf die Menge $W(\omega)$ aller natürlichen Zahlenindizes) ist beim gegenwärtigen Stand unserer Kenntnisse ein völlig willkürlicher Akt; es gibt kein Gesetz, nach welchem wir eine Abbildung f_α für jede der überabzählbar vielen transfiniten Zahlen α der zweiten Zahlklasse konstruieren könnten.

Wir wissen zwar, daß es für jedes α mit $\omega < \alpha < \omega_1$ solche Abbildungen gibt, d. h., daß die Menge F_α dieser Abbildungen nicht leer ist, aber wir besitzen keine Regel, die uns gestatten würde, aus allen diesen Mengen F_α je ein bestimmtes Element auszuwählen. Anstatt von der Menge F_α aller möglichen Abbildungen f_α zu sprechen, könnte man auch die Menge M_α aller Folgen (6) betrachten, die gegen die Limeszahl α konvergieren. Die Menge M_α ist auf Grund von Theorem 12 nicht leer; das bedeutet jedoch nicht, daß es eine Regel gibt, nach der man für alle transfiniten Limeszahlen $\alpha < \omega_1$ eine bestimmte Folge (6) auswählen könnte.

Die Existenz einer bestimmten Menge M von Folgen (6) (je eine Folge für jede Limeszahl $\alpha < \omega_1$) können wir nur auf Grund der folgenden allgemeinen Annahme behaupten, die unter der Bezeichnung *Axiom von Zermelo* oder *Auswahlaxiom* bekannt ist:

Das Auswahlaxiom. *Gegeben sei eine Menge $\mathfrak{M}$, deren Elemente paarweise elementefremde nichtleere Mengen M_α seien. Dann gibt es eine Menge M derart, daß jedes Element von M ein Element m_α einer gewissen Menge M_α ist und die Menge M mit jeder Menge M_α genau ein Element m_α gemeinsam hat.*

Mit anderen Worten, die Menge M, deren Existenz durch dieses Axiom postuliert wird, besteht aus Elementen, von denen je eins aus jeder Menge $M_\alpha \in \mathfrak{M}$ ausgewählt wurde.

Das Auswahlpostulat wurde vor etwa 70 Jahren formuliert und rief zahlreiche Untersuchungen über die Bedeutung, die es für den Aufbau der modernen Mathematik hat, hervor.

Dabei zeigte sich, daß wir beim Beweis einer Anzahl elementarer Sätze nicht nur der eigentlichen Mengenlehre, sondern auch der Analysis ohne Anwendung des Axioms von Zermelo nicht auskommen können. Nehmen wir z. B. die beiden folgenden Definitionen der Stetigkeit einer auf der Zahlengeraden definierten Funktion f:

1. Eine Funktion f heißt stetig im Punkt x_0, wenn man zu jedem positiven ε ein positives δ finden kann derart, daß für alle x, die der Ungleichung $|x_0 - x| < \delta$ genügen, die Ungleichung $|f(x_0) - f(x)| < \varepsilon$ gilt.

2. Eine Funktion f heißt stetig im Punkt x_0, wenn für jede gegen den Punkt x_0 konvergierende Folge $x_1, x_2, \ldots, x_n, \ldots$ die Folge $f(x_1), f(x_2), \ldots, f(x_n), \ldots$ gegen den Punkt $f(x_0)$ konvergiert.

Diese beiden Definitionen sind bekanntlich äquivalent. Wir wollen den üblichen Äquivalenzbeweis einmal analysieren. Es sei f im Punkt x_0 im Sinne der ersten Definition stetig, und es sei irgendeine gegen den Punkt x_0 konvergierende Folge $x_1, x_2, \ldots, x_n, \ldots$ gegeben. Dann kann man für jedes $\varepsilon > 0$ ein δ so finden, daß für alle x, die im Intervall $(x_0 - \delta; x_0 + \delta)$ liegen, $|f(x_0) - f(x)| < \varepsilon$ gilt. Wir wählen für ein gegebenes ε ein solches δ, bestimmen für dieses δ eine natürliche Zahl N derart, daß für alle $n \geqq N$ die Ungleichung $|x_0 - x_n| < \delta$ gilt; dann ist $|f(x_0) - f(x_n)| < \varepsilon$. Da das für jedes beliebige $\varepsilon > 0$ gilt, konvergiert die Folge $f(x_1), f(x_2), \ldots, f(x_n), \ldots$ gegen $f(x_0)$. Ist eine Funktion im Sinne der Definition 1 stetig, so ist sie daher auch stetig im Sinne der Definition 2.[1])

Es sei jetzt f eine Funktion, die im Punkt x_0 im Sinne der Definition 2 stetig ist. Wir wollen zeigen, daß sie auch im Sinne der Definition 1 stetig ist. Nehmen wir an, sie wäre es nicht. Dann gäbe es ein $\varepsilon > 0$, so daß für jedes $\delta > 0$ das Intervall $(x_0 - \delta; x_0 + \delta)$ Punkte $x_{(\delta)}$ enthalten würde, für welche $|f(x_0) - f(x_{(\delta)})| \geqq \varepsilon$ gilt. Wir lassen δ die Werte $\delta_n = \dfrac{1}{n}$ annehmen und wählen für jedes δ_n ein gewisses $x_{(\delta_n)}$, das wir der Kürze halber mit x_n bezeichnen.

[1]) Wir weisen darauf hin, daß der Beweis dieser Aussage nicht auf dem Auswahlaxiom beruht; die Wahl der Zahl N ist eindeutig durchführbar, da man die erste (natürliche) Zahl N wählen kann, die der Bedingung genügt, daß für alle $n > N$ die Ungleichung $|x_0 - x_n| < \delta$ gilt.

Dann erhalten wir eine Folge von Punkten x_n, die gegen den Punkt x_0 konvergiert, während gleichzeitig für diese Punkte stets $|f(x_0) - f(x_n)| \geqq \varepsilon$ gelten würde. Damit ist der Beweis für die Äquivalenz der Definitionen 1 und 2 abgeschlossen.

Wir wollen den zweiten Teil dieses Beweises etwas näher betrach[illegible] Existenz von Punkten $x_{(\delta)}$, die gleichzeitig den beiden Bedingungen $|x_0 - x_{(\delta)}| < \delta$ und $|f(x_0) - f(x_{(\delta)})| \geqq \varepsilon$ genügen, bedeutet nicht (gemäß dem üblichen, in diesem Buch vertretenen Standpunkt), daß wir eine Regel für die faktische Konstruktion eines bestimmten Punktes dieser Art angeben können. Es genügt, die Aussage, daß die Menge dieser Punkte leer sei, zum Widerspruch zu führen. Daher bedeutet die Annahme, die Funktion f sei in einem gegebenen Punkt x_0 nicht stetig im Sinne der Definition 1, daß für ein gewisses $\varepsilon > 0$ und jedes $\delta > 0$ die Menge $M_{(\delta)}$ solcher Punkte x des Intervalls $[x_0 - \delta; x_0 + \delta]$, für welche $|f(x_0) - f(x)| \geqq \varepsilon$ gilt, nicht leer ist. Der Übergang von der Folge nichtleerer Mengen

$$M_n = M_{(\delta_n)}$$

zu einer Folge von Punkten $x_n \in M_n$ kann im allgemeinen nur dadurch vollzogen werden, daß wir aus jeder der Mengen M_n einen Punkt, den wir mit x_n bezeichnen, willkürlich auswählen.[1])

Wir benutzen das Auswahlaxiom zum Beweis des folgenden interessanten Satzes:

Theorem 20. *Es gibt eine aus reellen Zahlen bestehende Menge E der Mächtigkeit $\aleph_1$ (mit anderen Worten, es gilt die Ungleichung $\aleph_1 \leqq \mathfrak{c}$, wobei $\mathfrak{c}$ wie immer die Mächtigkeit des Kontinuums ist).*

Zum Beweis von Theorem 20 geben wir eine auf Lebesgue zurückgehende Zerlegung des Intervalls $0 < t < 1$ in $\aleph_1$ paarweise elementefremde Mengen E_α mit $\omega \leqq \alpha \leqq \omega_1$ an, d. h., wir geben eine Darstellung des Intervalls $0 < t < 1$ als Vereinigung $\bigcup\limits_{\omega \leqq \alpha \leqq \omega_1} E_\alpha$ von paarweise elementefremden Mengen an. Diese Darstellung ist effektiv (in dem Sinne, daß sich bei Vorgabe eines Punktes t des Intervalls $(0; 1)$ sofort eindeutig die Menge E_α bestimmen läßt, der er angehört). Die Zerlegung des Intervalls in die Mengen E_α wird folgendermaßen durchgeführt:

Wir numerieren alle rationalen Zahlen des Intervalls $(0; 1)$ und erhalten damit eine Folge

$$r_1, r_2, \ldots, r_n, \ldots \tag{8}$$

Es sei t ein beliebiger Punkt des Intervalls $(0; 1)$. Die Zahl t läßt sich eindeutig als Summe einer unendlichen Reihe

$$t = \frac{1}{2^{n_1}} + \frac{1}{2^{n_2}} + \cdots + \frac{1}{2^{n_k}} + \cdots \tag{9}$$

darstellen; man braucht nämlich die Zahl t nur in einen unendlichen dyadischen Bruch zu entwickeln, wobei im Fall zweier möglicher Entwicklungen von t diejenige zu nehmen ist, bei der von einer bestimmten Stelle an nur die Ziffer 1 auftritt. Die Zahlen $n_1, n_2, \ldots, n_k, \ldots$ sind die Indizes derjenigen Dualziffern der obigen

[1]) Die Mengen M_n sind nicht disjunkt; es gilt sogar $M_{n+1} \subseteqq M_n$. Daher müssen wir, um das Auswahlaxiom in der oben formulierten Form anwenden zu können, von den Mengen M_n zu den Mengen $M_n \setminus M_{n+1}$ übergehen. Die nichtleeren unter ihnen bezeichnen wir mit $M_1', M_2', \ldots, M_n', \ldots$; aus ihnen können wir dann auf Grund des Auswahlaxioms je einen Punkt x_n auswählen (weiteres siehe S. 74–75).

Entwicklung, die gleich 1 sind. Zu dieser Darstellung (9) betrachten wir die Menge der rationalen Zahlen

$$r_{n_1}, r_{n_2}, \ldots, r_{n_k}, \ldots \tag{10}$$

Dann sind zwei Fälle möglich:

a) Die Menge (10) ist nicht wohlgeordnet (nach der Größe der in sie eingehenden rationalen Zahlen). In diesem Fall rechnen wir den Punkt t zur Menge E_{ω_1}.

b) Die Menge (10) ist wohlgeordnet und vom Typus α, $\omega \leqq \alpha < \omega_1$; in diesem Fall rechnen wir den Punkt t zur Menge E_α.

Auf diese Weise fällt jeder Punkt t des Intervalls $(0; 1)$ in genau eine Menge E_α, wobei $\omega \leqq \alpha \leqq \omega_1$ ist; diese Mengen sind disjunkt, und ihre Vereinigung ergibt das ganze Intervall $(0; 1)$. Wir zeigen, daß für jede transfinite Zahl α der zweiten Zahlklasse die Menge E_α nicht leer ist.

Auf Grund von Theorem 1 gibt es Mengen M_α, die aus rationalen Zahlen bestehen und den Ordnungstypus α haben. Wir nehmen irgendeine solche Menge M_α; ihre Elemente seien die rationalen Zahlen

$$r_{n_1}, r_{n_2}, \ldots, r_{n_k}, \ldots$$

(in der durch (8) festgelegten Reihenfolge geschrieben). Die reelle Zahl

$$t = \frac{1}{2^{n_1}} + \frac{1}{2^{n_2}} + \cdots + \frac{1}{2^{n_k}} + \cdots$$

ist in der Menge E_α enthalten.

Zum Beweis von Theorem 20 brauchen wir nur noch das Auswahlaxiom anzuwenden und aus jeder Menge E_α je einen Punkt x_α auszuwählen. Die sich so ergebende Menge $E = \{x_\alpha\}$ hat die Mächtigkeit $\aleph_1$.

Bemerkung 3. Das eben angeführte Beispiel für die Anwendung des Axioms von ZERMELO ist charakteristisch. Obwohl wir mit Hilfe des Axioms von ZERMELO die Existenz von Mengen reeller Zahlen bewiesen haben, welche die Mächtigkeit $\aleph_1$ haben, sind wir nicht in der Lage, auch nur ein einziges Beispiel einer solchen Menge effektiv anzugeben. Sprechen zwei Personen von irgendeiner Menge der Form $E = \{x_\alpha\}$, wobei $x_\alpha \in E_\alpha$ (je ein Element aus jedem E_α) ist, so kann man sich auf keine Weise davon überzeugen, daß sie von ein und derselben Menge sprechen; es gibt kein Kriterium, welches nachzuprüfen gestattet, ob beide aus jeder Menge E_α ein und dasselbe Element x_α ausgewählt haben. In diesem Sinne sagen wir, die eben konstruierte Punktmenge E der Mächtigkeit $\aleph_1$ sei eine nichteffektive Menge (im Gegensatz zu der Menge $\mathfrak{M}$ der Mächtigkeit $\aleph_1$, deren Elemente die Mengen E_α sind; diese Menge $\mathfrak{M}$ ist effektiv, ihre Elemente E_α sind eindeutig bestimmt, da wir von jedem gegebenen Punkt t des Intervalls $(0; 1)$ sagen können, welcher Menge E_α er angehört).

Bemerkung 4. Wir wollen noch einige weitere Beispiele für die Anwendung des Auswahlaxioms anführen.

1. Der Beweis des Satzes „die Vereinigung von abzählbar vielen abzählbaren Mengen ist wieder eine abzählbare Menge“ beruht auf dem Auswahlaxiom. Es sei eine abzählbare Menge abzählbarer Mengen $E_1, E_2, \ldots, E_n, \ldots$ gegeben. Zur Vereinfachung nehmen wir an, die Mengen E_n seien paarweise elementefremd. Da jede der Mengen E_n abzählbar ist, gibt es für jedes n wenigstens eine eineindeutige Abbildung der Menge E_n auf die Menge aller natürlichen Zahlen. Mit anderen Worten, die Menge M_n, deren Elemente umkehrbar eindeutige Abbildungen der Menge E_n auf die Mene aller natürlichen Zahlen sind, ist nicht leer. Die

Mengen M_n sind für verschiedene n disjunkt. Unter Anwendung des Auswahlaxioms wählen wir aus jeder Menge M_n ein Element aus. Das gibt uns die Möglichkeit, für jedes n in bestimmter Weise die Menge E_n als unendliche Folge

$$E_n = \{e_1^n, e_2^n, \ldots, e_k^n, \ldots\}$$

aufzuschreiben. Somit ergibt sich für die Menge $E = \bigcup_{n=1}^{\infty} E_n$ die Darstellung

$$\begin{array}{l} e_1^1, e_2^1, e_3^1, e_4^1, \ldots, e_k^1, \ldots \\ e_1^2, e_2^2, e_3^2, e_4^2, \ldots, e_k^2, \ldots \\ e_1^3, e_2^3, e_3^3, e_4^3, \ldots, e_k^3, \ldots \\ . \quad . \quad . \quad . \quad . \quad . \quad . \quad . \quad . \quad . \\ e_1^n, e_2^n, e_3^n, e_4^n, \ldots, e_k^n, \ldots \\ . \quad . \quad . \quad . \quad . \quad . \quad . \quad . \quad . \quad . \end{array}$$

Das gibt uns die Möglichkeit, alle Elemente der Menge E effektiv durchzunumerieren (vgl. 1.4., S. 19–20).

2. Wir bringen nun noch einen (ebenfalls auf dem Auswahlaxiom beruhenden) exakten Beweis von Theorem 3 aus 1.4.

Jede unendliche Menge enthält eine abzählbare Untermenge.

Beweis. Die Menge E sei unendlich; das bedeutet, daß für jede beliebige natürliche Zahl n die Menge E mindestens eine aus n Elementen bestehende Untermenge enthält. Bezeichnen wir daher mit $\mathfrak{M}_n$ die Menge aller Untermengen der Menge E, von denen jede genau $n!$ Elemente besitzt, so können wir sagen, daß für jede natürliche Zahl n die Menge $\mathfrak{M}_n$ nicht leer ist. Offenbar haben keine zwei Mengen $\mathfrak{M}_p$, $\mathfrak{M}_q$ für $p \neq q$ Elemente gemeinsam. Unter Anwendung des Auswahlaxioms wählen wir aus jeder der Mengen $\mathfrak{M}_n$ je ein Element M_n aus. Wir erhalten eine Folge

$$M_1, M_2, \ldots, M_n, \ldots.$$

Da die Menge M_n aus $n!$ Elementen besteht und die Anzahl der Elemente der Menge $M_1 \cup \cdots \cup M_{n-1}$ kleiner ist als $(n-1)$ $[(n-1)!] < n!$, kann man aus der Menge $M_n \setminus (M_1 \cup \cdots \cup M_{n-1})$ ein Element x_n auswählen. Die Menge

$$x_1, x_2, \ldots, x_n, \ldots$$

ist eine abzählbare Untermenge der Menge E.

Frage: Wodurch unterscheidet sich der eben geführte Beweis von dem in 1.4. angegebenen Beweis desselben Satzes, und worin besteht der Vorzug des jetzigen Beweises gegenüber dem früheren?

3.5. Der Wohlordnungssatz (Satz von Zermelo)

Der Satz von Zermelo lautet:

Jede Menge kann wohlgeordnet werden.[1])

[1]) Wir geben den Wohlordnungssatz in seiner traditionellen Form an. Bezüglich seiner Formulierung erinnern wir daran, daß wir eine geordnete Menge als Zusammenfassung zweier Begriffe definiert haben: erstens einer Menge und zweitens einer zwischen je zwei verschiede-

Dem Beweis (der auf dem Auswahlaxiom beruht) schicken wir eine allgemeine Bemerkung über Abbildungen von Mengen voraus.

In 1.3. wurde der Begriff der Abbildung einer Menge X in eine Menge Y als ein neuer Elementarbegriff eingeführt, der keiner Definition bedarf; es wurde einfach gesagt: Wird jedem Element x einer Menge X ein bestimmtes Element $y = f(x)$ einer Menge Y zugeordnet, so sprechen wir von einer Abbildung f der Menge X in die Menge Y. Jetzt wollen wir zeigen, daß in Wirklichkeit der Begriff der Abbildung sich auf den Begriff der Menge zurückführen läßt. Wir betrachten nämlich außer den Mengen X und Y noch die Menge Z, deren Elemente alle möglichen Paare (x, y) mit $x \in X$, $y \in Y$ sind. Die Menge aller solchen Paare heißt das *Produkt der Menge X mit der Menge Y* (Cantor) und wird mit $X \times Y$ bezeichnet. *Eine (eindeutige) Abbildung f der Menge X in die Menge Y anzugeben heißt, eine gewisse Untermenge Φ der Menge $Z = X \times Y$ anzugeben, die folgender Bedingung genügt: Jedes Element x_0 der Menge X kommt in genau einem Paar $z_0 = (x_0, y_0)$ der Menge Φ vor.* Ist (x_0, y_0) das (einzige) Paar $z_0 \in \Phi$, in welchem ein gegebenes Element $x_0 \in X$ auftritt, so ist das Element y_0 dieses Paares per definitionem das Bild $y_0 = f(x_0)$ des Elementes x_0 bei der Abbildung f. Ist umgekehrt das Element $y_0 \in Y$ gegeben, so nennt man die Menge aller Elemente $x \in X$, die in irgendeinem Paar $(x, y_0) \in \Phi$ vorkommen, das (volle) *Urbild* des Elements $y_0 \in Y$ bei der Abbildung f und bezeichnet es mit $f^{-1}(y_0)$.

Wir können jetzt dem Auswahlaxiom folgende Formulierung geben:

Zu jeder Menge $\mathfrak{M}$ disjunkter nichtleerer Mengen M_α gibt es eine Abbildung f der Menge $\mathfrak{M}$ in die Vereinigung $\bigcup_\alpha M_\alpha$ aller gegebenen Mengen M_α derart, daß das Bild jedes Elementes $M_\alpha \in \mathfrak{M}$ bei dieser Abbildung ein gewisses Element m_α der Menge M_α ist:

$$f(M_\alpha) = m_\alpha \in M_\alpha.$$

Wir wollen zeigen, daß in dieser Formulierung des Auswahlaxioms von der Forderung, daß die Mengen M_α disjunkt seien, abgesehen werden kann. Mit anderen Worten, wir beweisen das folgende

Verallgemeinerte Auswahlprinzip. *Zu jeder Menge $\mathfrak{M}$ nichtleerer Mengen M_α gibt es eine Abbildung der Menge $\mathfrak{M}$ in die Vereinigung $\bigcup_\alpha M_\alpha$ der Mengen M_α, bei welcher das Bild jedes Elementes $M_\alpha \in \mathfrak{M}$ ein gewisses Element m_α der Menge M_α ist.*

---

nen ihrer Elemente x, y bestehenden Ordnungsbeziehung $x < y$ (oder $y < x$); daher haben die Ausdrücke „eine gegebene (wohl-) geordnete Menge" und „die Menge aller Elemente einer gegebenen (wohl-) geordneten Menge" nicht denselben Inhalt (ebenso wie die Ausdrücke „ein gegebener metrischer Raum" und „die Menge aller Punkte eines gegebenen metrischen Raumes" oder „eine gegebene Gruppe" und „die Menge aller Elemente einer gegebenen Gruppe" verschiedenen Inhalt haben). Logisch einwandfrei müßte der Wohlordnungssatz folgendermaßen formuliert werden: „*Zu jeder Menge gibt es eine wohlgeordnete Menge, für welche die Menge der Elemente die gegebene Menge ist.*" Zu jeder nichtleeren und nicht einelementigen Menge gibt es sogar mehr als eine wohlgeordnete Menge, für welche die Menge der Elemente die gegebene Menge ist.

Der Beweis besteht in einer einfachen Rückführung des zu beweisenden Satzes auf das Auswahlaxiom in seiner ursprünglichen Form. Wir betrachten außer jeder der gegebenen Mengen M_α die Menge M_α', deren Elemente alle möglichen Paare der Gestalt (M_α, m_α) sind, wobei $M_\alpha \in \mathfrak{M}$ festgehalten wird, während m_α alle möglichen Elemente der Menge M_α durchläuft. Indem wir jedem Element (M_α, m_α) der Menge M_α' dasjenige Element m_α der Menge M_α zuordnen, das in dem Paar (M_α, m_α) auftritt, erhalten wir eine umkehrbar eindeutige Zuordnung zwischen der Menge M_α' und der Menge M_α. Das System aller Mengen M_α' bezeichnen wir mit $\mathfrak{M}'$. Zwei verschiedenen Elementen M_α und M_β der Menge $\mathfrak{M}$ entsprechen disjunkte Mengen M_α' und M_β', so daß man auf das System $\mathfrak{M}'$ der Mengen M_α' das Auswahlaxiom in seiner ursprünglichen Form anwenden und aus jeder Menge M_α' je ein Element $m_\alpha' = (M_\alpha, m_\alpha) \in M_\alpha'$ auswählen kann. Wenn wir jedem M_α das Element m_α zuordnen (das im Paar (M_α, m_α) vorkommt, welches von uns durch das Element m_α' der Menge M_α' ausgewählt wurde), so erhalten wir eine Abbildung $m_\alpha = f(M_\alpha)$, deren Existenz im verallgemeinerten Auswahlprinzip behauptet wurde. Das verallgemeinerte Auswahlprinzip wollen wir kurz folgendermaßen formulieren:

Ist irgendeine Menge $\mathfrak{M}$ nichtleerer Mengen M_α gegeben, so läßt sich aus allen Mengen M_α je ein Element m_α auswählen (wobei unter den ausgewählten Elementen mehrere übereinstimmen können).

Beim Beweis des Zermeloschen Wohlordnungssatzes wird uns der folgende Hilfssatz sehr nützlich sein:

Hilfssatz 1. *Hinreichend (und offenbar auch notwendig) dafür, daß eine gegebene geordnete Menge M wohlgeordnet ist, ist die Existenz eines ersten Elements sowohl in der Menge M als auch in der Oberklasse jedes Schnittes in der Menge M.*

Wir nehmen an, in einer gegebenen geordneten Menge M sei die Bedingung erfüllt. Es sei E eine beliebige nichtleere Untermenge der Menge M. Wir wollen zeigen, daß es in E ein erstes Element gibt. Das ist offenbar der Fall, wenn E das erste Element x_0 der ganzen Menge M enthält. Nun sei das Element x_0 nicht in E enthalten. Wir führen einen Schnitt in der Menge M durch. Zu der Unterklasse A rechnen wir alle Elemente $x \in M$, die allen Elementen der Menge E vorangehen, und zur Oberklasse B alle übrigen Elemente der Menge M. Wegen $x_0 \in A$ und $E \subseteq B$ sind beide Klassen nicht leer; außerdem folgt aus $x \in A$, $y \in B$, daß $x < y$ ist, so daß tatsächlich ein Schnitt vorliegt. Es sei y_0 das erste Element in B (ein solches existiert laut Voraussetzung). Wir wollen zeigen, daß $y_0 \in E$ ist (wegen $E \subseteq B$ folgt hieraus, daß y_0 das erste Element in E ist). Wäre nämlich y_0 nicht in E enthalten, so hätten wir $y_0 < y$ für jedes $y \in E$, woraus (im Widerspruch zur Voraussetzung) $y_0 \in A$ folgen würde. Damit ist Hilfssatz 1 bewiesen.

Wir gehen jetzt zum Beweis des Wohlordnungssatzes über. Dieser Beweis (den wir HAUSDORFF[1]) entlehnt haben) ist einem Beweis von ZERMELO selbst nachgebildet.

[1]) Vgl. Mengenlehre, 3. Aufl., S. 56ff. — (Anm. d. Red. d. deutschsprachigen Ausgabe.)

Gegeben sei eine beliebige Menge M. Da sich die leere (und allgemein jede endliche) Menge wohlordnen läßt, können wir die Menge M als nichtleer (und sogar als unendlich) voraussetzen. Wir betrachten die Menge aller nichtleeren Untermengen Q_α der Menge M und wählen gemäß dem verallgemeinerten Auswahlprinzip aus jeder dieser Mengen Q_α je ein Element p_α aus. Dieses Element p_α (das für jede nichtleere Menge $Q_\alpha \subset M$ festgelegt sei) nennen wir das *ausgezeichnete* Element von Q_α oder auch „Ansatzelement" der Menge $P_\alpha = M \setminus Q_\alpha$ und bezeichnen es mit $f(P_\alpha)$. Somit ist für jede Menge $P_\alpha \subset M$ eindeutig ein Ansatzelement $f(P_\alpha) = p_\alpha \in Q_\alpha = M \setminus P_\alpha$ bestimmt. Die Menge $P_\alpha' = P_\alpha \cup p_\alpha$ nennen wir „Nachfolger" der Menge P_α. *Damit ist für jede Menge $P_\alpha \subset M$ ein Nachfolger definiert.*

Wir nennen jede Menge K, die den folgenden Bedingungen a), b), c), d) genügt, eine *Kette* der Menge M:

a) die Elemente der Menge K sind Untermengen der Menge M;

b) die leere Menge ist Element der Menge K;

c) die Vereinigung beliebig vieler Elemente von K ist wieder ein Element von K;

d) ist $P_\alpha \in K$ und $P_\alpha \neq M$, so ist auch $P_\alpha' \in K$.

Es gibt solche Ketten; denn die Menge aller Untermengen von M ist eine Kette.

Man prüft leicht nach, daß der Durchschnitt einer beliebigen Menge von Ketten wieder eine Kette ist; das bedeutet, es gibt eine sogenannte *kleinste Kette* der Menge M, nämlich den Durchschnitt aller Ketten der Menge M. Bezüglich der kleinsten Kette K_0 wollen wir den folgenden Satz beweisen:

Hilfssatz 2. *Ist $A \in K_0$, $B \in K_0$, $A \neq B$, so ist entweder $A \subset B$ oder $B \subset A$.*

Wir nennen irgendeine Menge $P \in K_0$ *normal*, wenn für jede beliebige Menge $X \in K_0$ entweder $P \subseteqq X$ oder $X \subset P$ gilt. Zum Beweis von Hilfssatz 2 genügt es, sich davon zu überzeugen, daß alle Mengen $P \in K_0$ normal sind. Dazu bezeichnen wir mit K' die Menge aller normalen $P \in K_0$. Es genügt zu zeigen, daß K' eine Kette ist; da $K' \subseteqq K_0$ und K_0 die kleinste Kette ist, folgt hieraus, daß $K' = K_0$ ist.

Der Beweis, daß K' eine Kette ist, beruht seinerseits auf folgendem Hilfssatz:

Hilfssatz 2' (zu Hilfssatz 2). *Es sei $P \in K_0$, $P \subset M$; ist P eine normale Menge, so gilt für jede Menge $X \in K_0$ entweder $X \subseteqq P$ oder $X \supseteqq P'$* (mit anderen Worten: Ist P normal, so ist auch P' normal).

Zum Beweis von Hilfssatz 2' definieren wir $K(P)$ als die Menge aller $X \in K_0$, die (für gegebenes, festes normales $P \subset M$) folgender Bedingung genügen: entweder $X \subseteqq P$ oder $X \supseteqq P'$. Es genügt zu zeigen, daß $K(P)$ eine Kette ist. Da $K(P) \subseteqq K_0$ und K_0 die kleinste Kette ist, folgt hieraus, daß $K(P) = K_0$ ist; damit ist dann Hilfssatz 2' bewiesen.

Wir zeigen also, daß $K(P)$ eine Kette ist. Offenbar ist die leere Menge ein Element der Menge $K(P)$.

Gegeben seien irgendwelche $P_\alpha \in K(P)$; wir zeigen, daß auch ihre Vereinigung $\bigcup_\alpha P_\alpha$ Element der Menge $K(P)$ ist. Ist jeder Summand P_α in P enthalten, so ist auch $\bigcup_\alpha P_\alpha$ in P enthalten; ist aber mindestens ein Summand P_α nicht in P enthalten, so folgt aus $P_\alpha \in K(P)$, daß $P_\alpha \supseteqq P'$ ist, und dann ist erst recht $\bigcup_\alpha P_\alpha \supseteqq P'$.

Es bleibt zu zeigen: Aus $P_\alpha \in K(P)$ und $P_\alpha \neq M$ folgt $P_\alpha' \in K(P)$. Wegen $P_\alpha \in K(P)$ ist entweder $P_\alpha \subseteqq P$ oder $P_\alpha \supseteqq P'$. Im zweiten Fall ist erst recht $P_\alpha' \supseteqq P'$. Wir betrachten den ersten Fall: $P_\alpha \subseteqq P$. Ist $P_\alpha = P$, so ist $P_\alpha' = P'$ und wiederum $P_\alpha' \in K(P)$. Jetzt sei $P_\alpha \subset P$; wir wollen zeigen, daß in diesem Fall $P_\alpha' \subseteqq P$ ist. Da P als normal vorausgesetzt wurde, ist entweder $P_\alpha' \subseteqq P$, womit wir fertig wären, oder $P_\alpha' \supset P$; im letzten Fall aber hätten wir $P_\alpha' \setminus P_\alpha = (P_\alpha' \setminus P) \cup (P \setminus P_\alpha)$, wobei jeder der beiden in Klammern stehenden Summanden nicht leer wäre; daher würde die Menge $P_\alpha' \setminus P_\alpha$ wenigstens zwei Elemente enthalten, während sie aber in Wirklichkeit nur aus dem einzigen Element p_α besteht. Somit ist der Fall $P_\alpha' \supset P$ unmöglich und Hilfssatz 2' bewiesen.

Wir beweisen jetzt Hilfssatz 2. Wie schon gesagt, genügt es nachzuweisen, daß die Menge K' aller normalen $P \in K_0$ eine Kette ist. Offenbar ist die leere Menge normal.

Gegeben sei eine beliebige Menge normaler Mengen P_α. Wir wollen zeigen, daß auch ihre Vereinigung $\bigcup_\alpha P_\alpha$ wieder eine normale Menge ist. X sei ein beliebiges Element der Menge K_0. Ist jede Menge P_α in X enthalten, so besitzt auch ihre Vereinigung diese Eigenschaft; umfaßt wenigstens ein P_α die Menge X echt, so gilt erst recht $\bigcup_\alpha P_\alpha \supseteqq X$. Damit ist die Normalität der Menge $\bigcup_\alpha P_\alpha$ bewiesen.

Wir haben noch zu zeigen, daß aus der Normalität der Menge P_α die Normalität der Menge P_α' folgt. Dies ist aber, wie wir sahen, gerade die Aussage von Hilfssatz 2'.

Damit ist Hilfssatz 2 bewiesen. Aus ihm folgt: Setzt man für zwei beliebige Elemente $P_\alpha \in K_0$, $P_\beta \in K_0$

$$P_\alpha \prec P_\beta, \quad \text{wenn} \quad P_\alpha \subset P_\beta,$$

so wird die Menge K_0 zu einer geordneten Menge. Wir wollen zeigen, daß die auf diese Weise geordnete Menge K_0 wohlgeordnet ist. Die leere Menge ist offenbar das erste Element der Menge K_0. Wegen Hilfssatz 1 brauchen wir nur noch zu zeigen, daß bei jedem Schnitt $K_0 = A \cup B$ in der geordneten Menge K_0 die Oberklasse B ein erstes Element enthält. Wir betrachten die Vereinigung P aller $P_\alpha \in A$. Die Menge P ist Element der Menge K_0 [wegen der Eigenschaft c) für Ketten], und daher ist entweder $P \in A$ oder $P \in B$. Ist $P \in A$, so nehmen wir irgendein $P_\beta \in B$ und erhalten $P \prec P_\beta$, d. h. $P \subset P_\beta$. Daher ist $P \neq M$, und der Nachfolger $P' = P \cup p$ der Menge P existiert. Gemäß Definition der Menge P gilt $P' \in B$ (denn sonst wäre $P' \subseteqq P$). Die Menge P' ist das erste Element der Menge B (denn gäbe es ein Element $P_\beta \prec P'$, $P_\beta \in B$, so wäre $P \prec P_\beta \prec P'$, d. h. $P \subset P_\beta \subset P'$, was nicht sein kann, da $P' \setminus P$ aus dem einzigen Element p besteht). Im Fall $P \in A$ gibt es also in B ein erstes Element P'. Ist aber $P \in B$, so ist P selbst erstes Element in B; denn wie man auch $P_\beta \in B$ wählt, stets gilt $P_\alpha \prec P_\beta$ für beliebiges $P_\alpha \in A$; also gilt $P_\alpha \subset P_\beta$, d. h., auch die Vereinigung P aller P_α ist in P_β enthalten, und es gilt $P \preceq P_\beta$. Somit ist K_0 eine wohlgeordnete Menge.

Wir wollen schließlich noch zeigen, daß zwischen der Menge M und der Menge aller $P_\alpha \in K_0$, $P_\alpha \neq M$, eine eineindeutige Zuordnung besteht, die es gestattet, die Ordnung der wohlgeordneten Menge K_0 auf die Menge M zu übertragen und damit die Menge M zu einer wohlgeordneten Menge zu machen. Die gesuchte umkehrbar eindeutige Zuordnung erhält man, wie wir gleich sehen werden, dadurch, daß man jedem $P_\alpha \in K_0$, $P_\alpha \neq M$, sein Ansatzelement $p_\alpha = f(P_\alpha)$ zuordnet. Wir zeigen, daß die so definierte Abbildung f der Menge aller $P_\alpha \in K_0$, $P_\alpha \neq M$, in die Menge M eineindeutig ist. Es seien P_α, P_β zwei verschiedene Elemente der Menge K_0 und es sei etwa $P_\alpha \prec P_\beta$, d. h. $P_\alpha \subset P_\beta$. Dann kann aber $P_\alpha' = P_\alpha \cup p_\alpha$ (als erstes auf P_α folgendes Element der wohlgeordneten Menge K_0) mit P_β nur in der Beziehung $P_\alpha \preceq P_\beta$ stehen, d. h. $P_\alpha \cup p_\alpha \subseteqq P_\beta$. Es ist also $p_\alpha \in P_\beta$, und da p_β nicht in P_β enthalten ist, kann es auch nicht mit p_α übereinstimmen. Also entsprechen verschiedenen Elementen der Menge K_0 verschiedene Elemente der Menge M. Es bleibt nur noch zu beweisen, daß die eineindeutige Abbildung f eine Abbildung auf die ganze Menge M ist. Dazu nehmen wir irgendein Element $p \in M$. Wir bezeichnen mit P die Vereinigung aller Mengen $P_\alpha \in K_0$, die das Element p nicht enthalten (offenbar gibt es solche P_α; zu ihnen gehört z. B. die leere Menge, die ja auch Element von K_0 ist). Da K_0 eine Kette ist, gilt $P \in K_0$. Wir zeigen nun, daß p das Ansatzelement zu P, d. h. $f(P) = p$ ist. Wäre p nicht das Ansatzelement von P, so könnte auch die Menge $P' \supset P$ das Element p nicht enthalten, was ein Widerspruch zur Definition von P wäre. Also ist tatsächlich $f(P) = p$, und der Beweis des Wohlordnungssatzes ist damit zu Ende geführt.

Bemerkung 1. Unsere letzte Überlegung enthält einen Beweis dafür, daß das $P \in K_0$, dem durch die Abbildung f ein gegebenes Element $p \in M$ zugeordnet wird, die Vereinigung $P = f^{-1}(p)$ aller derjenigen $P_\alpha \in K_0$ ist, die das Element p nicht enthalten.

Bemerkung 2. Der einzige willkürliche Bestandteil des eben geführten Beweises des Wohlordnungssatzes ist die Auswahl eines Ansatzelementes $p = f(P) \in M \setminus P$ zu jeder Menge $P \subset M$. Nachdem man sich hier einmal durch eine Auswahl festgelegt hat, kann man alle Überlegungen zur Einführung einer Wohlordnung in der Menge M völlig automatisch und eindeutig durchführen. Ist also die gegebene Menge M so beschaffen, daß wir in ihr für jedes $P \subset M$ effektiv die Wahl eines bestimmten $p \in M \setminus P$ durchführen können, so kann man die Menge M effektiv wohlordnen. Nehmen wir z. B. als M die Menge aller natürlichen Zahlen und erklären als ausgezeichnetes Element $p = f(P)$ jeder Menge $P \subset M$ die kleinste natürliche Zahl, die nicht zu P gehört, so erhalten wir durch Anwendung obiger Überlegungen die natürliche Ordnung in der Menge aller natürlichen Zahlen. Bestimmen wir $f(P)$ so, daß es eine nicht zu P gehörende natürliche Zahl ist, aus der kleinsten Anzahl von Primfaktoren besteht und unter Zahlen mit der gleichen Anzahl von Primfaktoren die kleinste ist, so erhalten wir eine nach dem Typus ω^2 wohlgeordnete Menge aller natürlichen Zahlen: Zunächst kommen alle Primzahlen in ihrer natürlichen Reihenfolge, dann alle Zahlen, die in zwei Primfaktoren zerlegbar sind, ebenfalls in natürlicher Reihenfolge, usw.

Haben wir allgemein irgendeine wohlgeordnete Menge und wollen wir diese Ordnung nach dem beim Beweis des Wohlordnungssatzes angewandten Verfahren rekonstruieren, so müssen wir das erste Element der Menge $M \setminus P$ als Ansatzelement $f(P)$ für jede Menge $P \subset M$ erklären (erstes Element in der Anordnung, die von Anfang an in der Menge M gegeben war und die wir rekonstruieren wollen). Darin besteht gerade, wenn man es so auffassen will, der wesentlichste Gedanke des Zermeloschen Beweises.

3.6. Sätze über Kardinalzahlen

Aus dem Wohlordnungssatz folgt, daß jede Kardinalzahl als Mächtigkeit einer gewissen wohlgeordneten Menge betrachtet werden kann. Dadurch lassen sich die Ergebnisse von 1.6. durch folgenden sehr wichtigen Satz ergänzen:

Theorem 21. *Je zwei Mächtigkeiten a und b sind miteinander vergleichbar, d. h., es gilt entweder $a < b$ oder $a = b$ oder $a > b$. Mit anderen Worten: Jede beliebige Menge von Mächtigkeiten ist (der Größe nach)*[1] *geordnet.*

Es seien A und B zwei wohlgeordnete Mengen mit den Mächtigkeiten a bzw. b. Dann gibt es nach Theorem 11′ nur die drei Möglichkeiten:

entweder sind A und B einander ähnlich (dann ist $a = b$);

oder A ist einem gewissen Abschnitt der Menge B ähnlich (dann ist $a \leqq b$)

oder B ist einem gewissen Abschnitt der Menge A ähnlich (dann ist $b \leqq a$).

Damit ist Theorem 21 bewiesen.

Die Mächtigkeiten werden auch *Kardinalzahlen* genannt. Aus Theorem 21 und der Folgerung aus Theorem 18 ergibt sich die

Folgerung. *Für jede überabzählbare Mächtigkeit m gilt $m \geqq \aleph_1$ (d. h., $\aleph_1$ ist die kleinste überabzählbare Mächtigkeit).*

Wir wollen jetzt einige Beziehungen zwischen Mächtigkeiten und Ordnungszahlen herleiten.

Gegeben sei irgendeine unendliche Kardinalzahl m. Wir betrachten alle Ordnungszahlen der Mächtigkeit m (d. h. alle Ordnungstypen wohlgeordneter Mengen der Mächtigkeit m). *Die Gesamtheit dieser Ordnungszahlen bezeichnen wir mit $Z(m)$ und nennen sie die der Mächtigkeit m entsprechende Zahlklasse.*

Insbesondere ist $Z(\aleph_0)$ die Menge aller abzählbaren transfiniten Zahlen, d. h. der Zahlen der zweiten Zahlklasse. Unter den Ordnungszahlen der Mächtigkeit m gibt es eine kleinste; wir bezeichnen sie mit $\omega(m)$ und nennen sie die *Anfangszahl der Mächtigkeit m.*

Bemerkung 1. Jede Anfangszahl $\omega(m)$ ist eine Limeszahl; denn wäre $\omega(m) = \alpha + 1$, so hätte die Zahl α, da sie kleiner ist als $\omega(m)$, nach Definition der Anfangszahl die Mächtigkeit $m' < m$. Durch Hinzufügen eines Elements wird aber die Mächtigkeit einer unendlichen Menge nicht geändert (vgl. 1.6.), daher ist $m' = m$. Durch diesen Widerspruch ist unsere Behauptung bewiesen.

Wir betrachten die Menge aller Anfangszahlen der unendlichen Mächtigkeiten, die kleiner sind als m. Diese Menge ist wohlgeordnet. Die Ordnungszahl α sei ihr Ordnungstypus. Dann setzen wir

$$\omega_\alpha = \omega(m),$$

d. h., wir versehen jede Anfangszahl mit einem Index, der gleich dem Ordnungstypus der Menge aller der Anfangszahlen ist, die kleiner als die gegebene Zahl $\omega(m)$ sind. Da α (wie jede Ordnungszahl) der Ordnungstypus der Menge $W(\alpha)$ aller Ordnungszahlen ist, die kleiner als α sind, ist $W(\alpha)$ der Menge aller derjenigen Anfangszahlen ähnlich, die kleiner sind als $\omega_\alpha = \omega(m)$. Damit entspricht der Relation $\beta < \alpha$ die Beziehung $\omega_\beta < \omega_\alpha$. Hieraus folgt sofort, daß jede Menge von Anfangszahlen der Menge der Indizes dieser Zahlen ähnlich ist (wodurch erst die

[1]) Sie ist sogar, wie wir gleich sehen werden, wohlgeordnet (Theorem 22).

Einführung der Indizes ihre Berechtigung erhält). Insbesondere erhält die Ordnungszahl ω, die die erste unendliche Ordnungszahl ist, jetzt die Bezeichnung ω_0. Die Bezeichnung ω_1 war von uns schon eingeführt worden.

Die Mächtigkeit der Anfangszahl ω_α bezeichnet man mit $\aleph_\alpha$ (dieser allgemeinen Bezeichnung entsprechen vollkommen die bereits früher eingeführten Bezeichnungen $\aleph_0$ für die abzählbare Mächtigkeit und $\aleph_1$ für die erste überabzählbare Mächtigkeit). Wir bezeichnen also jede Mächtigkeit m mit einem bestimmten $\aleph_\alpha$. Gegeben sei eine beliebige Menge von Kardinalzahlen. Ordnet man jeder der gegebenen Kardinalzahlen $m = \aleph_\alpha$ den Index α zu, so erhält man eine eineindeutige Abbildung der gegebenen Menge von Mächtigkeiten in die Menge der Ordnungszahlen α; dabei folgt aus $\aleph_\alpha < \aleph_\beta$ die Beziehung $\omega_\alpha < \omega_\beta$; folglich gilt $\alpha < \beta$, d. h., wir haben es mit einer Ähnlichkeitsabbildung zu tun. Hieraus und aus der Tatsache, daß jede Menge von Ordnungszahlen wohlgeordnet ist, folgt

Theorem 22. *Jede Menge von Mächtigkeiten ist (der Größe nach) wohlgeordnet.*

Bemerkung 2. Die Menge aller unendlichen Mächtigkeiten n, die kleiner sind als eine gegebene Mächtigkeit $m = \aleph_\alpha$, ist der Menge $W(\alpha)$ aller Ordnungszahlen $\beta < \alpha$ ähnlich (oder auch der Menge aller Anfangszahlen $\omega_\beta < \omega_\alpha$).

Wir können die Zahl $\omega(m) = \omega_\alpha$ als Ordnungstypus der Menge aller derjenigen Ordnungszahlen definieren, deren Mächtigkeit kleiner ist als die gegebene Kardinalzahl $m = \aleph_\alpha$. (Dies folgt daraus, daß eine Ordnungszahl dann und nur dann kleiner ist als eine gegebene Ordnungszahl $\omega(m) = \omega_\alpha$, wenn ihre Mächtigkeit kleiner als m ist.)

Es liegt nun nahe, sich mit der Untersuchung der Zahlklasse

$$Z_\alpha = Z(\aleph_\alpha),$$

die einer gegebenen Mächtigkeit $m = \aleph_\alpha$ entspricht, zu beschäftigen, und den Ordnungstypus und die Mächtigkeit dieser Menge zu bestimmen. Dabei ist offenbar die Zahlklasse Z_α die Menge aller der Ordnungszahlen ξ, die den Ungleichungen

$$\omega_\alpha \leqq \xi < \omega_{\alpha+1}$$

genügen, d. h.

$$Z_\alpha = W_{\alpha+1} \setminus W_\alpha, \tag{1}$$

wobei wir der Kürze halber $W_\alpha = W(\omega_\alpha)$ gesetzt haben. Überdies ist

$$W_{\alpha+1} = W_\alpha + Z_\alpha, \tag{2}$$

wobei die rechts stehende Summe der wohlgeordneten Mengen so zu verstehen ist, wie sie in 3.2. definiert wurde.[1]) Ferner gilt für beliebiges α

$$W_\alpha = W_0 + \sum_{\nu<\alpha} Z_\nu \tag{3}$$

(wobei die Summe über die wohlgeordnete Menge aller $\nu < \alpha$ zu erstrecken ist).

Theorem 23. *Die Menge Z_α hat den Ordnungstypus $\omega_{\alpha+1}$ und infolgedessen die Mächtigkeit $\aleph_{\alpha+1}$.*

Diesen Satz leiten wir aus einem anderen ab, der eine unmittelbare Verallgemeinerung von Theorem 2 aus 1.4. darstellt:

Theorem 24. *Es sei m eine unendliche Kardinalzahl. Die Vereinigungsmenge von m Mengen M_α, von denen jede eine Mächtigkeit hat, die kleiner oder gleich m ist, hat dann eine Mächtigkeit, die ebenfalls kleiner oder gleich m ist.*

Ehe wir Theorem 24 beweisen, wollen wir zeigen, wie aus ihm Theorem 23 folgt. Zunächst wollen wir Theorem 24 auf den Spezialfall anwenden, daß alle Summanden außer endlich vielen leer sind.

---

[1]) Insbesondere ist Z_0 die Menge aller Ordnungszahlen der zweiten Zahlklasse, W_0 die Menge aller natürlichen Zahlen und W_1 die Menge aller Zahlen, die kleiner als ω_1 sind.

Theorem 24_0. *Die Vereinigung endlich vieler Mengen, von denen jede eine Mächtigkeit $\leqq m$ hat (wobei m eine unendliche Kardinalzahl ist), ist eine Menge einer Mächtigkeit $\leqq m$.*

Wir wollen jetzt aus Theorem 24_0 den folgenden Satz herleiten (der Theorem 23 als Spezialfall enthält):

Theorem 23'. *In der Menge W_α (allgemein in jeder wohlgeordneten Menge vom Typus ω_α) hat der durch ein beliebiges Element ξ bestimmte Rest den Ordnungstypus ω_α.*

(Ersetzt man in der Formulierung Theorem 23' W_α durch $W_{\alpha+1}$, so läßt sich für $\xi = \omega_\alpha$ aus Theorem 23' Theorem 23 folgern.)

Beweis von Theorem 23'. Für beliebiges $\xi < \omega_\alpha$ gilt

$$W_\alpha = A(\xi) + B(\xi), \tag{4}$$

wobei $A(\xi)$ der durch das Element ξ bestimmte Abschnitt von W_α (d. h. die Menge aller $\xi' < \xi$) und $B(\xi)$ der Rest von W_α (d. h. die Menge aller ξ'', die den Ungleichungen $\xi \leqq \xi'' < \omega_\alpha$ genügen) ist. Der Ordnungstypus der Menge $A(\xi)$ ist ξ; da ω_α die erste Zahl der Mächtigkeit $\aleph_\alpha$ ist, muß die Mächtigkeit a der Menge $A(\xi)$ kleiner sein als $\aleph_\alpha$. Der Ordnungstypus der Menge $B(\xi)$ ist eine Ordnungszahl $\eta \leqq \omega_\alpha$. Es sei $\eta < \omega_\alpha$. Da ω_α die erste Zahl der Mächtigkeit $\aleph_\alpha$ und $\eta < \omega_\alpha$ ist, muß die Mächtigkeit b der Menge $B(\xi)$ kleiner sein als $\aleph_\alpha$. Es sei c die größere der Kardinalzahlen a und b. Dann gilt $c < \aleph_\alpha$, und aus (4) und Theorem 24_0 folgt, daß die Mächtigkeit der Menge $W_\alpha = A(\xi) + B(\xi)$ die Kardinalzahl c nicht übertrifft, d. h. kleiner als $\aleph_\alpha$ ist, während in Wirklichkeit die Mächtigkeit der Menge W_α gleich $\aleph_\alpha$ ist. Theorem 23' ist damit bewiesen (unter der Voraussetzung, daß Theorem 24 richtig ist).

Bemerkung 3. Wenn man in den Formulierungen der Theoreme 24, 24_0 voraussetzt, daß wenigstens einer der Summanden die Mächtigkeit m habe, so ist nach dem Cantor-Bernsteinschen Äquivalenzsatz (vgl. 1.6.) die Mächtigkeit der Vereinigung größer oder gleich m, also wegen der Theoreme 24, 24_0 gleich m.

Wir führen jetzt folgende Definition ein. Unter der *Summe* von (endlich oder unendlich vielen) Mächtigkeiten m_α verstehen wir die Mächtigkeit der Vereinigung von paarweise elementefremden Mengen M_α, die jeweils die Mächtigkeit m_α haben (offenbar hängt das Ergebnis nur von den Mächtigkeiten m_α und nicht von den gewählten Mengen M_α ab). Theorem 24 und sein Spezialfall 24_0 liefern uns folgendes Resultat:

Theorem 24'. *Die Summe von m Summanden, von denen jeder eine Kardinalzahl $\leqq m$ ist, ist eine Kardinalzahl $\leqq m$. Ist dabei auch nur ein Summand gleich m, so ist auch die Summe gleich m.*[1]) *Insbesondere ist die Summe von endlich oder abzählbar vielen Summanden, von denen jeder gleich einer gegebenen unendlichen Kardinalzahl m ist, gleich m.*

Wir beweisen nunmehr Theorem 24.

Es genügt, ihn unter der Voraussetzung zu beweisen, daß alle $m = \aleph_\tau$ gegebenen Mengen M_α paarweise elementefremd sind und daß jede von ihnen die Mächtigkeit $m = \aleph_\tau$ besitzt. Dann kann man die Menge aller Mengen M_α nach dem Typus ω_τ ordnen:

$$M_1, M_2, \ldots, M_\alpha, \ldots$$

(α durchläuft alle Ordnungszahlen, die kleiner als ω_τ sind), und auch jede Menge M_α kann nach dem Typus ω_τ geordnet werden:

$$M_\alpha = \{x_{\alpha_1}, x_{\alpha_2}, \ldots, x_{\alpha_\beta}, \ldots\}$$

(β durchläuft alle Ordnungszahlen, die kleiner als ω_τ sind).

[1]) Diese Behauptung ist auch richtig, wenn keiner der Summanden gleich Null ist (in diesem Fall ist die Summe der gegebenen Kardinalzahlen die Mächtigkeit der Vereinigung M von m gegebenen paarweise elementefremden nichtleeren Mengen M_α). Offenbar ist unter diesen Bedingungen die Mächtigkeit der Menge M mindestens m; andererseits ist sie nach Theorem 24' höchstens m.

Alles reduziert sich also auf den Beweis des folgenden Satzes:

Theorem 24″. *Die Menge aller Paare* (α, β), *wobei* α *und* β *(unabhängig voneinander) die Menge aller Ordnungszahlen, die kleiner als* ω_τ *sind (oder allgemein irgendeine Menge der Mächtigkeit* $\aleph_\tau$*) durchlaufen, hat die Mächtigkeit* $\aleph_\tau$.

Mit anderen Worten: *Das Produkt* (siehe Anfang von 3.5.) *zweier Mengen der Mächtigkeit* $\aleph_\tau$ *hat wieder die Mächtigkeit* $\aleph_\tau$.

Dieser Satz ist richtig für $\aleph_0$. Wir nehmen an, Theorem 24″ sei richtig für alle unendlichen Kardinalzahlen, die kleiner als $\aleph_\tau$ sind, und zeigen, daß er dann auch für $\aleph_\tau$ richtig ist; damit ist Theorem 24″ dann für jedes $\aleph_\tau$ bewiesen.

Wir betrachten also die Menge E aller Paare (α, β), wobei α und β alle möglichen Ordnungszahlen $< \omega_\tau$ sind. Wir bezeichnen die Ordnungszahl $\lambda = \alpha + \beta$ als Höhe des Paares (α, β) und zeigen, daß für beliebige $\alpha < \omega_\tau$, $\beta < \omega_\tau$ die Beziehung $\lambda = \alpha + \beta < \omega_\tau$ gilt. Es sei etwa $\alpha \leqq \beta$; wir bezeichnen die Mächtigkeit der Ordnungszahl α mit a, die Mächtigkeit der Ordnungszahl β mit b; dann ist $a \leqq b < \aleph_\tau$. Da Theorem 24″ (d. h. auch Theorem 24_0) für die Kardinalzahl $b < \aleph_\tau$ als richtig vorausgesetzt wurde, ist $a + b = b < \aleph_\tau$. Dann ist aber auch $\alpha + \beta < \omega_\tau$, und unsere Behauptung ist bewiesen. Wir bezeichnen jetzt für jedes $\lambda < \omega_\tau$ die Menge aller Paare (α, β), deren Höhe gleich λ ist, mit E_λ. Da jedes Paar (α, β) die Höhe $\alpha + \beta < \omega_\tau$ hat, ist

$$E = \bigcup_{0 \leqq \lambda < \omega_\tau} E_\lambda.$$

Jetzt benötigen wir einen Hilfssatz:

Hilfssatz. *Für jedes gegebene* $\lambda < \omega_\tau$ *und beliebiges* $\alpha \leqq \lambda$ *gibt es genau eine Ordnungszahl* β *derart, daß*

$$\alpha + \beta = \lambda$$

ist; dabei ist $\beta \leqq \lambda$ *(denn für* $\beta > \lambda$ *wäre* $\alpha + \beta \geqq \beta > \lambda$*).*

Das ist sicher richtig, da nach Definition der Addition von Ordnungszahlen das gesuchte β eindeutig als Ordnungstypus des durch das Element α in der Menge $W(\lambda + 1)$ bestimmten Restes bestimmt ist.

Aus dem Hilfssatz folgt, daß bei gegebenem λ jedem $\alpha \leqq \lambda$ eindeutig ein Element (α, β) der Menge E_λ entspricht, und da verschiedenen α verschiedene Elemente der Menge E_λ entsprechen, gibt es eine umkehrbar eindeutige Zuordnung zwischen der Menge E_λ und der Menge aller Ordnungszahlen $\alpha \leqq \lambda$. Diese Zuordnung gestattet es, die Ordnung der Menge $W(\lambda + 1)$ in die Menge E_λ zu übertragen, d. h. E_λ nach dem Typus $\lambda + 1$ zu ordnen (hieraus folgt insbesondere, daß für jedes $\lambda < \omega_\tau$ die Menge E_λ nicht leer ist).

Wir ordnen jetzt die ganze Menge E in folgender Weise: Haben die Paare $\zeta = (\alpha, \beta)$ und $\zeta' = (\alpha', \beta')$ verschiedene Höhen $\lambda = \alpha + \beta$ und $\lambda' = \alpha' + \beta'$, so setzen wir $\zeta < \zeta'$, wenn $\lambda < \lambda'$ gilt. Ist aber $\alpha + \beta = \alpha' + \beta' = \lambda$, so behalten wir für ζ und ζ' in E dieselbe Ordnung bei, die ζ und ζ' in E_λ hatten, d. h., wir setzen $\zeta < \zeta'$, wenn $\alpha < \alpha'$ ist.

Hieraus folgt sofort, daß die geordnete Menge E die Summe einer nach dem Typus ω_τ geordneten Menge wohlgeordneter Mengen E_λ ist, d. h., sie ist selbst eine wohlgeordnete Menge vom Typus

$$\theta = \sum_{0 \leqq \lambda < \omega_\tau} (\lambda + 1). \tag{5}$$

Wir wollen beweisen, daß $\theta = \omega_\tau$ ist. Es genügt zu zeigen, daß $\theta \leqq \omega_\tau$ ist, da nach (5) der Fall $\theta < \omega_\tau$ nicht eintreten kann.

Wir nehmen an, es wäre $\theta > \omega_\tau$. Dann gibt es in der wohlgeordneten Menge E einen durch ein gewisses Element $\xi_1 = (\alpha_1, \beta_1) \in E$ bestimmten Abschnitt $A(\xi_1)$ mit dem Ordnungstypus ω_τ. Es sei $\lambda_1 = \alpha_1 + \beta_1$. Da $\lambda_1 < \omega_\tau$ ist, muß die Mächtigkeit c der Ordnungszahl λ_1 kleiner als $\aleph_\tau$ sein. Für jedes Element $\xi = (\alpha, \beta)$ des Abschnittes $A(\xi_1)$ gilt entsprechend der in E eingeführten Ordnung die Ungleichung $\alpha + \beta \leqq \lambda_1$, also erst recht $\alpha \leqq \lambda_1$, $\beta \leqq \lambda_1$. Da $c < \aleph_\tau$ ist, können wir behaupten (nach Theorem 24″, das für die Mächtigkeit $c < \aleph_\tau$ als bewiesen angenommen wurde), daß die Menge aller Paare (α, β) mit $\alpha < \lambda_1 + 1$, $\beta < \lambda_1 + 1$ die Mächtigkeit c hat. Dann hat aber auch die ganze Menge $A(\xi_1)$ eine Mächtigkeit, die höchstens gleich $c < \aleph_\tau$ ist, im Widerspruch zur Definition von $A(\xi_1)$.

Damit sind Theorem 24″ und mit ihm auch die Theoreme 24, 24_0, 24′, 23, 23′ bewiesen.

Ehe wir einige weitere Folgerungen von Theorem 24 formulieren, wollen wir das Produkt zweier Kardinalzahlen a und b definieren. Die Mächtigkeit des Produktes irgendeiner Menge A der Mächtigkeit a mit irgendeiner Menge B der Mächtigkeit b nennen wir das Produkt der Kardinalzahlen a und b (das Resultat hängt offenbar nicht davon ab, welche Mengen A und B der gegebenen Mächtigkeiten wir gerade wählen). Aus Theorem 22 folgt

$$m^2 = m \tag{6}$$

(für jede unendliche Kardinalzahl m). Da für jede unendliche Kardinalzahl m und jede Kardinalzahl n mit $1 \leqq n \leqq m$ die Beziehung $m^2 \geqq nm \geqq m$ gilt, läßt die Formel (6) die folgende Verallgemeinerung zu:

$$nm = m \quad \text{für} \quad 1 \leqq n \leqq m, \quad m \geqq \aleph_0. \tag{7}$$

Insbesondere ist $\aleph_0 \cdot \aleph_\alpha = \aleph_\alpha$ für beliebiges $\alpha \geqq 0$.

Aus dem eben Bewiesenen folgt, daß man eine unendliche Kardinalzahl m nicht als Summe von a Summanden ($a < m$) darstellen kann, von denen jeder ein und derselben Zahl $b < m$ gleich ist (da diese Summe offenbar gleich ab und daher gleich der größeren der beiden Zahlen a, b ist). Insbesondere kann eine Kardinalzahl der Gestalt $\aleph_{\alpha+1}$ (deren Index also eine Ordnungszahl erster Art ist) keinesfalls als Summe von weniger als $\aleph_{\alpha+1}$ Summanden dargestellt werden, von denen jeder kleiner als $\aleph_{\alpha+1}$ ist (da jeder dieser Summanden $\leqq \aleph_\alpha$ und ihre Anzahl $\leqq \aleph_\alpha$, also auch ihre Summe $\leqq {\aleph_\alpha}^2 = \aleph_\alpha$ ist). Dagegen ist schon die Kardinalzahl $\aleph_\omega$ die Summe von abzählbar vielen kleineren Kardinalzahlen:

$$\aleph_\omega = \aleph_0 + \aleph_1 + \aleph_2 + \cdots + \aleph_n + \cdots \quad (n < \omega).$$

Jede Kardinalzahl m, die man als Summe von weniger als m Kardinalzahlen, die kleiner als m sind, darstellen kann, heißt *irregulär*; eine solche ist z. B. die Zahl $\aleph_\omega$. Aus diesen Überlegungen folgt

Theorem 25. *Jede Zahl der Form $\aleph_{\alpha+1}$ ist regulär, d. h., sie kann nicht als Summe von weniger als $\aleph_{\alpha+1}$ Summanden dargestellt werden, von denen jeder kleiner als $\aleph_{\alpha+1}$ ist.*

Bis heute (1977) ist noch unbekannt, ob es reguläre Kardinalzahlen der Gestalt $\aleph_\lambda$ gibt wobei λ eine Limeszahl ist.[1]) Solche Kardinalzahlen heißen *unerreichbar*[2]); falls sie existieren muß die Mächtigkeit ihres Index λ (wie man leicht sieht) gleich der Kardinalzahl $\aleph_\lambda$ selbst sein.

Bemerkung 4. Aus Theorem 24_0 folgt weiter

Theorem 26. ***Keine unendliche Kardinalzahl m läßt sich als Summe endlich vieler Kardinalzahlen darstellen, von denen jede kleiner als m ist (keine Menge einer gegebenen unendlichen Mächtigkeit m kann als Vereinigung von endlich vielen Mengen, deren Mächtigkeiten kleiner als m sind, dargestellt werden).***

Sind nämlich $m_1, m_2, \ldots, m_s$ endlich viele Kardinalzahlen kleiner als m, und bezeichnen wir die größte unter ihnen mit m', so können wir nach Theorem 24_0 schließen, daß die Beziehung

$$m_1 + m_2 + \cdots + m_s = m' < m$$

gilt.

Bemerkung 5. Eine andere Form des Satzes von der Regularität der Kardinalzahlen der Gestalt $\aleph_{\alpha+1}$ ist das folgende

[1]) Im Jahre 1950 hat W. Neumer ein Konstruktionsverfahren angegeben; vgl. Math. Z. **53**, S. 59–69. (Anm. d. Red. d. deutschsprachigen Ausgabe.)

[2]) Hausdorff hält sie gewissermaßen für exorbitant und bedeutungslos für die üblichen Belange der Mengenlehre.

Theorem 27. *Die Summe einer wohlgeordneten Menge von Ordnungszahlen kleiner als $\omega_{\alpha+1}$, die einen Typus kleiner als $\omega_{\alpha+1}$ hat, ist eine Ordnungszahl kleiner als $\omega_{\alpha+1}$.*

Es sei

$$\theta = \sum_{\nu} \xi_\nu,$$

wobei der Index ν alle Ordnungszahlen durchläuft, die kleiner als ein gewisses $\xi < \omega_{\alpha+1}$ sind. Die Mächtigkeit jedes Summanden dieser Summe ist kleiner als $\aleph_{\alpha+1}$, d. h. kleiner oder gleich $\aleph_\alpha$, die Zahl der Summanden ist ebenfalls kleiner oder gleich $\aleph_\alpha$, somit ist auch die Summe eine Ordnungszahl einer Mächtigkeit kleiner oder gleich $\aleph_\alpha$, d. h.

$$\theta < \omega_{\alpha+1}.$$

Ebenso leicht beweist man auch den folgenden Satz, der eine Verallgemeinerung von Theorem 17 darstellt:

Theorem 28. *Hat eine Menge von Ordnungszahlen ξ_ν, von denen jede kleiner als $\omega_{\alpha+1}$ ist, einen Ordnungstypus $\theta < \omega_{\alpha+1}$, so ist auch die erste Ordnungszahl, die auf alle zur gegebenen Menge gehörenden Zahlen ξ_ν folgt, kleiner als $\omega_{\alpha+1}$.*

Betrachten wir nämlich die Summe $\xi = \sum_{\nu} \xi_\nu$, so ist jede der Ordnungszahlen ξ_ν sicher kleiner als $\xi + 1$; nach Theorem 27 gilt aber $\xi < \omega_{\alpha+1}$, d. h. auch $\xi + 1 < \omega_{\alpha+1}$. Daher ist auch die erste Zahl, die auf alle ξ_ν folgt (sie ist offenbar nicht größer als $\xi + 1$), kleiner als $\omega_{\alpha+1}$.

Bemerkung 6. Sind a, b zwei beliebige Kardinalzahlen, so bezeichneten wir in 1.6. mit a^b die Kardinalzahl, die die Mächtigkeit der Menge A^B angibt, wobei A irgendeine Menge der Mächtigkeit a, B irgendeine Menge der Mächtigkeit b und A^B die Menge aller Abbildungen der Menge B in die Menge A ist. Man kann leicht das Produkt einer beliebigen endlichen oder unendlichen Anzahl von Kardinalzahlen a_α so definieren, daß man die Definition der Potenz a^b als den Spezialfall erhält, bei dem alle a_α einander gleich sind. Dazu definieren wir das Produkt C einer gegebenen Menge B von Mengen A_α:

$$C = \prod_{A_\alpha \in B} A_\alpha$$

oder einfach $C = \prod_{\alpha} A_\alpha$. Die Elemente der Menge C sind per definitionem alle möglichen Abbildungen f der Menge B (deren Elemente die gegebenen Mengen A_α sind) in die Menge $A = \bigcup_{\alpha} A_\alpha$, die der uns bereits bekannten Bedingung $f(A_\alpha) \in A_\alpha$ genügen. Sind alle Mengen A_α paarweise elementefremd (hierauf läßt sich der allgemeine Fall leicht zurückführen), so sind die Elemente der Menge C bestimmt als alle möglichen Untermengen der Menge $\bigcup_{\alpha} A_\alpha$, die mit jeder Menge A_α je ein Element gemeinsam haben. Ist irgendeine Menge von Kardinalzahlen a_α gegeben, so wählen wir für jede dieser Kardinalzahlen a_α eine Menge A_α der Mächtigkeit a_α und definieren das Produkt der gegebenen Kardinalzahlen als die Mächtigkeit des Produkts der Mengen A_α (die man als disjunkt voraussetzen kann).

In dem Fall, daß alle A_α die gleiche Mächtigkeit a haben und die Menge aller A_α die Mächtigkeit b hat, erhält man die Potenz a^b. Um uns davon zu überzeugen, daß diese Definition der Potenz mit der in 1.6. gegebenen übereinstimmt, betrachten wir die Menge B (der Mächtigkeit b), deren Elemente genau die Mengen A_α sind. Da alle Mengen A_α ein und dieselbe Mächtigkeit a besitzen, läßt sich eine Menge A der gleichen Mächtigkeit a finden, die mit jeder der Mengen A_α in einer wohlbestimmten umkehrbar eindeutigen Zuordnung steht. Daher können wir eine Abbildung, die jedem Element A_α der Menge B irgendein Element $x_\alpha \in A_\alpha$ zuordnet, als eine Abbildung der Menge B in die Menge A und umgekehrt jede Abbildung von B in A als Auswahl je eines Elementes x_α aus jeder Menge A_α auffassen. Hieraus folgt gerade die Übereinstimmung beider Definitionen der Potenz.

Der Leser zeigt leicht die folgende Eigenschaft der allgemeinen Multiplikation von Mächtigkeiten: *Ersetzt man in einem gegebenen Produkt von Kardinalzahlen einige Faktoren durch größere Kardinalzahlen oder fügt neue von Null verschiedene Faktoren hinzu, so kann sich das Produkt höchstens vergrößern (es kann aber auch unverändert bleiben).*[1])

Man verifiziert auch leicht die Richtigkeit der Gleichung

$$a^{b_1+b_2} = a^{b_1} \cdot a^{b_2}.$$

Nimmt man zwei disjunkte Mengen B_1 und B_2 mit den Mächtigkeiten b_1 und b_2 und die Menge A der Mächtigkeit a, so bestimmt jede Abbildung der Menge $B = B_1 \cup B_2$ in die Menge A eindeutig ein Paar von Abbildungen: die Abbildung der Menge B_1 und die der Menge B_2 in A; umgekehrt bestimmt jedes solche Paar eine Abbildung von B in A. Analog beweist man für eine beliebige Anzahl von Summanden die Formel

$$a^{\Sigma b_\alpha} = \prod_\alpha a^{b_\alpha}.$$

Sind alle b_α ein und derselben Kardinalzahl b gleich und ist ihre Anzahl gleich c, so erhält man die Formel

$$a^{bc} = (a^b)^c.$$

Bemerkung 7. Wir überlassen es dem Leser, nachzuprüfen, daß im Fall endlicher Kardinalzahlen die obigen Definitionen der Addition, der Multiplikation und des Potenzierens in die üblichen Definitionen der elementaren Arithmetik übergehen.

Wir benutzen jetzt die soeben abgeleiteten Regeln für einige interessante Berechnungen. Zunächst erhalten wir aus Theorem 24

$$\aleph_\alpha{}^2 = \aleph_\alpha$$

für jede unendliche Kardinalzahl $\aleph_\alpha$. Hieraus erhalten wir durch Induktion für beliebiges natürliches n

$$\aleph_\alpha{}^n = \aleph_\alpha.$$

Die Mächtigkeit $\aleph_0{}^{\aleph_0}$ ist die Mächtigkeit der Menge aller unendlichen Folgen natürlicher Zahlen. Man kann sich leicht davon überzeugen, daß sie gleich der Mächtigkeit des Kontinuums $\mathfrak{c} = 2^{\aleph_0}$ ist, indem man eine eineindeutige Zuordnung zwischen der Menge aller Folgen $(n_1, n_2, \ldots, n_m, \ldots)$ natürlicher Zahlen und der Menge aller irrationalen Zahlen des Intervalls $(0; 1)$ herstellt, wobei die irrationalen Zahlen durch unendliche Kettenbrüche

$$\cfrac{1}{n_1 + \cfrac{1}{n_2 + \cfrac{1}{n_3 + \cdots}}}$$

dargestellt werden. Leser, die mit Kettenbrüchen nicht vertraut sind, mögen die Formel

$$\aleph_0{}^{\aleph_0} = \mathfrak{c} \tag{8}$$

aus den Relationen

$$\mathfrak{c} = 2^{\aleph_0} \leqq \aleph_0{}^{\aleph_0} \leqq \mathfrak{c}^{\aleph_0}$$

und

$$\mathfrak{c}^{\aleph_0} = \mathfrak{c} \tag{9}$$

herleiten. Die letzte Beziehung beweist man wie folgt:

$$\mathfrak{c}^{\aleph_0} = (2^{\aleph_0})^{\aleph_0} = 2^{\aleph_0 \cdot \aleph_0} = 2^{\aleph_0}.$$

Ferner gilt $\mathfrak{c} = 2^{\aleph_0} \leqq n^{\aleph_0} \leqq \aleph_0{}^{\aleph_0} = \mathfrak{c}$ für jedes natürliche n, d. h. $n^{\aleph_0} = \mathfrak{c}$.

[1]) Der Beweis dieses Satzes läuft automatisch, wenn man von der Definition der Ungleichheit von Mächtigkeiten in Kapitel I ausgeht. Wir bemerken jedoch, daß z. B. aus $a < b$, $p < q$ im allgemeinen nicht die Ungleichung $a^p < b^q$ (sondern nur $a^p \leqq b^q$) folgt.

Weiter haben wir

$$\aleph_0! = 1 \cdot 2 \cdot 3 \cdots n \cdots = \mathfrak{c}, \tag{10}$$

denn es ist

$$\mathfrak{c} = 2^{\aleph_0} = 1 \cdot 2 \cdot 2 \cdot 2 \cdots \leqq 1 \cdot 2 \cdot 3 \cdot 4 \cdots \leqq \aleph_0^{\aleph_0} = \mathfrak{c}.$$

Da $\aleph_1$ die kleinste überabzählbare Mächtigkeit ist, gilt $\aleph_1 \leqq \mathfrak{c}$ (das haben wir schon in 3.4. unmittelbar bewiesen, indem wir eine Menge reeller Zahlen konstruierten, die die Mächtigkeit $\aleph_1$ hat). Es bleibt die Frage offen, ob die Gleichung $\mathfrak{c} = \aleph_1$ oder die Ungleichung $\mathfrak{c} > \aleph_1$ gilt. Dies ist das bekannte, bis heute noch ungelöste Kontinuumproblem, das ferner in der sogenannten „naiven" Mengenlehre von Bedeutung ist.

Aus

$$\mathfrak{c} = 2^{\aleph_0} \leqq \aleph_1^{\aleph_0} \leqq \mathfrak{c}^{\aleph_0} = \mathfrak{c}$$

folgt

$$\aleph_1^{\aleph_0} = \mathfrak{c}. \tag{11}$$

Wir beweisen andererseits die Formel

$$\aleph_0^{\aleph_1} = 2^{\aleph_1} > \aleph_1$$

und sogar für beliebiges $\aleph_\alpha < \aleph_\beta$ die noch allgemeinere Formel

$$\aleph_\alpha^{\aleph_\beta} = 2^{\aleph_\beta} > \aleph_\beta > \aleph_\alpha.$$

Aus

$$2 < \aleph_\alpha < 2^{\aleph_\alpha} \leqq 2^{\aleph_\beta}$$

folgert man

$$2^{\aleph_\beta} \leqq \aleph_\alpha^{\aleph_\beta} \leqq (2^{\aleph_\alpha})^{\aleph_\beta} = 2^{\aleph_\alpha \aleph_\beta} = 2^{\aleph_\beta}.$$

3.7. Reguläre und irreguläre Ordnungszahlen. Über die kleinste Anfangszahl, die mit einem gegebenen Ordnungstypus konfinal ist

Eine Ordnungszahl heißt regulär, wenn sie mit keiner kleineren Ordnungszahl konfinal ist. Von den endlichen Ordnungszahlen sind nur 0 und 1 regulär. Wir werden später (Theorem 30) sehen, daß jede unendliche reguläre Zahl eine Anfangszahl ist. Zunächst wollen wir den folgenden Satz beweisen:

Theorem 29. *Hinreichend und notwendig für die Regularität einer Anfangszahl ω_τ ist die Regularität ihrer Mächtigkeit $\aleph_\tau$.*

Beweis 1⁰. Ist $\aleph_\tau$ eine irreguläre Mächtigkeit, so ist auch ω_τ eine irreguläre Ordnungszahl; denn da laut Voraussetzung die Mächtigkeit $\aleph_\tau$ irregulär ist, kann sie als Summe von $b < \aleph_\tau$ Summanden $\aleph_\alpha$ dargestellt werden, von denen jeder kleiner als $\aleph_\tau$ ist. Die Summe derjenigen Summanden, die b nicht übertreffen, kann nach Theorem 30 nicht größer als b sein (da doch die Anzahl dieser Summanden sicher kleiner oder gleich b ist). Wäre die Summe der übrigen Summanden (d. h. derjenigen $\aleph_\alpha$, die größer als b sind) gleich einer gewissen Zahl $c < \aleph_\tau$, so wäre die Summe aller $\aleph_\alpha$ kleiner oder gleich $b + c$; sie wäre dann gleich der größeren der beiden Zahlen b und c, d. h., sie wäre, im Widerspruch zur Voraussetzung, kleiner als $\aleph_\tau$. Somit kann die Zahl $\aleph_\tau$ als Summe einer gewissen Anzahl $a < \aleph_\tau$ von Summanden dargestellt werden, von denen jeder kleiner als $\aleph_\tau$, aber größer als a ist. Unter diesen Voraussetzungen kommt jeder Summand in unserer Summe mit einer Anzahl vor, die kleiner ist als der Summand selbst. Daher hat jede in unserer Summe vorkommende Anzahl gleicher

Summanden eine Summe, die gleich dem Summanden selbst ist, so daß wir unsere Summe $\aleph_\tau$ nicht ändern, wenn wir von vornherein annehmen, daß jeder Summand nur einmal vorkommt. Also können wir

$$\aleph_\tau = \sum_\alpha \aleph_\alpha \tag{1}$$

schreiben; dabei durchläuft die Ordnungszahl α eine gewisse Menge Θ von Werten, deren Mächtigkeit a kleiner als $\aleph_\tau$ ist, d. h. deren Ordnungstypus θ kleiner als ω_τ ist, wobei man voraussetzen kann, daß a kleiner als jedes $\aleph_\alpha$ ist.

Wir betrachten die Untermenge Θ' der Menge W_τ, die aus allen ω_α besteht, für die $\alpha \in \Theta$ ist. Die Menge Θ' ist der Menge Θ ähnlich. Wir wollen zeigen, daß W_τ mit der Untermenge Θ' konfinal ist; damit ist dann bewiesen, daß die Zahl ω_τ mit der Zahl $\theta < \omega_\tau$ konfinal und folglich ω_τ irregulär ist. Wegen der Irregularität von $\aleph_\tau$ ist die Zahl τ (nach Theorem 25) eine Limeszahl. Hieraus folgt, daß auf jede Zahl $\xi < \omega_\tau$ eine Anfangszahl $\omega_\sigma < \omega_\tau$ folgt; denn würde auf eine Zahl $\xi < \omega_\tau$, deren Mächtigkeit wir mit $\aleph_\nu$ bezeichnen, keine Anfangszahl folgen, so wäre unter allen Kardinalzahlen kleiner $\aleph_\tau$ die Zahl $\aleph_\nu$ die größte, d. h., es wäre $\tau = \nu + 1$, obwohl τ eine Limeszahl ist.[1])

Angenommen, die Menge W_τ wäre mit ihrer Untermenge Θ' nicht konfinal. Dann gäbe es eine Zahl $\xi < \omega_\tau$, die größer ist als alle $\omega_\alpha \in \Theta'$, wobei man annehmen kann, daß ξ eine Anfangszahl ist, $\xi = \omega_\sigma < \omega_\tau$. Dann wären aber alle Summanden auf der rechten Seite der Gleichung (1) kleiner als $\aleph_\sigma$; da aber ihre Anzahl kleiner als jeder dieser Summanden ist, wäre sie erst recht kleiner als $\aleph_\sigma$; dies würde bedeuten, daß die Summe auf der rechten Seite der Gleichung (1) kleiner oder gleich $\aleph_\sigma < \aleph_\tau$ wäre. Durch diesen Widerspruch ist bewiesen, daß die Zahl ω_τ mit der Zahl $\theta < \omega_\tau$ konfinal ist.

2⁰. Es sei ω_τ irregulär und mit der Zahl $\theta < \omega_\tau$ konfinal. Da ω_τ eine Anfangszahl ist, hat θ eine Mächtigkeit $b < \aleph_\tau$. Die Menge W_τ ist mit einer gewissen Untermenge Θ vom Typus $\theta < \omega_\tau$ und einer Mächtigkeit kleiner als $\aleph_\tau$ konfinal. Hieraus folgt

$$W_\tau = \bigcup_{\alpha \in \Theta} W(\alpha).$$

Jedes $W(\alpha)$ hat aber eine Mächtigkeit kleiner als $\aleph_\tau$, und die Anzahl dieser Mengen ist $b < \aleph_\tau$ daher ist $\aleph_\tau$ irregulär. Damit ist Theorem 29 bewiesen.

Das wichtigste Resultat dieses Abschnitts ist

Theorem 30 (Hausdorff). *Jede geordnete Menge A der Mächtigkeit $\aleph_\tau$ ist mit einer gewissen wohlgeordneten Untermenge*[2]) *vom Typus $\xi \leqq \omega_\tau$ konfinal.*

Ehe wir diesen Satz beweisen, wollen wir einige Bemerkungen dazu machen und aus ihm einige Folgerungen ziehen, die es uns ermöglichen, seine Bedeutung richtig einzuschätzen.

Zunächst wurde schon (in 3.4.) bemerkt, daß eine geordnete Menge A dann und nur dann mit einer einelementigen Untermenge konfinal ist, wenn es in A ein letztes Element gibt.

Wir betrachten ferner den äußerst wichtigen Fall, daß A eine wohlgeordnete Menge ist, deren Typus wir mit θ bezeichnen. Da die Mächtigkeit von A mit $\aleph_\tau$ bezeichnet wurde, ist $\theta \geqq \omega_\tau$. Theorem 30 besagt, daß die Zahl θ mit einem gewissen $\xi \leqq \omega_\tau$ konfinal ist. Ist daher $\theta > \omega_\tau$, d. h., ist θ keine Anfangszahl, so ist sie mit einer Zahl $\xi \leqq \omega_\tau < \theta$ konfinal, also nicht regulär. Somit folgt aus Theorem 30, daß jede unendliche reguläre Ordnungszahl unbedingt eine Anfangszahl sein muß. Daher können wir das schon bewiesene Theorem 29 auch folgendermaßen formulieren:

---

[1]) Aus $\xi < \omega_\sigma < \omega_\tau$ folgt $\omega_{\sigma+1} < \omega_\tau$ (da sonst $\tau = \sigma + 1$ wäre). Also folgt für irreguläres ω_τ (und sogar für jedes ω_τ mit Limeszahlindex τ) auf jedes $\xi < \omega_\tau$ eine Anfangszahl der Form $\omega_{\sigma+1}$ mit $\omega_{\sigma+1} < \omega_\tau$. Diese Bemerkung werden wir zum Beweis von Theorem 31 benötigen.

[2]) Wir erinnern daran, daß wir eine Untermenge A' einer geordneten Menge A immer als geordnete Menge auffassen, wobei die Ordnung zwischen den Elementen der Menge A' dieselbe bleibt, die diese Elemente in A haben.

Theorem 29'. *Reguläre Ordnungszahlen sind nichts anderes als Anfangszahlen regulärer Mächtigkeiten.*

Jetzt können wir auch Theorem 30 etwas verschärfen. Zunächst formulieren wir es wie folgt:

Jeder Ordnungstypus θ der Mächtigkeit $\aleph_\tau$ ist mit einer gewissen Ordnungszahl $\xi \leqq \omega_\tau$ konfinal.

Nehmen wir für einen gegebenen Ordnungstypus θ die kleinste mit ihm konfinale Ordnungszahl ξ, so ist ξ regulär, also eine Anfangszahl, $\xi = \omega_\sigma \leqq \omega_\tau$ (denn wäre unsere kleinste Zahl ξ nicht regulär, so wäre sie mit einem gewissen $\xi' < \xi$ konfinal, und mit diesem ξ' wäre auch θ konfinal).

Also:

Theorem 30'. *Zu jedem Ordnungstypus θ der Mächtigkeit $\aleph_\tau$, insbesondere zu jeder Ordnungszahl θ der Klasse Z_τ, gibt es eine mit ihm (mit ihr) konfinale kleinste reguläre Zahl 1 oder $\omega_\sigma \leqq \omega_\tau$, wobei die Ordnungszahl θ dann und nur dann mit der Zahl 1 konfinal ist, wenn sie von erster Art ist.*

Dieser Satz ist offenbar eine weitgehende Verallgemeinerung von Theorem 19' aus 3.4.

Wir wollen aus Theorem 30 noch eine Folgerung ziehen, die irreguläre Mächtigkeiten betrifft. Ist $\aleph_\tau$ irregulär, so ist die Menge W_τ mit einer gewissen Untermenge Θ' vom Typus $\xi < \omega_\tau$ konfinal. Lassen wir in Θ' alle Elemente der Gestalt $\alpha = \omega_{\varrho+1}$ (wenn es solche gibt) ungeändert und ersetzen jedes Element, das nicht diese Form hat, durch das nächste darauffolgende der Gestalt $\omega_{\varrho+1}$ (solche gibt es, siehe Fußnote S. 87), so können wir annehmen, daß Θ' aus Anfangszahlen der Gestalt $\omega_{\varrho+1}$ besteht. Die Menge derjenigen Ordnungszahlen ϱ, für die $\omega_{\varrho+1} \in \Theta'$ gilt, bezeichnen wir mit Θ, wobei wir annehmen, daß der Ordnungstypus ξ der Menge Θ der kleinstmögliche und folglich eine reguläre Zahl $\omega_\sigma < \omega_\tau$ ist. Da offenbar $\aleph_\tau = \sum_{\varrho \in \Theta} \aleph_{\varrho+1}$ gilt, erhalten wir folgendes Resultat:

Theorem 31. *Zu jeder (unendlichen) irregulären Kardinalzahl $\aleph_\tau$ gibt es eine kleinste reguläre Kardinalzahl $\aleph_\sigma < \aleph_\tau$, so daß $\aleph_\tau$ die Summe einer nach dem regulären Typus ω_σ wohlgeordneten Menge echt wachsender Kardinalzahlen der Form $\aleph_{\varrho+1} < \aleph_\tau$ ist.*

Wir gehen nun zum Beweis Theorem 30 über.

Es sei A eine geordnete Menge der Mächtigkeit $\aleph_\tau$. Jede Menge der Mächtigkeit $\aleph_\tau$, also auch die Menge A, kann eineindeutig der Menge W_τ zugeordnet werden. Das bedeutet, daß die Elemente der Menge A mit Ordnungszahlen $\alpha < \omega_\tau$ als Indizes versehen werden können, so daß man eine wohlgeordnete Menge B vom Typus ω_τ erhält,

$$B = \{x_0, x_1, x_2, \ldots, x_\alpha, \ldots\}$$

(α durchläuft alle Werte kleiner ω_τ), die aus denselben Elementen wie die Menge A besteht, wobei die Ordnung in B sich im allgemeinen von der Ordnung in A unterscheidet (d. h. bei $\alpha < \beta$ kann es vorkommen, daß $x_\alpha \succ x_\beta$ in A ist). Wir nennen ein Element $x = x_\alpha$ der Menge A ein ausgezeichnetes Element, wenn für alle $\nu < \alpha$ die Beziehung $x_\nu \prec x_\alpha$ in A gilt. Das Element x_0 ist ein ausgezeichnetes Element. Daher ist die Menge C aller ausgezeichneten Elemente sicher nicht leer. Außerdem stimmt die Ordnung in der Menge C, als einer Untermenge der geordneten Menge A, mit der Ordnung überein, die diese Menge in der wohlgeordneten Menge B erhält (d. h. mit der Ordnung der Indizes, mit denen die Elemente der Menge C versehen sind): Ist $x_\alpha \in C$, $x_\beta \in C$ und $\alpha < \beta$, so gilt nach Definition des ausgezeichneten Elements $x_\alpha \prec x_\beta$ in A. Die geordnete Menge C ist also eine Untermenge der geordneten Menge A und zugleich eine Untermenge der (wohl-) geordneten Menge B. Die Menge C ist als Untermenge der wohlgeordneten Menge B, die vom Typus ω_τ ist, selbst eine wohlgeordnete Menge von einem Typus kleiner oder gleich ω_τ.

Es bleibt zu zeigen, daß die geordnete Menge A mit ihrer wohlgeordneten Untermenge C konfinal ist. Nehmen wir an, dies sei nicht der Fall, und x_α sei das Element aus A mit dem kleinsten Index α, das in A auf alle Elemente von C folgt. Wir behaupten, daß für jedes

$\nu < \alpha$ die Beziehung $x_\nu \prec x_\alpha$ in A gilt; sonst wäre nämlich $x_\nu \succ x_\alpha$ für ein gewisses $\nu < \alpha$, und folglich würde schon x_ν mit einem kleineren Index $\nu < \alpha$ allen Elementen der Menge C folgen.

Somit gilt tatsächlich $x_\nu \prec x_\alpha$ für alle $\nu < \alpha$. Das bedeutet aber, daß x_α ein ausgezeichnetes Element ist, d. h., im Widerspruch zur Voraussetzung ist x_α ein Element der Menge C. Durch diesen Widerspruch ist unser Satz bewiesen.

Bemerkung. Der Beweis von Theorem 30 läßt uns die folgende, wenn auch einfache, so doch lehrreiche Tatsache erkennen: Wie wir auch eine gegebene geordnete Menge A der Mächtigkeit $\aleph_\tau$ in eine wohlgeordnete Menge B vom Typus ω_τ umwandeln, stets enthält die geordnete Menge A eine mit ihr konfinale Teilmenge C, für deren Elemente die Ordnung in A mit ihrer Ordnung in B übereinstimmt, wie verschieden die Ordnungen in A und B auch sein mögen.

4. Metrische und topologische Räume

4.1. Definition und elementare Eigenschaften metrischer und topologischer Räume

Um in irgendeiner Menge X, die aus beliebig gearteten Elementen besteht, eine Metrik einzuführen, muß man für jedes Paar von Elementen x, x' der Menge X eine nichtnegative Zahl $\varrho(x, x')$ definieren derart, daß die folgenden Bedingungen erfüllt sind:

1. Die Zahl $\varrho(x, x')$ ist dann und nur dann gleich Null, wenn x und x' gleich sind, d. h., wenn sie dasselbe Element der Menge X bezeichnen.

2. $\varrho(x, x') = \varrho(x', x)$.

3. Wie man auch immer drei Elemente x, x', x'' der Menge X wählt, es gilt stets $\varrho(x, x') + \varrho(x', x'') \geqq \varrho(x, x'')$.

Eine Menge X zusammen mit irgendeiner darauf definierten Metrik heißt *metrischer Raum*. Die Elemente der Menge X werden *Punkte* genannt, und die Funktion $\varrho(x, x'')$ von zwei veränderlichen Punkten heißt die *Metrik* des betrachteten metrischen Raumes, der mit (X, ϱ), meist der Kürze halber aber auch einfach mit X bezeichnet wird.

Ist auf einer Menge X eine Metrik definiert, so ist diese offenbar auch auf jeder Teilmenge $X_0 \subseteqq X$ definiert (als Einschränkung der Funktion ϱ). Oder anders ausgedrückt: *Jede in einem metrischen Raum liegende Menge ist wiederum ein* (wohlbestimmter) *metrischer Raum.*

Ist die obere Grenze der Menge aller Zahlen $\varrho(x, x')$, wobei x und x' alle Punkte einer Teilmenge M des Raumes X durchlaufen, eine endliche Zahl d, so wird die Menge M beschränkt genannt, und die Zahl d heißt ihr Durchmesser. Insbesondere kann man in dieser Definition unter der Menge M auch den ganzen Raum X verstehen.

Unter dem *Abstand zwischen zwei Mengen M und N* in einem metrischen Raum X versteht man die nichtnegative Zahl

$$\varrho(M, N) = \inf \varrho(x, y), \tag{1}$$

wobei x und y beliebige Punkte aus M bzw. aus N sind.

Besitzen die Mengen M und N einen nichtleeren Durchschnitt, so ist $\varrho(M, N) = 0$ (da man in Formel (1) $x = y \in M \cap N$ wählen kann). Allerdings kann auch für disjunkte Mengen M und N der Abstand $\varrho(M, N)$ Null sein: Man wähle etwa als

Raum X die Zahlengerade und definiere auf ihr als M das Intervall $(0; 1)$ und als N das Intervall $(1; 2)$; man könnte für N auch die Menge aller rationalen und für M die Menge aller irrationalen Zahlen auf der Zahlengeraden nehmen.

Besteht insbesondere eine der beiden Mengen, beispielsweise N, nur aus einem Punkt a, so erhalten wir den *Abstand* $\varrho(a, M)$ *vom Punkt* a *zur Menge* M, der gegeben ist durch die Formel

$$\varrho(a, M) = \inf \varrho(a, x),$$

wobei x ganz M durchläuft.

Ist ε eine positive Zahl und x ein fester Punkt in einem metrischen Raum X, so wird die Menge aller Punkte x', für die $\varrho(x, x') < \varepsilon$ ist, eine *Kugelumgebung mit dem Zentrum* x *und dem Radius* ε genannt und mit $O(x, \varepsilon)$ bezeichnet. Analog wird die Kugelumgebung $O(M, \varepsilon)$ vom Radius ε für eine Teilmenge M des Raumes X definiert. Man versteht hierunter die Menge aller derjenigen Punkte $x \in X$, für die $\varrho(x, M) < \varepsilon$ ist. Der Leser möge beweisen, daß die Kugelumgebung $O(M, \varepsilon)$ einer Menge M die Vereinigung der Kugelumgebungen vom Radius ε aller Punkte der Menge M ist.

Die Gleichung $\varrho(x, M) = 0$ ist dann und nur dann erfüllt, wenn jede Kugelumgebung des Punktes x mit der Menge M einen nichtleeren Durchschnitt besitzt. In diesem Fall heißt der Punkt x *Berührungspunkt* der Menge M. Offenbar ist jeder Punkt der Menge M selbst Berührungspunkt von M, wohingegen die Umkehrung dieser Aussage nicht zu gelten braucht: Ist M beispielsweise ein offenes Intervall der Zahlengeraden mit der gewöhnlichen Abstandsdefinition darauf, so sind die Endpunkte des Intervalls, ohne zu diesem zu gehören, doch dessen Berührungspunkte.

Die Menge aller Berührungspunkte einer gegebenen Menge M in einem gegebenem metrischen Raum X wird die *abgeschlossene Hülle* der Menge M im Raum X genannt und mit $[M]$ bezeichnet. Aus dem Gesagten folgt, daß stets $M \subseteq [M]$ gilt. Die Menge M heißt in dem metrischen Raum X *abgeschlossen*, wenn jeder Berührungspunkt der Menge M zur Menge M gehört, d. h., wenn $[M] = M$ ist. Der Leser beweist ohne Mühe, daß der Durchmesser der abgeschlossenen Hülle M einer beliebigen Menge M gleich dem Durchmesser der Menge M selbst ist.

Ein Punkt x einer Menge M wird *innerer Punkt* der Menge M genannt, wenn eine seiner Kugelumgebungen $O(x, \varepsilon)$ in der Menge M enthalten ist. Die Menge M heißt *offen*, wenn alle ihre Punkte innere Punkte sind.

Eine unmittelbare Folgerung aus diesen Definitionen ist, wie der Leser leicht nachweist, die folgende Aussage: *Die zu einer abgeschlossenen Menge* M *eines metrischen Raumes* X *komplementäre Menge* $X \setminus M$ *ist eine offene Menge dieses Raumes, und die zu einer offenen Menge komplementäre Menge ist abgeschlossen.*

Aus der Definition der offenen Menge als eine Menge, deren Punkte sämtlich innere Punkte sind, folgt unmittelbar, daß die Vereinigung einer beliebigen Gesamtheit von offenen Mengen eines gegebenen metrischen Raumes eine offene Menge in diesem Raum ist. Andererseits ist der Durchschnitt von zwei und folglich von einer beliebigen endlichen Anzahl offener Mengen wieder eine offene Menge. Es seien etwa Γ_1 und Γ_2 offene Mengen des metrischen Raumes X. Wir wollen zeigen, daß die Menge $\Gamma_1 \cap \Gamma_2$ offen ist, d. h., daß jeder Punkt $x \in \Gamma_1 \cap \Gamma_2$ innerer Punkt der Menge $\Gamma_1 \cap \Gamma_2$ ist. Da der Punkt x innerer Punkt jeder der beiden Mengen Γ_1 und Γ_2 ist, existieren Kugelumgebungen $O(x, \varepsilon_1) \subseteqq \Gamma_1$ und $O(x, \varepsilon_2) \subseteqq \Gamma_2$. Es bezeichne ε die kleinste unter den Zahlen ε_1 und ε_2. Dann ist $O(x, \varepsilon) \subseteqq \Gamma_1 \cap \Gamma_2$, was zu beweisen war.

Die Familie $\mathfrak{G}$ aller offenen Mengen eines metrischen Raumes X heißt *offene* und die Familie $\mathfrak{F}$ aller abgeschlossenen Mengen *abgeschlossene Topologie* des metrischen Raumes X. Offenbar gehört die Menge aller Punkte von X, ebenso wie die leere Menge, sowohl zur Familie $\mathfrak{G}$ als auch zur Familie $\mathfrak{F}$.

Der Leser ist nun auf das Verständnis der folgenden fundamentalen Definition ausreichend vorbereitet:

Um auf irgendeiner Menge X eine offene Topologie einzuführen, hat man eine Familie $\mathfrak{G}$ von Teilmengen der Menge X auszuzeichnen derart, daß die folgenden Bedingungen erfüllt sind:

$\mathrm{I}_{\mathfrak{G}}$. *Die ganze Menge X sowie die leere Menge $\emptyset$ sind Elemente der Familie $\mathfrak{G}$.*

$\mathrm{II}_{\mathfrak{G}}$. *Die Vereinigung einer beliebigen Anzahl und der Durchschnitt einer endlichen Anzahl von Mengen, die zur Familie $\mathfrak{G}$ gehören, sind Elemente der Familie $\mathfrak{G}$.*

Eine Menge X zusammen mit einer auf ihr definierten offenen Topologie $\mathfrak{G}$ wird *topologischer Raum* genannt und mit $(X, \mathfrak{G})$ bezeichnet, die Elemente der Menge X heißen *Punkte* des Raumes $(X, \mathfrak{G})$, und die zur Familie $\mathfrak{G}$ gehörenden Mengen sind die *offenen Mengen* des Raumes $(X, \mathfrak{G})$.

Die zu den Mengen G aus der Familie $\mathfrak{G}$ komplementären Mengen $F = X \setminus G$ sind die *abgeschlossenen Mengen* des Raumes $(X, \mathfrak{G})$. Die Familie $\mathfrak{F}$ der abgeschlossenen Mengen wird *abgeschlossene Topologie* des Raumes $(X, \mathfrak{G})$ genannt. Die Familie $\mathfrak{F}$ genügt offenbar den folgenden Bedingungen:

$\mathrm{I}_{\mathfrak{F}}$. *Die ganze Menge X sowie die leere Menge sind Elemente der Familie $\mathfrak{F}$.*

$\mathrm{II}_{\mathfrak{F}}$. *Der Durchschnitt einer beliebigen Anzahl und die Vereinigung einer endlichen Anzahl von Mengen, die zur Familie $\mathfrak{F}$ gehören, sind Elemente dieser Familie.*

Statt damit zu beginnen, auf einer Menge X eine offene Topologie einzuführen und danach die abgeschlossenen Mengen als Komplemente von offenen Mengen zu definieren, könnte man von Anfang an auf der Menge X eine abgeschlossene Topologie einführen, d. h., eine Familie $\mathfrak{F}$ von Teilmengen der Menge X auszeichnen, die den Bedingungen $\mathrm{I}_{\mathfrak{F}}$ und $\mathrm{II}_{\mathfrak{F}}$ genügt, diese Mengen in dem topologischen Raum $[X, \mathfrak{F}]$ abgeschlossen nennen und die zu den abgeschlossenen Mengen komplementären Mengen als offen bezeichnen; die Familie $\mathfrak{G}$ der so definierten offenen Mengen erfüllt dann die Bedingungen $\mathrm{I}_{\mathfrak{G}}$, $\mathrm{II}_{\mathfrak{G}}$, d. h., sie stellt eine offene Topologie des topologischen Raumes $(X, \mathfrak{G}) = [X, \mathfrak{F}]$ dar. Anstelle von $(X, \mathfrak{G})$ und $[X, \mathfrak{F}]$ werden wir meistens einfach von dem topologischen Raum X sprechen. Eine offene Topologie $\mathfrak{G}$ auf einer Menge X definiert also eindeutig eine komplementäre abgeschlossene Topologie und umgekehrt. Diese beiden Topologien zusammen, die offene Topologie $\mathfrak{G}$ und die abgeschlossene Topologie $\mathfrak{F}$, bilden die topologische Struktur $\mathfrak{T} = \{\mathfrak{G}, \mathfrak{F}\}$ des topologischen Raumes $\{X, \mathfrak{T}\} = (X, \mathfrak{G}) = [X, \mathfrak{F}]$. Hierbei macht es offenbar keinen Unterschied, ob man bei der Definition dieser Struktur mit der

Einführung der offenen Topologie beginnt und die abgeschlossene Topologie danach durch den Übergang zu den Komplementärmengen definiert, oder ob man mit der abgeschlossenen Topologie anfängt und die offene Topologie mit Hilfe von Komplementärmengen bestimmt.

Wie wir gesehen haben, erzeugt die Metrik jedes metrischen Raumes auf der Menge seiner Punkte eine gewisse Topologie, d. h., sie überführt den vorliegenden metrischen Raum in einen bestimmten topologischen Raum. Kurz gesagt, ist jeder metrische Raum natürlicherweise auch ein topologischer Raum. Wenn sich umgekehrt die Topologie eines gegebenen topologischen Raumes durch eine auf der Menge seiner Punkte eingeführte Metrik erzeugen läßt, dann heißt der betrachtete topologische Raum *metrisierbar*.

Die (offene bzw. abgeschlossene) Topologie eines topologischen Raumes X erzeugt auf folgende Weise auf jeder Menge $X_0 \subseteqq X$ eine Topologie: Eine Teilmenge M der Menge X_0 wird offen bzw. abgeschlossen in X_0 genannt, wenn sie Durchschnitt der Menge X_0 mit einer offenen bzw. abgeschlossenen Menge des Raumes X ist. Jede in einem topologischen Raum X liegende Menge X_0 ist somit ebenfalls ein eindeutig bestimmter topologischer Raum. Spricht man von den Unterräumen eines gegebenen Raumes, so meint man damit die eben eingeführten topologischen Räume.

Definition 1. Jede offene Menge eines topologischen Raumes X, die einen gegebenen Punkt x bzw. eine gegebene Menge M enthält, heißt *Umgebung* des Punktes x bzw. der Menge M im Raum X.

Eine Umgebung des Punktes x (bzw. der Menge M) wird im allgemeinen mit Ox (bzw. mit OM) bezeichnet, notwendigenfalls auch mit Ux, Vx usw.

Definition 2. Ein Punkt x heißt *Berührungspunkt* einer Menge $M \subset X$, wenn jede Umgebung Ox des Punktes x wenigstens einen Punkt der Menge M enthält, d. h., wenn $M \cap Ox \neq \emptyset$ ist. Die Menge aller Berührungspunkte einer Menge M in einem topologischen Raum X heißt die *abgeschlossene Hülle* (*Abschließung*) der Menge M im Raum X und wird mit $[M]_X$ oder einfach mit $[M]$ bezeichnet. Da jede Umgebung irgendeines Punktes x diesen Punkt enthält, ist jeder Punkt der Menge M Berührungspunkt der Menge M, d. h., es ist

$$M \subseteqq [M]. \tag{2}$$

Wir wollen nun einige Eigenschaften der Abschließungsoperation zusammenstellen. Zunächst ist klar, daß $[X] = X$ und $[\emptyset] = \emptyset$ ist. Offensichtlich gilt auch folgendes: Ist eine Menge M in einer Menge N enthalten, so ist $[M] \subseteqq [N]$ („Monotonie" der Abschließung).

Theorem 1. *Eine Menge M ist dann und nur dann abgeschlossen (d. h. das Komplement einer gewissen offenen Menge), wenn $[M] = M$ ist.*

Ist nämlich M in X abgeschlossen, so ist $X \setminus M$ offen und Umgebung jedes Punktes von $X \setminus M$. Damit besitzt jeder Punkt $x \in X \setminus M$ eine Umgebung (z. B. die Umgebung $X \setminus M$), die zu M disjunkt ist. Folglich liegt kein Punkt $x \in X \setminus M$

in $[M]$, d. h., es ist $[M] \subseteqq M$. Da aber andererseits $M \subseteqq [M]$ gilt, findet man $[M] = M$.

Es sei nun umgekehrt $[M] = M$. Wir wollen beweisen, daß M in X abgeschlossen ist, d. h., daß $X \setminus M$ in X offen ist. Aus der Bedingung $[M] = M$ folgt, daß jeder Punkt $x \in X \setminus M$ eine Umgebung Ux besitzt, die mit M einen leeren Durchschnitt hat, d. h., in $X \setminus M$ liegt. Die Menge $X \setminus M$ ist als Vereinigung der Umgebungen $Ux \subseteqq X \setminus M$ ihrer Punkte x offen, womit der Satz bewiesen ist.

Aus der Inklusion (2) folgt, daß $[M] \subseteqq [[M]]$ für jede Menge $M \subseteqq X$ gilt. Wir beweisen nun die umgekehrte Inklusion $[[M]] \subseteqq [M]$; damit ist dann

$$[[M]] = [M] \tag{3}$$

bewiesen, d. h., *die abgeschlossene Hülle jeder Menge $M \subseteqq X$ ist abgeschlossen.*

Es sei $x \in [[M]]$. Wir wählen eine beliebige Umgebung Ux des Punktes x. Sie enthält wenigstens einen Punkt $y \in [M]$; als Umgebung dieses Punktes y enthält sie aber auch Punkte der Menge M. Somit besitzt jede Umgebung Ux des Punktes x mit der Menge M einen nichtleeren Durchschnitt, d. h., es ist $x \in [M]$. Die Inklusion $[[M]] \subseteqq [M]$, also auch die Gleichung (3), ist damit bewiesen.

Theorem 2. *Der Durchschnitt aller abgeschlossenen Mengen eines Raumes X, die eine gegebene Menge M enthalten, ist $[M]$ (d. h., die abgeschlossene Hülle jeder Menge M ist die kleinste, die Menge M enthaltende abgeschlossene Menge*[1]); *ist F irgendeine die Menge M enthaltende abgeschlossene Menge, so gilt $F \supseteqq [M]$).*

Beweis. Da $[M]$ abgeschlossen ist und M enthält, wird der Durchschnitt aller abgeschlossenen Mengen, die M enthalten, von $[M]$ umfaßt. Zum Beweis der umgekehrten Inklusion muß man nur zeigen, daß $[M]$ in jeder abgeschlossenen Menge F, $F \supseteqq M$, enthalten ist (dann ist $[M]$ auch im Durchschnitt aller dieser F enthalten). Ist jedoch eine abgeschlossene Menge $F \supseteqq M$ gegeben, so ist (auf Grund der Monotonie der Abschließung) $F = [F] \supseteqq [M]$, womit der Satz bewiesen ist.

Schließlich beweisen wir noch, daß für beliebige $A \subseteqq X$, $B \subseteqq X$

$$[A \cup B] = [A] \cup [B]$$

gilt. Wegen $A \subseteqq A \cup B$, $B \subseteqq A \cup B$ folgt aus der Monotonie der Abschließung $[A] \subseteqq [A \cup B]$, $[B] \subseteqq [A \cup B]$ und somit $[A] \cup [B] \subseteqq [A \cup B]$. Zum Beweis der umgekehrten Beziehung erinnern wir daran, daß $[A]$ und $[B]$ und damit auch $[A] \cup [B]$ abgeschlossen sind, so daß nach Theorem 2 die Beziehung $[A \cup B] \subseteqq [A] \cup [B]$ gilt.

Folgende der soeben zusammengestellten Eigenschaften der Abschließungsoperation heißen (aus Gründen, die leicht einzusehen sind) Grundeigenschaften oder Axiome der Abschließung:

1°. $[A \cup B] = [A] \cup [B]$ (Distributivität in bezug auf endliche Vereinigungen);

2°. $A \subseteqq [A]$;

---

[1]) Abgeschlossene Mengen, die M umfassen, existieren, beispielsweise ist X eine solche Menge.

3^0. $[[A]] = [A]$;

4^0. $[\emptyset] = \emptyset$.

Wir haben den topologischen Raum mit Hilfe von Axiomen definiert, denen die offenen bzw. die abgeschlossenen Mengen genügen mußten. Man hätte auch einen anderen Weg wählen können, indem man nämlich vom Begriff der abgeschlossenen Hülle ausgeht und die Bedingungen 1^0—4^0 als Axiome ansieht, denen dieser Begriff unterworfen ist. Dann müßten die abgeschlossenen Mengen als Mengen, die mit ihrer abgeschlossenen Hülle übereinstimmen, und die offenen Mengen als die zu den abgeschlossenen Mengen komplementären Mengen definiert werden. Dabei beweist man leicht (und wir überlassen dies dem Leser), daß die offenen Mengen wiederum den Bedingungen $I_{\mathfrak{G}}$, $II_{\mathfrak{G}}$ genügen und die abgeschlossenen Mengen den Bedingungen $I_{\mathfrak{F}}$, $II_{\mathfrak{F}}$ und daß man mittels der Definitionen 1 und 2 zu denselben abgeschlossenen Hüllen gelangt, die vorher a priori gegeben waren. Diese Methoden führen also alle zu derselben Klasse von topologischen Räumen.

Bemerkung 1. Historisch gesehen, handelte es sich bei der ersten Darstellung des Begriffes des allgemeinen topologischen Raumes, der zu dem heute allgemein verwendeten Begriff äquivalent ist, wie wir ihn unserer Einführung zugrunde gelegt haben, eben um den Zugang, bei dem der grundlegende Ausgangsbegriff die abgeschlossene Hülle einer Menge ist. Diese Vorgehensweise geht auf den polnischen Mathematiker Kuratowski (1922) zurück, der dabei übrigens bereits die grundlegenden Axiome formulierte, denen die Abschließung genügt. Daher werden die oben angegebenen Grundeigenschaften der Abschließung auch die Kuratowskischen Axiome genannt, und Kuratowski gebührt unbestritten die Priorität bei der Einführung des modernen allgemeinen Begriffes des topologischen Raumes. Was die Definition eines topologischen Raumes mittels einer offenen Topologie anbelangt, so findet sich diese zum ersten Mal (1925) in einer Arbeit von P. S. Alexandroff [2].

Wie wir weiter oben gesehen haben, *kann jeder metrische Raum als topologischer Raum angesehen werden.* Ein weiteres sehr wichtiges Beispiel topologischer Räume erhalten wir, wenn wir irgendeine linear geordnete Menge X betrachten und die offenen Mengen in X als diejenigen Mengen definieren, die sich als Vereinigung beliebig vieler geordneter Intervalle darstellen lassen. Man überzeugt sich leicht, daß durch diese Definition der offenen Mengen die geordnete Menge X zu einem topologischen Raum wird — zum „Raum der gegebenen geordneten Menge" — der wieder mit X bezeichnet wird. Ist M eine beliebige in X gelegene Menge, so ist $a \in X$ dann und nur dann Berührungspunkt der Menge M, wenn jedes den Punkt a enthaltende Intervall auch Punkte der Menge M enthält.

Die Zahlengerade, d. h. die Menge aller reellen Zahlen, kann sowohl als (linear) geordnete Menge als auch als metrischer Raum aufgefaßt werden. (Der Leser prüft leicht nach, daß der in 2.2. definierte Abstand zwischen den Punkten der Zahlengeraden den Axiomen einer Metrik genügt.) Beide Betrachtungsweisen führen auf dieselbe Topologie auf der Zahlengeraden, d. h. zum selben topologischen Raum, der im weiteren mit R^1 bezeichnet und die (*topologische*) *Zahlengerade* genannt wird.

Bemerkung 2. Aus unserer Definition des topologischen Raumes folgt nicht, daß eine aus endlich vielen Punkten bestehende Menge unbedingt abgeschlossen ist. Wir betrachten z. B. die Menge $\mathfrak{F}$, die nur aus den beiden Elementen a und b besteht, und definieren als offene Mengen des topologischen Raumes $\mathfrak{F}$ die ganze Menge $\mathfrak{F}$, die leere Menge und die aus dem Punkte b bestehende Menge. Die Axiome I und II sind erfüllt, also ist $\mathfrak{F}$ ein topologischer Raum. Die abgeschlossenen Mengen in $\mathfrak{F}$ sind die ganze Menge $\mathfrak{F}$, die leere Menge und die aus dem Punkt a bestehende Menge. Die aus dem Punkt b bestehende Menge ist nicht abgeschlossen. Der Punkt a besitzt nur eine Umgebung, nämlich den ganzen Raum $\mathfrak{F}$. Die abgeschlossene Hülle der aus dem Punkt b bestehenden Menge ist ebenfalls der ganze Raum $\mathfrak{F}$. Dieser Raum heißt „zusammenhängendes Punktepaar".[1])

Ein anderes Beispiel eines endlichen topologischen Raumes erhält man, wenn man in der aus den sieben „Punkten"

$$a, b, c; \alpha, \beta, \gamma; \Delta$$

bestehenden Menge folgende Mengen als offen erklärt: die leere Menge, ferner die nachstehenden Mengen und die aus ihnen gebildeten Vereinigungen:

$$\{\alpha, b, c, \Delta\}, \{\beta, a, c, \Delta\}, \{\gamma, a, b, \Delta\},$$
$$\{a, \Delta\}, \{b, \Delta\}, \{c, \Delta\},$$
$$\{\Delta\}.$$

Man bestätigt leicht, daß unter den einpunktigen Mengen (d. h. den aus einem Punkt bestehenden Mengen) nur α, β, γ abgeschlossen sind. Die abgeschlossene Hülle der aus dem Punkte a bestehenden Menge ist $\{a, \beta, \gamma\}$ usw. Die abgeschlossene Hülle der aus dem Punkt Δ bestehenden Menge ist der ganze Raum X. Deuten wir Δ als Dreieck mit den Ecken α, β, γ und den entsprechenden ihnen gegenüberliegenden Seiten a, b, c, so erhält die in dem Raum X eingeführte Topologie einen einfachen elementar-geometrischen Inhalt. Analog läßt sich leicht ein aus neun Punkten bestehender Raum konstruieren, der dem Tetraeder mit seinen Seitenflächen, Kanten und Ecken entspricht, usw.

Definition 3. Ein Punkt x eines topologischen Raumes X heißt *Häufungspunkt* einer Menge $M \subseteq X$, wenn jede Umgebung des Punktes x unendlich viele Punkte der Menge M enthält. Ein Punkt x heißt *isoliert* in X, wenn die aus diesem Punkt bestehende Menge in X offen ist.

Bemerkung 3. Die in Bemerkung 2 angeführten Beispiele zeigen, daß in topologischen Räumen folgendes auftreten kann: Jede Umgebung eines Punktes x ent-

[1]) Der einfachste aus zwei Punkten bestehende topologische Raum ist das „einfache Punktepaar" D, in welchem alle vier vorkommenden Mengen $\emptyset, a, b, a \cup b$ nach Definition offen (und damit auch gleichzeitig abgeschlossen) sind. Dieser topologische Raum läßt sich auch als metrischer Raum deuten, in welchem $\varrho(a, b)$ z. B. gleich 1 (oder gleich irgendeiner anderen positiven Zahl) ist.

Außer dem einfachen und dem zusammenhängenden Punktepaar kann man aus zwei Punkten a und b nur noch einen topologischen Raum, nämlich das sogenannte „verheftete Punktepaar" konstruieren, in dem nur der ganze Raum und die leere Menge offen sind. Dieser Raum findet jedoch (im Unterschied zu den beiden anderen, bei aller Einfachheit sehr wichtigen Räumen $\mathfrak{F}$ und D) keinerlei Anwendung. (Das hängt damit zusammen, daß die offenen Mengen des verhefteten Punktepaares in eineindeutiger Zuordnung zu den offenen Mengen eines einpunktigen Raumes stehen.)

hält von x verschiedene Punkte einer endlichen Menge M; daher braucht ein Punkt x eines topologischen Raumes X, der kein Häufungspunkt der Menge aller Punkte des Raumes X ist, noch kein isolierter Punkt dieses Raumes zu sein (dies trifft z. B. auf einen der beiden Punkte des zusammenhängenden Punktepaares zu).

Man sagt, eine Folge von Punkten $x_1, x_2, \ldots, x_n, \ldots$ eines topologischen Raumes konvergiere gegen einen Punkt x, wenn jede Umgebung des Punktes x alle Punkte dieser Folge von einem gewissen Index an enthält. Ein Spezialfall einer konvergenten Folge sind die stationären Folgen, für die von einem gewissen n an $x_n = x_{n+1} = \cdots$ ist. Der Begriff der Konvergenz hat in der Theorie der topologischen Räume eine wesentlich geringere Bedeutung als in der Theorie der metrischen Räume: Es kann vorkommen, daß ein Punkt x eines topologischen Raumes X Häufungspunkt einer Menge $M \subseteqq X$ ist und es dennoch in M keine gegen den Punkt x konvergierende Folge gibt. Es sei z. B. X die Menge der reellen Zahlen. Wir nennen jede Menge, die man als Differenz irgendeiner auf der Zahlengeraden offenen Menge und einer höchstens abzählbaren Punktmenge erhält, offen auf der Zahlengeraden. Man sieht leicht, daß in X keine abzählbare Menge einen Häufungspunkt besitzt und daß im Fall einer überabzählbaren Menge M die Häufungspunkte im Raum X mit den *Kondensationspunkten* der Menge M auf der Zahlengeraden übereinstimmen. Konvergent sind im Raum X nur die stationären Folgen. Ist daher x ein Häufungspunkt einer Menge M, der nicht zu dieser Menge gehört, so gibt es keine Folge von Punkten der Menge M, die gegen diesen Punkt x konvergiert.

Trotzdem ist in manchen Fällen der Konvergenzbegriff auch in der Theorie der topologischen Räume von Interesse; Beispiele dafür werden wir noch angeben. Hier nur noch folgende Bemerkung: Betrachtet man die wohlgeordnete Menge $W(\omega_1)$ aller Ordnungszahlen der ersten und zweiten Zahlklasse als topologischen Raum, so ist die Konvergenz in diesem Raum nichts anderes als die von uns in 3.4. definierte Konvergenz einer abzählbaren Folge von Ordnungszahlen α_n gegen eine Limeszahl $\alpha = \lim\limits_n \alpha_n$. Im Zusammenhang damit wäre zu bemerken, daß die transfiniten Zahlen zweiter Art (die transfiniten Limeszahlen) und nur diese Zahlen Häufungspunkte des Raumes $W(\omega_1)$ sind.

Ein Punkt x einer Menge M wird *innerer Punkt* dieser Menge genannt, wenn es eine Umgebung des Punktes x gibt, die in der Menge M enthalten ist. Die Gesamtheit aller inneren Punkte einer Menge M wird der *offene Kern* der Menge M genannt und mit $\langle M \rangle$ bezeichnet. Ohne Mühe überzeugt man sich von der Richtigkeit der folgenden Aussage: Wenn A und B zueinander komplementäre Mengen eines topologischen Raumes sind, d. h. $B = X \setminus A$ (und somit $A = X \setminus B$), dann ist

$$X \setminus [A] = \langle B \rangle \tag{4}$$

und

$$X \setminus \langle B \rangle = [A]. \tag{5}$$

Ebenso beweist man leicht, daß der offene Kern jeder Menge M gleich der Vereinigung aller in M enthaltenen offenen Mengen ist bzw. die größte in M enthaltene offene Menge darstellt. Es gelten die folgenden Beziehungen:

$$\langle M \rangle \subseteqq M, \qquad \Big\langle \bigcap_{i=1,2} M_i \Big\rangle = \langle M_1 \rangle \cap \langle M_2 \rangle, \qquad \langle\langle M \rangle\rangle = \langle M \rangle.$$

Diese Beziehungen drücken die Grundeigenschaften des offenen Kernes einer Menge aus; sie sind dual zu den Grundeigenschaften der abgeschlossenen Hülle und können aus diesen mit Hilfe von Formel (4) abgeleitet werden.

Eine Menge M eines topologischen Raumes X wird *überall dicht* im Raum X genannt, wenn jeder Punkt $x \in X$ Berührungspunkt der Menge M ist, d. h., wenn $[M]_X = X$ ist.

Eine Menge M heißt *dicht in einer offenen Menge* $\Gamma \subseteqq X$, wenn $\Gamma \subseteqq [M]_X$ ist, oder, was dasselbe ist, wenn $M \cap \Gamma$ in dem Unterraum $\Gamma \subseteqq X$ überall dicht ist; eine Menge M wird *nirgends dicht* in X genannt, wenn sie in keiner nichtleeren offenen Menge $\Gamma \subseteqq X$ dicht ist. Wie man leicht sieht, ist eine Menge M dann und nur dann nirgends dicht in X, wenn jede nichtleere offene Menge $\Gamma \subseteqq X$ eine solche offene nichtleere Teilmenge $\Gamma_0 \subset \Gamma$ enthält, daß $M \cap \Gamma_0 = \emptyset$ ist.

Bemerkung 4. Es ist leicht zu zeigen, daß die abgeschlossene Hülle jeder nirgends dichten Menge nirgends dicht ist.

Bemerkung 5. Zwei zueinander komplementäre Mengen A und B können beide überall dicht in X sein. Beispiel: die Menge aller rationalen und die Menge aller irrationalen Punkte auf der Zahlengeraden. Wenn allerdings eine abgeschlossene Menge F in X überall dicht ist, gilt $F = X$, und wenn eine offene Menge G in X überall dicht ist, ist $F = X \setminus G$ in X nirgends dicht.

Jede Menge $M \subset X$ ist in dem Unterraum $[M] \subset X$ überall dicht.

Definition 4. Es sei M eine beliebige Menge des Raumes X; die abgeschlossene Menge $[M] \setminus \langle M \rangle$ wird der *Rand* der Menge M genannt und mit $\mathrm{b}M$ bezeichnet.

Die Menge $\mathrm{b}M$ ist nirgends dicht in X, kann jedoch überall dicht in $[M]$ liegen.

Faktisch werden wir im weiteren vor allem Ränder von offenen Mengen betrachten, kaum Ränder von abgeschlossenen Mengen. Offenbar gilt für offenes G (bzw. abgeschlossenes F) $\mathrm{b}G = [G] \setminus G$ (bzw. $\mathrm{b}F = F \setminus \langle F \rangle$), wobei die Menge $\mathrm{b}G$ nirgends dicht in $[G] = G \cup \mathrm{b}G$ ist und also erst recht nicht in ganz X, während die Menge $\mathrm{b}F$ in X nirgends dicht ist, jedoch überall dicht in F sein kann.

Satz 1. *Ist F eine abgeschlossene Menge und G eine offene Menge im Raume X, so ist $F \setminus G$ abgeschlossen und $G \setminus F$ offen.*

Es ist nämlich $F \setminus G = F \cap (X \setminus G)$ und $G \setminus F = G \cap (X \setminus F)$, woraus die Behauptung folgt.

Kanonisch abgeschlossene und offene Mengen ($\varkappa a$- und $\varkappa o$-Mengen). Eine Menge, die abgeschlossene Menge einer offenen Menge ist, heißt *kanonisch abgeschlossen*, oder kurz *$\varkappa a$-Menge*. Ist $A = [G]$, so gilt $G \subseteqq \langle A \rangle \subseteqq A$, d. h. $A = [G] \subseteqq [\langle A \rangle] \subseteqq A$, also $A = [\langle A \rangle]$; daher können $\varkappa a$-Mengen als Mengen definiert werden, die abgeschlossene Hülle ihres offenen Kerns sind.

Jede abgeschlossene Menge F enthält eine maximale $\varkappa a$-Menge (die auch leer sein kann), nämlich

$$A = [\langle F \rangle].$$

Weiterhin ist klar, daß die Vereinigung zweier $\varkappa a$-Mengen $A_1 = [G_1]$ und $A_2 = [G_2]$ die $\varkappa a$-Menge $A = [G_1] \cup [G_2]$ ist. (Allerdings braucht der Durchschnitt zweier $\varkappa a$-Mengen keine $\varkappa a$-Menge zu sein.)

Mengen, die Durchschnitt einer endlichen Anzahl von $\varkappa\alpha$-Mengen sind, werden *π-Mengen* genannt.

Mengen, die offener Kern einer abgeschlossenen Menge sind, heißen *kanonisch offen* oder kurz *$\varkappa o$-Mengen.* Ist $G = \langle F \rangle$, so gilt $G = \langle [G] \rangle$, so daß $\varkappa o$-Mengen definiert werden können als offene Kerne ihrer Abschließungen. Nach Formel (4) folgt aus $A = [\langle A \rangle]$, daß $X \setminus A = \langle X \setminus \langle A \rangle \rangle$ ist. Analog dazu ergibt sich aus Formel (5) für die Menge $G = \langle [G] \rangle$ die Gleichung $X \setminus G = \left[X \setminus [G]\right]$. Folglich können die kanonisch offenen Mengen als Komplemente kanonisch abgeschlossener Mengen definiert werden und umgekehrt.

Jede offene Menge G ist in einer kleinsten $\varkappa o$-Menge enthalten, der Menge $\langle [G] \rangle$ nämlich.

Satz 2. *Wenn A eine beliebige $\varkappa\alpha$-Menge ist und F eine beliebige abgeschlossene Menge des Raumes X, dann ist*

$$[A \setminus F] = [\langle A \rangle \setminus F].$$

Es genügt zu zeigen, daß jede Umgebung Ox der Punkte $x \in [A \setminus F]$ mit der Menge $\langle A \rangle \setminus F$ einen nichtleeren Durchschnitt besitzt. Wir setzen $O_1 = Ox \cap (X \setminus F)$. Wegen $x \in [A \setminus F]$ gilt

$$\emptyset \neq Ox \cap A \cap (X \setminus F),$$

d. h., die offene Menge $O_1 = Ox \setminus F$ schneidet die Menge $A = [\langle A \rangle]$, weshalb auch $O_1 \cap \langle A \rangle \neq \emptyset$ ist, d. h., es ist

$$\emptyset \neq Ox \cap (\langle A \rangle \setminus F),$$

was zu beweisen war.

Wir wenden uns nun metrischen Räumen zu.

Wir wollen zwei Sätze beweisen, die (wenngleich aus unterschiedlicher Richtung) einen Zusammenhang zwischen abgeschlossenen und offenen Mengen herstellen.

Theorem 3. *Je zwei disjunkte abgeschlossene Mengen F_1 und F_2 eines metrischen Raumes X besitzen disjunkte Umgebungen in X.*

Beweis. Da F_1 und F_2 zwei disjunkte abgeschlossene Mengen sind, ist kein Punkt der einen Menge Berührungspunkt der anderen. Daher ist für jeden Punkt $x \in F_1$ die Zahl $\varrho_x = \varrho(x, F_2)$ positiv. Ebenso ergibt sich $\varrho_y = \varrho(y, F_1) > 0$ für jeden Punkt $y \in F_2$. Wir setzen nun

$$U_1 = \bigcup_{x \in F_1} U\left(x, \frac{\varrho_x}{2}\right), \qquad U_2 = \bigcup_{y \in F_2} U\left(y, \frac{\varrho_y}{2}\right).$$

Dann sind U_1 und U_2 offene Mengen, die F_1 bzw. F_2 enthalten. Wir zeigen, daß $U_1 \cap U_2 = \emptyset$ ist. Wäre $z \in U_1 \cap U_2$, so gäbe es einen Punkt $x \in F_1$ derart, daß $\varrho(x, z) < \frac{\varrho_x}{2}$, und einen Punkt $y \in F_2$ derart, daß $\varrho(y, z) < \frac{\varrho_y}{2}$ ist. Ohne Beschränkung der Allgemeinheit sei $\varrho_x \geqq \varrho_y$. Dann wäre

$$\varrho(x, y) \leqq \varrho(x, z) + \varrho(y, z) < \frac{\varrho_x + \varrho_y}{2} \leqq \varrho_x,$$

was der Definition der Zahl ϱ_x widerspricht; durch diesen Widerspruch ist unsere Behauptung bewiesen.

Zwei disjunkte abgeschlossene Mengen F_1 und F_2 brauchen keine disjunkten Kugelumgebungen zu besitzen; F_1 und F_2 können voneinander den Abstand Null haben (wie z. B. die Hyperbel und ihre Asymptote in der gewöhnlichen Zahlenebene). Dann hat aber jede Kugelumgebung einer unserer beiden Mengen mit der anderen Menge und erst recht mit jeder ihrer Kugelumgebungen Punkte gemeinsam.

Eine Menge M eines topologischen Raumes X heißt *G_δ-Menge* (*Menge vom Typ G_δ*), wenn sie Durchschnitt abzählbar vieler offener Mengen des Raumes X ist. Zu G_δ-Mengen komplementäre Mengen werden *Mengen vom Typ F_σ* genannt. Aus den Dualitätsformeln in 1.2. folgt, daß eine Menge dann und nur dann vom Typ F_σ ist, wenn sie Vereinigung abzählbar vieler abgeschlossener Mengen ist.

Theorem 4. *Jede abgeschlossene Menge eines gegebenen metrischen Raumes X ist eine G_δ-Menge, d. h. Durchschnitt abzählbar vieler offener Mengen dieses Raumes.*

Es genügt zu zeigen, daß jede abgeschlossene Menge F der Durchschnitt ihrer Kugelumgebungen der Form $U_n = U\left(F, \frac{1}{n}\right)$ ist, wobei $n = 1, 2, 3, \ldots$ ist. Für jedes n gilt $F \subseteqq U_n$ und damit $F \subseteqq \bigcap_{n=1}^{\infty} U_n$. Es bleibt nur zu zeigen, daß jeder Punkt $x \in \bigcap_{n=1}^{\infty} U_n$ zur Menge F gehört. Aus $x \in \bigcap_{n=1}^{\infty} U_n$ folgt sofort $\varrho(x, F) < \frac{1}{n}$ für jedes n, d. h. $\varrho(x, F) = 0$. Also ist x Berührungspunkt der Menge F; wegen der Abgeschlossenheit von F ist daher x Punkt der Menge F.

Da zu G_δ-Mengen komplementäre Mengen vom Typ F_σ sind, ist damit zugleich der folgende Satz bewiesen:

Theorem 4'. *Jede offene Menge eines metrischen Raumes X ist eine Menge vom Typ F_σ.*

Borelsche Mengen in metrischen Räumen. Wir nennen die Vereinigung abzählbar vieler G_δ-Mengen eine Menge vom Typ $G_{\delta\sigma}$. Ebenso nennen wir den Durchschnitt abzählbar vieler F_σ-Mengen eine Menge vom Typ $F_{\sigma\delta}$ (die Vereinigung von abzählbar vielen F_σ-Mengen ist offenbar eine F_σ-Menge und der Durchschnitt von abzählbar vielen G_δ-Mengen eine Menge vom Typ G_δ). Ferner nennen wir die Vereinigung abzählbar vieler Mengen vom Typ $F_{\sigma\delta}$ eine $F_{\sigma\delta\sigma}$-Menge und den Durchschnitt abzählbar vieler Mengen vom Typ $G_{\delta\sigma}$ eine $G_{\delta\sigma\delta}$-Menge.

Analog definiert man die Mengen vom Typ $G_{\delta\sigma\delta\sigma}$, $F_{\sigma\delta\sigma\delta}$, $G_{\delta\sigma\delta\sigma\delta}$, $F_{\sigma\delta\sigma\delta\sigma}$ usw., wobei jedesmal das Zeichen σ eine abzählbare Vereinigung, das Zeichen δ einen abzählbaren Durchschnitt bezeichnet.

In einer etwas übersichtlicheren Form kann man dieselben Mengen auf folgende Weise erhalten. Abgeschlossene Mengen sollen Mengen vom Typ $(0, \delta)$, offene Mengen dagegen Mengen vom Typ $(0, \sigma)$, beide gemeinsam Mengen vom Typ 0 heißen. Wir nehmen nun an, Mengen vom Typ $n - 1$ seien bereits konstruiert. Unter einer Menge des Typs (n, σ) verstehen wir dann eine solche Menge, die als Vereinigung von abzählbar vielen Mengen vom Typ $n - 1$ darstellbar ist, unter einer Menge vom Typ (n, δ) dagegen eine solche Menge, die Durchschnitt abzählbar vieler Mengen des Typs $n - 1$ ist.

(Um eine Menge des Typs (n, σ) zu erhalten, genügt es, die Vereinigung abzählbar vieler Mengen des Typs $(n - 1, \delta)$ zu bilden; um eine Menge vom Typ (n, δ) zu erhalten, braucht man bloß den Durchschnitt von abzählbar vielen Mengen des Typs $(n - 1, \sigma)$ zu bilden, da die Vereinigung abzählbar vieler Mengen des Typs $(n - 1, \sigma)$ bzw. der Durchschnitt abzählbar vieler Mengen des Typs $(n - 1, \delta)$ jeweils eine Menge desselben Typs ergibt.)

Die Mengen vom Typ (n, σ) bilden gemeinsam mit den Mengen vom Typ (n, δ) die Mengen vom Typ n. Also:

$$\text{Typ } 0 \begin{cases} (0, \sigma) = \text{offene Mengen}, \\ (0, \delta) = \text{abgeschlossene Mengen}, \end{cases}$$

$$\text{Typ } 1 \begin{cases} (1, \sigma) = \text{Typ } F_\sigma, \\ (1, \delta) = \text{Typ } G_\delta, \end{cases}$$

$$\text{Typ } 2 \begin{cases} (2, \sigma) = \text{Typ } G_{\delta\sigma}, \\ (2, \delta) = \text{Typ } F_{\sigma\delta}, \end{cases}$$

$$\text{Typ } 3 \begin{cases} (3, \sigma) = \text{Typ } F_{\sigma\delta\sigma}, \\ (3, \delta) = \text{Typ } G_{\delta\sigma\delta}, \end{cases}$$

. . . .

Diese Klassifikation kann man unter Benutzung der transfiniten Zahlen der zweiten Zahlklasse fortsetzen: Es seien bereits die Mengen aller Typen $\alpha' < \alpha$ konstruiert, wobei α irgendeine transfinite Zahl der zweiten Zahlklasse ist. Wir nennen die Vereinigung bzw. den Durchschnitt von abzählbar vielen Mengen von Typen $< \alpha$ Mengen vom Typ (α, σ) bzw. (α, δ). Die Mengen der Typen (α, σ) und (α, δ) heißen gemeinsam Mengen vom Typ α. Ist dabei α eine Ordnungszahl erster Art, $\alpha = \alpha' + 1$, so genügt es, um Mengen vom Typ (α, σ) zu erhalten, Vereinigungen jeweils abzählbar vieler Mengen des Typs α' (oder sogar nur von Mengen des Typs (α', δ)) zu bilden. Die Mengen vom Typ (α, δ) erhält man als Durchschnitte von jeweils abzählbar vielen Mengen des Typs (α', σ).

Die auf diese Weise erhaltenen Mengen, d. h. die Mengen aller möglichen Typen α, wobei α eine beliebige Ordnungszahl kleiner als ω_1 ist, heißen *Borelsche Mengen* oder kurz *B-Mengen* des gegebenen Raumes X.

Bemerkung 6. Jede Menge vom Typ α ist offenbar auch eine Menge vom Typ β bei beliebigem $\beta > \alpha$.

Bemerkung 7. Abgeschlossene Mengen heißen auch Mengen *nullter Klasse.* Ist α irgendeine Ordnungszahl, $1 \leqq \alpha < \omega_1$, so heißen *alle Mengen vom Typ α, die* *nicht Mengen eines Typs α' mit $\alpha' < \alpha$ sind, Mengen der Klasse α.* Die Frage, in welchen Fällen wirklich Mengen aller Klassen $\alpha < \omega_1$ existieren (die Frage, wann Klassen Borelscher Mengen nicht leer sind), lassen wir in diesem Buch offen. Wir bemerken nur, daß alle in einem aus abzählbar vielen Punkten bestehenden Raum X gelegenen Mengen vom Typ F_σ (und vom Typ G_δ) sind, so daß alle Klassen — von der zweiten an — leer sind. Ist andererseits X ein euklidischer Raum von beliebiger Dimension, der Bairesche Raum oder der Hilbertsche Raum, so existieren Borelsche Mengen jeder Klasse $\alpha < \omega_1$ (den Beweis findet man in HAUSDORFF [1] (3. Aufl.), Kap. VII, S. 181 ff., und in KURATOWSKI [1], Bd. I, § 30).

Bemerkung 8. Wir sahen, daß jeder endliche Typ (n, σ) oder (n, δ) eine natürliche Bedeutung als Typ F_* oder G_* erhält, wobei $*$ eine endliche Menge von σ- und δ-Zeichen ist, die den folgenden Bedingungen genügt:

a) Es stehen niemals zwei σ- oder zwei δ-Zeichen hintereinander.

b) In F_* ist der erste Index ein σ, in G_* ist der erste Index ein δ.

c) Ist der vorgegebene Typ (n, σ) bzw. (n, δ), so ist das letzte Zeichen in $*$ ein σ bzw. ein δ.

Daraus, daß jede abgeschlossene Menge eine Menge vom Typ G_δ, jede offene Menge eine Menge vom Typ F_σ ist, folgt jedoch, daß jede F_σ-Menge zugleich eine $G_{\delta\sigma}$-Menge ist; jedes G_δ ist ein $F_{\sigma\delta}$; allgemein ist jedes F_* ein $G_{\delta *}$ und jedes G_* eine $F_{\sigma *}$. Auf diese Weise verwischt sich der Unterschied zwischen F_* und G_* eines gegebenen Typs n beim Übergang zu dem nächst höheren Typ. Erst recht kann jeder transfinite Typ sowohl als F_* als auch als G_* geschrieben werden, wobei $*$ eine gewisse wohlgeordnete Menge von Zeichen σ, δ ist, die den Bedingungen a), b), c) genügt.

Man beweist leicht, daß das Komplement $X \setminus M$ einer Menge vom Typ α ebenfalls eine Menge vom Typ α ist (das Komplement einer Menge vom Typ (α, σ) ist nämlich eine Menge vom Typ (α, δ) und umgekehrt).

Diese Behauptung ist für Mengen vom Typ 0 in der Tat richtig. Angenommen, sie sei für Mengen aller Typen $\alpha' < \alpha$ bereits bewiesen. Dann folgt aus den Dualitätsformeln von 1.2. und aus der Definition der Mengen vom Typ α, daß das Komplement einer Menge vom Typ (α, σ) eine Menge vom Typ (α, δ) sein muß, und umgekehrt.

Ferner sind die Vereinigung und der Durchschnitt von abzählbar vielen Mengen des Typs α Mengen vom Typ $\alpha + 1$.

Wir betrachten jetzt ein gewisses System K von Mengen eines gegebenen Raumes X. Dieses System heißt *Mengenkörper* (oder einfach *Körper*) des Raumes X, wenn es den folgenden Bedingungen genügt:

1^0. Die Vereinigung und der Durchschnitt abzählbar vieler Mengen des Systems K sind wieder Elemente des Systems K.

2^0. Das Komplement $X \setminus M$ jeder Menge $M \in K$ ist Element des Systems K.

Bemerkung 9. Aus diesen Bedingungen folgt, daß der ganze Raum X und die leere Menge Elemente jedes Körpers K sind. Ist nämlich $M \in K$, so ist auch $X \setminus M \in K$ und damit $X = M \cup (X \setminus M) \in K$ und $\emptyset = X \setminus X \in K$.

Ferner folgt aus obigen Bedingungen, daß die Differenz zweier Mengen $M_1 \in K$, $M_2 \in K$ ebenfalls Element des Systems K ist; es gilt nämlich

$$M_1 \setminus M_2 = M_1 \cap (X \setminus M_2).$$

Wir haben eben bewiesen, daß die Vereinigung und der Durchschnitt abzählbar vieler Borelscher Mengen eines Raumes X sowie das Komplement einer Borelschen Menge des Raumes X wieder Borelsche Mengen dieses Raumes sind. *Somit bilden die Borelschen Mengen eines Raumes X einen Mengenkörper dieses Raumes.*

Wir beweisen jetzt, daß jeder Körper K eines Raumes X, der als Elemente alle abgeschlossenen (oder alle offenen) Mengen von X enthält, auch alle Borelschen Mengen von X enthält. Sind nämlich alle abgeschlossenen Mengen Elemente eines Körpers K, so sind auch alle offenen Mengen (als Komplemente der abgeschlossenen) Elemente dieses Körpers. (Enthält K alle offenen Mengen, so enthält K auch alle abgeschlossenen Mengen als Komplemente der offenen Mengen.) Damit enthält ein Körper K in jedem Fall als Elemente alle Mengen vom Typ 0. Wenn aber K als Elemente die Mengen aller Typen $\alpha' < \alpha$ enthält (wobei α eine beliebige feste Ordnungszahl $< \omega_1$ ist), enthält K auch alle Mengen vom Typ α, da diese Mengen Vereinigungen und Durchschnitte von abzählbar vielen Mengen von Typen $\alpha' < \alpha$ sind. Damit ist unser Satz bewiesen. Er kann auch folgendermaßen formuliert werden:

Theorem 5. *Das System aller Borelschen Mengen eines gegebenen Raumes X ist der kleinste Mengenkörper des Raumes X, der als Elemente alle abgeschlossenen (oder alle offenen) Mengen dieses Raumes enthält.*

Der bewiesene Satz gestattet uns, das System aller Borelschen Mengen eines Raumes X (oder, wie man sagt, den „Borelschen Körper des Raumes X“) ohne Verwendung transfiniter Zahlen zu definieren.

Wie man leicht einsieht, ist der Durchschnitt einer beliebigen Menge von Körpern K_α eines gegebenen Raumes X wiederum ein Körper des Raumes X. Ist nämlich eine abzählbare Menge von Elementen M_i eines Systems $K = \bigcap_\alpha K_\alpha$ vorgegeben, so sind die Vereinigung und der Durchschnitt der Mengen M_i (als Elemente eines jeden Körpers K_α) in jedem K_α, also auch in K enthalten. Das Komplement jeder Menge $M \in K$ ist, da sie in jedem K_α enthalten ist, ebenfalls in K enthalten.

Andererseits ist offenbar die Gesamtheit aller Mengen eines Raumes X ein Körper, der alle abgeschlossenen (offenen) Mengen des Raumes X als Elemente enthält. Daher kann man ohne weiteres von dem kleinsten Körper des Raumes X sprechen, der alle abgeschlossenen (offenen) Mengen von Elementen aus X als Elemente enthält: Dieser Körper ist nämlich der Durchschnitt aller derjenigen Körper K des Raumes X, die sämtliche in X abgeschlossenen (offenen) Mengen als Elemente enthalten; diesen kleinsten Körper kann man als den Borelschen Körper des Raumes X definieren.

Bemerkung 10. Die Borelschen Mengen sind Spezialfälle der sogenannten A-Mengen (eines gegebenen Raumes X); die Definition der A-Mengen und der A-Operation, mit deren Hilfe man die A-Mengen aus den abgeschlossenen Mengen erhält, werden in 5.4., Bemerkung 4, gegeben. Die Theorie der A-Mengen und der Borelschen Mengen ist gut und ausführlich in HAUSDORFF [1] (3. Aufl.), Kap. VII, und in KURATOWSKI [1], Bd. I, dargestellt.

4.2. Stetige Abbildungen

Eine Abbildung $f: X \to Y$ eines topologischen Raumes X in einen topologischen Raum Y heißt *stetig im Punkt* $x_0 \in X$, wenn sie der folgenden Bedingung genügt:

Cauchy-Bedingung. Zu jeder Umgebung Oy_0 des Punktes $y_0 = fx_0$ gibt es eine Umgebung Ox_0 des Punktes $x_0 \in X$ derart, daß $fOx_0 \subseteqq Oy_0$ ist.

Eine Abbildung $f: X \to Y$ heißt *stetige Abbildung des Raumes X in den Raum Y*, wenn sie in jedem Punkt $x_0 \in X$ stetig ist.

Aus dieser Definition folgt unmittelbar der

Satz 1. *Eine Abbildung $f: X \to Y$ ist genau dann stetig, wenn das Urbild jeder offenen Menge $V \subseteqq Y$ des Raumes Y eine offene Menge $U = f^{-1}V$ des Raumes X ist.*

Zum Beweis nehmen wir an, die Cauchy-Bedingung sei für jeden Punkt $x_0 \in X$ erfüllt, und wählen eine beliebige offene Menge V in Y. Um zu zeigen, daß $f^{-1}V$ in X offen ist, genügt es nachzuweisen, daß jeder Punkt $x \in f^{-1}V$ innerer Punkt der Menge $f^{-1}V$ ist. Nun ist aber die offene Menge V eine Umgebung des Punktes $y = fx$; daher gibt es eine Umgebung Ox des Punktes x in X, für die $fOx \subseteqq V$ gilt, d. h. $Ox \subseteqq f^{-1}V$.

Es sei umgekehrt das Urbild einer beliebigen offenen Menge aus Y offen in X. Wir wollen zeigen, daß dann die Cauchy-Bedingung für jeden Punkt $x_0 \in X$ erfüllt ist. Dazu wählen wir eine beliebige Umgebung $V = Oy_0$ des Punktes $y_0 = fx_0$. Die Menge $f^{-1}V$ ist dann eine Umgebung Ox_0 des Punktes x_0, und für diese Umgebung gilt offensichtlich $fOx_0 \subseteqq Oy_0$.

Aus Satz 1 erhält man sogleich den

Satz 2. *Eine Abbildung $f: X \to Y$ ist genau dann stetig, wenn das Urbild $f^{-1}F$ jeder abgeschlossenen Menge F aus Y eine abgeschlossene Menge in X ist.*

Schließlich gilt der

Satz 3. *Eine Abbildung $f: X \to Y$ ist genau dann stetig, wenn für jede Menge $M \subseteqq X$*

$$f[M]_X \subseteqq [fM]_Y$$

gilt.

Beweis. 1⁰. Die Abbildung $f: X \to Y$ sei stetig. Dann ist die Menge $f^{-1}[fM]$ abgeschlossen und enthält die Menge M. Folglich ist $[M] \subseteqq f^{-1}[fM]$, also $f[M] \subseteqq [fM]$.

2⁰. Es sei $f[M]_X \subseteqq [fM]_Y$ für beliebiges $M \subseteqq X$. Wir zeigen, daß $f: X \to Y$ stetig ist.

Dazu betrachten wir eine abgeschlossene Menge F aus Y. Dann ist

$$f[f^{-1}F] \subseteqq [ff^{-1}F] = [F] = F,$$

woraus $[f^{-1}F] \subseteqq f^{-1}F$ folgt, d. h., $f^{-1}F$ ist abgeschlossen.
Damit ist der Satz bewiesen.

Nun beweisen wir die folgenden zwei Behauptungen:

Satz 4. *Es seien F_1, F_2 zwei abgeschlossene Mengen des Raumes X, deren Vereinigung X ergibt, und es seien $f_1: F_1 \to Y$, $f_2: F_2 \to Y$ stetige Abbildungen dieser abgeschlossenen Mengen in den Raum Y, die auf dem Durchschnitt $F_1 \cap F_2$ übereinstimmen. Dann ist die durch die Gleichungen*

$$f(x) = f_1(x) \quad \textit{für} \quad x \in F_1,$$

$$f(x) = f_2(x) \quad \textit{für} \quad x \in F_2$$

gegebene Abbildung $f: X \to Y$ stetig.

Beweis. Es genügt zu zeigen, daß das Urbild $f^{-1}\Phi$ jeder abgeschlossenen Menge Φ aus Y abgeschlossen in X ist. Nun ist aber (wie man leicht nachprüft) $f^{-1}\Phi = f_1^{-1}\Phi \cup f_2^{-1}\Phi$. Die Menge $f_1^{-1}\Phi$ (bzw. $f_2^{-1}\Phi$) ist abgeschlossen in der abgeschlossenen Menge F_1 (bzw. F_2), d. h. im gesamten Raum X; daher ist auch die Menge $f^{-1}\Phi = f_1^{-1}\Phi \cup f_2^{-1}\Phi$ abgeschlossen, und der Satz ist bewiesen.

Satz 5. *Es sei O_α, $\alpha \in \mathfrak{A}$, ein System von offenen Mengen im Raum X, deren Vereinigung den gesamten Raum X ergibt. Wenn jede Einschränkung $f_\alpha: O_\alpha \to Y$ einer Abbildung $f: X \to Y$ auf eine der Mengen O_α stetig ist, dann ist die Abbildung f selbst stetig.*

Beweis. Wir betrachten eine beliebige offene Menge V aus Y. Ihr Urbild

$$f^{-1}V = f^{-1}V \cap \bigcup_\alpha O_\alpha = \bigcup_\alpha (f^{-1}V \cap O_\alpha) = \bigcup_\alpha f_\alpha^{-1}V$$

ist offen in X, was auch zu beweisen war.

Bei einer stetigen Abbildung $f: X \to Y$ braucht das Bild einer offenen Menge $G \subseteqq X$ in Y nicht offen zu sein, und auch das Bild einer abgeschlossenen Menge $F \subseteqq X$ braucht in Y nicht abgeschlossen zu sein. Wir betrachten etwa in der mit einem rechtwinkligen Koordinatensystem versehenen Ebene den Kreis S mit dem Radius 1 und dem Zentrum im Koordinatenursprung und das Halbintervall $X = [0 \leqq x < 2\pi)$ auf der Abszissenachse. Für jeden Punkt $x \in X$ bezeichnen wir mit fx den Punkt auf dem Kreis S, dessen Radiusvektor mit der Abszissenachse den Winkel x einschließt. Damit ist eine umkehrbar eindeutige stetige Abbildung $f: X \to S$ des Halbintervalls $X = [0; 2\pi)$ auf den Kreis S definiert, bei welcher das Bild des im Raum $X = [0; 2\pi)$ offenen Halbintervalls $G = [0; \pi)$ in S keine offene Menge ist, wie auch das Bild der in X abgeschlossenen Menge $F = [\pi; 2\pi)$ in S keine abgeschlossene Menge ist.

Definition 5. Eine Abbildung $f\colon X \to Y$ eines topologischen Raumes X in einen topologischen Raum Y heißt *offen* (bzw. *abgeschlossen*), wenn das Bild fG (bzw. fF) jeder offenen Menge $G \subseteq X$ (bzw. jeder abgeschlossenen Menge $F \subseteq X$) im Raum Y eine offene (bzw. abgeschlossene) Menge ist.

Aus der Definition folgt sogleich, daß das kleine Bild $f^{\#}G$[1]) einer offenen Menge G bei einer abgeschlossenen Abbildung $f\colon X \to Y$ offen ist.

Im weiteren werden nur solche offenen und abgeschlossenen Abbildungen topologischer Räume betrachtet, die stetig sind. Es sei bemerkt, daß die offenen Abbildungen unter den stetigen Abbildungen eine außerordentlich spezielle Klasse bilden. Um sich davon zu überzeugen genügt es, die stetigen Funktionen $y = fx$, $0 \leqq x \leqq 1$, $0 \leqq y \leqq 1$, zu betrachten, die die Strecke $X = [0 \leqq x \leqq 1]$ in sich abbilden. Diese Funktionen besitzen auf der Strecke $[0; 1]$ nur endlich viele Maxima und Minima, wobei im Maximum der Wert 1 und im Minimum der Wert 0 angenommen wird; zwischen zwei aufeinanderfolgenden Extremwerten ist die Funktion f monoton.

Als wichtiges Beispiel für offene Abbildungen eines ebenen Gebietes in ein anderes seien noch die analytischen Funktionen einer komplexen Veränderlichen genannt.

Im Vergleich dazu ist die Stellung der abgeschlossenen Abbildungen in der Topologie völlig anders: Wie wir sehen werden, ist für eine sehr wichtige Klasse von Räumen X und Y jede stetige Abbildung $f\colon X \to Y$ abgeschlossen; dies trifft insbesondere dann zu, wenn die Räume X und Y als Mengen definiert sind, die in einem n-dimensionalen euklidischen Raum R^n liegen, wobei X in R^n abgeschlossen und beschränkt und $Y \subseteq R^n$ ganz beliebig gewählt ist.

Die abgeschlossenen Abbildungen können folgendermaßen charakterisiert werden:

Satz 6. *Eine stetige Abbildung $f\colon X \to Y$ eines topologischen Raumes X ist genau dann abgeschlossen, wenn die folgende Bedingung erfüllt ist:*

(C^{-1}) ***Für eine beliebige Menge $M \subseteq Y$ und eine beliebige Umgebung O der Menge $f^{-1}M$ existiert eine Umgebung V der Menge M derart, daß $f^{-1}V \subseteq O$ ist.***

Beweis. 1°. Angenommen, die Abbildung f sei abgeschlossen. Wir betrachten eine Menge $M \subseteq Y$ und eine Umgebung O der Menge $f^{-1}M$. Die Menge $F = X \setminus O$ ist in X abgeschlossen, und es ist $F \cap f^{-1}M = \emptyset$. Daher ist die Menge fF abgeschlossen in Y, und es gilt $fF \cap M = \emptyset$. Die Umgebung $V = Y \setminus fF$ besitzt die Eigenschaft $f^{-1}V \cap F = \emptyset$, woraus $f^{-1}V \subseteq O$ folgt, d. h., die Bedingung (C^{-1}) ist erfüllt.

2°. Für die Abbildung f sei die Bedingung (C^{-1}) erfüllt. Wir nehmen an, daß das Bild fF einer in X abgeschlossenen Menge F in Y nicht abgeschlossen sei. Es sei nun $y \in [fF] \setminus fF$. Die Menge $X \setminus F$ ist eine Umgebung der Menge $f^{-1}y$. Folglich gibt es eine solche Umgebung V des Punktes y, daß $f^{-1}V \subseteq X \setminus F$ gilt. Dann ist aber $V \cap fF = \emptyset$ und somit $y \notin [fF]$. Dieser Widerspruch beweist die Abgeschlossenheit von f.

Für abgeschlossene (bzw. offene) Abbildungen beweisen wir jetzt die folgende

[1]) Zur Definition des kleinen Bildes vgl. S. 15.

Behauptung 1. *Ist eine stetige Abbildung $f: X \to Y$ des Raumes X in den Raum Y abgeschlossen (bzw. offen), so ist für eine beliebige Menge $B \subseteqq Y$ die Abbildung $f: f^{-1}B \to B$ ebenfalls abgeschlossen (bzw. offen).*

Beweis. Wir betrachten eine in $f^{-1}B$ abgeschlossene (bzw. offene) Menge T. In X gibt es dann eine abgeschlossene (bzw. offene) Menge F, deren Durchschnitt mit $f^{-1}B$ die Menge T ergibt. Nach Voraussetzung ist die Menge fF abgeschlossen (bzw. offen) in Y. Folglich ist in B die Menge

$$B \cap fF = f(f^{-1}B \cap F) = fT$$

abgeschlossen (bzw. offen), was zu beweisen war.

Wir betrachten nun den Fall einer umkehrbar eindeutigen Abbildung $f: X \to Y$ des Raumes X auf den Raum Y. Unter diesen Voraussetzungen ist auch die Umkehrabbildung $f^{-1}: Y \to X$ definiert. Wie das weiter oben angeführte Beispiel einer Abbildung des Halbintervalls $X = [0; 2\pi)$ auf den Kreis S zeigt, folgt aus der Stetigkeit einer umkehrbar eindeutigen Abbildung f im allgemeinen nicht die Stetigkeit der Umkehrabbildung f^{-1}. Allerdings beweist man leicht den

Satz 7. *Wenn eine umkehrbar eindeutige stetige Abbildung f eines Raumes X auf einen Raum Y abgeschlossen ist, dann ist die Umkehrabbildung $f^{-1}: Y \to X$ stetig (und abgeschlossen).*

Das folgt daraus, daß das Urbild jeder abgeschlossenen Menge $F \subseteqq X$ bei der Abbildung $f^{-1}: Y \to X$ die Menge $(f^{-1})^{-1}F = fF \subseteqq Y$ ist, die auf Grund der Abgeschlossenheit der Abbildung f abgeschlossen ist.

Analog beweist man die Stetigkeit der Abbildung f^{-1}, die zu einer umkehrbar eindeutigen, stetigen und offenen Abbildung invers ist.

Definition 6. Eine Abbildung $f: X \to Y$ eines topologischen Raumes X auf einen topologischen Raum Y heißt *topologische* Abbildung (oder *Homöomorphismus*) von X auf Y, wenn f umkehrbar eindeutig ist und außerdem sowohl $f: X \to Y$ als auch $f^{-1}: Y \to X$ stetig sind.

Mit anderen Worten: Eine topologische Abbildung des Raumes X auf den Raum Y ist eine solche umkehrbar eindeutige Abbildung der Menge X auf die Menge Y, bei der die Menge aller offenen Mengen des Raumes X auf die Menge aller offenen Mengen des Raumes Y abgebildet wird, oder, was dasselbe ist, bei der die Menge aller abgeschlossenen Mengen aus X auf die Menge aller abgeschlossenen Mengen in Y abgebildet wird.

Eine topologische Abbildung f des Raumes X auf einen Unterraum Y_0 des Raumes Y heißt topologische Abbildung des Raumes X in den Raum Y. Die Räume X und Y werden *homöomorph* genannt, wenn einer dieser Räume topologisch auf den anderen abgebildet werden kann.

Die oben angegebene Definition der Stetigkeit besagt nun, daß eine Abbildung f eines topologischen Raumes X in einen topologischen Raum Y stetig ist, wenn das Urbild einer (offenen bzw. abgeschlossenen) Topologie des Raumes Y in einer (offenen bzw. abgeschlossenen) Topologie des Raumes X enthalten ist. Natürlicherweise erhebt sich hier die Frage nach denjenigen Abbildungen $f: X \to Y$, bei denen das Urbild einer Topologie des Raumes Y mit der Topologie des Raumes X übereinstimmt, d. h., eine Menge $M \subseteq Y$ ist genau dann in Y offen (abgeschlossen), wenn die Menge $f^{-1}M$ in X offen (abgeschlossen) ist. Abbildungen, die dieser Bedingung genügen, werden *Faktorabbildungen*[1]) genannt. Faktorabbildungen sind offenbar stetig. Es handelt sich bei den Faktorabbildungen um eine äußerst wichtige Klasse von Abbildungen. Insbesondere läßt sich zeigen, daß alle abgeschlossenen und alle offenen stetigen Abbildungen Faktorabbildungen sind. Da die Beweise für abgeschlossene und für offene Abbildungen völlig analog sind, beschränken wir uns auf abgeschlossene Abbildungen. Es sei also $f: X \to Y$ eine abgeschlossene Abbildung, und Φ bezeichne eine abgeschlossene Menge in Y. Dann ist $f^{-1}\Phi$ wegen der Stetigkeit der Abbildung f in X abgeschlossen. Wenn umgekehrt für eine Menge $M \subseteq Y$ die Menge $f^{-1}M = \Phi$ in X abgeschlossen ist, dann ist die Menge $M = f\Phi$ auf Grund der Abgeschlossenheit der Abbildung f in Y abgeschlossen.

Faktorabbildungen entstehen in natürlicher Weise bei sogenannten Faktorisierungen eines Raumes X nach einer seiner Zerlegungen. Unter einer Zerlegung eines Raumes versteht man ein System $\mathfrak{M}$ von disjunkten abgeschlossenen Teilmengen $\{M\}$ dieses Raumes, deren Vereinigung gleich X ist.

Ist eine Zerlegung $\mathfrak{M}$ gegeben, so ist auch die natürliche Abbildung $\mu: X \to \mathfrak{M}$ definiert, die darin besteht, daß jedem Punkt $x \in X$ die eindeutig bestimmte x enthaltende Menge $M \in \mathfrak{M}$ zugeordnet wird. Nun wird die Menge $\mathfrak{M}$ zu einem topologischen Raum gemacht, indem als offen im Raum $\mathfrak{M}$ jede Menge $\mathfrak{N} \subseteq \mathfrak{M}$ angesehen wird, deren Urbild $\mu^{-1}\mathfrak{N}$ bei der natürlichen Abbildung $\mu: X \to \mathfrak{M}$ eine offene Menge des Raumes X ist. Offenbar würden wir dieselbe Topologie auf $\mathfrak{M}$ erhalten, wenn wir als abgeschlossen in $\mathfrak{M}$ jede Menge $\mathfrak{N} \subseteq \mathfrak{M}$ ansehen würden, deren Urbild $\mu^{-1}\mathfrak{N}$ in X abgeschlossen ist. Diese Topologie heißt *Faktortopologie* auf der Menge $\mathfrak{M}$ (von disjunkten Teilmengen des Raumes X, deren Vereinigung ganz X ergibt).

Offensichtlich ist die natürliche Abbildung $\mu: X \to \mathfrak{M}$ bezüglich der Faktortopologie in $\mathfrak{M}$ eine Faktorabbildung und stellt somit eine stetige Abbildung des Raumes X in den Raum $\mathfrak{M}$ dar. Der Raum $\mathfrak{M}$ selbst wird dabei Raum der Zerlegung $\mathfrak{M}$ oder Faktorraum von X nach der Zerlegung $\mathfrak{M}$ genannt. Weiterhin ist offensichtlich, daß die Abgeschlossenheit aller $M \in \mathfrak{M}$ in X äquivalent ist zur Abgeschlossenheit aller einpunktigen Mengen im Raum $\mathfrak{M}$; letztere Bedingung besagt, daß $\mathfrak{M}$ ein T_1-Raum ist. Auf diese Frage kommen wir in 4.8. zurück.

Die Begriffe der Konvergenz und der gleichmäßigen Konvergenz einer Folge stetiger Funktionen, wie sie dem Leser aus der Analysisvorlesung bekannt sind, lassen sich praktisch unverändert auf topologische Räume übertragen. Es sei X irgendeine Menge und $f: X \to R^1$ eine Funktion auf der Menge X. Wir sagen, eine Funktionenfolge $\{f_n : n = 1, 2, \ldots\}$ konvergiere gegen die Funktion f, wenn zu jedem $\varepsilon > 0$ und zu jedem gegebenem Punkt $x \in X$ eine solche Zahl n_ε gefunden werden kann (die im allgemeinen nicht nur von der Wahl von ε, sondern auch vom

---

[1]) Faktorabbildungen wurden zuerst von ALEXANDROFF [3] untersucht (vgl. auch ALEXANDROFF-HOPF [1], Kap. 1, § 5, und Kap. 2, §§ 2, 3).

Punkt x abhängt), daß

$$|f(x) - f_n(x)| < \varepsilon \quad \text{für alle} \quad n > n_\varepsilon \tag{*}$$

gilt.

Läßt sich zu jedem $\varepsilon > 0$ die Zahl n_ε so bestimmen, daß die Bedingung (*) für alle $x \in X$ erfüllt ist, so sagen wir, die Folge $\{f_n\}$ konvergiere gleichmäßig gegen die Funktion f.

Wie dem Leser bereits aus der Analysisvorlesung bekannt ist, braucht die reelle Funktion $f\colon X \to R^1$, gegen die eine Folge $\{f_n\}$ stetiger Funktionen auf einem topologischen (insbesondere auf einem metrischen) Raum X konvergiert, nicht stetig zu sein. Hingegen gilt der folgende

Satz 8. *Jede auf einem topologischen Raume X definierte Funktion f, die Grenzwert einer gleichmäßig konvergenten Folge von stetigen Funktionen ist, ist stetig.*

Beweis. Gegeben seien ein Punkt $x \in X$ und eine positive Zahl ε. Es ist eine solche Umgebung Ox des Punktes x zu bestimmen, daß $|f(x) - f(y)| < \varepsilon$ ist für jeden Punkt $y \in Ox$. Nach Voraussetzung gibt es ein solches $n = n_{\varepsilon/3}$, daß $|f(z) - f_m(z)| < \dfrac{\varepsilon}{3}$ für alle $m \geqq n$ und alle $z \in X$ ist. Da die Funktion f_n stetig ist, gibt es eine solche Umgebung Ox des Punktes x, daß $|f_n(x) - f_n(y)| < \dfrac{\varepsilon}{3}$ für jeden Punkt $y \in Ox$ ist. Wir zeigen nun, daß Ox die gesuchte Umgebung ist. Es gilt

$$\begin{aligned} |f(x) - f(y)| &= |f(x) - f_n(x) + f_n(x) - f_n(y) + f_n(y) - f(y)| \\ &\leqq |f(x) - f_n(x)| + |f_n(x) - f_n(y)| + |f_n(y) - f(y)|. \end{aligned}$$

Jeder der drei Summanden in dieser Summe ist kleiner als $\varepsilon/3$; der erste und der dritte Summand auf Grund der Wahl von n, der zweite auf Grund der Wahl der Umgebung Ox. Für jeden Punkt $y \in Ox$ gilt somit $|f(x) - f(y)| < \varepsilon$. Der Satz ist damit bewiesen.

4.3. Zusammenhang

Ein Raum X heißt *nichtzusammenhängend,* wenn man ihn als Vereinigung zweier disjunkter nichtleerer abgeschlossener Mengen darstellen kann:

$$X = \Phi_1 \cup \Phi_2. \tag{1}$$

Da die Mengen Φ_1 und Φ_2 zueinander komplementär sind, ist jede (als Komplement einer abgeschlossenen Menge) offen. Daher kann man in der Definition des nichtzusammenhängenden Raumes die abgeschlossenen Mengen durch offene oder „offen-abgeschlossene" ersetzen, das sind solche Mengen, die gleichzeitig offen und abgeschlossen sind.

In jedem Raum gibt es zwei „triviale" offen-abgeschlossene Mengen: den ganzen Raum und die leere Menge. Ist ein Raum nichtzusammenhängend, so gibt es in ihm *nichttriviale* offen-abgeschlossene Mengen, d. h. solche, die nicht leer sind und auch nicht mit dem ganzen Raum übereinstimmen (so z. B. jede der Mengen Φ_1 und Φ_2 der Zerlegung (*)). Gibt es umgekehrt in einem Raum X wenigstens eine nichttriviale offen-abgeschlossene Menge Φ_1, dann ist ihr Komplement $\Phi_2 = X \setminus \Phi_1$ ebenfalls eine nichttriviale offen-abgeschlossene Menge; wir erhalten somit wieder eine Zerlegung (*). Also gilt:

Ein Raum ist dann und nur dann nichtzusammenhängend, wenn es in ihm eine nichttriviale offen-abgeschlossene Menge gibt. Sind in einem Raum X die beiden trivialen Mengen X und $\emptyset$ die einzigen offen-abgeschlossenen Mengen des Raumes X (oder — was dasselbe besagt — ist bei jeder Darstellung des Raumes X als Vereinigung zweier disjunkter abgeschlossener Mengen Φ_1 und Φ_2 wenigstens eine von beiden leer), so heißt X *zusammenhängend*. Der leere Raum und ein Punkt sind offenbar zusammenhängende Räume.

Da jede in einem metrischen Raum gelegene Menge selbst ein metrischer Raum ist, können wir nach Definition des Zusammenhanges eines metrischen Raumes X zugleich feststellen, ob eine in dem metrischen Raum X gelegene Menge M zusammenhängend ist oder nicht. Man muß sich bei der Betrachtung einer Zerlegung der Menge M in zwei disjunkte abgeschlossene Mengen (oder bei der Betrachtung der offen-abgeschlossenen Untermengen der Menge M) nur daran erinnern, daß von Mengen die Rede ist, die *in* M offen und abgeschlossen sind, und daß eine in M abgeschlossene (bzw. offene) Menge nicht auch in X abgeschlossen (bzw. offen) zu sein braucht. Ist z. B. X die Ebene, M die Vereinigung der Intervalle $(0; 1)$ und $(2; 3)$ auf der Abszissenachse, so stellt jedes dieser Intervalle in M eine offen-abgeschlossene Menge dar, während beide in X weder offen noch abgeschlossen sind.

Bemerkung 1. Ist X_0 ein Unterraum eines topologischen Raumes X und ist die Menge $M \subseteqq X_0$ offen-abgeschlossen in X_0, dann lassen sich in X eine offene Menge Φ und eine abgeschlossene Menge Γ angeben derart, daß $M = X \cap \Gamma = X \cap \Phi$ ist; allerdings braucht es im Raum X keine offen-abgeschlossenen Mengen zu geben, deren Durchschnitt mit X_0 die Menge M liefert. Es sei etwa X die Zahlengerade und X_0 derjenige ihrer Unterräume, der aus allen rationalen Zahlen besteht. Mit M bezeichnen wir die in X_0 offen-abgeschlossene Menge, die aus allen rationalen Zahlen im Intervall $\left(-\sqrt{2}; \sqrt{2}\right)$ besteht. Die Menge M kann nicht als Durchschnitt einer in X offen-abgeschlossenen Menge mit X_0 dargestellt werden (da es, wie wir bald sehen werden, in X keine nichttrivialen offen-abgeschlossenen Mengen gibt).

Theorem 6. *Jedes Segment der Zahlengeraden ist eine zusammenhängende Menge.*

Beweis (indirekt). Angenommen, das Segment $[a; b]$ wäre nicht zusammenhängend. Dann ließe es sich als Vereinigung zweier disjunkter nichtleerer in $[a; b]$ offen-abgeschlossener Mengen Φ_1 und Φ_2 darstellen. Es sei z. B. $a \in \Phi_1$. Da Φ_1 in $[a; b]$ offen ist, existiert ein $\varepsilon > 0$ derart, daß auch das halboffene Intervall $[a; a + \varepsilon)$ in Φ_1 enthalten ist. Wir nennen einen Punkt $x \in [a; b]$ „ausgezeichnet", wenn das halboffene Intervall $[a; x)$ in Φ_1 enthalten ist. Wie wir sahen, sind alle Punkte des halboffenen Intervalls $[a; a + \varepsilon)$ ausgezeichnet; bezeichnen wir die obere Grenze der Menge aller ausgezeichneten Punkte mit c, so gilt daher stets $c > a$. Wir behaupten, daß auch c ein ausgezeichneter Punkt ist, d. h., daß jeder Punkt $x \in [a; c)$ in Φ_1 enthalten ist. Es sei ein beliebiger Punkt $x \in [a; c)$ gegeben; da c die obere Grenze der Menge aller ausgezeichneten Punkte ist, gibt es einen ausgezeichneten Punkt $x' > x$; es ist also $[a; x') \subseteqq \Phi_1$ und insbesondere $x \in \Phi_1$. Da alle Punkte des halboffenen Intervalls $[a; c)$ zu Φ_1 gehören und Φ_1 abgeschlossen ist, muß auch $c \in \Phi_1$ sein. Nun ist Φ_1 außerdem offen; wäre $c \neq b$, so würden daher alle Punkte eines gewissen halboffenen Intervalls $[c; c + \varepsilon')$, $\varepsilon' > 0$, zu Φ_1 gehören, also wäre $c + \varepsilon'$ ein ausgezeichneter Punkt im Widerspruch zur Definition von c als oberer Grenze aller ausgezeichneten Punkte. Also ist sicher $c = b$. Dann ist nach dem Bewiesenen $[a; b)$ in Φ_1 enthalten; wegen der Abgeschlossenheit von Φ_1 gehört auch b zu Φ_1, und Φ_2 ist im Widerspruch zu unserer Annahme leer, womit Theorem 6 bewiesen ist.

Beispiele nichtzusammenhängender Mengen.

1. Die Vereinigung zweier Segmente oder (offener) Intervalle der Zahlengeraden ohne gemeinsame Punkte (jedes dieser Segmente (Intervalle) ist in der Vereinigungsmenge offen-abgeschlossen).

2. Die Menge R_0^1 aller rationalen Punkte der Zahlengeraden (die Menge aller rationalen Punkte, die in einem Intervall mit irrationalen Endpunkten — z. B. im Intervall $\left(-\sqrt{2}; \sqrt{2}\right)$ — liegen, ist im Raum R_0^1 eine offen-abgeschlossene Menge). Ebenso überzeugt man sich davon, daß auch die Menge aller irrationalen Punkte der Zahlengeraden nichtzusammenhängend ist.

Theorem 7_F. *In einem Raum X seien zwei elementefremde abgeschlossene Mengen Φ_1 und Φ_2 und eine nichtleere zusammenhängende, in der Vereinigung $\Phi_1 \cup \Phi_2$ enthaltene Menge M gegeben. Dann ist M in einer der beiden Mengen enthalten, d. h. entweder in Φ_1 oder in Φ_2.*

Wegen $M \subseteqq \Phi_1 \cup \Phi_2$ ist nämlich

$$M = (M \cap \Phi_1) \cup (M \cap \Phi_2).$$

Da Φ_1 und Φ_2 in X abgeschlossen sind, sind $M \cap \Phi_1$ und $M \cap \Phi_2$ in M abgeschlossen; da aber M zusammenhängend ist, muß eine der beiden Mengen $M \cap \Phi_1$ oder $M \cap \Phi_2$, etwa $M \cap \Phi_1$, leer sein. Also ist $M = M \cap \Phi_2 \subseteqq \Phi_2$, womit der Satz bewiesen ist.

Ganz analog beweist man das

Theorem 7_G. *Wenn eine zusammenhängende Menge M in der Vereinigung zweier disjunkter offener Mengen G_1, G_2 des Raumes X enthalten ist, dann ist M in einer der beiden Mengen enthalten, d. h. entweder in G_1 oder in G_2.*

Aus diesen einfachen Sätzen ergibt sich eine Reihe von Folgerungen:

Theorem 8. *In einem Raum X sei ein System (beliebiger Mächtigkeit) zusammenhängender Mengen M_α gegeben; der Durchschnitt aller dieser Mengen M_α sei nicht leer. Dann ist die Vereinigung M aller Mengen M_α zusammenhängend.*

Wäre nämlich M nichtzusammenhängend, so würde eine Darstellung von M als Vereinigung zweier nichtleerer elementefremder in M abgeschlossener Mengen Φ_1

und Φ_2 existieren:

$$M = \Phi_1 \cup \Phi_2,$$

und jede der Mengen M_α wäre nach dem vorigen Satz entweder in Φ_1 oder in Φ_2 enthalten. Nach Voraussetzung existiert jedoch ein Punkt a, der allen M_α angehört; es sei etwa $a \in \Phi_1$. Dann muß jedes M_α ganz in Φ_1 enthalten sein, da es einen Punkt a aus Φ_1 enthält, also ist auch $M \subseteq \Phi_1$, d. h., Φ_2 ist leer im Widerspruch zu unserer Annahme.

Theorem 9. *Läßt sich zu je zwei Punkten x und y eines Raumes X eine diese Punkte enthaltende zusammenhängende Menge C_{xy} finden, so ist X zusammenhängend.*

Wäre nämlich

$$X = \Phi_1 \cup \Phi_2,$$

wobei Φ_1 und Φ_2 disjunkte nichtleere abgeschlossene Mengen sind, so könnte man zunächst zwei beliebige Punkte $x \in \Phi_1$, $y \in \Phi_2$ wählen. Die zusammenhängende Menge C_{xy}, die x und y enthält, besäße dann sowohl mit Φ_1 als auch mit Φ_2 einen nichtleeren Durchschnitt, während sie nach Theorem 7_F entweder in Φ_1 oder in Φ_2 enthalten sein müßte.

Aus Theorem 9, Theorem 6 und aus der Definition der konvexen Menge[1]) folgt das

Theorem 10. *Jede konvexe Menge ist zusammenhängend. Insbesondere ist der n-dimensionale euklidische Raum für beliebiges n zusammenhängend.*

Theorem 11. *Folgende Mengen auf der Geraden sind zusammenhängend: die leere Menge, die einpunktigen Mengen, die Segmente, die halboffenen und die offenen (endlichen und unendlichen) Intervalle. Andere zusammenhängende Mengen auf der Geraden gibt es nicht.*

Da alle in Theorem 11 aufgezählten Mengen zusammenhängend sind (sie sind nämlich konvex), bleibt nur zu beweisen, daß es außer den angegebenen Mengen keine anderen zusammenhängenden Mengen auf der Geraden gibt. Dieser Beweis stützt sich auf den folgenden Hilfssatz:

Hilfssatz. *Sind a und b zwei Punkte einer zusammenhängenden Menge C auf der Geraden, so ist jeder Punkt des Intervalls $(a; b)$ in C enthalten.*

Zum Beweis des Hilfssatzes nehmen wir an, ein Punkt c des Intervalls $(a; b)$ gehöre nicht zu C. Bezeichnen wir dann die Menge aller links von c gelegenen Punkte der Menge C mit Φ_1, die Menge aller rechts von c gelegenen Punkte der Menge C mit Φ_2, so erhalten wir — im Widerspruch zum Zusammenhang von C — zwei nichtleere in C offene Mengen Φ_1 und Φ_2, deren Vereinigung C ist und die keine gemeinsamen Punkte besitzen. Der Hilfssatz ist damit bewiesen.

---

[1]) Eine in einem n-dimensionalen euklidischen Raum gelegene Menge M heißt *konvex*, wenn die Verbindungsstrecke je zweier Punkte aus M ganz zu M gehört.

Nun sei C eine beliebige zusammenhängende Menge auf der Geraden R^1. Wir nehmen zunächst an, C sei beschränkt; es sei $a = \inf C$, $b = \sup C$ und o. B. d. A. $a < b$. Ferner sei x ein beliebiger Punkt des Intervalls $(a; b)$. Hat man dann zwei Punkte $a' \in C$, $b' \in C$ aus den halboffenen Intervallen $[a; x)$ bzw. $(x; b]$ ausgewählt (solche Punkte existieren auf Grund der Definition von a und b), dann schließt man nach dem Hilfssatz sofort, daß $x \in C$ ist. Daher ist das Intervall $(a; b)$ in jedem Fall in C enthalten. Da andererseits $C \subseteq [a; b]$ ist, stimmt C notwendigerweise mit einer der vier Mengen $(a; b)$, $[a; b)$, $(a; b]$ oder $[a; b]$ überein.

Ist C nur nach einer Seite hin (z. B. nach unten) beschränkt, so ist das unendliche Intervall $(a; +\infty)$, wobei $a = \inf C$ ist, in C enthalten: Zu einem beliebigen Punkt $x \in (a; +\infty)$ wählen wir $a' \in C$, $b' \in C$ jeweils aus $[a; x)$ und $(x; +\infty)$ und schließen nach dem Hilfssatz, daß $x \in C$ sein muß. Somit ist in diesem Fall C entweder das Intervall $(a; +\infty)$ oder das halboffene Intervall $[a; +\infty)$. Ist schließlich C nach beiden Seiten unbeschränkt, dann wählen wir zu einem beliebigen Punkt $x \in R^1$ einen Punkt $a' \in C$ links von x und einen Punkt $b' \in C$ rechts von x; nach dem Hilfssatz ist dann $x \in C$ und somit $C = R^1$.

Theorem 12. *Das stetige Bild eines zusammenhängenden Raumes ist zusammenhängend.*

Zum Beweis sei f eine stetige Abbildung eines zusammenhängenden Raumes X auf einen Raum Y. Es gilt zu zeigen, daß Y zusammenhängend ist. Wäre dies nicht der Fall, so gäbe es eine Zerlegung des Raumes Y in zwei nichtleere disjunkte abgeschlossene Mengen:

$$Y = \Phi_1 \cup \Phi_2 .$$

Die Urbilder F_1 und F_2 der Mengen Φ_1 und Φ_2 wären nichtleere (da f den Raum X auf Y abbildet) disjunkte abgeschlossene Mengen, deren Vereinigung den Raum X ergibt, was dessen Zusammenhang widerspricht.

Aus Theorem 12 folgt

Theorem 13. *Eine reelle Funktion $y = f(x)$, die auf einem zusammenhängenden Raum X stetig ist und zwei verschiedene Werte annimmt, etwa a und b, nimmt auch jeden zwischen a und b liegenden Wert c an.*

Die Menge Y der reellen Zahlen, die Bild des Raumes X ist, ist nach Theorem 12 zusammenhängend; ist daher $a \in Y$, $b \in Y$ und $a < c < b$, so erhält man auf Grund des Hilfssatzes zu Theorem 11 $c \in Y$, was zu beweisen war.

Speziell gilt die Behauptung von Theorem 13 für jede stetige reelle Funktion, die auf einem Segment oder einem beliebigen (endlichen oder unendlichen) Intervall oder Halbintervall der Zahlengeraden definiert ist (was einen bekannten Satz aus der Analysis ergibt), sowie auch für beliebige stetige Funktionen zweier Veränder-iceher, die auf einer zusammenhängenden Menge (insbesondere in einem Gebiet) ldfiniert sind, für den Betrag (und auch den Realteil) stetiger Funktionen einer komplexen Veränderlichen (mit einer beliebigen zusammenhängenden Menge als Definitionsbereich) usw.

Eine endliche Folge von Mengen

$$M_1, M_2, \ldots, M_s$$

(die in irgendeinem Raum X liegen) heißt *Mengenkette* (ausführlicher: *eine Kette, die die Mengen M_1 und M_s verbindet*), wenn die Durchschnitte $M_{i-1} \cap M_i$, $i = 2, 3, \ldots, s$, folgenden Bedingungen genügen:

$$M_1 \cap M_2 \neq \emptyset, M_2 \cap M_3 \neq \emptyset, \ldots, M_{s-1} \cap M_s \neq \emptyset.$$

Durch wiederholte Anwendung von Theorem 8 beweist man leicht, daß die Vereinigung von zusammenhängenden Mengen, die eine Kette bilden, eine zusammenhängende Menge ist. Hieraus und aus Theorem 6 folgt sofort, daß jeder Streckenzug eine zusammenhängende Menge ist. Aus dieser Tatsache und aus Theorem 9 folgt ferner, daß jede Menge $M \in R^n$, in der je zwei beliebige Punkte durch einen in M gelegenen Streckenzug verbunden werden können, zusammenhängend ist. Wir haben damit eine Hälfte des folgenden Satzes bewiesen:

Theorem 14. *Eine offene Menge Γ ist im R^n genau dann zusammenhängend, wenn sich je zwei Punkte dieser Menge durch einen ganz in Γ gelegenen Streckenzug verbinden lassen.*

Es bleibt nur noch zu zeigen, daß die Bedingung dieses Satzes notwendig ist. Mit anderen Worten, es ist zu beweisen: *Gibt es in einer offenen Menge $\Gamma \subseteq R^n$ zwei Punkte a, b, die sich nicht durch einen in Γ gelegenen Streckenzug verbinden lassen, so ist Γ nicht zusammenhängend.*

Zum Beweis dieser Behauptung bezeichnen wir die Menge der Punkte aus Γ, die sich durch einen in Γ gelegenen Streckenzug mit a verbinden lassen, mit Γ_a. Definitionsgemäß ist $\Gamma_a \subseteq \Gamma$. Außerdem ist Γ_a nicht leer (da a darin enthalten ist) und stimmt auch nicht mit Γ überein, da nach unserer Annahme der Punkt b nicht zu Γ_a gehört. Es ist nur noch zu zeigen, daß Γ_a in Γ offen-abgeschlossen ist.

Wir beweisen, daß Γ_a offen ist. Es sei $x \in \Gamma_a$; dann existiert ein $U(x, \varepsilon) \subseteq \Gamma$. Für jedes $x' \in U(x, \varepsilon)$ liegt die Strecke $\overline{xx'}$ in $U(x, \varepsilon) \subseteq \Gamma$. Wir wählen nun irgendeinen Streckenzug $\overline{ax}$, der den Punkt a mit dem Punkt x verbindet. Besitzt dieser Streckenzug mit $\overline{xx'}$ außer x keinen gemeinsamen Punkt, so erhalten wir, wenn wir die Strecke $\overline{xx'}$ hinzufügen, einen Streckenzug $ax' \subseteq \Gamma$, der a mit x' verbindet. Hat aber der Streckenzug $\overline{ax}$ wenigstens einen von x verschiedenen Schnittpunkt mit der Strecke $\overline{xx'}$, so bezeichnen wir den x' am nächsten gelegenen Schnittpunkt dieser Strecke mit x''. Der Streckenzug $\overline{ax''}$ hat dann mit der Strecke $\overline{x''x'}$ außer x'' keinen weiteren Punkt gemeinsam. Fügen wir nun die Strecke $\overline{x''x'}$ an den Streckenzug $\overline{ax''}$ an, so erhalten wir einen in Γ gelegenen Streckenzug $\overline{ax'}$, der a mit x' verbindet. Man kann also jeden Punkt $x' \in U(x, \varepsilon)$ durch einen Streckenzug mit a verbinden, der ganz in Γ liegt. Daher ist $U(x, \varepsilon) \subseteq \Gamma_a$; folglich ist jeder Punkt $x \in \Gamma_a$ innerer Punkt der Menge Γ_a (in bezug auf R^n, also erst recht in bezug auf Γ). Damit ist bewiesen, daß Γ_a offen ist.

Wir beweisen nun, daß Γ_a in Γ abgeschlossen ist. Es sei $x' \in \Gamma$ ein Berührungspunkt der Menge Γ_a. Da Γ offen ist, gibt es ein $U(x', \varepsilon) \subseteq \Gamma$. In $U(x', \varepsilon)$ gibt es einen Punkt $x \in \Gamma_a$. Ihn kann man durch einen Streckenzug $\overline{ax} \subseteq \Gamma$ mit a verbinden. Da die Strecke $\overline{xx'}$ in Γ liegt, erhalten wir, wenn wir die soeben ausgeführte Konstruktion wiederholen, wieder einen in Γ gelegenen Streckenzug $\overline{ax'}$; also ist $x' \in \Gamma_a$.

Theorem 15. *Es sei C eine in einem Raum X gelegene zusammenhängende Menge. Jede in $[C]$ enthaltene Menge C_0, die C umfaßt, ist zusammenhängend.*

Gewöhnlich wird dieser Satz folgendermaßen formuliert: *Fügt man zu einer zusammenhängenden Menge C eine beliebige Menge ihrer Häufungspunkte hinzu, so erhält man eine zusammenhängende Menge.* Es sei z. B. C die Menge aller Punkte des in Abb. 3 dargestellten unendlichen Streckenzuges, B eine beliebige (endliche oder unendliche) in dem Segment $[0; 1]$ der Ordinatenachse gelegene Menge. Da C, wie man leicht einsieht, zusammenhängend ist und B aus Häufungspunkten der Menge C besteht, ist nach Theorem 15 die Menge $C_0 = C \cup B$ ebenfalls zusammenhängend.

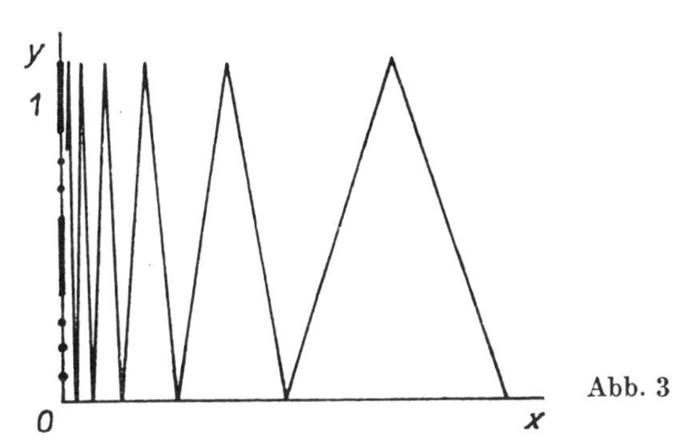

Abb. 3

Beweis von Theorem 15. C_0 genüge den Voraussetzungen von Theorem 15. Wäre C_0 nicht zusammenhängend, so gäbe es eine Zerlegung $C_0 = \Phi_1 \cup \Phi_2$, wobei Φ_1 und Φ_2 disjunkt und im Raum C_0 abgeschlossen wären. Nach Theorem 7 wäre dann aber die zusammenhängende Menge C, da sie in der Vereinigung $\Phi_1 \cup \Phi_2$ enthalten ist, in einem der Summanden, z. B. in Φ_1, enthalten. Da Φ_1 in C_0 abgeschlossen ist, wäre dann jeder Punkt der Menge C_0 als Berührungspunkt von $C \subseteqq \Phi_1$ in Φ_1 enthalten. Daher wäre Φ_2 leer, und damit ist Theorem 15 bewiesen.

Es sei nun a ein beliebiger Punkt des Raumes X. Wir nennen die Vereinigung C_a aller in X gelegenen zusammenhängenden Mengen, die den Punkt a enthalten, eine *Komponente* des Punktes a in X. Die Menge C_a enthält den Punkt a (da jede einpunktige Menge zusammenhängend ist). Daher ist C_a nicht leer. Nach Theorem 8 ist C_a zusammenhängend. Somit ist C_a die größte in X gelegene zusammenhängende Menge, die den Punkt a enthält („größte" in dem Sinne, daß jede in X gelegene zusammenhängende Menge, die den Punkt a enthält, von C_a umfaßt wird). Schließlich folgt noch aus Theorem 15, daß die Menge C_a abgeschlossen ist (wäre dies nicht der Fall, so erhielten wir durch Hinzufügung eines beliebigen nicht in C_a gelegenen Häufungspunktes x die „größere" zusammenhängende Menge $C_a \cup x$).

Besitzen die Komponenten C_a und C_b zweier Punkte a und b des Raumes X wenigstens einen gemeinsamen Punkt, so stimmen sie überein, da nach Theorem 8 die Menge $C_a \cup C_b$ zusammenhängend ist. Die Komponenten zweier beliebiger Punkte eines vorgegebenen Raumes stimmen also entweder überein oder sind disjunkt.

Jede Komponente C_a irgendeines Punktes a ist daher zugleich auch Komponente jedes Punktes $x \in C_a$; also *zerfällt* X (*eindeutig*) *in seine Komponenten* (d. h. in die Komponenten der verschiedenen Punkte $a \in X$). Jede der Komponenten des Raumes X ist in keiner von ihr verschiedenen zusammenhängenden Teilmenge des Raumes X enthalten. In diesem Sinne sind die Komponenten eines gegebenen Raumes X die größten zusammenhängenden Teilmengen des Raumes X.

Bemerkung 2. Betrachten wir irgendeine Menge $M \subset X$ als Raum, so können wir von den Komponenten der gegebenen Menge sprechen (die in einem gewissen metrischen Raum liegt). Dabei ist klar, daß die Komponenten der Menge M, die in M abgeschlossen sind, im allgemeinen in X nicht abgeschlossen zu sein brauchen.

Beispiele.

1. Besteht X aus den beiden Punkten a und b, so sind die Komponenten gerade diese beiden Punkte.

2. Ist X die Vereinigung zweier oder endlich vieler disjunkter Segmente der Zahlengeraden, so sind diese Segmente die Komponenten von X.

3. Nach Theorem 11 sind die einzigen nichtleeren zusammenhängenden Mengen in der Menge der rationalen Punkte oder in dem Cantorschen Diskontinuum[1]) die einpunktigen Mengen. Das gleiche gilt auch für die Menge der irrationalen Punkte. Nehmen wir als Raum X die Menge der rationalen Punkte oder die Menge der irrationalen Punkte der Zahlengeraden oder das Cantorsche Diskontinuum, so besteht daher die Komponente jedes Punktes a in X nur aus dem Punkt a.

Bemerkung 3. Ein Raum X heißt *total unzusammenhängend*, wenn die Komponente jedes Punktes von X nur aus diesem Punkt besteht.

Beispiel 4. Wir betrachten auf der x-Achse die Menge der rationalen Zahlen R_0 und errichten in jedem Punkt x das Lot Q_x der Länge 1 in positiver y-Richtung. Die Vereinigung dieser Lote ist eine perfekte Menge Q in der Ebene. Die Strecken Q_x sind die Komponenten von Q.

Jedes Segment oder Halbsegment Δ, das in einer offenen Menge Γ der Zahlengeraden R^1 liegt, ist in einem nichtleeren Intervall $\Gamma' \subseteqq \Gamma$ enthalten. Dazu genügt es, den Fall $\Delta = [a; b] \subseteqq \Gamma$ zu betrachten. Da Γ in R^1 offen ist, gibt es in Γ liegende Intervalle $(a'; a'') \ni a$ und $(b'; b'') \ni b$. Offenbar enthält das Intervall $(a'; b'')$ das Segment $[a; b]$ und liegt in Γ. Ist $\Delta \subseteqq \Gamma$ ein Halbsegment, dann schließt man genauso. Aus dem Bewiesenen folgt, daß die Komponenten einer nichtleeren offenen Menge $\Gamma \subseteqq R^1$ Zwischenintervalle der abgeschlossenen Menge $\Phi = R^1 \setminus \Gamma$ sind, d. h. Intervalle, die in Γ liegen, deren Endpunkte jedoch zu Φ gehören.

Wir sahen, daß die Komponenten eines beliebigen metrischen Raumes abgeschlossene Mengen sind. Die angeführten Beispiele zeigen, daß die Komponenten nicht auch zugleich offen zu sein brauchen. Wir führen noch ein Beispiel an. Der Raum X bestehe aus denjenigen Strecken

$$S_0, S_1, \ldots, S_n, \ldots$$

in der Ebene, die zur Ordinatenachse parallel und durch die folgenden Bedingungen bestimmt sind:

$$\text{für } S_0\colon \quad x = 0, \qquad 0 \leqq y \leqq 1,$$

$$\text{für } S_n\colon \quad x = \frac{1}{n}, \qquad 0 \leqq y \leqq 1 \qquad (n = 1, 2, 3, \ldots).$$

Diese Strecken sind die Komponenten des Raumes X; für $n \geqq 1$ ist S_n in X offen, S_0 ist jedoch keine in X offene Menge.

Die offenen zusammenhängenden Mengen heißen *Gebiete* (eines vorgegebenen Raumes X).

---

[1]) Vgl. 4.5.

Interessant in bezug auf die angeführten Beispiele ist folgendes

Theorem 16. *Die Komponenten jeder offenen Menge Γ eines euklidischen n-dimensionalen Raumes sind Gebiete.*

Insbesondere sind die Komponenten einer offenen Menge auf der Geraden Intervalle.

Zum Beweis betrachten wir irgendeinen Punkt x einer Komponente C einer offenen Menge $\Gamma \subseteqq R^n$. Dieser Punkt x besitzt als innerer Punkt von Γ bezüglich R^n eine Umgebung $U(x, \varepsilon) \subseteqq \Gamma$; diese Umgebung ist eine zusammenhängende Menge (da sie konvex ist). Daher ist $C \cup U(x, \varepsilon)$ zusammenhängend (Theorem 8); C ist aber die Komponente des Punktes x, daher ist $U(x, \varepsilon) \subseteqq C$. Somit ist jeder Punkt der Komponente C ein innerer Punkt, d. h., C ist offen, womit der Satz bewiesen ist.

Theorem 17. *Jede offene Menge Γ in einem n-dimensionalen Raum R^n ist die Vereinigung endlich oder abzählbar vieler disjunkter Gebiete.*

Beweis. Da die Komponenten der Menge Γ Gebiete sind, die paarweise keine gemeinsamen Punkte besitzen, bleibt nur noch zu beweisen, daß jede Menge S disjunkter Gebiete in R^n endlich oder abzählbar ist. Die Menge $R_0{}^n$ aller rationalen Punkte des n-dimensionalen Raumes (d. h. der Punkte, deren Koordinaten sämtlich rational sind) ist abzählbar und in R^n überall dicht. Nehmen wir daher den ersten rationalen Punkt des Raumes R^n, der in ein gegebenes Gebiet aus S fällt, so erhalten wir eine eineindeutige Abbildung des Systems S auf eine gewisse Teilmenge der abzählbaren Menge $R_0{}^n$. Damit ist bewiesen, daß auch die Menge S höchstens abzählbar ist.

Bemerkung 4. Der Beweis von Theorem 16 stützt sich lediglich auf den Zusammenhang der Kugelumgebungen in R^n und ist auf alle topologischen Räume X anwendbar, die die Eigenschaft besitzen, daß es zu jedem Punkt $x \in X$ und zu jeder seiner Umgebungen Ox eine zusammenhängende Umgebung U des Punktes x gibt (d. h. eine zusammenhängende den Punkt x enthaltende offene Menge), die in Ox liegt.[1]) Räume X, die für jedes $x \in X$ dieser Bedingung genügen, heißen *lokal-zusammenhängend* (diese Eigenschaft besitzen z. B. die euklidischen Räume, aber auch alle in diesen gelegenen offenen Mengen). Mit dem Beweis von Theorem 16 haben wir also faktisch einen viel allgemeineren Satz mitbewiesen:

Theorem 18. *Die Komponenten jedes lokal-zusammenhängenden Raumes sind offene Mengen.*

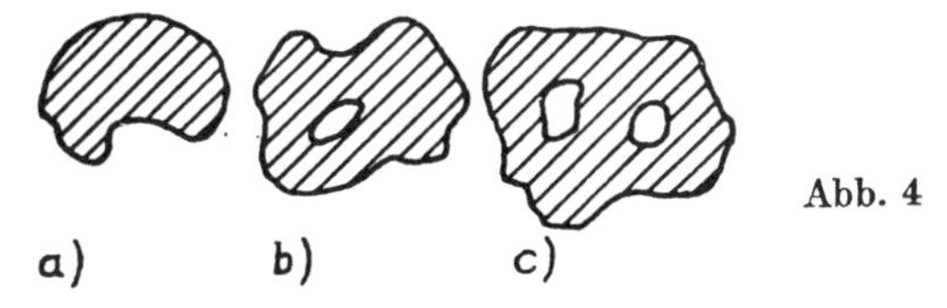

Abb. 4

Die einzigen Gebiete auf der Geraden sind die Intervalle. Doch schon in der Ebene können die Gebiete recht kompliziert aussehen. Wir nennen die Menge $[\Gamma] \setminus \Gamma$ *Begrenzung* des Gebietes Γ. Damit können wir zunächst die ebenen beschränkten Gebiete nach der Anzahl der Komponenten klassifizieren, in die ihre Begrenzung zerfällt. Diese Anzahl nennt man die *Vielfachheit des Zusammenhanges* (*Grad der Konnexität*) des Gebiets. Insbesondere heißt ein Gebiet, dessen Begrenzung eine zusammenhängende Menge ist, *einfach-zusammenhängend* (siehe Abb. 4a); ein Gebiet, dessen Begrenzung aus zwei Komponenten besteht, heißt *zweifach-zusammenhängend* (Abb. 4b); ein Gebiet, dessen Begrenzung aus drei Komponenten besteht, heißt *dreifach-zusammenhängend* (Abb. 4c) usw.

Der Rand eines beliebigen Gebietes ist eine abgeschlossene Menge, jedoch kann die Struktur dieser abgeschlossenen Menge selbst im Falle einfach-zusammenhängender Gebiete überaus kompliziert sein, wie Abb. 5 zeigt: Der Rand des schattierten spiralförmigen Gebietes

---

[1]) Wie wir im folgenden Abschnitt sehen werden, stellt die Gesamtheit von offenen Mengen $\{U\}$ eine sogenannte Basis des Raumes X dar.

besteht aus der fett ausgezogenen Kurve und aus dem Kreis, dem sich diese Kurve (und auch das ganze Gebiet) spiralförmig nähert. Diese Begrenzung ist zusammenhängend. Die elementaren geschlossenen Kurven, wie z. B. der Kreis, die Ellipse u. a. sind zugleich Begrenzungen zweier Gebiete, von denen das eine beschränkt ist (und das sogenannte Innere [Gebiet] der gegebenen Kurve darstellt), während das andere unbeschränkt ist (das „Äußere [Gebiet] der geschlossenen Kurve"). Jedoch ist die Begrenzung des schattierten spiralförmigen Gebietes Γ (in Abb. 5) zugleich auch Begrenzung eines zweiten, ebenfalls beschränkten Gebiets Γ' (das Gebiet Γ' ist die Differenz zwischen dem in Abb. 5 dargestellten Kreis und der abgeschlossenen Hülle des Gebiets Γ). Sehr viel schwieriger ist es, sich vorzustellen, daß ein und dieselbe zusammenhängende abgeschlossene Menge C Begrenzung von drei oder noch mehr disjunkten einfach-zusammenhängenden Gebieten ist. Um zu verstehen, wie dies möglich ist, stellen wir uns eine Insel in einem offenen Meer und darauf drei Seen vor und denken uns folgendes Arbeitsprogramm aus. In der ersten Stunde werde ein Kanal vom Meer und von jedem der drei Seen gezogen derart, daß sich jeder der Kanäle „tot"läuft (in Wirklichkeit also ein Ausläufer des entsprechenden Gewässers ist), daß sich diese Kanäle nirgends treffen und im Ergebnis der einstündigen Arbeit der Abstand jedes Landpunktes zum Meereswasser, aber auch zum Wasser jedes der drei Seen, kleiner als 1 km ist. In der folgenden halben Stunde werde jeder der vier gezogenen Kanäle derart weitergeführt, daß sich wie bisher alle Kanäle totlaufen, sich nirgends berühren und daß der Abstand jedes Landpunktes von jedem der vier Gewässer kleiner als $\frac{1}{2}$ km ist. In der folgenden Viertelstunde werden die Kanäle so fortgeführt, daß sie sich wie früher nicht treffen und mit einer solchen „Dichte" das Innere der Insel durchdringen, daß der Abstand jedes Landpunktes von jedem der vier Gewässer kleiner als $\frac{1}{8}$ km wird, usw. Nach zwei Stunden Arbeit bleibt von der Insel nur eine in der Ebene zusammenhängende abgeschlossene Menge C übrig; in beliebiger Nähe jedes Punktes von C befindet sich Wasser jedes der vier Gewässer, wobei sich diese (das Meer und die drei Seen) an keiner Stelle vermischen. Diese Gewässer (einschließlich der von ihnen aus gezogenen Kanäle) sind gerade vier Gebiete, deren gemeinsame Begrenzung die Menge C ist. Eines dieser Gebiete (das Meer) ist unbeschränkt, die übrigen drei sind beschränkt (Abb. 6; der Übersichtlichkeit halber sind nur zwei Seen gezeichnet).

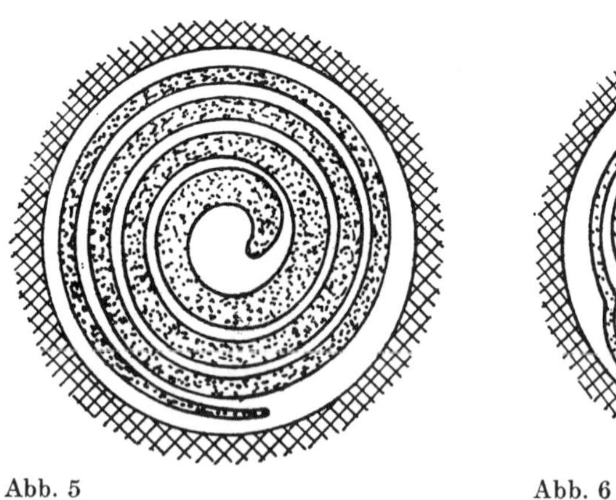

Abb. 5

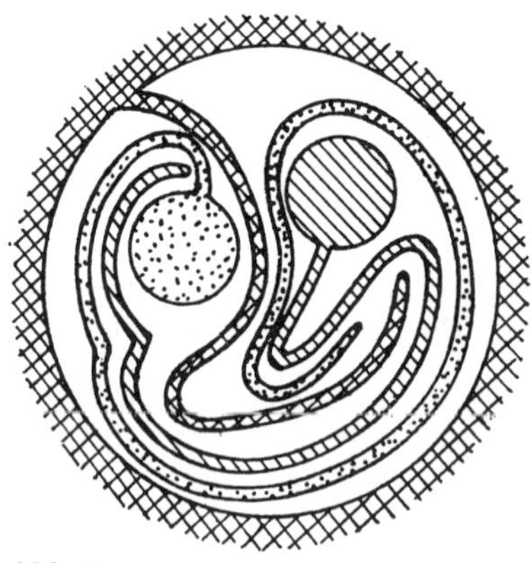

Abb. 6

Die Untersuchung ebener einfach-zusammenhängender Gebiete und ihrer Begrenzungen entstand im Zusammenhang mit der Theorie der Funktionen einer komplexen Veränderlichen (Satz von RIEMANN über die Möglichkeit einer konformen Abbildung eines beliebigen einfach-zusammenhängenden Gebiets auf das Innere eines Kreises und das — zuerst von CARATHÉODORY gelöste — Problem der Zuordnung der Begrenzungen bei dieser Abbildung).

4.4. Basen und Gewicht topologischer Räume

Es seien s und S zwei Mengenfamilien. Wenn jede Menge der Familie S Vereinigung von Mengen der Familie s ist, dann sagen wir, daß die Familie s die Familie S *additiv erzeugt* oder ihre *additive Basis* ist. Wenn jede Menge der Familie S Durchschnitt von Mengen der Familie s ist, wird die Familie S durch s *multiplikativ erzeugt* oder s ist eine *multiplikative Basis* von S.

Es sei X ein topologischer Raum. Eine additive Basis einer offenen Topologie, d. h. der Familie aller offenen Mengen des Raumes, wird häufig ein *Netz* des Raumes X genannt (vgl. ARCHANGELSKI [1]). Damit eine beliebige Familie s von Mengen aus dem Raum X ein Netz desselben darstellt, ist notwendig und hinreichend, daß sich zu jedem Punkt $x \in X$ und jeder seiner Umgebungen Ox in der Familie s eine Menge M befindet, die der Bedingung $x \in M \subseteqq Ox$ genügt.

Ein Netz, das aus offenen Mengen des Raumes X besteht, wird eine *offene Basis* von X genannt. Analog wird eine Mengenfamilie s, die eine abgeschlossene Topologie (die Familie aller abgeschlossenen Mengen des Raumes X) multiplikativ erzeugt und aus abgeschlossenen Mengen besteht, eine *abgeschlossene Basis* des Raumes X genannt. Ersetzt man in einer gegebenen (offenen bzw. abgeschlossenen) Basis des Raumes X alle Mengen durch ihre Komplemente, so erhält man eine (abgeschlossene bzw. offene) Basis, die sogenannte *duale* Basis. Die kleinste Kardinalzahl, die Mächtigkeit irgendeiner Basis des Raumes X ist (gleichgültig, ob von einer offenen oder einer abgeschlossenen Basis), wird das *Gewicht* des Raumes X genannt und mit wX bezeichnet. Man sieht leicht, daß $wX_0 \leqq wX$ ist, wenn $X_0 \subseteqq X$ ist. Räume mit einer abzählbaren Basis (Räume von abzählbarem Gewicht) spielen in der Topologie eine außerordentlich wichtige Rolle. Sie wurden von HAUSDORFF (1914) eingeführt, der sie Räume nannte, die dem *zweiten Abzählbarkeitsaxiom* genügen.

Es sei x ein beliebiger Punkt des Raumes X. Jede Familie s von den Punkt x enthaltenden offenen Mengen, die die Eigenschaft besitzt, daß in jeder Umgebung Ox des Punktes x eine Menge der Familie s liegt, wird eine (*lokale*) *Basis des Raumes X im Punkt x* genannt. Die kleinste Kardinalzahl, die Mächtigkeit irgendeiner lokalen Basis des Raumes X in einem gegebenen Punkt $x \in X$ ist, heißt *lokales Gewicht* des Raumes X im Punkt x.

Bemerkung. Das lokale Gewicht eines Raumes ist in jedem seiner isolierten Punkte offenbar gleich 1.

Wenn das lokale Gewicht eines Raumes in jedem seiner Punkte $x \in X$ abzählbar ist, genügt der Raum definitionsgemäß dem *ersten Abzählbarkeitsaxiom* (HAUSDORFF).

Das wichtigste Beispiel für Räume, die dem ersten Abzählbarkeitsaxiom genügen, sind die metrischen Räume. Eine lokale Basis des metrischen Raumes X bilden in jedem seiner Punkte z. B. die Kugelumgebungen $O\left(x, \frac{1}{n}\right)$, wobei n die Menge aller natürlichen Zahlen durchläuft.

Es sei daran erinnert (vgl. 4.1.), daß eine Punktfolge $\{x_n\}$, $n = 1, 2, 3, \ldots$, in einem topologischen Raum X gegen einen Punkt x *konvergiert*, wenn jede Umgebung des Punktes x von einem gewissen Punkt der Folge an alle übrigen Punkte der Folge $\{x_n\}$ enthält. Offensichtlich kann man sich in dieser Definition allein auf Umgebungen beschränken, die zu einer lokalen Basis des Raumes im Punkt x gehören. Es gilt der folgende

Satz 1. *In einem dem ersten Abzählbarkeitsaxiom genügenden Raum X ist ein Punkt x genau dann ein Berührungspunkt einer Menge $M \subseteq X$, wenn es in der Menge M eine Punktfolge $\{x_n\}$ gibt, die im Punkt x konvergiert.*

Offenbar genügt es, nur die eine Aussage dieses Satzes zu beweisen, nämlich in der Menge M eine Punktfolge $\{x_n\}$ zu bestimmen, die gegen den Berührungspunkt x der Menge M konvergiert. Dazu wählen wir irgendeine im Punkt x abzählbare Basis des Raumes X. Es seien U_k, $k = 1, 2, 3, \ldots$, die Elemente dieser Basis. Indem wir erforderlichenfalls U_k durch $U_1 \cap U_2 \cap \cdots \cap U_k$ ersetzen, können wir o. B. d. A.

$$U_1 \supseteq U_2 \supseteq \cdots \supseteq U_n \supseteq \cdots \tag{1}$$

voraussetzen. Da x Berührungspunkt der Menge M ist, kann man für jedes k einen Punkt $x_k \in M \cap U_k$ wählen. Wir zeigen nun, daß die Folge $\{x_k\}$ im Punkt x konvergiert. Es sei etwa Ox eine beliebige Umgebung des Punktes x. Nach Definition der lokalen Basis existiert $U_k \subseteq Ox$. Auf Grund der vorausgesetzten Beziehung (1) liegen aber alle Punkte $x_k, x_{k+1}, \ldots$ in $U_k \subseteq Ox$, womit die Konvergenz der Folge $\{x_n\}$ gegen den Punkt x bewiesen ist.

Satz 1 gestattet es, den Begriff des Berührungspunktes, und folglich die gesamte Struktur der Räume, in denen Satz 1 gilt, auf die Betrachtung konvergenter Punktfolgen zurückzuführen, was für die Anwendungen äußerst wichtig ist. Die topologischen Räume, in denen Satz 1 gilt, bilden daher eine besonders bedeutsame Klasse von Räumen; sie werden *Fréchet-Urysohnsche Räume* genannt.[1]) Wie wir bereits wissen, sind Räume, die dem ersten Abzählbarkeitsaxiom genügen, insbesondere also metrische (metrisierbare) Räume Fréchet-Urysohnsche Räume.

Gegeben sei irgendeine Basis $\mathfrak{B} = \{U\}$ eines topologischen Raumes X. Wählt man in jeder Menge $U \in \mathfrak{B}$ einen Punkt aus, so erhält man eine Punktmenge $M \subseteq X$, die im Raum X überall dicht liegt (der Beweis dafür ist ganz einfach und sei dem Leser überlassen). Aus dem eben Gesagten folgt: *Wenn es in einem topologischen Raum X eine Basis der Mächtigkeit $\mathfrak{m}$ gibt, dann gibt es in diesem Raum auch eine überall dichte Menge der Mächtigkeit* $\mathfrak{m}$. Die kleinste Kardinalzahl $\mathfrak{m}$ mit der Eigenschaft, daß es in einem Raum X eine überall dichte Menge mit der Mächtigkeit $\mathfrak{m}$ gibt, wird die *Dichte* des Raumes X genannt. Wie wir soeben bewiesen haben, *ist die Dichte eines Raumes höchstens gleich seinem Gewicht.*

Räume von abzählbarer Dichte (d. h. Räume, die eine abzählbare überall dichte Menge enthalten) heißen *separabel* (eine höchst unglückliche Bezeichnung übrigens,

[1]) Nach einem der Begründer der allgemeinen Topologie, dem französischen Mathematiker Fréchet, der die ganze allgemeine Topologie mit Hilfe konvergenter Folgen aufzubauen versuchte, und nach P. S. Urysohn, der als erster die exakten logischen Grenzen einer solchen Vorgehensweise bestimmte.

die sich bedauerlicherweise jedoch eingebürgert hat und allgemeine Verbreitung fand). Wie wir soeben gesehen haben, ist jeder topologische Raum mit einer abzählbaren Basis separabel.

Es gibt Beispiele für separable topologische Räume, die keine abzählbare Basis besitzen (vgl. den Schluß dieses Abschnitts). Allgemein gilt allerdings

Theorem 19. *Damit ein metrischer Raum eine abzählbare Basis besitzt, ist notwendig und offenbar hinreichend, daß er separabel ist.*

Beweis. Es sei X ein separabler metrischer Raum, und die abzählbare Menge $D = \{d\}$ liege überall dicht im Raum X. Nun betrachten wir die Familie $\mathfrak{B}$ aller Kugelumgebungen $O(d, r)$, wobei der Punkt d alle Punkte der abzählbaren Menge D durchläuft und r eine beliebige positive rationale Zahl ist.

Die Familie $\mathfrak{B}$ ist offenbar abzählbar. Wir beweisen, daß sie eine Basis des metrischen Raumes X darstellt. Dazu ist zu jedem Punkt $x \in X$ und zu jeder diesen Punkt enthaltenden offenen Menge Γ ein solches Element $O(d, r)$ aus der Familie $\mathfrak{B}$ anzugeben, daß $x \in O(d, r) \subseteqq \Gamma$ ist. Da x innerer Punkt der Menge Γ ist, gibt es eine ganz in Γ liegende Kugelumgebung $O(x, \varepsilon) \subset \Gamma$. Wählen wir einen Punkt d aus D, der in $O\left(x, \frac{\varepsilon}{3}\right)$ liegt, und eine positive rationale Zahl r derart, daß $\frac{\varepsilon}{3} < r < \frac{2}{3}\varepsilon$ ist, dann ist $\varrho(x, d) < \frac{\varepsilon}{3} < r$, d. h. $x \in O(d, r)$. Andererseits ergibt sich für jeden Punkt $x' \in O(d, r)$

$$\varrho(x, x') < \varrho(x, d) + \varrho(d, x') < \frac{\varepsilon}{3} + r < \frac{\varepsilon}{3} + \frac{2}{3}\varepsilon = \varepsilon,$$

also

$$O(d, r) \subset O(x, \varepsilon) \subseteqq \Gamma,$$

so daß $\mathfrak{B}$ tatsächlich eine Basis des Raumes X ist. Ganz analog beweist man die allgemeine Aussage: *Das Gewicht eines metrischen Raumes ist gleich seiner Dichte.*

Der wichtigste Satz über Basen und Gewicht eines Raumes ist

Theorem 20 (Alexandroff-Urysohn [1]). *Wenn das Gewicht eines Raumes X gleich $\mathfrak{m}$ ist, dann enthält jede Basis $\mathfrak{B}$ des Raumes X eine Teilmenge $\mathfrak{B}'$ der Mächtigkeit $\mathfrak{m}$, die ebenfalls Basis des Raumes X ist.*

Beweis. Wir wählen irgendeine Basis $\mathfrak{B}_0$ des Raumes X, die die Mächtigkeit $\mathfrak{m} = wX$ besitzt. Mit U bezeichnen wir die Elemente der Basis $\mathfrak{B}_0$. Es sei $\mathfrak{B}$ eine beliebige Basis des Raumes X. Aus der Basis $\mathfrak{B}$ müssen wir nun eine Basis $\mathfrak{B}' \subseteqq \mathfrak{B}$ auswählen, deren Mächtigkeit gleich $\mathfrak{m}$ ist.

Wir beginnen damit, daß wir irgendein Paar (U_α, U_β) von Elementen der Basis $\mathfrak{B}_0$ ausgezeichnet nennen, wenn wenigstens ein $V \in \mathfrak{B}$ existiert, das der Inklusion

$$U_\alpha \subseteqq V \subseteqq U_\beta \tag{2}$$

genügt. Die Menge aller ausgezeichneten Paare besitzt eine Mächtigkeit, die nicht größer als die Mächtigkeit aller möglichen Paare von Elementen der Basis $\mathfrak{B}_0$ ist,

d. h. eine Mächtigkeit $\leqq \mathfrak{m}$. Für jedes ausgezeichnete Paar (U_α, U_β) wählen wir ein Element $V \in \mathfrak{B}$, das der Bedingung (2) genügt. Die Menge $\mathfrak{B}'$ der so gewonnenen Elemente V aus der Basis $\mathfrak{B}$ besitzt ebenfalls eine Mächtigkeit $\leqq \mathfrak{m}$. Es genügt daher zu beweisen, daß die Menge $\mathfrak{B}'$ eine Basis des Raumes X ist.

Gegeben seien also ein Punkt $x \in X$ und eine Umgebung Ox desselben. Es gilt ein solches $V' \in \mathfrak{B}'$ zu finden, daß

$$x \in V' \subseteqq Ox \tag{3}$$

ist.

Da $\mathfrak{B}_0$ eine Basis ist, existiert $U_\beta \in \mathfrak{B}_0$ derart, daß $x \in U_\beta \subseteqq Ox$ ist. Nun ist aber auch $\mathfrak{B}$ eine Basis, weshalb ein V existiert, das der Inklusion

$$x \in V \subseteqq U_\beta$$

genügt. Schließlich läßt sich ein solches $U_\alpha \subseteqq \mathfrak{B}_0$ finden, daß

$$x \in U_\alpha \subseteqq V$$

ist. Hieraus folgt, daß das Paar (U_α, U_β) ausgezeichnet ist; daher gibt es ein $V' \in \mathfrak{B}'$, das die Bedingung $U_\alpha \subseteqq V' \subseteqq U_\beta$ erfüllt und darüber hinaus der Bedingung (3) genügt, was zu beweisen war.

Der Basisbegriff ermöglicht es, die folgenden wichtigen Klassen von Räumen zu unterscheiden:

1. *Halbreguläre Räume.* Dies sind Räume, in denen die kanonischen offenen Mengen eine Basis bilden.[1])

2. *Induktiv nulldimensionale Räume.* Es sind dies Räume, in denen (nicht nur $\varkappa o$-Mengen, sondern sogar) offen-abgeschlossene Mengen eine Basis bilden.

In induktiv nulldimensionalen Räumen ist jede offene Menge Vereinigung und jede abgeschlossene Menge Durchschnitt offen-abgeschlossener Mengen.

Die induktiv nulldimensionalen Räume werden weiter unten ausführlich untersucht.

Definition einer Topologie in einer Menge X durch Angabe eines Systems von Teilmengen, das eine Basis ist. Definition einer Topologie durch Umgebungen. In einer Menge X eine Topologie zu definieren, d. h., X zu einem topologischen Raum zu machen, bedeutet die Auszeichnung gewisser Mengen als offene Mengen (wobei die Bedingungen $\mathrm{I}_{\mathfrak{G}}$ und $\mathrm{II}_{\mathfrak{G}}$ aus § 1 zu berücksichtigen sind). Häufig erweist es sich jedoch als aufwendig und schwierig, alle offenen Mengen anzugeben. In zahlreichen konkreten Fällen ist es vorteilhafter, nicht die der Definition eines topologischen Raumes X zugrunde liegenden offenen Mengen direkt anzugeben, sondern nur gewisse davon, und zwar diejenigen, die eine Basis für den Raum X bilden (um dann die anderen offenen Mengen als Vereinigungen der gewählten darzustellen).

Diese Vorgehensweise bei der Definition einer Topologie beruht auf dem folgenden

[1]) Es sei bemerkt, daß reguläre Räume erst später definiert werden (vgl. 4.8.).

S a t z 2. *In einer Menge X, die aus Elementen beliebiger Natur besteht, den Punkten aus X, sei ein System S von Teilmengen Γ_α gegeben, das folgenden Bedingungen genügt:*

(A) *Jeder Punkt $x \in X$ ist in wenigstens einem $\Gamma_\alpha \in S$ enthalten.*

(B) *Ist ein Punkt x sowohl in $\Gamma_\alpha \in S$ als auch in $\Gamma_\beta \in S$ enthalten, so gibt es ein $\Gamma_\gamma \in S$ derart, daß $x \in \Gamma_\gamma \subseteqq \Gamma_\alpha \cap \Gamma_\beta$ ist.*

Bezeichnet man die leere Menge $\emptyset$ und alle möglichen Vereinigungen der Mengen Γ_α als offene Mengen, so sind die Axiome $\mathrm{I}_{\mathfrak{G}}$ und $\mathrm{II}_{\mathfrak{G}}$ des topologischen Raumes erfüllt, und das System S bildet in dem so erhaltenen topologischen Raum X eine Basis.

Den Beweis überlassen wir dem Leser.

Häufig (besonders in älteren Arbeiten über die topologische Theorie der Mengen, z. B. in der ersten Ausgabe der „Grundzüge der Mengenlehre" von HAUSDORFF, Leipzig 1914) wird nicht einfach ein System S von Mengen Γ_α vorgegeben, das den Bedingungen (A) und (B) genügt, sondern ein System von Mengen $U(x)$, die den Punkten $x \in X$ zugeordnet und Umgebungen dieser Punkte genannt werden; dabei sollen die folgenden drei Bedingungen erfüllt sein:

A. Jedem Punkt $x \in X$ ist wenigstens eine Menge $U(x)$ zugeordnet („jeder Punkt $x \in X$ besitzt wenigstens eine Umgebung"), wobei stets

$$x \in U(x)$$

ist.

B. Zu je zwei Umgebungen $U_1(x)$ und $U_2(x)$ ein und desselben Punktes $x \in X$ gibt es eine Umgebung $U_3(x)$, die im Durchschnitt $U_1(x) \cap U_2(x)$ enthalten ist,

$$U_3(x) \subseteqq U_1(x) \cap U_2(x).$$

C. Zu jedem $y \in U(x)$ gibt es eine Umgebung $U(y)$ mit

$$U(y) \subseteqq U(x).$$

Nennt man eine Menge $\Gamma \subseteqq X$ offen, wenn sie die Eigenschaft besitzt, daß zu jedem Punkt $x \in \Gamma$ ein $U(x)$ existiert, so erhält man einen topologischen Raum, und das System S aller Mengen $U(x)$ (unabhängig davon betrachtet, welchen Punkten x diese zugeordnet sind) bildet eine Basis des Raumes.

Den Beweis überlassen wir wiederum dem Leser.

Sind für die den Punkten $x \in X$ zugeordneten Mengen $U(x)$ die Eigenschaften A, B, C erfüllt, so bilden sie nach HAUSDORFF ein Umgebungssystem im Raum X. Diese Topologisierung wird Einführung einer Topologie mit Hilfe eines Umgebungssystems genannt.

B e i s p i e l 1. Auf der Zahlengeraden R^1 ist eine Topologie gegeben, wenn jedem Punkt x als der Definition zugrunde liegende Umgebungen die Intervalle der Form $\left(x - \frac{1}{n}; x + \frac{1}{n}\right)$, $n = 1, 2, 3, \ldots$, zugeordnet werden.

Neben dem Begriff der Basis erweist sich die Verwendung des Begriffs der Präbasis eines topologischen Raumes häufig als vorteilhaft.

Definition 7. Ein System Σ von offenen Mengen O_α in einem topologischen Raum X wird *Präbasis* des Raumes X genannt, wenn die Mengen, die man als Durchschnitte $O_{\alpha_1} \cap \cdots \cap O_{\alpha_s}$ aller möglichen endlichen Teilsysteme von Σ erhält, eine Basis des Raumes X bilden. Offensichtlich ist jede Basis eines Raumes auch Präbasis dieses Raumes.

Beispiel 2. Auf der Zahlengeraden bilden die unendlichen Intervalle der Gestalt

$$(-\infty; b), \qquad (a; +\infty)$$

eine Präbasis, die jedoch keine Basis ist.

Satz 3. *Eine Abbildung $f\colon X \to Y$ eines Raumes X in einen Raum Y ist stetig, wenn die Urbilder $f^{-1}O_\alpha$ der Elemente einer Präbasis $\Sigma = \{O_\alpha\}$, $\alpha \in \mathfrak{A}$, des Raumes Y im Raum X offen sind.*

Beweis. Wir setzen

$$O_{\alpha_1 \ldots \alpha_s} = \bigcap_{i=1}^{s} O_{\alpha_i}.$$

Nach Voraussetzung bilden die Mengen $O_{\alpha_1 \ldots \alpha_s}$ eine Basis $\mathfrak{B}$ des Raumes Y. Offenbar gilt

$$f^{-1}O_{\alpha_1 \ldots \alpha_s} = f^{-1} \bigcap_{i=1}^{s} O_{\alpha_i} = \bigcap_{i=1}^{s} f^{-1}O_{\alpha_i}.$$

Daher sind die Urbilder von Elementen der Basis $\mathfrak{B}$ offen in X. Wir wählen nun eine in Y offene Menge O. Diese ist Vereinigung von Elementen eines gewissen Teilsystems $\mathfrak{B}'$ des Systems $\mathfrak{B}$, d. h.

$$O = \bigcup_{\mathfrak{B}'} O_{\alpha_1 \ldots \alpha_s}.$$

Dann ist aber die Menge

$$f^{-1}O = f^{-1} \bigcup_{\mathfrak{B}'} O_{\alpha_1 \ldots \alpha_s} = \bigcup_{\mathfrak{B}'} f^{-1}O_{\alpha_1 \ldots \alpha_s}$$

als Vereinigung von in X offenen Mengen offen in X. Die Stetigkeit der Abbildung f ist damit bewiesen.

Ein Spezialfall von Satz 3 ist der

Satz 4. *Eine umkehrbar eindeutige Abbildung f eines Raumes X auf einen Raum Y ist genau dann ein Homöomorphismus, wenn bei dieser Abbildung eine Basis des Raumes X auf eine Basis des Raumes Y abgebildet wird.*

Der Beweis bleibe dem Leser überlassen.

Beispiele von Räumen, die dem ersten Abzählbarkeitsaxiom genügen, eine überall dichte abzählbare Menge enthalten und keine abzählbare Basis besitzen.

1. Der Raum besteht aus allen Punkten des Halbsegments $[0; 1)$. Als Basis wählen wir die Familie S aller Halbsegmente $[x; x')$, wobei $0 \leqq x < x' < 1$ ist. Die Bedingungen (A) und (B) aus Satz 2 sind offenbar erfüllt. Das erste Abzählbarkeitsaxiom ist erfüllt, weil es ausreicht, unter den Halbsegmenten $[x; x')$ diejenigen der Form $[x; x + r)$ zu wählen, wobei r positive rationale Zahlen sind. Die Menge aller rationalen Punkte im Halbsegment $[0; 1)$ stellt eine abzählbar dichte Menge dar.

Nach Theorem 20 bleibt zu zeigen, daß die Familie S keine abzählbare Teilfamilie enthält, die eine Basis ist. Wenn aber $[x; x') \in S$ ist und $[y; y')$ der Bedingung: $x \in [y; y') \subseteqq [x; x')$ genügt, dann ist notwendigerweise $x = y$. Folglich gibt es in jeder Teilbasis $S' \subseteqq S$ zu beliebigem $x \in [0; 1)$ Elemente der Gestalt $[x; x')$. Hieraus folgt, daß jede Teilbasis der Basis S die Mächtigkeit des Kontinuums besitzt. Dies bedeutet aber, daß das Gewicht dieses Raumes gleich $\mathfrak{c}$ ist. Der von uns konstruierte Raum heißt „Pfeil".

2. Unter den zahlreichen Beispielen von topologischen Räumen, die linear geordnete Mengen sind, ist besonders der Raum $T_{2\theta}$ von Interesse, der zu einer Menge gehört, die vom Typ 2θ (linear) geordnet ist, wobei θ den Ordnungstyp eines Segments der Zahlengeraden bezeichnet. Die Punkte des Raumes $T_{2\theta}$ können in der Form $x = (t, i)$ geschrieben werden, wobei t ein beliebiger Punkt des Segmentes $[0; 1]$ und i gleich Null oder gleich Eins ist; dabei setzen wir

$$(t, i) < (t', i'),$$

wenn $t < t'$ und wenn $t = t'$, $i = 0$, $i' = 1$ ist. Die Punkte $x = (t, i)$ kann man sich als in der gewöhnlichen Ebene gelegen vorstellen (mit t als Abszisse und i als Ordinate). In diesem Rahmen gewinnen die weiter unten angeführten Ergebnisse einen eigenständigen anschaulich-geometrischen Sinn.

Im Raum $T_{2\theta}$ liegt die Menge D überall dicht, die aus allen Punkten der Form (r, i) besteht, wobei r rational ist. (Überall dicht sind auch die Mengen $D_0 \subset D$ bzw. $D_1 \subset D$, die aus allen Punkten der Form $(r, 0)$ bzw. $(r, 1)$ bestehen.)

Der Raum, den man aus $T_{2\theta}$ durch Entfernen des ersten und des letzten Punktes erhält, wird gewöhnlich „Zwei-Pfeile"-Raum genannt oder auch einfach „zwei Pfeile". Ebenso wie für einen „Pfeil" beweist man, daß der „Zwei-Pfeile"-Raum ein Gewicht besitzt, das gleich $\mathfrak{c}$ ist. Das folgt unter anderem daraus, daß ein „Pfeil" ein Teilraum von „zwei Pfeilen" ist. Auf den „Zwei-Pfeile"-Raum kommen wir in 6.1. zurück.

4.5. Lineare und ebene Punktmengen

1. Offene und abgeschlossene Mengen auf der Geraden. Es sei Γ eine offene Menge auf der Geraden R^1. Auf S. 116 wurde bewiesen, daß die Komponenten einer offenen Menge $\Gamma \subset R^1$ Zwischenintervalle der Menge $\Phi = R^1 \setminus \Gamma$ sind. Da die Komponenten einer jeden Menge disjunkt sind, ergibt sich, daß die Menge Γ aus disjunkten Intervallen besteht. Wie wir bereits wissen (vgl. 4.3., Theorem 17), ist jede Menge σ von disjunkten Intervallen auf der Geraden höchstens abzählbar. Zusammenfassend erhalten wir hieraus

Theorem 21. *Jede offene Menge Γ auf der Zahlengeraden R^1 ist Vereinigung endlich oder abzählbar vieler disjunkter Intervalle, deren Randpunkte der zu Γ komplementären abgeschlossenen Menge $\Phi = R^1 \setminus \Gamma$ angehören; unter diesen Intervallen können auch ein oder zwei unendliche Intervalle der Form $(-\infty; a)$ oder $(a; +\infty)$ sein.*

Theorem 21 wird oft folgendermaßen formuliert:

Theorem 21'. *Jede abgeschlossene Menge Φ auf der Geraden läßt sich dadurch erhalten, daß man endlich oder abzählbar viele Zwischenintervalle der Menge Φ aus der Geraden herausnimmt.*

Definition 8. Abgeschlossene Mengen ohne isolierte Punkte heißen *perfekt.*

Schließlich beweisen wir den folgenden Satz:

Theorem 22. *Ein Punkt x einer abgeschlossenen Menge $\Phi \subset R^1$ ist genau dann isolierter Punkt der Menge Φ, wenn der Punkt x gemeinsamer Randpunkt zweier Zwischenintervalle der Menge Φ ist.*

Ist nämlich x der gemeinsame Randpunkt zweier Zwischenintervalle $(a; x)$ und $(x; b)$ von Φ, so enthält das Intervall $(a; b)$ den Punkt x als einzigen Punkt der Menge Φ; x ist damit isolierter Punkt.

Umgekehrt sei nun x ein isolierter Punkt der Menge Φ; das Intervall $(a; b)$ enthalte außer x keinen weiteren Punkt der Menge Φ. Wählen wir irgendeinen Punkt x' des Intervalls $(a; x)$, so liegt dieser in einer gewissen Komponente δ' der Menge $\Gamma = R^1 \setminus \Phi$. Diese Komponente enthält das Intervall $(a; x)$.[1]) Ebenso enthält eine Komponente δ'' mit einem gewissen Punkt x'' des Intervalls $(x; b)$ das ganze Intervall $(x; b)$. Der Punkt x ist also offenbar rechter Randpunkt des Intervalls δ' und linker Randpunkt des Intervalls δ'', und damit ist die Behauptung bewiesen.

Folgerung. *Eine abgeschlossene Menge $\Phi \subset R^1$ ist genau dann perfekt, wenn je zwei Zwischenintervalle von Φ keine gemeinsamen Randpunkte besitzen.*

Bemerkung 1. Es sei A irgendeine Menge von reellen Zahlen; jede Menge, die Durchschnitt der Menge A mit einem gewissen (offenen) Intervall ist, heißt ein (offenes) *Stück der Menge A.* Aus Theorem 21 folgt, daß jede in A offene Menge die Vereinigung von endlich oder abzählbar vielen Stücken der Menge A ist.

2. Nirgends dichte Mengen auf der Geraden und in der Ebene. Das Cantorsche Diskontinuum. Ist eine Menge M aus R^1 nirgends dicht, so enthält jedes Intervall $(\alpha; \beta) \subset R^1$ mindestens einen Punkt x, der kein Berührungspunkt der Menge M ist. Dann enthält eine gewisse Umgebung $(x - \varepsilon; x + \varepsilon)$ des Punktes x keinen

---

[1]) Allgemein liegt jedes in einer offenen Menge Γ enthaltene (offene) Intervall in einer gewissen Komponente dieser Menge.

einzigen Punkt der Menge M. Somit ist also eine Menge M in R^1 genau dann nirgends dicht, wenn jedes Intervall $(\alpha; \beta) \subset R^1$ ein von Punkten der Menge M freies Intervall $(\alpha'; \beta')$ enthält. Analog zeigt man, daß eine Menge in R^2 genau dann nirgends dicht ist, wenn in jedem Kreis ein kleinerer Kreis liegt, der keinen einzigen Punkt der Menge M enthält. Jede Strecke in der Ebene, jeder Streckenzug, aber auch Kurven wie Ellipsen, Hyperbeln, Parabeln können als Beispiele für in der Ebene nirgends dichte perfekte Mengen dienen.

Wir erinnern daran, daß wir unter einer *ebenen algebraischen Kurve* die Menge A aller derjenigen Punkte (x, y) der Ebene verstehen, die einer gewissen vorgegebenen Gleichung der Form

$$f(x, y) = 0$$

genügen, wobei $f(x, y)$ ein Polynom in den Veränderlichen x, y ist, das nicht identisch verschwindet.

Wir beweisen folgenden Satz:

Theorem 23. *Jede algebraische Kurve ist eine in der Ebene nirgends dichte Menge.*

Hilfssatz. *Es gibt höchstens endlich viele Werte der Veränderlichen y, die so beschaffen sind, daß das Polynom $f(x, y)$ identisch in x verschwindet, wenn man sie in $f(x, y)$ einsetzt.*

Ordnen wir das Polynom $f(x, y)$ nach fallenden Potenzen von x, so erhalten wir die Identität

$$f(x, y) = p_0(y)\, x^n + p_1(y)\, x^{n-1} + \cdots + p_{n-1}(y)\, x + p_n(y).$$

Hier sind die Koeffizienten $p_0(y), p_1(y), \ldots, p_n(y)$ Polynome in y mit konstanten Koeffizienten. Verschwindet für einen gegebenen Wert $y = y_0$ das Polynom in x

$$f(x, y_0) = p_0(y_0)\, x^n + p_1(y_0)\, x^{n-1} + \cdots + p_{n-1}(y_0)\, x + p_n(y_0)$$

identisch, so bedeutet das, daß die Zahl y_0 eine Wurzel der algebraischen Gleichungen $p_0(y) = 0, p_1(y) = 0, \ldots, p_n(y) = 0$ ist. Da jede algebraische Gleichung nur endlich viele Wurzeln besitzt, ist der Hilfssatz bewiesen.

Wir zeigen jetzt, daß die durch die Gleichung

$$f(x, y) = 0$$

definierte algebraische Kurve A eine in der Ebene nirgends dichte Menge ist. Hierfür genügt es zu beweisen, daß jede offene Menge Γ in der Ebene eine von Punkten der Menge A freie offene Menge Γ_0 enthält. Zu diesem Zweck wählen wir irgendeinen Punkt $z_0 = (x_0, y_0)$ der Menge Γ so aus, daß y_0 von jedem der endlich vielen y-Werte verschieden ist, für welche $f(x, y)$ in ein identisch verschwindendes Polynom in x übergeht. Ziehen wir die Gerade $y = y_0$, so kann auf ihr $f(x, y)$ nur für endlich viele Werte von x verschwinden. Die Gerade $y = y_0$ schneidet die offene Menge Γ in einer auf dieser Geraden offenen Menge H, die den Punkt z_0 enthält und folglich nicht leer ist. Somit kann man ein in H gelegenes (offenes) Intervall H_0 finden.

Wir wählen nun in dem Intervall H_0 irgendeinen Punkt $z = (x, y_0)$, in welchem der Wert der Funktion $f(x, y_0)$ von Null verschieden ist. Da das Polynom $f(x, y)$ eine stetige Funktion von x und y ist,[1]) existiert ein $\varepsilon > 0$ derart, daß in allen Punkten einer Umgebung $U(z, \varepsilon)$ die Funktion $f(x, y)$ von Null verschieden ist. Da Γ offen ist, muß andererseits $\varrho(z, R^2 \setminus \Gamma) = \varepsilon' > 0$ sein. Es sei ε'' das Minimum der beiden Zahlen ε und ε'. Dann ist die Menge $\Gamma_0 = U(z, \varepsilon'')$ die gesuchte offene in Γ enthaltene und von Punkten der Menge A freie Menge.

Die Beispiele von perfekten, auf der Geraden nirgends dichten Mengen sind bei weitem nicht immer so elementar wie die eben angeführten Beispiele, die sich auf den Fall der Ebene bezogen. Die einfachste Menge dieser Art wurde von CANTOR konstruiert und ist unter dem Namen *Cantorsche perfekte Menge* oder *Cantorsches Diskontinuum* bekannt. Diese Menge ist von zu großer Wichtigkeit, um nur als Beispiel zu dienen. Sie besitzt grundlegende Bedeutung und wird ständig überall dort benutzt, wo überhaupt die Mengenlehre angewendet wird.

Das Segment $[0; 1]$ der Zahlengeraden werde mit Δ bezeichnet und Segment „nullten Ranges" genannt. In ihm wählen wir die zwei Segmente $\Delta_0 = \left[0; \frac{1}{3}\right]$ und $\Delta_1 = \left[\frac{2}{3}; 1\right]$. Diese Segmente nennen wir Segmente „ersten Ranges"; das zwischen ihnen liegende Intervall $\delta = \left(\frac{1}{3}; \frac{2}{3}\right)$ heiße Intervall „ersten Ranges". Mit jedem der Segmente Δ_0 und Δ_1 verfahren wir genau so wie mit dem Segment Δ; in Δ_0 und Δ_1 wählen wir je zwei Segmente „zweiten Ranges" aus: Diese sind das erste und das dritte Drittel jedes der Segmente ersten Ranges, d. h.

$$\Delta_{00} = \left[0; \frac{1}{9}\right] \quad \text{und} \quad \Delta_{01} = \left[\frac{2}{9}; \frac{1}{3}\right] \quad (\text{in } \Delta_0)$$

und

$$\Delta_{10} = \left[\frac{2}{3}; \frac{7}{9}\right] \quad \text{und} \quad \Delta_{11} = \left[\frac{8}{9}; 1\right] \quad (\text{in } \Delta_1);$$

zwischen ihnen liegen die entsprechenden Intervalle „zweiten Ranges",

$$\delta_0 = \left(\frac{1}{9}; \frac{2}{9}\right), \quad \text{das mittlere Drittel von } \Delta_0$$

und

$$\delta_1 = \left(\frac{7}{9}; \frac{8}{9}\right), \quad \text{das mittlere Drittel von } \Delta_1$$

(Abb. 7). Diese Konstruktion denken wir uns unbeschränkt fortgesetzt; es seien 2^n Segmente n-ten Ranges $\Delta_{i_1 \ldots i_n}$ konstruiert (jeder der Indizes $i_1, i_2, \ldots, i_n$ hat den Wert 0 oder 1); jedes der Segmente $\Delta_{i_1 \ldots i_n}$ teilen wir in drei gleich lange Teile: in zwei Randsegmente $\Delta_{i_1 \ldots i_n 0}$ und $\Delta_{i_1 \ldots i_n 1}$ (das erste und dritte Drittel des Segments $\Delta_{i_1 \ldots i_n}$) und in das zwischen ihnen liegende Intervall $\delta_{i_1 \ldots i_n}$ (das mittlere

[1]) Dies setzen wir aus der Analysis als bekannt voraus.

Drittel des Segments $\Delta_{i_1 \ldots i_n}$). Das sind dann zwei Segmente und ein Intervall $(n+1)$-ten Ranges, die in einem gegebenen Segment n-ten Ranges $\Delta_{i_1 \ldots i_n}$ gelegen sind.

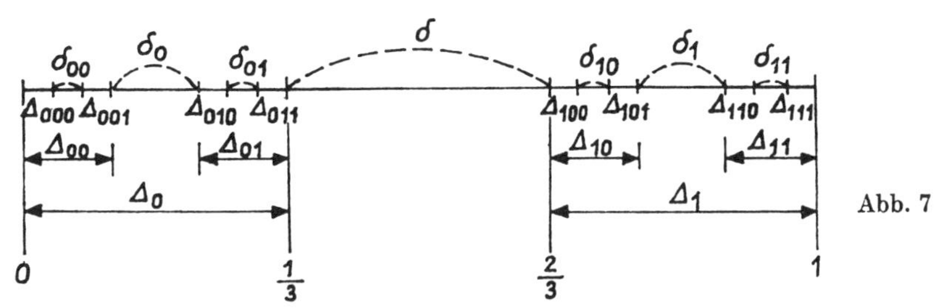

Abb. 7

Bemerkung 2. Da je zwei Segmente n-ten Ranges voneinander einen Abstand von mindestens $\frac{1}{3^n}$ haben, gilt dies erst recht für die in ihnen liegenden Intervalle $(n+1)$-ten Ranges. Die Intervalle, deren Rang höchstens n ist, liegen zwischen den Segmenten n-ten Ranges und haben daher von allen Intervallen $(n+1)$-ten Ranges einen positiven Abstand. Die Vereinigung aller Segmente n-ten Ranges bezeichnen wir im folgenden mit Π_n. Dies ist eine abgeschlossene Menge, deren Komplement aus den beiden unendlichen Intervallen $(-\infty; 0)$ und $(1; +\infty)$ und aus allen Intervallen eines Ranges kleiner oder gleich n besteht. Daher ist der Durchschnitt $\Pi = \bigcap_n \Pi_n$ aller Π_n eine abgeschlossene Menge, deren Komplement die Vereinigung aller Intervalle $\delta_{i_1 \ldots i_n}$ (aller möglichen Ränge) und der beiden unendlichen Intervalle $(-\infty; 0)$ und $(1; +\infty)$ ist. Hieraus folgt insbesondere, daß die Randpunkte aller Intervalle $\delta_{i_1 \ldots i_n}$ sowie die Punkte 0 und 1 zur Menge Π gehören, so daß die Intervalle $\delta_{i_1 \ldots i_n}$ ebenso wie die Intervalle $(-\infty; 0)$ und $(1; +\infty)$ sämtlich Zwischenintervalle der abgeschlossenen Menge Π sind. Die Menge Π heißt *Cantorsche Menge* oder *Cantorsches Diskontinuum*.

Aus der Bemerkung 2 folgt, daß zwei Zwischenintervalle der Menge Π weder gemeinsame Punkte noch gemeinsame Randpunkte besitzen. Daher ist nach der Folgerung aus Theorem 22 die abgeschlossene Menge Π perfekt.

Wir untersuchen nun einige Eigenschaften der Menge Π:

Die Länge jedes Segments n-ten Ranges ist gleich $\frac{1}{3^n}$. Wir sahen schon, daß der Abstand zweier verschiedener Segmente n-ten Ranges mindestens $\frac{1}{3^n}$ ist. Daher gehört jeder Punkt $x \in \Pi \subset \Delta$ genau einem Segment Δ_{i_1} ersten Ranges, genau einem (in Δ_{i_1} liegenden) Segment $\Delta_{i_1 i_2}$ zweiten Ranges, allgemein genau einem Segment $\Delta_{i_1 \ldots i_n}$ vom Rang n an. Mit anderen Worten, jedem Punkt $x \in \Pi$ entspricht eindeutig eine Folge von Segmenten

$$\Delta_{i_1} \supset \Delta_{i_1 i_2} \supset \Delta_{i_1 i_2 i_3} \supset \cdots \supset \Delta_{i_1 i_2 \ldots i_n} \supset \cdots \tag{1}$$

und damit eine Folge von Indizes

$$i_1, i_2, \ldots, i_n, \ldots; \quad \text{dabei ist } i_n = 0 \text{ oder } 1. \tag{2}$$

Dabei ist jede Folge (2) genau einem Punkt $x \in \Pi$ zugeordnet, nämlich dem einzigen Punkt x, der allen Segmenten (1) angehört. Somit gilt:

1. Die Menge Π steht in eineindeutiger Zuordnung zu der Menge aller Folgen der Form (2) oder, was dasselbe ist, zu der Menge aller unendlichen dyadischen Brüche

$$0,i_1 i_2 \ldots i_n \ldots, \qquad i_n = 0 \text{ oder } 1. \tag{3}$$

Sie besitzt daher die Mächtigkeit des Kontinuums.

2. Die Menge aller endlichen Zwischenintervalle des Cantorschen Diskontinuums Π ist in natürlicher Weise („von links nach rechts“) geordnet. Man sieht leicht ein, daß diese geordnete Menge der Menge aller dyadisch-rationalen Zahlen des Intervalls (0; 1) ähnlich ist.[1])

Zur Herstellung der gesuchten Ähnlichkeitsabbildung genügt es, das System der Indizes $i_1 \ldots i_{n-1}$ jedes Intervalls $\delta_{i_1 \ldots i_{n-1}}$ als endlichen dyadischen Bruch

$$0, i_1 \ldots i_{n-1}1 = \frac{i_1}{2} + \frac{i_2}{4} + \cdots + \frac{i_{n-1}}{2^{n-1}} + \frac{1}{2^n}$$

zu lesen. Dann lassen sich die Zwischenintervalle mit Hilfe gebrochener Indizes folgendermaßen nacheinander aufschreiben:

$$\delta = \delta_{\left(\frac{1}{2}\right)},$$

$$\delta_0 = \delta_{\left(\frac{1}{4}\right)}, \quad \delta_1 = \delta_{\left(\frac{3}{4}\right)},$$

$$\delta_{00} = \delta_{\left(\frac{1}{8}\right)}, \quad \delta_{01} = \delta_{\left(\frac{3}{8}\right)}, \quad \delta_{10} = \delta_{\left(\frac{5}{8}\right)}, \quad \delta_{11} = \delta_{\left(\frac{7}{8}\right)},$$

. . . .

Dabei ist klar, daß die Lage der Zwischenintervalle auf der Zahlengeraden mit der Anordnung der dyadisch-rationalen Zahlen, die als Indizes verwendet wurden, übereinstimmt. Damit ist unsere Behauptung bewiesen.

Bemerkung 3. Die Punkte der Menge Π, welche Randpunkte von Zwischenintervallen sind, nennen wir *Punkte erster Art* (oder *einseitige Punkte*) der Menge Π. Von ihnen gibt es offenbar nur abzählbar viele. Alle übrigen Punkte der Menge Π heißen *Punkte zweiter Art* (oder *zweiseitige Punkte*). Ist x linker Randpunkt eines Zwischenintervalls $\delta_{i_1 \ldots i_n}$, so ist x ein Punkt aus dem Durchschnitt der Segmente

$$\Delta_{i_1 \ldots i_n 0}, \quad \Delta_{i_1 \ldots i_n 01}, \quad \Delta_{i_1 \ldots i_n 011}, \quad \Delta_{i_1 \ldots i_n 0111}, \ldots;$$

ist aber x ein rechter Randpunkt eines Zwischenintervalls $\delta_{i_1 \ldots i_n}$, so ist x ein Punkt

[1]) Man könnte diese Behauptung aus Theorem 1 von 3.1. ableiten, indem man sich davon überzeugt, daß es unter den endlichen Zwischenintervallen kein am weitesten links und kein am weitesten rechts gelegenes gibt und daß zwischen je zwei Zwischenintervallen unendlich viele Zwischenintervalle liegen.

aus dem Durchschnitt der Segmente

$$\Delta_{i_1 \dots i_n 1}, \quad \Delta_{i_1 \dots i_n 10}, \quad \Delta_{i_1 \dots i_n 100}, \quad \Delta_{i_1 \dots i_n 1000}, \dots$$

Gehört x den Segmenten

$$\Delta_0 \supset \Delta_{i_1} \supset \Delta_{i_1 i_2} \supset \Delta_{i_1 i_2 i_3} \supset \cdots \supset \Delta_{i_1 i_2 \dots i_n} \supset \cdots$$

an, wobei unter den Indizes i_n auch bei noch so großem n sowohl Nullen als auch Einsen vorkommen, so ist x ein Punkt zweiter Art. *Daher sind von den unendlichen dyadischen Brüchen* (3), *die eineindeutig den Punkten der Menge Π entsprechen, den Punkten erster Art diejenigen Brüche* (3) *zugeordnet, bei denen alle i_n, von einem gewissen i_{n_0} an, einander gleich sind* (und die infolgedessen Darstellungen dyadisch-rationaler Zahlen sind).

3. Die Cantorsche Menge Π kann als Menge derjenigen Punkte des Segments $[0; 1]$ definiert werden, die eine Entwicklung in einen triadischen Bruch zulassen, welcher nur die Ziffern 0 und 2 enthält.

Die Punkte des Zwischenintervalls $\delta = \left(\frac{1}{3}; \frac{2}{3}\right)$ sind nämlich gerade dadurch charakterisiert, daß ihre Entwicklung in einen triadischen Bruch als erste triadische Ziffer eine 1 besitzt. Wir bemerken, daß die Randpunkte des Intervalls je zwei Entwicklungen besitzen, nämlich

$$0{,}10000000 \ldots = 0{,}02222222 \ldots$$

und

$$0{,}20000000 \ldots = 0{,}12222222 \ldots$$

Für uns ist es nun wichtig, daß jeder dieser beiden Punkte eine Darstellung zuläßt, in der nur die Ziffern 0 und 2 auftreten. Somit bestehen beide Segmente ersten Ranges nur aus solchen Punkten, die in einen triadischen Bruch entwickelt werden können, dessen erste Ziffer entweder 0 oder 2 ist. Unter diesen Punkten gibt es solche, deren triadische Entwicklung als zweite Ziffer sicher 1 hat. Diese bilden die Intervalle $\delta_0 = \left(\frac{1}{9}; \frac{2}{9}\right)$ und $\delta_1 = \left(\frac{7}{9}; \frac{8}{9}\right)$, d. h. die Zwischenintervalle. Die Punkte der Zwischenintervalle zweiten Ranges sind also dadurch charakterisiert, daß sie die 1 zwar nicht als erste triadische Ziffer, aber unbedingt als zweite triadische Ziffer besitzen. Entfernen wir aus dem Segment $[0; 1]$ die Zwischenintervalle ersten und zweiten Ranges, so verschwinden dabei alle und nur die Punkte, bei denen die Ziffer 1 als erste oder zweite triadische Ziffer erscheint. Genauso überzeugen wir uns davon, daß die Zwischenintervalle dritten Ranges aus den Punkten bestehen, deren erste beiden triadischen Ziffern von 1 verschieden sind, deren dritte Ziffer jedoch sicher 1 ist, usw. Nehmen wir aus dem Segment $[0; 1]$ alle Zwischenintervalle vom Rang kleiner oder gleich n heraus, so verschwinden damit alle Punkte, bei denen die Ziffer 1 wenigstens an einer der ersten n Stellen ihrer triadischen Entwicklung auftritt. Hieraus folgt, daß die Vereinigung aller eigentlichen Zwischenintervalle der Menge Π aus allen denjenigen Punkten des Segments $[0; 1]$ besteht, deren triadische Entwicklung wenigstens einmal die Ziffer 1 enthält. Die Behauptung 3 ist damit bewiesen. Wir bemerken noch, daß jeder der Punkte erster Art als ein Punkt der Gestalt $\frac{p}{3^n}$ zwei triadische Entwicklungen besitzt, von denen eine die Ziffer 1 nicht enthält.

4. Das Cantorsche Diskontinuum Π ist auf der Zahlengeraden nirgends dicht.

Da Π abgeschlossen ist, genügt es zu zeigen, daß $R^1 \setminus \Pi$ auf R^1 überall dicht, d. h. jeder Punkt x der Zahlengeraden Berührungspunkt der Menge $R^1 \setminus \Pi$ ist. Offensichtlich brauchen wir nur den Fall $x \in \Pi$ zu betrachten und zu zeigen, daß es bei jedem $\varepsilon > 0$ Punkte aus $R^1 \setminus \Pi$ gibt, die in $U(x, \varepsilon)$ liegen. Zu diesem Zweck wählen wir n so groß, daß $\frac{1}{3^n} < \varepsilon$ ist. Da aber Π_n aus endlich vielen disjunkten Segmenten der Länge $\frac{1}{3^n}$ besteht, ist der Abstand jedes Punktes der Menge Π_n (und damit insbesondere jedes Punktes $x \in \Pi$) von der Vereinigung der Intervalle, die das Komplement zu Π_n bilden, kleiner als $\frac{1}{3^n} < \varepsilon$. Folglich besitzt $U(x, \varepsilon)$ mit $R^1 \setminus \Pi_n$, erst recht also mit $R^1 \setminus \Pi$, einen nichtleeren Durchschnitt.

5. Mit $\Pi_{i_1 \ldots i_n}$ bezeichnen wir die Menge aller Punkte der Menge Π, die in dem Segment $\Delta_{i_1 \ldots i_n}$ liegen. Bei einer Ähnlichkeitstransformation (mit dem Koeffizienten $\frac{1}{3^n}$), die das Segment $[0; 1]$ in das Segment $\Delta_{i_1 \ldots i_n}$ überführt, wird offensichtlich die Menge Π eineindeutig auf die Menge $\Pi_{i_1 \ldots i_n}$ abgebildet, woraus insbesondere folgt, daß die Menge $\Pi_{i_1 \ldots i_n}$ die Mächtigkeit des Kontinuums besitzt. Es sei jetzt a ein beliebiger Punkt der Menge Π. Wir werden zeigen, daß in einer beliebigen Umgebung $U(a, \varepsilon)$ nicht nur unendlich viele, sondern sogar überabzählbar viele Punkte aus Π enthalten sind (damit wird der zweite Beweis für die Tatsache gegeben, daß die abgeschlossene Menge Π keine isolierten Punkte enthält, also perfekt ist). Dazu wählen wir ein hinreichend großes n, so daß $\frac{1}{3^n} < \varepsilon$ ist, und betrachten dasjenige Segment n-ten Ranges $\Delta_{i_1 \ldots i_n}$, in welchem der Punkt a liegt. Da die Länge dieses Segments gleich $\frac{1}{3^n} < \varepsilon$ ist, liegt es ganz in $U(a, \varepsilon)$, womit unsere Behauptung schon bewiesen ist; denn damit enthält $U(a, \varepsilon)$ eine Teilmenge $\Pi_{i_1 \ldots i_n}$ der Menge Π, die die Mächtigkeit des Kontinuums besitzt.

Wir fassen nun die Ergebnisse dieses Abschnitts zusammen:

Die Cantorsche Menge Π ist eine auf der Zahlengeraden nirgends dichte perfekte Menge; jeder ihrer Punkte ist ein Kondensationspunkt der Menge. Die Menge aller eigentlichen Zwischenintervalle der Menge Π, die auf der Zahlengeraden in der natürlichen Weise (*von links nach rechts*) *geordnet ist, ist der Menge aller* (*dyadisch-*)*rationalen Zahlen ähnlich.*

3. Allgemeine Sätze über perfekte Mengen auf der Geraden. Eine Verschärfung der Eigenschaft 2 des Cantorschen Diskontinuums ist das folgende

Theorem 24. *Die in natürlicher Weise (von links nach rechts) geordnete Menge aller endlichen Zwischenintervalle jeder nirgends dichten nichtleeren perfekten Menge ist der Menge aller dyadisch-rationalen Zahlen ähnlich.*

Auf Grund von 3.1., Theorem 1, genügt es zu zeigen, daß

1⁰. unter den endlichen Zwischenintervallen einer nirgends dichten perfekten Menge Φ kein am weitesten links und kein am weitesten rechts gelegenes auftritt;

2⁰. zwischen je zwei beliebigen endlichen Zwischenintervallen einer nirgends dichten perfekten Menge Φ wenigstens ein weiteres Zwischenintervall von Φ liegt.

Beweis der Eigenschaft 1⁰. Es sei $\delta = (a; b)$ ein endliches Zwischenintervall von Φ. Dann gilt $a \in \Phi$. Es ist jedoch nicht möglich, daß $a = \inf \Phi$ ist, denn dann wäre a ein isolierter Punkt der Menge Φ. Daher gibt es einen Punkt $x \in \Phi$, der links von a gelegen ist. Da Φ auf R^1 nirgends dicht ist, kann man in $(x; a)$ einen Punkt $x' \in \Gamma = R^1 \setminus \Phi$ finden. Der Punkt x' gehört einem gewissen Zwischenintervall δ' von Φ an, das den Punkt x' des Intervalls $(x; a)$, aber weder a noch x enthält, also in $(x; a)$, d. h. links vom Intervall $(a; b) = \delta$, liegt. Es ist also kein endliches Zwischenintervall von Φ am weitesten links gelegen. Ebenso überzeugen wir uns davon, daß kein endliches Zwischenintervall von Φ am weitesten rechts liegt.

Beweis der Eigenschaft 2⁰. Es seien $\delta_1 = (a_1; b_1)$ und $\delta_2 = (a_2; b_2)$ zwei Zwischenintervalle von Φ; es liege δ_1 links von δ_2. Da diese Intervalle keinen Randpunkt gemeinsam haben, ist $b_1 \neq a_2$, und da Φ nirgends dicht ist, gibt es in $(b_1; a_2)$ einen Punkt $x \in R^1 \setminus \Phi$. Das ihn enthaltende Zwischenintervall liegt in $(b_1; a_2)$, d. h. zwischen δ_1 und δ_2.

Folgerung. *Die geordnete Menge Θ aller Zwischenintervalle einer beschränkten perfekten nirgends dichten Menge ist der Menge aller dyadisch-rationalen Punkte des Segments* $[0; 1]$ *ähnlich.*

Aus Theorem 24 ergibt sich, daß jeder Schnitt (A, B) in der genannten geordneten Menge Θ zu einem der folgenden drei Typen gehört:

1. In der Unterklasse A gibt es ein am weitesten rechts, jedoch in der Oberklasse B kein am weitesten links gelegenes Intervall.

2. In A gibt es kein am weitesten rechts gelegenes Intervall, in B jedoch ein am weitesten links gelegenes.

3. Es gibt weder in A ein am weitesten rechts gelegenes noch in B ein am weitesten links gelegenes Element.

Schnitte der dritten Art heißen bekanntlich „Lücken“ in der geordneten Menge Θ. Die eben erhaltenen Resultate wenden wir sogleich zum Beweis eines sehr wichtigen Satzes an, der aussagt, daß alle beschränkten nirgends dichten perfekten Mengen auf der Geraden einander ähnlich sind.

Definition 9. Ein Punkt einer perfekten Menge Φ, der Randpunkt eines gewissen Zwischenintervalls von Φ ist, heißt ein *Punkt erster Art* (oder *einseitiger*

Punkt) der Menge Φ; ein Punkt $x \in \Phi$, der nicht Randpunkt eines Zwischenintervalls von Φ ist, heißt *Punkt zweiter Art* (oder *zweiseitiger Punkt*) der Menge Φ.

Ist $a \in \Phi$ ein Punkt erster Art, so liegen alle zu a hinreichend nahe gelegenen Punkte der Menge Φ nur auf einer Seite des Punktes a, und zwar links von a, wenn a linker Randpunkt eines gewissen Zwischenintervalls ist, und rechts von a, wenn a rechter Randpunkt eines Zwischenintervalls von Φ ist. Ist a ein Punkt zweiter Art, so gibt es in beliebiger Nähe des Punktes a sowohl rechts als auch links davon Punkte der Menge Φ.

Jedem Punkt $x \in \Phi$ zweiter Art entspricht ein wohlbestimmter Schnitt $\theta_x = (A_x, B_x)$ in der geordneten Menge Θ. Um diesen Schnitt zu erhalten, braucht man zur Unterklasse A_x nur alle links vom Punkt x liegenden Zwischenintervalle zu zählen; dann besteht die Oberklasse B_x aus den rechts vom Punkt x liegenden Zwischenintervallen. Der Schnitt $\theta_x = (A_x, B_x)$ ist eine Lücke: Ist nämlich $\delta = (a; b)$ ein beliebiges Intervall der Unterklasse, dann ist $x \neq b$, also $b < x$, da x ein Punkt zweiter Art ist. Da Φ nirgends dicht ist, liegt in dem Intervall $(b; x)$ ein Punkt $x' \in \Gamma = R^1 \setminus \Phi$, also auch ein den Punkt x' enthaltendes Zwischenintervall. Der Punkt x' liegt rechts vom Intervall δ, aber noch links vom Punkt x. Es gibt also kein Intervall der Unterklasse, das am weitesten rechts gelegen ist. Ebenso überzeugt man sich davon, daß es unter den Intervallen der Oberklasse kein am weitesten links gelegenes gibt.

Zwei verschiedenen Punkten zweiter Art x und x' mit $x < x'$ entsprechen zwei verschiedene Lücken θ_x und $\theta_{x'}$, da alle zwischen x und x' liegenden Zwischenintervalle gleichzeitig in die Klassen B_x und $A_{x'}$ fallen.

Schließlich beweisen wir noch, daß jede Lücke $\theta = (A, B)$ in Θ einem gewissen Punkt zweiter Art der Menge Φ zugeordnet ist. Mit anderen Worten, wir suchen einen Punkt $x \in \Phi$ zweiter Art derart, daß A aus allen links, B aus allen rechts vom Punkt x gelegenen Zwischenintervallen besteht. Es sei a die obere Grenze der Menge der Randpunkte aller Intervalle der Klasse A. Entsprechend sei b die untere Grenze der Menge der Randpunkte aller Intervalle aus B. Da jedes Intervall aus A links von jedem Intervall aus B liegt, ist $a \leqq b$. Wäre jedoch $a < b$, so gäbe es in $(a; b)$ kein Zwischenintervall von Φ, damit aber auch keinen einzigen Punkt der Menge $R^1 \setminus \Phi$, im Widerspruch dazu, daß Φ nirgends dicht ist. Daher muß $a = b$ sein. Setzen wir $x = a = b$, so ist x ein Punkt zweiter Art, und A besteht wirklich aus links von x gelegenen und B aus rechts von x gelegenen Intervallen. Damit liefert uns unsere Konstruktion eine eineindeutige Zuordnung zwischen allen Punkten zweiter Art der Menge Φ und allen Lücken der Menge Θ. Die Menge aller Lücken der Menge Θ ist in natürlicher Weise geordnet; man braucht nämlich nur zu vereinbaren, daß eine Lücke $\theta_x = (A_x, B_x)$ der Lücke $\theta_y = (A_y, B_y)$ vorangeht, wenn $A_x \subset A_y$ ist. Liegt von zwei Punkten zweiter Art, $x, y \in \Phi$, der erste links vom zweiten, so ist $A_x \subset A_y$. Die von uns hergestellte Zuordnung zwischen den Punkten zweiter Art der Menge Φ und den Lücken in Θ ist daher eine Ähnlichkeitsabbildung.

Es seien nun zwei beschränkte perfekte nirgends dichte Mengen Φ und Φ' auf der Zahlengeraden vorgegeben. Die Mengen ihrer Punkte erster Art bezeichnen wir mit S bzw. S', die geordneten Mengen ihrer endlichen Zwischenintervalle mit Θ bzw. Θ'. Die geordneten Mengen Θ und Θ' sind einander ähnlich, da jede von ihnen der Menge aller dyadisch-rationalen Zahlen ähnlich ist. Die Ähnlichkeitsabbildung zwischen Θ und Θ' erzeugt eine ähnliche Zuordnung zwischen S und S'; sind $\delta = (x; y)$ und $\delta' = (x'; y')$ zwei einander entsprechende Zwischenintervalle von Φ und Φ', dann sei x dem Punkt x' und y dem Punkt y' zugeordnet. Außerdem stellen wir zwischen $a = \inf \Phi$ und $a' = \inf \Phi'$, $b = \sup \Phi$ und $b' = \sup \Phi'$ eine Zuordnung her. Die Ähnlichkeitsabbildung zwischen Θ und Θ' erzeugt eine Ähnlichkeitsabbildung zwischen den Mengen aller Lücken in Θ und in Θ', d. h. zwischen den Punkten zweiter Art in Φ und in Φ'. Es bleibt noch zu zeigen, daß die so erhaltene eineindeutige Zuordnung zwischen Φ und Φ' eine Ähnlichkeitsabbildung ist. Dazu genügt es aber, folgendes zu beweisen:

Ist x von erster, y von zweiter Art in Φ und sind x' und y' die ihnen entsprechenden Punkte in Φ', so folgt aus $x < y$ bzw. $x > y$, daß $x' < y'$ bzw. $x' > y'$ ist.

Die Relation $x < y$ ist aber äquivalent zu der Beziehung $x \in A_y$, die auf Grund der Zuordnung zwischen den Lücken in Θ und in Θ' in die Relation $x' \in A_{y'}$ übergeht, die zu der Beziehung $x' < y'$ äquivalent ist. Analoges gilt für die Relation $x > y$. Durch diese Überlegungen haben wir den folgenden Satz bewiesen:

Theorem 25. *Alle beschränkten perfekten nirgends dichten Mengen auf der Geraden sind einander ähnlich. Insbesondere ist jede perfekte beschränkte nirgends dichte Menge auf der Geraden dem Cantorschen Diskontinuum ähnlich.*

Da die Topologie der Zahlengeraden und der auf ihr liegenden Mengen als Ordnungstopologie in der Menge der reellen Zahlen angesehen werden kann, ist in Theorem 25 das Wort „ähnlich“ durch das Wort „homöomorph“ ersetzbar.

Durch die gleichen Überlegungen zeigt man, daß alle perfekten nirgends dichten und nach beiden Seiten unbeschränkten Mengen einander ähnlich sind (unsere Überlegungen vereinfachen sich dadurch etwas, daß solche Mengen nur endliche Zwischenintervalle besitzen). Unter anderem sind alle nach beiden Seiten unbeschränkten perfekten nirgends dichten Mengen dem Cantorschen Diskontinuum ähnlich, aus dem die beiden Randpunkte (der am weitesten links und der am weitesten rechts gelegene Punkt) herausgenommen sind. Analog ist eine perfekte nirgends dichte, nur nach unten (bzw. nach oben) unbeschränkte Menge der Cantorschen Menge ähnlich, in welcher der am weitesten links (bzw. rechts) gelegene Punkt fortgelassen ist.

Aus dem Dargelegten folgt, daß *jede nirgends dichte perfekte Menge die Mächtigkeit des Kontinuums besitzt.*

Ist schließlich eine perfekte Menge in irgendeinem Intervall dicht, so umfaßt sie dieses Intervall und besitzt damit ebenfalls die Mächtigkeit des Kontinuums; es gilt also der folgende allgemeine Satz:

Theorem 26. *Jede perfekte Menge auf der Geraden hat die Mächtigkeit des Kontinuums.*

Diesen Satz kann man (zunächst wieder nur für beschränkte nirgends dichte Mengen) noch durch andere Überlegungen herleiten. Wir sahen, daß die Menge der

Punkte zweiter Art einer perfekten nirgends dichten Menge Φ der Menge aller Lücken der Menge Θ ähnlich ist. Die Menge Θ ist aber ihrerseits der Menge aller rationalen Zahlen ähnlich. Die Menge aller Punkte zweiter Art der Menge Φ ist also der Menge aller Lücken der Menge der rationalen Zahlen ähnlich. Die Menge aller Lücken der Menge der rationalen Zahlen ist aber der Menge der irrationalen Zahlen ähnlich. Dieses Ergebnis behält auch ohne die Voraussetzung der Beschränktheit der Menge Φ seine Gültigkeit. Daher gilt:

Theorem 27. *Die Menge aller Punkte zweiter Art jeder perfekten nirgends dichten Menge auf der Geraden ist der Menge aller irrationalen Zahlen ähnlich und besitzt daher die Mächtigkeit des Kontinuums.*

Wir beschließen diesen Abschnitt mit der Konstruktion der Standardabbildung des Cantorschen Diskontinuums auf eine Strecke der Zahlengeraden. Theorem 24 zufolge ist die Menge der Zwischenintervalle des Cantorschen Diskontinuums zur Menge der dyadisch-rationalen Zahlen der Strecke ähnlich. Auf dem Zwischenintervall δ_r des Cantorschen Diskontinuums, das als Nummer die dyadisch-rationale Zahl r besitzt, wird der Wert der Funktion φ gleich r gesetzt, und diesen Wert nimmt φ auch in den Randpunkten des Zwischenintervalls δ_r an. Es bleiben die Werte der Funktion in den Punkten zweiter Ordnung des Cantorschen Diskontinuums festzulegen. Jeder derartige Punkt ξ definiert eine Zerlegung der Menge aller Zwischenintervalle in zwei Klassen, nämlich in die Intervalle, die links vom Punkt ξ liegen, und in die Intervalle, die rechts vom Punkt ξ liegen. Damit ist in der Menge aller dyadisch-rationalen Zahlen der Strecke ein Schnitt (A, B) definiert, der eine Lücke ist. Es wird $\varphi(\xi)$ gleich der dieser Lücke entsprechenden dyadisch-irrationalen Zahl gesetzt. Auf diese Weise wurde eine Abbildung φ der Strecke auf sich konstruiert, die als monotone Abbildung einer geordneten Menge auf eine andere stetig ist. Die graphische Darstellung dieser bemerkenswerten Funktion ist unter dem Namen „Cantorsche Treppe" bekannt. Die Einschränkung dieser Abbildung auf das Cantorsche Diskontinuum Π liefert die Standardabbildung der Menge Π auf die Strecke.

4.6. Einige klassische Beispiele von metrischen Räumen und ihre Eigenschaften

In diesem Abschnitt führen wir einige der wichtigsten Beispiele für metrische Räume an, denen man in allen möglichen Teilgebieten der Mathematik ständig begegnet.

Die Zahlengerade R^1 ist dem Leser bereits aus der Oberschulzeit vertraut. Die Folgen

$$x_1, x_2, \ldots, x_n$$

von n reellen Zahlen werden Punkte des *n-dimensionalen euklidischen Raumes* R^n genannt, wobei der Abstand zwischen zwei Punkten $x = (x_1, \ldots, x_n)$ und

$y = (y_1, \ldots, y_n)$ durch

$$\varrho(x, y) = \sqrt{(x_1 - y_1)^2 + \cdots + (x_n - y_n)^2}$$

definiert ist. Dieser Abstand genügt offenbar dem Axiom der Identität und dem der Symmetrie. Wir zeigen nun, daß er auch die Dreiecksungleichung erfüllt. Der Beweis beruht auf der Cauchy-Bunjakowskischen Ungleichung (die manchmal auch Schwarzsche Ungleichung genannt wird), nämlich auf der Ungleichung[1])

$$\sum_{k=1}^{n} x_k y_k \leqq \sqrt{\sum_{k=1}^{n} x_k^2} \cdot \sqrt{\sum_{k=1}^{n} y_k^2}, \tag{1}$$

die für beliebige reelle Zahlen x_k und y_k gilt.

Wir beginnen nun mit dem Beweis dieser Ungleichung. Zunächst betrachten wir den Fall, daß der Abstand der Punkte $x = (x_1, \ldots, x_n)$ und $y = (y_1, \ldots, y_n)$ vom *Koordinatenursprung* $o = (0, \ldots, 0)$ gleich 1 ist (d. h. $x_1^2 + \cdots + x_n^2 = 1$, $y_1^2 + \cdots + y_1^2 = 1$).

Aus

$$0 \leqq \sum_{k=1}^{n} (x_k - y_k)^2 = \sum_{k=1}^{n} x_k^2 + \sum_{k=1}^{n} y_k^2 - 2 \sum_{k=1}^{n} x_k y_k$$

folgt

$$\sum_{k=1}^{n} x_k^2 + \sum_{k=1}^{n} y_k^2 \geqq 2 \sum_{k=1}^{n} x_k y_k;$$

damit erhalten wir nach unserer Voraussetzung $2 \geqq 2 \sum_{k=1}^{n} x_k y_k$, d. h.

$$\sum_{k=1}^{n} x_k y_k \leqq 1. \tag{1'}$$

Nun seien $x = (x_1, \ldots, x_n)$ und $y = (y_1, \ldots, y_n)$ irgendwelche Punkte des n-dimensionalen Raumes R^n.

Wir setzen

$$x_k' = \frac{x_k}{\sqrt{\sum x_k^2}}, \quad y_k' = \frac{y_k}{\sqrt{\sum y_k^2}} \quad \text{für} \quad k = 1, 2, \ldots, n.$$

Dann ist der Abstand der Punkte $x' = (x_1', \ldots, x_n')$ und $y' = (y_1', \ldots, y_n')$ vom Koordinatenursprung gleich 1, und wir können nach dem eben Bewiesenen

$$\sum_{k=1}^{n} x_k' y_k' \leqq 1,$$

[1]) Für die mit den einfachsten Begriffen über Vektoren im n-dimensionalen Raum vertrauten Leser bemerken wir, daß die Ungleichung (1) für zwei Vektoren $\xi = (x_1, \ldots, x_n)$ und $\eta = (y_1, \ldots, y_n)$ auch in der Gestalt $(\xi, \eta) \leqq |\xi| \cdot |\eta|$ geschrieben werden kann. (In der deutschen Literatur meist Cauchy-Schwarzsche Ungleichung genannt; Anm. d. Red. d. deutschsprachigen Ausgabe.)

d. h.

$$\frac{\sum_{k=1}^{n} x_k y_k}{\sqrt{\sum_{k=1}^{n} x_k^2} \cdot \sqrt{\sum_{k=1}^{n} y_k^2}} \leqq 1$$

schreiben. Damit ist die Ungleichung von CAUCHY-BUNJAKOWSKI bewiesen.

Wir beweisen jetzt, daß im Raum R^n die Dreiecksungleichung erfüllt ist, d. h., daß für beliebige $x = (x_1, \ldots, x_n)$, $y = (y_1, \ldots, y_n)$ und $z = (z_1, \ldots, z_n)$ die Ungleichung

$$\sqrt{\sum (x_k - z_k)^2} \leqq \sqrt{\sum (x_k - y_k)^2} + \sqrt{\sum (y_k - z_k)^2} \tag{2}$$

gilt (es wird überall von 1 bis n summiert). Setzen wir $x_k - y_k = u_k$, $y_k - z_k = v_k$, so ist $x_k - z_k = u_k + v_k$. Damit läßt sich die zu beweisende Ungleichung (2) in der Gestalt

$$\sqrt{\sum (u_k + v_k)^2} \leqq \sqrt{\sum u_k^2} + \sqrt{\sum v_k^2}$$

oder nach Quadrieren beider Seiten in der (äquivalenten!) Gestalt

$$\sum (u_k + v_k)^2 \leqq \sum u_k^2 + \sum v_k^2 + 2\sqrt{\sum u_k^2} \cdot \sqrt{\sum v_k^2}$$

schreiben, d. h.

$$\sum u_k^2 + \sum v_k^2 + 2 \sum u_k v_k \leqq \sum u_k^2 + \sum v_k^2 + 2\sqrt{\sum u_k^2} \cdot \sqrt{\sum v_k^2}.$$

Für den Beweis dieser Ungleichung braucht man nun nur noch beide Seiten der Ungleichung von CAUCHY-BUNJAKOWSKI mit 2 zu multiplizieren und danach den Ausdruck $\sum u_k^2 + \sum v_k^2$ zu addieren.

Bemerkung über das metrische Produkt von Räumen. Diese Bemerkung schließt sich ganz naturgemäß an die Definition der euklidischen Räume R^n an. Vorgelegt seien endlich viele metrische Räume

$$X_1, \ldots, X_n.$$

Unter Punkten des metrischen Produkts $X = [X_1 \times \cdots \times X_n]$ verstehen wir alle möglichen Folgen, von denen jede aus n Elementen $x_1 \in X_1, \ldots, x_n \in X_n$ besteht. Den Abstand zwischen zwei Punkten $x = (x_1, \ldots, x_n)$ und $y = (y_1, \ldots, y_n)$ des Raumes X definieren wir durch

$$\varrho(x, y) = \sqrt{\big(\varrho(x_1, y_1)\big)^2 + \cdots + \big(\varrho(x_n, y_n)\big)^2}.$$

Der Leser mag sich selbst davon überzeugen, daß der so eingeführte Abstand allen drei Axiomen des metrischen Raumes genügt.

Bevor wir den Hilbertschen Raum R^∞ definieren, der das unendlich-dimensionale Analogon zum euklidischen Raum ist, beweisen wir eine arithmetische Beziehung, die unmittelbar aus der Dreiecksungleichung, die nach früheren Überlegungen im n-dimensionalen euklidischen Raum erfüllt ist, hervorgeht. Wenden wir die Dreiecksungleichung auf die Punkte $o = (0, \ldots, 0)$, $x = (x_1, \ldots, x_n)$ und $y = (y_1, \ldots, y_n)$ des n-dimensionalen euklidischen Raumes an, so erhalten wir

$$\varrho(x, o) + \varrho(o, y) \geqq \varrho(x, y),$$

d. h.

$$\sqrt{\sum_{k=1}^{n} x_k^2} + \sqrt{\sum_{k=1}^{n} y_k^2} \geqq \sqrt{\sum_{k=1}^{n} (x_k - y_k)^2}. \tag{3}$$

Vorgegeben seien jetzt zwei Folgen von reellen Zahlen,

$$x_1, x_2, \ldots, x_n, \ldots \quad \text{und} \quad y_1, y_2, \ldots, y_n, \ldots$$

mit konvergenter Quadratsumme (d. h., die Reihen $\sum_{n=1}^{\infty} x_n^2$ und $\sum_{n=1}^{\infty} y_n^2$ konvergieren). Durch Grenzübergang in (3) links für $n \to \infty$ erhalten wir

$$\sqrt{\sum_{k=1}^{\infty} x_k^2} + \sqrt{\sum_{k=1}^{\infty} y_k^2} \geqq \sqrt{\sum_{k=1}^{\infty} (x_k - y_k)^2}. \tag{4}$$

Da nur Reihen mit positiven Gliedern auftreten, folgt aus (4) die Konvergenz der Reihe $\sum_{k=1}^{\infty} (x_k - y_k)^2$. Also gilt: *Konvergieren die Reihen $\sum_{k=1}^{\infty} x_k^2$ und $\sum_{k=1}^{\infty} y_k^2$, so konvergiert auch die Reihe $\sum_{k-1}^{\infty} (x_k - y_k)^2$.* Das ist gerade die arithmetische Beziehung, die wir für die Definition des Hilbertschen Raumes brauchen.

Definition des Hilbertschen Raumes R^∞. Unter Punkten des Hilbertschen Raumes verstehen wir alle unendlichen Folgen reeller Zahlen

$$x_1, x_2, \ldots, x_n, \ldots$$

mit konvergenter Quadratsumme. Der Abstand von $x = (x_1, x_2, \ldots, x_n, \ldots)$ und $y = (y_1, y_2, \ldots, y_n, \ldots)$ wird durch

$$\varrho(x, y) = \sqrt{\sum_{n=1}^{\infty} (x_n - y_n)^2}$$

definiert. (Nach dem eben Bewiesenen konvergiert unter unseren Voraussetzungen die auf der rechten Seite stehende Reihe, so daß für je zwei Punkte des Hilbertschen Raumes der Abstand definiert ist.) Wir weisen jetzt die Gültigkeit der Axiome des metrischen Raumes nach. Die Axiome der Identität und der Symmetrie sind offenbar erfüllt. Die Dreiecksungleichung erhält man durch den Grenzübergang für $n \to \infty$ aus der entsprechenden Ungleichung für den n-dimensionalen euklidischen Raum:

$$\sqrt{\sum_{k=1}^{n} (x_k - y_k)^2} + \sqrt{\sum_{k=1}^{n} (y_k - z_k)^2} \geqq \sqrt{\sum_{k=1}^{n} (x_k - z_k)^2}.$$

Die Menge aller Punkte $x = (x_1, x_2, \ldots, x_n, \ldots)$ des Hilbertschen Raumes, für welche $0 \leqq x_n \leqq \frac{1}{2^n}$ (für jedes $n = 1, 2, 3, \ldots$) ist, wird mit Q bezeichnet und heißt *Fundamentalquader* des Hilbertschen Raumes (oder einfach *Hilbert-Quader*). Wie man leicht sieht, ist Q in R^∞ abgeschlossen.

Wie wir wissen, liegt die Menge aller rationalen (und ebenso die Menge aller irrationalen) Punkte überall dicht auf der Zahlengeraden R^1.

Auch im n-dimensionalen Raum R^n, n beliebig, läßt sich leicht eine abzählbare überall dichte Menge angeben: Eine solche ist beispielsweise die Menge aller „rationalen" Punkte, d. h. derjenigen Punkte, deren n Koordinaten alle rational sind. Die Abzählbarkeit dieser Menge wurde in 1.4. bewiesen.

Im Hilbertschen Raum R^∞ gibt es ebenfalls eine abzählbare überall dichte Menge: Man wähle etwa die Menge D aller Punkte der Form

$$x = (r_1, r_2, \ldots, r_n, 0, 0, 0, \ldots), \tag{5}$$

deren sämtliche Koordinaten rational sind und unter denen nur endlich (jedoch hinreichend) viele von Null verschiedene vorkommen. Die Abzählbarkeit der Menge D folgt daraus, daß D die Vereinigung einer abzählbaren Menge von Mengen D_n ist, wobei D_n für gegebenes n aus allen Punkten der Form (5) besteht.

Der verallgemeinerte Hilbertsche Raum H^τ wird für jede unendliche Kardinalzahl τ auf folgende Weise konstruiert (wobei diese Konstruktion für abzählbares τ auf den gewöhnlichen (klassischen) Hilbertschen Raum führt). Wir wählen irgendeine Menge $\mathfrak{A} = \{\alpha\}$ der Mächtigkeit τ, die wir Indexmenge nennen wollen, während die Elemente α der Menge $\mathfrak{A}$ Indizes heißen. Für abzählbares τ wählen wir als $\mathfrak{A}$ die Menge aller natürlichen Zahlen.[1]) Jedem $\alpha \in \mathfrak{A}$ wird eine reelle Zahl x_α derart zugeordnet, daß die Menge aller derjenigen α, für die $x_\alpha \neq 0$ ist, höchstens abzählbar ist und daß dabei die Quadratsummen der Zahlen x_α endlich sind. Wir haben eine Funktion $x = x(\alpha)$ erhalten, die auf der Menge $\mathfrak{A}$ definiert ist, deren Werte reelle Zahlen sind und die den oben angegebenen Bedingungen genügt. Jede solche Funktion x mit Werten $x(\alpha) = x_\alpha$ (jedes Tupel von Zahlen $\{x_\alpha\}$, worin α die ganze Indexmenge $\mathfrak{A}$ durchläuft) wird ein Punkt des Raumes H^τ genannt und mit $x = \{x_\alpha\}$ bezeichnet, während die Zahlen x_α selbst, d. h. die Werte der Funktion x, die Koordinaten des Punktes $x = \{x_\alpha\}$ heißen. Wie für $\tau = \aleph_0$ gilt für je zwei Punkte $x = \{x_\alpha\}$ und $x' = \{x_\alpha'\}$ die Cauchy-Bunjakowskische Ungleichung

$$\sum_{\alpha\in\mathfrak{A}} x_\alpha x_\alpha' \leqq \sqrt{\sum_{\alpha\in\mathfrak{A}} x_\alpha^2} \cdot \sqrt{\sum_{\alpha\in\mathfrak{A}} x_\alpha'^2},$$

wobei über alle $\alpha \in \mathfrak{A}$ summiert wird, oder, was dasselbe ist, über die höchstens abzählbare Menge derjenigen α, für die wenigstens eine der Zahlen x_α, x_α' von Null verschieden ist. Aus dieser Ungleichung ergibt sich, daß zu zwei Punkten $x = \{x_\alpha\}$ und $y = \{y_\alpha\}$ eine endliche nichtnegative Zahl

$$\varrho(x, y) = \sqrt{\sum_{\alpha\in\mathfrak{A}} (x_\alpha - y_\alpha)^2}$$

---

[1]) Natürlich kann man für beliebiges τ als $\mathfrak{A}$ die Menge aller Ordnungszahlen von der Mächtigkeit $< \tau$ nehmen.

definiert ist, die der Abstand zwischen ihnen genannt wird, und daß dieser Abstand (der offensichtlich dem Identitäts- und dem Symmetrieaxiom genügt) die Dreiecksungleichung erfüllt. Der so erhaltene metrische Raum H^τ heißt *verallgemeinerter Hilbertscher Raum „der Dimension τ"*.

Der Raum C aller stetigen Funktionen f auf dem Segment $[0; 1]$. Die Punkte des Raumes C sind alle möglichen reellen stetigen Funktionen auf dem Segment $[0; 1]$ der Zahlengeraden R^1.[1]) Der Abstand $\varrho(f, g)$ zwischen zwei Punkten des Raumes C, d. h. zwischen zwei Funktionen f und g, wird folgendermaßen definiert:

$$\varrho(f, g) = \sup_{0 \leq x \leq 1} |f(x) - g(x)|.$$

Der Leser beweist leicht, daß eine Folge von Punkten $f_1, f_2, \ldots, f_n, \ldots$ des Raumes C genau dann gegen einen Punkt f konvergiert, wenn die Folge der Funktionen $f_1, f_2, \ldots, f_n, \ldots$ auf dem Segment $[0; 1]$ gleichmäßig gegen die Funktion f konvergiert.

Wir beweisen jetzt den folgenden

Satz 1. *Der Raum C enthält eine abzählbare überall dichte Menge.*

Dem Beweis dieses Satzes seien einige elementare Bemerkungen vorangestellt. Ein in der Ebene R^2 gelegener einfacher Streckenzug

$$L = \overline{A_0 A_1 \ldots A_n} \tag{6}$$

heiße „zulässig", wenn er folgenden Bedingungen genügt:

a) Der Streckenzug L liegt ganz in dem Streifen $0 \leq x \leq 1$ und schneidet jede in diesem Streifen gelegene Gerade, die zur Ordinatenachse parallel ist, in nur einem einzigen Punkt.

b) Die Ecken dieses Streckenzuges L sind die Punkte

$$A_0 = (x_0, y_0), A_1 = (x_1, y_1), \ldots, A_n = (x_n, y_n)$$

mit rationalen Abszissen, wobei $x_0 = 0$, $x_n = 1$ ist.

Offenbar ist jeder zulässige Streckenzug L die graphische Darstellung einer auf $[0; 1]$ stetigen Funktion $\lambda(x)$, die auf jedem der Segmente $[0; x_1]$, $[x_1; x_2]$, ..., $[x_{n-1}; 1]$ linear ist. Stetige Funktionen dieser Art heißen *stückweise linear.* Eine stückweise lineare Funktion heißt „zulässig", wenn ihr Bild ein zulässiger Streckenzug ist.

Unter den zulässigen Streckenzügen und den ihnen entsprechenden stückweise linearen Funktionen heben wir die „regulären" Streckenzüge und Funktionen besonders hervor; einen zulässigen Streckenzug wollen wir regulär nennen, wenn beide Koordinaten aller Ecken des Streckenzuges rational sind. Funktionen, deren Bilder reguläre Streckenzüge sind, nennen wir ebenfalls regulär. Aus 1.4., Theorem 9, folgt, daß die Menge aller regulären Streckenzüge abzählbar ist. Folglich bilden die regu-

[1]) Anstelle des Segments $[0; 1]$ könnte auch jedes beliebige Segment $[a; b]$ der Zahlengeraden gewählt werden.

lären Funktionen eine abzählbare Untermenge C_0 des Raumes C. Unsere Aufgabe ist es, zu beweisen, daß die Menge C_0 in C überall dicht ist. Diese Behauptung ergibt sich aus den beiden folgenden Aussagen:

A. Wie auch immer eine auf $[0; 1]$ stetige Funktion $f(x)$ und eine positive Zahl ε gewählt sein mögen, stets existiert eine zulässige stückweise lineare Funktion $\lambda(x)$, die für alle $x \in [0; 1]$ der Ungleichung $|f(x) - \lambda(x)| < \varepsilon$ genügt.

B. Zu jeder zulässigen stückweise linearen Funktion $\lambda(x)$ und jeder positiven Zahl ε existiert eine reguläre Funktion $\lambda'(x)$, die für alle $x \in [0; 1]$ der Ungleichung $|\lambda(x) - \lambda'(x)| < \varepsilon$ genügt.

Zum Beweis der Aussage A benutzen wir den aus der Analysis bekannten Satz, daß jede auf dem Segment $[0; 1]$ stetige Funktion dort gleichmäßig stetig ist. Daher kann man bei einer vorgelegten auf $[0; 1]$ stetigen Funktion $f(x)$ zu jedem $\varepsilon > 0$ ein $\delta > 0$ derart wählen, daß für alle x' und x'' des Segments $[0, 1]$, die der Ungleichung $|x' - x''| < \delta$ genügen, $|f(x') - f(x'')| < \frac{\varepsilon}{2}$ gilt. Wir zerlegen jetzt das Segment $[0; 1]$ durch rationale Punkte $x_1, \ldots, x_{n-1}$ in die Segmente

$$[x_0 = 0; x_1], [x_1; x_2], \ldots, [x_{n-1}; x_n = 1],$$

deren Längen sämtlich kleiner als δ sind, und es sei

$$y_i = f(x_i)$$

für $i = 0, 1, \ldots, n$. Setzen wir $A_i = (x_i, y_i)$ für $i = 0, 1, \ldots, n$, dann ist der Streckenzug (6) zulässig. Die durch den Streckenzug dargestellte stückweise lineare Funktion bezeichnen wir mit $\lambda(x)$. Für jeden Punkt x des Segments $[0; 1]$ bestimmen wir x_i aus der Bedingung $x_i \leqq x < x_{i+1}$. Wir erhalten dann folgende Abschätzungen:

$$|f(x) - f(x_i)| < \frac{\varepsilon}{2},$$

$$|\lambda(x) - \lambda(x_i)| \leqq |\lambda(x_{i+1}) - \lambda(x_i)| = |f(x_{i+1}) - f(x_i)| < \frac{\varepsilon}{2},$$

woraus sich unter Beachtung der Gleichung $\lambda(x_i) = f(x_i)$ die Beziehung

$$|f(x) - \lambda(x)| \leqq |f(x) - f(x_i)| + |\lambda(x_i) - \lambda(x)| < \frac{\varepsilon}{2} + \frac{\varepsilon}{2} = \varepsilon$$

ergibt. Damit ist Aussage A bewiesen.

Aussage B ergibt sich aus folgender Bemerkung:

B'. Vorgegeben seien ein zulässiger Streckenzug (6) und eine Zahl $\varepsilon > 0$. Unterscheiden sich $y_0', y_1', \ldots, y_n'$ jeweils von $y_0, y_1, \ldots, y_n$ um weniger als ε und ist $A_i' = (x_i, y_i')$, so gilt für die durch den Streckenzug $A_0'A_1' \ldots A_n'$ dargestellte Funktion $\lambda^*(x)$

$$|\lambda(x) - \lambda^*(x)| < \varepsilon.$$

(Behauptung B folgt aus B', da man $y_0', y_1', \ldots, y_n'$ rational wählen kann.)

Es sei nämlich x ein beliebiger Punkt des Segments $[0; 1]$. Wir bestimmen x_i aus der Bedingung $x_i \leqq x < x_{i+1}$ und erhalten $x = tx_i + (1 - t)\, x_{i+1}$ mit

$$0 < t = \frac{x_{i+1} - x}{x_{i+1} - x_i} \leqq 1.$$

Dann ist

$$\lambda(x) = ty_i + (1 - t)\, y_{i+1}, \qquad \lambda^*(x) = ty_i' + (1 - t)\, y'_{i+1}$$

und folglich

$$|\lambda(x) - \lambda^*(x)| \leqq t\, |y_i - y_i'| + (1 - t)\, |y_{i+1} - y'_{i+1}| < \varepsilon[t + (1 - t)] = \varepsilon,$$

womit die Aussage bewiesen ist.

Bairesche Räume. Es sei $\mathfrak{A} = \{\alpha\}$ eine Menge von irgendwelchen Elementen α, die Indizes genannt werden sollen, und es sei die Mächtigkeit der Menge $\mathfrak{A}$ eine beliebige vorgegebene Kardinalzahl τ. In folgender Weise konstruieren wir einen metrischen Raum B_τ. Die Punkte des Raumes B_τ sind nach Definition alle möglichen (abzählbaren) Folgen

$$\xi = (\alpha_1, \alpha_2, \ldots, \alpha_n, \ldots)$$

von Elementen aus der Indexmenge $\mathfrak{A}$. Der Abstand zwischen zwei Punkten $\xi = (\alpha_1, \ldots, \alpha_n, \ldots)$ und $\xi' = (\alpha_1', \ldots, \alpha_n', \ldots)$ ist definiert durch

$$\varrho(\xi, \xi') = \frac{1}{k},$$

wobei k die kleinste unter den natürlichen Zahlen ist, für die $\alpha_k \neq \alpha_k'$ gilt. Die Abstandsfunktion nimmt somit nur Werte der Gestalt $\frac{1}{k}$ an, wobei die Gleichung $\varrho(\xi, \xi') = \frac{1}{k}$ besagt, daß $\alpha_1 = \alpha_1', \ldots, \alpha_{k-1} = \alpha'_{k-1}$ ist, jedoch $\alpha_k \neq \alpha_k'$ gilt.

Von den Axiomen des metrischen Raumes sind das Identitäts- und das Symmetrieaxiom offenbar erfüllt. Ohne Mühe prüft man auch die Gültigkeit der Dreiecksungleichung nach, und dies sogar in der folgenden verschärften Form: Gilt $\varrho(\xi, \xi') = \frac{1}{k'}$, $\varrho(\xi', \xi'') = \frac{1}{k''}$, dann ist $\varrho(\xi, \xi'') = \frac{1}{k}$, wobei k die kleinste der beiden Zahlen k' und k'' bezeichnet und folglich $\frac{1}{k}$ der größte der beiden Abstände $\varrho(\xi, \xi')$ und $\varrho(\xi', \xi'')$ ist.

Die Kugelumgebung $O\left(\xi, \frac{1}{n}\right)$ eines Punktes $\xi = (\alpha_1, \ldots, \alpha_n, \ldots)$ ist die Menge $O_{\alpha_1 \ldots \alpha_n}$ aller Punkte $\xi' = (\alpha_1', \ldots, \alpha_n', \ldots)$, für die

$$\alpha_1' = \alpha_1, \ldots, \alpha_n' = \alpha_n$$

ist. Die Menge der Kugelumgebungen aller möglichen Punkte $\xi \in B_\tau$ ist offenbar zur Menge aller möglichen endlichen Kombinationen $\alpha_1, \ldots, \alpha_n$ gleichmächtig, d. h., sie besitzt die Mächtigkeit τ. Der Raum B_τ besitzt daher das Gewicht τ und wird konsequenterweise Bairescher Raum vom Gewicht τ genannt. BAIRE selbst konstruierte nur für die abzählbare Mächtigkeit $\tau = \aleph_0$ einen Raum B_τ; in diesem Fall ist die Menge $\mathfrak{A}$ einfach die Menge der natürlichen Zahlen, und die Punkte des Raumes B_τ sind die abzählbaren Folgen natürlicher Zahlen.

Satz 2. *Der Bairesche Raum $B_{\aleph_0}$ ist homöomorph zum Raum J aller Irrationalzahlen, aufgefaßt als Teilraum der Zahlengeraden R^1.*

Beweis. Da die Menge R der rationalen Punkte der Zahlengeraden zur Menge R_2 der dyadisch-rationalen Punkte des Segments $I = [0; 1]$ ähnlich ist (vgl. die Folgerung aus Theorem 1 in 3.1.), genügt es zu beweisen, daß der Bairesche Raum $B_{\aleph_0}$ zu dem Teilraum $J_2 = I \setminus R_2$ des Segments I homöomorph ist, womit dann zugleich die Homöomorphie der Räume $B_{\aleph_0}$ und J bewiesen ist.

Auf dem Segment I betrachten wir die abzählbare Familie von Segmenten $\delta_1 = \{\Delta_j\}$, $j = \pm 1, \pm 2, \pm 3, \ldots$, wobei $\Delta_j = \left[1 - \frac{1}{2^j}; 1 - \frac{1}{2^{j+1}}\right]$ ist für $j > 0$ und $\Delta_j = [2^{j-1}; 2^j]$ für $j < 0$. Die Segmente Δ_j werden wir Segmente ersten Ranges nennen.

Nun konstruieren wir auf jedem Segment ersten Ranges $\Delta_j = [a_j; b_j]$, $b_j - a_j = d_j$, eine abzählbare Familie $\{\Delta_{jk}\}$, $k = \pm 1, \pm 2, \pm 3, \ldots$, von Segmenten zweiten Ranges, wobei $\Delta_{jk} = \left[b_j - \frac{d_j}{2^k}; b_j - \frac{d_j}{2^{k-1}}\right]$ für $k > 0$ und $\Delta_{jk} = [a_j + d_j \cdot 2^{k-1}; a_j + d_j \cdot 2^k]$ für $k < 0$ ist, und wir setzen $\delta_2 = \{\Delta_{jk}: j, k = \pm 1, \pm 2, \ldots\}$. Wird diese Konstruktion wiederholt, so erhalten wir im folgenden Schritt eine Familie von Segmenten dritten Ranges, nämlich

$$\delta_3 = \{\Delta_{jkl}: j, k, l = \pm 1, \pm 2, \ldots\}, \qquad \Delta_{jkl} \subset \Delta_{jk} \subset \Delta_j,$$

usw.

Wir setzen $\delta = \bigcup_{i=1}^{\infty} \delta_i$. Wie man leicht sieht, stimmt die Menge der Endpunkte aller Segmente aus der Familie δ mit der Menge R_2 der dyadisch-rationalen Punkte des Segments I überein.

Es kann angenommen werden, daß der Raum $B_{\aleph_0}$ aus den abzählbaren Folgen von Null verschiedener ganzer Zahlen besteht. Unter dieser Voraussetzung läßt sich in einfacher Weise eine Abbildung $f: B_{\aleph_0} \to I$ des Raumes $B_{\aleph_0}$ in das Segment I konstruieren. Wir setzen nämlich

$$f(n_1, n_2, n_3, \ldots, n_k, \ldots) = \Delta_{n_1} \cap \Delta_{n_1 n_2} \cap \cdots \cap \Delta_{n_1 n_2 \ldots n_k} \cap \cdots.$$

Die so erhaltene Abbildung ist umkehrbar eindeutig. Dies folgt unmittelbar aus der Konstruktion des Segmentesystems δ. Wir zeigen nun, daß $f(B_{\aleph_0}) = J_2$ ist.

Es sei $x \in R_2$. Dann ist x Endpunkt eines Segments vom Rang k (die Zahl k hängt von x ab). Das bedeutet, daß x zu keinem Segment vom Rang $k + 1$ gehört. Also ist $x \notin fB_{\aleph_0}$.

Somit haben wir also eine umkehrbar eindeutige Abbildung f des Raumes $B_{\aleph_0}$ auf den Raum J_2 konstruiert. Nun zeigen wir, daß die Abbildung f topologisch ist.

Das Mengensystem $\left\{O\left(r, \frac{1}{n}\right) : r \in B_{\aleph_0}, n = 1, 2, \ldots\right\}$ bildet eine Basis des Raumes $B_{\aleph_0}$. Jede Menge $O\left(r, \frac{1}{n}\right)$ besteht aus den Punkten, deren erste n Koordinaten gleich den ersten n Koordinaten $r_1, \ldots, r_n$ des Punktes r sind. Daher ist $f\left(O\left(r, \frac{1}{n}\right)\right) = \Delta_{r_1 \ldots r_n} \cap J_2$. Nun bilden die Mengen $\Delta_{k_1 \ldots k_n} \cap J_2$, $n = 1, 2, \ldots, k_i = \pm 1, \pm 2, \ldots$, $i = 1, 2, \ldots, n$, aber eine Basis des Raumes J_2. Die Abbildung f überführt also eine Basis des Raumes $B_{\aleph_0}$ in eine Basis des Raumes J_2. Folglich ist f eine topologische Abbildung, und der Satz ist bewiesen.

Wie wir gezeigt haben, besitzt der Bairesche Raum $B_{\aleph_0}$ das Gewicht $\aleph_0$, d. h., er besitzt eine abzählbare Basis. Um zu einer abzählbaren Basis zu gelangen, die in $B_{\aleph_0}$ überall dicht ist, bezeichnen wir mit H_1 die Menge aller Folgen der Gestalt $(n_1, 1, \ldots, 1, \ldots)$, wobei n_1 alle natürlichen Zahlen durchläuft; mit H_2 bezeichnen wir die Menge aller Folgen der Gestalt $(n_1, n_2, 1, \ldots, 1, \ldots)$, worin n_1 und n_2 unabhängig voneinander die Menge der natürlichen Zahlen durchlaufen. Allgemein bezeichnen wir mit H_k die Menge aller Folgen von der Gestalt

$$(n_1, \ldots, n_k, 1, \ldots, 1, \ldots),$$

worin $n_1, \ldots, n_k$ unabhängig voneinander die Menge der natürlichen Zahlen durchlaufen. Jede der Mengen H_k ist abzählbar; die Vereinigung H der Mengen H_k ist eine abzählbare Menge, die in dem Baireschen Raum $B_{\aleph_0}$ überall dicht ist.

Mit M_n bezeichnen wir die Menge von Punkten aus der Ebene, die aus den 2^{n-1} Punkten

$$\left(\frac{1}{2^n}, \frac{1}{2^n}\right), \left(\frac{3}{2^n}, \frac{1}{2^n}\right), \ldots, \left(\frac{2^n - 1}{2^n}, \frac{1}{2^n}\right)$$

besteht.

Die Menge E wird als die Vereinigung der Mengen M_n $(n = 1, 2, \ldots)$ definiert. Die Punkte des Segments $[0; 1]$ auf der Abszissenachse sind Häufungspunkte der Menge E.

Die aus den Punkten der Menge E und den Punkten des Segments $[0; 1]$ auf der Abszissenachse bestehende Menge (die in der Ebene R^2 liegt) werde nun als ein metrischer Raum X aufgefaßt. In diesem Raum stellt die Menge E eine abzählbare überall dichte Menge dar.

Interessant ist, daß die Menge E eine *minimale* überall dichte Menge des Raumes X ist, und zwar minimal in dem Sinne, daß jede in X überall dichte Menge die Menge E enthält. Der Leser möge sich selbst davon überzeugen, daß *in einem metrischen Raum nur dann eine minimale überall dichte Menge existiert, wenn die Menge aller isolierten Punkte dieses Raumes in diesem überall dicht ist.* Insbesondere gibt es weder in den euklidischen Räumen R^n noch im Hilbertschen Raum H^τ oder im Baireschen Raum minimale überall dichte Mengen: Entfernt man aus einer beliebigen Menge, die in einem der genannten Räume überall dicht ist, eine endliche Anzahl von Punkten, so ist die verbleibende Menge überall dicht; aus einer beliebigen, in einem euklidischen, Hilbertschen oder Baireschen Raum überall dichten

Menge kann auch eine unendliche Menge derart entfernt werden, daß die verbleibende Menge überall dicht ist.

Zum Abschluß sei bemerkt, daß fast alle in diesem Abschnitt betrachteten Räume, und zwar die euklidischen Räume R^n von beliebiger Dimension n, der Hilbertsche Raum R^∞, der Raum C der stetigen Funktionen auf dem Segment $[0; 1]$ und der Bairesche Raum $B_{\aleph_0}$, Räume mit abzählbarer Basis sind. Alle obengenannten Räume sind nämlich separabel und besitzen folglich nach Theorem 19 aus 4.4. ein abzählbares Gewicht.

4.7. Räume mit abzählbarer Basis

Die Räume mit abzählbarer Basis, d. h. Räume von abzählbarem Gewicht, bilden eine der wichtigsten Klassen von topologischen Räumen, denen man besonders häufig in den Anwendungen begegnet. Wie wir gesehen haben, sind solche für die gesamte Mathematik wichtigen Räume, wie die euklidischen Räume von beliebiger Dimension, der Hilbertsche Raum, der Raum C der auf dem Segment $[0; 1]$ definierten stetigen Funktionen, der Bairesche Raum $B_{\aleph_0}$ und eine Reihe anderer, Räume mit einer abzählbaren Basis. Wir wissen bereits, daß jeder Raum mit einer abzählbaren Basis separabel ist, d. h., eine abzählbare überall dichte Menge enthält. Wir beweisen nun das folgende

Theorem 28. *Existiert in X eine abzählbare überall dichte Menge, so ist jedes System S disjunkter offener Mengen des Raumes X endlich oder abzählbar.*

Da jeder isolierte Punkt eines Raumes X eine offene Menge darstellt, ist in Theorem 28 die folgende Aussage enthalten:

Theorem 29. *Gibt es in X eine abzählbare überall dichte Menge, so ist die Menge aller isolierten Punkte des Raumes X endlich oder abzählbar.*

Beweis von Theorem 28. In X gebe es eine abzählbare überall dichte Menge M. Ordnen wir jeder offenen Menge $\Gamma \in S$ einen gewissen der in ihr enthaltenen Punkte der Menge M zu, so erhalten wir eine eineindeutige Zuordnung zwischen der Menge S und einer gewissen Teilmenge der Menge M, womit bewiesen ist, daß S endlich oder abzählbar ist.

Beispiele von metrischen Räumen, die keine abzählbare überall dichte Menge enthalten.

1. Wir bezeichnen mit X irgendeine überabzählbare Menge (über die Art der Elemente machen wir keinerlei Voraussetzungen). Für je zwei verschiedene Elemente $x \in X$, $y \in X$ setzen wir $\varrho(x, y) = 1$. Durch diese Definition des Abstands wird die Menge X zu einem metrischen Raum, in dem alle Punkte isolierte Punkte sind. Daher ist die einzige in X überall dichte Menge die Menge X selbst, die nach Voraussetzung überabzählbar ist.

2. Es sei R^2 die gewöhnliche Zahlenebene; den üblichen Abstand zwischen zwei Punkten z, z' bezeichnen wir wie immer mit $\varrho(z, z')$. Es sei o der Koordinatenursprung. Wir setzen nun für je zwei Punkte $z \in R^2$, $z' \in R^2$

$$\varrho'(z, z') = \varrho(z, z'),$$

wenn die Gerade zz' durch o hindurchgeht, und

$$\varrho'(z, z') = \varrho(z, o) + \varrho(o, z'),$$

wenn die Gerade zz' nicht durch o hindurchgeht. Die Menge der Punkte der Ebene R^2 mit dem Abstand ϱ' ist ein metrischer Raum X. Die von o verschiedenen Punkte jeder durch o hindurchgehenden Geraden bilden eine offene Menge. Es gibt also in X überabzählbar viele disjunkte offene Mengen und daher keine abzählbare überall dichte Menge.

Wir erinnern daran, daß ein Punkt a Kondensationspunkt (Verdichtungspunkt) einer Menge M in einem Raum X heißt, wenn jede Umgebung des Punktes a überabzählbar viele Punkte der Menge M enthält. Es ist klar, daß nur überabzählbare Mengen Kondensationspunkte besitzen können und daß jeder Kondensationspunkt erst recht auch ein Häufungspunkt ist.

Es gilt folgender bemerkenswerter Satz, der zuerst von Lindelöf bewiesen wurde:

Erster Satz von Lindelöf. *Es sei M eine in einem Raum mit abzählbarer Basis gelegene Menge. Dann ist die Menge der Punkte aus M, die keine Kondensationspunkte von M sind, endlich oder abzählbar.*

Beweis. Zuvor eine Bemerkung: Ist

$$S = \{\Gamma_1, \Gamma_2, \ldots, \Gamma_n, \ldots\}$$

eine abzählbare Basis des Raumes X, so ist ein Punkt x dann und nur dann Kondensationspunkt der Menge M, wenn jede S-Umgebung[1]) des Punktes x eine überabzählbare Menge von Punkten aus M enthält.

Ist nun x kein Kondensationspunkt der Menge M, so gibt es eine S-Umgebung des Punktes x, die höchstens abzählbar viele Punkte aus M enthält. Wir wählen nun zu jedem Punkt x der Menge M, der nicht Kondensationspunkt dieser Menge ist, eine solche S-Umgebung. Da es nur abzählbar viele S-Umgebungen gibt, ist die Anzahl der ausgewählten S-Umgebungen erst recht höchstens abzählbar. In jeder dieser Umgebungen liegen höchstens abzählbar viele Punkte aus M, also ist auch die Menge aller Punkte der Menge M, die in der Vereinigung der ausgewählten S-Umgebungen liegen, höchstens abzählbar. Da jeder Punkt der Menge M, der kein Kondensationspunkt der Menge M ist, in wenigstens einer ausgewählten S-Umgebung liegt, ist der Satz bewiesen.

Theorem 30. *Die Menge Φ aller Kondensationspunkte jeder in einem Raum mit abzählbarer Basis gelegenen Menge M ist eine perfekte Menge, die dann und nur dann leer ist, wenn M höchstens abzählbar ist; sie ist überabzählbar, wenn M überabzählbar ist. Jeder Punkt $a \in \Phi$ ist auch Kondensationspunkt der Menge Φ.*

Beweis. Wir bezeichnen die Menge aller Kondensationspunkte der Menge M mit Φ. Aus dem vorhergehenden Satz folgt, daß Φ im Fall einer überabzählbaren Menge M überabzählbar ist. Ist M höchstens abzählbar, so ist Φ offensichtlich leer. Wir beweisen nun, daß Φ eine perfekte Menge ist.

[1]) Unter einer S-Umgebung eines Punktes x verstehen wir eine zur Basis S gehörende Umgebung.

1. *Die Menge Φ ist abgeschlossen.* Es sei a ein Berührungspunkt der Menge Φ. Dann enthält jede Umgebung U des Punktes a einen gewissen Punkt $x \in \Phi$. Als offene Menge, die den Punkt x enthält, ist die Menge U eine Umgebung dieses Punktes, sie enthält daher eine überabzählbare Menge von Punkten aus M. Da U eine beliebige Umgebung des Punktes a ist, muß a Kondensationspunkt der Menge M sein, d. h., es ist $a \in \Phi$.

2. Wir beweisen, daß *jeder Punkt $a \in \Phi$ Kondensationspunkt der Menge Φ ist.* Es sei U eine beliebige Umgebung des Punktes a. Nach Definition des Punktes a ist die Menge $U \cap M$ überabzählbar, nach dem Satz von LINDELÖF sind dann alle ihre Punkte (mit Ausnahme von höchstens abzählbar vielen) Kondensationspunkte dieser Menge $U \cap M$, also erst recht Kondensationspunkte der Menge M, d. h., sie gehören zur Menge Φ. Jede Umgebung des Punktes a enthält also nicht nur unendlich viele, sondern sogar überabzählbar viele Punkte der Menge Φ; damit ist Theorem 30 bewiesen.

Folgerung. *Jede in einem Raum mit abzählbarer Basis gelegene abgeschlossene Menge F ist entweder höchstens abzählbar oder Vereinigung der überabzählbaren perfekten Menge ihrer Kondensationspunkte und der höchstens abzählbaren Menge der übrigen Punkte.*

Bezeichnen wir nämlich die Menge aller Kondensationspunkte der Menge F mit Φ, so ist $\Phi \subseteqq F$, während $F \setminus \Phi$ nach dem ersten Satz von LINDELÖF höchstens abzählbar ist.

Zweiter Satz von LINDELÖF. *Ist $\mathfrak{A}$ ein beliebiges in einem Raum X mit abzählbarer Basis gegebenes überabzählbares System offener Mengen G, so kann man stets im System $\mathfrak{A}$ ein abzählbares oder endliches Teilsystem $\mathfrak{A}_0$ finden, dessen Vereinigung mit der Vereinigung des ganzen Systems $\mathfrak{A}$ übereinstimmt.*

Zum Beweis wählen wir irgendeine abzählbare Basis

$$\Gamma_1, \Gamma_2, \ldots, \Gamma_n, \ldots \tag{1}$$

des Raumes X. Ein Element Γ_n dieser Basis nennen wir „ausgezeichnet“, wenn Γ_n in wenigstens einem $G \in \mathfrak{A}$ enthalten ist. Es seien

$$\Gamma_{n_1}, \Gamma_{n_2}, \ldots, \Gamma_{n_k}, \ldots$$

alle ausgezeichneten Elemente der Basis (1). Jedes Γ_{n_k} ist im allgemeinen in mehreren (möglicherweise auch in unendlich vielen) verschiedenen $G \in \mathfrak{A}$ enthalten. Wir wählen nun zu jedem ausgezeichneten Γ_{n_k} ein wohlbestimmtes, diese Menge enthaltendes $G \in \mathfrak{A}$, das wir mit G_k bezeichnen wollen. Wir erhalten ein höchstens abzählbares Teilsystem

$$G_1, G_2, \ldots, G_k, \ldots \tag{2}$$

des Systems $\mathfrak{A}$. Wir behaupten, daß die Vereinigung aller Mengen (2) gleich der Vereinigung aller Mengen $G \in \mathfrak{A}$ ist. Es genügt zu zeigen, daß sich zu jedem Punkt x, der irgendeinem $G \in \mathfrak{A}$ angehört, in (2) eine Menge G_k finden läßt, die den Punkt x

enthält. Ist $x \in G$, so gibt es (da G offen und (1) eine Basis ist) ein Γ_n, das x enthält und von dem gegebenen G umfaßt wird. Dann ist Γ_n per definitionem ein ausgezeichnetes Element der Basis (1) und daher in einem gewissen G_k der Folge (2) enthalten. Dieses G_k enthält auch den Punkt x.

Theorem 31 (Baire-Hausdorff). *Jedes wohlgeordnete wachsende oder fallende System von Mengen, die in einem Raum X mit abzählbarer Basis entweder alle abgeschlossen oder alle offen sind, enthält höchstens abzählbar viele verschiedene Elemente.*

Der Beweis beruht auf folgendem

Hilfssatz. *Ein wohlgeordnetes eigentlich wachsendes (eigentlich fallendes) System von Mengen*

$$M_1 \subset M_2 \subset \cdots \subset M_\alpha \subset \cdots$$

bzw.

$$M_1 \supset M_2 \supset \cdots \supset M_\alpha \supset \cdots,$$

die aus natürlichen Zahlen bestehen, ist höchstens abzählbar.

Es sei

$$x_\alpha \in M_{\alpha+1} \setminus M_\alpha \quad \text{bzw.} \quad x_\alpha \in M_\alpha \setminus M_{\alpha+1}.$$

Wäre das System aller M_α überabzählbar, so erhielten wir überabzählbar viele verschiedene natürliche Zahlen x_α, was jedoch nicht möglich ist.

Wir beweisen nun den Satz von Baire-Hausdorff. Es genügt, die Behauptung für wohlgeordnete wachsende und fallende Systeme offener Mengen zu beweisen: Der Übergang zu den komplementären Mengen ergibt die Behauptung für Systeme abgeschlossener Mengen. Wir nehmen an, daß es in einem gegebenen wohlgeordneten System offener Mengen ein überabzählbares Teilsystem verschiedener Mengen gibt:

$$G_1 \subset G_2 \subset \cdots \subset G_\alpha \subset \cdots \quad \text{bzw.} \quad G_1 \supset G_2 \supset \cdots \supset G_\alpha \supset \cdots.$$

Wir wählen irgendeine abzählbare Basis des Raumes und numerieren ihre Elemente ein für allemal durch:

$$U_1, U_2, \ldots, U_n, \ldots$$

Jetzt bilden wir zu jedem G_α die Menge M_α, die aus den natürlichen Zahlen n besteht, für welche $U_n \subseteqq G_\alpha$ ist. Offenbar folgt aus $G_\alpha \subset G_\beta$ die Inklusion $M_\alpha \subset M_\beta$. Die Mengen M_α erfüllen daher die Bedingungen des Hilfssatzes; unter ihnen gibt es also höchstens abzählbar viele verschiedene Mengen. Daher kann es auch unter den Mengen G_α nicht überabzählbar viele verschiedene Mengen geben. Der Satz von Baire-Hausdorff ist damit bewiesen.

Der gleiche Satz läßt sich auch folgendermaßen aussprechen (wir bringen hier nur die Formulierung für fallende Folgen abgeschlossener Mengen; die übrigen drei Formulierungen überlassen wir dem Leser):

Theorem 31'. *Gegeben sei ein beliebiges wohlgeordnetes fallendes System abgeschlossener Mengen eines Raumes X mit abzählbarer Basis, die mit den Ordnungszahlen der ersten und zweiten Zahlklasse durchnumeriert sind:*

$$F_0 \supseteqq F_1 \supseteqq F_2 \supseteqq \cdots \supseteqq F_\alpha \supseteqq \cdots, \qquad \alpha < \omega_1; \tag{3}$$

dann gibt es stets ein α derart, daß alle Mengen (3), *deren Index größer oder gleich α ist, übereinstimmen:*

$$F_\alpha = F_{\alpha+1} = F_{\alpha+2} = \cdots.$$

Der Beweis wird indirekt geführt. Gäbe es kein solches α, so ließe sich zu jedem $\alpha < \omega_1$ ein kleinstes $\beta(\alpha)$ finden, $\alpha < \beta(\alpha) < \omega_1$, derart, daß $F_\alpha \neq F_{\beta(\alpha)}$ und somit $F_\alpha \supset F_{\beta(\alpha)}$ wäre. Wir setzen nun $\nu_0 = 0$ und nehmen an, daß wir für jede Ordnungszahl ζ, die kleiner als ein gewisses $\alpha < \omega_1$ ist, eine Ordnungszahl $\nu_\zeta < \omega_1$ so konstruiert haben, daß $\nu_\zeta < \nu_{\zeta'}$ und $F_{\nu_{\zeta'}} \supset F_{\nu_\zeta}$ für $\zeta < \zeta' < \alpha$ gilt.

Zur Konstruktion der Zahl ν_α bezeichnen wir mit α' die kleinste Zahl $< \omega_1$, die größer als alle ν_ζ mit $\zeta < \alpha$ ist, und setzen $\nu_\alpha = \beta(\alpha') > \alpha'$. Dann ist $F_{\nu_\alpha} \subset F_{\alpha'} \subseteqq \bigcap_{\gamma<\alpha'} F_\gamma \subseteqq \bigcap_{\zeta<\alpha} F_{\nu_\zeta}$, d. h. $F_{\nu_\alpha} \subset F_{\nu_\zeta}$ für jedes $\zeta < \alpha$.

Damit haben wir für jedes $\alpha < \omega_1$ ein ν_α konstruiert derart, daß die Mengen F_{ν_α}, deren Anzahl überabzählbar ($= \aleph_1$) ist, alle untereinander verschieden sind — im Widerspruch zu Theorem 31. Theorem 31' ist damit bewiesen.

Es sei E eine beliebige in einem Raum mit abzählbarer Basis gelegene Menge. Wir bezeichnen mit $E^{(1)}$ die Ableitung der Menge E (d. h. die Menge aller Häufungspunkte dieser Menge). Ist $E^{(\alpha)}$ gegeben, so definieren wir $E^{(\alpha+1)}$ als Ableitung der Menge $E^{(\alpha)}$. Ist β eine transfinite Limeszahl der zweiten Zahlklasse, so bezeichnen wir mit $E^{(\beta)}$ den Durchschnitt aller $E^{(\alpha)}$, $\alpha < \beta$. Die auf diese Art zu jeder Ordnungszahl $\alpha < \omega_1$ definierte abgeschlossene Menge $E^{(\alpha)}$ heißt Ableitung α-ter Ordnung der Menge E. Diese Mengen bilden ein wohlgeordnetes fallendes System abgeschlossener Mengen und sind daher von einem gewissen $\alpha < \omega_1$ an einander gleich. Die Menge $E^{(\alpha)} = E^{(\alpha+1)}$ ist offenbar eine perfekte Menge. Es gilt daher:

Theorem 32 (Cantor-Bendixson). *Zu jeder in einem Raum mit abzählbarer Basis gelegenen Menge E gibt es eine erste Ordnungszahl $\alpha < \omega_1$ derart, daß die Ableitung α-ter Ordnung der Menge E eine perfekte Menge ist (die eventuell leer sein kann) mit $E^{(\alpha)} = E^{(\alpha+1)} = \cdots$.*

Aus dem ersten Satz von Lindelöf folgt, daß $E^{(\alpha)}$ nur dann leer sein kann, wenn E höchstens abzählbar ist. Denn im Fall einer überabzählbaren Menge E ist $E^{(\alpha)} = E^{(\alpha+1)} = \cdots$ eine überabzählbare perfekte Menge, die die Menge aller Kondensationspunkte der Menge E enthält.

Für Räume mit abzählbarer Basis gelten noch weitere Sätze über die Mächtigkeiten einiger Mengensysteme.

Theorem 33_G. *Die Menge aller offenen Mengen eines gegebenen Raumes X mit abzählbarer Basis hat höchstens die Mächtigkeit $\mathfrak{c}$.*

Es sei

$$\Gamma_1, \Gamma_2, \ldots, \Gamma_n, \ldots \tag{4}$$

eine Basis des Raumes X. Jeder offenen Menge G entspricht eindeutig eine Teilfolge der Folge (4), bestehend aus allen Γ_n, die in G enthalten sind. Zwei verschiedenen offenen Mengen entsprechen verschiedene Teilfolgen; denn sind G und G' verschieden, so gibt es einen Punkt x, der einer dieser Mengen, etwa der Menge G, angehört und nicht in der anderen Menge enthalten ist. Dann gibt es aber auch eine ganze Umgebung Γ_n des Punktes x, die wohl in G, aber nicht in G' liegt. Auf diese Weise haben wir eine eineindeutige Zuordnung zwischen allen offenen Mengen des Raumes X und gewissen Folgen von natürlichen Zahlen (den Indizes der Elemente Γ_n der Folge (4)) hergestellt. Damit ist aber bewiesen, daß die Mächtigkeit der Menge aller offenen Mengen des Raumes X nicht größer ist als $\mathfrak{c}$.

Da der Übergang von offenen Mengen zu ihren Komplementen eine eineindeutige Abbildung der Menge aller offenen Mengen des Raumes X auf die Menge aller abgeschlossenen Mengen dieses Raumes darstellt, folgt aus Theorem 33_G

Theorem 33_F. *Die Mächtigkeit der Menge aller abgeschlossenen Mengen eines Raumes mit abzählbarer Basis ist nicht größer als* $\mathfrak{c}$.

Aus Theorem 33_F ergibt sich die

Folgerung. *Im Raum X seien alle einpunktigen Mengen abgeschlossen* (*solche Räume heißen T_1-Räume* (vgl. 4.8.)). *Besitzt der Raum X eine abzählbare Basis, so ist die Mächtigkeit der Menge aller seiner Punkte höchstens gleich* $\mathfrak{c}$.

Da euklidische Räume beliebiger Dimension, aber auch der Hilbertsche Raum, Räume mit abzählbarer Basis sind, lassen sich die Theoreme 33_F und 33_G insbesondere auf die euklidischen Räume und den Hilbertschen Raum anwenden. Sowohl in den euklidischen Räumen als auch im Hilbertschen Raum und im Fundamentalquader des Hilbertschen Raumes sind geradlinige Strecken, z. B. die Strecke $\left[0 \leqq x_1 \leqq \frac{1}{2}\right]$, $x_2 = x_3 = \cdots = 0$, enthalten; also ist nach dem Äquivalenzsatz von Cantor-Bernstein die Mächtigkeit jedes der genannten Räume genau gleich $\mathfrak{c}$. Da in der Menge aller abgeschlossenen Mengen eines gegebenen Raumes die Menge aller Punkte dieses Raumes als Untermenge enthalten ist, besitzt die Menge aller abgeschlossenen Mengen eines euklidischen Raumes beliebiger Dimension oder des Hilbertschen Raumes oder des Hilbertschen Fundamentalquaders die Mächtigkeit $\mathfrak{c}$.

Es gilt daher das

Theorem 34. *Die Mächtigkeit eines euklidischen Raumes beliebiger Dimension, die Mächtigkeit des Hilbertschen Raumes und seines Fundamentalquaders, aber auch die Mächtigkeit der Menge aller abgeschlossenen sowie die Mächtigkeit der Menge aller offenen Mengen jedes dieser Räume ist gleich* $\mathfrak{c}$.

Wir bemerken noch, daß die ersten beiden Behauptungen von Theorem 34 auch leicht direkt zu beweisen sind, was wir dem Leser überlassen.

Schließlich erinnern wir daran, daß der Raum aller auf dem Segment [0; 1] (oder auf irgendeinem anderen Segment) definierten stetigen Funktionen ein Raum mit abzählbarer Basis ist (vgl. 4.6.) und demnach höchstens die Mächtigkeit $\mathfrak{c}$ besitzt. Da unter den stetigen Funktionen insbesondere alle Konstanten vorkommen, können wir schließen, daß die Menge aller auf irgendeinem Segment definierten stetigen Funktionen die Mächtigkeit $\mathfrak{c}$ besitzt. Auch diese Tatsache läßt sich leicht direkt beweisen (indem man benutzt, daß jede stetige Funktion durch ihre Werte in den Punkten einer überall dichten Menge, z. B. durch ihre Werte in den rationalen Punkten, vollständig bestimmt ist).

4.8. Trennungsaxiome

Die Allgemeinheit, mit der wir den Begriff des topologischen Raumes einführten, und die Möglichkeit, unter so allgemeinen Voraussetzungen grundlegende Begriffe der Theorie der Punktmengen zu definieren, sind in vielen Fällen von prinzipieller Bedeutung; sie gestatten auch, die Darlegung topologischer Eigenschaften von Punktmengen einfach und logisch durchsichtig zu gestalten. Ihren vollen geometrischen Inhalt erhält die Mengenlehre jedoch erst durch schrittweise Einengung der Klasse der topologischen Räume. Man erreicht dies durch Einführung zusätzlicher Bedingungen, denen die betrachteten Räume genügen müssen. Eine der wichtigsten Bedingungen dieser Art haben wir bereits kennengelernt: die Forderung, daß ein Raum eine abzählbare Basis haben soll. Bei aller Wichtigkeit dieser „quantitativen" Beschränkung schließt sie jedoch nicht alle Räume aus, deren Topologie etwa der Topologie der metrischen Räume sehr unähnlich ist; wir sahen, daß es sogar in den nur aus endlich vielen Punkten bestehenden Mengen nichtabgeschlossene einpunktige Mengen gibt. Andererseits gibt es wichtige Klassen von topologischen Räumen, die nicht dem Abzählbarkeitsaxiom genügen. Daher muß man den topologischen Räumen Bedingungen ganz anderer Art — vor allem sogenannte *Trennungsaxiome* — auferlegen; diesen wollen wir uns jetzt zuwenden.

Das „nullte" oder Kolmogoroffsche Trennungsaxiom fordert, daß *von zwei verschiedenen Punkten x und y wenigstens einer eine Umgebung besitzt, die den anderen Punkt nicht enthält.* Als Beispiel eines topologischen Raumes, der dieses Axiom nicht erfüllt, mag das verheftete Punktepaar dienen (vgl. S. 96). Ein topologischer Raum, der das nullte Trennungsaxiom erfüllt, heißt *T_0-Raum.* Ein topologischer Raum, der kein T_0-Raum ist, wird für eine Untersuchung kaum von Interesse sein. Deshalb werden wir im weiteren unter einem topologischen Raum stets einen T_0-Raum verstehen.

Als Beispiel für ein inhaltsreiches und wichtiges Resultat, das sich auf T_0-Räume in ihrer ganzen Allgemeinheit bezieht, sei hier der folgende Satz angeführt:

Satz von Ponomarjew. *Unter allen T_0-Räumen sind die Räume, die dem ersten Abzählbarkeitsaxiom genügen, und auch nur diese, Bilder metrischer Räume bei (stetigen) offenen Abbildungen.*

Wir beginnen mit dem folgenden offensichtlichen Hilfssatz:

Hilfssatz 1. *Es sei f eine eindeutige Abbildung eines Raumes X auf einen Raum Y. Wenn für einen beliebigen Punkt $x \in X$ eine Basis $\mathfrak{B}_x$ dieses Punktes in eine Basis des Punktes $fx \in Y$ übergeht, dann ist die Abbildung f stetig und offen. Umgekehrt wird bei einer offenen und stetigen Abbildung $f: X \to Y$ jede Basis eines jeden Punktes $x \in X$ in eine Basis des Punktes $fx \in Y$ übergeführt.*

Aus diesem Hilfssatz folgt unmittelbar, daß das erste Abzählbarkeitsaxiom bei einer offenen stetigen Abbildung erhalten bleibt. Hieraus resultiert eine der beiden Aussagen von PONOMARJEW, daß nämlich nur Räume, die dem ersten Abzählbarkeitsaxiom genügen, Bilder von metrischen Räumen bei (stetigen) offenen Abbildungen sein können.

Wir gehen nun zum Beweis der zweiten Aussage des Satzes über.

Es sei X irgendein T_0-Raum vom Gewicht τ, in dem das erste Abzählbarkeitsaxiom gilt. Im Raum X wählen wir eine Basis $\mathfrak{B} = \{U_\alpha\}$ von der Mächtigkeit τ. In dem Baireschen Raum B_τ (der über derselben Indexmenge konstruiert wird wie die Basis $\mathfrak{B}$) wollen wir einen Punkt $\xi = (\alpha_1, \ldots, \alpha_n, \ldots)$ ausgezeichnet nennen, wenn die Mengen $U_{\alpha_1}, \ldots, U_{\alpha_n}, \ldots$ eine Basis für einen gewissen (und dann offenbar eindeutig bestimmten) Punkt $x = \bigcap_{n=1}^{\infty} U_{\alpha_n} \in X$ bilden. Die Menge aller ausgezeichneten Punkte des Raumes B_τ bezeichnen wir mit W; jedem Punkt $\xi \in W$ entspricht ein — eindeutig bestimmter — Punkt $x = f\xi \in X$, für den $\{U_{\alpha_1}, \ldots, U_{\alpha_n}, \ldots\}$ Basis ist und der in der Gestalt

$$x = \bigcap_{n=1}^{\infty} U_{\alpha_n}$$

geschrieben werden kann.

Die auf diese Weise definierte Abbildung $f: W \to X$ heißt Standardabbildung; sie ist eine Abbildung auf den Raum X.

Ist nämlich $x \in X$ ein beliebiger Punkt und $\{U_{\alpha_1}, \ldots, U_{\alpha_n}, \ldots\}$ irgendeine abzählbare Basis dieses Punktes im Raum X, die aus Elementen der Basis $\mathfrak{B}$ besteht, so ist der Punkt $\xi = (\alpha_1, \alpha_2, \ldots, \alpha_n, \ldots) \in B_\tau$ ausgezeichnet, und es ist $f\xi = x$.

Offenbar sind die Menge W und die Standardabbildung f durch die Angabe einer Basis $\mathfrak{B}$ des Raumes X vollständig definiert. Wir zeigen nun, daß

$$f(W \cap O_{\alpha_1 \ldots \alpha_n}) = U_{\alpha_1} \cap \cdots \cap U_{\alpha_n} \tag{1}$$

ist.[1]) Die Inklusion $f(W \cap O_{\alpha_1 \ldots \alpha_n}) \subseteq U_{\alpha_1} \cap \cdots \cap U_{\alpha_n}$ folgt unmittelbar aus der Definition der Abbildung f. Zum Beweis der umgekehrten Inklusion wählen wir irgendeinen Punkt $x \in U_{\alpha_1} \cap \cdots \cap U_{\alpha_n}$ und ergänzen die Umgebungen $U_{\alpha_1}, \ldots, U_{\alpha_n}$ dieses Punktes durch Umgebungen $U_{\alpha_{n+1}}, \ldots$ (aus $\mathfrak{B}$) zu einer Basis des Punktes x in X. Setzen wir dann $\xi = (\alpha_1, \ldots, \alpha_n, \alpha_{n+1}, \ldots)$, so erhalten wir offensichtlich $f\xi = x$. Aus Gleichung (1) folgt nun mittels Hilfssatz 1, daß die Abbildung f offen und stetig ist. Damit ist der Satz bewiesen.

[1]) Die Mengen $O_{\alpha_1 \ldots \alpha_n}$ wurden in 4.6. definiert.

Eine Verschärfung des nullten Trennungsaxioms ist das erste Trennungsaxiom, welches fordert, daß *für je zwei verschiedene Punkte x und y sowohl eine Umgebung des Punktes x existiert, die den Punkt y nicht enthält, als auch eine Umgebung des Punktes y, die den Punkt x nicht enthält.* Wir beweisen nun die *Äquivalenz des ersten Trennungsaxioms mit der Forderung, daß jede einpunktige Menge abgeschlossen ist.* Ist in einem topologischen Raum X das erste Trennungsaxiom erfüllt, so ist kein von einem Punkt $x \in X$ verschiedener Punkt y Berührungspunkt der einpunktigen Menge $\{x\}$ (da es eine Umgebung $U(y)$ gibt, die den Punkt x nicht enthält). Daher enthält die abgeschlossene Hülle der einpunktigen Menge $\{x\}$ nur diesen Punkt x. Sind umgekehrt alle einpunktigen Mengen abgeschlossen, so ist bei beliebiger Wahl von x und y aus X die offene Menge $X \setminus y$ eine Umgebung des Punktes x, die den Punkt y nicht enthält, die offene Menge $X \setminus x$ eine Umgebung des Punktes y, die den Punkt x nicht enthält.

Räume, die das erste Trennungsaxiom erfüllen, heißen *T_1-Räume.* Ein Beispiel eines T_0-Raumes, der kein T_1-Raum ist, stellt das zusammenhängende Punktepaar dar.

Folgende Tatsache ist wichtig:

Es sei M eine in einem T_1-Raum X gelegene Menge. Jeder Berührungspunkt x der Menge M ist entweder Häufungspunkt der Menge M (er braucht nicht selbst zur Menge zu gehören) oder ein in M isolierter Punkt[1]).

Es sei $x \in [M]$ und es existiere eine Umgebung $U(x)$ von x, die nur endlich viele Punkte der Menge M enthält. Die in $U(x)$ gelegenen Punkte der Menge M, die von x verschieden sind, werden mit $x_1, x_2, \ldots, x_s$ bezeichnet. Da die einpunktigen Mengen in X abgeschlossen sind, erhalten wir nach Herausnahme der endlichen Menge $\{x_1, \ldots, x_s\}$ aus $U(x)$ eine Umgebung $U_1(x)$ des Punktes x, die keinen vom Punkt x verschiedenen Punkt der Menge M mehr enthält. Da jedoch $x \in [M]$ ist, kann $U_1(x) \cap M$ trotzdem nicht leer sein; folglich ist $x \in M$. Dabei besteht die in M offene Menge $M \cap U_1(x)$ einzig und allein aus dem Punkt x, und unsere Behauptung ist bewiesen. Hieraus folgt, daß *in einem T_1-Raum X die abgeschlossenen Mengen als Mengen definiert werden können, die alle ihre Häufungspunkte enthalten.*

Bemerkung 1. *Erfüllt ein T_1-Raum das erste Abzählbarkeitsaxiom, so läßt sich zu jedem Berührungspunkt x einer in X gelegenen Menge M eine gegen den Punkt x konvergierende Folge von Punkten x_n dieser Menge finden* (man braucht nur $x_n \in M \cap U_n(x)$ zu nehmen, wobei $U_n(x)$ Elemente einer abzählbaren lokalen Basis im Punkt x sind). *Ist dabei x ein Häufungspunkt der Menge M, so können wir sogar alle diese Punkte x_n voneinander verschieden wählen.*

Das zweite oder Hausdorffsche Trennungsaxiom besteht in der Forderung, daß *je zwei verschiedene Punkte x und y eines topologischen Raumes X zwei disjunkte Umgebungen $U(x)$ und $U(y)$ besitzen.* Räume, die dieser Forderung entsprechen, heißen *T_2-Räume* oder *Hausdorffsche Räume.*

Ein Beispiel eines T_1-Raumes, der kein Hausdorffscher Raum ist, ergibt sich folgendermaßen: Die Menge X bestehe aus allen reellen Zahlen und einem von allen

[1]) „Ein Punkt x ist isolierter Punkt in einer Menge M" besagt, daß die nur aus dem Punkt x bestehende Menge in M offen ist.

diesen Elementen verschiedenen Element ξ beliebiger Natur. Als offen erkläre man in X erstens alle auf der Zahlengeraden offenen Mengen, zweitens alle Mengen der Form $X \setminus D$, wobei D eine beliebige endliche Menge von reellen Zahlen ist. Man bestätigt leicht, daß die Menge X bezüglich dieser Topologie ein T_1-Raum ist. Dieser Raum erfüllt jedoch nicht das Hausdorffsche Trennungsaxiom: Wie auch immer ein Punkt $x \in X$, $x \neq \xi$, gewählt sein mag, je zwei Umgebungen $U(x)$ und $U(\xi)$ haben immer Punkte gemeinsam (da $U(\xi)$ alle reellen Zahlen mit Ausnahme von höchstens endlich vielen enthält, während $U(x)$ eine offene Menge auf der Zahlengeraden ist und damit ein ganzes Intervall enthält).

Wir nennen einen T_1-Raum, in welchem zu jedem Punkt x und jeder diesen Punkt nicht enthaltenden abgeschlossenen Menge F zwei disjunkte Umgebungen Ox und OF existieren, einen *regulären Raum*. Jeder reguläre Raum ist offenbar ein Hausdorffscher Raum.

Um ein Beispiel für einen nichtregulären Hausdorffschen Raum zu erhalten, betrachten wir die Menge R der reellen Zahlen und definieren in R mit Hilfe eines Umgebungssystems folgendermaßen eine Topologie (vgl. 4.4.): Die Umgebungen aller Punkte $x \neq 0$ sind dieselben wie auf der Zahlengeraden; die Umgebungen des Punktes $x = 0$ ergeben sich, indem man aus jedem diesen Punkt enthaltenden Intervall alle zu diesem Intervall gehörigen Punkte der Gestalt $\frac{1}{n}$ entfernt, wobei n eine natürliche Zahl ist. Der Raum R ist ein Hausdorffscher Raum; die Menge aller Punkte der Form $\frac{1}{n}$ ist abgeschlossen in R; jede Umgebung dieser abgeschlossenen Menge hat mit jeder Umgebung des Punktes 0 einen nichtleeren Durchschnitt.

Eine weitere Einengung der Klasse der topologischen Räume erhalten wir, wenn wir die sogenannten normalen Räume betrachten: Ein T_1-Raum X, in dem je zwei disjunkte abgeschlossene Mengen disjunkte Umgebungen besitzen, heißt *normaler Raum*.

Ein Beispiel eines regulären nichtnormalen T_2-Raumes kann man auf folgende Weise konstruieren. Unter dem *Produkt zweier topologischer Räume X und Y* verstehen wir das Produkt der beiden Mengen X und Y (d. h. die Menge aller Paare (x, y) mit $x \in X$ und $y \in Y$); darin seien als offene Mengen die Produkte jeder offenen Menge $A \subseteqq X$ mit jeder offenen Menge $B \subseteqq Y$ und alle möglichen Vereinigungen solcher Produkte erklärt. Man beweist leicht, daß das Produkt zweier Hausdorffscher Räume ein Hausdorffscher Raum ist. Insbesondere ist das Produkt S des Raumes aller Ordnungszahlen $\alpha \leqq \omega_1$ mit dem Raum aller Ordnungszahlen $\beta \leqq \omega$ ein Hausdorffscher Raum. Dieser Raum S ist übrigens nicht nur ein Hausdorffscher Raum, sondern sogar ein normaler Raum (der Leser mag diese Behauptung als Übungsaufgabe beweisen). Entfernen wir jedoch aus diesem Raum S den einen Punkt (ω_1, ω), so erhalten wir einen nichtnormalen Raum S^*. Um uns von der Richtigkeit dieser Behauptung zu überzeugen, betrachten wir die Menge X', die aus allen Punkten (α, ω) besteht, wobei α eine beliebige Ordnungszahl $< \omega_1$ ist, und die Menge Y', die aus allen Punkten (ω_1, n) besteht, wobei n eine beliebige natürliche Zahl ist. X' und Y' sind in S^* abgeschlossene Mengen ohne gemeinsame

Punkte, je zwei Umgebungen $U(X')$ und $U(Y')$ dieser Mengen haben jedoch einen nichtleeren Durchschnitt im Raum S^*. (Diese Behauptung möge der Leser ebenfalls selbst beweisen; er kann sich dabei auf einfache Eigenschaften der transfiniten Zahlen der zweiten Zahlklasse stützen.) Der Raum S^*, der nicht normal ist, ist regulär, da jeder Unterraum eines regulären Raumes regulär ist.

Theorem 3 (4.1.) kann jetzt auch folgendermaßen formuliert werden:

Jeder metrische Raum ist normal.

Da jede in einem metrischen Raum gelegene Menge selbst ein metrischer Raum ist, kann ein metrischer Raum als Beispiel eines sogenannten *erblich normalen Raumes* dienen. Dabei verstehen wir unter einem erblich normalen Raum einen normalen Raum, dessen sämtliche Untermengen ebenfalls normal sind. Dagegen ist der Raum S, obwohl er normal ist, nicht erblich normal, da er als Untermenge den nichtnormalen Raum S^* enthält.

Die wichtigste Teilklasse der Klasse der erblich normalen Räume sind die sogenannten vollständig normalen Räume.

Definition 10. Ein normaler Raum X heißt *vollständig normal*, wenn jede seiner abgeschlossenen Teilmengen eine G_δ-Menge ist.

Den Beweis dafür, daß vollständig normale Räume erblich normal sind, findet man in dem Buch von Alexandroff-Passynkow [1], Kap. 1, § 5.

Die Theoreme 3 und 4 aus 4.1. lassen sich jetzt folgendermaßen zusammenfassen:

Theorem 35. *Jeder metrische Raum ist vollständig normal.*

Theorem 36. *Jeder geordnete Raum ist normal.*

Beweis. Es seien A und B disjunkte abgeschlossene Teilmengen eines geordneten Raumes X. Wir betrachten die offene Menge $W = X \setminus B$. Nach 1.5., Theorem 13, zerfällt die Menge W in eine disjunkte Vereinigung von Ordnungskomponenten W_α, $\alpha \in \mathfrak{A}$, die im vorliegenden Fall offenbar offen sind. Wir zeigen nun, daß zu jedem $\alpha \in \mathfrak{A}$ eine offene Menge U_α derart existiert, daß

$$A \cap W_\alpha \subseteqq U_\alpha \subseteqq [U_\alpha] \subseteqq W_\alpha. \tag{2}$$

Ist $A \cap W_\alpha = \emptyset$, so setzen wir $U_\alpha = \emptyset$. Es sei nun $A \cap W_\alpha \neq \emptyset$. Die Menge $X \setminus W_\alpha$ zerfällt in die Vereinigung zweier ordnungskonvexer Komponenten C und D (mit $x < y$ für $x \in C$ und $y \in D$). Wir konstruieren jetzt eine offene Menge U_α^+ derart, daß

$$A \cap W_\alpha \subseteqq U_\alpha^+ \subseteqq [U_\alpha^+] \subseteqq X \setminus C.$$

Hierbei sind drei Fälle möglich.

1°. In der Menge $X \setminus C$ gibt es ein kleinstes Element $a \in W_\alpha$. Dann gibt es in der Menge C ein größtes Element b, weil sich anderenfalls eine Intervallumgebung Oa des Punktes a finden ließe, die in W_α enthalten wäre und mit C einen nichtleeren

Durchschnitt besäße, was ausgeschlossen ist. Wir setzen $U_\alpha^+ = (b; +\infty)$. U_α^+ ist die gesuchte Menge, da $[U_\alpha^+] = U_\alpha^+ \supset W_\alpha$.

2^0. In der Menge $X \setminus C$ gibt es kein kleinstes Element, in der Menge C dagegen gibt es ein größtes Element a. In diesem Fall ist $a \in B$, da sonst eine Intervallumgebung Oa existierte, die in W enthalten ist und mit W_α einen leeren Durchschnitt besitzt, d. h. $Oa \subseteqq W_\alpha$, was der Disjunktheit der Mengen C und W widerspricht. Wegen $a \in B$ gibt es eine Intervallumgebung $(b; c)$ des Punktes a, die zu A durchschnittsfremd ist. Das Intervall $(a; c)$ ist nichtleer, da es in der Menge $X \setminus C$ kein kleinstes Element gibt. Wir wählen irgendeinen Punkt $d \in (a; c)$ und setzen $U_\alpha^+ = (d; +\infty)$. Dann ist

$$A \cap W_\alpha \subseteqq [c; +\infty) \subseteqq (d; +\infty) = U_\alpha^+ \subseteqq [U_\alpha^+] \subseteqq [d; +\infty) \subseteqq X \setminus C.$$

3^0. Der Schnitt $\{C, X \setminus C\}$ ist eine Lücke. In diesem Fall sind die Mengen C und $X \setminus C$ offen-abgeschlossen, und man kann $U_\alpha^+ = X \setminus C$ setzen.

Analog dazu erhält man, ausgehend von dem Schnitt $\{X \setminus D, D\}$ eine offene Menge U_α^- derart, daß

$$A \cap W_\alpha \subseteqq U_\alpha^- \subseteqq [U_\alpha^-] \subseteqq X \setminus D$$

ist. Es werde nun $U_\alpha = U_\alpha^- \cap U_\alpha^+$ gesetzt. Die Bedingung (2) ist offensichtlich erfüllt.

Es sei $U = \bigcup\limits_{\alpha \in \mathfrak{A}} U_\alpha$ und $V = X \setminus [U]$. Die offenen Mengen U und V sind disjunkt, und es gilt $A \subseteqq U$. Wir wollen zeigen, daß $B \subseteqq V$ ist, oder, was dasselbe ist, $[U] \cap B = \emptyset$. Angenommen, $[U] \cap B$ wäre nicht leer, und es sei $x \in [U] \cap B$ ein Punkt aus diesem Durchschnitt. Dann besitzt entweder jedes Intervall der Form $(a; x)$ oder jedes Intervall der Form $(x; b)$ mit der Menge U einen nichtleeren Durchschnitt (wobei nicht ausgeschlossen ist, daß beide Fälle gleichzeitig eintreten). Nehmen wir an, es gelte $(a; x) \cap U \neq \emptyset$ für jedes $a \prec x$. Es sei Ox eine beliebige Intervallumgebung des Punktes x. Es existiert ein $\alpha \in \mathfrak{A}$ derart, daß $\emptyset \neq U_\alpha \subseteqq Ox$ ist. Anderenfalls fände sich nämlich auf Grund der Ordnungskonvexität der Mengen U_α und der Bedingung $x \notin [U_\alpha]$ ein solches $a \prec x$, daß $(a; x) \cap U_\alpha = \emptyset$ für jedes $\alpha \in \mathfrak{A}$ gilt. Ist aber $\emptyset \neq U_\alpha \subseteqq Ox$, so gilt $Ox \cap A \neq \emptyset$. Folglich ergibt sich $x \in [A] = A$, was der Disjunktheit der Mengen A und B widerspricht. Damit ist Theorem 36 bewiesen.

Bemerkung 2. Es sei X ein geordneter Raum und Y eine Teilmenge von X. Auf der Teilmenge Y gibt es eine durch X vererbte Ordnung. Daher kann man Y als geordneten Raum auffassen. Wie sich erweist, stimmt die Ordnungstopologie auf der Menge Y nicht notwendig mit der Topologie überein, die auf der Menge Y durch die Topologie des Raumes X induziert wird, d. h., ein Teilraum eines geordneten Raumes ist im allgemeinen kein geordneter Raum.

Zur Illustration dieser Bemerkung mag das folgende Beispiel dienen: Es sei X das Segment $[-1; 1]$ der Zahlengeraden, und es bestehe Y aus dem Punkt $\{-1\}$ sowie dem Halbsegment $(0; 1]$. Der Punkt $\{-1\}$ ist dann ein isolierter Punkt in Y, aufgefaßt als Teilraum von X. In der Ordnungstopologie auf der Menge Y dagegen konvergiert die Folge $\left\{\frac{1}{n} : n = 1, 2, \ldots\right\}$ gegen den Punkt $\{-1\}$.

Ungeachtet dessen, daß die Ordnungseigenschaft eines Raumes nicht erblich ist, *sind geordnete Räume erblich normal.* Dies folgt aus der Normalität jedes abgeschlossenen Teilraumes eines normalen Raumes und der folgenden Aussage, deren Beweis wir dem Leser überlassen:

Zu jeder Teilmenge Y eines geordneten Raumes X gibt es einen geordneten Raum Z, der Y als abgeschlossenen Teilraum enthält. Dabei kann $Z \subseteqq X$ angenommen werden.

Eines der interessantesten Probleme der Theorie der topologischen Räume ist die Aufstellung notwendiger und hinreichender Bedingungen dafür, daß ein topologischer Raum *metrisierbar*, d. h. *einem gewissen metrischen Raum homöomorph* ist. Aus dem oben Gesagten folgt, daß die Normalität[1]) eine notwendige Bedingung für die Metrisierbarkeit eines topologischen Raumes ist. Diese Bedingung ist jedoch nicht hinreichend: Man kann leicht beweisen, daß z. B. der Raum $W(\omega_1)$ aller Ordnungszahlen $< \omega_1$ normal ist,[2]) obwohl er (wie in Kapitel 5 bewiesen wird) nicht metrisierbar ist. Um so bemerkenswerter ist der folgende Satz von P. S. Urysohn, der das Metrisierbarkeitsproblem in bezug auf Räume mit abzählbarer Basis vollständig löst:

Erster Metrisationssatz von Urysohn. *Ein topologischer Raum mit abzählbarer Basis ist dann und nur dann metrisierbar, wenn er normal ist.*

Der Beweis dieses Satzes stützt sich auf einen anderen wichtigen Satz, der ebenfalls von Urysohn bewiesen wurde und unter dem Namen Großes Urysohnsches Lemma bekannt ist.

Großes Urysohnsches Lemma. *Es seien A und B zwei abgeschlossene disjunkte Mengen eines normalen Raumes X. Zu je zwei beliebigen reellen Zahlen a, b, $a < b$, existiert eine reelle stetige Funktion $f_{a,b}$, die auf dem ganzen Raum X definiert ist, in allen Punkten der Menge A den Wert a, in allen Punkten der Menge B den Wert b annimmt und auf X überall der Ungleichung*

$$a \leqq f_{a,b}(x) \leqq b$$

genügt.

Ist eine der beiden Mengen, etwa A, leer, so braucht man nur $f(x) = b$ für alle $x \in X$ zu setzen. Es bleibt also nur noch der Fall zu untersuchen, daß keine der beiden Mengen A, B leer ist. Dabei kann man voraussetzen, daß $a = 0$, $b = 1$ ist, da man $f(x)$ (für alle a und b) aus $f_{0,1}(x)$ mit Hilfe der Formel

$$f_{a,b}(x) = (b - a)\, f_{0,1}(x) + a$$

erhält.

[1]) Sogar die vollständige Normalität.

[2]) Der Raum $W(\omega_1)$ ist sogar erblich normal und genügt außerdem dem ersten Abzählbarkeitsaxiom.

Die weiteren Überlegungen werden daher unter der Voraussetzung $a = 0$, $b = 1$ durchgeführt. Sie stützen sich auf das folgende sogenannte „kleine" Lemma von URYSOHN:

Kleines Urysohnsches Lemma. *Ist X normal und A in X abgeschlossen, so kann man zu jeder Umgebung $U(A)$ der Menge A eine Umgebung $U_0(A)$ der Menge A finden derart, daß $[U_0(A)] \subseteqq U(A)$ ist.*

Insbesondere ist in jeder Umgebung $U(x)$ jedes Punktes x eines normalen Raumes die abgeschlossene Hülle $[U_0(x)]$ einer gewissen Umgebung $U_0(x)$ des Punktes x enthalten. Man beweist leicht, daß nicht nur die normalen, sondern auch die regulären Räume diese Eigenschaft haben. Die regulären Räume lassen sich durch diese Eigenschaft sogar charakterisieren (d. h., man kann sie als Definition der Regularität nehmen). Ähnlich charakterisiert das Kleine Urysohnsche Lemma in seiner allgemeinen Form (d. h. für jede abgeschlossene Menge A) die normalen Räume.

Auch das Große Urysohnsche Lemma charakterisiert die normalen Räume. Da es für jeden normalen Raum richtig ist, drückt es eine notwendige Bedingung für die Normalität aus. Diese Bedingung ist aber auch hinreichend. Um das zu zeigen, nennen wir zwei disjunkte abgeschlossene Mengen A und B *funktional trennbar* (in einem topologischen Raum X), wenn eine im ganzen Raum X definierte stetige Funktion $f(x)$ existiert, die dort der Bedingung $0 \leqq f(x) \leqq 1$ genügt und auf A gleich Null und auf B gleich Eins ist. Sind die abgeschlossenen Mengen A und B in X funktional trennbar, so besitzen sie disjunkte Umgebungen $U(A)$ und $U(B)$. Es genügt nämlich, $U(A)$ und $U(B)$ als die Mengen aller Punkte x zu definieren, für die $f(x) < \frac{1}{2}$ bzw. $f(x) > \frac{1}{2}$ ist. *Die normalen Räume können also als T_1-Räume definiert werden, in denen je zwei disjunkte abgeschlossene Mengen funktional trennbar sind.*

Sehr wichtig ist die Klasse der T_1-Räume, in denen jeder Punkt von jeder diesen Punkt nicht enthaltenden abgeschlossenen Menge funktional trennbar ist. Diese Räume heißen *vollständig reguläre* Räume oder nach ihrem Entdecker A. N. TYCHONOFF *Tychonoffsche Räume.*

Das einfachste Beispiel für vollständig reguläre Räume sind die induktiv nulldimensionalen T_1-Räume. Es seien etwa in einem induktiv nulldimensionalen Raum X ein Punkt x und eine diesen Punkt nicht enthaltende abgeschlossene Menge F gegeben. Dann ist in der Umgebung $Ox = X \setminus F$ eine offen-abgeschlossene Umgebung O_1x enthalten. Die Funktion, die gleich Null auf O_1x und gleich Eins auf $X \setminus O_1x$ ist, ist stetig und trennt den Punkt x von der Menge F.

In Kapitel 6 werden die vollständig regulären Räume ausführlicher untersucht.

Zum Beweis des kleinen Lemmas braucht man nur zwei disjunkte Umgebungen $U_0(A)$ und V der abgeschlossenen Mengen A bzw. $X \setminus U(A)$ zu nehmen; dann besitzen die Mengen $[U_0(A)]$ und V ebenfalls keine gemeinsamen Punkte, d. h. $[U_0(A)] \subseteqq X \setminus V \subseteqq X \setminus (X \setminus U(A)) = U(A)$.

Wir kommen nun zum Beweis des „großen" Urysohnschen Lemmas. Wir setzen $U(A) = \Gamma_1 = X \setminus B$ und wählen auf Grund des Kleinen Lemmas eine Umgebung $U_1(A) = \Gamma_0$ derart, daß $[\Gamma_0] \subseteqq \Gamma_1$ ist. Angenommen, die offenen Mengen $\Gamma_{\frac{p}{2^n}}$ seien (bei vorgegebenem natürlichen n und $p = 0, 1, \ldots, 2^n$) bereits konstruiert, so daß für $p < p'$ stets $\left[\Gamma_{\frac{p}{2^n}}\right] \subset \Gamma_{\frac{p'}{2^n}}$ ist (für $n = 0$ wurde dies wirklich durchgeführt). Nach dem kleinen Lemma kann man eine offene Menge $\Gamma_{\frac{2p+1}{2^{n+1}}}$ konstruieren, so daß

$$\left[\Gamma_{\frac{p}{2^n}}\right] \subseteqq \Gamma_{\frac{2p+1}{2^{n+1}}} \subseteqq \left[\Gamma_{\frac{2p+1}{2^{n+1}}}\right] \subseteqq \Gamma_{\frac{p+1}{2^n}} .$$

ist. Hieraus folgt, daß man zu allen dyadisch-rationalen Zahlen r, d. h. zu allen Zahlen $r = \frac{p}{2^n}$, $0 \leqq r \leqq 1$, in X offene Mengen Γ_r konstruieren kann derart, daß $A \subseteqq \Gamma_0$ und für $r < r'$ stets

$$[\Gamma_r] \subseteqq \Gamma_{r'}$$

gilt. Für alle übrigen t, $0 < t < 1$, setzen wir nun

$$\Gamma_t = \bigcup_{r<t} \Gamma_r .$$

Wir beweisen, daß für $t < t'$ stets

$$[\Gamma_t] \subseteqq \Gamma_{t'}$$

gilt. Sind r und r' zwei dyadisch-rationale Zahlen, die der Bedingung

$$t < r < r' < t'$$

genügen, so ergibt sich

$$\Gamma_t \subseteqq \Gamma_r ,$$

also

$$[\Gamma_t] \subseteqq [\Gamma_r] \subseteqq \Gamma_{r'} \subseteqq \Gamma_{t'} ,$$

womit die Behauptung bewiesen ist. Schließlich setzen wir $\Gamma_t = \emptyset$ für $t < 0$ und $\Gamma_t = X$ für $t > 1$.

Jetzt konstruieren wir zu jedem Punkt $x \in X$ einen Schnitt (A^x, B^x) in der Menge der reellen Zahlen: Eine Zahl t gehöre dabei zur Unterklasse A^x, wenn x nicht zu Γ_t gehört, und zur Oberklasse B^x, wenn $x \in \Gamma_t$ ist. Dieser Schnitt bestimmt eine reelle Zahl τ_x, wobei offenbar $0 \leqq \tau_x \leqq 1$ ist. Mit anderen Worten, die Funktion

$$f_{0,1}(x) = \tau_x$$

ist im ganzen Raum X definiert. Dabei ist $f_{0,1}(x) = 0$ für $x \in A$ und $f_{0,1}(x) = 1$ für $x \in B$. Schließlich beweisen wir noch die Stetigkeit der Funktion $f(x)$ in jedem Punkt $x \in X$. Wir betrachten für beliebig gegebenes $\varepsilon > 0$ die Umgebung

$$U(x) = \Gamma_{\tau_x+\varepsilon} - [\Gamma_{\tau_x-\varepsilon}]$$

des Punktes x. Dann gilt — nach Definition dieser Umgebung — für alle Punkte $x' \in U(x)$

$$\tau_x - \varepsilon \leqq \tau_{x'} \leqq \tau_x + \varepsilon ,$$

d. h. $|f_{0,1}(x) - f_{0,1}(x')| \leqq \varepsilon$, womit der Satz bewiesen ist.

Wir wenden nun das Große Urysohnsche Lemma auf den Beweis des Metrisationssatzes an. Da nur noch zu zeigen ist, daß die Voraussetzung dieses Satzes hinreichend ist, brauchen wir nur folgenden Satz zu beweisen:

Urysohnscher Einbettungssatz. *Jeder normale Raum mit abzählbarer Basis ist homöomorph zu einer im Hilbertschen Fundamentalquader*[1]) *gelegenen Menge.*

Beweis des Einbettungssatzes. Wir wählen irgendeine abzählbare Basis S des vorgegebenen normalen Raumes X. Die Elemente der Basis S seien

$$U_1, U_2, \ldots, U_k, \ldots$$

Wir nennen ein Paar (U_i, U_k) „kanonisch", wenn

$$[U_i] \subseteqq U_k.$$

Aus dem Kleinen Urysohnschen Lemma ergibt sich folgende Bemerkung:

Zu jedem Punkt $a \in X$ und zu jeder seiner Umgebungen $U(a)$ läßt sich ein kanonisches Paar (U_i, U_k) finden derart, daß $a \in U_i$ und $U_k \subseteqq U(a)$ ist. Da nämlich S eine Basis ist, existiert ein Element U_k dieser Basis derart, daß $a \in U_k \subseteqq U(a)$ gilt; nunmehr läßt sich auf Grund des Kleinen Urysohnschen Lemmas eine Umgebung $U_0(a)$ mit einer in U_k enthaltenen abgeschlossenen Hülle finden. Schließlich wählen wir ein Element U_i der Basis S, das der Bedingung $a \in U_i \subseteqq U_0(a)$ genügt. Offenbar ist (U_i, U_k) das gesuchte kanonische Paar.

Die kanonischen Paare bilden eine abzählbare Menge und können daher als Folge

$$\pi_1, \pi_2, \ldots, \pi_n, \ldots, \qquad \pi_n = (U_i, U_k),$$

geschrieben werden. Nach dem Großen Urysohnschen Lemma konstruieren wir nun zu jedem kanonischen Paar $\pi_n = (U_i, U_k)$ eine stetige Funktion $\varphi_n(x)$, die in dem ganzen Raum X definiert ist und den folgenden Bedingungen genügt:

$$0 \leqq \varphi_n(x) \leqq 1 \quad \text{für jedes } x \in X,$$

$$\varphi_n(x) = 0 \quad \text{für } x \in [U_i],$$

$$\varphi_n(x) = 1 \quad \text{für } x \in X \setminus U_k.$$

Jedem Punkt $x \in X$ entspreche die Zahlenfolge

$$t_n = t_n(x) = \frac{\varphi_n(x)}{2^n}, \qquad n = 1, 2, 3, \ldots$$

Wir ordnen dem Punkt $x \in X$ dann den Punkt

$$y = f(x) = \big(t_1(x), t_2(x), \ldots, t_n(x), \ldots\big)$$

des Hilbertschen Fundamentalquaders Q zu. Wir beweisen nun, daß die so erhaltene

[1]) Der Fundamentalquader Q des Hilbertschen Raumes R^∞ besteht definitionsgemäß aus allen Punkten $y = (t_1, t_2, \ldots, t_n, \ldots) \in R^\infty$, die (für jedes $n = 1, 2, 3, \ldots$) der Bedingung $0 \leqq t_n \leqq \dfrac{1}{2^n}$ genügen.

Abbildung f des Raumes X auf eine gewisse Menge $Y \subseteq Q$ eine topologische Abbildung ist. Zunächst beweisen wir, daß die Abbildung f eineindeutig ist; mit anderen Worten, wir zeigen, daß für zwei verschiedene Punkte x und x' des Raumes X die Punkte $f(x)$ und $f(x')$ verschieden sind. Dazu wählen wir eine Umgebung $U(x)$ des Punktes x, die den Punkt x' nicht enthält, und konstruieren ein kanonisches Paar $\pi_n = (U_i, U_k)$, das der Bedingung $x \in U_i$, $U_k \subseteq U(x)$ genügt. Dann ist $\varphi_n(x) = 0$, $\varphi_n(x') = 1$, d. h. $t_n(x) = 0$ und $t_n(x') = \frac{1}{2^n}$; also sind die Punkte $f(x)$ und $f(x')$ verschieden (da ihre n-ten Koordinaten verschieden sind).

Wir beweisen, daß die Abbildung f stetig ist. Dazu wählen wir einen beliebigen Punkt $x \in X$ und ein beliebiges $\varepsilon > 0$. Wir können voraussetzen, daß $\varepsilon < 1$ ist. Um jetzt eine Umgebung $U(x)$ zu finden derart, daß für jeden Punkt $x' \in U(x)$ die Beziehung $\varrho(f(x), f(x')) < \varepsilon$ gilt, wählen wir m so groß, daß $\frac{1}{2^m} < \frac{\varepsilon^2}{2}$ ist. Wegen der Stetigkeit der Funktionen $\varphi_1(x), \ldots, \varphi_m(x)$ kann man Umgebungen $U_1(x), \ldots, U_m(x)$ des Punktes x finden derart, daß für $x' \in U_i(x)$ die Ungleichungen $|\varphi_i(x) - \varphi_i(x')| < \frac{\varepsilon}{\sqrt{2}}$ (für $i = 1, \ldots, m$) gelten.

Es sei $U(x)$ der Durchschnitt der Umgebungen $U_1(x), \ldots, U_m(x)$. Für $x' \in U(x)$ ergibt sich

$$\varrho(f(x), f(x')) = \sqrt{\sum_{i=1}^{\infty} [t_i(x) - t_i(x')]^2} = \sqrt{\sum_{i=1}^{m} + \sum_{i=m+1}^{\infty}}$$

$$< \sqrt{\sum_{i=1}^{m} \frac{\varepsilon^2}{2} \cdot \frac{1}{2^{2i}} + \sum_{i=m+1}^{\infty} \frac{1}{2^{2i}}} < \sqrt{\frac{\varepsilon^2}{2} \sum_{i=1}^{m} \frac{1}{2^i} + \sum_{i=m+1}^{\infty} \frac{1}{2^i}}$$

$$< \sqrt{\frac{\varepsilon^2}{2} + \frac{\varepsilon^2}{2}} = \varepsilon,$$

womit die Stetigkeit der Abbildung bewiesen ist.

Schließlich beweisen wir noch die Stetigkeit der inversen Abbildung f^{-1} der Menge $Y \subseteq Q$ auf X. Gegeben sei ein beliebiger Punkt $y \in Y$, und es sei $x = f^{-1}(y)$, d. h. $y = f(x)$. Nun ist zu jeder Umgebung $U(x)$ ein $\varepsilon > 0$ so zu bestimmen, daß für $y' \in U(y, \varepsilon)$ die Beziehung $f^{-1}(y') \in U(x)$ gilt. Um ein solches ε zu finden, wähler wir zunächst ein kanonisches Paar $\pi_n = (U_i, U_k)$ derart, daß $x \in U_i$, $U_k \subseteq U(x)$ ist. Dann leistet $\varepsilon_0 = \frac{1}{2^n}$ das Gewünschte.

Es sei nämlich $y' \in U(y, \varepsilon_0)$. Wir zeigen, daß $x' = f^{-1}(y') \in U(x)$ ist. Denn wäre $x' \in X \setminus U(x)$, dann wäre erst recht $x' \in X \setminus U_k(x)$, d. h. $\varphi_n(x') = 1$. Da aber $x \in U_i(x)$, d. h. $\varphi_n(x) = 0$ ist, hätten wir dann

$$t_n(x') - t_n(x) = \frac{1}{2^n}$$

und

$$\varrho(y, y') = \varrho\big(f(x), f(x')\big) \geqq |t_n(x) - t_n(x')| = \frac{1}{2^n} = \varepsilon_0,$$

im Widerspruch zu der Voraussetzung $y' \in U(y, \varepsilon_0)$.

Der Einbettungssatz ist damit vollständig bewiesen.

Dieser Satz läßt sich auch folgendermaßen formulieren:

Ein topologischer Raum X ist dann und nur dann zu einer im Hilbertschen Raum gelegenen Menge homöomorph, wenn X normal ist und eine abzählbare Basis besitzt.

(Wir haben eben bewiesen, daß diese Bedingung hinreichend ist; ihre Notwendigkeit ist offenbar, da der Hilbertsche Raum als metrischer Raum eine abzählbare Basis besitzt, d. h., auch jede im Hilbertschen Raum gelegene Menge ist ein metrischer, also erst recht ein normaler Raum mit abzählbarer Basis).

Der Satz ist von grundlegender Bedeutung; er charakterisiert vom topologischen Standpunkt die im Hilbertschen Raum gelegenen Mengen vollständig, indem er einen unerwartet kurzen Weg zeigt, auf dem man von ganz allgemeinen topologischen Gebilden — topologischen Räumen — zu einem ganz konkreten Gegenstand der Theorie der Punktmengen — nämlich zu Mengen im Hilbertschen Raum — gelangt.

Aus dem Einbettungssatz folgt ferner:

Alle metrischen Räume, die abzählbare überall dichte Mengen enthalten, und nur solche metrischen Räume, sind gewissen Mengen im Hilbertschen Raum homöomorph.

Aus dem Großen Urysohnschen Lemma ergibt sich der

Satz 1. *In einem normalen Raum X liegt in jeder Umgebung OF einer abgeschlossenen Teilmenge F aus X eine F_σ-Umgebung O_1F.*

Zum Beweis wählen wir eine auf dem Raum X stetige Funktion f mit Werten im Segment $[0; 1]$, die auf F gleich Null und auf $X \setminus OF$ gleich Eins ist. Wir setzen $O_1F = \{x \in X : f(x) < 1\}$. Die offene Menge O_1F liegt dann in OF und ist Vereinigung einer abzählbaren Anzahl von abgeschlossenen Mengen

$$F_n = \left\{x \in X : f(x) \leqq \frac{n-1}{n}\right\}.$$

Wir wenden das Große Urysohnsche Lemma jetzt auf den Beweis des folgenden, äußerst wichtigen Satzes an:

Theorem 37. *Zu jeder auf einer abgeschlossenen Menge Φ eines normalen Raumes X definierten beschränkten stetigen Funktion φ gibt es eine im ganzen Raum X stetige Funktion f, die in allen Punkten der Menge Φ mit φ übereinstimmt.*[1]) *Ist dabei μ_0 die*

[1]) Der Erweiterungssatz für stetige Funktionen charakterisiert die normalen Räume (unter allen T_1-Räumen): Wenn X nicht normal ist, dann gibt es zwei disjunkte abgeschlossene Mengen A und B, die funktional nicht trennbar sind; wird $f = 0$ auf A und $f = 1$ auf B gesetzt, so erhält man eine stetige Funktion f, die auf der abgeschlossenen Menge $A \cup B$ definiert ist und sich nicht auf den ganzen Raum X fortsetzen läßt.

obere Grenze der Funktion $|\varphi|$ auf Φ, so kann man die Funktion f so wählen, daß die obere Grenze ihres absoluten Betrages (im ganzen Raum X) ebenfalls die Zahl μ_0 ist.

Häufig benutzt man eine kürzere Formulierung dieses Satzes und sagt, daß jede auf einer abgeschlossenen Menge des Raumes X definierte stetige Funktion stetig auf den ganzen Raum fortgesetzt (oder erweitert) werden kann.

Beweis von Theorem 37. Wir setzen $\varphi_0(x) = \varphi(x)$; diese Funktion ist nur auf der Menge Φ definiert. Ohne Beschränkung der Allgemeinheit sei $\mu_0 > 0$ die obere Grenze der Funktion $|\varphi_0|$. Wir bezeichnen mit A_0 bzw. B_0 die abgeschlossene Menge der Punkte aus Φ, in denen $\varphi_0(x) \leqq -\frac{\mu_0}{3}$ bzw. $\varphi_0(x) \geqq \frac{\mu_0}{3}$ ist.[1]) Wir konstruieren nach dem Urysohnschen Lemma eine im ganzen Raum X stetige Funktion f_0, die auf A_0 gleich $-\frac{\mu_0}{3}$, auf B_0 gleich $\frac{\mu_0}{3}$ ist und überall in X der Ungleichung $|f_0| \leqq \frac{\mu_0}{3}$ genügt. Wir setzen nun auf Φ

$$\varphi_1(x) = \varphi_0(x) - f_0(x).$$

Die Funktion φ_1 ist auf Φ stetig, und die obere Grenze μ_1 der Funktion $|\varphi_1|$ genügt der Ungleichung $\mu_1 \leqq \frac{2}{3}\mu_0$.

Ebenso wie wir von φ_0 zu φ_1 übergingen, gehen wir nun von φ_1 zu φ_2 über: Wir bezeichnen mit A_1, B_1 die abgeschlossenen Mengen derjenigen Punkte der Menge Φ, in denen $\varphi_1(x) \leqq -\frac{\mu_1}{3}$ bzw. $\varphi_1(x) \geqq \frac{\mu_1}{3}$ ist; wir konstruieren dann eine im ganzen Raum X stetige Funktion f_1, die auf A_1 gleich $-\frac{\mu_1}{3}$ und auf B_1 gleich $+\frac{\mu_1}{3}$ ist, und setzen auf Φ

$$\varphi_2(x) = \varphi_1(x) - f_1(x).$$

Die obere Grenze μ_2 der Funktion $|\varphi_2|$ genügt der Ungleichung

$$\mu_2 \leqq \frac{2}{3}\mu_1.$$

Auf diese Weise bilden wir sukzessive die Funktionen

$$\varphi_0 = \varphi, \varphi_1, \varphi_2, \ldots, \varphi_n, \ldots,$$

die alle auf Φ stetig sind, und die Funktionen

$$f_0, f_1, f_2, \ldots, f_n, \ldots,$$

die im ganzen Raum X stetig sind; dabei ist auf Φ

$$\varphi_{n+1}(x) = \varphi_n(x) - f_n(x). \tag{3}$$

[1]) Eine der Mengen A_0, B_0 kann dabei leer sein, was jedoch auf die weiteren Überlegungen keinen Einfluß hat.

Bezeichnen wir ferner die obere Grenze der Funktion $|\varphi_n|$ mit μ_n, so gilt

$$|f_n(x)| \leqq \frac{\mu_n}{3}, \qquad \mu_{n+1} \leqq \frac{2}{3}\mu_n, \qquad n = 0, 1, 2, \ldots$$

Es ist also

$$|\varphi_n(x)| \leqq \left(\frac{2}{3}\right)^n \mu_0, \qquad |f_n(x)| \leqq \left(\frac{2}{3}\right)^n \cdot \frac{\mu_0}{3}. \tag{4}$$

Wir setzen nun

$$s_n(x) = f_0(x) + \cdots + f_n(x).$$

Auf Grund der zweiten Ungleichung von (4) konvergiert die Folge

$$s_1, s_2, s_3, \ldots, s_n, \ldots$$

gleichmäßig gegen eine auf X stetige Funktion f; dabei gilt die Abschätzung

$$|f(x)| \leqq \sum_{n=0}^{\infty} \left(\frac{2}{3}\right)^n \frac{\mu_0}{3} = \mu_0; \tag{5}$$

also wird die Funktion $|f|$ in X durch die gleiche Konstante μ_0 beschränkt wie die Funktion $|\varphi|$ auf Φ.

Ferner gilt nach Formel (3) in jedem Punkt $x \in \Phi$

$$f_n(x) = \varphi_n(x) - \varphi_{n+1}(x),$$

also

$$s_n(x) = \varphi_0(x) - \varphi_{n+1}(x),$$

und da auf Grund der ersten Ungleichung in (4) die Funktionen φ_{n+1} für $n \to \infty$ gegen Null streben, gilt für jedes $x \in \Phi$

$$f(x) = \lim_{n\to\infty} s_n(x) = \varphi_0(x) = \varphi(x),$$

womit der Satz bewiesen ist.

Mit Hilfe des Urysohnschen Lemmas beweisen wir jetzt das

Lemma von Wedenissow. a) *In einem normalen Raum X ist jede abgeschlossene Menge vom Typ G_δ, und nur eine derartige Menge, Nullstellenmenge einer auf X stetigen Funktion.*

b) *In einem normalen Raum X gibt es zu jeder offenen Menge U vom Typ F_σ, und nur zu einer solchen Menge, eine stetige Funktion $f\colon X \to [0; 1]$ derart, daß $U = \{x \in X\colon f(x) > 0\}$ ist.*

Offensichtlich sind die Aussagen a) und b) äquivalent. Wir beweisen b). Es sei $U = \bigcup_{n=1}^{\infty} F_n$, wobei die Mengen F_n abgeschlossen sind. Nach dem Großen Urysohnschen

Lemma gibt es zu jedem n, $n = 1, 2, \ldots$, eine stetige Funktion $f_n\colon X \to \left[0; \frac{1}{2^n}\right]$ derart, daß $f_n(F_n) = \frac{1}{2^n}$ und $f_n(X \setminus U) = 0$ ist. Es werde nun $f = \sum_{n=1}^{\infty} f_n$ gesetzt. Die Funktion f ist stetig, da sie Grenzwert einer gleichmäßig konvergenten Folge stetiger Funktionen $\varphi_n = \sum_{m=1}^{n} f_m$ ist. Offensichtlich ist $f(x) = 0$ für jeden Punkt $x \in X \setminus U$. Ist jedoch $x \in U$, so ist $x \in F_n$ für ein gewisses n. Damit findet man $f(x) \geqq f_n(x) = \frac{1}{2^n} > 0$, womit das Lemma von WEDENISSOW bewiesen ist.

4.9. Beschränkte Mengen in R^n; die Sätze von Bolzano-Weierstrass, Cantor und Borel-Lebesgue. Der Satz von Cauchy

Mit beschränkten Mengen auf der Zahlengeraden haben wir uns bereits in Kapitel 2 beschäftigt. Eine in einem euklidischen Raum liegende Menge M wird *beschränkt* genannt, wenn sie ganz in einer Kugel (oder, was dasselbe ist, in einem Würfel) liegt. Offensichtlich ist dafür notwendig und hinreichend, daß die Projektionen der Menge M auf jede der Koordinatenachsen beschränkt sind.

Es gilt folgendes fundamentales Theorem:

Theorem 38 (BOLZANO-WEIERSTRASS). *Jede beschränkte unendliche Menge in einem euklidischen Raum*[1]) *besitzt wenigstens einen Häufungspunkt.*

Wir beweisen jetzt den Satz von BOLZANO-WEIERSTRASS für ebene Mengen. Der Beweis stützt sich auf folgenden

Hilfssatz. *Der Durchschnitt jeder fallenden Folge abgeschlossener Rechtecke, deren Seiten den Koordinatenachsen parallel sind und deren Seitenlängen gegen Null streben, besteht aus genau einem Punkt.*

Es sei

$$Q_1 \supseteqq Q_2 \supseteqq \cdots \supseteqq Q_n \supseteqq \cdots$$

die vorgegebene Folge von Rechtecken. Projizieren wir diese Rechtecke auf die Ordinaten- und die Abszissenachse, so erhalten wir eine Folge

$$X_1 \supseteqq X_2 \supseteqq \cdots \supseteqq X_n \supseteqq \cdots$$

[1]) In einem Hilbertschen Raum gilt der Satz von BOLZANO-WEIERSTRASS bereits nicht mehr. So ist die unendliche Menge $M = \{x_1, \ldots, x_n, \ldots\}$, wobei der Punkt x_m als einzige von Null verschiedene Koordinate die m-te Koordinate besitzt, und diese ist gleich 1, beschränkt (ihr Durchmesser ist gleich $\sqrt{2}$). Andererseits hat der Durchschnitt jeder Kugelumgebung vom Radius $\sqrt{2}/2$ mit der Menge M höchstens einen Punkt gemeinsam; M besitzt also keinen Häufungspunkt.

von Segmenten auf der Abszissenachse und eine Folge

$$Y_1 \supseteqq Y_2 \supseteqq \cdots \supseteqq Y_n \supseteqq \cdots$$

von Segmenten auf der Ordinatenachse. Jede einzelne dieser beiden Folgen besitzt nach Folgerung 3 von Theorem 10 aus 2.2. einen Durchschnitt, der nur aus einem Punkt x_0 bzw. y_0 besteht. Der Punkt $\xi_0 = (x_0, y_0)$ der Ebene liegt in allen Rechtecken Q_n; ihr Durchschnitt ist also nicht leer. Würde dieser Durchschnitt außer dem Punkt ξ_0 noch irgendeinen Punkt ξ enthalten, so hätten die Punkte ξ_0 und ξ einen endlichen Abstand d. Wählen wir dann n so groß, daß jede Seite des Rechtecks Q_n kleiner als $\frac{d}{2}$ ist, so erhalten wir einen Widerspruch (je zwei Punkte des Rechtecks Q_n haben einen Abstand, der kleiner ist als $2 \cdot \frac{d}{2} = d$, daher können die Punkte ξ_0 und ξ, die um d voneinander entfernt sind, nicht beide in dem Rechteck Q_n liegen).

Wir gehen jetzt zum Beweis des Satzes von Bolzano-Weierstrass über und betrachten dazu irgendeine beschränkte Menge E in der Ebene. Wegen der Beschränktheit der Menge E gibt es ein Quadrat Q_0 mit achsenparallelen Seiten, das die ganze Menge E enthält. Teilen wir Q_0 durch achsenparallele Geraden in vier einander kongruente Quadrate, so enthält, da die Menge E unendlich ist, wenigstens eines dieser vier Quadrate — nennen wir es Q_1 — unendlich viele Punkte der Menge E. Die Seitenlänge des Quadrates Q_1 ist halb so groß wie die des Quadrates Q_0. Teilen wir das Quadrat Q_1 mit Hilfe achsenparalleler Geraden in vier gleiche Quadrate, so enthält wieder wenigstens eines dieser Quadrate — wir wollen es mit Q_2 bezeichnen — unendlich viele Punkte der Menge E. Die Seitenlänge des Quadrats Q_2 ist halb so groß wie die des Quadrats Q_1. Setzen wir dieses Verfahren fort, so erhalten wir eine fallende Folge

$$Q_0 \supset Q_1 \supset Q_2 \supset Q_3 \supset \cdots \supset Q_n \supset \cdots$$

von Quadraten mit achsenparallelen Seiten. Jedes dieser Quadrate enthält unendlich viele Punkte der Menge E, wobei die Seiten von Q_{n+1} halb so groß sind wie die Seiten von Q_n. Die Bedingungen des Hilfssatzes sind erfüllt; es gibt also einen Punkt ξ_0, der allen Quadraten Q_n angehört.

Wir müssen noch zeigen, daß ξ_0 Häufungspunkt der Menge E ist. Es sei $U(\xi_0, \varepsilon)$ eine beliebige Umgebung des Punktes ξ_0. Wir wählen n so groß, daß die Seiten des Quadrats Q_n kleiner als $\frac{\varepsilon}{2}$ sind. Je zwei Punkte dieses Quadrats haben dann voneinander einen Abstand, der kleiner als $\frac{\varepsilon}{2} + \frac{\varepsilon}{2} = \varepsilon$ ist. Hieraus folgt: Das den Punkt ξ_0 enthaltende Quadrat Q_n ist ganz in $U(\xi_0, \varepsilon)$ enthalten. Das Quadrat Q_n umfaßt nach Definition eine unendliche Teilmenge der Menge E; diese ist aber ihrerseits in $U(\xi_0, \varepsilon)$ enthalten. Da ε eine beliebig kleine positive Zahl sein kann, ist ξ_0 Häufungspunkt der Menge E, und der Satz von Bolzano-Weierstrass ist bewiesen.

Dieser Beweis ist (sogar in etwas vereinfachter Form) auch auf den Fall der Zahlengeraden anwendbar: Statt ein Quadrat in vier gleiche Teile zu teilen, halbieren wir einfach ein Segment. Im Fall eines beliebigen n-dimensionalen euklidischen Raumes wird der n-dimensionale Würfel in 2^n gleichgroße n-dimensionale Würfel geteilt.

Wir stellen jetzt eine Reihe wichtiger Sätze zusammen, die leicht aus dem Satz von BOLZANO-WEIERSTRASS gefolgert werden können.

Theorem 39. *Ist die Menge aller Punkte einer unendlichen Folge*

$$x_1, x_2, x_3, \ldots, x_n, \ldots \tag{1}$$

beschränkt,[1] *so läßt sich aus ihr eine konvergente Teilfolge auswählen.*

Wir zeigen zunächst, daß man aus der Folge (1) stets entweder eine stationäre Folge (d. h. eine solche, bei der von einem hinreichend großen Index an alle Elemente übereinstimmen) oder eine aus paarweise verschiedenen Elementen bestehende Teilfolge auswählen kann. Wir setzen $n_1 = 1$ und suchen in der Folge (1) das erste Element x_{n_2}, das dem Element x_{n_1} nicht gleich ist; gibt es kein solches Element, so gilt

$$x_1 = x_2 = x_3 = \cdots = x_n = \cdots,$$

und die ganze Folge (1) ist stationär. Existiert jedoch ein solches Element x_{n_2}, dann suchen wir das erste Element x_{n_3}, $n_3 > n_2 > n_1$, das von x_{n_1} und von x_{n_2} verschieden ist. Setzen wir dieses Verfahren fort, so erhalten wir entweder eine unendliche, aus paarweise verschiedenen Elementen bestehende Teilfolge

$$x_{n_1}, x_{n_2}, x_{n_3}, \ldots, x_{n_k}, \ldots, \qquad n_1 < n_2 < n_3 < \cdots < n_k < \cdots, \tag{2}$$

der Folge (1), oder wir sondern endlich viele Elemente

$$x_{n_1}, x_{n_2}, \ldots, x_{n_k} \tag{3}$$

aus, welche die Eigenschaft besitzen, daß jedes Element der Folge (1) mit einem der Elemente (3) übereinstimmt. Im zweiten Fall existiert eine gewisse unendliche Teilfolge

$$x_{m_1}, x_{m_2}, \ldots, x_{m_k}, \ldots \tag{4}$$

der Folge (1), deren Elemente alle ein und demselben Element der endlichen Menge (3) gleich sind.

Die Teilfolge (4) ist offenbar stationär und folglich konvergent. Es bleibt noch der Fall zu untersuchen, daß in (1) eine unendliche Teilfolge (2) existiert, die aus paarweise verschiedenen Elementen besteht. Diese Elemente bilden eine unendliche beschränkte Menge, die nach dem Satz von BOLZANO-WEIERSTRASS mindestens einen Häufungspunkt ξ besitzt. Indem man aus (2) eine gegen ξ konvergierende Teilfolge auswählt, überzeugt man sich von der Richtigkeit von Theorem 39.

[1]) Man sagt kurz „ist die Folge (1) beschränkt“.

Theorem 40 (CANTOR). *Jede fallende Folge von nichtleeren beschränkten abgeschlossenen Mengen*

$$F_1 \supseteqq F_2 \supseteqq F_3 \supseteqq \cdots \supseteqq F_n \supseteqq \cdots \tag{5}$$

besitzt einen nichtleeren Durchschnitt.

Beweis. Wählen wir aus jedem F_n je einen Punkt x_n aus, so erhalten wir eine beschränkte Folge (1), aus der man nach Theorem 39 eine gegen einen gewissen Punkt a konvergierende Teilfolge

$$x_{n_1}, x_{n_2}, \ldots, x_{n_k}, \ldots \tag{6}$$

aussondern kann. Wir beweisen, daß der Punkt a jeder Menge F_n unserer Folge (5) und daher auch dem Durchschnitt dieser Mengen angehört. Zu einem beliebigen F_n wählen wir eine Teilfolge der Folge (6) aus, die aus den x_{n_k} besteht, deren Index n_k größer als n ist. Diese Teilfolge (deren Elemente alle zu F_n gehören) konvergiert gegen den Punkt a, der somit Berührungspunkt der Menge F_n ist. Wegen der Abgeschlossenheit von F_n gilt aber $a \in F_n$.

Theorem 41 (BOREL-LEBESGUE). *Aus jedem unendlichen System Σ von Intervallen, das ein gegebenes Segment $[\alpha, \beta]$ überdeckt, läßt sich ein endliches Teilsystem auswählen, das ebenfalls das Segment $[\alpha, \beta]$ überdeckt.*

Wir geben hier den ursprünglichen, auf LEBESGUE selbst zurückgehenden Beweis wieder. In 5.1. wird ein bedeutend allgemeinerer Satz bewiesen, der insbesondere auch etwas über abgeschlossene beschränkte Teilmengen in euklidischen Räumen aussagt.

Beweis. Ein beliebiger Punkt $a \in [\alpha; \beta]$ heiße ausgezeichnet, wenn es ein endliches Teilsystem des Systems Σ gibt, welches das Segment $[\alpha; a]$ überdeckt. Die Menge aller ausgezeichneten Punkte bezeichnen wir mit M. Man sieht leicht ein, daß M nicht leer ist (z. B. ist $\alpha \in M$). Es sei ξ die obere Grenze der Menge M. Wegen $M \subseteqq [\alpha; \beta]$ gilt $\alpha \leqq \xi \leqq \beta$. Wir zeigen, daß $\xi = \beta$ ist. Der Punkt ξ ist sicher in einem gewissen Intervall $\Delta = (x'; x'')$ des Systems Σ enthalten; nach Definition von ξ muß in (x', x'') ein ausgezeichneter Punkt x liegen, folglich wird das Segment $[\alpha; x]$ von einem endlichen Teilsystem Σ_x des Systems Σ überdeckt. Σ_x bestehe aus den Intervallen $\Delta_1, \ldots, \Delta_p$. Dann überdeckt das aus den Intervallen $\Delta_1, \ldots, \Delta_p, \Delta$ bestehende System Σ_ξ offensichtlich das Segment $[\alpha; \xi]$.

Das System Σ_ξ überdeckt jedoch nicht nur das Segment $[\alpha; \xi]$, sondern sogar noch das Segment $[\alpha; \xi']$; dabei ist ξ' ein beliebiger Punkt des Intervalls $(\xi; x'')$, so daß der Punkt $\xi' > \xi$ ebenfalls ausgezeichnet ist, sobald nur $\xi' \in [\alpha; \beta] \cap (\xi; x'')$ ist.

Dies läßt sich jedoch nur in dem Fall mit der Definition des Punktes ξ (als oberer Grenze der Menge M aller in $[\alpha; \beta]$ liegenden ausgezeichneten Punkte) vereinbaren, daß $\xi = \beta$ ist. Somit wird das ganze Segment $[\alpha; \beta]$ von einem endlichen Teilsystem $\Sigma_{\xi=\beta}$ des Systems Σ überdeckt, und Theorem 41 ist bewiesen.

Bemerkung 1. Aus dem Satz von BOREL-LEBESGUE läßt sich wiederum leicht der Satz von BOLZANO-WEIERSTRASS folgern: Eine Menge $M \subseteqq [a; b]$ besitze keinen Häufungspunkt.

Dann existiert für jeden Punkt $x \in [a; b]$ eine Umgebung $U(x, \varepsilon_x)$, die nur endlich viele Punkte aus M enthält. Das System Σ aller dieser $U(x, \varepsilon_x)$ überdeckt das Segment $[a; b]$ und enthält nach dem Satz von BOREL-LEBESGUE ein endliches Teilsystem

$$U_1, \ldots, U_s,$$

welches ebenfalls noch das Segment $[a; b]$ überdeckt. Da jede der Mengen $M \cap U_1, \ldots, M \cap U_s$ endlich ist, muß auch die ganze Menge $M = (M \cap U_1) \cup \cdots \cup (M \cap U_s)$ endlich sein, und der Satz von BOLZANO-WEIERSTRASS ist bewiesen.

Bemerkung 2. Wir überlassen es dem Leser, einige Sätze zu beweisen, die man erhält, wenn man in der Formulierung des Satzes von BOREL-LEBESGUE das Segment $[\alpha, \beta]$ durch

1. eine beliebige beschränkte abgeschlossene Menge (auf der Geraden),
2. ein abgeschlossenes Quadrat,
3. eine beliebige abgeschlossene beschränkte Menge in der Ebene

ersetzt.

Wir beweisen jetzt den folgenden Satz:

Theorem 42 (Cauchysches Konvergenzkriterium). *Eine Folge*

$$x_1, x_2, x_3, \ldots, x_n, \ldots \tag{1}$$

von Punkten der Zahlengeraden konvergiert genau dann, wenn man zu jeder positiven Zahl ε eine natürliche Zahl n finden kann derart, daß für alle p und q, die größer als n sind,

$$\varrho(x_p, x_q) = |x_p - x_q| < \varepsilon$$

gilt.

Die Notwendigkeit dieser Bedingung folgt unmittelbar aus der Definition der Konvergenz von Folgen. Wir beweisen, daß die Bedingung auch hinreichend ist. Die Menge der Punkte

$$x_k, x_{k+1}, x_{k+2}, \ldots$$

(für $k = 1, 2, 3, \ldots$) der Folge (1) werde mit E_k bezeichnet. Offenbar ist die Menge E_1 und damit erst recht jede der Mengen E_k beschränkt,[1]) und es gilt

$$E_1 \supseteqq E_2 \supseteqq E_3 \supseteqq \cdots \supseteqq E_k \supseteqq E_{k+1} \supseteqq \cdots.$$

Wir setzen

$$\alpha_k = \inf E_k, \quad \beta_k = \sup E_k.$$

Auf Grund der Theoreme 8 und 9 aus 2.2. gilt

$$\alpha_1 \leqq \alpha_2 \leqq \alpha_3 \leqq \cdots \leqq \alpha_k \leqq \cdots,$$

$$\beta_1 \geqq \beta_2 \geqq \beta_3 \geqq \cdots \geqq \beta_k \geqq \cdots,$$

[1]) Wir wählen z. B. $\varepsilon = 1$ und bestimmen zu diesem ε eine Zahl n_ε. Es sei x_λ der am weitesten links, x_μ der am weitesten rechts gelegene der Punkte $x_1, x_2, \ldots, x_{n_\varepsilon+1}$; dann liegt die ganze Menge E_1 in dem Intervall $(x_\lambda - 1; x_\mu + 1)$.

wobei stets $\alpha_k \leqq \beta_k$ ist. Für $\alpha_k = \beta_k$ fallen alle Punkte $x_k, x_{k+1}, \ldots$ zusammen, und die Folge (1) konvergiert gegen den Punkt $\xi = x_k = x_{k+1} = \cdots$. Fällt jedoch für keinen Wert k der Punkt α_k mit β_k zusammen, so bilden die Segmente $[\alpha_1; \beta_1]$, $[\alpha_2; \beta_2]$, $[\alpha_3; \beta_3]$, ... eine fallende Folge. Wir zeigen nun, daß

$$\lim_{k\to\infty} (\beta_k - \alpha_k) = 0$$

ist.

Bei beliebig vorgegebenem $\varepsilon > 0$ wählen wir n_ε so groß, daß für $p > n_\varepsilon$, $q > n_\varepsilon$ die Beziehung $|x_p - x_q| < \frac{\varepsilon}{3}$ gilt. Es sei $k > n_\varepsilon$. Aus der Definition der Zahlen α_k, β_k folgt, daß man Zahlen x_p, x_q ($p \geqq k$, $q \geqq k$) finden kann derart, daß

$$0 \leqq x_p - \alpha_k < \frac{\varepsilon}{3}, \quad 0 \leqq \beta_k - x_q < \frac{\varepsilon}{3}$$

ist. Hieraus und aus $|x_p - x_q| < \frac{\varepsilon}{3}$ folgt $\beta_k - \alpha_k < \varepsilon$, womit unsere Behauptung bewiesen ist.

Nach Folgerung 3 von Theorem 10 aus 2.2. existiert genau ein Punkt ξ, der allen Segmenten $[\alpha_k; \beta_k]$ angehört. Dabei gibt es zu jedem $\varepsilon > 0$ ein hinreichend großes k, so daß $U(\xi, \varepsilon) \supset [\alpha_k; \beta_k]$ und alle Punkte $x_k, x_{k+1}, \ldots$ in $U(\xi, \varepsilon)$ enthalten sind. Das bedeutet aber $\xi = \lim\limits_{n\to\infty} x_n$.

Definition 11. Eine Folge

$$x_1, x_2, \ldots, x_n, \ldots$$

reeller Zahlen heißt (*monoton*) *wachsend* (nicht fallend), wenn

$$x_1 \leqq x_2 \leqq x_3 \leqq \cdots \leqq x_n \leqq x_{n+1} \leqq \cdots,$$

und (*monoton*) *fallend* (nicht wachsend), wenn

$$x_1 \geqq x_2 \geqq x_3 \geqq \cdots \geqq x_n \geqq x_{n+1} \geqq \cdots$$

ist.[1]) Wachsende und fallende Folgen werden unter dem Namen *monotone Folgen* zusammengefaßt.

Theorem 43. *Jede monotone beschränkte Folge ist konvergent. Dabei konvergiert jede beschränkte wachsende Folge gegen ihre obere Grenze und jede beschränkte fallende Folge gegen ihre untere Grenze.*

Die Beweise verlaufen für wachsende und fallende Folgen völlig analog. Wir betrachten daher nur den Fall wachsender Folgen. Vorgegeben sei eine wachsende Folge

$$x_1 \leqq x_2 \leqq x_3 \leqq \cdots \leqq x_n \leqq \cdots. \tag{7}$$

[1]) Ist also eine Folge gleichzeitig nicht fallend und nicht wachsend, so sind alle Glieder der Folge einander gleich.

Es sei ξ die obere Grenze aller Punkte, welche Elemente dieser Folge sind, und $(\xi - \varepsilon, \xi + \varepsilon)$ eine beliebige Umgebung des Punktes ξ. Das Segment $\left[\xi - \frac{\varepsilon}{2}; \xi\right]$ enthält wenigstens einen Punkt der Folge (7), z. B. den Punkt x_k. Da für $n > k$ keiner der Punkte x_n links von x_k und keiner der Punkte x_n rechts von ξ liegt, sind für $n > k$ alle Punkte x_n in dem Segment $\left[\xi - \frac{\varepsilon}{2}; \xi\right]$, also in einer Teilmenge des Intervalls $(\xi - \varepsilon; \xi + \varepsilon)$ enthalten. Wie man auch immer eine Umgebung des Punktes ξ wählen mag, stets liegen alle x_n für hinreichend große n in dieser Umgebung; das bedeutet aber $\lim\limits_{n\to\infty} x_n = \xi$.

Wir schließen diesen Abschnitt mit dem folgenden

Theorem 44. *Die Menge aller Punkte eines n-dimensionalen euklidischen Raumes hat die Mächtigkeit des Kontinuums.*

Bemerkung 3. Dieser Satz ergibt sich unmittelbar aus 3.6., Theorem 24″, demzufolge $\mathfrak{c}^n = \mathfrak{c}$ ist. Wir werden hier jedoch einen elementaren Beweis für Theorem 44 angeben. Der Beweis wird zwar für die Ebene geführt, läßt sich jedoch ohne Schwierigkeiten auf den allgemeinen Fall übertragen.

Dem Beweis wollen wir einige elementare Tatsachen vorausschicken. Wir bezeichnen die Polarkoordinaten der Ebene mit r, φ und stellen auf jedem Strahl $\varphi = \varphi_0 \neq 0$ eine eineindeutige Zuordnung zwischen der Menge aller Punkte $0 < r < 1$ und der Menge aller Punkte $0 < r < \infty$ her, während wir auf dem Strahl $\varphi = 0$ eine eineindeutige Zuordnung zwischen der Menge aller Punkte $0 \leqq r < 1$ und allen Punkten $0 \leqq r < \infty$ herstellen. Auf diese Weise erhält man eine eineindeutige Zuordnung zwischen der Menge aller Punkte der Ebene und der Menge aller Punkte des offenen Kreises mit $r < 1$. Ebenso einfach ist es, eine eineindeutige Zuordnung zwischen der Menge aller Punkte der Ebene und der Menge aller Punkte des offenen Quadrats $0 < x < 1$, $0 < y < 1$ herzustellen.

Man braucht also nur zu beweisen, daß die Menge Q aller Punkte (x, y) des offenen Quadrats $0 < x < 1$, $0 < y < 1$ die Mächtigkeit des Kontinuums besitzt. Zu diesem Zweck schreiben wir die Koordinaten x, y jedes Punktes $(x, y) \in Q$ in Gestalt eines dyadischen Bruches, der keine Einsen in der Periode besitzt:

$$x = 0{,}x_1x_2x_3 \ldots x_n \ldots \qquad \left(\text{d. h. } x = \sum_n \frac{x_n}{2^n},\ x_n = \begin{Bmatrix}0\\1\end{Bmatrix}\right),$$

$$y = 0{,}y_1y_2y_3 \ldots y_n \ldots \qquad \left(\text{d. h. } y = \sum_n \frac{y_n}{2^n},\ y_n = \begin{Bmatrix}0\\1\end{Bmatrix}\right),$$

und ordnen dem Punkt (x, y) den Punkt

$$t = 0{,}x_1y_1x_2y_2x_3y_3 \ldots x_ny_n \ldots \qquad \left(\text{d. h. } t = \sum_n \left(\frac{x_n}{2^{2n-1}} + \frac{y_n}{2^{2n}}\right)\right)$$

des Intervalls (0; 1) zu. Jeder Punkt dieses Intervalls, dessen dyadische Entwicklung

$$t = 0{,}t_1t_2t_3 \ldots t_n \ldots$$

sowohl an Stellen mit beliebig großen ungeraden Indizes als auch an Stellen mit beliebig großen geraden Indizes Nullen besitzt, ist somit genau einem Punkt $(x, y) \in Q$ zugeordnet, nämlich dem Punkt mit den Koordinaten

$$x = 0{,}t_1t_3t_5 \ldots t_{2n-1} \ldots,$$

$$y = 0{,}t_2t_4t_6 \ldots t_{2n} \ldots$$

Auf diese Weise haben wir eine eineindeutige Abbildung des Quadrats Q auf eine Teilmenge des Intervalls (0; 1) hergestellt. Andererseits erhalten wir offenbar eine eineindeutige Abbildung des Intervalls (0; 1) auf eine Teilmenge des Quadrats Q, wenn wir jedem Punkt t des Intervalls den Punkt $\left(t, \frac{1}{2}\right)$ des Quadrats Q zuordnen. Folglich besitzt nach 1.6., Theorem 14, das Quadrat Q dieselbe Mächtigkeit wie das Intervall (0; 1), nämlich die Mächtigkeit des Kontinuums, und Theorem 44 ist bewiesen.

5. Kompakte und vollständige metrische Räume

5.1. Kompaktheit in einem gegebenen Raum und Kompaktheit in sich

Definition 1. Eine in einem metrischen Raum X gelegene Menge M heißt *kompakt im Raum* X, wenn es zu jeder unendlichen Folge von Punkten der Menge M eine gegen einen gewissen Punkt des Raumes X konvergierende Teilfolge gibt. Ist die schärfere Bedingung erfüllt, daß man zu jeder unendlichen Folge von Punkten der Menge M eine Teilfolge finden kann, die gegen einen gewissen Punkt der Menge M konvergiert, so nennt man die Menge M *kompakt in sich.* Jede endliche Menge ist also kompakt in sich. Sagt man, daß irgendein metrischer Raum (den man für sich und nicht als eine in irgendeinem umfassenden Raum gelegene Menge betrachtet) kompakt sei, so meint man natürlich immer kompakt in sich: Ein metrischer Raum X heißt *kompakter Raum* oder einfach *Kompaktum,* wenn man aus jeder unendlichen Folge von Punkten dieses Raumes eine in diesem Raum konvergente Teilfolge aussondern kann.

Wir sagen, ein metrischer Raum X sei *kompakt im Punkt* $x \in X$ (oder habe den Punkt x als *Punkt lokaler Kompaktheit*), wenn es zu dem Punkt x eine Umgebung Ux gibt, deren abgeschlossene Hülle $[Ux]_X$ ein Kompaktum ist; ein Raum X heißt *lokalkompakt,* wenn jeder seiner Punkte ein Punkt lokaler Kompaktheit ist.

Jedes Kompaktum ist offenbar lokalkompakt. Als Beispiel eines lokalkompakten Raumes, der kein Kompaktum ist, kann die Zahlengerade oder allgemein ein euklidischer Raum beliebiger Dimension dienen. Der Hilbertsche Raum R^∞ ist in keinem seiner Punkte kompakt. Wie man nämlich auch $\varepsilon > 0$ vorgibt, stets läßt sich in der ε-Umgebung jedes Punktes $a = (a_1, \ldots, a_n, \ldots)$ eine divergente Folge finden, z. B. die Folge $x_1, x_2, \ldots, x_m, \ldots$ mit $x_m = \left(a_1, a_2, \ldots, a_m + \frac{\varepsilon}{2}, a_{m+1}, \ldots\right)$.

Theorem 1. *Die Menge Γ aller Punkte lokaler Kompaktheit eines beliebigen Raumes X ist eine in X offene (eventuell leere) Menge; diese Menge ist ein lokalkompakter Raum.*

Beweis. Zu jedem Punkt $x \in \Gamma$ gibt es eine Umgebung Ux (bezüglich X), deren abgeschlossene Hülle $[Ux]_X$ ein Kompaktum ist. Hieraus folgt sofort, daß X in jedem Punkt $x' \in Ux$ kompakt ist, d. h. $Ux \subset \Gamma$, also ist Γ offen in X. Wählt man eine Umgebung U_1x derart, daß $[U_1x]_X \subseteqq Ux$ ist, so stimmt die abgeschlossene Hülle der Umgebung U_1x in Γ mit ihrer abgeschlossenen Hülle in X überein und ist ein Kompaktum; hieraus folgt, daß Γ ein lokalkompakter Raum ist.

Die lokale Kompaktheit topologischer Räume wird in 4.12. untersucht.

Man kann die Kompaktheit auch folgendermaßen definieren:

Eine Menge $M \subseteq X$ heißt kompakt im Raum X, wenn jede unendliche Teilmenge der Menge M wenigstens einen Häufungspunkt (im Raum X) besitzt.

Angenommen, diese Bedingung sei erfüllt. Wir zeigen, daß man aus jeder unendlichen Folge

$$x_1, x_2, \ldots, x_n, \ldots \tag{1}$$

von Punkten der Menge M eine konvergente Teilfolge aussondern kann. Wir setzen $n_1 = 1$ und bezeichnen mit n_2 die kleinste natürliche Zahl n mit der Eigenschaft, daß x_n von x_{n_1} verschieden ist. Ein solches n kann man nur dann nicht finden, wenn alle Punkte von (1) übereinstimmen. Sind allgemein $x_{n_1}, x_{n_2}, \ldots, x_{n_k}$ bereits bestimmt, so bezeichnen wir mit n_{k+1} das kleinste n mit der Eigenschaft, daß der Punkt x_n von $x_{n_1}, \ldots, x_{n_k}$ verschieden ist. Dabei gibt es zwei Möglichkeiten:

a) Für ein gewisses k (vielleicht auch schon für $k = 1$) läßt sich $x_{n_{k+1}}$ nicht konstruieren, d. h., jeder Punkt x_n stimmt mit einem der Punkte $x_{n_1}, \ldots, x_{n_k}$ überein; dann gibt es eine unendliche Teilfolge der Folge (1), die nur aus gleichen Punkten besteht; diese Folge konvergiert, womit unsere Behauptung bewiesen ist.

b) Der Prozeß der Aussonderung der Elemente $x_{n_1}, \ldots, x_{n_k}$ läßt sich beliebig weit fortführen und führt zur Konstruktion einer unendlichen Teilfolge

$$x_{n_1}, x_{n_2}, \ldots, x_{n_k}, \ldots \tag{2}$$

der Folge (1), die aus paarweise verschiedenen Punkten besteht; (2) ist also eine unendliche Teilmenge der Menge M. Diese Teilmenge hat laut Voraussetzung einen Häufungspunkt x_0. Man kann dann aus der Folge (2) (auf Grund von 4.4., Satz 1) eine gegen den Punkt x_0 konvergierende Teilfolge aussondern.

Setzt man umgekehrt die zuerst gegebene Definition der Kompaktheit voraus und ist irgendeine unendliche Teilmenge M_0 der Menge M gegeben, so ist in der Menge M_0 eine abzählbare Menge M_1 enthalten, deren Elemente man in Form einer Folge (1) durchnumerieren kann, so daß diese Folge aus paarweise verschiedenen Punkten besteht. Sondern wir aus dieser Folge eine konvergente Teilfolge aus und bezeichnen wir ihren Grenzwert mit x_0, so muß x_0 Häufungspunkt der Menge M_1, also auch der Menge M sein. Damit ist gezeigt, daß beide Definitionen der Kompaktheit äquivalent sind.

Stimmt insbesondere M mit X überein, so gilt folgender Satz:

Kompakta können als metrische Räume definiert werden, in denen jede unendliche Menge wenigstens einen Häufungspunkt besitzt.

Da jede Teilmenge einer beschränkten Menge beschränkt ist, folgt aus dem Satz von Bolzano-Weierstrass, daß *jede beschränkte Menge des n-dimensionalen euklidischen Raumes in diesem Raum kompakt ist.*

Es sei ε irgendeine positive Zahl und M eine in einem metrischen Raum X gelegene Menge. Eine endliche in M gelegene Menge von Punkten $a_1, a_2, \ldots, a_s$ heißt *ε-Netz* der Menge M, wenn es für jeden Punkt $x \in M$ wenigstens einen Punkt a_i gibt, der von x einen Abstand $< \varepsilon$ hat. (Beispielsweise sei M ein gewöhnliches Quadrat; wir zerlegen es in die Quadrate $M_1, M_2, \ldots, M_s$, von denen jedes einen Durchmesser [d. h. Länge der Diagonale] kleiner als ε hat. Wählen wir aus jedem Quadrat M_i je einen Punkt a_i aus, so bildet die Menge dieser Punkte ein ε-Netz des Quadrats M.) *Besitzt eine Menge M für ein gegebenes $\varepsilon > 0$ wenigstens ein ε-Netz,* *so ist sie beschränkt.* Es sei $N_\varepsilon = \{a_1, \ldots, a_s\}$ ein ε-Netz der Menge M; wir bezeichnen den Durchmesser der Menge N_ε, d. h. die größte unter den Zahlen $\varrho(a_i, a_j)$ mit d. Für je zwei Punkte x und x' der Menge M kann man Punkte a_i, a_j unseres ε-Netzes finden derart, daß $\varrho(x, a_i) < \varepsilon$, $\varrho(x', a_j) < \varepsilon$, also

$$\varrho(x, x') \leqq \varrho(x, a_i) + \varrho(a_i, a_j) + \varrho(a_j, x') < \varepsilon + d + \varepsilon = d + 2\varepsilon$$

ist. Hieraus folgt, daß der Durchmesser der Menge M nicht größer als $d + 2\varepsilon$ sein kann.

Wir nennen jetzt eine Menge M *total-beschränkt*, wenn sie für jedes $\varepsilon > 0$ ein ε-Netz enthält. Wir haben uns eben davon überzeugt, daß jede total-beschränkte Menge M erst recht beschränkt ist, wodurch diese Bezeichnung erst gerechtfertigt wird. Wir beweisen folgenden Satz:

Theorem 2. *Jede in irgendeinem metrischen Raum X kompakte Menge M ist total-beschränkt.*

Ist nämlich eine Menge $M \subseteqq X$ nicht total-beschränkt, so gibt es ein gewisses $\varepsilon > 0$, für welches M kein ε-Netz enthält. Wir wählen einen beliebigen Punkt $a_0 \in M$. Da es in M kein ε-Netz gibt, ist sicher die Menge, die aus dem einzigen Punkt a_0 besteht, kein ε-Netz; daher gibt es in M gewiß einen Punkt a_1, der von a_0 einen Abstand $> \varepsilon$ hat. Auch das Punktepaar a_0, a_1 bildet kein ε-Netz der Menge M; daher gibt es in M einen Punkt a_2, der von jedem der Punkte a_0, a_1 einen Abstand $\geqq \varepsilon$ hat. Setzen wir diese Überlegung fort, so können wir schrittweise eine unendliche Folge von Punkten

$$a_0, a_1, \ldots, a_n, \ldots \tag{3}$$

konstruieren, von denen jeder von allen in der Folge (3) vorhergehenden einen Abstand $\geqq \varepsilon$ hat. Daher ist der Abstand zwischen je zwei Punkten der Folge (3) mindestens ε. Hieraus folgt, daß die Folge (3) keine konvergente Teilfolge enthalten kann, womit Theorem 2 bewiesen ist.

Da beschränkte Mengen des euklidischen Raumes kompakt und kompakte Mengen beschränkt (sogar total-beschränkt) sind, folgt aus dem eben Bewiesenen

Theorem 3. *Eine im euklidischen Raum R^n gelegene Menge ist genau dann kompakt in R^n, wenn sie beschränkt ist.*

Aus den Theoremen 2 und 3 folgt, daß *jede beschränkte Menge, die in einem n-dimensionalen euklidischen Raum liegt, total-beschränkt ist*; davon kann man sich auch leicht unmittelbar überzeugen.

Theorem 4. *Eine Menge M in einem metrischen Raum X ist genau dann ein Kompaktum, wenn sie abgeschlossen und kompakt in X ist.*

Beweis. M sei abgeschlossen und kompakt in X. Dann besitzt jede unendliche Teilmenge $M' \subseteqq M$ in X wenigstens einen Häufungspunkt a. Da M abgeschlossen ist, gilt $a \in M$; das bedeutet, M' hat einen Häufungspunkt in M. Hieraus folgt, daß M ein Kompaktum ist. Jetzt sei umgekehrt M kompakt in sich. Dann ist erst recht M kompakt in X. Wir zeigen, daß M außerdem auch abgeschlossen ist. Wäre M nicht abgeschlossen, so gäbe es einen Häufungspunkt a der Menge M, der dieser Menge nicht angehört. Wir wählen eine Folge von Punkten $a_1, a_2, \ldots, a_n, \ldots$ der Menge M, die gegen a konvergiert. Jede Teilfolge dieser Folge konvergiert ebenfalls gegen $a \in X \setminus M$, d. h., sie konvergiert nicht gegen einen Punkt der Menge M. Somit enthält die Folge von Punkten $a_n \in M$ keine einzige Teilfolge, die in M konvergiert, also kann M nicht kompakt in sich sein.

Bemerkung 1. Die eine der Behauptungen von Theorem 4 formuliert man gewöhnlich folgendermaßen: *Jeder kompakte Raum ist in jedem ihn umfassenden metrischen Raum abgeschlossen.*[1])

Bemerkung 2. Im Hilbertschen Raum läßt sich leicht eine beschränkte Menge finden, die nicht total-beschränkt ist, etwa die Menge E, die aus allen Punkten besteht, bei denen irgendeine Koordinate gleich 1 ist, während alle übrigen gleich Null sind. Je zwei Punkte dieser Menge haben voneinander den Abstand $\sqrt{2}$, woraus sowohl folgt, daß die Menge beschränkt ist (sie hat den Durchmesser $\sqrt{2}$), als auch, daß sie nicht total-beschränkt ist (für $\varepsilon < \sqrt{2}$ gibt es in E kein ε-Netz).

Theorem 5. *In jedem aus unendlich vielen Punkten bestehenden kompakten Raum ist eine abzählbare überall dichte Menge enthalten.*

Beweis. Es sei X ein Kompaktum. Da X nach dem oben Bewiesenen total-beschränkt ist, existiert für jedes $\varepsilon > 0$ in X ein ε-Netz N_ε. Läßt man ε die Werte $1, \frac{1}{2}, \ldots, \frac{1}{n}, \ldots$ durchlaufen, so erhält man eine abzählbare Menge

$$N = \bigcup_{n=1}^{\infty} N_{1/n},$$

die in X überall dicht ist (da für jeden Punkt $x \in X$ die Beziehung $\varrho(x, N) = 0$ gilt). Die Menge N kann nicht endlich sein, da jede endliche Teilmenge eines Kompaktums abgeschlossen ist.

Bemerkung 3. Aus der Definition der Kompaktheit folgt unmittelbar:
Ist X ein Kompaktum, so ist jede Menge $M \subseteq X$ kompakt in X; daher ist jede abgeschlossene Menge irgendeines Kompaktums X selbst wieder ein Kompaktum.

Theorem 6 (Cantor). *Es seien*

$$\Phi_1 \supseteq \Phi_2 \supseteq \Phi_3 \supseteq \cdots \supseteq \Phi_n \supseteq \cdots \tag{4}$$

nichtleere abgeschlossene kompakte Mengen eines metrischen Raumes X. Dann ist ihr Durchschnitt $\Phi = \bigcap_{n=1}^{\infty} \Phi_n$ nicht leer.

Bemerkung 4. Der Cantorsche Durchschnittssatz kann auch folgendermaßen formuliert werden.

[1]) In 6.1. wird eine bedeutend allgemeinere Aussage bewiesen.

Jede fallende Folge nichtleerer abgeschlossener Mengen eines kompakten metrischen Raumes hat einen nichtleeren Durchschnitt.

Beweis des Cantorschen Satzes. Dieser Beweis stimmt mit dem in Kapitel 6 geführten Beweis desselben Satzes für abgeschlossene beschränkte Mengen im R^n überein. Für jedes n wählen wir irgendeinen Punkt $a_n \in \Phi_n$. Aus der Folge der so erhaltenen Punkte $a_1, a_2, \ldots, a_n, \ldots$ sondern wir eine konvergente Teilfolge

$$a_{n_1}, a_{n_2}, \ldots, a_{n_k}, \ldots \tag{5}$$

aus (eine solche gibt es, da alle a_n in Φ_1 liegen und Φ_1 kompakt ist). Es sei $a = \lim\limits_{k\to\infty} a_{n_k}$. Wir beweisen: $a \in \Phi_n$ für jedes n. Es sei $n_k > n$. Die Folge $a_{n_k}, a_{n_{k+1}}, \ldots, a_{n_{k+s}}, \ldots$ besteht aus Punkten der Menge Φ_n und konvergiert gegen denselben Punkt a wie die ganze Folge (5). Daher ist a Berührungspunkt der Menge Φ_n. Da Φ_n abgeschlossen ist, gilt $a \in \Phi_n$, womit der Satz bewiesen ist.

Folgerung. *Jede fallende Folge nichtleerer abgeschlossener beschränkter Mengen des n-dimensionalen euklidischen Raumes hat einen nichtleeren Durchschnitt.*

Bemerkung 5. Streben die Durchmesser der Mengen (4) gegen Null, so besteht der Durchschnitt aller Mengen Φ_n (der nach dem Cantorschen Satz nicht leer ist) aus einem einzigen Punkt.

Neben dem Cantorschen Satz ist der sogenannte Borel-Lebesguesche Satz (der ursprünglich für Segmente der Zahlengeraden bewiesen wurde) einer der wichtigsten Sätze in der Theorie der kompakten Räume.

Theorem 7. *Es sei Φ ein in einem metrischen Raum X gelegenes Kompaktum* (nach Theorem 4 ist Φ eine in X abgeschlossene und kompakte Menge). *Dann läßt sich aus jedem System Σ offener Mengen des Raumes X, das die Menge Φ überdeckt,*[1]) *ein endliches Teilsystem aussondern, das ebenfalls schon die Menge Φ überdeckt.*

Mit anderen Worten, *jede offene Überdeckung einer kompakten abgeschlossenen Menge Φ enthält eine endliche Überdeckung der Menge Φ.*

Der Beweis beruht auf folgendem

Hilfssatz. *Jedes Kompaktum Φ läßt sich für jedes $\varepsilon > 0$ als Vereinigung von endlich vielen abgeschlossenen Mengen von einem Durchmesser $< \varepsilon$ darstellen.*

Dieser Hilfssatz folgt einfach daraus, daß ein Kompaktum Φ total-beschränkt ist. Wählen wir nämlich irgendein $\frac{\varepsilon}{3}$-Netz

$$N = \{a_1, a_2, \ldots, a_s\}$$

des Kompaktums Φ, so ist Φ nach Definition des Netzes die Vereinigung der

---

[1]) Ein Mengensystem Σ *überdeckt* eine Menge Φ oder stellt eine *Überdeckung* der Menge Φ dar, wenn jeder Punkt der Menge Φ in wenigstens einer der Mengen des Systems Σ enthalten ist. Eine Überdeckung heißt *offen* (bzw. *abgeschlossen*), wenn alle ihre Elemente *offene* (bzw. *abgeschlossene*) Mengen sind. Eine Überdeckung, die aus endlich vielen Elementen besteht heißt *endlich*.

Mengen $U\left(a_1, \frac{\varepsilon}{3}\right), \ldots, U\left(a_s, \frac{\varepsilon}{3}\right)$, d. h. erst recht die Vereinigung der Mengen $\left[U\left(a_1, \frac{\varepsilon}{3}\right)\right], \ldots, \left[U\left(a_s, \frac{\varepsilon}{3}\right)\right]$ (es handelt sich um die abgeschlossene Hülle in Φ). Jede der Mengen $\Phi_i = \Phi \cap \left[U\left(a_i, \frac{\varepsilon}{3}\right)\right]$ ist eine abgeschlossene Menge von einem Durchmesser $\leqq \frac{2}{3}\varepsilon$, und es gilt $\Phi = \Phi_1 \cup \cdots \cup \Phi_s$; damit ist der Hilfssatz bewiesen.

Wir beweisen nunmehr den Satz von Borel-Lebesgue. Das Kompaktum $\Phi \subseteqq X$ werde von einem gewissen unendlichen System Σ offener Mengen Γ des Raumes X überdeckt und es gebe kein einziges endliches Teilsystem des Systems Σ, das ebenfalls schon Φ überdeckt. Wir setzen in unserem Hilfssatz $\varepsilon = 1$ und stellen Φ als Vereinigung von endlich vielen abgeschlossenen Mengen $\Phi_1, \ldots, \Phi_s$ dar, deren Durchmesser kleiner als 1 sind. Würde jede dieser Mengen Φ_i bereits von einem gewissen endlichen Teilsystem von Σ überdeckt, so würde auch die ganze Menge Φ von einem gewissen endlichen Teilsystem des Systems Σ überdeckt. Ein gewisses Φ_{i_1} wird daher von keinem endlichen Teilsystem des Systems Σ überdeckt. Die Menge Φ_{i_1} ist als abgeschlossene Teilmenge des Kompaktums Φ wieder ein Kompaktum und kann daher als Vereinigung endlich vieler abgeschlossener Mengen $\Phi_{i_1 1}, \Phi_{i_1 2}, \ldots, \Phi_{i_1 s_1}$ von einem Durchmesser $< \frac{1}{2}$ dargestellt werden. Wenigstens eine dieser Mengen $\Phi_{i_1 i_2}$ wird von keinem endlichen Teilsystem des Systems Σ überdeckt. Diese Menge $\Phi_{i_1 i_2}$ stellen wir als Vereinigung von endlich vielen abgeschlossenen Mengen von einem Durchmesser $< \frac{1}{3}$ dar, wählen unter ihnen eine Menge $\Phi_{i_1 i_2 i_3}$ aus, die von keinem endlichen Teilsystem des Systems Σ überdeckt wird, und setzen diesen Prozeß unbegrenzt fort. Als Resultat erhalten wir eine Folge

$$\Phi \supseteqq \Phi_{i_1} \supseteqq \Phi_{i_1 i_2} \supseteqq \Phi_{i_1 i_2 i_3} \supseteqq \cdots \supseteqq \Phi_{i_1 i_2 \ldots i_n} \supseteqq \cdots \tag{6}$$

von Kompakta, von denen kein einziges von einem endlichen Teilsystem des Systems Σ überdeckt wird; dabei ist der Durchmesser $\delta(\Phi_{i_1 \ldots i_n})$ der Menge $\Phi_{i_1 i_2 \ldots i_n}$ kleiner als $\frac{1}{n}$. Wie bewiesen wurde, besteht der Durchschnitt der Mengen (6) aus einem einzigen Punkt a. Dieser Punkt a ist in einem gewissen $\Gamma \in \Sigma$ enthalten. Da Γ offen ist, gibt es ein $U(a, \varepsilon) \subseteqq \Gamma$. Wir wählen n so groß, daß $\frac{1}{n} < \varepsilon$ wird. Dann folgt aus $a \in \Phi_{i_1 \ldots i_n}$ und $\delta(\Phi_{i_1 \ldots i_n}) < \frac{1}{n}$, daß $\Phi_{i_1 \ldots i_n} \subseteqq U(a, \varepsilon) \subseteqq \Gamma$ ist; d. h., $\Phi_{i_1 \ldots i_n}$ wird sogar von einem Element Γ des Systems Σ überdeckt (während wir annahmen, daß $\Phi_{i_1 \ldots i_n}$ nicht von endlich vielen Elementen des Systems Σ überdeckt werden könnte). Durch diesen Widerspruch ist der Satz von Borel-Lebesgue bewiesen.

Der Borel-Lebesguesche Satz charakterisiert die Kompakta vollständig. Mit anderen Worten, es gilt das folgende

Theorem 8'. *Genügt eine Menge $M \subseteqq X$ der Bedingung, daß aus jedem System offener Mengen des Raumes X, die M überdecken, ein endliches Teilsystem mit derselben Eigenschaft ausgesondert werden kann, so ist M ein Kompaktum.*

Angenommen, die Behauptung wäre falsch. Dann gäbe es in M eine unendliche Teilmenge M', die in M keinen Häufungspunkt besitzt. Hieraus würde folgen, daß es zu jedem Punkt $x \in M$ eine Umgebung $U(x, \varepsilon_x)$ gibt, die nicht mehr als endlich viele Punkte der Menge M' enthält. Die Umgebungen $U(x, \varepsilon_x)$ überdecken die ganze Menge M. Auf Grund unserer Voraussetzungen gibt es endlich viele dieser Umgebungen $U_1 = U(x_1, \varepsilon_{x_1}), \ldots, U_s = U(x_s, \varepsilon_{x_s})$, die ebenfalls schon M überdecken. Dann ist

$$M' = (M' \cap U_1) \cup \cdots \cup (M' \cap U_s);$$

das ist aber unmöglich, da M' eine unendliche Menge ist, während jede der Mengen $M' \cap U_i$ endlich ist.

Beschränken wir uns auf den äußerst wichtigen Spezialfall, daß $M = X$ ist, so erhalten wir

Theorem 8. *Ein metrischer Raum X ist genau dann ein Kompaktum, wenn man aus jedem System offener Mengen, das als Vereinigung den Raum X ergibt, ein endliches Teilsystem mit der gleichen Eigenschaft auswählen kann.*

5.2. Stetige Abbildungen von Kompakta

Theorem 9. *Ein metrischer Raum, der stetiges Bild eines Kompaktums ist, ist selbst ein Kompaktum.*[1]

Beweis. Gegeben sei eine stetige Abbildung f eines Kompaktums X auf einen metrischen Raum Y. Um zu beweisen, daß Y ein Kompaktum ist, zeigen wir, daß sich aus jedem System Σ_Y in Y offener Mengen Γ_α, die Y überdecken, ein endliches Teilsystem mit derselben Eigenschaft aussondern läßt. Das System Σ_X der offenen Mengen $f^{-1}(\Gamma_\alpha)$ überdeckt X und enthält wegen der Kompaktheit von X ein endliches Teilsystem $\{f^{-1}(\Gamma_{\sigma_1}), \ldots, f^{-1}(\Gamma_{\sigma_s})\}$, das ebenfalls X überdeckt. Dann bilden jedoch die Mengen $\Gamma_{\sigma_1}, \ldots, \Gamma_{\sigma_s}$ ein endliches Teilsystem des Systems Σ_Y, das den Raum Y überdeckt; damit ist der Satz bewiesen.

Aus den Theoremen 9 und 4 folgt

Theorem 10. *Jede Menge M, die in irgendeinem metrischen Raum X liegt und stetiges Bild eines Kompaktums ist, ist im Raum X abgeschlossen.*

Hieraus folgt ferner

Theorem 11. *Jede stetige Abbildung eines Kompaktums ist eine abgeschlossene Abbildung.*

Beweis. Es sei f eine stetige Abbildung eines Kompaktums X in irgendeinen metrischen Raum Y. Jede in X abgeschlossene Menge ist wieder ein Kompaktum (vgl. 5.1., Bemerkung 3); daher ist ihr Bild bei der Abbildung f in Y abgeschlossen.

---

[1]) Insbesondere ist jeder metrische Raum, der einem Kompaktum homöomorph ist, wieder ein Kompaktum; die Kompaktheit ist, wie man sagt, topologisch invariant; dies folgt übrigens schon aus der Definition der Kompaktheit.

Aus Theorem 11 folgt

Theorem 12. *Jede eineindeutige und in einer Richtung stetige Abbildung eines Kompaktums ist auch in der anderen Richtung stetig und folglich eine topologische Abbildung.*

Beweis. Es sei f eine eineindeutige und in einer Richtung stetige Abbildung des Kompaktums X auf irgendeinen metrischen Raum Y. Nach Theorem 9 ist der Raum Y ein Kompaktum. Man hat zu zeigen, daß die Abbildung f^{-1} des Kompaktums Y auf das Kompaktum X, die Umkehrung der Abbildung f, stetig ist, d. h., wir haben zu beweisen, daß bei der Abbildung f^{-1} das Urbild jeder in X abgeschlossenen Menge M eine in Y abgeschlossene Menge ist. Das Urbild $(f^{-1})^{-1}(M)$ der Menge M bei der Abbildung f^{-1} stimmt mit dem Bild der Menge M bei der Abbildung f überein, das nach Theorem 11 in Y abgeschlossen ist. Damit ist Theorem 12 bewiesen.

Aus Theorem 9 folgt ferner

Theorem 13. *Jede auf irgendeinem Kompaktum X definierte und dort stetige reelle Funktion $y = f(x)$ ist beschränkt und nimmt in einem gewissen Punkt $x_0 \in X$ einen größten und in einem gewissen Punkt $x_1 \in X$ einen kleinsten Wert an.*

Das Bild des Raumes X bei der Abbildung f ist nämlich eine gewisse Menge Y reeller Zahlen; diese Menge ist (nach Theorem 9) ein Kompaktum, d. h., sie ist (nach den Theoremen 3 und 4) eine abgeschlossene und beschränkte Menge reeller Zahlen. Die obere und die untere Grenze dieser Menge gehören ihr an und sind die gesuchten größten und kleinsten Werte der Funktion f im Raum X.

Spezialfälle von Theorem 13 sind die aus der Analysis bekannten Sätze, die besagen, daß jede auf einer abgeschlossenen und beschränkten Menge Φ (auf der Geraden, in der Ebene oder allgemein im R^n) definierte stetige reelle Funktion (z. B. der Betrag einer stetigen Funktion einer komplexen Variablen) auf Φ sowohl einen größten als auch einen kleinsten Wert annimmt.

Bemerkung 1. Aus 4.3., Theorem 11 und 12, und aus Theorem 13 folgt, daß die Gesamtheit der Werte einer auf einem zusammenhängenden und kompakten metrischen Raum definierten stetigen reellen Funktion (z. B. einer auf einem Segment der Zahlengeraden oder auf einem abgeschlossenen Quadrat oder Kreis definierten Funktion) immer ein Segment der Zahlengeraden ist (oder ein Punkt, falls die Funktion konstant ist).

* * *

Eine Abbildung f eines Raumes X in einen Raum Y heißt *gleichmäßig stetig*, wenn sich zu jedem $\varepsilon > 0$ ein $\delta > 0$ finden läßt derart, daß für je zwei Punkte $x' \in X$, $x'' \in X$, deren Abstand in X kleiner als δ ist,

$$\varrho\big(f(x'), f(x'')\big) < \varepsilon \quad \text{in } Y$$

gilt.

Offenbar ist *jede gleichmäßig stetige Abbildung stetig.*

Theorem 14. *Jede stetige Abbildung f eines Kompaktums X ist gleichmäßig stetig.*[1])

Beweis (indirekt). Wäre die Behauptung falsch, so gäbe es ein $\varepsilon > 0$ derart, daß sich für jedes $\delta > 0$ ein Punktepaar $x_{(\delta)}$, $x'_{(\delta)}$ finden ließe, das den Bedingungen

$$\varrho(x_{(\delta)}, x'_{(\delta)}) < \delta, \quad \varrho\big(f(x_{(\delta)}), f(x'_{(\delta)})\big) \geqq \varepsilon$$

genügt. Nun durchlaufe δ die Werte $1, \frac{1}{2}, \ldots, \frac{1}{n}, \ldots$; wir bezeichnen $x_{\left(\frac{1}{n}\right)}$, $x'_{\left(\frac{1}{n}\right)}$ kurz mit x_n bzw. x_n' und wählen aus der Folge

$$x_1, x_2, \ldots, x_n, \ldots$$

eine konvergente Teilfolge

$$x_{n_1}, x_{n_2}, \ldots, x_{n_k}, \ldots, \quad \lim_{k\to\infty} x_{n_k} = x_0,$$

aus. Da $\varrho(x_n, x_n') < \frac{1}{n}$ ist, konvergiert auch die Folge

$$x'_{n_1}, x'_{n_2}, \ldots, x'_{n_k}, \ldots,$$

und zwar gegen denselben Grenzwert x_0.

Wegen der Stetigkeit der Abbildung erhalten wir, wenn wir $y_k = f(x_{n_k})$, $y_k' = f(x'_{n_k})$ setzen, die Gleichungen

$$\lim_{k\to\infty} y_k = \lim_{k\to\infty} y_k' = f(x_0),$$

so daß für hinreichend großes k der Abstand $\varrho(y_k, y_k')$ beliebig klein wird. Nach Voraussetzung wäre aber $\varrho(y_k, y_k') \geqq \varepsilon$ für alle k. Durch den so erhaltenen Widerspruch ist Theorem 14 bewiesen.

Bemerkung 2. Man beweist leicht folgendes

Theorem 15. *Das metrische Produkt zweier Kompakta ist ein Kompaktum.*

Es sei in dem Produkt $X = [X' \times X'']$ zweier Kompakta X' und X'' eine Folge $\{x_n\}$ von Punkten $x_n = (x_n', x_n'')$ gegeben. Wir wählen eine Teilfolge $\{x_{n_k}\}$, $x_{n_k} = (x'_{n_k}, x''_{n_k})$, aus, so daß die Folgen $\{x'_{n_k}\}$ bzw. $\{x''_{n_k}\}$ gegen die Punkte x_0' bzw. x_0'' konvergieren. Dann konvergiert die Folge $\{x_{n_k}\}$ in X gegen den Punkt $x_0 = (x_0', x_0'')$.

Beispiel einer stetigen Abbildung einer Strecke auf ein Dreieck („Peano-Kurve"). Wir zerlegen das Segment $[0; 1] = \delta$ in zwei Hälften: $\delta_0 = \left[0; \frac{1}{2}\right]$ und $\delta_1 = \left[\frac{1}{2}; 1\right]$. Diese Zerlegung der Strecke $[0; 1]$ nennen wir Zerlegung ersten Ranges und die Strecken $\left[0; \frac{1}{2}\right]$ und $\left[\frac{1}{2}; 1\right]$ Strecken ersten Ranges. Zerlegen wir jede Strecke ersten Ranges in zwei Hälften, so erhalten wir vier Strecken $\delta_{00}, \delta_{01}, \delta_{10}, \delta_{11}$ zweiten Ranges, die eine Zerlegung

[1]) Dieser Satz ist eine Verallgemeinerung des aus der Analysis bekannten Satzes.

zweiten Ranges der Strecke [0; 1] bilden, usw. Die Zerlegung n-ten Ranges besteht aus 2^n Strecken $\delta_{i_1 i_2 \ldots i_n}$ $\left(i_1, \ldots, i_n = \begin{Bmatrix}0\\1\end{Bmatrix}\right)$, von denen jede die Länge $\frac{1}{2^n}$ besitzt.

Indem wir in einem gleichschenklig rechtwinkligen Dreieck Δ die Höhe[1]) ziehen, zerlegen wir es ganz analog in zwei gleiche gleichschenklig rechtwinklige Dreiecke Δ_0 und Δ_1. Dies sind die Dreiecke „ersten Ranges"; sie stellen eine „Zerlegung ersten Ranges" des Ausgangsdreiecks Δ dar. Zerlegen wir jedes Dreieck ersten Ranges durch seine Höhe, so erhalten wir vier Dreiecke zweiten Ranges Δ_{00}, Δ_{01}, Δ_{10}, Δ_{11}. Allgemein erhalten wir für jedes n insgesamt 2^n Dreiecke $\Delta_{i_1 i_2 \ldots i_n}$ $\left(i_1, \ldots, i_n = \begin{Bmatrix}0\\1\end{Bmatrix}\right)$ vom Rang n.

Bemerkung 3. Alle Dreiecke sollen bei unserer Konstruktion abgeschlossen sein (d. h., wir rechnen die Ecken und Seiten hinzu).

Aus unserer Konstruktion folgt offenbar, daß stets $\delta_{i_1 \ldots i_n} \supset \delta_{i_1 \ldots i_{n+1}}$ und $\Delta_{i_1 \ldots i_n} \supset \Delta_{i_1 \ldots i_{n+1}}$ gilt.

Da die Länge von $\delta_{i_1 \ldots i_n}$ gleich $\frac{1}{2^n}$ ist, strebt sie gegen Null, wenn n unbeschränkt wächst. Man erkennt leicht, daß bei unbeschränkt wachsendem n auch der Durchmesser des Dreiecks $\Delta_{i_1 \ldots i_n}$ gegen Null strebt. Hieraus folgt:

a) Bezeichnen wir für jedes n mit P_n entweder ein Dreieck n-ten Ranges oder die Vereinigung zweier aneinandergrenzender Dreiecke n-ten Ranges, so strebt bei unbeschränkt wachsendem n der Durchmesser der Menge P_n gegen Null.

Wir benötigen noch die folgende Eigenschaft unserer Konstruktion, die man ohne Mühe durch passende Zuordnung der Indizesgruppen $i_1 \ldots i_n$ zu den Dreiecken n-ten Ranges erreichen kann (Induktion nach dem Rang n):

b) Haben zwei Strecken $\delta_{i_1 \ldots i_n}$ und $\delta_{j_1 \ldots j_n}$ vom Rang n einen gemeinsamen Endpunkt, so haben die Dreiecke $\Delta_{i_1 \ldots i_n}$ und $\Delta_{j_1 \ldots j_n}$ eine gemeinsame Seite.

Jetzt sei t irgendein Punkt der Strecke [0; 1]. Für jeden Rang n existiert entweder eine einzige Strecke $\delta_{i_1 \ldots i_n}$ vom Rang n, die t als inneren Punkt enthält, oder es gibt zwei Strecken $\delta_{i_1 \ldots i_n}$ und $\delta_{j_1 \ldots j_n}$, die t als gemeinsamen Randpunkt besitzen. Wir bezeichnen mit $P_n(t)$ im ersten Fall das Dreieck $\Delta_{i_1 \ldots i_n}$ und im zweiten Fall die Vereinigung der beiden Dreiecke $\Delta_{i_1 \ldots i_n}$ und $\Delta_{j_1 \ldots j_n}$, die in diesem Fall, nach Bemerkung b), einander berühren. Man erkennt leicht, daß

$$P_1(t) \supset P_2(t) \supset \cdots \supset P_n(t) \supset \cdots \tag{1}$$

ist, wobei infolge der Bemerkung a) der Durchschnitt aller $P_n(t)$ aus einem einzigen Punkt besteht, den wir mit $f(t)$ bezeichnen.

Auf diese Weise haben wir eine Abbildung $f(t)$ der Strecke [0; 1] in das Dreieck Δ erhalten.

Wir zeigen zunächst, daß diese Abbildung eine Abbildung auf das ganze Dreieck Δ ist. Es sei x ein beliebiger fester Punkt des Dreiecks Δ. Ferner sei

$$\Delta_{i_1} \supset \Delta_{i_1 i_2} \supset \cdots \supset \Delta_{i_1 i_2 \ldots i_n} \supset \cdots \tag{2}$$

irgendeine Folge unserer Dreiecke, die der Bedingung genügt, daß x in jedem der Dreiecke $\Delta_{i_1 \ldots i_n}$ dieser Folge enthalten ist (für gewisse Punkte x ist eine solche Folge eindeutig bestimmt, für andere nicht). Der Folge (2) entspricht die Folge

$$\delta_{i_1} \supset \delta_{i_1 i_2} \supset \cdots \supset \delta_{i_1 i_2 \ldots i_n} \supset \cdots \tag{3}$$

die einen Punkt $t \in [0; 1]$ bestimmt, der ein Punkt des Durchschnitts aller Strecken (3) ist, wobei aus unserer Konstruktion leicht

$$\Delta_{i_1 \ldots i_n} \subseteqq P_n(t) \tag{4}$$

[1]) Unter der Höhe eines rechtwinkligen Dreiecks verstehen wir das vom Scheitel des rechten Winkels auf die Hypotenuse gefällte Lot.

für jedes n folgt. Aus $\bigcap\limits_{n=1}^{\infty} \Delta_{i_1 \dots i_n} = x$, aus (4) und daraus, daß $\bigcap\limits_{n=1}^{\infty} P_n(t)$ nur aus einem einzigen Punkt besteht, folgt $x = \bigcap\limits_{n=1}^{\infty} P_n(t)$, d. h. $x = f(t)$.

Wir beweisen schließlich, daß die Abbildung f in jedem Punkt $t_0 \in [0; 1]$ stetig ist. Es sei

$$x_0 = f(t_0) = \bigcap_{n=1}^{\infty} P_n(t_0).$$

Wir wählen ein beliebiges $\varepsilon > 0$ und ein n derart, daß $P_n(t_0) \subseteq U(x_0, \varepsilon)$ gilt. Der Punkt t_0 gehört dann entweder zu einer einzigen Strecke $\delta_{i_1 \dots i_n}$ oder zu zwei Strecken $\delta_{i_1 \dots i_n}$ und $\delta_{j_1 \dots j_n}$ vom Rang n. Im ersten Fall setzen wir $\delta_n' = \delta_{i_1 \dots i_n}$, im zweiten Fall bezeichnen wir mit δ_n' die Vereinigung der Strecken $\delta_{i_1 \dots i_n}$ und $\delta_{j_1 \dots j_n}$ und mit η den Abstand zwischen t_0 und dem t_0 nächstgelegenen Randpunkt der Strecke δ_n'. Dann gilt für alle $t \in [0; 1]$, die von t_0 um weniger als η entfernt sind, $P_n(t) \subseteq P_n(t_0)$; das bedeutet

$$\varrho(f(t_0), f(t)) < \varepsilon,$$

womit der Satz bewiesen ist.

Bemerkung 4. Wir ergänzen die eben durchgeführte Konstruktion durch folgende Bemerkung (die zum ersten Male von N. N. Lusin gemacht wurde): *Im dreidimensionalen Raum kann man einen einfachen Bogen* (d. h. eine Menge, die der Strecke [0; 1] homöomorph ist) *so konstruieren, daß die Projektion dieses Bogens auf die Ebene ein Dreieck wird.*[1]) Dazu nehmen wir in der Ebene $x_3 = 0$ des dreidimensionalen (x_1, x_2, x_3)-Raumes das Dreieck Δ und bilden auf dieses Dreieck stetig die Strecke $0 \leqq t \leqq 1$ ab. Wir schreiben diese Abbildung f in Gestalt eines Systems zweier stetiger Funktionen

$$x_1 = \varphi_1(t), \qquad x_2 = \varphi_2(t),$$

wobei $x_1 = \varphi_1(t)$ und $x_2 = \varphi_2(t)$ die Koordinaten des Punktes $x = f(t)$ des Dreiecks Δ sind.

Ordnen wir dem Punkt t der Strecke $0 \leqq t \leqq 1$ den Punkt x des dreidimensionalen Raumes mit den Koordinaten $x_1 = \varphi_1(t)$, $x_2 = \varphi_2(t)$, $x_3 = t$ zu, so erhalten wir eine topologische Abbildung der Strecke $[0; 1]$ auf einen gewissen einfachen Bogen, dessen Projektion auf die Ebene $x_3 = 0$ das Dreieck Δ ist.

Bemerkung 5. Von Lebesgue stammt folgende elegante Konstruktion einer stetigen Abbildung des Cantorschen Diskontinuums Π auf ein Quadrat. Bekanntlich sind die Punkte der Menge Π unter allen Punkten der Zahlengeraden R^1 dadurch ausgezeichnet, daß sie jeweils derart als unendlicher triadischer Bruch

$$t = \frac{\theta_1}{3} + \frac{\theta_2}{3^2} + \cdots + \frac{\theta_n}{3^n} + \cdots \tag{5}$$

dargestellt werden können, daß jedes θ_n entweder 0 oder 2 ist und infolgedessen in der Gestalt $\theta_n = 2t_n$ geschrieben werden kann, wobei t_n entweder 0 oder 1 ist. Dementsprechend schreiben wir (5) wie folgt:

$$t = 2\left(\frac{t_1}{3} + \frac{t_2}{3^2} + \cdots + \frac{t_n}{3^n} + \cdots\right). \tag{6}$$

Jedem Punkt (6) der Menge Π ordnen wir einen Punkt (x_1, x_2) des Einheitsquadrats Q in

---

[1]) Diesen einfachen Bogen könnte man als vollkommen regenundurchlässiges Hausdach benutzen!

der Ebene R^2 zu, indem wir

$$x_1 = \varphi_1(t) = \frac{t_1}{2} + \frac{t_3}{2^2} + \frac{t_5}{2^3} + \cdots + \frac{t_{2n-1}}{2^n} + \cdots,$$

$$x_2 = \varphi_2(t) = \frac{t_2}{2} + \frac{t_4}{2^2} + \frac{t_6}{2^3} + \cdots + \frac{t_{2n}}{2^n} + \cdots$$

setzen. Wir erhalten eine Abbildung f der Menge $\Pi \subset [0; 1]$ in das Einheitsquadrat $Q = [0 \leqq x_1 \leqq 1; 0 \leqq x_2 \leqq 1]$ der Ebene R^2. Es sei $x = (x_1, x_2)$ ein beliebiger Punkt des Quadrats Q; wir schreiben seine Koordinaten als dyadische Brüche:

$$x_1 = \frac{p_1}{2} + \frac{p_2}{2^2} + \cdots + \frac{p_n}{2^n} + \cdots, \qquad p_n = \begin{cases} 0 \\ 1 \end{cases},$$

$$x_2 = \frac{q_1}{2} + \frac{q_2}{2^2} + \cdots + \frac{q_n}{2^n} + \cdots, \qquad q_n = \begin{cases} 0 \\ 1 \end{cases},$$

und folgern, daß der Punkt x gemäß der Abbildung f einem Punkt der Menge Π zugeordnet ist, der durch die Entwicklung (6) bestimmt wird, bei der an den geraden Stellen nacheinander die $q_1, q_2, \ldots, q_n, \ldots$ und an den ungeraden Stellen die $p_1, p_2, \ldots, p_n \ldots$ stehen. Somit ist die Abbildung f eine Abbildung der Menge Π auf das ganze Quadrat Q.

Wir beweisen, daß diese Abbildung stetig ist. Sind nämlich

$$t' = 2\left(\frac{t_1'}{3} + \frac{t_2'}{3^2} + \cdots + \frac{t_n'}{3^n} + \cdots\right)$$

und

$$t'' = 2\left(\frac{t_1''}{3} + \frac{t_2''}{3^2} + \cdots + \frac{t_n''}{3^n} + \cdots\right)$$

zwei Punkte der Menge Π mit $t_n' \neq t_n''$, so ist $|t' - t''| \geqq \frac{1}{3^n}$. Konvergiert daher die Punktfolge $\{t^{(k)}\}$, $t^{(k)} \in \Pi$,

$$t^{(k)} = 2\left(\frac{t_1^{(k)}}{3} + \frac{t_2^{(k)}}{3^2} + \cdots + \frac{t_n^{(k)}}{3^n} + \cdots\right)$$

gegen $t = 2\left(\frac{t_1}{3} + \frac{t_2}{3^2} + \cdots\right)$, so kann man zu jedem n ein k_n finden derart, daß für alle $k > k_n$

$$t_1^{(k)} = t_1, \ldots, t_n^{(k)} = t_n$$

gilt. Hieraus folgt jedoch, daß auch $x_1^{(k)} = \varphi_1(t^{(k)})$ und $x_2^{(k)} = \varphi_2(t^{(k)})$ für unbegrenzt wachsendes k gegen $x_1 = \varphi_1(t)$ bzw. $x_2 = \varphi_2(t)$ streben, womit die Stetigkeit der Funktionen $x_1 = \varphi_1(t)$ und $x_2 = \varphi_2(t)$, d. h. auch die Stetigkeit der Abbildung f, bewiesen ist. In 5.4. wird ein allgemeinerer Satz bewiesen werden, und zwar: *Jedes Kompaktum ist Bild des Cantorschen Diskontinuums bei einer gewissen stetigen Abbildung.*

Die Funktionen φ_1 und φ_2, die auf dem Cantorschen Diskontinuum Π definiert sind, extrapolieren wir linear auf die Zwischenintervalle dieser Menge, d. h., wir setzen in jedem Zwischenintervall $(\alpha; \beta)$

$$\varphi_1(t) = \frac{\beta - t}{\beta - \alpha}\,\varphi_1(\alpha) + \frac{t - \alpha}{\beta - \alpha}\,\varphi_1(\beta),$$

$$\varphi_2(t) = \frac{\beta - t}{\beta - \alpha}\,\varphi_2(\alpha) + \frac{t - \alpha}{\beta - \alpha}\,\varphi_2(\beta).$$

Wir erhalten stetige Funktionen (die wir wieder mit φ_1, φ_2 bezeichnen), die auf dem ganzen

Segment [0; 1] definiert sind. Setzen wir für jedes $t \in [0; 1]$ wie bisher $x_1 = \varphi_1(t)$, $x_2 = \varphi_2(t)$, so erhalten wir eine stetige Abbildung f der Strecke [0; 1] auf das Quadrat Q (diese Abbildung ist eine Abbildung auf das ganze Quadrat, da, wie wir sahen, bereits $f(\Pi) = Q$ war).

Die Lebesguesche Konstruktion ist insbesondere deshalb von Interesse, weil sie sich sofort auf den Fall beliebig vieler Dimensionen verallgemeinern läßt und zu einer stetigen Abbildung des Cantorschen Diskontinuums Π auf einen Kubus beliebiger Dimension und sogar auf den Hilbertschen Fundamentalquader führt.[1]

Wir schließen diesen Abschnitt mit dem Beweis des folgenden Satzes:

Theorem 16. *Konvergiert eine monotone Folge stetiger Funktionen*[2]*, die auf einem Kompaktum X definiert sind, gegen eine auf X stetige Grenzfunktion, so konvergiert diese Folge auf X gleichmäßig.*

Es genügt, diesen Satz für den Fall einer wachsenden Folge

$$f_1(x) \leqq f_2(x) \leqq \cdots \leqq f_n(x) \leqq \cdots \tag{8}$$

von Funktionen zu beweisen, die in allen Punkten des Kompaktums X gegen eine stetige Funktion $f(x)$ konvergiert.

Man hat zu zeigen, daß sich für jedes gegebene $\varepsilon > 0$ ein n_ε finden läßt derart, daß für $n \geqq n_\varepsilon$ und alle Punkte $x \in X$

$$|f(x) - f_n(x)| < \varepsilon$$

gilt.

Es sei $\varepsilon > 0$ gegeben. Wir bezeichnen die Menge aller Punkte $x \in X$, für welche die Bedingung

$$|f(x) - f_n(x)| < \varepsilon$$

erfüllt ist, mit Γ_n. Da sowohl $f(x)$ als auch $f_n(x)$ auf X stetige Funktionen sind, sind auch die Funktionen $|f(x) - f_n(x)|$ stetig; daher ist Γ_n für jedes n offen. Da die Folge (8) wächst, ergibt sich ferner für jeden Punkt $x \in X$

$$|f(x) - f_{n+1}(x)| \leqq |f(x) - f_n(x)|.$$

---

[1]) Der Hilbertsche Fundamentalquader wurde in 4.6. definiert. Daraus, daß der Hilbertsche Fundamentalquader das stetige Bild einer Strecke ist, folgt (auf Grund von Theorem 9) seine Kompaktheit, die übrigens in 5.8. auch direkt bewiesen wird.

[2]) Eine Folge reeller Funktionen

$$f_1, f_2, \ldots, f_n, \ldots, \tag{7}$$

die auf dem Raum X definiert sind, heißt *monoton*, wenn sie eine wachsende oder eine fallende Folge ist; dabei heißt die Folge (7) wachsend (bzw. fallend) auf X, wenn für jedes $x \in X$

$$f_1(x) \leqq f_2(x) \leqq \cdots \leqq f_n(x) \leqq \cdots$$

bzw.

$$f_1(x) \geqq f_2(x) \geqq \cdots \geqq f_n(x) \geqq \cdots$$

gilt. Gilt außerdem für wenigstens einen Punkt $x \in X$

$$f_1(x) < f_2(x) < \cdots < f_n(x) < \cdots$$

bzw.

$$f_1(x) > f_2(x) > \cdots > f_n(x) > \cdots,$$

so heißt die Folge (7) eigentlich (echt) wachsend (bzw. eigentlich oder echt fallend).

Ist daher $x \in \Gamma_n$, so ist $x \in \Gamma_{n+1}$, d. h. $\Gamma_n \subseteqq \Gamma_{n+1}$ für jedes n; das bedeutet

$$\Gamma_1 \subseteqq \Gamma_2 \subseteqq \Gamma_3 \subseteqq \cdots \subseteqq \Gamma_n \subseteqq \cdots. \tag{9}$$

Da die Folge (8) in jedem Punkt $x \in X$ konvergiert, ist jeder Punkt x in einem gewissen Γ_n enthalten. Daher überdecken die offenen Mengen Γ_n in ihrer Gesamtheit den ganzen Raum X. Wegen der Kompaktheit von X folgt hieraus, daß der Raum X bereits durch endlich viele Mengen Γ_n überdeckt wird, etwa durch die Mengen $\Gamma_{n_1}, \Gamma_{n_2}, \ldots, \Gamma_{n_s}$. Nehmen wir an, daß die Indizes $n_1, n_2, \ldots, n_s$ wachsend geordnet sind, so ergibt sich aus (9), daß Γ_{n_s} mit dem ganzen Raum X übereinstimmt; d. h. aber, daß für alle $n \geqq n_s$ und für jeden Punkt $x \in X$

$$|f(x) - f_n(x)| < \varepsilon$$

gilt. Damit ist der Satz bewiesen.

5.3. Zusammenhang in kompakten Räumen

Theorem 17. *Zwei nichtleere disjunkte abgeschlossene Mengen eines metrischen Raumes X, von denen wenigstens eine kompakt ist, haben voneinander einen positiven Abstand.*

Wir haben in 4.1. gesehen, daß jeder metrische Raum normal ist, d. h., daß je zwei disjunkte abgeschlossene Mengen in einem solchen Raum disjunkte Umgebungen besitzen. Für kompakte metrische Räume gilt eine schärfere Aussage, nämlich:

Folgerung 1. *Je zwei nichtleere disjunkte abgeschlossene Mengen eines Kompaktums X haben voneinander einen positiven Abstand.*

Bemerkung 1. Sind F_1 und F_2 disjunkte abgeschlossene Mengen in einem metrischen Raum X und ist $\varrho(F_1, F_2) = d > 0$, so sind die Kugelumgebungen $O\left(F_1, \frac{d}{2}\right)$ und $O\left(F_2, \frac{d}{2}\right)$ disjunkt.

Andererseits können ein Zweig der Hyperbel und eine ihrer Asymptoten als Beispiel eines Paares disjunkter unbeschränkter abgeschlossener Mengen in der Ebene dienen, deren Abstand gleich Null ist.

Ist der Raum X die Vereinigung der beiden Intervalle $(0; 1)$ und $(1; 2)$ der Zahlengeraden, so ist zwar jedes dieser Intervalle eine abgeschlossene beschränkte Menge des Raumes X, aber der Abstand zwischen ihnen ist Null.

Folgerung 2. *Je zwei nichtleere disjunkte abgeschlossene Mengen des n-dimensionalen euklidischen Raumes, von denen wenigstens eine beschränkt ist, haben voneinander einen positiven Abstand.*

Beweis von Theorem 17. Es seien F und Φ in X abgeschlossen, nichtleer und disjunkt. Es sei außerdem Φ kompakt. Wir beweisen, daß $\varrho(F, \Phi) > 0$ ist. Wäre

$\varrho(F, \Phi) = 0$, so gäbe es zwei Folgen von Punkten

$$x_1, x_2, \ldots, x_n, \ldots, \qquad x_n \in F, \tag{1}$$

und

$$y_1, y_2, \ldots, y_n, \ldots, \qquad y_n \in \Phi, \tag{2}$$

derart, daß $\lim\limits_{n\to\infty} \varrho(x_n, y_n) = 0$ wäre. Wegen der Kompaktheit der Menge Φ könnte man aus (2) eine Teilfolge

$$y_{n_1}, y_{n_2}, \ldots, y_{n_k}, \ldots$$

auswählen, die gegen einen gewissen Punkt $y \in \Phi$ konvergiert. Da $\varrho(x_n, y_n)$ gegen Null strebt, würde auch die Folge

$$x_{n_1}, x_{n_2}, \ldots, x_{n_k}, \ldots$$

gegen den Punkt y konvergieren, wobei aus der Abgeschlossenheit der Menge F folgen würde, daß $y \in F$ wäre. Also würde der Punkt y beiden Mengen F und Φ angehören, im Widerspruch zur Voraussetzung. Damit ist Theorem 17 bewiesen.

Folgender (schon von Cantor eingeführter) Begriff ist grundlegend für alle Fragen, die den Zusammenhang von Kompakta betreffen.

Definition 2. Eine endliche Folge von Punkten $a_1, \ldots, a_s$ eines metrischen Raumes X heißt eine *ε-Kette,* und zwar eine ε-Kette, die den Punkt a_1 mit dem Punkt a_s verbindet, wenn $\varrho(a_i, a_{i+1}) < \varepsilon$ für $i < s$ ist. Eine Menge M heißt *ε-verkettet,* wenn je zwei ihrer Punkte durch eine ε-Kette verbunden werden können, die aus Punkten der Menge M besteht. Die Menge M heißt *verkettet,* wenn sie für jedes $\varepsilon > 0$ ε-verkettet ist.

Theorem 18. *Jeder zusammenhängende metrische Raum X ist verkettet.*

Beweis. Es sei X nicht verkettet. Wir beweisen, daß X dann unmöglich zusammenhängend sein kann. Da nämlich X nicht verkettet ist, kann man in X zwei Punkte a und b finden, die bei einem gewissen $\varepsilon > 0$ nicht durch eine ε-Kette verbunden werden können. Wir bezeichnen die Menge aller Punkte des Raumes X, die mit a durch eine ε-Kette verbunden werden können, mit A_ε. Die Menge A_ε ist nicht leer (da sie den Punkt a enthält). Sie stimmt nicht mit dem ganzen Raum X überein (da sie den Punkt b nicht enthält). Ferner ist A_ε abgeschlossen: Ist a' Berührungspunkt der Menge A_ε, so gibt es einen Punkt $a_s \in A_\varepsilon$, der von a' einen Abstand $< \varepsilon$ hat. Nun kann aber a_s mit a durch eine ε-Kette $a = a_1, a_2, \ldots, a_s$ verbunden werden, daher existiert auch eine ε-Kette $a = a_1, a_2, \ldots, a_s, a_{s+1} = a'$, die a mit a' verbindet, d. h. $a' \in A_\varepsilon$. Die Menge A_ε ist auch offen; ist $a' \in A_\varepsilon$, so kann a' mit a durch eine ε-Kette verbunden werden; dann kann aber auch jeder Punkt $a'' \in U(a', \varepsilon)$ mit a durch eine ε-Kette verbunden werden. Damit ist Theorem 18 bewiesen.

Die Umkehrung von Theorem 18 ist nicht richtig: Die Vereinigung der beiden

Intervalle (0; 1) und (1; 2) sowie auch die Menge aller rationalen Punkte der Zahlengeraden kann man als Beispiele für verkettete, aber nichtzusammenhängende Mengen anführen. Es gilt jedoch

Theorem 19. *Jedes verkettete Kompaktum ist zusammenhängend.*

Ist nämlich ein Kompaktum Φ nicht zusammenhängend, so kann man es als Vereinigung zweier nichtleerer disjunkter abgeschlossener Mengen darstellen: $\Phi = \Phi_0 \cup \Phi_1$. Nach Theorem 17 gilt $\varrho(\Phi_0, \Phi_1) = \varepsilon > 0$. Wählen wir zwei beliebige Punkte $x_0 \in \Phi_0$ und $x_1 \in \Phi_1$, so lassen sich diese beiden Punkte nicht durch eine ε-Kette verbinden.

Nichtleere zusammenhängende Kompakta nennt man *Kontinua*; unter ihnen nennt man die Kontinua, die mehr als einen Punkt enthalten, *eigentliche Kontinua* (wir werden bald sehen, daß jedes eigentliche Kontinuum die Mächtigkeit $\mathfrak{c}$ hat). Aus den Theoremen 18 und 19 folgt:

Ein Kompaktum ist genau dann ein Kontinuum, wenn es verkettet ist.

Theorem 20. *Der Durchschnitt einer abnehmenden Folge von Kontinua ist ein Kontinuum.*

Wir beweisen sogar einen noch etwas schärferen Satz:

Theorem 20'. *Es sei eine abnehmende Folge* $\Phi_1 \supseteqq \Phi_2 \supseteqq \cdots \supseteqq \Phi_n \supseteqq \cdots$ *gegeben, wobei jedes* Φ_n *ein nichtleeres* ε_n*-verkettetes Kompaktum ist; ferner sei* $\lim\limits_{n\to\infty} \varepsilon_n = 0$. *Dann ist der Durchschnitt* $\bigcap\limits_{n=1}^{\infty} \Phi_n$ *ein Kontinuum.*

Der Beweis beruht auf einem Hilfssatz, der auch in vielen anderen Fällen nützlich ist.

Hilfssatz. *Gegeben sei eine abnehmende Folge nichtleerer, in einem metrischen Raum X gelegener Kompakta:*

$$\Phi_1 \supseteqq \Phi_2 \supseteqq \cdots \supseteqq \Phi_n \supseteqq \cdots. \tag{3}$$

Zu jeder Umgebung Γ *des Durchschnitts* $\Phi = \bigcap\limits_{n=1}^{\infty} \Phi_n$ *dieser Kompakta läßt sich eine Zahl* n_Γ *finden derart, daß für alle* $n > n_\Gamma$ *die Inklusion* $\Phi_n \subseteqq \Gamma$ *gilt.*

Beweis. Die Menge Γ ist eine offene, Φ umfassende Menge. Daher ist jede Menge $\Phi_n' = \Phi_n \setminus \Gamma$ (als Durchschnitt der beiden abgeschlossenen Mengen Φ_n und $X \setminus \Gamma$) in X abgeschlossen, also erst recht in Φ_1. Außerdem gilt offenbar $\Phi_n' \supseteqq \Phi_{n+1}'$. Also bilden die Mengen Φ_n' eine abnehmende Folge von Kompakta. Ihr Durchschnitt ist leer, da er einerseits in $\Phi \subseteqq \Gamma$ und andererseits in $X \setminus \Gamma$ enthalten ist. Daher sind alle Φ_n' von einem gewissen $n = n_\Gamma$ an leer. Ist aber $\Phi_n' = \Phi_n \cap (X \setminus \Gamma)$ leer, so heißt das $\Phi_n \subseteqq \Gamma$, womit der Satz bewiesen ist.

Wir beweisen jetzt Theorem 20'. Dazu nehmen wir an, Φ_n sei ein ε_n-verkettetes Kompaktum (wobei $\lim\limits_{n\to\infty} \varepsilon_n = 0$ ist) und das (nichtleere) Kompaktum $\Phi = \bigcap\limits_{n=1}^{\infty} \Phi_n$ sei kein Kontinuum. Dann ist $\Phi = \Phi' \cup \Phi''$, wobei Φ' und Φ'' abgeschlossen, nichtleer und disjunkt sind; nach Theorem 17 gilt dann $\varrho(\Phi', \Phi'') = \varepsilon > 0$.

Wir setzen $\Gamma' = U\left(\Phi', \frac{\varepsilon}{3}\right)$, $\Gamma'' = U\left(\Phi'', \frac{\varepsilon}{3}\right)$. Die offene Menge $\Gamma = \Gamma' \cup \Gamma''$ ist eine Umgebung des Kompaktums Φ; daher gilt für jedes hinreichend große n die Beziehung $\Phi_n \subseteqq \Gamma' \cup \Gamma''$. Dabei ist $\Phi_n' = \Phi_n \cap \Gamma' \supseteqq \Phi' \neq \emptyset$, $\Phi_n'' = \Phi_n \cap \Gamma'' \supseteqq \Phi_n''$ $\neq \emptyset$, $\Phi_n' \cup \Phi_n'' = \Phi_n$ und $\varrho(\Phi_n', \Phi_n'') \geqq \frac{\varepsilon}{3}$. Wählen wir n groß so, daß $\varepsilon_n < \frac{\varepsilon}{3}$ ist, so kann Φ_n im Widerspruch zur Voraussetzung nicht ε_n-verkettet sein.

Wir führen noch einige Beispiele für Kontinua an. Offenbar sind die einzigen eigentlichen Kontinua auf der Geraden die Segmente. Da bei stetigen Abbildungen sowohl der Zusammenhang (4.3., Theorem 12) als auch die Kompaktheit (5.2., Theorem 9) erhalten bleibt, ist *das stetige Bild jedes Kontinuums wieder ein Kontinuum.* Hieraus folgt speziell, daß das *stetige Bild eines Segments ein Kontinuum* ist. Daher bestimmt jedes System von n stetigen Funktionen

$$x_i = x_i(t), \qquad i = 1, 2, \ldots, n, \tag{4}$$

die auf dem Segment $0 \leqq t \leqq 1$ gegeben sind, im n-dimensionalen Raum ein gewisses Kontinuum, das wegen der Gleichungen (4) stetiges Bild der Strecke $[0; 1]$ ist und gewöhnlich *stetige Kurve* im n-dimensionalen Raum genannt wird (das Gleichungssystem (4) heißt *Parameterdarstellung* dieser Kurve).

Wie wir wissen, schließt der Begriff der stetigen Kurve im n-dimensionalen Raum, wie wir ihn oben definiert haben, schon für $n = 2$ geometrische Bilder ein, die durchaus nicht dem ähneln, was wir sonst unter „Kurven" verstehen. So sind z. B. das Dreieck und das Quadrat im Sinne der oben eingeführten Definition stetige Kurven. Deshalb nennt man neuerdings Kontinua, die stetige Bilder eines Segmentes einer Geraden sind, nicht Kurven, sondern *Jordansche Kontinua.* In HAUSDORFF [1], § 31, kann der Leser einen Beweis des Satzes finden, der besagt, daß die Jordanschen Kontinua mit den lokal-zusammenhängenden Kontinua identisch sind.

Der Beweis basiert auf dem folgenden Satz von SIERPIŃSKI:

Ein Kontinuum ist genau dann lokal-zusammenhängend, wenn es für jedes $\varepsilon > 0$ als Vereinigung einer endlichen Anzahl von Teilkontinua mit einem Durchmesser $< \varepsilon$ dargestellt werden kann.

Eines der einfachsten nicht lokal-zusammenhängenden Kontinua erhalten wir aus der graphischen Darstellung der Funktion $y = \sin \frac{1}{x}$, $0 < x \leqq \frac{1}{\pi}$, indem wir zu ihr alle Punkte des Segments $[-1; 1]$ der Ordinatenachse hinzufügen. Dieses Kontinuum ist dem Kontinuum C homöomorph, das die Vereinigung der vertikalen Segmente

$$C_0 = \{x = 0, 0 \leqq y \leqq 1\},$$

$$C_n = \left\{x = \frac{1}{n}, 0 \leqq y \leqq 1\right\}, \qquad n = 1, 2, 3, \ldots,$$

und der horizontalen Segmente D_n ist. Hierbei liegt D_n bei ungeradem n auf der Abszissenachse und verbindet die Punkte $\left(\frac{1}{n}, 0\right)$ und $\left(\frac{1}{n+1}, 0\right)$, während D_n bei geradem n auf der Geraden $y = 1$ liegt und die Punkte $\left(\frac{1}{n}, 1\right)$ und $\left(\frac{1}{n+1}, 1\right)$ verbindet.[1])

Wir bringen noch einige Beispiele für lokal-zusammenhängende Kontinua.

Fällt man von allen Punkten

$$\left(\frac{1}{n}, \frac{1}{2^n}\right), \left(\frac{1}{n}, \frac{3}{2^n}\right), \ldots, \left(\frac{1}{n}, \frac{2^n - 1}{2^n}\right) \qquad (n = 1, 2, 3, \ldots)$$

die Lote auf die Ordinatenachse und fügt sie zum Kontinuum C hinzu, so erhält man ein lokal-zusammenhängendes Kontinuum.

Die folgenden beiden lokal-zusammenhängenden Kontinua, die als erster der polnische Mathematiker SIERPIŃSKI konstruierte, sind besonders bemerkenswert.

Das erste Kontinuum von Sierpiński ergibt sich auf folgende Weise. Wir nehmen ein gleichseitiges Dreieck (Abb. 8) und zerlegen es durch seine drei Mittellinien in vier kongruente Dreiecke. Das Innere des mittleren Dreiecks (Abb. 8; schraffiert) wird herausgenommen, und bei jedem der drei bleibenden abgeschlossenen Dreiecke (wir nennen sie Dreiecke ersten Ranges) wiederholen wir dieselbe Konstruktion: Jedes dieser Dreiecke zerfällt durch die drei Mittelinien in vier kongruente Dreiecke, bei denen man das Innere des mittleren Dreiecks herausnimmt, so daß man neun abgeschlossene Dreiecke zweiten Ranges erhält, usw.

Wir bezeichnen die Vereinigung aller 3^n Dreiecke n-ten Ranges mit π_n; da alle diese Dreiecke abgeschlossen sind, ist ihre Vereinigung π_n ein Kompaktum. Dieses Kompaktum ist offenbar zusammenhängend (je zwei seiner Punkte kann man durch einen Streckenzug verbinden, der in π_n liegt). Wegen $\pi_n \supset \pi_{n+1}$ ist der Durchschnitt aller π_n ein Kontinuum S, das wir „Sierpińskische Kurve“ nennen. Um uns eine Vorstellung von ihrer Gestalt zu machen, geben wir in der Abbildung eine Darstellung des Kontinuums π_4. In dem Kontinuum S gibt es einen überall dichten, aus unendlich vielen Stücken bestehenden Streckenzug L, und zwar die Vereinigung der Berandung aller Dreiecke unserer Konstruktion. Man erkennt leicht, daß die Menge L als Vereinigung einer wachsenden Folge von Kontinua L_n zusammenhängend ist (wobei L_n die Vereinigung der Berandungen aller Dreiecke eines Ranges $\leq n$ ist). Jedoch erschöpft der Streckenzug L nicht das ganze Kontinuum S: Es gibt in S noch eine überabzählbare Menge von Punkten, die auf keiner der Berandungen unserer Dreiecke liegen. Man sieht leicht, daß jeder Punkt des Kontinuums S eine zusammenhängende Umgebung

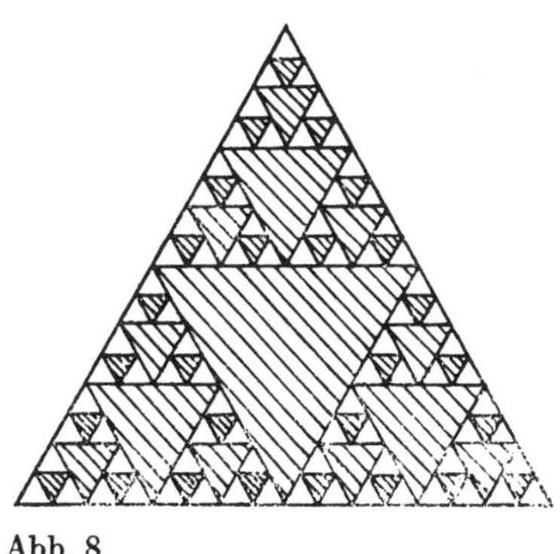

Abb. 8

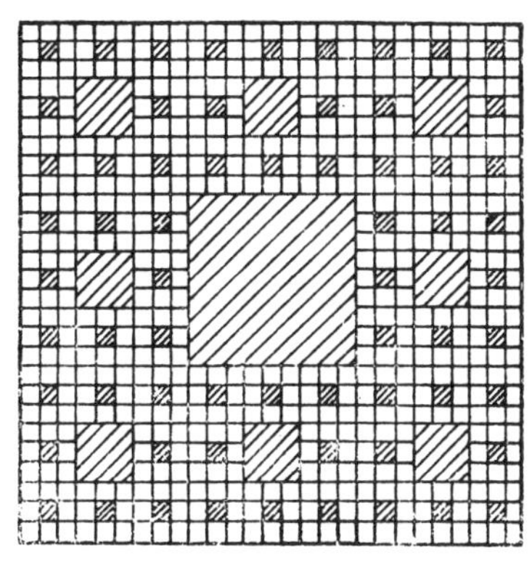

Abb. 9

[1]) Dem Leser sei empfohlen, eine Zeichnung anzufertigen.

besitzt, wenn nur der Durchmesser hinreichend klein gewählt wird; also ist das Kontinuum lokal-zusammenhängend.

Das zweite Kontinuum von Sierpiński, der sogenannte „Sierpińskische Teppich“ wird folgendermaßen konstruiert (Abb. 9). Ein Quadrat Q mit der Seitenlänge 1 (wir nennen es Quadrat nullten Ranges) teilen wir in neun gleiche Quadrate mit den Seitenlängen $\frac{1}{3}$ und lassen das Innere des mittleren von ihnen weg. Es bleiben acht abgeschlossene Quadrate ersten Ranges übrig, deren Vereinigung ein Kontinuum C_1 bildet. Für jedes dieser Quadrate wiederholen wir dieselbe Konstruktion, so daß wir 64 abgeschlossene Quadrate zweiten Ranges erhalten, deren Vereinigung ein Kontinuum C_2 bildet. Wir setzen diese Konstruktion unbegrenzt fort; sie führt zu einer abnehmenden Folge von Kontinua

$$C_1 \supset C_2 \supset \cdots \supset C_n \supset \cdots,$$

wobei C_n die Vereinigung der 8^n Quadrate mit den Seitenlängen $\frac{1}{3^n}$ ist.

Der Durchschnitt C aller Kontinua C_n ist wieder ein Kontinuum, der sogenannte „Sierpińskische Teppich“.

Bemerkung 2. Die eben betrachteten Kontinua besitzen die Eigenschaft, daß jedes von ihnen in der Ebene nirgends dicht ist. Eigentliche Kontinua, die in der Ebene liegen und in ihr nirgends dicht sind, nennt man (ebene) *Cantorsche Kurven.* Aus diesen Beispielen ist ersichtlich, daß eine Cantorsche Kurve kein Jordansches Kontinuum und umgekehrt ein Jordansches Kontinuum (z. B. ein Quadrat) keine Cantorsche Kurve zu sein braucht. Die Eigenschaft eines Kontinuums, eine Jordansche Kurve zu sein, ist offenbar topologisch invariant: Ist C_1 ein Jordansches Kontinuum und ist C_2 homöomorph C_1, so ist auch C_2 ein Jordansches Kontinuum (denn ist f_1 eine stetige Abbildung einer Strecke auf C_1 und f_2 eine topologische Abbildung von C_1 auf C_2, so ist $f = f_2 f_1$ eine stetige Abbildung der Strecke auf C_2). Hier entsteht die Frage: Ist die Eigenschaft einer ebenen Menge, eine Cantorsche Kurve zu sein, ebenfalls topologisch invariant? Mit anderen Worten: Wenn C_1 eine Cantorsche Kurve und C_2 eine zu C_1 homöomorphe ebene Menge ist, ist dann auch C_2 eine Cantorsche Kurve? Aus dem Vorhergehenden ist uns bekannt, daß C_2 jedenfalls wieder ein Kontinuum ist. Es bliebe zu zeigen, daß C_2 in der Ebene nirgends dicht ist. Die Feinheit dieser Fragestellung ist daraus ersichtlich, daß *die Eigenschaft einer ebenen Menge, in der Ebene nirgends dicht zu sein, an und für sich nicht topologisch invariant ist.* Wir bezeichnen die Menge aller rationalen Punkte auf der Geraden mit R_1 und die Menge aller rationalen Punkte in der Ebene (d. h. die Menge aller Punkte der Ebene, bei denen beide Koordinaten rational sind) mit R_2. Man kann zeigen, daß die Mengen R_1 und R_2 homöomorph sind; aber R_1 ist in der Ebene nirgends dicht, während R_2 in der Ebene überall dicht ist. *Ist jedoch eines von zwei in der Ebene liegenden und einander homöomorphen Kompakta in der Ebene nirgends dicht, so besitzt auch das andere Kompaktum diese Eigenschaft.* Dieser Satz folgt aus einem der Hauptsätze der Topologie der Ebene, nämlich aus dem sogenannten Satz von der Invarianz eines ebenen Gebietes: *Enthält von zwei einander homöomorphen ebenen Mengen die eine Menge innere Punkte, so enthält auch die andere Menge innere Punkte.* Ein analoger Satz gilt für Mengen in einem euklidischen Raum von beliebiger Dimension n. Im Hilbertschen Raum dagegen ist eine solche Aussage nicht mehr richtig.

Einen leicht zugänglichen Beweis dieses fundamentalen Satzes von der Invarianz eines ebenen Gebietes und des analogen Satzes für n-dimensionale Räume kann man in Alexandroff [10], Kap. V, bzw. in Alexandroff-Passynkow [1], Kap. III, Satz 4, finden.

Wir nennen die Menge aller Punkte eines Kompaktums Φ, die mit einem Punkt a des Kompaktums Φ durch eine ε-Kette verbunden werden können, ε-Komponente $Q_\varepsilon(a)$ des Punktes a. Offenbar ist $Q_\varepsilon(a)$ eine ε-verkettete Menge; beim Beweis von Theorem 18 sahen wir, daß die ε-Komponente eine abgeschlossene offene Menge ist. Der Durchschnitt $Q(a)$ aller ε-Komponenten des Punktes a, die für

für alle möglichen $\varepsilon > 0$ gebildet werden, ist ebenfalls eine abgeschlossene Menge. Setzen wir $\varepsilon_n = \frac{1}{n}$ und $Q_n = Q_{1/n}(a)$, so erhalten wir $Q(a) = \bigcap_{n=1}^{\infty} Q_n$; also ist nach Theorem 20′ das Kompaktum $Q(a)$ zusammenhängend und daher in der Komponente $C(a)$ des Punktes a enthalten. Umgekehrt ist $C(a) \subseteqq Q_\varepsilon(a)$ für jedes ε, also $C(a) \subseteqq Q(a)$; dies bedeutet $C(a) = Q(a)$.

Also gilt:

Theorem 21. *Die Komponente jedes Punktes a eines Kompaktums Φ stimmt mit dem Durchschnitt der ε-Komponenten dieses Punktes, die für alle möglichen $\varepsilon > 0$ gebildet sind, überein.*

Bezeichnen wir wie eben die $\frac{1}{n}$-Komponente des Punktes a in Φ mit Q_n, so können wir aus der Gleichung $C(a) = Q(a) = \bigcap_{n=1}^{\infty} Q_n$ (nach dem Hilfssatz zum Theorem 20) schließen, daß sich für jede Umgebung Γ der Menge $C(a)$ ein n wählen läßt derart, daß $Q_n \subseteqq \Gamma$ ist. Da Q_n offen-abgeschlossen ist, können wir aus Theorem 21 die Folgerung ziehen:

Folgerung. *Zu jeder Umgebung Γ der Komponente C eines Kompaktums Φ kann man eine in Γ enthaltene Umgebung der Menge C finden, die nicht nur eine offene, sondern auch eine abgeschlossene Menge ist.*

Das Kompaktum Φ enthalte jetzt kein einziges eigentliches Kontinuum. Solche Kompakta nennen wir *nulldimensional*. Offenbar kann man ein nulldimensionales Kompaktum als ein Kompaktum definieren, bei dem jeder Punkt mit seiner Komponente übereinstimmt. Aus der eben formulierten Folgerung ergibt sich, daß in einem nulldimensionalen Kompaktum Φ jeder Punkt in einer offen-abgeschlossenen Menge von beliebig kleinem Durchmesser enthalten ist. Wir wählen ein beliebig kleines $\varepsilon > 0$ und schließen jeden Punkt x des gegebenen nulldimensionalen Kompaktums in eine offen-abgeschlossene Menge von einem Durchmesser $< \varepsilon$ ein. Nach dem Borel-Lebesgueschen Satz kann man aus der so erhaltenen Überdeckung des Kompaktums Φ eine endliche Überdeckung aussondern, die etwa aus den Mengen

$$\Gamma_1, \Gamma_2, \ldots, \Gamma_s$$

bestehe.

Wir setzen jetzt

$$H_1 = \Gamma_1, \quad H_2 = \Gamma_2 \setminus H_1, \ldots, H_n = \Gamma_n \setminus (H_1 \cup \cdots \cup H_{n-1}), \ldots,$$
$$H_s = \Gamma_s \setminus (H_1 \cup \cdots \cup H_{s-1}).$$

Da Γ_1 und Γ_2 offen-abgeschlossen sind, ist auch die Differenz $\Gamma_2 \setminus \Gamma_1$, d. h. H_2, eine offen-abgeschlossene Menge.[1]) Allgemein ist jedes H_n $(n = 1, 2, \ldots, s)$ offen-abgeschlossen (als Differenz der beiden offen-abgeschlossenen Mengen Γ_n und $H_1 \cup \cdots \cup H_{n-1}$).

[1]) Die Differenz zwischen einer abgeschlossenen und einer offenen Menge ist nämlich abgeschlossen, die Differenz zwischen einer offenen und einer abgeschlossenen Menge ist offen-

Also läßt sich Φ als Vereinigung von endlich vielen disjunkten offen-abgeschlossenen Mengen von einem Durchmesser $< \varepsilon$ darstellen. Läßt umgekehrt ein Kompaktum Φ für jedes $\varepsilon > 0$ eine solche Darstellung zu, so kann es offenbar keine einzige zusammenhängende Menge enthalten, die aus mehr als einem Punkt besteht. Damit erhalten wir folgendes Resultat:

Theorem 22. *Ein Kompaktum Φ enthält genau dann kein eigentliches Kontinuum, wenn es für jedes $\varepsilon > 0$ als Vereinigung von endlich vielen disjunkten abgeschlossenen Mengen von einem Durchmesser $< \varepsilon$ dargestellt werden kann. Jede dieser abgeschlossenen Mengen (als Komplement zur Vereinigung der übrigen) ist dabei auch offen.*

Bemerkung 3. Als Definition des nulldimensionalen Kompaktums kann man, wie leicht zu sehen ist, außer den beiden äquivalenten, im Theorem 22 genannten, Eigenschaften auch folgende Eigenschaft benutzen.

Wie man auch zwei Punkte a und b des Kompaktums Φ wählt, stets läßt sich Φ als Vereinigung zweier disjunkter abgeschlossener Mengen darstellen, von denen die eine den Punkt a und die andere den Punkt b enthält. Diese Eigenschaft heißt „Trennbarkeit je zweier Punkte“. Somit sind folgende Eigenschaften eines Raumes X für den Fall, daß X kompakt ist, einander äquivalent:

1. X enthält kein eigentliches Kontinuum.
2. X enthält keine zusammenhängende Menge, die aus mehr als einem Punkt besteht.
3. X ist zwischen je zwei Punkten trennbar.
4. Jeder Punkt $a \in X$ ist in einer hinreichend kleinen offen-abgeschlossenen Menge enthalten.

Falls X kompakt ist, kann man jede dieser Eigenschaften zur Definition der Nulldimensionalität verwenden; ohne die Voraussetzung der Kompaktheit des Raumes X sind keine zwei dieser Eigenschaften äquivalent.

Unter den nulldimensionalen Kompakta sind die perfekten (d. h. diejenigen, die keine isolierten Punkte enthalten) am wichtigsten; sie heißen *Diskontinua.* Als Beispiele für Diskontinua können das Cantorsche Diskontinuum und alle ihm homöomorphen Kompakta dienen.

Im folgenden Abschnitt werden wir sehen, daß mit diesen Beispielen bereits die ganze Mannigfaltigkeit der Diskontinua erschöpft ist. Wir werden nämlich zeigen, daß jedes Diskontinuum dem Cantorschen Diskontinuum homöomorph ist.

5.4. Kompakta als stetige Bilder des Cantorschen Diskontinuums

Theorem 23. *Jedes nichtleere perfekte Kompaktum (d. h. jedes Kompaktum, das keine isolierten Punkte besitzt) enthält eine Teilmenge, die dem Cantorschen Diskontinuum homöomorph ist.*

Beweis. Es sei Φ ein Kompaktum, das keinen isolierten Punkt enthält. Wir wählen zwei beliebige Punkte a_0 und a_1 des Kompaktums Φ und ein positives ε, das kleiner ist als $\frac{1}{4}$ und $\frac{1}{2}\,\varrho(a_0, a_1)$. Da Φ keine isolierten Punkte enthält, gibt es auch in keiner der Mengen $U(a_0, \varepsilon)$, $U(a_1, \varepsilon)$ und folglich auch in keiner der Mengen

$\Phi_0 = [U(a_0, \varepsilon)]$, $\Phi_1 = [U(a_1, \varepsilon)]$, die disjunkte Kompakta von einem Durchmesser kleiner als $\frac{1}{2}$ sind, isolierte Punkte.

Wir wollen jetzt annehmen, wir hätten für gegebenes $n \geqq 1$ und jedes beliebige System aus n Indizes $i_1, i_2, \ldots, i_n$, von denen jeder 0 oder 1 ist, perfekte Kompakta $\Phi_{i_1 \ldots i_n} \subset \Phi$ mit folgenden Eigenschaften konstruiert:

1. Sie sind disjunkt;

2. jedes von ihnen hat einen Durchmesser kleiner als $\frac{1}{2^n}$.

Für $n = 1$ sind bereits unsere Mengen Φ_0 und Φ_1 derartige Kompakta. Wir konstruieren die Kompakta $\Phi_{i_1 \ldots i_n i_{n+1}}$ in folgender Weise. In $\Phi_{i_1 \ldots i_n}$ wählen wir zwei Punkte $a_{i_1 \ldots i_n 0}$ und $a_{i_1 \ldots i_n 1}$; ferner sei ein positives ε gegeben, das kleiner als $\frac{1}{2} \varrho(a_{i_1 \ldots i_n 0}, a_{i_1 \ldots i_n 1})$ und $\frac{1}{2^{n+2}}$ ist. Nunmehr wählen wir in $\Phi_{i_1, \ldots, i_n}$ Umgebungen $U(a_{i_1 \ldots i_n 0}, \varepsilon)$ und $U(a_{i_1 \ldots i_n 1}, \varepsilon)$ und erhalten damit zwei disjunkte perfekte Kompakta

$$\Phi_{i_1 \ldots i_n 0} = [U(a_{i_1 \ldots i_n 0}, \varepsilon)], \qquad \Phi_{i_1 \ldots i_n 1} = [U(a_{i_1 \ldots i_n 1}, \varepsilon)],$$

deren Durchmesser kleiner als $\frac{1}{2^{n+1}}$ ist.

Somit haben wir für jedes natürliche n perfekte Kompakta $\Phi_{i_1 \ldots i_n}$ — Kompakta vom Rang n — konstruiert, die den Bedingungen 1, 2 genügen. Dabei geht aus unserer Konstruktion hervor, daß immer $\Phi_{i_1 \ldots i_n i_{n+1}} \subset \Phi_{i_1 \ldots i_n}$ ist. Bezeichnen wir jetzt die Vereinigung aller 2^n Kompakta n-ten Ranges $\Phi_{i_1 \ldots i_n}$ mit Φ^n, so erhalten wir das Kompaktum $\Phi^\omega = \bigcap\limits_{n=1}^{\infty} \Phi^n \subset \Phi$. Jeder unendlichen Folge

$$i_1, i_2, \ldots, i_n, \ldots, \qquad i_n = \begin{cases} 0, \\ 1, \end{cases} \tag{1}$$

entspricht ein einziger Punkt

$$\xi_{i_1 \ldots i_n \ldots} = \Phi_{i_1} \cap \Phi_{i_1 i_2} \cap \cdots \cap \Phi_{i_1 i_2 \ldots i_n} \cap \cdots \in \Phi^\omega.$$

Umgekehrt existiert für jeden Punkt $\xi \in \Phi^\omega$ nur ein i_1 derart, daß $\xi \in \Phi_{i_1}$, nur ein i_2 derart, daß $\xi \in \Phi_{i_1 i_2}$ ist, usw. Das bedeutet, es gibt eine eindeutig bestimmte Folge (1) derart, daß

$$\xi = \Phi_{i_1} \cap \Phi_{i_1 i_2} \cap \cdots \cap \Phi_{i_1 \ldots i_n} \cap \cdots,$$

d. h.

$$\xi = \xi_{i_1 \ldots i_n \ldots}$$

ist.

Wir erinnern uns, daß wir bei der Konstruktion des Cantorschen Diskontinuums Π für jedes natürliche n genau 2^n Segmente vom Rang n hatten, die mit $\Delta_{i_1 \ldots i_n}$ bezeichnet wurden. Ordneten wir jedem Punkt x des Cantorschen Diskontinuums das einzige diesen Punkt enthaltende Segment $\Delta_{i_1 \ldots i_n}$ vom Rang n zu, so erhielten wir ebenfalls eine eineindeutige Zuordnung zwischen allen Folgen (1) und allen Punkten des Cantorschen Diskontinuums derart, daß sich jeder Punkt $x \in \Pi$ eindeutig in der Gestalt

$$x = x_{i_1 \ldots i_n \ldots}$$

schreiben ließ. Nunmehr ordnen wir jedem Punkt $x_{i_1 \ldots i_n \ldots} \in \Pi$ den Punkt $\xi_{i_1 \ldots i_n \ldots} \in \Phi^\omega$ zu. Dies ist offenbar eine eineindeutige Zuordnung zwischen Π und Φ^ω. Man zeigt leicht, daß sie in beiden Richtungen stetig ist. Nach Theorem 12 braucht man nur zu beweisen, daß sie in einer Richtung stetig ist, etwa von Π auf Φ^ω. Dazu nehmen wir eine beliebige Umgebung $U(\xi, \varepsilon)$ des Punktes $\xi = \xi_{i_1 \ldots i_n \ldots}$ und wählen n so groß, daß $\frac{1}{2^n} < \varepsilon$ wird; dann ist $\Phi_{i_1 \ldots i_n} \subseteqq U(\xi, \varepsilon)$. Wir wählen $\delta < \frac{1}{3^n}$. Da der Abstand zwischen zwei verschiedenen Segmenten vom Rang n mindestens $\frac{1}{3^n}$ ist, gilt für alle Punkte $x \in \Pi$, die von $x_{i_1 \ldots i_n \ldots}$ um weniger als δ entfernt sind, $x \in \Delta_{i_1 \ldots i_n}$, d. h., die Bilder dieser Punkte x sind bei der Abbildung von Π auf Φ^ω in $\Phi_{i_1 \ldots i_n} \subseteqq U(\xi, \varepsilon)$ enthalten.

Theorem 24. *Jedes Kompaktum ist stetiges Bild des Cantorschen Diskontinuums.*

Bemerkung 1. Aus 5.2., Theorem 9, folgt, daß jeder metrische Raum, der stetiges Bild des Cantorschen Diskontinuums ist, ein Kompaktum sein muß; diese Tatsache ergibt zusammen mit Theorem 24:

Ein metrischer Raum ist genau dann ein Kompaktum, wenn er stetiges Bild des Cantorschen Diskontinuums ist.

Beweis von Theorem 24. Gegeben sei ein Kompaktum Φ. Wie wir wissen, kann Φ für jedes $\varepsilon > 0$ als Vereinigung von endlich vielen abgeschlossenen Mengen $\Phi_1, \ldots, \Phi_s$ von einem Durchmesser kleiner als ε dargestellt werden. Dabei kann man immer die Anzahl s dieser Mengen Φ_i durch eine beliebig vorgegebene Anzahl $s' > s$ ersetzen, indem man

$$\Phi_{s+1} = \Phi_{s+2} = \cdots = \Phi_{s'} = \Phi_s$$

setzt (da ja die Mengen Φ_i nicht notwendig disjunkt zu sein brauchten). Insbesondere kann man immer annehmen, daß die Zahl s die Gestalt 2^n hat.

Wir stellen jetzt Φ als Vereinigung von $s_1 = 2^n$ abgeschlossenen Mengen $\Phi_1, \ldots, \Phi_{s_1}$ von einem Durchmesser $< \frac{1}{2}$ dar, die wir Kompakta ersten Ranges nennen wollen. Jedes Kompaktum Φ_{h_1} ersten Ranges stellen wir als Vereinigung von 2^{n_2} Kompakta $\Phi_{h_1 h_2}$ von einem Durchmesser $< \frac{1}{2^2}$ dar. Damit wird das ganze Kompaktum Φ als Vereinigung von $s_2 = 2^{n_1+n_2}$ Kompakta zweiten Ranges $\Phi_{h_1 h_2}$ dargestellt. Jedes dieser Kompakta $\Phi_{h_1 h_2}$ stellen wir als Vereinigung von 2^{n_3} Kompakta $\Phi_{h_1 h_2 h_3}$ von einem Durchmesser $< \frac{1}{2^3}$ dar (Kompakta dritten Ranges) usw. Allgemein erhalten wir für jede natürliche Zahl m eine Darstellung des Kompaktums Φ

als Vereinigung von $s_m = 2^{n_1+\cdots+n_m}$ Kompakta $\Phi_{h_1\ldots h_m}$ vom Rang m, wobei jedes Kompaktum $\Phi_{h_1\ldots h_{m-1}}$ vom Rang $m-1$ als Vereinigung von 2^{n_m} Kompakta $\Phi_{h_1h_2\ldots h_{m-1}h_m}$ dargestellt wird und der Durchmesser jedes Kompaktums m-ten Ranges $< \frac{1}{2^m}$ ist. Gleichzeitig betrachten wir für jedes m die zur Konstruktion des Cantorschen Diskontinuums benutzten $s_m = 2^{n_1+\cdots+n_m}$ Segmente $\Delta_{i_1\ldots i_{r_m}}$ vom Rang $r_m = n_1 + \cdots + n_m$ $\left(\text{der Länge } \frac{1}{3^{r_m}}\right)$. Jedes Segment $\Delta_{i_1\ldots i_{r_m}}$ vom Rang r_m bezeichnen wir jetzt einfach mit $\Delta^{h_1\ldots h_m}$, wobei h_k die Werte $1, 2, 3, \ldots, 2^{n_k}$ annimmt. Diese Bezeichnungsweise beruht darauf, daß jedes Segment vom Rang $r_m = n_1 + n_2 + \cdots + n_m$ in einem gewissen Segment $\Delta_{i_1\ldots i_{n_1}} = \Delta^{h_1}$ vom Rang n_1, in einem gewissen Segment $\Delta_{i_1\ldots i_{n_1}\ldots i_{n_2}} = \Delta^{h_1h_2}$ vom Rang $n_1 + n_2$ usw. gelegen ist; somit erhält man die Bezeichnung $\Delta^{h_1\ldots h_m}$ (wobei h_k die Werte $1, 2, 3, \ldots, 2^{n_k}$ annimmt). Durch diese Bezeichnung wird eine eineindeutige Zuordnung zwischen allen Segmenten $\Delta^{h_1\ldots h_m}$ vom Rang r_m und den Kompakta $\Phi_{h_1\ldots h_m}$ vom Rang m hergestellt.

Jedem Punkt $x \in \Pi$ entspricht eineindeutig eine Folge

$$\Delta^{h_1} \supset \Delta^{h_1h_2} \supset \cdots \supset \Delta^{h_1h_2\ldots h_m} \supset \cdots \tag{2}$$

von Segmenten, in denen er enthalten ist, und damit auch eine Folge

$$\Phi_{h_1} \supset \Phi_{h_1h_2} \supset \cdots \supset \Phi_{h_1h_2\ldots h_m} \supset \cdots \tag{3}$$

und folglich ein einziger Punkt $\xi = f(x)$, welcher der Durchschnitt der Kompakta (3) ist. Andererseits kann man für jeden Punkt $\xi \in \Phi$ ein gewisses, ihn enthaltendes Kompaktum Φ_{h_1} ersten Ranges bestimmen (im allgemeinen kann es mehrere solcher Kompakta ersten Ranges geben, wir nehmen von ihnen dasjenige mit dem kleinsten Index). Ferner wählen wir ein gewisses Kompaktum zweiten Ranges $\Phi_{h_1h_2}$, das den Punkt ξ enthält (unter Berücksichtigung dessen, daß der Index h_1 dabei schon festgelegt ist), nunmehr wählen wir ein gewisses Kompaktum dritten Ranges $\Phi_{h_1h_2h_3}$ usw. Wir erhalten auf diese Weise eine Folge (3), deren Glieder gerade den Punkt ξ als Durchschnitt haben. Die entsprechende Folge (2) ergibt als Durchschnitt den Punkt $x \in \Pi$, und es ist $\xi = f(x)$.

Damit ist die Abbildung f eine Abbildung des Cantorschen Diskontinuums Π auf das ganze Kompaktum Φ. Man sieht leicht, daß diese Abbildung stetig ist. Zu vorgegebenem $\varepsilon > 0$ wählen wir m so groß, daß $\frac{1}{2^m} < \varepsilon$ wird, und setzen $\delta = \frac{1}{3^{r_m}}$, Wir betrachten jetzt einen beliebigen Punkt

$$x = \Delta^{h_1} \cap \Delta^{h_1h_2} \cap \cdots \cap \Delta^{h_1\ldots h_m} \cap \cdots.$$

Alle Punkte $x' \in \Pi$, die von x um weniger als δ entfernt sind, gehören demselben Segment $\Delta^{h_1\ldots h_m}$ vom Rang r_m an wie x. Daher gehören ihre Bilder zu dem Kompaktum $\Phi_{h_1\ldots h_m}$, das $\xi = f(x)$ enthält, d. h.

$$\varrho\big(f(x), f(x')\big) < \delta(\Phi_{h_1\ldots h_m}) < \frac{1}{2^m} < \varepsilon,$$

womit der Satz bewiesen ist.

Bemerkung 2. Könnte man bei der vorangegangenen Konstruktion die Kompakta $\Phi_{h_1 \dots h_m}$ so auswählen, daß zwei Kompakta ein und desselben Ranges keine gemeinsamen Punkte hätten, so würde jeder Punkt $\xi \in \Phi$ eindeutig eine Folge (2) von Kompakta $\Phi_{h_1 \dots h_m}$ verschiedenen Ranges bestimmen, die alle ξ enthalten; dann wäre auch der Punkt x, für den $\xi = f(x)$ ist, eindeutig bestimmt.

Mit anderen Worten, die Abbildung des Cantorschen Diskontinuums auf das Kompaktum Φ wäre umkehrbar eindeutig und das Kompaktum Φ selbst wäre nach Theorem 12 dem Cantorschen Diskontinuum homöomorph. Offenbar ist für die Eineindeutigkeit der Abbildung notwendig, daß das Kompaktum nulldimensional und perfekt, d. h. ein Diskontinuum ist. Diese Bedingung ist auch hinreichend. Ist nämlich Φ ein perfektes nulldimensionales Kompaktum, so läßt sich Φ für jedes $\varepsilon > 0$ als Vereinigung disjunkter Kompakta $\Phi_1, \dots, \Phi_s$ von einem Durchmesser $< \varepsilon$ darstellen. Enthielte wenigstens eines der Kompakta Φ_i einen isolierten Punkt, so wäre dieser auch isolierter Punkt in Φ. Also sind alle Φ_i Diskontinua von einem Durchmesser $< \varepsilon$. Wir behaupten, daß wir für jede natürliche Zahl $s' > s$ die Darstellung

$$\Phi = \Phi_1 \cup \dots \cup \Phi_s, \quad \Phi_i \cap \Phi_j = \emptyset, \quad \delta(\Phi_i) < \varepsilon,$$

stets durch eine Darstellung

$$\Phi = \Phi_1' \cup \dots \cup \Phi_{s'}', \quad \Phi_i' \cap \Phi_j' = \emptyset, \quad \delta(\Phi_i') < \varepsilon,$$

ersetzen können. Es genügt, diese Behauptung für $s' = s + 1$ zu beweisen. In diesem Fall brauchen wir nur das Diskontinuum Φ_s als Vereinigung zweier disjunkter nichtleerer Kompakta Φ_s' und Φ_{s+1}' darzustellen und $\Phi_i' = \Phi_i$ für jedes $i \leqq s - 1$ zu setzen. Aus dieser Bemerkung folgt insbesondere, daß man das Diskontinuum Φ als Vereinigung disjunkter nichtleerer Kompakta $\Phi_1, \dots, \Phi_s$ darstellen kann, wobei $s = 2^{n_1}$ ist. Nunmehr stellen wir jedes der Kompakta Φ_{h_1} ($h_1 = 1, \dots, 2^{n_1}$) als Vereinigung von genau 2^{n_2} disjunkten Kompakta $\Phi_{h_1 h_2}$ von einem Durchmesser $< \frac{1}{4}$ dar usw. Mit anderen Worten, wir können es bei der Konstruktion der Kompakta $\Phi_{h_1 \dots h_m}$ so einrichten, daß zwei Kompakta desselben Ranges keine gemeinsamen Punkte haben, woraus, wie wir eben sahen, der Homöomorphismus zwischen dem gegebenen Diskontinuum Φ und dem Cantorschen Diskontinuum folgt. Also gilt

Theorem 24'. *Ein metrischer Raum X ist genau dann dem Cantorschen Diskontinuum Π homöomorph, wenn er ein Diskontinuum ist.*

Aus den Theoremen 23, 24 und dem in 4.5. gewonnenen Resultat folgt

Theorem 25. *Jedes nichtleere perfekte Kompaktum (insbesondere jedes eigentliche Kontinuum) hat die Mächtigkeit $\mathfrak{c}$.*

Hieraus ergibt sich

Theorem 25'. *In einem euklidischen Raum von beliebiger Dimension hat jede nichtleere perfekte beschränkte Menge die Mächtigkeit $\mathfrak{c}$.*

Bemerkung 3. Der Leser möge sich selbst davon überzeugen, daß dieser Satz auch für perfekte nichtbeschränkte Mengen in euklidischen Räumen von beliebiger Dimension gilt.

Aus Theorem 24 folgt in Verbindung mit Theorem 30 aus 4.[illegible] [illegible]ßerdem, daß *jedes überabzählbare Kompaktum (insbesondere jede überabzählbare abgeschlossene beschränkte Menge in einem euklidischen Raum beliebiger Dimension) die Mächtigkeit* $\mathfrak{c}$ *hat.*

Aus Theorem 24′ folgt: Wie kompliziert auch ein gegebenes Diskontinuum etwa im euklidischen Raum irgendeiner Dimension gelegen sein mag, es ist sicher dem Cantorschen Diskontinuum topologisch äquivalent.

Beispiele.

1. Beispiel eines ebenen Diskontinuums, das nicht auf einer Geraden liegt. Wir wählen ein Quadrat Q mit der Seitenlänge 1 und zerlegen es in neun gleiche Quadrate (Abb. 10). Lassen wir das Innere der schraffierten kreuzförmigen Figur weg, die aus fünf

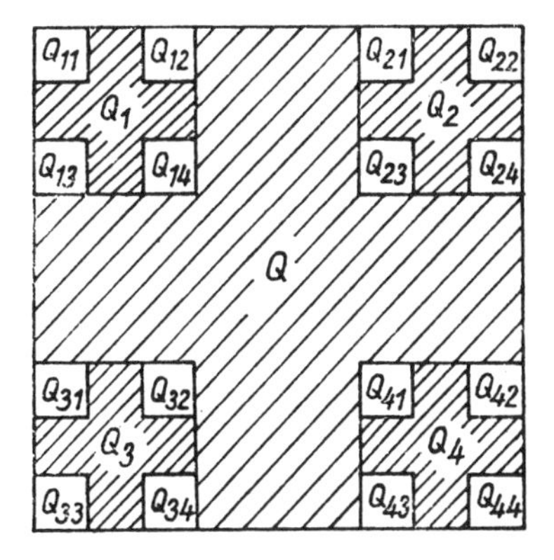

Abb. 10

Quadraten besteht, so erhalten wir vier abgeschlossene Quadrate Q_1, Q_2, Q_3, Q_4 („Quadrate ersten Ranges"), die in den Ecken des Quadrats Q liegen. In jedem der Quadrate ersten Ranges wiederholen wir dieselbe Konstruktion und erhalten 16 Quadrate zweiten Ranges, die in Abb. 10 dargestellt sind (nichtschraffierte Quadrate). Allgemein erhalten wir für jedes n insgesamt 4^n disjunkte abgeschlossene Quadrate n-ten Ranges mit der Seitenlänge $\frac{1}{3^n}$ („Quadrate n-ten Ranges"). Die Vereinigung aller abgeschlossenen Quadrate n-ten Ranges bezeichnen wir mit Q^n. Der Durchschnitt aller Q^n ist ein Diskontinuum Φ. Ist Q das „Einheitsquadrat" $[0 \leqq x \leqq 1;\ 0 \leqq y \leqq 1]$, so besteht Φ aus allen Punkten dieses Quadrats, deren Koordinaten beide eine triadische Darstellung besitzen, die nur aus Nullen und Zweien besteht. Hieraus folgt leicht, daß unser Kompaktum Φ nichts anderes ist als das metrische Produkt des Cantorschen Diskontinuums mit sich selbst. Man kann leicht eine analoge Konstruktion im dreidimensionalen und allgemein im n-dimensionalen Raum durchführen, d. h. Diskontinua konstruieren, welche metrische Produkte aus drei und mehr Cantorschen Diskontinua sind. Alle diese Kompakta sind Diskontinua und folglich dem Cantorschen Diskontinuum homöomorph.

2. Das Beispiel von Antoine. Das von Antoine konstruierte Diskontinuum ist eines der bemerkenswertesten im dreidimensionalen Raum. Seiner Konstruktion schicken wir einige Bemerkungen voraus.

Unter einem *Torus* wollen wir im folgenden immer einen Körper verstehen, der entsteht, wenn eine abgeschlossene Kreisfläche K um eine Achse rotiert, die in der Ebene dieser Kreisfläche liegt, aber sie nicht schneidet. Beschreibt die Kreisfläche K, die um die Gerade yy' rotiert, einen Torus, so beschreibt der Mittelpunkt von K eine Kreislinie, den sogenannten *Achsenkreis* (die „Seelenachse") des *Torus*; seinen Mittelpunkt nennen wir *Zentrum des Torus*. Die Ebene des Achsenkreises des Torus nennen wir *Äquatorialebene des Torus*. Zwei Tori heißen *verkettet*, wenn sie keine gemeinsamen Punkte besitzen, ihre Äquatorialebenen aufeinander senkrecht stehen und die Tori wie etwa zwei Ringe miteinander verschlungen sind (Abb. 11 gibt die Verhältnisse in einem im folgenden allerdings ausgeschlossenen Spezialfall wieder).

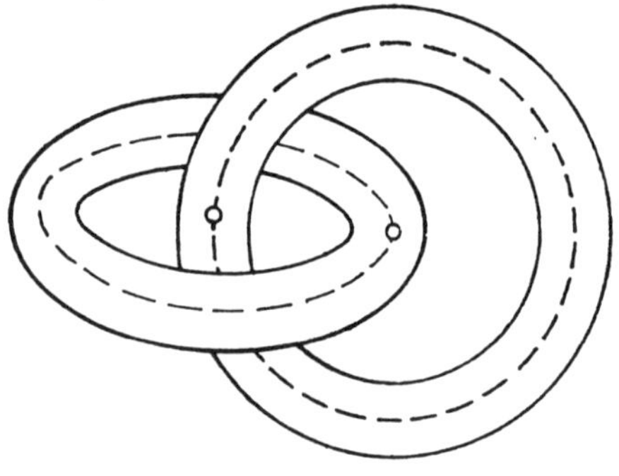

Abb. 11

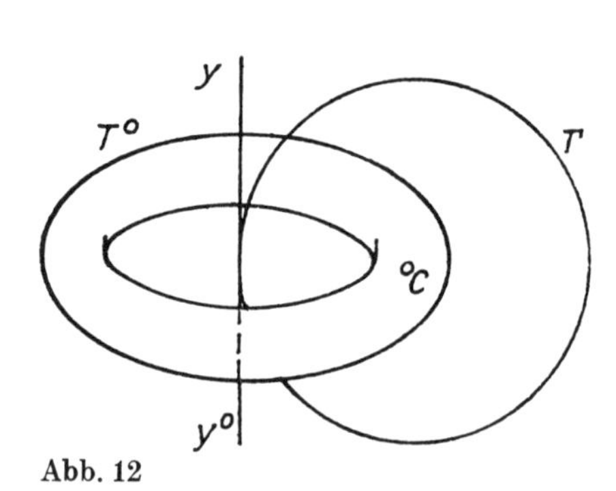

Abb. 12

Ein endliches System von Tori $T_1, T_2, \ldots, T_s$ bildet per definitionem eine geschlossene Kette, wenn je zwei dieser Tori voneinander einen positiven Abstand haben und wenn T_1 und T_s und für jedes $i = 1, \ldots, s-1$ auch die Tori T_i und T_{i+1} miteinander verkettet sind. Eine geschlossene Kette von Tori heißt ε-Kette, wenn jeder ihrer Tori einen Durchmesser $< \varepsilon$ hat. Wir setzen jetzt $\varepsilon_n = \frac{1}{2^n}$, $n = 0, 1, 2, \ldots$, und nehmen irgendeinen Torus T_0 von einem Durchmesser $< \varepsilon_0 = 1$. Im Innern des Torus T_0 wählen wir eine geschlossene ε_1-Kette von Tori $T_1, T_2, \ldots, T_s$, deren Zentren auf dem Achsenkreis des Torus T_0 liegen. Dies seien die Tori ersten Ranges. Innerhalb jedes Torus T_{i_1} ersten Ranges wählen wir eine geschlossene ε_2-Kette von Tori $T_{i_1 1}, \ldots, T_{i_1 s_{i_1}}$ (Tori zweiten Ranges), deren Zentren auf der Achse des Torus T_{i_1} liegen. Setzen wir diese Konstruktion fort, so erhalten wir für jedes n ein System von Tori n-ten Ranges $T_{i_1 \ldots i_n}$ von einem Durchmesser $< \varepsilon_n$, wobei die Tori gleichen Ranges keine gemeinsamen Punkte besitzen. Jeder Torus n-ten Ranges $T_{i_1 \ldots i_{n-1} i_n}$ liegt innerhalb des Torus $T_{i_1 \ldots i_{n-1}}$ vom Rang $n - 1$; alle Tori n-ten Ranges, die im Innern eines gegebenen Torus $(n-1)$-ten Ranges liegen, bilden eine geschlossene ε_n-Kette. Bezeichnen wir die Vereinigung aller Tori n-ten Ranges mit T^n, so erhalten wir ein Diskontinuum $\Phi = \bigcap_{n=1}^{\infty} T^n$. Dies ist das Diskontinuum von ANTOINE. Seine Lage im dreidimensionalen Raum ist sehr bemerkenswert. Wir nehmen irgendeinen Punkt C auf dem Achsenkreis des Torus T^0 und legen durch die Gerade yy^0 (Abb. 12) und den Punkt C die Ebene α. In dieser Ebene wählen wir den Kreis Γ mit dem Mittelpunkt C, der durch das Zentrum des Torus T^0 geht. Man kann folgenden Satz beweisen: *Gegeben seien irgendeine Kreisfläche Q, etwa die Kreisfläche $x^2 + y^2 \leq 1$ und eine beliebige stetige Abbildung des Kreises in den dreidimensionalen Raum, bei der die Kreislinie $x^2 + y^2 = 1$ eineindeutig (und folglich in beiden Richtungen stetig) auf die Kreislinie Γ abgebildet wird. Dann hat das Bild des Inneren des Kreises Q unbedingt gemeinsame Punkte mit der Menge Φ.* Die anschauliche Bedeutung dieses sehr schwer zu beweisenden Satzes besteht in folgendem. Stellt man sich vor, die Kreislinie sei z. B. aus Gummi hergestellt, so berührt dieser Kreis bei jeder stetigen Deformation (jeder „Zusammenziehung") auf einen Punkt beim Prozeß der Deformation unbedingt die Menge Φ. Dabei ist das Diskontinuum Φ, wie jedes Diskontinuum, dem Cantorschen Diskontinuum homöomorph.

* * *

Bemerkung 4. Bei allen Erörterungen dieses Abschnitts nahm die Konstruktion eines gewissen Systems kompakter abgeschlossener Mengen $\Phi_{i_1 \ldots i_m}$ in diesem oder jenem metrischen Raum einen wesentlichen Platz ein. Diese kompakten abgeschlossenen Mengen $\Phi_{i_1 \ldots i_m}$ waren mit endlichen Systemen von Indizes $i_1 \ldots i_m$ versehen, wobei jeder dieser Indizes endlich viele Werte und die Anzahl m dieser Indizes alle möglichen Werte $1, 2, 3, \ldots$ annahmen. Hierbei galt stets

$$\Phi_{i_1 \ldots i_m} \supseteqq \Phi_{i_1 \ldots i_m i_{m+1}}.$$

Derartige Systeme von Mengen $\Phi_{i_1 \ldots i_m}$ nennt man *endlich-verzweigte Systeme*. Folgen der Gestalt

$$\Phi_{i_1} \supseteqq \Phi_{i_1 i_2} \supseteqq \cdots \supseteqq \Phi_{i_1 i_2 \ldots i_m} \supseteqq \cdots$$

nennt man in Ketten verzweigte Systeme, den Durchschnitt aller eine Kette bildenden Mengen nennt man Kern der Kette, die Vereinigung der Kerne aller Ketten eines verzweigten Systems nennt man Kern dieses Systems.

Alle diese Begriffe bleiben sinnvoll, wenn wir von endlich-verzweigten zu abzählbar-verzweigten Systemen von Mengen übergehen. Unter einem *abzählbar-verzweigten System* oder einem *A-System* von Mengen des Raumes X versteht man ein System von Mengen $M_{i_1 \ldots i_m}$, von denen jede mit endlich vielen Indizes $i_1, \ldots, i_m$ versehen ist, die aber beliebige ganzzahlige positive Werte annehmen (so daß jetzt jeder Kombination $i_1 \ldots i_m$ einer beliebigen Anzahl m natürlicher Zahlen ein Element $M_{i_1 \ldots i_m}$ des gegebenen A-Systems entspricht). Außerdem verlangt man, daß stets $M_{i_1 \ldots i_m} \supseteqq M_{i_1 \ldots i_m i_{m+1}}$ gilt. Somit enthält ein A-System abzählbar viele Elemente $M_1, M_2, \ldots, M_{i_1}, \ldots$ ersten Ranges (d. h. solche, die mit nur einem Index versehen sind), jedem Element M_{i_1} ersten Ranges ist eine abzählbare Menge in ihm enthaltener Elemente zweiten Ranges $M_{i_1 1}, \ldots, M_{i_1 i_2}, \ldots$ „*untergeordnet*", jedem Element zweiten Ranges $M_{i_1 i_2}$ eine abzählbare Menge von Elementen dritten Ranges $M_{i_1 i_2 1}, \ldots, M_{i_1 i_2 i_3} \ldots$ usw. Eine Folge der Gestalt

$$M_{i_1}, M_{i_1 i_2}, \ldots, M_{i_1 i_2 \ldots i_n}, \ldots,$$

bei der jedes Element (außer dem ersten) dem vorhergehenden untergeordnet ist, heißt *Kette* des A-Systems; der Durchschnitt der Elemente, die eine Kette bilden, heißt *Kern dieser Kette*; schließlich heißt die Vereinigung der Kerne aller Ketten des A-Systems *Kern des* gegebenen *A-Systems*. Es ist wichtig darauf hinzuweisen, daß bei der Definition des A-Systems keineswegs die Forderung gestellt wurde, daß zwei Mengen, die Elemente ein und desselben Ranges sind, disjunkt seien; darüber hinaus können sogar verschiedene Elemente ein und desselben Ranges identische Punktmengen sein. Außerdem ist jedes Element $M_{i_1 \ldots i_{m-1} i_m}$ vom Rang $m > 1$ einem einzigen Element vom Rang $m - 1$ untergeordnet, nämlich dem Element $M_{i_1 \ldots i_{m-1}}$; es kann aber sehr wohl Teilmenge noch anderer Elemente vom Rang $m - 1$ sein. Bezeichnen wir daher die Vereinigung aller Elemente vom Rang m mit M^m, so erhalten wir die Menge $\bigcap_{m=1}^{\infty} M^m$, die im allgemeinen nicht mit dem Kern des gegebenen A-Systems übereinstimmt (sondern nur diesen Kern enthält); stimmen jedoch beide Mengen tatsächlich überein, so ist die A-Operation selbst, d. h. der Übergang vom gegebenen A-System von Mengen $M_{i_1 \ldots i_m}$ zu seinem Kern, nicht von Interesse, da die A-Operation dadurch ersetzt werden kann, daß man die Mengen jedes gegebenen Ranges vereinigt und den Durchschnitt der so erhaltenen Mengen M^m bildet. Sehr oft betrachtet man A-Systeme, deren Elemente abgeschlossene Mengen eines gegebenen Raumes X sind. Jene Mengen des Raumes X, die als Kerne gewisser A-Systeme, die aus abgeschlossenen Mengen des Raumes X bestehen, gebildet werden können, nennt man *A-Mengen* des Raumes X. *Alle Borelschen Mengen sind Spezialfälle von A-Mengen.*[1])

[1]) Dies ist leicht zu beweisen, da alle abgeschlossenen Mengen A-Mengen sind und man alle Borelschen Mengen aus abgeschlossenen Mengen durch Anwendung abzählbar vieler Vereinigungs- und Durchschnittsbildungen erhält; daher genügt es zu zeigen, daß die Vereinigung und der Durchschnitt von abzählbar vielen A-Mengen wieder A-Mengen sind. Diesen Beweis kann der Leser selbst durchführen.

A-Mengen, die in euklidischen Räumen oder im Hilbertschen Raum liegen, lassen eine sehr weitgehende Untersuchung zu, während für Mengen, die keine A-Mengen sind, viele naheliegende Aufgaben der Mengenlehre wenigstens bis heute unlösbar erscheinen. So z. B. das einfachste Problem der Mengenlehre, die Mächtigkeit einer Menge zu bestimmen: Es zeigt sich, daß jede überabzählbare A-Menge eines beliebigen euklidischen oder des Hilbertschen Raumes, allgemeiner jedes separablen vollständigen[1]) metrischen Raumes, notwendig ein Diskontinuum enthält[2]) und daher die Mächtigkeit $\mathfrak{c}$ hat, während bereits für die Zahlengerade die Aufgabe der Bestimmung der Mächtigkeit von Mengen, die zu A-Mengen komplementär sind, auf Schwierigkeiten stößt, die man bis heute noch nicht überwinden konnte. Eine Menge, die zu einer A-Menge komplementär ist, braucht selbst keine A-Menge zu sein: *Die A-Mengen, deren Komplemente wieder A-Mengen sind, sind gerade die Borelschen Mengen.* Dieser bemerkenswerte Satz wurde von dem Begründer der Theorie der A-Mengen, M. J. Suslin, bewiesen, der mit Hilfe seines Satzes 1916 auch das erste Beispiel einer A-Menge konstruierte, die keine Borelsche Menge ist. Erst nach Konstruktion dieses Beispiels konnte man von der Klasse der A-Mengen als einer Klasse von Mengen sprechen, die tatsächlich umfassender ist als die Klasse der Borelschen Mengen. Die Theorie der A-Mengen ist das am weitesten ausgearbeitete Kapitel der sogenannten *deskriptiven Mengenlehre*; den Leser, der sich mit dieser Theorie vertraut machen will, verweisen wir auf Hausdorff [1], Kap. VIII und IX,[3]) sowie auf Kuratowski [1], Band 1.

5.5. Definition und Beispiele vollständiger metrischer Räume

Eine Folge von Punkten

$$x_1, x_2, \ldots, x_n, \ldots \tag{1}$$

eines metrischen Raumes X heißt *Fundamentalfolge*, wenn man zu jedem $\varepsilon > 0$ eine natürliche Zahl n_ε bestimmen kann derart, daß für alle $p \geqq n_\varepsilon$, $q \geqq n_\varepsilon$ die Beziehung $\varrho(x_p, x_q) < \varepsilon$ gilt.

Offenbar ist *jede konvergente Folge eine Fundamentalfolge.*

Ein metrischer Raum heißt *vollständig*, wenn in ihm jede Fundamentalfolge konvergiert. Der aus allen rationalen Punkten bestehende Teilraum der Zahlengeraden mag als Beispiel eines nichtvollständigen metrischen Raumes dienen (ein Beweis dafür wird weiter unten angegeben).

Enthält eine gegebene Fundamentalfolge (1) *eine konvergente Teilfolge*

$$x_{n_1}, x_{n_2}, \ldots, x_{n_k}, \ldots \tag{2}$$

mit dem Grenzwert a, so konvergiert auch die ganze Folge (1) *gegen den Grenzwert a.* Wir wählen nämlich die Zahl n_ε so groß, daß für alle $p \geqq n_\varepsilon$, $q \geqq n_\varepsilon$ die Bedingung $\varrho(x_p, x_q) < \dfrac{\varepsilon}{2}$ erfüllt ist. Wir beweisen, daß für jedes $n \geqq n_\varepsilon$ die Ungleichung $\varrho(a, x_n) < \varepsilon$ gilt. Man braucht nämlich in der Folge (2) nur ein x_{n_k} zu wählen, so

[1]) Vollständige metrische Räume werden in 5.5. definiert.

[2]) Dies wurde erstmalig von P. S. Alexandroff 1916 bewiesen.

[3]) Die Benennung A-Mengen wurde von Suslin vorgeschlagen; Hausdorff nennt die A-Mengen *Suslinsche Mengen.*

daß gleichzeitig die Bedingungen $n_k \geqq n_\varepsilon$, $\varrho(a, x_{n_k}) < \frac{\varepsilon}{2}$ erfüllt sind. Für $n \geqq n_\varepsilon$ gilt dann

$$\varrho(a, x_n) \leqq \varrho(a, x_{n_k}) + \varrho(x_{n_k}, x_n) < \frac{\varepsilon}{2} + \frac{\varepsilon}{2} = \varepsilon.$$

Bemerkung 1. Die eben bewiesene Behauptung kann man auch folgendermaßen formulieren: Ist eine Fundamentalfolge nicht konvergent, so ist sie *vollkommen divergent* (in dem Sinne, daß keine ihrer Teilfolgen konvergiert).

Wir beweisen nun, daß der Raum R aller rationalen Punkte der Zahlengeraden nicht vollständig ist. Dazu wählen wir eine Folge

$$r_1, r_2, \ldots, r_n, \ldots \tag{3}$$

von rationalen Zahlen, die auf der Geraden gegen einen irrationalen Grenzwert ξ konvergiert. Die Folge (3) wird dann im Raum R zu einer divergenten Fundamentalfolge, und folglich ist der Raum R nicht vollständig.

Bemerkung 2. Aus der Definition des vollständigen metrischen Raumes folgt sofort, daß *jede in einem vollständigen Raum gelegene abgeschlossene Menge selbst wieder ein vollständiger Raum ist.*

Man erkennt leicht, daß *jedes Kompaktum ein vollständiger metrischer Raum ist.* Da man nämlich aus jeder Punktfolge eines Kompaktums eine konvergente Teilfolge aussondern kann, ist nach Bemerkung 1 jede Fundamentalfolge von Punkten eines Kompaktums konvergent.

Ferner sahen wir bereits in 4.9., daß jede Fundamentalfolge von Punkten der Zahlengeraden eine konvergente Folge ist (hierin bestand gerade das Cauchysche Konvergenzprinzip); also ist *die Zahlengerade ein vollständiger metrischer Raum.*

Wir wollen die Vollständigkeit des n-dimensionalen euklidischen Raumes beweisen. Es sei im R^n eine Fundamentalfolge

$$a_1, a_2, \ldots, a_m, \ldots \tag{4}$$

gegeben, wobei $a_m = (x_1^{(m)}, \ldots, x_n^{(m)})$ ist. Da offenbar für jedes $i = 1, 2, \ldots, n$

$$\varrho(x_i^{(p)}, x_i^{(q)}) \leqq \varrho(a_p, a_q)$$

ist, muß jede der Folgen

$$x_i^{(1)}, x_i^{(2)}, \ldots, x_i^{(m)}, \ldots \tag{5}$$

$(i = 1, 2, \ldots, n)$ eine Fundamentalfolge reeller Zahlen sein und daher gegen ein gewisses

$$x_i = \lim_{m\to\infty} x_i^{(m)} \tag{6}$$

(für $i = 1, 2, \ldots, n$) konvergieren. Dann konvergiert aber auch die Folge (4), und zwar gegen den Punkt $a = (x_1, \ldots, x_n)$.

Wir beweisen jetzt, daß *der Hilbertsche Raum ein vollständiger metrischer Raum ist.* Der Beweis verläuft analog dem eben geführten Beweis für den euklidischen Raum, wird aber durch gewisse Konvergenzprobleme etwas komplizierter. Es sei (4) wiederum eine Fundamentalfolge, aber jetzt im Hilbertschen Raum; es sei also

$$a_m = (x_1^{(m)}, x_2^{(m)}, \ldots, x_n^{(m)}, \ldots). \tag{4'}$$

Für jedes i, das jetzt alle Werte 1, 2, 3, ... annimmt, liegt eine Fundamentalfolge (5) mit dem Grenzwert (6) vor. Man muß zunächst zeigen, daß

$$a = (x_1, x_2, \ldots, x_n, \ldots) \tag{7}$$

ein Punkt des Hilbertschen Raumes ist, d. h., daß die Reihe $\sum_{n=1}^{\infty} x_n^2$ konvergiert. Dieser Beweis beruht auf der Cauchy-Bunjakowskischen Ungleichung

$$\sum_{n=1}^{\infty} |a_n|\,|b_n| \leqq \sqrt{\sum_{n=1}^{\infty} a_n^2} \cdot \sqrt{\sum_{n=1}^{\infty} b_n^2}, \tag{8}$$

die für je zwei beliebige Folgen reeller Zahlen $a_1, a_2, \ldots, a_n, \ldots$ und $b_1, b_2, \ldots, b_n, \ldots$ gilt.[1])

Wir beweisen zunächst, daß man für jedes $\varepsilon > 0$ ein m_ε wählen kann derart, daß für $m > m_\varepsilon$

$$\sum_{n=1}^{\infty} (x_n - x_n^{(m)})^2 < \varepsilon^2 \tag{9}$$

gilt. Dazu nehmen wir m_ε so groß, daß für $l > m_\varepsilon$, $m > m_\varepsilon$ die Ungleichung $\varrho(a_l, a_m) < \frac{\varepsilon}{2}$, d. h.

$$\sum_{n=1}^{\infty} (x_n^{(l)} - x_n^{(m)})^2 < \frac{\varepsilon^2}{4}$$

---

[1]) Diese Ungleichung wurde für endliche Summen bereits in 4.6. bewiesen.

Wir wollen die Cauchy-Bunjakowskische Ungleichung für unendliche Reihen beweisen. Die Ungleichung (8) ist zweifellos richtig, wenn wenigstens eine der beiden Reihen $\sum_{n=1}^{\infty} a_n^2$, $\sum_{n=1}^{\infty} b_n^2$ divergiert, da dann rechts $+\infty$ steht. Wir setzen daher voraus, daß beide Reihen $\sum_{n=1}^{\infty} a_n^2$, $\sum_{n=1}^{\infty} b_n^2$ konvergieren. Nimmt man dann im Hilbertschen Raum die Punkte

$$o = (0, 0, 0, \ldots, 0, \ldots),$$
$$a = (|a_1|, |a_2|, |a_3|, \ldots, |a_n|, \ldots),$$
$$c = (|a_1| + |b_1|, |a_2| + |b_2|, \ldots, |a_n| + |b_n|, \ldots)$$

und schreibt für sie die Dreiecksungleichung $\varrho(o, c) \leqq \varrho(o, a) + \varrho(a, c)$ hin, so erhält man

$$\sqrt{\sum (|a_n| + |b_n|)^2} \leqq \sqrt{\sum a_n^2} + \sqrt{\sum b_n^2},$$
$$\sum (|a_n| + |b_n|)^2 \leqq \sum a_n^2 + \sum b_n^2 + 2\sqrt{\sum a_n^2 \cdot \sum b_n^2}$$

oder, nach leicht ersichtlichen Umformungen,

$$\sum |a_n|\,|b_n| \leqq \sqrt{\sum a_n^2 \cdot \sum b_n^2}.$$

gilt. Dann gilt für jede natürliche Zahl k erst recht

$$\sum_{n=1}^{k} (x_n^{(l)} - x_n^{(m)})^2 < \frac{\varepsilon^2}{4},$$

d. h. nach dem Grenzübergang $l \to \infty$

$$\sum_{n=1}^{k} (x_n - x_n^{(m)})^2 \leqq \frac{\varepsilon^2}{4},$$

woraus für $k \to \infty$

$$\sum_{n=1}^{\infty} (x_n - x_n^{(m)})^2 \leqq \frac{\varepsilon^2}{4} < \varepsilon^2$$

folgt; das ist aber die Ungleichung (9). Für jedes $m > m_\varepsilon$ gilt jetzt nach der Cauchy-Bunjakowskischen Ungleichung

$$\left|\sum_n x_n^{(m)}(x_n - x_n^{(m)})\right| \leqq \sqrt{\sum_n (x_n^{(m)})^2 \sum_n (x_n - x_n^{(m)})^2},$$

wobei die Reihen auf der rechten Seite unter dem Wurzelzeichen konvergieren. Infolgedessen konvergieren in dem Ausdruck

$$\sum_n (x_n - x_n^{(m)})^2 + \sum_n (x_n^{(m)})^2 + 2 \sum_n x_n^{(m)}(x_n - x_n^{(m)})$$

alle Reihen; es gilt also die Identität

$$\sum_n (x_n - x_n^{(m)})^2 + \sum_n (x_n^{(m)})^2 + 2 \sum_n x_n^{(m)}(x_n - x_n^{(m)}) = \sum_n x_n^2,$$

aus der nun die Konvergenz der Reihe $\sum_n x_n^2$ folgt.

Somit ist (7) tatsächlich ein Punkt des Hilbertschen Raumes. Es bleibt zu zeigen, daß die Folge (4) gegen diesen Punkt konvergiert. Gemäß (9) und nach Definition des Punktes (7) gilt aber $\varrho(a, a_m) < \varepsilon^2$.

Übungsaufgabe. Man zeige die Vollständigkeit des Baireschen Raumes.

Auch der Raum C der auf einem Segment $[a; b]$ der Zahlengeraden definierten stetigen Funktionen (vgl. 4.6.) ist vollständig. Im Zusammenhang mit diesem Beispiel beweisen wir eine allgemeinere Aussage.

Wir nennen eine Abbildung f eines metrischen Raumes X in einen metrischen Raum Y *beschränkt,* wenn die Menge $f(X) \subseteqq Y$ beschränkt ist (d. h. einen endlichen Durchmesser besitzt).

Sind f und g zwei beschränkte Abbildungen des Raumes X in den Raum Y, so ist die Menge $f(X) \cup g(X) \subseteqq Y$ beschränkt, und daher ist auch

$$\sup_{x \in X} \varrho(f(x), g(x))$$

eine endliche nichtnegative Zahl. Diese Zahl heißt *Abstand* $\varrho(f, g)$ *der Abbildungen* f *und* g. Ist $f \neq g$, d. h., gibt es wenigstens einen Punkt $x \in X$ mit $f(x) \neq g(x)$, so ist offensichtlich $\varrho(f, g) > 0$; da andererseits $\varrho(f, f) = 0$ ist, genügt der eben eingeführte Abstand dem Identitätsaxiom. Er genügt offenbar auch dem Symmetrieaxiom. Die Dreiecksungleichung

$$\varrho(f_1, f_3) \leqq \varrho(f_1, f_2) + \varrho(f_2, f_3)$$

ist für je drei beschränkte Abbildungen f_1, f_2, f_3 erfüllt; denn wie wir auch den Punkt $x \in X$ wählen, stets gilt

$$\varrho(f_1(x), f_3(x)) \leqq \varrho(f_1(x), f_2(x)) + \varrho(f_2(x), f_3(x)) \leqq \varrho(f_1, f_2) + \varrho(f_2, f_3),$$

daher auch

$$\varrho(f_1, f_3) = \sup_{x \in X} \varrho(f_1(x), f_3(x)) \leqq \varrho(f_1, f_2) + \varrho(f_2, f_3).$$

Somit ist die Menge aller beschränkten Abbildungen eines metrischen Raumes X in einen metrischen Raum Y mit der von uns in dieser Menge definierten Abstandsfunktion ein metrischer Raum; wir bezeichnen ihn mit $B(X, Y)$. Dabei konvergiert eine Folge

$$f_1, f_2, \ldots, f_n, \ldots$$

von Punkten des Raumes $B(X, Y)$ dann und nur dann in $B(X, Y)$ gegen einen Punkt f, wenn die Abbildungen f_n in X gleichmäßig gegen die Abbildung f konvergieren. Hieraus und aus 4.2., Satz 8, folgt, daß die Menge $C(X, Y)$ aller beschränkten stetigen Abbildungen des Raumes X in den Raum Y im Raum $B(X, Y)$ abgeschlossen ist. Wir betrachten jetzt nur den Raum $C(X, Y)$ (mit der Metrik, die wir aus dem Raum $B(X, Y)$ übernehmen) und beweisen folgenden Satz:

Der Raum $C(X, Y)$ aller beschränkten stetigen Abbildungen eines beliebigen metrischen Raumes X in einen vollständigen metrischen Raum Y ist ein vollständiger metrischer Raum.

Wir heben besonders die beiden folgenden Spezialfälle hervor:

1. *Der Raum aller stetigen Abbildungen eines beliebigen metrischen Raumes in einen beschränkten vollständigen metrischen Raum (insbesondere in ein Kompaktum) ist ein vollständiger Raum.*

2. *Der Raum aller stetigen beschränkten reellen Funktionen, die auf einem beliebigen metrischen Raum definiert sind, ist ein vollständiger Raum.*

Wir gehen jetzt dazu über, die Vollständigkeit des Raumes $C(X, Y)$ für den allgemeinen Fall des formulierten Satzes zu beweisen (beliebiges X, vollständiges Y).

Es sei

$$f_1, f_2, \ldots, f_n, \ldots \tag{10}$$

eine Fundamentalfolge von Punkten des Raumes $C(X, Y)$. Da für jeden Punkt $x \in X$ die Folge

$$f_1(x), f_2(x), \ldots, f_n(x), \ldots$$

eine Fundamentalfolge von Punkten des vollständigen Raumes Y ist, konvergiert sie gegen einen gewissen Punkt des Raumes Y; wir bezeichnen ihn mit $f(x)$. Damit ist eine Abbildung $y = f(x)$ des Raumes X in den Raum Y definiert. Wir müssen erstens zeigen, daß die Abbildung f stetig und beschränkt, also ein Punkt des Raumes $C(X, Y)$ ist, und zweitens, daß die Folge (10) in $C(X, Y)$ gegen f konvergiert. Beide Behauptungen sind bewiesen, wenn wir gezeigt haben, daß die stetigen Abbildungen (10) des Raumes X in den Raum Y gleichmäßig gegen die Abbildung f konvergieren. Dies ergibt sich folgendermaßen: Nach Definition der Metrik des Raumes $C(X, Y)$ genügt die Folge (10), da sie eine Fundamentalfolge in $C(X, Y)$ ist, der Bedingung, daß sich zu jedem $\varepsilon > 0$ ein n_ε finden läßt derart, daß für alle $p > n_\varepsilon$, $q > n_\varepsilon$ die Ungleichung

$$\varrho(f_p(x), f_q(x)) < \varepsilon \tag{11}$$

für alle $x \in X$ erfüllt ist. Führen wir bei beliebigem, aber festem $x \in X$ den Grenzübergang $q \to \infty$ durch, so erhalten wir

$$\varrho(f_p(x), f(x)) \leqq \varepsilon$$

für alle $p \geqq n_\varepsilon$ und alle $x \in X$, womit die gleichmäßige Konvergenz der Folge der Abbildungen (10) bewiesen ist.

5.6. Vervollständigung eines metrischen Raumes

Wir brachten als Beispiel für einen nicht vollständigen metrischen Raum den Raum aller rationalen Punkte der Zahlengeraden. Dieser Raum ist eine überall dichte Teilmenge eines vollständigen Raumes, nämlich der ganzen Zahlengeraden. Es gilt sogar folgender allgemeiner Satz:

Theorem 26.[1]) *Jeder metrische Raum X ist eine überall dichte Teilmenge eines gewissen vollständigen Raumes $\tilde{X}$. Dabei ist der vollständige Raum $\tilde{X}$ bis auf eine isometrische Abbildung*[2]), *die alle Punkte der Menge $X \subseteqq \tilde{X}$ festläßt*[3]), *eindeutig bestimmt. $\tilde{X}$ ist der kleinste vollständige metrische Raum, der X enthält (d. h., jeder vollständige metrische Raum X', der X umfaßt, enthält eine Menge $X'' \supseteqq X$, die dem Raum $\tilde{X}$ isometrisch ist).*

Definition 3. Der Raum $\tilde{X}$ heißt *vollständige Hülle* (auch „Vervollständigung“) des Raumes X.

Beweis. Wir führen zunächst den Begriff des Abstandes zwischen zwei Fundamentalfolgen

$$x = (x_1, x_2, \ldots, x_n, \ldots) \tag{1}$$

und

$$y = (y_1, y_2, \ldots, y_n, \ldots) \tag{2}$$

ein. Dazu bemerken wir, daß für beliebige m, n

$$\varrho(x_m, y_m) \leqq \varrho(x_m, x_n) + \varrho(x_n, y_n) + \varrho(y_n, y_m),$$

$$|\varrho(x_m, y_m) - \varrho(x_n, y_n)| \leqq \varrho(x_m, x_n) + \varrho(y_n, y_m)$$

gilt; hieraus folgt, daß die Zahlenfolge

$$\varrho(x_1, y_1), \varrho(x_2, y_2), \ldots, \varrho(x_n, y_n), \ldots$$

eine Fundamentalfolge ist, also konvergiert. Ihren Grenzwert nennen wir Abstand der Fundamentalfolgen (1) und (2):

$$\varrho(x, y) = \lim_{n\to\infty} \varrho(x_n, y_n). \tag{3}$$

Aus der Definition (3) folgt: Für drei beliebige Fundamentalfolgen $x = \{x_n\}$, $y = \{y_n\}$, $z = \{z_n\}$ ist stets die Dreiecksungleichung erfüllt:

$$\varrho(x, z) \leqq \varrho(x, y) + \varrho(y, z). \tag{4}$$

Es gilt nämlich $\varrho(x_n, z_n) \leqq \varrho(x_n, y_n) + \varrho(y_n, z_n)$, woraus man durch Grenzübergang

---

[1]) Dieser Satz wie auch der hier angeführte Beweis gehen auf HAUSDORFF zurück.

[2]) Eine Abbildung f eines metrischen Raumes X auf einen metrischen Raum Y heißt *isometrisch* (oder kongruent), wenn sie den Abstand invariant läßt, d. h., wenn $\varrho(f(x'), f(x'')) = \varrho(x', x'')$ für beliebige $x' \in X$, $x'' \in X$ gilt.

[3]) Das heißt, ist X' irgendein vollständiger metrischer Raum, der X als überall dichte Menge enthält, so gibt es eine isometrische Abbildung f des Raumes X' auf $\tilde{X}$, die der Bedingung $f(x) = x$ für jeden Punkt $x \in X$ genügt.

$n \to \infty$ die Ungleichung (4) erhält. Ist insbesondere $\varrho(x, y) = 0$, $\varrho(y, z) = 0$, so ist auch $\varrho(x, z) = 0$. Wir nennen zwei Fundamentalfolgen *äquivalent*, wenn der Abstand zwischen ihnen gleich Null ist. Durch diese Definition erhalten wir eine Einteilung der Menge der Fundamentalfolgen in Klassen einander äquivalenter Fundamentalfolgen, die wir kurz *Büschel des Raumes X* nennen. Es seien ξ und η solche Büschel. Wählt man in ξ und η je eine Fundamentalfolge $x = \{x_n\}$, $y = \{y_n\}$, so überzeugt man sich leicht davon, daß $\varrho(x, y)$ unverändert bleibt, wenn man x, y durch Folgen x', y' ersetzt, die den Folgen x, y äquivalent sind. Daher kann man den Abstand $\varrho(\xi, \eta)$ zwischen zwei Büscheln durch

$$\varrho(\xi, \eta) = \varrho(x, y)$$

definieren, wobei $x \in \xi$, $y \in \eta$ beliebig gewählt sind. Der Abstand $\varrho(\xi, \eta)$ genügt offenbar dem Symmetrieaxiom: $\varrho(\xi, \eta) = \varrho(\eta, \xi)$. Er genügt auch dem Identitätsaxiom: Es ist $\varrho(\xi, \eta) = 0$ genau dann, wenn $\xi = \eta$ ist. Schließlich genügt der Abstand $\varrho(\xi, \eta)$ auch der Dreiecksungleichung (da der Abstand zwischen Fundamentalfolgen, wie wir eben sahen, der Dreiecksungleichung genügt).

Somit macht die Definition des Abstands zwischen zwei Büscheln die Menge aller Büschel des Raumes X zu einem metrischen Raum; wir bezeichnen ihn mit $\tilde{X}_0$. Ferner nennen wir ein Büschel ξ ausgezeichnetes Büschel, wenn unter seinen Elementen eine stationäre Folge, d. h. eine Folge der Form

$$(x, x, \ldots, x, \ldots), \qquad x \in X,$$

vorkommt.

Da je zwei verschiedene stationäre Folgen $\{x\}$ und $\{y\}$ voneinander einen positiven Abstand haben (gleich dem Abstand der Punkte x und y), kann in jedem ausgezeichneten Büschel nur eine stationäre Folge enthalten sein. Daher entsprechen die ausgezeichneten Büschel umkehrbar eindeutig den Punkten des Raumes X, wobei der Abstand bei dieser Zuordnung erhalten bleibt (der Abstand zweier ausgezeichneter Büschel ist gleich dem Abstand der ihnen entsprechenden Punkte des Raumes X). Wir ersetzen jetzt im Raum X_0 alle ausgezeichneten Büschel durch die ihnen entsprechenden Punkte des Raumes X (bei dieser Ersetzung bleiben alle Abstände unverändert). Als Ergebnis erhält man einen metrischen Raum $\tilde{X}$, der offenbar dem Raum $\tilde{X}_0$ isometrisch ist. Dieser Raum $\tilde{X}$ ist gerade der Raum, den wir konstruieren wollten. Der Raum X ist in $\tilde{X}$ als Teilmenge enthalten. Wir beweisen, daß X in $\tilde{X}$ überall dicht ist. Bei beliebigem $\xi \in \tilde{X} \setminus X$ und $x \in \xi$,

$$x = (x_1, x_2, \ldots, x_n, \ldots), \tag{5}$$

ist $\varrho(\xi, x_n) = \varrho(x, x_n)$ der Abstand zwischen den Punkten ξ und x_n des Raumes $\tilde{X}$, wobei $\varrho(x, x_n)$ der Abstand der Fundamentalfolgen

$$x = (x_1, x_2, \ldots, x_n, \ldots)$$

und

$$x_n = (x_n, x_n, \ldots, x_n, \ldots)$$

ist. Dieser Abstand strebt aber für wachsendes n gegen Null. Folglich gilt für eine beliebig aus dem Büschel ξ herausgegriffene Fundamentalfolge (5)

$$\xi = \lim_{n\to\infty} x_n \quad \text{in } \tilde{X}. \tag{6}$$

Damit ist bewiesen, daß jeder Punkt $\xi \in \tilde{X} \setminus X$ Berührungspunkt der Menge $X \subseteqq \tilde{X}$ ist; also ist X in $\tilde{X}$ dicht.

Wir beweisen jetzt, daß $\tilde{X}$ ein vollständiger Raum ist. Es sei

$$\xi_1, \xi_2, \ldots, \xi_n, \ldots \tag{7}$$

eine Fundamentalfolge von Punkten des Raumes $\tilde{X}$. Ist ξ_n ein Büschel, so nehmen wir in ihm die Fundamentalfolge $\{x_m\}$ und in dieser einen Punkt $x_n' = x_{m_n}$ derart, daß $\varrho(\xi_n, x_{m_n}) < \frac{1}{n}$ wird. Ist ξ_n selbst schon ein Punkt des Raumes X, so bezeichnen wir diesen Punkt mit x_n'. Die so erhaltenen Punkte des Raumes X,

$$x_1', x_2', \ldots, x_n', \ldots, \tag{8}$$

bilden eine Fundamentalfolge, die eindeutig ein sie enthaltendes Büschel ξ bestimmt. Die Folge (8) und folglich auch die Folge (7) konvergieren gegen ξ, womit die Vollständigkeit des Raumes $\tilde{X}$ bewiesen ist.

Jetzt sei $\tilde{X}'$ irgendein vollständiger metrischer Raum, der den Raum X als überall dichte Menge enthält. Dann bestimmt jeder Punkt $\xi' \in \tilde{X}'$ eindeutig ein Büschel von gegen diesen Punkt konvergierenden Fundamentalfolgen des Raumes X und folglich einen Punkt ξ des Raumes $\tilde{X}$. Verschiedenen Punkten des Raumes $\tilde{X}'$ entsprechen dabei verschiedene Punkte des Raumes $\tilde{X}$. Wegen der Vollständigkeit des Raumes $\tilde{X}'$ besteht jedes Büschel des Raumes $\tilde{X}$ aus Folgen, die gegen einen gewissen Punkt $\xi' \in \tilde{X}'$ konvergieren; die eben hergestellte Zuordnung ist also eine eineindeutige Zuordnung zwischen den Punkten der Räume $\tilde{X}'$ und $\tilde{X}$, bei der jeder Punkt aus X sich selbst entspricht. Darüber hinaus sieht man leicht, daß die erhaltene Zuordnung isometrisch ist. Ist schließlich X' irgendein vollständiger Raum, der X enthält, so ist die abgeschlossene Hülle der Menge X in X' ein vollständiger Raum, der bereits den Raum X als überall dichte Menge enthält und daher dem Raum $\tilde{X}$ isometrisch ist. Damit ist der Satz von HAUSDORFF bewiesen.

Bemerkung. Konstruiert man zum Raum R der rationalen Zahlen die vollständige Hülle $\tilde{R}$, so kann man die nicht dem Raum R angehörenden Punkte des Raumes $\tilde{R}$ irrationale Zahlen nennen. Dabei müßte man noch folgende Bemerkung machen und folgende weitere Definition einführen. Sind eine irrationale Zahl ξ und eine rationale Zahl x gegeben und wählt man in dem Büschel ξ irgendeine Fundamentalfolge

$$x_1, x_2, \ldots, x_n, \ldots,$$

so kann man leicht zeigen, daß für alle hinreichend großen n entweder $x_n > x$ oder $x_n < x$ gilt. Im ersten Fall setzt man $\xi > x$, im zweiten $\xi < x$; dabei zeigt man leicht, daß das Ergebnis von der Wahl der Folge $\{x_n\} \in \xi$ unabhängig ist. Sind ξ' und ξ'' zwei verschiedene irrationale Zahlen, so gilt bei jeder Wahl der Folgen $\{x_n'\} \in \xi'$ und $\{x_n''\} \in \xi''$ für alle hinreichend großen n ebenfalls entweder $x_n' < x_n''$ oder $x_n' > x_n''$. Im ersten Fall setzen wir $\xi' < \xi''$, im zweiten Fall $\xi' > \xi''$; dabei hängt das Resultat wiederum nicht von der speziellen Wahl der Folgen $\{x_n'\} \in \xi'$ und $\{x_n''\} \in \xi''$ ab. Damit ist in der Menge aller reellen (d. h. der rationalen und irrationalen) Zahlen eine Ordnungsbeziehung hergestellt, für die, wie man zeigen kann, die üblichen Axiome gelten.

Wie wir sahen (Formel (6)), konvergiert ferner jede Folge $\{x_n\}$, die man aus dem Büschel ξ herausgreift, in $\tilde{R}$ gegen den Punkt ξ; jede irrationale Zahl ξ ist also Grenzwert einer gewissen Folge rationaler Zahlen (nämlich der Grenzwert jeder Folge $\{x_n\} \in \xi$). Dies ermöglicht es, Rechenoperationen mit reellen Zahlen zu definieren: Um z. B. die Summe zweier reeller Zahlen ξ' und ξ'' zu bestimmen, nehmen wir irgendwelche Folgen $\{x_n'\} \in \xi'$ und $\{x_n''\} \in \xi''$, die gegen ξ' bzw. ξ'' konvergieren, und betrachten die Folge $\{x_n' + x_n''\}$ (ist dabei etwa ξ' rational, so kann man $x_n' = \xi'$ für alle n setzen). Diese Folge erweist sich als Fundamentalfolge und konvergiert infolgedessen gegen eine gewisse reelle Zahl, die wir Summe der beiden gegebenen Zahlen ξ' und ξ'' nennen. Es sei dem Leser überlassen, zu beweisen, daß die so definierten Operationen mit reellen Zahlen alle in der elementaren Algebra bewiesenen Eigenschaften der vier Grundrechenarten besitzen.

Die in dieser Bemerkung angedeutete Theorie der irrationalen Zahlen ist unter dem Namen *Cantorsche Theorie* bekannt. Sie kann bezüglich ihrer Einfachheit und Natürlichkeit mit Erfolg mit der in Lehrbüchern mehr verbreiteten Dedekindschen Theorie konkurrieren.

5.7. Elementare Eigenschaften der vollständigen metrischen Räume

Wir sahen bereits, daß jede abgeschlossene Menge in einem vollständigen Raum selbst vollständig ist. Wir wollen noch einige weitere Eigenschaften der vollständigen Räume beweisen.

Theorem 27. *In einem vollständigen metrischen Raum hat jede abnehmende Folge abgeschlossener nichtleerer Mengen*

$$\Phi_1 \supseteqq \Phi_2 \supseteqq \cdots \supseteqq \Phi_n \supseteqq \cdots,$$

deren Durchmesser gegen Null streben, einen Durchschnitt, der aus genau einem Punkt besteht.

Da nämlich die Durchmesser der Mengen Φ_n gegen Null streben, kann jedenfalls der Durchschnitt $\bigcap_{n=1}^{\infty} \Phi_n$ nicht mehr als einen Punkt enthalten. Nehmen wir aus jeder der Mengen Φ_n je einen Punkt x_n heraus, so erhalten wir eine Fundamentalfolge $\{x_n\}$, deren Grenzwert in $\Phi = \bigcap_{n=1}^{\infty} \Phi_n$ enthalten ist.

Theorem 28. *Ist jede der offenen Mengen $\Gamma_1, \Gamma_2, \ldots, \Gamma_n, \ldots$ eines vollständigen metrischen Raumes X in X dicht, so ist auch ihr Durchschnitt $M = \bigcap_{n=1}^{\infty} \Gamma_n$ in X dicht (offensichtlich vom Typ G_δ).*

Zunächst beweist man den

Hilfssatz. *Ist Γ eine offene Menge, die in einem metrischen Raum X dicht ist, so gibt es zu jeder nichtleeren offenen Menge Γ_0 eine offene Menge Γ' von hinreichend kleinem Durchmesser, deren abgeschlossene Hülle in $\Gamma \cap \Gamma_0$ enthalten ist.*

Beweis. Da Γ in X dicht ist, ist $\Gamma \cap \Gamma_0$ eine nichtleere offene Menge; jeder Punkt $x \in \Gamma \cap \Gamma_0$ hat von der zu $\Gamma \cap \Gamma_0$ komplementären abgeschlossenen Menge einen positiven Abstand ϱ_x. Wählen wir ein beliebig kleines $\varepsilon < \varrho_x$, so ist die abgeschlossene Hülle der ε-Umgebung des Punktes x in $\Gamma \cap \Gamma_0$ enthalten; damit ist der Hilfssatz bewiesen.

Zum Beweis von Theorem 28 genügt es, in jeder offenen Menge Γ_0 einen Punkt der Menge $M = \bigcap_{n=1}^{\infty} \Gamma_n$ zu finden. Auf Grund des Hilfssatzes können wir eine offene Menge Γ_1' von einem Durchmesser < 1 wählen, die der Bedingung $[\Gamma_1'] \subseteqq \Gamma_1 \cap \Gamma_0$ genügt. Nehmen wir an, wir hätten bereits die offenen Mengen

$$\Gamma_0' = \Gamma_0, \Gamma_1', \ldots, \Gamma_n',$$

$\delta(\Gamma_k') < \frac{1}{k}$ für $k = 1, 2, 3, \ldots, n$, konstruiert, die der Bedingung

$$[\Gamma_k'] \subseteqq \Gamma_k \cap \Gamma_{k-1}' \qquad (k = 1, 2, 3, \ldots, n)$$

genügen, dann konstruieren wir nach obigem Hilfssatz eine offene Menge Γ_{n+1}' von einem Durchmesser $< \frac{1}{n+1}$ derart, daß $[\Gamma_{n+1}'] \subseteqq \Gamma_{n+1} \cap \Gamma_n'$ ist. Der Durchschnitt $F = \bigcap_{n=1}^{\infty} [\Gamma_n']$ ist nicht leer (er besteht aus einem Punkt) und ist in $M \cap \Gamma_0$ enthalten.

Wie man leicht sieht, ist der Durchschnitt M einer beliebigen endlichen oder abzählbaren Anzahl von in einem gegebenen vollständigen metrischen Raum X überall dichten Mengen des Typs G_δ wiederum eine überall dichte Menge vom Typ G_δ. Es sei bemerkt, daß unter allen in einem metrischen Raum liegenden Mengen die Mengen vom Typ G_δ, und nur diese, vollständigen metrischen Räumen homöomorph sind.[1])

Eine in einem vollständigen metrischen Raum X liegende Menge M heißt *Menge zweiter Kategorie* in X, wenn die Menge M eine überall dichte G_δ-Menge enthält. Man beweist leicht, daß das Komplement $X \setminus M$ einer Menge zweiter Kategorie eine Vereinigung von endlich oder abzählbar vielen in X nirgends dichten Mengen ist. Derartige Mengen werden *Mengen erster Kategorie* genannt. Der Durchschnitt von endlich oder abzählbar vielen Mengen zweiter Kategorie ist eine Menge zweiter Kategorie, und die Vereinigung von abzählbar vielen Mengen erster Kategorie ist eine Menge erster Kategorie.

Übungsaufgabe. Kann in einem vollständigen metrischen Raum X eine abzählbare (oder sogar endliche) Menge eine Menge von zweiter Kategorie sein; wenn ja, unter welchen Bedingungen?

5.8. Kompaktheit und Vollständigkeit

Wir sahen, daß jedes Kompaktum ein vollständiger Raum ist; schon früher (in 5.1.) war bewiesen worden, daß jedes Kompaktum total-beschränkt ist. Wir wollen

[1]) Dies wurde erstmals (für separable metrische Räume) von P. S. Alexandroff [1] bewiesen. Hausdorff befreite diesen Satz von der Voraussetzung der Separabilität. Ein Beweis findet sich auch in dem Buch von Kuratowski [1].

jetzt den umgekehrten Satz beweisen: Jeder total-beschränkte vollständige metrische Raum ist ein Kompaktum. Damit ist dann folgender Satz bewiesen:

Theorem 28. *Ein metrischer Raum ist genau dann ein Kompaktum, wenn er vollständig und total-beschränkt ist.*

Es genügt zu zeigen, daß man aus jeder Folge von Punkten

$$x_1, x_2, \ldots, x_n, \ldots \tag{1}$$

eines total-beschränkten Raumes X eine Fundamentalfolge aussondern kann. Ist nämlich diese Behauptung bewiesen, so können wir aus jeder Folge (1) eines total-beschränkten vollständigen Raumes X eine Fundamentalfolge, d. h. aber (wegen der Vollständigkeit des Raumes X) eine konvergente Folge auswählen; also ist X ein Kompaktum.

Es sei also eine Folge (1) gegeben. Wir beweisen zunächst, daß sich für jedes $\varepsilon > 0$ aus der Folge (1) eine unendliche Teilfolge von einem Durchmesser $< \varepsilon$ aussondern läßt.

Der Beweis ist nicht weiter schwierig: Aus der Totalbeschränktheit des Raumes X folgt (Hilfssatz zu Theorem 7 in 5.1.), daß es möglich ist, X als Vereinigung endlich vieler Mengen von einem Durchmesser $< \varepsilon$ darzustellen. Wenigstens eine dieser Mengen enthält eine unendliche Teilfolge der Folge (1), und der Durchmesser dieser Teilfolge ist offenbar $< \varepsilon$.

Auf Grund dessen können wir aus der Folge (1) eine Teilfolge

$$x_{n_1}, x_{n_2}, \ldots, x_{n_k}, \ldots \tag{1_1}$$

von einem Durchmesser < 1 aussondern; ferner aus der Folge (1_1) eine Teilfolge

$$x_{n_{k_1}}, x_{n_{k_2}}, \ldots, x_{n_{k_l}}, \ldots \tag{1_2}$$

von einem Durchmesser $< \frac{1}{2}$, aus der Folge (1_2) eine Teilfolge (1_3) von einem Durchmesser $< \frac{1}{3}$ usw. Die „Diagonalfolge"

$$x_{n_1}, x_{n_{k_2}}, \ldots^{1)} \tag{2}$$

besitzt die Eigenschaft, daß ihre Glieder vom m-ten an eine Teilfolge der Folge (1_m) bilden, die einen Durchmesser $< \frac{1}{m}$ hat. Hieraus folgt, daß die Teilfolge (2) der Folge (1) eine Fundamentalfolge ist.

Bemerkung 1. Beim Beweis von Theorem 2 in 5.1. zeigten wir: In jedem nicht total-beschränkten Raum existiert eine unendliche Folge (1) derart, daß der Abstand je zweier ihrer Elemente stets größer als ein gewisses $\varepsilon > 0$ ist. Eine Folge (1) mit dieser Eigenschaft kann offenbar keine Fundamentalfolge enthalten; daher gilt

[1]) Das dritte Glied dieser Folge ist x mit dem Index $n_{k_{l_3}}$ usw.

Theorem 30. *Ein metrischer Raum ist genau dann total-beschränkt, wenn man aus jeder unendlichen Folge von Punkten dieses Raumes eine Fundamentalfolge auswählen kann.*

Bemerkung 2. Mit Hilfe von Theorem 29 kann man leicht die Kompaktheit des Hilbertschen Fundamentalquaders Q (vgl. 4.6.) beweisen. Da Q, wie man leicht sieht, eine abgeschlossene Menge im Hilbertschen Raum und infolgedessen ein vollständiger Raum ist, genügt es zu zeigen, daß Q total-beschränkt ist, d. h. für jedes $\varepsilon > 0$ ein ε-Netz enthält. Gegeben sei $\varepsilon > 0$. Wir wählen n so groß, daß $\frac{1}{2^{n-1}} < \varepsilon$ wird, und untersuchen das in Q liegende euklidische n-dimensionale Parallelepiped Q^n, das aus allen Punkten $x = (x_1, x_2, \ldots, x_n, \ldots) \in Q$ besteht, die der Bedingung $x_{n+1} = x_{n+2} = \cdots = 0$ genügen. Offenbar hat ein Punkt $x' = (x_1, x_2, \ldots, x_n, 0, 0 \ldots) \in Q^n$ von jedem Punkt $x = (x_1, x_2, \ldots, x_n, \ldots) \in Q$ einen Abstand

$$\sqrt{\sum_{k=n+1}^{\infty}\left(\frac{1}{2^k}\right)^2} < \sqrt{\sum_{k=2n+1}^{\infty}\frac{1}{2^k}} = \frac{1}{2^n} < \frac{\varepsilon}{2}.$$

Hieraus folgt, daß jedes $\frac{\varepsilon}{2}$-Netz in Q^n gleichzeitig ε-Netz in Q ist, womit die Totalbeschränktheit des Raumes Q bewiesen ist.

5.9. Mengen in kompakten metrischen Räumen, die gleichzeitig Mengen vom Typ F_σ und G_δ sind

Es sei X ein metrischer Raum mit einer abzählbaren Basis. Wie wir bereits feststellten, ist die Menge Γ aller Punkte lokaler Kompaktheit des Raumes X offen in X (und lokalkompakt). In Verallgemeinerung dieses Ergebnisses beweisen wir jetzt den

Satz 1. ***Es sei M irgendeine in einem metrischen Raum X gelegene Menge. Wir betrachten M als Raum und bezeichnen die Menge aller Punkte, in denen M kompakt ist, mit Γ. Die Menge Γ ist in der abgeschlossenen Hülle $A = [M]_X$ der Menge M offen.*** (Setzt man $M = X$, so erhält man die erste Behauptung von Theorem 1 in 5.1.)

Beweis. Wir wählen einen beliebigen Punkt $x \in \Gamma$ und bezeichnen mit $U = Ux$ eine Umgebung des Punktes x (bezüglich M), deren abgeschlossene Hülle $[U]$ in M ein Kompaktum ist. Da $[U]$ ein Kompaktum ist, muß es in jedem umfassenden metrischen Raum, insbesondere in A, abgeschlossen sein. Daher ist $[U]$ die abgeschlossene Hülle der Menge U nicht nur in M, sondern auch in A. Wir zeigen, daß U in A offen ist. Damit haben wir dann bewiesen, daß jeder Punkt $x \in \Gamma$ innerer Punkt (bezüglich A), also Γ in A offen ist. Zum Nachweis der Tatsache, daß U in A offen ist, genügt es, folgende Identität zu beweisen:

$$[A \setminus U]_A \cap U = \emptyset.$$

Nun ist aber

$$A \setminus U = (A \setminus [U]) \cup ([U] \setminus U).$$

Die Menge $[U] \setminus U$ ist ein Kompaktum und stimmt daher mit ihrer abgeschlossenen Hülle in jedem umfassenden Raum, unter anderem auch in A, überein. Daher ist $[[U] \setminus U]_A$

$= [U] \setminus U$, und diese Menge hat mit U keine gemeinsamen Punkte. Es bleibt zu zeigen, daß

$$[A \setminus [U]]_A \cap U = \emptyset$$

ist. Nun ist aber $A \setminus [U]$ in A offen, und M ist überall dicht in A. Daher ist $A \cap (A \setminus [U]) = M \setminus [U]$ dicht in $A \setminus [U]$, das bedeutet

$$[A \setminus [U]]_A = [M \setminus [U]]_A. \tag{1}$$

Wir beweisen, daß

$$[M \setminus [U]]_A \cap U = [M \setminus [U]]_M \cap U \tag{2}$$

ist. Die rechte Seite der Gleichung ist offenbar in der linken Seite enthalten. Jeder Punkt der linken Seite gehört zu U; als Berührungspunkt der Menge $M \setminus [U]$ gehört er erst recht zu M, ist also in der rechten Seite der Gleichung enthalten, womit die Identität (2) bewiesen ist. Da $M \setminus [U]$ und U disjunkte, in M offene Mengen sind, ist $[M \setminus [U]]_M \cap U = \emptyset$; das bedeutet [wegen (1) und (2)] $[A \setminus [U]]_A \cap U = \emptyset$, womit der Satz bewiesen ist.

Wir setzen jetzt $X_0 = X$, $\Gamma_0 = \Gamma$ und nehmen an, daß wir für alle Ordnungszahlen ξ, die kleiner als eine gegebene Ordnungszahl α sind, bereits in X abgeschlossene Mengen X_ξ konstruiert hätten. Ist α eine Ordnungszahl erster Art, $\alpha = \alpha' + 1$, so bezeichnen wir die in $X_{\alpha'}$ offene Menge aller Punkte lokaler Kompaktheit des Raumes $X_{\alpha'}$ mit $\Gamma_{\alpha'}$ und setzen $X_\alpha = X_{\alpha'} \setminus \Gamma_{\alpha'}$. Ist α eine Ordnungszahl zweiter Art, so setzen wir

$$X_\alpha = \bigcap_{\alpha' < \alpha} X_{\alpha'}.$$

Läßt man α alle Ordnungszahlen $< \omega_1$ durchlaufen, so erhält man ein wohlgeordnetes System abnehmender abgeschlossener Mengen X_α; eine solche Menge X_α nennt man *Residuum der Ordnung α des Raumes X.*

Nach dem Satz von BAIRE-HAUSDORFF (vgl. 4.7., Theorem 31) gibt es eine erste Ordnungszahl $\varrho < \omega_1$, für die $X_\varrho = X_{\varrho+1}$ und dann offenbar auch $X_\varrho = X_{\varrho+1} = X_{\varrho+2} = \cdots$ ist. Die Menge X_ϱ (die erste in der Folge $\{X_\alpha\}$, von der an die Glieder übereinstimmen) nennt man *kleinstes Residuum* des Raumes X. Ist dieses kleinste Residuum leer, so heißt der Raum X *reduzibel* und die entsprechende Ordnungszahl ϱ *Klasse der Reduzibilität* (oder einfach *Klasse*) des Raumes X. Offenbar ist jeder metrische Raum, der einem reduziblen Raum homöomorph ist, selbst reduzibel (die Klasse der reduziblen Räume ist topologisch invariant). Es ist auch klar, daß zwei homöomorphe reduzible Räume ein und derselben Klasse angehören.

Theorem 31. *Eine in einem Kompaktum Φ gelegene Menge M ist genau dann zugleich vom Typ F_σ und vom Typ G_δ, wenn der Raum M reduzibel ist.*

Hieraus und aus der eben gemachten Bemerkung über die topologische Invarianz der Klasse der reduziblen Räume ergibt sich:

Folgerung 1. *Es sei X ein metrischer Raum mit abzählbarer Basis, M ein topologisches Bild des Raumes X in irgendeinem Kompaktum Φ* (z. B. *im Hilbertschen Fundamentalquader*). *Dann ist M in Φ genau dann gleichzeitig vom Typ F_σ und vom Typ G_δ, wenn X reduzibel ist.*

Folgerung 2. *Sind A und A' zwei einander homöomorphe Mengen, die in Kompakta Φ bzw. Φ' gelegen sind, und ist A im Raum Φ eine Menge vom Typ F_σ und G_δ, so besitzt die Menge A' bezüglich des Raumes Φ' dieselbe Eigenschaft* (Satz von der topologischen Invarianz von Mengen, die in Kompakta gleichzeitig Mengen vom Typ F_σ und G_δ sind).

Beweis von Theorem 31. Wir führen einen Hilfsbegriff ein. Unter einer Kettendarstellung einer in irgendeinem Raum X gelegenen Menge M verstehen wir jede Darstellung der Form

$$M = \bigcup_{\xi < \alpha} (P_\xi \setminus Q_\xi),$$

wobei ξ alle Ordnungszahlen durchläuft, die kleiner sind als eine gewisse Ordnungszahl $\alpha < \omega_1$, und P_ξ, Q_ξ abgeschlossene Mengen des Raumes X sind, die auf folgende Weise eine Kette von Inklusionen bilden:

$$P_0 \supseteqq Q_0 \supseteqq P_1 \supseteqq Q_1 \supseteqq \cdots \supseteqq P_\xi \supseteqq Q_\xi \supseteqq P_{\xi+1} \supseteqq Q_{\xi+1} \supseteqq \cdots. \tag{3}$$

Wir bezeichnen die Eigenschaft irgendeiner in einem gegebenen Kompaktum Φ gelegenen Menge M, reduzibel zu sein, als Eigenschaft I; die Eigenschaft einer Menge M, eine Kettendarstellung zu besitzen, als Eigenschaft II; schließlich werde die Eigenschaft einer Menge M, gleichzeitig eine Menge vom Typ F_σ und vom Typ G_δ (in Φ) zu sein, mit III bezeichnet. Durch einen Pfeil deuten wir an, daß eine Eigenschaft aus einer anderen logisch folgt. Wir beweisen den Satz nach folgendem Schema:

$$\mathrm{I} \to \mathrm{II} \to \mathrm{III} \to \mathrm{I}.$$

Beweis der Beziehung I $\to$ II. M sei reduzibel. Dann gilt

$$\left.\begin{aligned} &M = M_0 \supset M_1 \supset \cdots \supset M_\alpha \supset \cdots \supset M_\varrho = \emptyset, \\ &\Gamma_\alpha = M_\alpha \setminus M_{\alpha+1} \end{aligned}\right\} \tag{4}$$

(wobei Γ_α aus allen Punkten besteht, in denen M_α lokalkompakt ist) und

$$M = \bigcup_{\alpha<\varrho} \Gamma_\alpha. \tag{5}$$

Nach Satz 1 ist Γ_α offen in $[M_\alpha]$ (abgeschlossene Hülle in Φ); daher ist $\Phi_{\alpha+1} = [M_\alpha] \setminus \Gamma_\alpha$ abgeschlossen in $[M_\alpha]$ und folglich auch in Φ, und es gilt

$$\Gamma_\alpha = [M_\alpha] \setminus \Phi_{\alpha+1}. \tag{6}$$

Da

$$\Gamma_\alpha = M_\alpha \setminus M_{\alpha+1}$$

und $M_\alpha \subseteqq [M_\alpha]$ ist, folgt $M_{\alpha+1} \subseteqq \Phi_{\alpha+1}$ und somit auch $[M_{\alpha+1}] \subseteqq \Phi_{\alpha+1}$, also

$$[M_\alpha] \supset \Phi_{\alpha+1} \setminus [M_{\alpha+1}]. \tag{7}$$

Die Kompakta $\Phi_{\alpha+1}$ sind für alle Ordnungszahlen der Gestalt $\alpha + 1 < \varrho$ definiert; für transfinite Zahlen λ zweiter Art (Limeszahlen) setzen wir

$$\Phi_\lambda = [M_\lambda] \subseteqq \bigcap_{\alpha<\lambda} [M_\alpha] = \bigcap_{\alpha+1<\lambda} \Phi_{\alpha+1}.$$

Es gilt also

$$M = \bigcup_{\alpha<\varrho} \Gamma_\alpha = \bigcup_{\alpha<\varrho} ([M_\alpha] \setminus \Phi_\alpha);$$

daraus folgt, daß M die Eigenschaft II besitzt.

Beweis der Beziehung II $\to$ III. Es sei

$$M = \bigcap_{1\leqq\xi<\alpha} (P_\xi \setminus Q_\xi),$$

d. h.

$$M = (P_1 \setminus Q_1) \cup (P_2 \setminus Q_2) \cup \cdots \cup (P_\xi \setminus Q_\xi) \cup \cdots,$$

(wobei angenommen wird, daß man mit den Mengen P_ξ, Q_ξ eine Kette (3) bilden kann[1]). Jeder Summand $P_\xi \setminus Q_\xi$ ist als offene Menge des metrischen Raumes P_ξ vom Typ F_σ (in Φ),

---

[1]) Wie man sich leicht überzeugt, kann man dabei o. B. d. A. annehmen, daß für jede transfinite Zahl λ zweiter Art (Limeszahl) $P_\lambda = \bigcap_{\xi<\lambda} P_\xi$ gilt. Wir wollen auch diese Bedingung als erfüllt ansehen.

folglich ist auch M vom Typ F_σ (in Φ). Setzen wir $Q_0 = X$, so gilt

$$X \setminus M = (Q_0 \setminus P_1) \cup (Q_1 \setminus P_2) \cup \cdots \cup (Q_\xi \setminus P_{\xi+1}) \cup \cdots = \bigcap_{\xi<\alpha} (Q_\xi \setminus P_{\xi+1}),$$

d. h., auch $X \setminus M$ besitzt die Eigenschaft II und ist somit nach dem eben Bewiesenen vom Typ F_σ. Da $X \setminus M$ vom Typ F_α ist, muß M (da es vom Typ F_α ist) zugleich auch vom Typ G_δ sein. Damit ist die Behauptung bewiesen.

Beweis der Beziehung III → I. Die Menge M sei im Kompaktum Φ gleichzeitig vom Typ F_σ und vom Typ G_δ; wir betrachten das System aller Residuen M_α der Menge M, $M_\alpha \setminus M_{\alpha+1} = \Gamma_\alpha$. Es ist zu zeigen, daß das kleinste Residuum M_ϱ die leere Menge ist. Wir führen den Beweis indirekt und beweisen zunächst zwei Hilfssätze.

Hilfssatz 1. *Ist N sowohl vom Typ F_σ als auch vom Typ G_δ im metrischen Raum X und ist F abgeschlossen in N, so ist auch F gleichzeitig vom Typ F_σ und vom Typ G_δ in X.*

Da nämlich $N = \bigcap_{n=1}^{\infty} A_n$ gilt, wobei A_n in X und auch F in N abgeschlossen ist, existiert wegen der Abgeschlossenheit von F in N eine in X abgeschlossene Menge A derart, daß

$$F = A \cap N = \bigcap_{n=1}^{\infty} (A_n \cap A)$$

ist; da die Mengen $A_n \cap A$ in X abgeschlossen sind, ist F vom Typ F_σ in X. Andererseits muß A, da es in X abgeschlossen ist, vom Typ G_δ in X sein. Folglich gibt es in X offene Mengen G_n derart, daß $A = \bigcap_{n=1}^{\infty} G_n$ ist. Nun muß aber auch N — als Menge vom Typ G_δ in X — Durchschnitt von abzählbar vielen in X offenen Mengen Γ_m sein. Daher gilt

$$F = A \cap N = \left(\bigcap_n G_n\right) \cap \left(\bigcap_m \Gamma_m\right);$$

hieraus folgt, daß F vom Typ G_δ in X ist.

Hilfssatz 2. *Ist N in X gleichzeitig vom Typ F_σ und vom Typ G_δ, ferner $X \supseteqq E \supseteqq N$, so ist N gleichzeitig vom Typ F_σ und vom Typ G_δ in E.*

Laut Voraussetzung ist nämlich $N = \bigcap_n G_n = \bigcup_m A_n$, wobei die A_n abgeschlossen und die G_n offen in X sind. Wegen $N \subseteqq E$ gilt

$$N = E \cap N = \bigcap_n (E \cap G_n) = \bigcup_n (E \cap A_n);$$

daraus geht hervor, daß N vom Typ G_δ und vom Typ F_σ in E ist.

Wir wenden uns jetzt der Betrachtung des kleinsten Residuums M_ϱ der Menge M zu und nehmen an, es sei $M_\varrho \neq \emptyset$. Da M_ϱ in M abgeschlossen und M vom Typ F_σ und vom Typ G_δ in Φ ist, muß M_ϱ nach Hilfssatz 1 gleichzeitig vom Typ F_σ und vom Typ G_δ in Φ sein. Wir setzen

$$B = [M_\varrho] \setminus M_\varrho$$

(wenn nichts Gegenteiliges gesagt ist, wird in diesem Beweis stets die abgeschlossene Hülle bezüglich Φ genommen). Wir behaupten nun

$$M_\varrho \subseteqq [B]. \tag{8}$$

Dazu bemerken wir, daß die Menge M_ϱ als kleinstes Residuum der Menge M keinen einzigen Punkt lokaler Kompaktheit besitzt (sonst wäre die Menge Γ_ϱ nicht leer und es wäre $M_{\varrho+1} = (M_\varrho \setminus \Gamma_\varrho) \subset M_\varrho$). Wäre die Inklusion (8) nicht richtig, so gäbe es einen Punkt $x \in M_\varrho$, der kein Häufungspunkt von $B = [M_\varrho] \setminus M_\varrho$ und infolgedessen innerer Punkt von M_ϱ bezüglich des Kompaktums $\Phi_\varrho = [M_\varrho]$ wäre. Wir könnten also eine Umgebung Ux derart wählen, daß die abgeschlossene Hülle dieser Umgebung (bezüglich Φ_ϱ) in M_ϱ läge. Dann wäre aber x ein Punkt lokaler Kompaktheit der Menge M_ϱ im Gegensatz zur Voraussetzung. Schreiben wir die offensichtliche Gleichung

$$[[M_\varrho] \setminus M_\varrho] \setminus ([M_\varrho] \setminus M_\varrho) = M_\varrho \cap [[M_\varrho] \setminus M_\varrho]$$

in der Form

$$[B] \setminus B = M_\varrho \cap [B]$$

und nutzen die Inklusion (8) aus, so finden wir

$$[B] \setminus B = M_\varrho,$$

d. h. $[B] \supset M_\varrho$, $[B] \supseteqq [M_\varrho]$. Andererseits gilt offenbar $[B] \subseteqq [M_\varrho]$. Somit ergibt sich $[B] = [M_\varrho]$. Anders ausgedrückt sind die bezüglich des Kompaktums $[M_\varrho]$ zueinander komplementären Mengen M_ϱ und B beide überall dicht in dem Kompaktum $[M_\varrho]$. Dann können aber diese beiden Mengen nicht gleichzeitig Mengen vom Typ G_δ in $[M_\varrho]$ sein; da die Menge M_ϱ gleichzeitig F_σ und G_δ in Φ ist, ist sie dies nach Hilfssatz 2 auch in der abgeschlossenen Menge $[M_\varrho]$, woraus folgt, daß $B = [M_\varrho] \setminus M_\varrho$ in $[M_\varrho]$ ebenfalls vom Typ G_δ ist. Theorem 31 ist damit vollständig bewiesen.

Bemerkung. Man kann eine reduzible Menge konstruieren (sogar aus rationalen Zahlen), deren Klasse gleich einer beliebig vorgegebenen Ordnungszahl $\alpha < \omega_1$ ist. Dazu nimmt man irgendeine abgeschlossene wohlgeordnete Menge M, die aus rationalen Zahlen des Segments $[0; 1]$ besteht, und zwar so, daß ihre α-te Ableitung (vgl. 4.7., S. 150) nur aus einem Punkt besteht. Man überzeugt sich leicht davon, daß für jedes $\alpha < \omega_1$ derartige Mengen existieren. Wir bezeichnen die Ableitung der Ordnung ξ der Menge M mit $M^{(\xi)}$ und setzen[1])

$$N = (M \setminus M^{(1)}) \cup (M^{(2)} \setminus M^{(3)}) \cup \cdots \cup (M^{(2\lambda)} \setminus M^{(2\lambda+1)}) \cup \cdots$$

(mit $\lambda < \alpha$). Dem Leser sei überlassen zu zeigen, daß

$$N_\xi = (M^{(2\xi)} \setminus M^{(2\xi+1)}) \cup (M^{(2\xi+2)} \setminus M^{(2\xi+3)}) \cup \cdots$$

ist, woraus folgt, daß die Klasse der Menge N gleich α ist.

Theorem 32. *Ein metrischer Raum mit abzählbarer Basis ist genau dann reduzibel, wenn jede nichtleere in R abgeschlossene Menge wenigstens einen Punkt lokaler Kompaktheit besitzt.*

Die Bedingung ist notwendig. Es sei X reduzibel und A eine nichtleere, in X abgeschlossene Menge. Wir betrachten das wohlgeordnete System aller Residuen X_α, $\alpha < \varrho$, des Raumes X. Da $\bigcap\limits_{\alpha \leqq \varrho} X_\alpha = \emptyset$ ist, gibt es für jeden Punkt $x \in X$ eine kleinste Ordnungszahl $\alpha(x)$ derart, daß x nicht in $X_{\alpha(x)}$ enthalten ist. Offenbar ist $\alpha(x)$ von erster Art. Es sei $\alpha_0 = \alpha(x_0) = \gamma + 1$ die kleinste unter allen Zahlen $\alpha(x)$ für alle möglichen $x \in A$. Dann ist $A \subseteqq X_\gamma$. Da x_0 nicht in $X_{\gamma+1}$ enthalten ist, muß x_0 ein Punkt lokaler Kompaktheit des Raumes X_γ und folglich auch der in diesem Raum abgeschlossenen Menge A sein.

Die Bedingung ist hinreichend. Da das kleinste Residuum X_ϱ des Raumes X eine abgeschlossene Menge ist, die keine Punkte lokaler Kompaktheit enthält, folgt aus unserer Bedingung $X_\varrho = \emptyset$, womit der Satz bewiesen ist.

Aus den eben erhaltenen Ergebnissen leiten wir folgenden Satz her:

---

[1]) Unter allen Ordnungszahlen $\alpha < \omega_1$ sind „gerade" (d. h. in der Form $\alpha = 2\eta$, wobei η irgendeine Ordnungszahl $< \omega_1$ ist, darstellbar) alle Zahlen λ zweiter Art, $\lambda < \omega_1$, ferner alle Zahlen erster Art der Form $\lambda + 2n$, wobei λ eine Zahl zweiter Art, $\lambda < \omega_1$, und n eine natürliche Zahl ist. Es ist nämlich

$$\lambda = 2\lambda, \quad \lambda + 2n = 2(\lambda + n).$$

Theorem 33. *Eine abzählbare in einem Kompaktum Φ gelegene Menge M ist genau dann vom Typ G_δ in Φ, wenn M keine nichtleere in sich dichte Teilmenge enthält.*

M enthalte keine nichtleere, in sich dichte Teilmenge; dann enthält jede nichtleere Teilmenge der Menge M isolierte Punkte, die offensichtlich Punkte lokaler Kompaktheit sind. Daher ist nach Theorem 32 die Menge M reduzibel und somit nach Theorem 31 eine Menge vom Typ G_δ.

Ist umgekehrt die abzählbare Menge M eine Menge vom Typ G_δ in Φ, so ist sie (wie jede abzählbare Menge) auch vom Typ F_σ und damit reduzibel. Es sei jetzt A eine in sich dichte Teilmenge der Menge M; angenommen, A sei nicht leer. Da die abgeschlossene Hülle der Menge A in M ebenfalls in sich dicht ist, kann man von vornherein annehmen, daß A in M abgeschlossen ist. Die Menge M ist reduzibel, also enthält A einen Punkt x_0 lokaler Kompaktheit. Es sei $Ux_0 = \Gamma$ eine Umgebung des Punktes x_0 mit kompakter abgeschlossener Hülle $[\Gamma]_M$. Da Γ (als offene Teilmenge der in sich dichten Menge A) in sich dicht ist, enthält auch das Kompaktum $[\Gamma]_M$ keine isolierten Punkte und hat daher die Mächtigkeit des Kontinuums, im Widerspruch dazu, daß $[\Gamma]_M$ Teilmenge der abzählbaren Menge M ist. Damit ist Theorem 33 bewiesen.

6. Bedingungen für den Kompaktheitstyp und Metrisation topologischer Räume

6.1. Bikompakte Räume

In 5.1., Theorem 8, wurde gezeigt, daß die Kompaktheit eines metrischen Raumes vollkommen dadurch charakterisiert wird, daß für den gegebenen Raum der Borel-Lebesguesche Satz gilt. Mit anderen Worten, man kann mit der Eigenschaft, die durch diesen Satz ausgedrückt wird, die Kompaktheit eines metrischen Raumes definieren. Übertragen wir diese Eigenschaft auf topologische Räume, so ergibt sich die folgende grundlegende

Definition 1. Ein topologischer Raum X heißt *bikompakt*, wenn jede offene Überdeckung dieses Raumes eine endliche Teilüberdeckung enthält.

Theorem 8 aus 5.1. kann jetzt folgendermaßen formuliert werden: *Für metrische Räume stimmt der Begriff der Bikompaktheit mit dem Begriff der Kompaktheit überein.*

Ein topologischer Raum X heißt *kompakt*, wenn in ihm jede unendliche Menge wenigstens einen Häufungspunkt besitzt.[1]

Bemerkung 1. Aus der Kompaktheit eines topologischen Raumes X folgt im allgemeinen nicht, daß jede unendliche Folge von Punkten des Raumes X eine konvergente Teilfolge enthält: Es gibt Beispiele kompakter (und bikompakter) Hausdorffscher Räume, in denen es keine einzige nicht-stationäre konvergente Folge gibt (vgl. 6.4.).

Wir beweisen nun, daß die Kompaktheit[2] eines topologischen Raumes X jeder der folgenden Eigenschaften äquivalent ist:

b) Jede abnehmende Folge nichtleerer abgeschlossener Mengen

$$\Phi_0 \supseteqq \Phi_1 \supseteqq \cdots \supseteqq \Phi_n \supseteqq \cdots \tag{1}$$

des Raumes X hat einen nichtleeren Durchschnitt.

---

[1]) Viele Autoren nennen topologische Räume, die in unserem Sinne bikompakt sind, *kompakt*. Diese Terminologie ist dadurch berechtigt, daß das Analogon für kompakte metrische Räume bei den topologischen Räumen tatsächlich die bikompakten Räume sind. In diesem Buch jedoch benutzen wir die historisch entstandene Terminologie (vgl. die Bemerkung 2 zu Theorem 2).

[2]) In dieser Nomenklatur bezeichnet man als Eigenschaft a) zweckmäßig die Eigenschaft der Kompaktheit selbst.

c) Jedes aus höchstens abzählbar vielen offenen Mengen bestehende Überdeckungssystem des Raumes X enthält ein endliches Überdeckungssystem.

Wir beweisen zunächst, daß jeder kompakte topologische Raum die Eigenschaft b) besitzt. Gegeben sei eine Folge (1) nichtleerer abgeschlossener Mengen. Stimmen alle Mengen (1) von einem gewissen Index, etwa von m an, überein, so ist $\bigcap_{n=0}^{\infty} \Phi_n = \Phi_m$. Gibt es kein solches m, so kann man leicht aus der Folge (1) eine unendliche Teilfolge aussondern, deren Glieder alle verschieden sind. Wir nehmen an, diese Auswahl sei bereits getroffen und alle Φ_n in (1) seien verschieden; dann können wir zu jedem n einen Punkt $x_n \in \Phi_n \setminus \Phi_{n+1}$ wählen. Die so erhaltene unendliche Menge $M = \{x_n\}$ hat nach Voraussetzung einen Häufungspunkt ξ. Der Punkt ξ gehört allen Φ_n an; würde er nämlich einer Menge, etwa der Menge Φ_m, nicht angehören, so enthielte die Umgebung $X \setminus \Phi_m$ des Punktes ξ nur die ersten m der Punkte x_n im Widerspruch dazu, daß ξ Häufungspunkt der Menge M sein sollte.

Ist umgekehrt der Raum X nicht kompakt, so gibt es in ihm eine unendliche Menge M, die keinen Häufungspunkt besitzt. Wir nehmen eine abzählbare Teilmenge $M_0 \subseteqq M$, die aus den Punkten

$$x_0, x_1, \ldots, x_n, \ldots$$

besteht, setzen $\Phi_n = [M_n]$, $M_n = \{x_n, x_{n+1}, \ldots\}$ und erhalten damit eine abnehmende Folge abgeschlossener Mengen Φ_n mit leerem Durchschnitt. Gäbe es nämlich einen Punkt $x \in \bigcap_{n=1}^{\infty} \Phi_n$, so würde jede Umgebung des Punktes x alle Mengen M_n schneiden und enthielte folglich eine unendliche Anzahl von Punkten der Menge $M_0 = \{x_0, x_1, \ldots\}$, d. h., x wäre Häufungspunkt der Menge M_0, was einen Widerspruch darstellt. Somit ist die Kompaktheitseigenschaft (Eigenschaft a)) der Eigenschaft b) äquivalent.

Wir beweisen jetzt, daß die Eigenschaften b) und c) einander äquivalent sind. Es sei die Eigenschaft b) erfüllt. Wir betrachten irgendein Überdeckungssystem Σ des Raumes X, das aus den abzählbar vielen offenen Mengen

$$G_0, G_1, \ldots, G_n, \ldots \tag{2}$$

besteht, und setzen $\Gamma_n = G_0 \cup \cdots \cup G_n$, $\Phi_n = X \setminus \Gamma_n$. Die Mengen Φ_n bilden eine abzählbare abnehmende Folge abgeschlossener Mengen (1) mit leerem Durchschnitt. Daher gibt es unter den Mengen Φ_n leere Mengen; es sei etwa $\Phi_m = \emptyset$. Dann ist $\Gamma_m = G_0 \cup \cdots \cup G_m = X$ und $\{G_0, \ldots, G_m\}$ das gesuchte Teilsystem (2). Jetzt sei b) nicht erfüllt, es existiere also eine gewisse Folge (1) nichtleerer abgeschlossener Mengen Φ_n mit leerem Durchschnitt. Setzen wir $G_n = X \setminus \Phi_n$, so überdeckt das System (2) den Raum X. Ist ein endliches Teilsystem $\{G_{n_1}, \ldots, G_{n_s}\}$ des Systems (2) gegeben und $n_1 < \cdots < n_s$, so gilt $G_{n_1} \subseteqq \cdots \subseteqq G_{n_s}$, also $G_{n_1} \cup \cdots \cup G_{n_s} = G_{n_s} \neq X$; die Bedingung c) ist also ebenfalls nicht erfüllt.

Aus dem eben Bewiesenen geht die erste Behauptung des folgenden Satzes hervor:

Theorem 1. *Jeder bikompakte topologische Raum ist kompakt. Für Räume mit abzählbarer Basis stimmen die Begriffe Bikompaktheit und Kompaktheit überein.*

Es bleibt zu zeigen, daß jeder kompakte topologische Raum X mit abzählbarer Basis bikompakt ist. Es sei $\Sigma = \{G_\sigma\}$ ein aus offenen Mengen des Raumes X bestehendes Überdeckungssystem von X. Nach dem zweiten Satz von LINDELÖF (vgl. 4.7.) kann man aus dem System Σ ein abzählbares Überdeckungssystem Σ_0 des Raumes X aussondern. Gemäß Bedingung c) (die wegen der Kompaktheit des Raumes X erfüllt ist) läßt sich aus Σ_0 ein endliches Überdeckungssystem Σ_1 auswählen, das auch ein endliches Teilsystem des Systems Σ ist.

Definition 2. Ein Punkt ξ eines topologischen Raumes X heißt *vollständiger Häufungspunkt*[1]) einer gegebenen Menge $M \subseteqq X$, wenn der Durchschnitt der Menge M mit jeder Umgebung des Punktes ξ stets dieselbe Mächtigkeit wie die Menge M hat.

Wir beweisen jetzt den folgenden grundlegenden Satz:

Theorem 2. *Die Bikompaktheit eines topologischen Raumes [diese Eigenschaft werde mit (C) bezeichnet] ist jeder der folgenden Eigenschaften äquivalent;*

Eigenschaft (A). *Jede unendliche Menge M besitzt im Raum X wenigstens einen vollständigen Häufungspunkt.*

Eigenschaft (B). *Jedes wohlgeordnete abnehmende System nichtleerer abgeschlossener Mengen*

$$\Phi_0 \supseteqq \Phi_1 \supseteqq \cdots \supseteqq \Phi_\alpha \supseteqq \cdots \tag{3}$$

des Raumes X hat einen nichtleeren Durchschnitt.

Beweis von Theorem 2. Ein System von Mengen heißt *zentriert*, wenn jeweils endlich viele Mengen dieses Systems einen nichtleeren Durchschnitt besitzen. Führt man diese Definition ein und bedenkt man, daß die offenen und die abgeschlossenen Mengen eines Raumes X zueinander komplementär sind, ferner, daß die Komplementärmenge der Vereinigung von Mengen der Durchschnitt der Komplementärmengen dieser Mengen und die Komplementärmenge des Durchschnitts von Mengen die Vereinigung der Komplementärmengen dieser Mengen ist, so überzeugt man sich ohne Mühe davon, daß die Eigenschaft (C) (d. h. die Bikompaktheit des Raumes X) der folgenden Eigenschaft äquivalent ist:

(C′) *Jedes zentrierte System abgeschlossener Mengen des Raumes X hat einen nichtleeren Durchschnitt.*

Daher genügt es zu beweisen:

$$(A) \to (B) \to (C'), \qquad (C) \to (A).$$

(Die Pfeile bedeuten logische Implikationen.)

Beweis der Beziehung (A) → (B). Gegeben sei ein wohlgeordnetes System nichtleerer abgeschlossener Mengen (3). Stimmen alle Elemente des Systems (3) von einem gewissen Φ_α an überein, so ist auch der Durchschnitt aller Elemente des Systems (3) gleich diesem Φ_α und daher nicht leer. Folgt in dem System (3) auf

---

[1]) Vgl. Math. Ann. **92** (1924), S. 258. (Anm. d. Red. d. deutschsprachigen Ausgabe.)

jedes Φ_α ein $\Phi_\beta \setminus \Phi_\alpha$, so läßt sich aus (3) leicht ein konfinales Teilsystem aussondern, das aus paarweise verschiedenen Mengen besteht. Der Übergang zu dem konfinalen Teilsystem sei bereits durchgeführt; wir können also annehmen, daß alle Φ_α verschieden sind. Unter dieser Voraussetzung läßt sich wieder ein Teilsystem des Systems (3) auswählen, das mit dem ganzen System konfinal ist und einen kleinstmöglichen Ordnungstypus hat. Wir können daher annehmen, daß das System (3) mit keinem Teilsystem konfinal ist, dessen Ordnungstypus kleiner ist als der Ordnungstypus des ganzen Systems (3). Der Ordnungstypus des Systems (3) ist dann eine Anfangszahl ω_τ (sogar eine reguläre). Somit können wir annehmen, daß das System (3) den Ordnungstypus ω_τ hat und aus paarweise verschiedenen Mengen besteht. Nunmehr wählen wir aus jeder der Mengen $\Phi_\alpha \setminus \Phi_{\alpha+1}$ je einen Punkt x_α aus. Die Menge M aller von uns ausgewählten Punkte x_α hat die Mächtigkeit $\aleph_\tau$. Es sei ξ ein vollständiger Häufungspunkt der Menge M. Der Punkt ξ ist im Durchschnitt aller Φ_α enthalten; wäre dies nicht der Fall, so dürfte er in wenigstens einer Menge Φ_β nicht enthalten sein. $X \setminus \Phi_\beta$ wäre dann eine Umgebung des Punktes ξ, die nur solche Punkte x_α enthält, für die $\alpha < \beta$ ist. Da aber der Ordnungstypus des Systems (3) eine Anfangszahl ω_τ ist, hat die Menge M_β der Punkte x_α, $\alpha < \beta$, eine Mächtigkeit, die kleiner ist als die Mächtigkeit $\aleph_\tau$ der ganzen Menge M. Dies widerspricht der Voraussetzung, daß ξ vollständiger Häufungspunkt der Menge M ist.

Beweis der Beziehung (B) $\to$ (C'). Wir nehmen (B) als richtig an und führen die Annahme, daß (C') nicht richtig sei, zum Widerspruch. Es sei $\aleph_\tau$ die kleinste (offenbar unendliche) Kardinalzahl, für die ein zentriertes System Σ der Mächtigkeit $\aleph_\tau$ existiert, das aus abgeschlossenen Mengen mit leerem Durchschnitt besteht. Wir stellen das System Σ als wohlgeordnetes System vom Typus ω_τ dar:

$$\Sigma = \{F_0, F_1, \ldots, F_\alpha, \ldots\}, \qquad \alpha < \omega_\tau .$$

Den Durchschnitt aller F_β, wobei $\beta < \alpha$ ist, bezeichnen wir mit Φ_α. Da die Mächtigkeit der Menge dieser F_β kleiner ist als $\aleph_\tau$, geht aus der Definition der Kardinalzahl $\aleph_\tau$ hervor, daß kein Φ_α mit $\alpha < \omega_\tau$ leer ist. Da die Mengen Φ_α ein absteigendes System bilden, ist ihr Durchschnitt, der offenbar mit dem Durchschnitt aller F_α übereinstimmt, nicht leer, im Widerspruch zur Definition des Systems Σ.

Beweis der Beziehung (C) $\to$ (A). Es ist zu zeigen: Ist (A) nicht richtig, so ist auch (C) nicht richtig. Ist aber (A) nicht richtig, so gibt es eine unendliche Menge M, die keinen vollständigen Häufungspunkt besitzt. Folglich besitzt jeder Punkt $x \in X$ eine Umgebung $U(x)$, die mit der Menge M eine Menge gemeinsam hat, deren Mächtigkeit kleiner ist als die Mächtigkeit der Menge M. Wir greifen für jeden Punkt $x \in X$ eine solche Umgebung $U(x)$ heraus und bezeichnen das erhaltene System offener Mengen mit Σ. Es sei

$$U_1, \ldots, U_s$$

irgendein endliches Teilsystem des Systems Σ. Da die Mächtigkeit jeder der Mengen $M \cap U_i$, $1 \leq i \leq s$, kleiner ist als die Mächtigkeit der ganzen Menge M und die Anzahl dieser Mengen endlich ist, kann ihre Vereinigung nicht gleich der ganzen

Menge M sein (auf Grund von 3.6., Theorem 24_0). Daher kann kein endliches Teilsystem des Systems Σ die ganze Menge M überdecken und erst recht nicht den ganzen Raum X, d. h., die Eigenschaft (C) ist im Raum X nicht erfüllt.

Unser Satz ist damit vollständig bewiesen.

Bemerkung 2. Da für abzählbare Mengen der Begriff des vollständigen Häufungspunktes mit dem Begriff des Häufungspunktes übereinstimmt und jede unendliche Menge eine abzählbare Teilmenge enthält, kann die Kompaktheit eines topologischen Raumes auch in folgender Form ausgedrückt werden:

Eigenschaft a): *Jede abzählbare Menge M besitzt wenigstens einen vollständigen Häufungspunkt.*

Kämen wir überein, in Anwendung auf topologische Räume die Benennung „bikompakt" durch die Benennung „kompakt" zu ersetzen, so wäre es angebracht, die (im üblichen Sinne) kompakten topologischen Räume „kompakt für die Mächtigkeit $\aleph_0$" zu nennen. In diesem Zusammenhang ergibt sich ganz naturgemäß der Begriff der (initialen) Kompaktheit bis zu einer gegebenen Mächtigkeit $\mathfrak{a} = \aleph_\alpha$ sowie der Begriff der (finalen) Kompaktheit von einer gegebenen Mächtigkeit $\mathfrak{a}$ an. Ein Raum X heißt initial kompakt bis zu einer gegebenen Mächtigkeit $\mathfrak{a} \geqq \aleph_0$, wenn jede offene Überdeckung von einer Mächtigkeit $\mathfrak{m} \leqq \mathfrak{a}$ eine endliche Teilüberdeckung des Raumes X enthält. Andererseits wird ein Raum X final kompakt von einer gegebenen Mächtigkeit $\mathfrak{a}$ an genannt, wenn jede offene Überdeckung des Raumes X mit einer Mächtigkeit $> \mathfrak{a}$ eine Teilüberdeckung des Raumes X von einer Mächtigkeit $\leqq \mathfrak{a}$ enthält.

Die initiale Kompaktheitsbedingung ist äquivalent zu zwei Bedingungen ($A_\mathfrak{a}$) und ($B_\mathfrak{a}$) die den Bedingungen (A) und (B) für die Bikompaktheit entsprechen.

Für die finale Kompaktheit gilt eine derartige Äquivalenz im allgemeinen nicht (vgl. MISTSCHENKO [1]).

Bikompakte Räume sind gleichzeitig initial kompakt bis zu jeder beliebigen Mächtigkeit und final kompakt von jeder Mächtigkeit an (daher die Benennung „bikompakt").

Bemerkung 3. Der Raum $W(\omega_1)$ aller Ordnungszahlen $< \omega_1$ ist kompakt: Jede unendliche Menge $M \subset W(\omega_1)$ enthält nämlich, wie man leicht sieht, eine abzählbare, echt wachsende Folge von Ordnungszahlen

$$\alpha_0, \alpha_1, \ldots, \alpha_n, \ldots.$$

Die erste Zahl, die größer ist als alle Elemente dieser Folge, ist ihr Grenzwert (vgl. 3.3.) und daher Häufungspunkt der Menge M. Der Raum $W(\omega_1)$ ist jedoch nicht bikompakt: Jedes Intervall der Form $(\alpha; \beta)$, $\alpha < \beta < \omega_1$, ist eine höchstens abzählbare Menge; daher hat keine überabzählbare Menge im Raum $W(\omega_1)$ vollständige Häufungspunkte. Im Gegensatz dazu ist der Raum $W(\omega_1 + 1)$ aller Ordnungszahlen $\leqq \omega_1$ bikompakt: Jede überabzählbare Menge dieses Raumes besitzt einen (einzigen) vollständigen Häufungspunkt; dieser Punkt ist der Punkt ω_1.

Unter den bikompakten topologischen Räumen sind die Hausdorffschen bikompakten Räume, die sogenannten *Bikompakta*[1]), besonders wichtig. Mit ihnen werden wir uns auch hauptsächlich beschäftigen. Dazu benötigen wir zwei Hilfssätze.

Hilfssatz 1. *Jede in einem bikompakten topologischen Raum X gelegene abgeschlossene Menge Φ ist ein bikompakter topologischer Raum (insbesondere ist jede abgeschlossene Menge, die in einem Bikompaktum liegt, ein Bikompaktum).*

---

[1]) Es ist also jeder bikompakte Raum kompakt (d. h., bikompakte Räume sind Spezialfälle von kompakten Räumen), aber Kompakta (d. h. kompakte metrische Räume) bilden einen Spezialfall der Bikompakta (d. h. der bikompakten Hausdorffschen Räume).

Jede unendliche Menge $M \subseteqq \Phi$ besitzt nämlich in X einen vollständigen Häufungspunkt ξ, der wegen der Abgeschlossenheit von Φ in Φ liegt, woraus die Bikompaktheit von Φ folgt.[1])

Hilfssatz 2. *Ist $M \subseteqq X$ ein bikompakter Raum, so enthält jedes System $\Sigma = \{\Gamma_\alpha\}$ in X offener Mengen, das M überdeckt, ein endliches Teilsystem Σ_0, das M ebenfalls überdeckt.*

Beweis. Das System $\sigma = \{M \cap \Gamma_\alpha\}$ enthält wegen der Bikompaktheit von M ein endliches Teilsystem $\sigma_0 = \{M \cap \Gamma_{\alpha_1}, \ldots, M \cap \Gamma_{\alpha_s}\}$, das M überdeckt; das Teilsystem $\Sigma_0 = \{\Gamma_{\alpha_1}, \ldots, \Gamma_{\alpha_s}\}$ des Systems Σ überdeckt erst recht M.

Theorem 3. *Jeder Hausdorffsche bikompakte Raum X ist normal.*

Beweis. Wir zeigen zunächst: Das Bikompaktum X ist ein regulärer Raum, d. h., zu jedem Punkt $x \in X$ und zu jeder diesen Punkt nicht enthaltenden abgeschlossenen Menge $B \subset X$ lassen sich disjunkte Umgebungen $U(x)$ und $U(B)$ finden. Dazu nehmen wir die disjunkten Umgebungen $U_y(x)$ und $U(y)$ des Punktes x und eines beliebigen Punktes $y \in B$. Durchläuft y die ganze Menge B, so überdecken die von uns ausgewählten $U(y)$ die Menge B. Aus den Hilfssätzen 1 und 2 folgt, daß es endlich viele dieser $U(y)$ gibt, etwa

$$U(y_1), \ldots, U(y_s),$$

die ebenfalls schon die ganze Menge B überdecken. Wir nehmen die ihnen entsprechenden $U_{y_1}(x), \ldots, U_{y_s}(x)$. Deren Durchschnitt $U(x)$ hat keine gemeinsamen Punkte mit der Vereinigung $U(B) = U(y_1) \cup \cdots \cup U(y_s)$.

Es seien jetzt A und B zwei disjunkte nichtleere abgeschlossene Mengen des Bikompaktums X. Zu jedem Punkt $x \in A$ nehmen wir ein Paar disjunkter Umgebungen $U(x)$ und $U_x(B)$ des Punktes x und der Menge B, die wegen der schon bewiesenen Regularität des Raumes X existieren. Wenn x die ganze Menge A durchläuft, überdecken die von uns ausgewählten $U(x)$ die Menge A. Es existiert also ein endliches System

$$U(x_1), \ldots, U(x_s)$$

dieser Mengen, das ebenfalls schon die Menge A überdeckt. Die Menge $U(A) = U(x_1) \cup \cdots \cup U(x_s)$ hat keine gemeinsamen Punkte mit dem Durchschnitt $U(B) = U_{x_1}(B) \cap \cdots \cap U_{x_s}(B)$. Somit haben die Mengen A und B disjunkte Umgebungen $U(A)$ und $U(B)$; damit ist der Satz bewiesen.

Es sei X jetzt ein kompakter Hausdorffscher Raum mit abzählbarer Basis. Nach Theorem 1 ist X bikompakt und nach dem eben Bewiesenen normal; als normaler Raum mit abzählbarer Basis ist X metrisierbar (vgl. 4.8., Erster Urysohnscher

---

[1]) Man kann natürlich diesen Satz auch aus der Eigenschaft (C) herleiten: Gegeben sei ein System Σ in Φ offener Mengen G_α; wir wählen eine in X offene Menge Γ_α so, daß $\Phi \cap \Gamma_\alpha = G_\alpha$ ist. Die Mengen Γ_α und die Menge $\Gamma = X \setminus \Phi$ bilden ein System Σ', das den ganzen Raum X überdeckt; wir nehmen ein endliches Teilsystem σ des Systems Σ, das ebenfalls X überdeckt. Die Durchschnitte der Elemente des Systems σ mit der Menge Φ bilden das gesuchte endliche Teilsystem des Systems Σ, das die Menge Φ überdeckt.

Metrisationssatz). Umgekehrt ist jeder kompakte metrisierbare Raum ein bikompakter Hausdorffscher Raum mit abzählbarer Basis.

Somit haben wir den folgenden Satz bewiesen:

Theorem 4 (Zweiter Urysohnscher Metrisationssatz). *Ein kompakter (insbesondere bikompakter) Hausdorffscher Raum ist genau dann metrisierbar, wenn er eine abzählbare Basis besitzt.*

Somit sind, vom topologischen Standpunkt betrachtet, Kompakta nichts anderes als Bikompakta mit abzählbarer Basis.

Bemerkung 4. Man muß beachten, daß (zum Unterschied von metrischen Räumen, wo die Existenz einer abzählbaren überall dichten Menge dem Vorhandensein einer abzählbaren Basis äquivalent ist) ein Bikompaktum, welches eine abzählbare überall dichte Menge enthält, keine abzählbare Basis zu besitzen braucht. Als Beispiel eines solchen Bikompaktums mag der in 4.4. betrachtete „Zwei-Pfeile"-Raum dienen. Eine geordnete Menge, auf der ein „Zwei-Pfeile"-Raum definiert ist, besitzt ein erstes und ein letztes Element. Alle ihre eigentlichen Schnitte sind offensichtlich Sprünge. Daher folgt die Bikompaktheit der „zwei Pfeile" aus dem am Schluß dieses Abschnitts angegebenen Bikompaktheitskriterium für geordnete Räume.

Bemerkung 5. Der folgende Satz stellt eine bedeutende Verschärfung der in Bemerkung 1 zu Theorem 4 in 5.1. getroffenen Aussage dar:

Theorem 5. *Ist eine in einem Hausdorffschen Raum X gelegene Menge Φ ein Bikompaktum, so ist Φ in X abgeschlossen.*

Wir beweisen jetzt eine wesentliche Verschärfung dieser Behauptung, wozu wir den Begriff der H-Abgeschlossenheit einführen. Ein Hausdorffscher Raum X wird *H-abgeschlossen* genannt, wenn X in jedem umfassenden (d. h. X als Teilraum enthaltenden) Hausdorffschen Raum $\overline{X}$ abgeschlossen ist. Man kann dies auch so formulieren: Ein Raum X ist H-abgeschlossen, wenn bei jeder topologischen Abbildung f des Raumes X in irgendeinen Hausdorffschen Raum $\overline{X}$ das Bild fX eine abgeschlossene Menge im Raum $\overline{X}$ ist. Wir wollen zeigen, daß man sich dabei auf solche Räume $\overline{X}$ beschränken kann, für die die Menge $\overline{X} \setminus X$ nur aus einem Punkt ξ besteht.

Ist X eine nichtabgeschlossene Menge des Hausdorffschen Raumes $\overline{X}$, so werde mit ξ ein beliebiger Punkt der Menge $\overline{X} \setminus X$ bezeichnet, der in $\overline{X}$ Häufungspunkt für die Menge X ist. Die Menge X ist dann in dem Raum $X \cup \xi$ (aufgefaßt als Teilraum des Raumes $\overline{X}$) nicht abgeschlossen. Jeder solche Raum wird eine *einpunktige* (nichttriviale) *Erweiterung* des Raumes X genannt. Die H-abgeschlossenen Räume können also als Hausdorffsche Räume mit der Eigenschaft definiert werden, keine nichttrivialen einpunktigen Hausdorffschen Erweiterungen zu besitzen.

Theorem 6. *Ein Hausdorffscher Raum X ist genau dann H-abgeschlossen, wenn im Raum X die folgende Bedingung erfüllt ist:*

Bedingung (A): *In jeder offenen Überdeckung* $\omega = \{G\}$ *des Raumes* X *gibt es eine endliche Anzahl von Elementen* $G_1, \ldots, G_s$, *deren Vereinigung in* X *überall dicht ist.*

1. Die Bedingung (A) ist hinreichend. Die Bedingung (A) sei erfüllt; wir nehmen an, X besitze eine einpunktige Erweiterung $\overline{X} = X \cup \xi$. Wir zeigen, daß X abgeschlossen in $\overline{X}$ ist. Da $\overline{X}$ ein Hausdorffscher Raum ist, gibt es zu jedem Punkt $x \in X$ eine Umgebung Ox, deren Abschließung im Raum $\overline{X}$ den Punkt ξ nicht enthält, so daß die abgeschlossene Hülle $[Ox]$ in X und in $\overline{X}$ dieselbe ist.

Da die Bedingung (A) nach Voraussetzung erfüllt ist, besitzt eine gewisse Anzahl dieser Ox, etwa $Ox_1, \ldots, Ox_s$, eine in X überall dichte Vereinigung, so daß die in X abgeschlossene Menge $[Ox_1] \cup \cdots \cup [Ox_s]$ gleich X ist, was es auch zu zeigen galt.

2. Die Bedingung (A) ist notwendig. Wir nehmen das Gegenteil an, d. h., daß es eine unendliche offene Überdeckung $\omega = \{G\}$ des Raumes X gäbe derart, daß jede endliche Teilfamilie $G_1, \ldots, G_s$ der Familie ω eine Vereinigung besitzt, die in X nicht überall dicht ist, d. h. $\bigcup_{i=1}^{s} [G_i] \neq X$.

Wir konstruieren jetzt einen Raum $\overline{X}$, indem wir zum Raum X einen einzigen Punkt ξ hinzufügen und als offene Basis in $\overline{X}$ alle offenen Mengen des Raumes X sowie alle Mengen der Form $\{\xi\} \cup X \setminus \bigcup_{i=1}^{s} [G_i]$ wählen, wobei $G_1, \ldots, G_s$ eine beliebige endliche Teilfamilie aus der Überdeckung ω ist. Der so erhaltene Raum ist hausdorffsch. (Es genügt zu bemerken, daß man zu jedem Punkt $x \in X$ und zum Punkt ξ disjunkte Umgebungen Ox und $O\xi$ in $\overline{X}$ erhält, wenn man als Ox irgendeine den Punkt x enthaltende offene Menge $G \in \omega$ wählt und $O\xi = \overline{X} \setminus [G]$ setzt.) Zugleich ist der Punkt ξ in $\overline{X}$ offensichtlich Häufungspunkt für X, der Raum X folglich in $\overline{X}$ nicht abgeschlossen, was der H-Abgeschlossenheit des Raumes X widerspricht. Damit ist Theorem 6 bewiesen.

Die die H-Abgeschlossenheit charakterisierende Bedingung (A) ist offenbar eine Abschwächung der Bikompaktheitsbedingung, so daß jedes Bikompaktum ein H-abgeschlossener Raum ist. Zusammen mit Theorem 6 haben wir also auch Theorem 5 bewiesen.

Wir wissen, daß jedes Bikompaktum ein regulärer (ja sogar normaler) H-abgeschlossener Raum ist. Wir beweisen jetzt die umgekehrte Aussage: *Jeder reguläre H-abgeschlossene Raum X ist bikompakt.* Es sei $\omega = \{G\}$ eine beliebige offene Überdeckung des Raumes X. Für jeden Punkt $x \in X$ wählen wir eine diesen Punkt enthaltende Menge $G \in \omega$ und eine offene Menge Γ (die auf Grund der Regularität des Raumes X existiert) derart, daß $x \in \Gamma \subseteqq [\Gamma] \subseteqq G$ ist. Aus der so erhaltenen Überdeckung $\{\Gamma\}$ sondern wir entsprechend der Bedingung (A) eine endliche Teilfamilie $\{\Gamma_1, \ldots, \Gamma_s\}$ mit einer überall dichten Vereinigung aus. Die Mengen $[\Gamma_1], \ldots, [\Gamma_s]$ und erst recht die diese Mengen jeweils enthaltenden Mengen $G_1, \ldots, G_s$ aus ω bilden dann eine endliche Überdeckung des Raumes X. Wir haben somit den folgenden Satz bewiesen:

Theorem 7. *Bikompakta sind nichts anderes als reguläre H-abgeschlossene Räume.*

Wir geben noch ein Bikompaktheitskriterium an, das den grundlegenden Satz aus der Analysis über „Intervallschachtelungen" in natürlicher Weise verallgemeinert:

Theorem 8. *Ein regulärer Raum ist genau dann bikompakt, wenn in ihm jedes bezüglich der Inklusion gerichtete*[1]) *System* $\eta = \{A^\lambda\}$ *von nichtleeren* $\varkappa a$*-Mengen einen nichtleeren Durchschnitt besitzt.*

Wir geben für Theorem 8 einen elementaren Beweis an. Da Bikompakta und reguläre H-abgeschlossene Räume identisch sind, genügt es, den folgenden Satz zu beweisen:

Satz 1. *Ein Hausdorffscher Raum, in dem alle H-Systeme einen nichtleeren Durchschnitt besitzen, ist stets H-abgeschlossen.*

Beweis. Der Hausdorffsche Raum X sei nicht H-abgeschlossen; wie wir zeigen werden, gibt es in ihm dann ein H-System $\zeta = \{A^\lambda\}$ mit leerem Durchschnitt.

Da der Raum X nicht H-abgeschlossen ist, kann man zu ihm einen Punkt z^* derart hinzufügen, daß der Raum $\overline{X} = X \cup z^*$ hausdorffsch ist und z^* in diesem Raum kein isolierter Punkt ist.

Es sei $\{O^\lambda z^*\}$ das System aller Umgebungen des Punktes z^* im Raum $\overline{X}$. Dieses System ist bezüglich der Inklusion gerichtet, wobei der Punkt z^* kein isolierter Punkt des Raumes $\overline{X} = X \cup z^*$ ist; folglich sind die in X offenen Mengen $H^\lambda = X \cap O^\lambda z^*$ nicht leer und bilden ebenfalls ein bezüglich der Inklusion gerichtetes System; setzen wir $A^\lambda = [H^\lambda]_X$, so erhalten wir ein H-System $\xi = \{A^\lambda\}$ im Raum X. Es genügt zu zeigen, daß der Durchschnitt $\bigcap_\lambda A^\lambda$ leer ist. Im entgegengesetzten Fall sei $x_0 \in A^\lambda$, und es sei Ox_0 eine beliebige Umgebung des Punktes x_0 im Raum X; dann ist $Ox_0 \cap H^\lambda \neq \emptyset$ für beliebiges H^λ, denn anderenfalls wäre $Ox_0 \cap [H^\lambda] = \emptyset$ für ein gewisses H^λ, was jedoch wegen $x_0 \in [H^\lambda]_X = A^\lambda$ unmöglich ist. Das bedeutet, es ist auch $Ox_0 \cap Oz^* \neq \emptyset$ für jede Umgebung Ox_0 des Punktes x_0 und jede Umgebung Oz^* des Punktes z^* in $\overline{X}$, im Widerspruch dazu, daß $\overline{X}$ ein Hausdorffscher Raum ist.

Satz 1, und folglich auch Theorem 8, sind damit bewiesen.

Unter Verwendung des Begriffs der H-Abgeschlossenheit leiten wir jetzt ein Kriterium für die Bikompaktheit geordneter Räume her.

Theorem 9. *Ein geordneter Raum X ist genau dann bikompakt, wenn er keine Lücken besitzt.*

Beweis. Wenn X Lücken besitzt, dann ist der Raum X gemäß Theorem 5 von 3.1. als überall dichte Menge in einem geordneten Raum $\overline{X}$ enthalten, wobei die Punkte der Menge $\overline{X} \setminus X$ alle Lücken der Menge X sind. Der Raum X ist daher nicht H-abgeschlossen und folglich auch nicht bikompakt.

---

[1]) Ein Mengensystem η ist bezüglich der Inklusion gerichtet, wenn es zusammen mit je zwei Elementen $A, A' \in \eta$ ein drittes Element $A'' \in \eta$ enthält, das in derem Durchschnitt liegt: $A'' \subseteq A \cap A'$. Ein bezüglich der Inklusion gerichtetes System von nichtleeren $\varkappa a$-Mengen heißt H-System.

Umgekehrt nehmen wir jetzt an, der Raum X sei nicht bikompakt. Dann gibt es eine wohlgeordnete fallende Folge $\{F_\alpha\}$ von nichtleeren abgeschlossenen Mengen F_α, die einen leeren Durchschnitt besitzt. Mit A bezeichnen wir die Menge aller derjenigen Punkte $x \in X$, zu denen eine Menge F_α existiert derart, daß $x \prec y$ für jeden Punkt $y \in F_\alpha$ ist. Das Paar $(A, X \setminus A)$ definiert dann eine Lücke. Wenn nämlich $x \in A$ und $x' \prec x$ ist, dann ist $x' \in A$. Daher ist das Paar $(A, X \setminus A)$ ein Schnitt. Wir nehmen zunächst an, daß es in der Oberklasse $X \setminus A$ ein kleinstes Element a gibt. Das Element a möge zu keiner der Mengen F_α gehören. Es gibt eine Intervallumgebung $(b; c)$ des Punktes a, die zu F disjunkt ist. Der Punkt b gehört zu A, weshalb er links von einer gewissen Menge $F_{\alpha'}$ liegt. Darüber hinaus gibt es eine zu $F_{\alpha'}$ disjunkte Intervallumgebung $(d; e)$ des Punktes b. Es werde $\alpha'' = \max\{\alpha, \alpha'\}$ gesetzt. Dann sind die Intervallumgebung $(d; c)$ des Punktes a und $F_{\alpha''}$ disjunkt. Daher liegt der Punkt a links von der Menge $F_{\alpha''}$, d. h. $a \in A$. Dieser Widerspruch zeigt, daß es in der Oberklasse kein minimales Element gibt.

Wir nehmen jetzt an, daß es in der Unterklasse A ein maximales Element a gäbe. Dann liegt der Punkt a links von einer gewissen Menge F_α. Da die Menge F_α abgeschlossen ist, gibt es eine Intervallumgebung $(b; c)$ des Punktes a, deren Durchschnitt mit F_α leer ist. Das Intervall $(a; c)$ ist dabei leer, und der Punkt c ist folglich minimales Element in der Oberklasse $(X \setminus A)$, was dem bereits Bewiesenen widerspricht. Theorem 9 ist damit bewiesen.

6.2. Stetige Abbildungen bikompakter Räume

Ist f eine stetige Abbildung eines bikompakten topologischen Raumes X auf einen topologischen Raum Y, so ist der Raum Y bikompakt. Zum Beweis wählen wir irgendeine offene Überdeckung $\omega_Y = \{G\}$ des Raumes Y und bezeichnen mit ω_X die Überdeckung des Raumes X, die aus den Urbildern $f^{-1}G$ von Elementen aus der Überdeckung ω_Y besteht. Da ω_X eine offene Überdeckung des bikompakten Raumes X ist, findet sich darin eine endliche Überdeckung $f^{-1}G_1, \ldots, f^{-1}G_s$ dieses Raumes. Dann ist $G_1, \ldots, G_s$ eine in einer (beliebig gegebenen) offenen Überdeckung ω_Y des Raumes Y enthaltene endliche Überdeckung dieses Raumes. Der Raum Y ist also bikompakt.

Aus dem eben Bewiesenen ergibt sich der

Satz 1 (Weierstrass). *Jede auf einem bikompakten Raum X gegebene stetige reelle Funktion f ist beschränkt und nimmt dort ihr Maximum und ihr Minimum an.*

Wenn nämlich f eine stetige reelle Funktion auf einem bikompakten Raum X ist, dann ist fX ein bikompakter Teilraum der Zahlengeraden, d. h. eine beschränkte abgeschlossene Menge von reellen Zahlen, die (auf Grund ihrer Abgeschlossenheit) sowohl ihre obere Grenze M als auch ihre untere Grenze m enthält. Ist $x_0 \in f^{-1}M$, $x_1 \in f^{-1}m$, so nimmt die Funktion f in den Punkten x_0, x_1 des Raumes X ihr Maximum M bzw. ihr Minimum m an.

S a t z 2. *Jede stetige Abbildung f eines bikompakten topologischen Raumes X in einen Hausdorffschen Raum Y ist abgeschlossen.*

Es sei etwa X ein bikompakter Raum und A eine abgeschlossene Menge aus X; wir haben zu zeigen, daß $B = fA$ in Y abgeschlossen ist. Dies folgt aber daraus, daß A als abgeschlossene Teilmenge eines bikompakten Raumes selbst ein bikompakter Raum ist; somit ist B ein bikompakter Teilraum des Hausdorffschen Raumes Y und als solcher nach Theorem 5 abgeschlossen in Y, was zu zeigen war.

Im Zusammenhang mit der Aussage von Satz 2 führen wir einen neuen Begriff ein:

D e f i n i t i o n 3. Eine stetige Abbildung f eines topologischen Raumes X in einen topologischen Raum Y heißt *vollständig*, wenn sie abgeschlossen und das Urbild $f^{-1}y$ eines jeden Punktes $y \in Y$ bikompakt ist.

Für jede stetige Abbildung $f: X \to Y$ in einen T_1-Raum Y ist das Urbild $f^{-1}y$ für alle $y \in Y$ in X abgeschlossen. Aus 6.1., Hilfssatz 1 zu Theorem 3, und Satz 2 ergibt sich somit der

S a t z 3. *Jede stetige Abbildung f eines bikompakten Raumes X in einen Hausdorffschen Raum Y ist vollständig.*

Aus Satz 3 und 4.2., Satz 7, resultiert der

S a t z 4. *Jede umkehrbar eindeutige und in einer Richtung stetige Abbildung eines Bikompaktums X auf einen Hausdorffschen Raum Y ist ein Homöomorphismus.*

Bei stetigen Abbildungen kann das Gewicht eines topologischen Raumes steigen. Dies mag das folgende Beispiel illustrieren. Als Raum X wählen wir die Zahlengerade. Es sei Y der Faktorraum des Raumes X (vgl. 4.2.) bezüglich einer Zerlegung, deren einziges nichttriviales Element die Menge Z aller ganzen Zahlen ist. Schließlich wählen wir als Abbildung $f: X \to Y$ die natürliche Projektion des Raumes X auf den Faktorraum Y. Die Abbildung f ist faktoriell und folglich stetig (vgl. 4.2.). Der Raum X besitzt eine abzählbare Basis. Wir werden zeigen, daß der Raum Y nicht nur keine abzählbare Basis besitzt, sondern im Punkt ζ, dem Bild der Menge Z bei der Abbildung f, nicht einmal dem ersten Abzählbarkeitsaxiom genügt. Wir nehmen an, der Punkt ζ besitze eine abzählbare Umgebungsbasis $\{U_1, U_2, \ldots\}$. Für jede ganze Zahl k fixieren wir ein Intervall V_k auf der Zahlengeraden derart, daß

1. $k \in V_k$ gilt,
2. die Länge von V_k höchstens gleich $1/2$ ist,
3. die Endpunkte des Intervalls V_k in $f^{-1}U_{|k|}$ liegen.

Wir setzen jetzt $V = \bigcup_{-\infty}^{+\infty} V_k$. Die auf der Zahlengeraden offene Menge V besitzt die Eigenschaft, daß $V = f^{-1}fV$ ist. Nach Definition der Faktorabbildung ist die Menge fV daher offen. Auf Grund der Eigenschaft 1 ist $\zeta \in fV$, und auf Grund der Eigenschaften 2 und 3 gilt $U_k \setminus fV \neq \emptyset$ für alle k, $k = 1, 2, \ldots$ Das System U_k ist also kein Umgebungssystem des Punktes ζ.

Es gilt jedoch

Theorem 10. *Wenn ein Hausdorffscher Raum Y Bild eines bikompakten Raumes X bei einer stetigen Abbildung f ist, dann gilt $wY \leqq wX$.*

Aus Theorem 10 und dem zweiten Urysohnschen Metrisationssatz ergibt sich

Theorem 11. *Ist ein Hausdorffscher Raum stetiges Bild eines Kompaktums, so ist dieser Raum selbst kompakt.*

Beweis von Theorem 10. Im Raum X fixieren wir eine Basis $\{V_\alpha : \alpha \in A\}$ von der Mächtigkeit wX. Die Menge aller endlichen Teilmengen der Menge A werde mit T bezeichnet. Aus 3.6., Theorem 24″, folgt, daß die Mächtigkeit der Menge T gleich der Mächtigkeit der Menge A ist.[1]) Für jedes $t \in T$ setzen wir $V^t = \bigcup_{\alpha \in t} V_\alpha$ und $U_t = Y \setminus f(X \setminus V^t)$. Satz 2 zufolge ist die Abbildung f abgeschlossen, weshalb die Menge U_t offen ist. Wir zeigen nun, daß $\{U_t : t \in T\}$ eine Basis des Raumes Y bildet. Es sei Oy irgendeine Umgebung eines beliebigen Punktes $y \in Y$. Für jeden Punkt $x \in f^{-1}y$ fixieren wir ein Element $V_\alpha(x)$ aus der Basis, das x enthält und in $f^{-1}Oy$ enthalten ist. Auf Grund der Stetigkeit der Abbildung f ist die Menge $f^{-1}y$ abgeschlossen und folglich bikompakt. Daher läßt sich aus der Überdeckung $\{V_\alpha(x) : x \in f^{-1}y\}$ dieser Menge eine endliche Teilüberdeckung $\{V_{\alpha_1}, \ldots, V_{\alpha_k}\}$ auswählen. Wir zeigen, daß $y \in U_t \subseteqq Oy$ ist mit $t = \{\alpha_1, \ldots, \alpha_k\}$. Es ist $f^{-1}y \subset V^t$, d. h. $f^{-1}y \cap (X \setminus V^t) = \emptyset$. Daher ist $y \notin f(X \setminus V^t)$, d. h. $y \in Y \setminus f(X \setminus V^t)$. Andererseits gilt $V^t \subseteqq f^{-1}Oy$, d. h. $X \setminus f^{-1}Oy \subseteqq X \setminus V^t$. Dann ist $f(X \setminus f^{-1}Oy) \subseteqq f(X \setminus V^t)$, d. h. $Y \setminus f(X \setminus V^t) \subseteqq Y \setminus f(X \setminus f^{-1}Oy)$. Es ist aber $Y \setminus f(X \setminus V^t) = U_t$ und $Y \setminus f(X \setminus f^{-1}Oy) = Oy$. Also finden wir $U_t \subseteqq Oy$. Der Satz ist damit bewiesen.

Bemerkung. Der Leser überzeugt sich leicht davon, daß wir faktisch eine allgemeinere Aussage bewiesen haben, nämlich

Theorem 12. *Wenn ein topologischer Raum Y Bild eines topologischen Raumes X bei einer vollständigen Abbildung ist, dann ist $wY \leqq wX$.*

6.3. Der Satz von Weierstraß-Stone

Es sei X ein Bikompaktum. Mit $C(X)$ bezeichnen wir den Ring (die Algebra) der auf X definierten reellen und stetigen Funktionen mit den wie üblich definierten Operationen Addition und Multiplikation. Wir betrachten $C(X)$ als einen metrischen Raum, indem wir für beliebige Funktionen $f \in C(X)$, $g \in C(X)$

$$\varrho(f, g) = \max |f(x) - g(x)|, \quad x \in X,$$

setzen.

[1]) Wir setzen $wX \geqq \aleph_0$ voraus. Ist das Gewicht des Raumes X endlich, so gilt die Aussage des Satzes offensichtlich.

Es sei C_0 ein Teilring von $C(X)$, der die folgenden beiden Eigenschaften besitzt:

1. C_0 trennt die Punkte von X, d. h., zu je zwei verschiedenen Punkten x_0 und x_1 des Raumes X läßt sich eine Funktion $f \in C_0$ finden, die in diesen Punkten verschiedene Werte $f(x_0) \neq f(x_1)$ annimmt.

2. Der Teilring C_0 enthält sämtliche Konstanten, d. h., jede Funktion, die in allen Punkten $x \in X$ denselben Wert besitzt, ist Element des Ringes C_0.

Satz von Weierstrass-Stone. *Jeder Teilring $C_0 \subset C(X)$, der die Eigenschaften 1 und 2 besitzt, ist eine in dem metrischen Raum $C(X)$ überall dichte Menge.*

Der Satz von Weierstrass-Stone kann auch so formuliert werden: *Jede auf einem Bikompaktum X stetige Funktion f ist Limes einer gleichmäßig konvergenten Folge von Funktionen, die zum Teilring C_0 gehören.* Das bedeutet, daß zu jeder Funktion $f \in C(X)$ und zu jedem $\varepsilon > 0$ eine Funktion $g \in C_0$ existiert derart, daß $|f(x) - g(x)| < \varepsilon$ ist für alle $x \in X$. Zunächst sei bemerkt, daß neben dem Teilring $C_0 \subset C(X)$ auch die abgeschlossene Hülle $[C_0]$ der Menge C_0 in dem metrischen Raum $C(X)$ ein Teilring von $C(X)$ ist, wobei C_0 dann und nur dann überall dicht ist in $C(X)$, wenn $[C_0]$ überall dicht ist. Es genügt also, den Satz von Weierstrass-Stone für (die Bedingungen 1 und 2 erfüllende) abgeschlossene Teilringe $C_0 \subset C(X)$ zu beweisen.

Wir beginnen mit dem Beweis einiger Hilfssätze.

Hilfssatz 1. *Wenn ein Ring C_0 die Punkte eines Raumes X trennt, dann trennt er die Punkte in X stark, d. h., zu je zwei Punkten x_0, x_1 des Raumes X und zu zwei beliebigen reellen Zahlen a und b existiert eine Funktion $f \in C_0$ derart, daß $f(x_0) = a$, $f(x_1) = b$ ist.*

Beweis. Nach Voraussetzung gibt es eine Funktion $g \in C_0$, für die $g(x_0) = \alpha \neq g(x_1) = \beta$ ist. Indem g durch $g_0 = g - \alpha \in C_0$ ersetzt wird, kann man annehmen, daß $g(x_0) = 0$ und $g(x_1) = \beta \neq 0$ ist. Setzt man dann $f = \frac{b-a}{\beta} g + a \in C_0$, so erhält man $f(x_0) = a$, $f(x_1) = b$.

Hilfssatz 2. *Ist C_0 ein sämtliche Konstanten enthaltender Teilring des Ringes $C(X)$, so gehört mit jeder Funktion f auch die Funktion $|f|$ zu C_0.*

Beweis. Zunächst sei bemerkt, daß $|f| = \sqrt{f^2}$ ist. Mit c bezeichnen wir das Maximum der Funktion $|f|$ auf X. Es ist

$$|f(x)| = \sqrt{f^2(x)} = \sqrt{c^2 - c^2 + f^2(x)} = c \sqrt{1 - \left(1 - \left(\frac{f(x)}{c}\right)^2\right)}.$$

Wird $y(x) = 1 - \left(\frac{f(x)}{c}\right)^2$ gesetzt, so gilt ferner $|f(x)| = c\sqrt{1 - y(x)}$, wobei die Funktion $y(x)$ auf ganz X stetig ist und $0 \leqq y(x) \leqq 1$ gilt. Nach der Newtonschen Binomialformel ist die Funktion $\sqrt{1-y}$ von y für beliebige y aus dem Segment $[0; 1]$ definiert und zerfällt in eine Potenzreihe nach Potenzen von y, die für $0 \leqq y \leqq 1$ gleichmäßig konvergiert, d. h., $\sqrt{1 - y(x)}$ zerfällt in eine Reihe von Potenzen von

$y(x)$, die auf dem ganzen Raum X gleichmäßig konvergiert. Wegen $f \in C_0$ gehören auch die Funktion $y(x)$ und alle ihre positiven Potenzen zum Ring C_0, und da C_0 abgeschlossen in $C(X)$ ist, ist auch die Summe einer auf X gleichmäßig konvergierenden Reihe nach Potenzen von $y(x)$ in C_0 enthalten. Also ist $|f| \in C_0$ und der Hilfssatz damit bewiesen.

Gegeben sei eine endliche Anzahl von Funktionen $f_1, \ldots, f_k$ aus C_0. Mit $M_{f_1,\ldots,f_k}$ bzw. $m_{f_1,\ldots,f_k}$ bezeichnen wir die Funktion, die in jedem Punkt $x \in X$ einen Wert annimmt, der gleich der größten bzw. der kleinsten unter den Zahlen $f_1(x), \ldots, f_k(x)$ ist.

Hilfssatz 3. *Wenn ein Teilring C_0 mit jedem seiner Elemente f auch $|f|$ enthält, dann enthält er mit endlich vielen beliebigen Elementen $f_1, \ldots, f_k$ auch die Elemente $M_{f_1,\ldots,f_k}$ und $m_{f_1,\ldots,f_k}$.*

Beweis. Es genügt, den Hilfssatz für $k = 2$ zu beweisen, d. h. für zwei Funktionen f und g. Der Beweis ergibt sich unmittelbar aus

$$2M_{f,g}(x) = f(x) + g(x) + |f(x) - g(x)|,$$

$$2m_{f,g}(x) = f(x) + g(x) - |f(x) - g(x)|.$$

Es genügt jetzt, den Satz von Weierstrass-Stone unter der Voraussetzung zu beweisen, daß C_0 ein abgeschlossener Teilring des Ringes $C(X)$ ist, der die Punkte von X stark trennt und der folgenden Bedingung genügt: Wenn zwei Funktionen f und g Elemente des Ringes C_0 sind, dann gehören auch die Funktionen $M_{f,g}$ und $m_{f,g}$ zum Ring C_0.

Gegeben seien eine beliebige Funktion $f \in C(X)$ und eine Zahl $\varepsilon > 0$. Die Aufgabe besteht darin, eine Funktion $g \in C_0$ zu finden derart, daß $|f(x) - g(x)| < \varepsilon$ für alle $x \in X$ gilt. Da C_0 die Punkte von X stark trennt, gibt es zu je zwei Punkten x und y des Raumes X eine Funktion $g_{xy} \in C_0$ derart, daß $g_{xy}(x) = f(x)$ und $g_{xy}(y) = f(y)$ ist. Aus der Stetigkeit der Funktionen f und g_{xy} auf ganz X folgt die Existenz einer Umgebung $U_{xy}x$ des Punktes x derart, daß für alle Punkte $t \in U_{xy}x$ die Ungleichungen $f(t) - \varepsilon < g_{xy}(t) < f(t) + \varepsilon$ gelten. Analog dazu gibt es eine Umgebung $V_{xy}y$ des Punktes y, für deren Punkte t die Ungleichungen $f(t) - \varepsilon < g_{xy}(t) < f(t) + \varepsilon$ erfüllt sind. Es werde der Punkt y als fest angesehen und für jeden Punkt $x \in X$ die oben beschriebene Umgebung $U_{xy}x$ gewählt. Diese Umgebungen überdecken das gesamte Bikompaktum X, und wir wählen aus dieser Überdeckung eine endliche Teilüberdeckung $U_{x_1y}x_1, U_{x_2y}x_2, \ldots, U_{x_ky}x_k$ des Raumes X aus. Ferner setzen wir $Wy = \bigcap_{i=1}^{k} V_{x_iy}y$ und bezeichnen mit g_y die Funktion, die in jedem Punkt $t \in X$ einen Wert $g_y(t)$ annimmt, der gleich der kleinsten unter den Zahlen $g_{x_1y}(t), \ldots, g_{x_ky}(t)$ ist. Für jedes $t \in Wy$ ist dann $f(t) - \varepsilon < g_y(t) < f(t) + \varepsilon$. Für gegebenes t ist nämlich $g_y(t)$ gleich einem der Werte $g_{x_iy}(t) > f(t) - \varepsilon$, falls $t \in V_{x_iy}y$ ist, also erst recht für $t \in Wy$. Da außerdem (stets bei festgehaltenem $y \in X$) die Mengen $U_{x_iy}x_i$ ganz X überdecken, gilt $g_y(t) < f(t) + \varepsilon$ für alle $t \in X$.

Zu jedem Punkt $y \in X$ haben wir also eine Funktion $g_y \in C_0$ und eine Umgebung Wy konstruiert derart, daß $g_y(t) < f(t) + \varepsilon$ für alle $t \in X$ ist und $f(t) - \varepsilon < g_y(t)$ für alle $t \in Wy$. Unter den für alle $y \in X$ konstruierten Mengen Wy wählen wir eine endliche Anzahl von Umgebungen aus, die eine Überdeckung $Wy_1, \ldots, Wy_s$ des Bikompaktums X bilden, und bezeichnen mit g die Funktion, die in jedem Punkt $x \in X$ einen Wert annimmt, der gleich der größten unter den Zahlen $g_{y_i}(t)$ ist. Da der Wert der Funktion g in jedem Punkt x gleich einem $g_{y_i}(x)$ ist, gilt stets $g(x) < f(x) + \varepsilon$. Darüber hinaus gehört ein gegebener Punkt $x \in X$ zu einer der Mengen Wy_i. Daher ist $f(x) - \varepsilon < g_{y_i}(x) \leqq g(x)$. Für jeden Punkt $x \in X$ erhält man somit

$$f(x) - \varepsilon < g(x) < f(x) + \varepsilon,$$

und das Theorem ist bewiesen.

Für ein Segment der Zahlengeraden bilden die Polynome, wie man leicht sieht, einen Teilring C_0, der den Bedingungen 1 und 2 genügt. In diesem Fall erhalten wir den klassischen Satz von WEIERSTRASS von der Approximation stetiger Funktionen durch gleichmäßig konvergente Folgen von Polynomen.

6.4. Topologische Produkte und die Sätze von Tychonoff

Einen breiten Raum in der Theorie der bikompakten topologischen Räume nehmen die bereits klassischen Sätze von TYCHONOFF ein.

Der Begriff des Produkts von Mengen für zwei Mengen wurde bereits eingeführt (am Anfang von 3.5.). Wir geben jetzt eine Verallgemeinerung dieses Begriffs auf endlich oder unendlich viele Mengen an.

Gegeben sei eine gewisse Menge $\mathfrak{A}$ beliebiger Mächtigkeit τ, deren Elemente wir „Indizes" nennen und mit griechischen Buchstaben $\alpha, \beta, \ldots$ bezeichnen. Zu jedem Index α gehöre eine gewisse wohlbestimmte Menge X_α. Als Produkt $X = \prod_{\alpha \in \mathfrak{A}} X_\alpha$ des so erhaltenen Systems von Mengen[1]) wird die Menge X der Systeme $\{x_\alpha\}$ definiert, die man erhält, wenn jedem Index $\alpha \in \mathfrak{A}$ ein Element $x_\alpha \in X_\alpha$ zugeordnet wird.

Wir nehmen jetzt an, die Mengen X_α seien topologische Räume. Nach dem Verfahren von A. N. TYCHONOFF führen wir in das Produkt $X = \prod_{\alpha \in \mathfrak{A}} X_\alpha$ folgendermaßen eine Topologie ein: Wir nehmen eine beliebige endliche Anzahl von Indizes $\alpha_1, \alpha_2, \ldots, \alpha_s$; für jeden Index α_i, $i = 1, 2, \ldots, s$, wählen wir in X_{α_i} eine offene Menge u_{α_i} und nennen die Mengen aller $x = \{x_\alpha\} \in X$, für welche $x_{\alpha_1} \in u_{\alpha_1}, \ldots, x_{\alpha_s} \in u_{\alpha_s}$ gilt und die übrigen x_α beliebig sind, *elementare offene Mengen* $O(u_{\alpha_1}, \ldots, u_{\alpha_s})$ oder offene Mengen, die durch die gegebenen $u_{\alpha_1}, \ldots, u_{\alpha_s}$ bestimmt werden. Wie man leicht sieht, ist der Durchschnitt zweier elementarer offener Mengen wieder eine elementare offene Menge. Daher bilden die elementaren Mengen eine Basis für eine Topologie auf X (vgl. 4.4., Satz 2).

[1]) Die Mengen X_α und X_β unseres Systems können aus ein und denselben Elementen bestehen; daher haben wir, streng genommen, ein System sogenannter „*indizierter*" Mengen X_α vor uns, wobei wir unter „indizierter Menge" das Paar verstehen, das aus der gegebenen Menge und dem Index α besteht, dem diese Menge zugeordnet ist. Vgl. hierzu P. S. ALEXANDROFF [10], 1.3, S. 25.

Diese Topologie macht X zu einem topologischen Raum, dem sogenannten *topologischen* (oder *Tychonoffschen*) *Produkt des gegebenen Systems topologischer Räume.*[1]) *Die offenen Mengen des topologischen Produktes sind alle möglichen Vereinigungen von elementaren offenen Mengen.* Wie man leicht sieht, *ist das topologische Produkt eines beliebigen Systems Hausdorffscher Räume wieder ein Hausdorffscher Raum* (der Beweis sei dem Leser überlassen).

Beispiele für topologische Produkte. Das Produkt zweier Geraden ist die Ebene, das Produkt von n Geraden ist der n-dimensionale euklidische Raum (als topologischer Raum betrachtet), das Produkt zweier Kreise ist der Torus. *Das Produkt von abzählbar vielen einfachen Punktepaaren ist dem Cantorschen Diskontinuum homöomorph.*

Jeder Punkt x des Cantorschen Diskontinuums Π ist nämlich eindeutig darstellbar in der Form $x = \bigcap\limits_{n=1}^{\infty} \Delta_{i_1 \ldots i_n}$, wobei $\Delta_{i_1}, \Delta_{i_1 i_2}, \ldots, \Delta_{i_1 \ldots i_n}, \ldots$ die aus 4.5. bekannten Segmente vom Rang $1, 2, 3, \ldots, n, \ldots$ sind, die den Punkt $x \in \Pi$ enthalten und damit eindeutig bestimmt sind. Es besteht also eine umkehrbar eindeutige Beziehung zwischen den Punkten des Cantorschen Diskontinuums und den Folgen $i_1, i_2, \ldots, i_n, \ldots$, wobei jedes i_k gleich Null oder Eins ist, d. h. den Punkten des Produktes $P = \prod D_n$. Als Basis des Raumes $\prod D_n$ kann die Gesamtheit der elementaren offenen Mengen der Form $O_{i_1 \ldots i_n}$ genommen werden, wobei $O_{i_1 \ldots i_n}$ aus allen Punkten $y = (j_1, \ldots, j_n, \ldots) \subset \prod D_n$ besteht, für die $j_1 = i_1, \ldots, j_n = i_n$ ist. Diesen Punkten y entsprechen aber die Punkte der Mengen $\Pi \cap \Delta_{i_1 \ldots i_n}$, und letztere Mengen bilden offenbar eine Basis der Menge Π, aufgefaßt als Teilraum der Zahlengeraden.

Werden im Anfangssegment Δ_0 nicht zwei Segmente Δ_{00}, Δ_{01} gewählt, die durch ein Intervall δ voneinander getrennt sind, sondern wählt man statt dessen eine beliebige Zahl k aus diesen Segmenten und wiederholt diesen Prozeß, wenn man vom Rang n zum Rang $n + 1$ übergeht, wie wir bereits bei der Konstruktion des Cantorschen Diskontinuums vorgegangen sind, so erhalten wir erneut eine perfekte nirgends dichte Menge $\Pi(k)$, d. h. eine Menge, die zum Cantorschen Diskontinuum Π homöomorph und sogar (als geordnete Menge) ähnlich ist, und die Punkte der Menge $\Pi(k)$ können den Punkten des Produktes $\prod D_n$ in umkehrbar eindeutiger Weise zugeordnet werden, wobei D_n jetzt ein Raum ist, der aus k isolierten Punkten besteht. Wenn die Anzahl der Segmente $\Delta_{i_1 \ldots i_n}$ vom Rang $n \geqq 1$, die wir in jedem Segment $\Delta_{i_1 \ldots i_{n-1}}$ vom Rang $n - 1$ wählen, nicht mehr konstant, sondern eine von n abhängende Zahl s_n ist, so gehen wir vermittels der gleichen Schlüsse wie weiter oben zu einem Homöomorphismus zwischen dem Cantorschen Diskontinuum Π und dem topologischen Produkt $P = \prod D_n$ einer abzählbaren Anzahl von Räumen D_n über, von denen jeder aus einer (beliebigen) endlichen Anzahl s_n von isolierten Punkten besteht.

Fast ebenso einfach beweist man, daß *der Hilbertsche Fundamentalquader Q das topologische Produkt von abzählbar vielen Segmenten ist.*

Dazu betrachten wir das topologische Produkt der Segmente X_n, $n = 1, 2, \ldots$ Da das topologische Produkt in rein topologischen Termen definiert ist, können wir X_n als das Segment $\left(0; \frac{1}{2^n}\right)$ der Zahlengeraden annehmen. Unter dieser Voraussetzung bestehen der Raum $X = \prod\limits_{n=1}^{\infty} X_n$ und der Hilbertsche Fundamentalquader Q aus ein und denselben Punkten

$$x = (x_1, x_2, \ldots, x_n, \ldots), \quad 0 \leqq x_n \leqq \frac{1}{2^n}.$$

[1]) Im Raum X bilden die Mengen $O(u_{\alpha_1}, \ldots, u_{\alpha_s})$ offenbar eine Basis.

Es bleibt zu zeigen, daß die identische Abbildung von X auf Q topologisch ist. Da Q ein Kompaktum ist, genügt es, sich davon zu überzeugen, daß die identische Abbildung von X auf Q stetig ist, es ist also nachzuweisen:

a) *Zu jedem Punkt $x \in X$ und jedem $\varepsilon > 0$ läßt sich im Raum X eine Umgebung des Punktes x finden derart, daß für alle x' aus dieser Umgebung $\varrho(x, x') < \varepsilon$ in Q gilt.*

Beweis der Behauptung a). Bei gegebenem ε, $0 < \varepsilon < 1$, wählen wir $n \geqq 2$ so groß, daß $\frac{1}{2^n} < \frac{\varepsilon^2}{2}$ wird. Die durch die Bedingungen

$$|x_1 - x_1'| < \frac{\varepsilon}{\sqrt{2n}}, \ldots, |x_n - x_n'| < \frac{\varepsilon}{\sqrt{2n}}$$

bestimmte Umgebung U des Punktes x in X leistet das Gewünschte.

Das Produkt von Abbildungen. Gegeben sei ein System von Abbildungen $f_\alpha\colon X_\alpha \to Y_\alpha$ von topologischen Räumen X_α in topologische Räume Y_α, $\alpha \in \mathfrak{A}$. Eine Abbildung f des topologischen Produkts $X = \prod_{\alpha\in\mathfrak{A}} X_\alpha$ in das topologische Produkt $Y = \prod_{\alpha\in\mathfrak{A}} Y_\alpha$, die jedem Punkt $x = \{x_\alpha\} \in X$ den Punkt $fx = \{f_\alpha x_\alpha\} \in Y$ zuordnet, wird *einfaches Produkt der Abbildungen f_α* genannt und mit $f = \prod_{\alpha\in\mathfrak{A}} f_\alpha$ bezeichnet.

Satz 1. *Das einfache Produkt $\prod_{\alpha\in\mathfrak{A}} f_\alpha$ von stetigen Abbildungen f_α ist stetig.*

Beweis. Es genügt zu zeigen, daß das Urbild $f^{-1}O$ jeder elementaren offenen Menge $O = O(U_{\alpha_1}, \ldots, U_{\alpha_s}) \subseteqq Y = \prod_{\alpha\in\mathfrak{A}} Y_\alpha$ offen ist. Wie man sich jedoch unmittelbar überzeugt, ist $f^{-1}O$ selbst eine elementare offene Menge $O(f^{-1}U_{\alpha_1}, \ldots, f^{-1}U_{\alpha_s}) \subseteqq X = \prod_{\alpha\in\mathfrak{A}} X_\alpha$, womit der Satz bewiesen ist.

Es sei jetzt ein System von Abbildungen $f_\alpha\colon X \to Y_\alpha$, $\alpha \in \mathfrak{A}$, eines topologischen Raumes X in topologische Räume Y_α gegeben. Die Abbildung $f\colon X \to Y = \prod_{\alpha\in\mathfrak{A}} Y_\alpha$, die einem Punkt x den Punkt $fx = \{f_\alpha x\} \in Y$ zuordnet, wird dann das *Diagonalprodukt der Abbildungen f_α* genannt.

Für jedes $\alpha \in \mathfrak{A}$ setzen wir jetzt X_α gleich X und betrachten die Abbildung $i\colon X \to \prod_{\alpha\in\mathfrak{A}} X_\alpha$, die einem Punkt x den Punkt $i(x) \in \prod_{\alpha\in\mathfrak{A}} X_\alpha$ zuordnet, dessen Koordinaten alle gleich x sind. Die Abbildung $i\colon X \to \prod_{\alpha\in\mathfrak{A}} X_\alpha$ ist stetig und darüber hinaus eine Einbettung des Raumes X in das Produkt $\prod_{\alpha\in\mathfrak{A}} X_\alpha$. Das Diagonalprodukt f der Abbildungen f_α erhält man aus der Zusammensetzung der Einbettung i und des einfachen Produkts der Abbildungen $f_\alpha\colon X = X_\alpha \to Y_\alpha$. Damit ergibt sich aus Satz 1 der

Satz 2. *Das Diagonalprodukt stetiger Abbildungen ist stetig.*

Theorem 13 (Erster Satz von Tychonoff). *Das topologische Produkt jedes Systems bikompakter Räume ist wieder ein bikompakter Raum.*

Gegeben sei irgendein zentriertes System S von Teilmengen einer gewissen Menge M. Wir nennen das zentrierte System S maximal, wenn es nicht Teilsystem irgendeines von ihm verschiedenen zentrierten Systems von Teilmengen der Menge M ist. Man zeigt leicht, daß *jedes zentrierte System* $S_0 = \{M^\lambda\}$, $M^\lambda \subseteqq M$, *in wenigstens einem maximalen zentrierten System* S *enthalten ist.*

Beweis. $S_0 = \{M^\lambda\}$ sei nicht maximal. Dann gibt es ein zentriertes System $S_1 \supset S_0$. Wir nehmen an, wir hätten die zentrierten Systeme

$$S_0 \subset S_1 \subset \cdots \subset S_\nu \subset \cdots, \qquad \nu < \alpha,$$

konstruiert. Ist α von erster Art, $\alpha = \alpha' + 1$, und das System $S_{\alpha'}$ kein maximales zentriertes System, so nehmen wir das zentrierte System $S_{\alpha'+1} \supset S_{\alpha'}$. Ist α von zweiter Art, so setzen wir $S_\alpha = \bigcup_{\nu<\alpha} S_\nu$. Wie man leicht sieht, ist S_α ein zentriertes System. Ist die Mächtigkeit der Menge M gleich $m = \aleph_\sigma$, so ist die Mächtigkeit der Menge N aller Teilmengen der Menge M gleich 2^m, und die Mächtigkeit der Menge aller Teilmengen der Menge N (d. h. die Menge aller Systeme, die aus Mengen $M^\lambda \subset M$ bestehen) gleich einem gewissen $\aleph_\tau = 2^{2^m}$. Insbesondere hat die Menge aller zentrierten Systeme von Teilmengen der Menge M eine Mächtigkeit $\leqq \aleph_\tau$, daher muß unser Prozeß der Konstruktion der Systeme S bei einer gewissen Ordnungszahl $\alpha < \omega_{\tau+1}$ abbrechen, d. h., wir treffen auf ein $\alpha < \omega_{\tau+1}$ derart, daß S_α ein maximales zentriertes System ist.

Wir beweisen jetzt folgenden

Hilfssatz 1. *Ein Raum X ist genau dann bikompakt, wenn die Elemente jedes zentrierten Systems von Mengen $M^\lambda \subseteqq X$ wenigstens einen gemeinsamen Berührungspunkt besitzen.*

Ist nämlich X bikompakt, so besitzen die Elemente des Systems abgeschlossener Mengen $[M^\lambda]$, da das System zentriert ist, wenigstens einen gemeinsamen Punkt, welcher der gemeinsame Berührungspunkt aller gegebenen Mengen M^λ ist. Ist umgekehrt obige Bedingung erfüllt, so besitzen insbesondere die Elemente jedes zentrierten Systems abgeschlossener Mengen einen gemeinsamen Berührungspunkt; der Raum X ist also bikompakt.

Wir gehen jetzt zum eigentlichen Beweis des ersten Satzes von Tychonoff über. Es sei X topologisches Produkt bikompakter Räume X_α. Es ist zu zeigen, daß die Elemente jedes zentrierten Systems S von Mengen $M^\lambda \subseteqq X$ wenigstens einen gemeinsamen Berührungspunkt besitzen. Man kann von vornherein annehmen, das zentrierte System S sei maximal (gegebenenfalls erweitert man eben S zu einem maximalen zentrierten System). Wir bezeichnen mit $M_\alpha{}^\lambda$ die „Projektion" der Menge M^λ in X_α, d. h. die Menge aller Punkte $x \in X$, die „Koordinaten" der Punkte[1]) $x \in M^\lambda$ sind. Das System aller Mengen $M_\alpha{}^\lambda$ (hierbei ist α konstant und λ variabel) ist ein zentriertes System im Raum X_α. Da X_α bikompakt ist, besitzen die Mengen $M_\alpha{}^\lambda$ wenigstens einen gemeinsamen Berührungspunkt $x_\alpha \in X_\alpha$. Wir beweisen, daß der Punkt $x = \{x_\alpha\} \in X$ gemeinsamer Berührungspunkt aller M^λ ist. Dazu hat man zu zeigen, daß jede elementare Umgebung des Punktes x mit jedem M^λ einen nichtleeren Durchschnitt hat. Eine elementare Umgebung des Punktes x erhält man, wenn man endlich viele Indizes $\alpha_1, \ldots, \alpha_s$ fest wählt und Umgebungen u_{α_i} der Punkte x_{α_i} in X_{α_i} für $i = 1, 2, \ldots, s$ wählt. Für „Einindex"-Umgebungen, d. h. für solche

---

[1]) Ist $x = \{x_\alpha\}$ Punkt eines topologischen Produkts $X = \prod_\alpha X_\alpha$, so heißt jedes x_α Koordinate des Punktes x.

Umgebungen, bei deren Bestimmung nur ein Index $\alpha_1 = \alpha$ festgehalten wird, folgt unsere Behauptung unmittelbar daraus, daß jede Umgebung u_α des Punktes x_α in X_α mit jedem $M_\alpha{}^\lambda$ gemeinsame Punkte hat. Da ferner jede Einindex-Umgebung mit allen M^λ gemeinsame Punkte hat und das System aller M^λ ein *maximales* zentriertes System ist, geht jede Einindex-Umgebung unbedingt in das System S ein; vervollständigt man nämlich irgendein zentriertes System von Mengen, das zugleich die Durchschnitte von endlich vielen seiner Mengen enthält, durch eine beliebige Menge, die mit allen Elementen des gegebenen zentrierten Systems gemeinsame Punkte hat, so erhält man wiederum, wie leicht zu sehen ist, ein zentriertes System. Da jede elementare Umgebung eines Punktes des Raumes X Durchschnitt von endlich vielen Einindex-Umgebungen ist, enthält das System S, da alle Einindex-Umgebungen des Punktes x zu seinen Elementen gehören, notwendig auch alle Umgebungen des Punktes x; hieraus folgt, daß jede Umgebung des Punktes x (als Element des Systems $S = \{M^\lambda\}$) mit jeder Menge M^λ gemeinsame Punkte hat. Damit ist der erste Satz von TYCHONOFF bewiesen.

Da das Produkt Hausdorffscher Räume wieder ein Hausdorffscher Raum ist, ergibt sich aus dem eben Bewiesenen die

Folgerung. *Das Produkt jedes Systems von Bikompakta ist wieder ein Bikompaktum.*

Man beweist leicht, daß das Produkt von τ Räumen, $\tau \geqq \aleph_0$, von denen jeder ein Gewicht $\leqq \tau$ besitzt, ein Raum vom Gewicht $\leqq \tau$ ist. Nehmen wir nämlich in jedem der gegebenen Räume X_α eine Basis $\mathfrak{B}_\alpha$ einer Mächtigkeit $\leqq \tau$, so erhalten wir eine Basis $\mathfrak{B}$ des Raumes $X = \prod_\alpha X_\alpha$, wenn wir bei der Definition der elementaren offenen Mengen $O(u_{\alpha_1}, \ldots, u_{\alpha_s})$ unter den u_α Elemente der Basis $\mathfrak{B}_\alpha$ verstehen. Auf jede gegebene Kombination von Indizes $\alpha_1, \ldots, \alpha_s$ kommen dann nicht mehr als τ Kombinationen $u_{\alpha_1}, \ldots, u_{\alpha_s}$, also nicht mehr als τ Mengen $O(u_{\alpha_1}, \ldots, u_{\alpha_s})$. Hat aber die Menge $\mathfrak{A}$ aller Indizes α die Mächtigkeit τ, so hat auch die Menge aller endlichen Kombinationen $\alpha_1, \ldots, \alpha_s$ die Mächtigkeit τ, also auch das System aller elementaren Mengen $O(u_{\alpha_1}, \ldots, u_{\alpha_s})$; die Mächtigkeit der Basis $\mathfrak{B}$ kann daher τ nicht überschreiten (man sieht leicht, daß $\mathfrak{B}$ genau die Mächtigkeit τ hat, wovon wir allerdings keinen Gebrauch machen wollen).

Der erste Satz von TYCHONOFF liefert viele interessante und wichtige Beispiele bikompakter Räume, insbesondere Bikompakta: z. B. den bikompakten T_0-Raum $\mathfrak{F}^\tau$, der das Produkt von τ verhefteten Punktepaaren ist; das Bikompaktum D^τ („Diskontinuum vom Gewicht τ"), das ein Produkt von τ einfachen Punktepaaren ist; das Bikompaktum I^τ, das sich als Produkt von τ Segmenten der Zahlengeraden ergibt („Tychonoffscher Quader vom Gewicht τ")[1]); das Produkt von τ Kreisen („Torus T^τ vom Gewicht τ") usw. Alle aufgezählten Räume besitzen eine Reihe interessanter Eigenschaften. So sind D^τ und T^τ, wenn man darin in geeigneter Weise eine Addition erklärt, topologische Gruppen. Der Raum $\mathfrak{F}^\tau$ zeichnet sich dadurch

[1]) Nach dem Bewiesenen ist der Hilbertsche Fundamentalquader ein Spezialfall des Tychonoffschen Quaders, und zwar $Q = I^{\aleph_0}$; ebenso ist das Cantorsche Diskontinuum gleich D^τ für $\tau = \aleph_0$.

aus, daß er ein topologisches Bild jedes T_0-Raumes von einem Gewicht $\leqq \tau$ enthält. Ferner ergibt sich jeder T_0-Raum von einem Gewicht $\leqq \tau$ durch eine umkehrbar eindeutige und in einer Richtung stetige Abbildung einer gewissen in D^τ gelegenen Menge, und jedes Bikompaktum von einem Gewicht $\leqq \tau$ ist stetiges Bild einer gewissen abgeschlossenen Menge aus D^τ [1]).

Theorem 14 (Zweiter Satz von TYCHONOFF). *Jeder vollständig reguläre Raum vom Gewicht τ ist einer gewissen Menge aus dem Tychonoffschen Quader vom Gewicht τ homöomorph.*

Ehe wir diesen Satz beweisen, machen wir einige Bemerkungen dazu und ziehen aus ihm einige Folgerungen. Zunächst folgt aus dem Satz, daß der Tychonoffsche Quader I^τ „vom Gewicht τ" tatsächlich das Gewicht τ hat; da nämlich I^τ als Produkt von τ Segmenten ein Gewicht $\leqq \tau$ hat und da I^τ ein topologisches Bild jedes vollständig regulären Raumes vom Gewicht τ enthält,[2]) kann das Gewicht von I^τ nicht kleiner als τ sein. Ferner ist *jede Menge A, die in einem vollständig regulären Raum X gelegen ist, selbst wieder ein vollständig regulärer Raum:* Ist $x_0 \in A$ und $\Phi \subseteqq A \setminus x_0$ in A abgeschlossen, so wählt man eine in X abgeschlossene Menge F derart, daß $A \cap F = \Phi$ ist, und konstruiert die in X stetige Funktion f, $0 \leqq f(x) \leqq 1$, die gleich Null im Punkt x_0 und gleich Eins auf F ist. Betrachtet man diese Funktion nur auf A, so erkennt man, daß der Punkt x_0 und die Menge Φ in A funktional getrennt sind. Aus dieser Bemerkung und daraus, daß jedes Bikompaktum als normaler Raum erst recht vollständig regulär ist, sowie aus dem zweiten Satz von TYCHONOFF ergibt sich

Theorem 15. *Die Klasse der vollständig regulären Räume stimmt mit der Klasse der in Bikompakta gelegenen Mengen überein, wobei vollständig reguläre Räume vom Gewicht τ in Bikompakta vom gleichen Gewicht, nämlich im Tychonoffschen Quader vom Gewicht τ, enthalten sind.*

Da Bikompakta normal sind und jede in einem normalen Raum gelegene Menge nach dem eben Bewiesenen vollständig regulär ist, gilt ferner:

Theorem 15′. *Vollständig reguläre Räume sind nichts anderes als Mengen in normalen Räumen.*

Es gilt auch folgender Satz:

Theorem 16. *Die Klasse der Bikompakta kann auf jede der beiden folgenden Arten definiert werden:*

als Klasse der vollständig regulären Räume, die in jedem umfassenden Hausdorffschen (oder vollständig regulären oder normalen) Raum abgeschlossen sind;

als Klasse der normalen Räume, die in jedem umfassenden Hausdorffschen (oder vollständig regulären oder normalen) Raum abgeschlossen sind.

---

[1]) Nicht alle Bikompakta sind Bilder des ganzen Raumes D^τ (vgl. 6.10.).

[2]) Beispielsweise den Raum, der aus τ isolierten Punkten besteht.

Diese Behauptung folgt daraus, daß jedes Bikompaktum ein normaler (und folglich auch vollständig regulärer) Raum ist, der in jedem Hausdorffschen (erst recht in jedem vollständig regulären und in jedem normalen) Raum abgeschlossen ist, und daß ein nicht bikompakter vollständig regulärer Raum, wenn er topologisch in den Tychonoffschen Quader abgebildet wird (der ein normaler, also vollständig regulärer, d. h. Hausdorffscher Raum ist), dort eine nicht-abgeschlossene Menge liefert.[1])

Wir gehen jetzt zum Beweis des zweiten Satzes von TYCHONOFF über. Es sei X ein vollständig regulärer Raum. Wir betrachten irgendeine Menge Ξ von Funktionen f, die in X stetig sind und der Ungleichung $0 \leqq f(x) \leqq 1$ genügen. Jede solche Menge Ξ nennen wir eine Menge, die *den Raum X zergliedert,* wenn man für jeden Punkt x_0 und jede Umgebung Ox_0 dieses Punktes eine Funktion $f \in \Xi$ finden kann derart, daß $f(x_0) = 0$ und $f(x) = 1$ ist für alle $x \in X \setminus Ox_0$. Solche zergliedernden Mengen von Funktionen existieren wirklich, z. B. die Menge aller in X stetigen Funktionen, die der Bedingung $0 \leqq f(x) \leqq 1$ genügen.

Der zweite Satz von TYCHONOFF ist mit folgenden beiden Sätzen bewiesen:

A. *Hat ein vollständig regulärer Raum X das Gewicht τ, so gibt es eine zergliedernde Menge von Funktionen einer Mächtigkeit $\leqq \tau$.*

B. *Existiert in einem vollständig regulären Raum eine zergliedernde Menge von Funktionen der Mächtigkeit τ', so gibt es auch eine topologische Abbildung φ des Raumes X in den Tychonoffschen Quader $I^{\tau'}$.* Aus B. folgt, daß die Mächtigkeit jeder zergliedernden Menge von Funktionen nicht kleiner ist als das Gewicht des Raumes X.

Hilfssatz 2. *Es sei x_0 ein Punkt eines vollständig regulären Raumes X. Zu jeder Umgebung Ox_0 des Punktes x_0 läßt sich eine Umgebung O_1x_0 desselben Punktes finden derart, daß die abgeschlossenen Mengen $[O_1x_0]$ und $X \setminus Ox_0$ in X funktional trennbar sind (so daß insbesondere $[O_1x_0] \subseteqq Ox_0$ gilt).*

Zum Beweis dieses Hilfssatzes betrachten wir irgendeine Funktion f, $0 \leqq f(x) \leqq 1$, die in X stetig, gleich Null in x_0 und gleich Eins in $X \setminus Ox_0$ ist. Wir bezeichnen die Menge aller Punkte x, in denen $f(x) < \frac{1}{2}$ ist, mit O_1x_0 und definieren eine Funktion f_1 folgendermaßen:

$$f_1(x) = \begin{cases} 0, & \text{wenn } f(x) \leqq \frac{1}{2}, \\ 2\left(f(x) - \frac{1}{2}\right), & \text{wenn } \frac{1}{2} < f(x) < 1. \end{cases}$$

---

[1]) Wie wir eben gesehen haben, kann man Bikompakta auch als solche regulären Räume charakterisieren, die in jedem umfassenden Hausdorffschen Raum abgeschlossen sind. Dazu muß man noch bemerken, daß es nichtbikompakte Hausdorffsche Räume gibt, die in jedem Hausdorffschen Raum abgeschlossen sind (z. B. der nichtreguläre Hausdorffsche Raum, der auf Seite 155 erwähnt wurde), und daß jeder T_1-Raum, der aus unendlich vielen Punkten besteht (folglich auch jedes Bikompaktum, das aus unendlich vielen Punkten besteht), eine nichtabgeschlossene Menge eines gewissen T_1-Raumes ist.

Die Funktion $f_1(x)$ ist stetig nach 4.2., Satz 4, und trennt die Mengen $[O_1x_0]$ und $X \setminus Ox_0$ voneinander.

Beweis der Behauptung A. Es sei $\mathfrak{B} = \{U_\nu\}$ eine Basis des Raumes X von der Mächtigkeit τ; ein Paar $\pi_\alpha = (U_\mu, U_\nu)$ mit $U_\mu \in \mathfrak{B}$, $U_\nu \in \mathfrak{B}$ heißt kanonisch, wenn $[U_\mu] \subseteqq U_\nu$ ist und die Mengen $[U_\mu]$, $X \setminus U_\nu$ funktional trennbar sind. Die Menge aller kanonischen Paare bezeichnen wir mit C; sie besitzt eine Mächtigkeit $\leqq \tau$. Wir wählen jetzt für jedes kanonische Paar $\pi_\alpha = (U_\mu, U_\nu)$ eine Funktion f_α, $0 \leqq f_\alpha(x) \leqq 1$, die in X stetig, auf $[U_\mu]$ gleich 0 und auf $X \setminus U_\nu$ gleich 1 ist. Die Menge Ξ der ausgewählten Funktionen f_α hat eine Mächtigkeit $\leqq \tau$ und ist eine Menge, die den Raum X zergliedert. In der Tat: Zu jedem Punkt $x_0 \in X$ und zu jeder seiner Umgebungen Γ in X nehmen wir eine in Γ enthaltene Umgebung $Ox_0 = U_\nu \in \mathfrak{B}$, wählen für sie nach dem obigen Hilfssatz eine Umgebung O_1x_0 und eine in O_1x_0 gelegene Umgebung $O_2x_0 = U_\mu$; das Paar (U_μ, U_ν) ist ein kanonisches Paar π_α, wobei $f_\alpha(x_0) = 0$ und $f_\alpha(x) = 1$ ist für alle $x \in X \setminus \Gamma$. Damit ist die Behauptung A. bewiesen.

Beweis der Behauptung B. Gegeben sei eine Menge

$$\Xi = \{f_\alpha\}$$

von Funktionen, die den Raum X zergliedert, wobei der Index α eine gewisse Menge $\mathfrak{A}$ der Mächtigkeit τ' durchläuft. Die topologische Abbildung φ des Raumes X in $I^{\tau'}$ konstruieren wir folgendermaßen. Wir wählen für jedes $\alpha \in \mathfrak{A}$ das Segment

$$I_\alpha = [0 \leqq t_\alpha \leqq 1]$$

der Zahlengeraden, ordnen jedem Punkt $x \in X$ den Punkt

$$f_\alpha(x) = t_\alpha \in I_\alpha$$

zu und erhalten einen Punkt $\varphi(x) = \{f_\alpha(x)\} \in I^{\tau'}$. Damit ist eine Abbildung φ des Raumes X auf eine gewisse Menge $Y \subseteqq I^{\tau'}$ definiert.

Die Abbildung φ ist umkehrbar eindeutig. Ist nämlich $x \in X$, $x' \in X$, $x' \neq x$- so kann man zur Umgebung $X \setminus x'$ des Punktes x gemäß Definition der zergliedern, den Menge von Funktionen eine Funktion $f_\alpha \in \Xi$ wählen derart, daß $f_\alpha(x) = 0$ und $f_\alpha(x') = 1$ ist; dann sind die α-ten Koordinaten $f_\alpha(x)$ und $f_\alpha(x')$ der Punkte $\varphi(x)$ und $\varphi(x')$ verschieden, also gilt $\varphi(x) \neq \varphi(x')$.

Die Abbildung φ^{-1} der Menge Y auf die Menge X ist stetig. Es sei $y = \{t_\alpha\} \in Y$ und $\varphi^{-1}(y) = x$. Zu einer beliebigen Umgebung Ox des Punktes x in X ist eine Umgebung Oy in $I^{\tau'}$ zu wählen derart, daß $\varphi^{-1}(Oy \cap Y) \subseteqq Ox$ ist. Die Funktion f_α sei so definiert, daß $f_\alpha(x) = 0$ und $f_\alpha(x') = 1$ ist für $x' \in X \setminus Ox$. Die α-te Koordinate t_α des Punktes $y = \varphi(x)$ ist dann $t_\alpha = f_\alpha(x) = 0$. Wir bezeichnen die Menge aller Punkte $y' = \{t_\alpha'\} \in I^{\tau'}$, für die $t_\alpha' < 1$ ist, mit Oy. Für jeden Punkt $y' \in Y$, der in Oy gelegen ist, gilt dann $\varphi^{-1}(y') \in Ox$. Wäre nämlich $x' = \varphi^{-1}(y') \in X \setminus Ox$, so wäre $f_\alpha(x') = 1$, d. h., die α-te Koordinate des Punktes $\varphi(x') = y'$ wäre gleich 1 im Widerspruch zur Definition des Punktes y'.

Damit ist die Behauptung B. und mit dieser auch der zweite Satz von Tychonoff bewiesen.

Abschließend betrachten wir den Raum $I^{\mathfrak{c}}$. Gemäß Definition ist der Raum $I^{\mathfrak{c}}$ das Produkt von Segmenten

$$I_\alpha = [0 \leqq x_\alpha \leqq 1]$$

der Zahlengeraden, wobei der Index α eine Menge der Mächtigkeit des Kontinuums durchläuft. Daher kann man annehmen, daß der Index α als Werte alle reellen Zahlen des Segments $[0; 1]$ annimmt. Dann ist jedoch der Punkt

$$x = \{x_\alpha\}$$

des Raumes $I^{\mathfrak{c}}$ einfach eine willkürliche Funktion

$$x = x(\alpha),$$

die auf dem Segment $0 \leqq \alpha \leqq 1$ definiert ist und Werte annimmt, die ebenfalls diesem Segment angehören. Dabei kann die Topologie in dem Raum $I^{\mathfrak{c}}$ folgendermaßen beschrieben werden: Um eine Umgebung des Punktes $x_0 = x_0(\alpha)$ des Raumes $I^{\mathfrak{c}}$ zu erhalten, muß man ein beliebiges $\varepsilon > 0$ und endlich viele Punkte $\alpha_1, \ldots, \alpha_s$ des Segments $[0; 1]$ angeben; dann besteht die durch diese Angaben bestimmte Umgebung $O(\alpha_1, \ldots, \alpha_s, \varepsilon)$ des Punktes x_0 aus allen Funktionen $x = x(\alpha)$, die den Bedingungen

$$|x_0(\alpha_i) - x(\alpha_i)| < \varepsilon \qquad \text{für } i = 1, \ldots, s$$

genügen.

Somit kann der Raum $I^{\mathfrak{c}}$ als Raum aller Funktionen $x = x(\alpha)$ definiert werden, die auf dem Segment $0 \leqq \alpha \leqq 1$ erklärt sind und Werte aus dem Segment $0 \leqq x \leqq 1$ annehmen. Dieser Raum besitzt die eben beschriebene Topologie; daher nennt man den Raum $I^{\mathfrak{c}}$ den Tychonoffschen Funktionalraum; nach dem oben Bewiesenen ist er ein Bikompaktum vom Gewicht $\mathfrak{c}$. Gleichzeitig enthält $I^{\mathfrak{c}}$ eine abzählbare überall dichte Menge. Als ein Beispiel für eine solche Menge mag etwa die Menge der stückweise konstanten Funktionen (Treppenfunktionen) dienen, die rationale Werte annehmen und eine endliche Anzahl von Sprungstellen besitzen.

Gegeben sei eine abzählbare Menge von Punkten

$$x_1, x_2, \ldots, x_n, \ldots \tag{1}$$

des Raumes $I^{\mathfrak{c}}$. Wir beweisen, daß *die Menge* (1) *dann und nur dann in $I^{\mathfrak{c}}$ genau einen Häufungspunkt x_0 besitzt, wenn die Folge der Funktionen $x_n = x_n(\alpha)$ auf dem ganzen Segment $0 \leqq \alpha \leqq 1$ gegen die Funktion $x_0(\alpha)$ konvergiert* (bei Hinweisen auf diesen Satz werden wir immer vom „Hilfssatz" sprechen).

Zunächst ist klar: Konvergiert die Folge der Funktionen (1) in jedem Punkt α gegen die Funktion x_0, so ist x_0 der einzige Häufungspunkt der Menge (1) im Raum $I^{\mathfrak{c}}$. Wir beweisen die Umkehrung der Behauptung. Es sei x_0 der einzige Häufungspunkt der Menge (1). Konvergiert die Folge der Funktionen (1) auf dem Segment $0 \leqq \alpha \leqq 1$ nicht gegen die Funktion x_0, so gibt es einen Punkt α_0, $0 \leqq \alpha_0 \leqq 1$, und eine Teilfolge

$$x_{m_1}, x_{m_2}, \ldots, x_{m_k}, \ldots \tag{2}$$

der Folge (1) derart, daß für ein gewisses $\varepsilon > 0$ die Ungleichungen

$$|x_0(\alpha_0) - x_{m_k}(\alpha_0)| \geqq \varepsilon \tag{3}$$

für alle $k = 1, 2, 3, \ldots$ gelten. Wegen der Bikompaktheit des Raumes I^c hat die Menge (2) einen Häufungspunkt x', wobei aus der Topologie des Raumes I^c die Existenz einer Funktion x_{m_k} in (2) folgt derart, daß

$$|x'(\alpha_0) - x_{m_k}(\alpha_0)| < \varepsilon$$

ist; hieraus folgt $x' \neq x_0$ auf Grund der Ungleichungen (3), im Widerspruch zu der Voraussetzung, daß x_0 der einzige Häufungspunkt der Menge (1) in I^c sein sollte.

Wir konstruieren im Raum I^c eine abgeschlossene (folglich bikompakte) unendliche Menge Φ, die folgende bemerkenswerte Eigenschaft besitzt: *Φ enthält keine nichtstationäre*[1]) *konvergente Folge.* Dazu bezeichnen wir mit D die abzählbare Menge der Funktionen $d_n(\alpha)$, die auf dem Segment $0 \leqq \alpha \leqq 1$ definiert sind, wobei $d_n(\alpha)$ per definitionem die n-te Dualziffer der Zahl α sei. Läßt α zwei dyadische Entwicklungen zu, so nehmen wir diejenige, die mit Nullen endet. Wir beweisen, daß die Folge der Funktionen

$$d_1(\alpha), d_2(\alpha), \ldots, d_n(\alpha), \ldots \tag{4}$$

keine nichtstationäre Teilfolge enthält, die auf dem ganzen Segment $0 \leqq \alpha \leqq 1$ konvergiert. Es sei

$$d_{n_1}(\alpha), d_{n_2}(\alpha), \ldots, d_{n_k}(\alpha), \ldots \tag{5}$$

irgendeine Teilfolge der Folge (4). Wir bestimmen einen Punkt α_0, $0 < \alpha_0 < 1$, folgendermaßen durch einen dyadischen Bruch

$$\alpha_0 = 0{,}a_1 a_2 \ldots a_n \ldots$$

Für alle $h \geqq 1$ setzen wir $a_{n_{2h}} = 0$ und für alle n, die nicht gleich irgendeinem n_{2h} sind, setzen wir $a_n = 1$. Da

$$d_{n_{2h}}(\alpha_0) = a_{n_{2h}} = 0,$$

$$d_{n_{2h+1}}(\alpha_0) = a_{n_{2h+1}} = 1$$

ist, kann die Folge (5) im Punkt α_0 nicht konvergieren, und unsere Behauptung ist bewiesen.

Wir definieren jetzt Φ als die in I^c abgeschlossene Hülle der Menge D. Da I^c ein Bikompaktum ist, muß auch Φ ein Bikompaktum sein. Wir beweisen, daß es in Φ keine nichtstationäre konvergente Folge von Punkten gibt. Auf Grund des Hilfssatzes genügt es zu zeigen, daß man aus der Menge Φ keine Folge paarweise verschiedener Funktionen aussondern kann, die auf dem ganzen Segment $0 \leqq \alpha \leqq 1$ konvergiert. Es sei

$$x_1, x_2, \ldots, x_n, \ldots, \qquad x_n \in \Phi, \tag{6}$$

[1]) Wir erinnern daran, daß eine Folge stationär heißt, wenn ihre Elemente von einer gewissen Stelle an übereinstimmen.

eine solche Folge, die auf dem Segment $0 \leqq \alpha \leqq 1$ gegen die Funktion x_0 konvergieren möge; dann ist $x_0 \in \Phi$. Es sei O_1 eine Umgebung des Punktes x_0 bezüglich Φ und $x_{n_1} \in O_1$. Wir wählen eine Umgebung O_2 des Punktes x_0 bezüglich Φ derart, daß $[O_2]_\Phi \subseteq O_1$ und $x_{n_1} \in O_1 \setminus [O_2]$ ist. Nunmehr nehmen wir $x_{n_2} \in O_2$ und eine Umgebung O_3, $[O_3]_\Phi \subseteq O_2$, $x_{n_2} \in O_2 \setminus [O_3]$. Setzen wir diese Überlegung fort, so erhalten wir eine Folge von Umgebungen

$$O_1 \supset O_2 \supset \cdots \supset O_h \supset \cdots$$

des Punktes x_0 und eine Teilfolge $x_{n_1}, x_{n_2}, \ldots, x_{n_h}, \ldots$ der Folge (6), wobei $x_{n_h} \in O_h \setminus [O_{h+1}]$ ist.

Wir setzen

$$D_h = D \cap O_h \setminus [O_{h+1}].$$

Keine der Mengen D_h ist leer[1]); außerdem sind sie disjunkt. Die Elemente der Menge D_h sind gewisse unserer Funktionen d_n; diese seien

$$d_{n_1^h}, d_{n_2^h}, \ldots, d_{n_i^h}, \ldots$$

Wir bezeichnen jetzt eine natürliche Zahl n als Zahl erster Art, wenn es ein i gibt derart, daß $n = n_i^h$ bei ungeradem h, und als Zahl zweiter Art, wenn sie keine Zahl erster Art ist. Wir setzen nun

$$a_n = \begin{cases} 1, & \text{wenn } n \text{ Zahl erster Art,} \\ 0, & \text{wenn } n \text{ Zahl zweiter Art,} \end{cases}$$

und betrachten die reelle Zahl α_0 mit der dyadischen Darstellung

$$\alpha_0 = 0{,}a_1 a_2 \ldots a_n \ldots$$

Dann nimmt jede Funktion $d_{n_i^h} \in D_h$ in α_0 bei ungeradem h den Wert 1 und bei geradem h den Wert 0 an; nun ist aber x_{n_h} ein Berührungspunkt der Menge D_h. Daher nimmt die Funktion x_{n_h} im Punkt α_0 den Wert 1 bei ungeradem h und den Wert 0 bei geradem h an; daraus geht hervor, daß die Folge $\{x_{n_h}\}$ im Punkt α_0 nicht konvergieren kann.

6.5. Die innere Charakterisierung vollständig regulärer Räume

Wie aus dem Vorhergehenden ersichtlich, können die vollständig regulären (Tychonoffschen) Räume, die ursprünglich (faktisch bereits durch Urysohn) über die Forderung der funktionalen Trennbarkeit eines jeden Punktes von jeder diesen Punkt nicht enthaltenden abgeschlossenen Menge definiert waren, auch als Teilräume von Bikompakta definiert werden. Allerdings sind diese Definitionen bei all ihrer Eleganz und Einfachheit keine „inneren" Definitionen: Die erste benötigt die Hinzunahme reeller Funktionen, und das bedeutet auch der reellen Zahlen, die zweite basiert auf der Einlagerung des gegebenen Raumes in diesen umfassende

[1]) $O_h \setminus [O_{h+1}]$ ist nämlich eine Umgebung des Punktes x_{n_h} in $\Phi = [D]$; daher ist in dieser Umgebung wenigstens ein Punkt der Menge D enthalten.

Räume. Seit Entstehen der Theorie der vollständig regulären (Tychonoffschen) Räume beschäftigt man sich daher mit der Frage ihrer inneren Definition, d. h. einer solchen Definition, die von keinerlei Begriffen und Konstruktionen Gebrauch macht, die nicht unmittelbar mit der Topologie des gegebenen Raumes verbunden sind. Nach einer Reihe von dieser Thematik gewidmeten Arbeiten verschiedener Autoren löste SAIZEW [1] das Problem vollständig. Diese Lösung basiert auf der einfachen und natürlichen Idee, neben einer gegebenen offenen oder abgeschlossenen Basis Z eines topologischen Raumes die zu Z duale (abgeschlossene oder offene) Basis zu betrachten, die aus den zu den Elementen der gegebenen Basis Z komplementären Mengen besteht.

Eine *offene Basis* eines Raumes X wird *symmetrisch* genannt, wenn sie eine abgeschlossene Topologie des Raumes X multiplikativ erzeugt. Analog heißt eine *abgeschlossene Basis symmetrisch*, wenn sie eine offene Topologie additiv erzeugt, d. h., wenn sie ein Netz des Raumes X ist.[1]) Eine *offene Basis* Z wird *normal* genannt, wenn sie symmetrisch ist und wenn je zwei zur dualen Basis gehörende disjunkte abgeschlossene Mengen disjunkte Umgebungen besitzen, die Elemente der gegebenen Basis Z sind. Analog heißt eine *abgeschlossene Basis normal*, wenn sie symmetrisch ist und je zwei ihrer disjunkten Elemente in der dualen offenen Basis disjunkte Umgebungen besitzen. Offenbar ist die zu einer normalen Basis duale Basis normal.

Theorem von SAIZEW (Kriterium für die vollständige Regularität eines Raumes). *Ein T_1-Raum ist genau dann vollständig regulär, wenn er eine normale Basis besitzt (gleichgültig, ob diese offen oder abgeschlossen ist).*

Die Bedingung ist notwendig. Es sei X ein Tychonoffscher Raum. Mit $\Phi = \{\varphi\}$ bezeichnen wir die Menge aller auf ganz X definierten stetigen reellen Funktionen, die der Bedingung $0 \leqq \varphi x \leqq 1$ für alle $x \in X$ genügen. Die Menge $\varphi^{-1}0$ aller Punkte $x \in X$, für die $\varphi x = 0$ ist, wird Nullmenge der Funktion φ genannt. Wir beweisen, daß die Menge Z der Nullmengen aller möglichen Funktionen $\varphi \in \Phi$ eine normale abgeschlossene Basis bildet.

Zunächst wird gezeigt, daß Z eine abgeschlossene Basis ist. Dazu genügt es zu beweisen, daß, wie immer man eine abgeschlossene Menge $F \subset X$ und einen Punkt $x_0 \in X \setminus F$ wählt, sich ein $A \in Z$ finden läßt derart, daß $F \subseteqq A \subseteqq X \setminus \{x_0\}$ ist. Diese Behauptung folgt aber aus der vollständigen Regularität des Raumes X: Es genügt, $A = \varphi^{-1}0$ zu setzen, wobei $\varphi \in \Phi$ eine Funktion ist, die in allen Punkten $x \in F$ den Wert 0 und im Punkt x_0 den Wert 1 annimmt. Wir beweisen, daß Z ein Netz ist. Ist nämlich $x_0 \in X$ ein beliebiger Punkt und Ox_0 eine seiner Umgebungen, so wählen wir eine Funktion $\varphi \in \Phi$, die im Punkt x_0 gleich 0 ist und gleich 1 auf $X \setminus Ox_0$. Wir setzen $A = \varphi^{-1}0$ und erhalten $x_0 \in A \subseteqq Ox_0$. Also ist Z eine abgeschlossene symmetrische Basis. Wir zeigen jetzt, daß die Basis Z normal ist.

Es sei $A_1 = \varphi_1{}^{-1}0$, $A_2 = \varphi_2{}^{-1}0$, $A_1 \cap A_2 = \emptyset$. Es gilt, $B_1 \in Z$, $B_2 \in Z$ zu finden derart, daß

$$A_1 \subseteqq X \setminus B_1, \quad A_2 \subseteqq X \setminus B_2, \quad B_1 \cup B_2 = X,$$

ist.

[1]) Zu den Definitionen vgl. 4.4.

Da es keinen Punkt x gibt, in dem gleichzeitig $\varphi_1 x = 0$, $\varphi_2 x = 0$ ist, $\varphi_1 \in \Phi$, $\varphi_2 \in \Phi$, ist $hx = \dfrac{\varphi_1 x}{\varphi_1 x + \varphi_2 x}$ eine stetige Funktion, die zu Φ gehört und die Mengen A_1 und A_2 trennt. Wir setzen

$$\psi_1 x = \begin{cases} 3\left(\dfrac{1}{3} - hx\right) & \text{für} \quad 0 \leqq hx < \dfrac{1}{3}, \\ 0 & \text{für} \quad \dfrac{1}{3} \leqq hx \leqq 1, \end{cases}$$

$$\psi_2 x = \begin{cases} \dfrac{3}{2}\left(hx - \dfrac{1}{3}\right) & \text{für} \quad \dfrac{1}{3} \leqq hx \leqq 1, \\ 0 & \text{für} \quad 0 \leqq hx \leqq \dfrac{1}{3}. \end{cases}$$

Wie man leicht sieht, gehören ψ_1 und ψ_2 zu Φ, und ψ_1 nimmt den Wert Null nur auf der Menge an, auf der $\dfrac{1}{3} \leqq hx \leqq 1$ ist, ψ_2 hingegen nur auf der Menge, auf der $0 \leqq hx \leqq \dfrac{1}{3}$ ist. Mit anderen Worten, setzen wir

$$B_1 = \psi_1^{-1} 0 \in Z, \qquad B_2 = \psi_2^{-1} 0 \in Z,$$

so ist

$$A_1 \subseteqq X \setminus B_1, \qquad A_2 \subseteqq X \setminus B_2,$$

wobei die Mengen $X \setminus B_1$, $X \setminus B_2$ disjunkt sind.

Damit ist der erste Teil des Satzes bewiesen.

Wir führen jetzt die folgende Hilfsdefinition ein.

Es sei X ein T_1-Raum. Eine Menge Σ von Paaren (F, OF), worin F abgeschlossen ist und OF eine Umgebung der Menge F bezeichnet, wird ein *dichtes System* genannt, wenn zu jedem Paar $(F, OF) \in \Sigma$ eine Umgebung $O'F$ der Menge F und eine abgeschlossene Menge $\bar{F}$ existieren, die den folgenden Bedingungen genügen:

1. $[O'F] \subseteqq \bar{F} \subseteqq OF$,
2. $(F, O'F) \in \Sigma$, $(\bar{F}, OF) \in \Sigma$.

Es gelten die folgenden einfachen Hilfssätze.

Hilfssatz 1. *Es sei $Z = \{A\}$ eine normale abgeschlossene Basis eines T_1-Raumes X. Dann ist $\Sigma = \{(A, OA)\}$ mit $A \in Z$, $OA \in \bar{Z}$, ein dichtes System.*

Beweis. Es sei (A, OA) ein beliebiges Paar aus Σ. Es werde $X \setminus OA = \bar{A}$ betrachtet; offenbar ist $A \cap \bar{A} = \emptyset$. Wir wählen dann solche Umgebungen $O'A \in \bar{Z}$ und $O'\bar{A} \in \bar{Z}$, daß $O'A \cap O'\bar{A}$ leer ist. Setzen wir $X \setminus O'\bar{A} = F$, so ist $F \in Z$. Wegen $O'A \cap O'\bar{A} = \emptyset$ gilt $O'A \subseteqq X \setminus O'\bar{A} = F$; folglich ist $[O'A] \subseteqq F$. Wir zeigen nun, daß $F \subseteqq OA$ ist. Es ist nämlich

$$(X \setminus OA) \cap F = (X \setminus OA) \cap (X \setminus O'\bar{A}) = \bar{A} \cap (X \setminus O'\bar{A}) = \emptyset.$$

Also findet man $A \subseteqq [O'A] \subseteqq F \subseteqq OA$. Wegen $A \in Z$, $O'A \in \bar{Z}$, $F \in Z$, $OA \in \bar{Z}$ ergibt sich $(A, O'A) \in \Sigma$, $(F, OA) \in \Sigma$.

Hilfssatz 1 ist damit bewiesen.

Hilfssatz 2. *Es seien A und B beliebige disjunkte abgeschlossene Mengen in einem Raum X. Wenn für die Menge A ein Umgebungssystem $\{\Gamma_r\}$ existiert, das mit Hilfe der dyadisch-rationalen Zahlen r $(0 \leqq r \leqq 1)$ durchnumeriert ist, so daß $\Gamma_1 = X \setminus B$ ist und aus $r < r'$ die Relation $[\Gamma_r] \subseteqq \Gamma_{r'}$ folgt, dann sind A und B funktional trennbar.*

Beweis. Es genügt, die klassische Betrachtung P. S. Urysohns zu wiederholen. Es sei $t \in [0; 1]$ keine dyadisch-rationale Zahl; wir setzen $\Gamma_t = \bigcup_{r<t} \Gamma_r$. Ist $t < t'$, so gilt $[\Gamma_t] \subseteqq \Gamma_{t'}$. Hiermit entspricht jeder reellen Zahl $t \in [0; 1]$ eine Umgebung Γ_t der Menge A, die der Bedingung $[\Gamma_t] \subseteqq \Gamma_{t'}$ für $t < t'$ genügt. Auch im weiteren Urysohn folgend, setzen wir $\Gamma_t = \emptyset$ für $t < 0$ und $\Gamma_t = X$ für $t > 1$. Zu jedem Punkt $x \in X$ konstruieren wir einen Schnitt (A^x, B^x) in der Menge der reellen Zahlen; und zwar ordnen wir die Zahl t der Unterklasse A^x zu, wenn x nicht in Γ_t enthalten ist, und ordnen t der Oberklasse B^x zu, wenn $x \in \Gamma_t$ ist. Dieser Schnitt definiert eine reelle Zahl τ_x, wobei offenbar $0 \leqq \tau_x \leqq 1$ gilt. Es wurde also auf dem ganzen Raum X eine Funktion $f_{0,1}(x) = \tau_x$ definiert, die die Mengen A und B trennt.

Bemerkung. Man überzeugt sich leicht, daß die Bedingung dieses Hilfssatzes nicht nur hinreichend, sondern auch notwendig für die funktionale Trennbarkeit der Mengen A und B ist.

Hilfssatz 3. *Es sei $(F, OF) \in \Sigma$, wobei Σ ein dichtes System im Raum X ist. Die Mengen F und $X \setminus OF$ sind dann funktional trennbar.*

Beweis. Der Beweis ist erneut eine Wiederholung des Beweises des Urysohnschen Lemmas. Wir setzen $OF = \Gamma_1$. Auf Grund der Dichtheit des Systems Σ gibt es eine Umgebung Γ_0 und eine abgeschlossene Menge Φ_0 derart, daß

$$F \subseteqq \Gamma_0 \subseteqq [\Gamma_0] \subseteqq \Phi_0 \subseteqq \Gamma_1$$

ist mit

$$(F, \Gamma_0) \in \Sigma, \tag{1}$$

$$(\Phi_0, \Gamma_1) \in \Sigma. \tag{2}$$

Aus (2) folgt die Existenz einer Umgebung $\Gamma_{1/2}$ und einer Menge $\Phi_{1/2}$ derart, daß

$$\Phi_0 \subseteqq \Gamma_{1/2} \subseteqq [\Gamma_{1/2}] \subseteqq \Phi_{1/2} \subseteqq \Gamma_1$$

ist. Setzen wir diese Überlegung induktiv fort, so konstruieren wir für alle dyadisch-rationalen Zahlen $r = \dfrac{p}{2^n}$ $(0 \leqq r \leqq 1)$ abgeschlossene Mengen $\Phi_{p/2^n}$ und offene Mengen $\Gamma_{p/2^n}$ derart, daß

$$\Phi_{p/2^n} \subseteqq \Gamma_{(2p+1)/2^{n+1}} \subseteqq [\Gamma_{(p+1)/2^{n+2}}] \subseteqq \Phi_{(2p+1)/2^{n+2}} \subseteqq \Gamma_{(p+1)/2^n}.$$

Damit haben wir für die abgeschlossenen Mengen $A = F$, $B = X \setminus OF$ ein Umgebungssystem $\{\Gamma_r\}$ konstruiert, das den Bedingungen aus Hilfssatz 2 genügt, so daß F und $X \setminus OF$ funktional trennbar sind. Es schließt sich jetzt ein kurzer Beweis des zweiten Teiles des Theorems von SAIZEW an (die Bedingung des Satzes ist hinreichend).

Es sei $Z = \{A\}$ eine normale Basis des Raumes X; nach Hilfssatz 1 ist $\Sigma = \{(A, OA)\}$ ein dichtes System. Es werden nun ein Punkt x und eine diesen Punkt nicht enthaltende abgeschlossene Menge F beliebig gewählt. Da $Z = \{A\}$ eine abgeschlossene Basis ist, gibt es ein Element A_F derart, daß $x \notin A_F$, $F \subseteq A_F$, ist. Wir betrachten die Umgebung

$$Ox = X \setminus A_F$$

des Punktes x. Da $Z = \{A\}$ ein Netz ist, gibt es ein Element $A_x \in Z$ mit $x \in A_x \subseteq Ox$. Folglich ist $A_x \cap A_F$ leer, und das Paar $(A_x, X \setminus A_F)$ gehört zu Σ. Hilfssatz 3 zufolge sind die Mengen A_x und A_F also funktional trennbar. Hieraus ergibt sich die funktionale Trennbarkeit des Punktes x und der Menge F. Damit ist der Satz bewiesen.

6.6. Die maximale bikompakte Erweiterung eines vollständig regulären Raumes

Wir nennen jedes Bikompaktum $\overline{X} = bX$, das einen vollständig regulären Raum X als überall dichte Menge enthält, eine *bikompakte Erweiterung* des Raumes X. Jede zergliedernde Familie von Funktionen des Raumes X definiert eine gewisse bikompakte Erweiterung des Raumes X. Ist nämlich τ die Mächtigkeit einer gegebenen zergliedernden Menge von Funktionen, so gibt es eine topologische Abbildung φ des Raumes X auf eine Menge $Y = \varphi X \subseteq I^\tau$. Wir bilden die abgeschlossene Hülle $[Y]$ der Menge Y (in I^τ). Ersetzt man die Punkte $y \in Y \subseteq [Y]$ durch die ihnen umkehrbar eindeutig entsprechenden Punkte $x \in X$, so kann man annehmen, daß X selbst in dem Bikompaktum $[Y]$ liegt und eine überall dichte Menge dieses Bikompaktums ist, das auf diese Weise zu einer bikompakten Erweiterung des Raumes X wird. Von besonderem Interesse ist der Fall, daß die zergliedernde Funktionenmenge eine maximale derartige Menge ist, d. h., aus allen auf X stetigen Funktionen $f\colon X \to [0; 1]$ besteht. Die entsprechende bikompakte Erweiterung des Raumes X wird die *maximale bikompakte Erweiterung* des Raumes X genannt und mit βX bezeichnet. Diese Erweiterung heißt auch Stone-Čechsche Erweiterung des Tychonoffschen Raumes X.

Eine stetige Abbildung $f\colon bX \to b'X$ einer bikompakten Erweiterung bX eines Raumes X in eine bikompakte Erweiterung $b'X$ desselben Raumes X wird *natürlich* genannt, wenn $fx = x$ für jeden Punkt $x \in X$ gilt.

Da $f(bX) \supseteq X$ und das Bild des Bikompaktums bX in $b'X$ abgeschlossen ist, gilt (für eine natürliche Abbildung $f\colon bX \to b'X$) stets

$$f(bX) = b'X,$$

d. h., natürliche Abbildungen sind Abbildungen „auf".

Theorem 17 (M. Stone [1], Čech [2]). *Jede der folgenden drei Bedingungen ist notwendig und hinreichend dafür, daß eine bikompakte Erweiterung bX einer maximalen Erweiterung βX natürlich homöomorph ist.*

1⁰. *Jede stetige Funktion*

$$f: X \to [0; 1]$$

kann zu einer stetigen Funktion

$$\bar{f}: bX \to [0; 1]$$

fortgesetzt werden.

2⁰. *Jede stetige Abbildung*

$$\varphi: X \to B$$

des Raumes X in ein Bikompaktum B kann zu einer stetigen Abbildung

$$\bar{\varphi}: bX \to B$$

fortgesetzt werden.

3⁰. *Von der Erweiterung bX gibt es eine natürliche Abbildung auf jede bikompakte Erweiterung des Raumes X.*

Beweis. Wir beweisen, daß βX der Bedingung 1⁰ genügt. Gegeben sei eine stetige Funktion

$$f: X \to [0; 1].$$

Da die Erweiterung βX mit Hilfe des zergliedernden Systems

$$\Xi_{\max} = \{f_\alpha\}, \qquad \alpha \in \mathfrak{A},$$

aller auf X stetigen Funktionen

$$f_\alpha: X \to I_\alpha = [0; 1]$$

konstruiert wird, stimmt die Funktion f mit einer der Funktionen f_α überein. Es sei $f = f_{\alpha_0}$. Wir bezeichnen die Mächtigkeit der Menge $\{f_\alpha\}$ aller stetigen Funktionen $f_\alpha: X \to I_\alpha$ (d. h. die Mächtigkeit von $\mathfrak{A}$) mit τ und setzen

$$\prod_{\alpha \in \mathfrak{A}} I_\alpha = I^\tau.$$

Wie in 6.4. gezeigt wurde, ist die Abbildung

$$\varphi: X \to \prod_{\alpha \in \mathfrak{A}} I_\alpha \equiv I^\tau,$$

die jedem Punkt $x \in X$ den Punkt $\varphi x = \{f_\alpha x\}$ zuordnet, ein Homöomorphismus. Dabei ist für jedes $\alpha \in \mathfrak{A}$ die Beziehung

$$f_\alpha = \pi_\alpha \varphi$$

erfüllt, wobei $\pi_\alpha: I^\tau \to I_\alpha$ wie üblich die Projektion bezeichnet. Identifiziert man den Raum X mit Hilfe des Homöomorphismus φ mit der Menge $\varphi X \subseteqq \prod_{\alpha \in \mathfrak{A}} I_\alpha$, so wird die Funktion f_{α_0} mit der Abbildung

$$\pi_{\alpha_0}: X \equiv \varphi X \to I_{\alpha_0}$$

identifiziert. Die Abbildung

$$\bar{\pi}_{\alpha_0}: \beta X \equiv [\varphi X] \to I_{\alpha_0}$$

ist offenbar die gesuchte Fortsetzung $\bar{f}$ der Abbildung f. Wir zeigen jetzt, daß aus der Behauptung 1° die Behauptung 2° folgt. Zunächst betrachten wir den trivialen Fall, daß das Gewicht des Bikompaktums endlich ist. Dann ist das Bikompaktum B selbst endlich und kann als Teilmenge des Segments $I = [0; 1]$ aufgefaßt werden.

Nach Voraussetzung läßt sich die Abbildung

$$\varphi: X \to B \subseteqq I$$

zu einer stetigen Abbildung

$$\bar{\varphi}: bX \to I$$

fortsetzen. Wegen

$$\bar{\varphi}(bX) = \bar{\varphi}[X]_{bX} \subseteqq [\bar{\varphi}X]_I = [\varphi X]_I \subseteqq [B]_I = B$$

gilt die Behauptung 2°, falls das Gewicht des Bikompaktums B endlich ist.

Das Gewicht von B sei gleich $\tau \geqq \aleph_0$. Nach dem Satz von Tychonoff kann man das Bikompaktum B als Teilmenge des Tychonoffschen Quaders

$$I^\tau = \prod_{\alpha \in \mathfrak{A}} I_\alpha, \qquad I_\alpha = [0; 1],$$

ansehen. Jede Funktion

$$f_\alpha = \pi_\alpha \varphi: X \to I_\alpha$$

ist als Superposition stetiger Funktionen stetig. Daher existiert nach Voraussetzung zu jedem $\alpha \in \mathfrak{A}$ eine stetige Fortsetzung

$$\bar{f}_\alpha: bX \to I_\alpha.$$

Das Diagonalprodukt $\bar{\varphi}: bX \to I^\tau$ der Abbildungen $\bar{f}_\alpha$ ist stetig (vgl. 6.4., Satz 2); dabei ergibt sich für $x \in X$

$$\bar{\varphi}x = \{\bar{f}_\alpha x\} = \{f_\alpha x\} = \{\pi_\alpha \varphi x\} = \varphi x,$$

so daß die Abbildung $\bar{\varphi}$ auf X mit φ übereinstimmt. Schließlich ergibt sich auf Grund der Stetigkeit der Abbildung $\bar{\varphi}$ die Inklusion

$$\bar{\varphi}(bX) = \bar{\varphi}[X]_{bX} \subseteqq [\bar{\varphi}X]_{I^\tau} = [\varphi X]_{I^\tau} \subseteqq B.$$

Also folgt die Behauptung 2° aus der Behauptung 1°.

Daß sich die Behauptung 3° aus der Behauptung 2° herleiten läßt, ist offensichtlich. Die Erweiterung βX genügt also den Bedingungen 1°—3°.

Bevor wir aus Behauptung 3^0 einen natürlichen Homöomorphismus $bX = \beta X$ herleiten, beweisen wir den folgenden

Hilfssatz 1. *Wenn die stetigen Abbildungen*

$$f_1 \colon X \to Y \quad \textit{und} \quad f_2 \colon X \to Y$$

eines topologischen Raumes X in einen Hausdorffschen Raum Y auf einer in X überall dichten Menge X' übereinstimmen, dann stimmen sie auf dem ganzen Raum X überein.

Beweis. Wir nehmen an, es gäbe in X einen Punkt x_0 derart, daß

$$y_1 = f_1 x_0 \neq y_2 = f_2 x_0$$

ist.

Wir wählen disjunkte Umgebungen O_1 und O_2 der Punkte y_1 und y_2. Auf Grund der Stetigkeit der Abbildungen f_1 und f_2 muß es eine Umgebung V des Punktes x_0 geben derart, daß $f_1 V \subseteqq O_1$ und $f_2 V \subseteqq O_2$ gilt. Da die Menge X' in X überall dicht ist, ist die Menge $V' = V \cap X'$ nicht leer. Wegen $f_1 V' \subseteqq O_1$ und $f_2 V' \subseteqq O_2$ ergibt sich

$$f_1 V' \cap f_2 V' = \emptyset .$$

Nun stimmen aber die Abbildungen f_1 und f_2 auf X' überein, so daß

$$f_1 V' = f_2 V' \neq \emptyset$$

ist. Dieser Widerspruch beweist den Hilfssatz.

Aus Hilfssatz 1 folgt, daß eine natürliche Abbildung $f \colon bX \to b'X$ (durch die identische Abbildung $X \to X$) eindeutig bestimmt ist. Nun leiten wir aus Behauptung 3^0 die Existenz eines natürlichen Homöomorphismus zwischen den Erweiterungen bX und βX her.

Es bezeichne h die natürliche Abbildung von bX auf βX (die auf Grund von 3^0 existiert).

Da βX der Bedingung 3^0 genügt, gibt es eine natürliche Abbildung

$$h' \colon \beta X \to bX .$$

Die Superposition $h'h \colon bX \to bX$ ist eine natürliche Abbildung, weshalb die Abbildung $h'h$ auf der in bX überall dichten Menge X mit der identischen Abbildung des Bikompaktums in bX übereinstimmt.

Aus Hilfssatz 1 folgt, daß die Abbildung $h'h$ überhaupt mit der identischen Abbildung des Bikompaktums bX übereinstimmt. Die Abbildung h ist somit umkehrbar eindeutig. Da jede natürliche Abbildung eine Abbildung „auf" und stetig ist, da ferner bX ein Bikompaktum ist, ist h ein natürlicher Homöomorphismus von bX auf βX. Theorem 17 ist damit bewiesen.

In der Menge $\mathfrak{B}_X$ aller bikompakten Erweiterungen eines vollständig regulären Raumes X kann man eine teilweise Ordnung einführen, indem man $bX > b'X$ annimmt, wenn eine natürliche Abbildung von bX auf $b'X$ existiert. Aus Theorem 17 folgt, daß die Stone-Čechsche Erweiterung βX maximales Element der teilweise geordneten Menge $\mathfrak{B}_X$ ist; βX wird daher auch maximale bikompakte Erweiterung des Raumes X genannt.

Besonders schöne Eigenschaften besitzt die Stone-Čechsche Erweiterung βX im Fall eines normalen Raumes X.

Satz 1. *Für jede abgeschlossene Teilmenge F eines normalen Raumes X ist die Abschließung $[F]_{\beta X}$ zur maximalen bikompakten Erweiterung βF des Raumes F homöomorph.*

Beweis. Auf Grund von Theorem 17 genügt es zu zeigen, daß jede stetige Abbildung

$$f\colon F \to [0; 1]$$

zu einer stetigen Abbildung

$$\tilde{f}\colon [F]_{\beta X} \to [0; 1]$$

fortgesetzt werden kann.

Es sei

$$f\colon F \to I = [0; 1]$$

irgendeine stetige Abbildung. Da X ein normaler Raum ist, gibt es eine stetige Fortsetzung

$$\varphi\colon X \to I$$

der Abbildung f. Nach Theorem 17 existiert eine stetige Fortsetzung

$$\bar{\varphi}\colon \beta X \to I$$

der Abbildung φ. Die Abbildung

$$\tilde{\varphi}\colon [F]_{\beta X} \to I$$

ist die gesuchte Fortsetzung $\tilde{f}$ der Abbildung f.

Satz 2. *Wenn zwei abgeschlossene Mengen F_1 und F_2 in einem normalen Raume X disjunkt sind, so sind auch ihre Abschließungen $[F_1]_{\beta X}$ und $[F_2]_{\beta X}$ disjunkt.*

Da zwei abgeschlossene disjunkte Teilmengen eines normalen Raumes funktional trennbar sind, ergibt sich Satz 2 aus dem folgenden

Hilfssatz 2. *Wenn zwei abgeschlossene Teilmengen F_1 und F_2 eines vollständig regulären Raumes X funktional trennbar sind, gilt*

$$[F_1]_{\beta X} \cap [F_2]_{\beta X} = \emptyset.$$

Beweis. Aus der funktionalen Trennbarkeit der Mengen F_1 und F_2 folgt die Existenz einer auf X stetigen Funktion

$$f\colon X \to [0; 1],$$

die auf F_1 gleich 0 und auf F_2 gleich 1 ist. Wir setzen die Funktion f zu einer stetigen Funktion

$$\bar{f} : \beta X \to [0; 1]$$

fort. Die Mengen $\Phi_1 = \bar{f}^{-1}(0)$ und $\Phi_2 = \bar{f}^{-1}(1)$ sind abgeschlossen in βX und disjunkt. Wegen $F_i \subseteqq \Phi_i$, $i = 1, 2$, ist $[F_i]_{\beta X} \subseteqq \Phi_i$, $i = 1, 2$, woraus

$$[F_1]_{\beta X} \cap [F_2]_{\beta X} \subseteqq \Phi_1 \cap \Phi_2 = \emptyset$$

folgt, was auch zu beweisen war.

Aus Theorem 17 ergibt sich das folgende

Theorem 18. *Jede stetige Abbildung $f\colon X \to Y$ von vollständig regulären Räumen X und Y läßt sich zu einer stetigen Abbildung $\bar{f} : \beta X \to \beta Y$ ihrer maximalen bikompakten Erweiterungen fortsetzen.*

Setzt man nämlich $Y \subseteqq \beta Y$ voraus, so kann man annehmen, daß f eine Abbildung von X in βY ist. Nach Bedingung 2^0 aus Theorem 17 kann die Abbildung f dann zu einer Abbildung $\bar{f} : \beta X \to \beta Y$ fortgesetzt werden.

6.7. Konstruktion aller bikompakten Erweiterungen eines gegebenen vollständig regulären Raumes

Unterordnung für abgeschlossene und offene Mengen. Wir sagen, in einem Raum X sei für abgeschlossene und offene Mengen eine *Unterordnung* eingeführt, wenn für Paare der Form F, H, wobei H eine offene und F eine abgeschlossene Menge in X ist, eine Unterordnungsbeziehung $F < H$ definiert ist, die den folgenden Axiomen genügt:

K1. Wenn $F < H$, dann $X \setminus H < X \setminus F$.

K2. Wenn $F < H$, dann $F \subseteqq H$.

K3. Wenn $F_1 \subseteqq F < H \subseteqq H_1$, dann $F_1 < H_1$.

K4. Wenn $F' < H'$, $F < H$, dann $F \cup F' < H \cup H'$.

K5. Wenn $F < H$, dann gibt es eine Umgebung OF derart, daß $F < OF \subseteqq [OF] < H$ ist.

K6. $\emptyset < \emptyset$.

K7. Zu jeder Umgebung Ox eines Punktes $x \in X$ gibt es eine Umgebung O_1x derart, daß $[O_1x] < Ox$ ist.

Bemerkung 1. Unter Berücksichtigung von K3 und K5 kann das Axiom K7 auch folgendermaßen formuliert werden: $x < Ox$.

Bemerkung 2. Aus K4 und K1 folgt, daß für $F < H$, $F' < H'$ stets $(F \cap F') < H \cap H'$ gilt.

Als Beispiel für eine Unterordnung in einem vollständig regulären Raum X mag die sogenannte *elementare Unterordnung* dienen: $F < H$, wenn F von $X \setminus H$ funktional trennbar ist. Wenn X dabei ein Bikompaktum ist, ist die elementare Unterordnung einfach die Inklusion $F \subseteqq H$ und darüber hinaus die einzige in X existierende Unterordnung.

Konstruktion aller bikompakten Erweiterungen eines vollständig regulären Raumes. Im weiteren wird mit H stets eine offene und mit F eine abgeschlossene Menge im Raum X bezeichnet.

1. Der Raum vX. Im Raum X sei eine beliebige Unterordnung v für offene und abgeschlossene Mengen gegeben. Wir nennen ein System $\sigma = \{H\}$ von in X offenen Mengen *v-gerecht*, wenn zu jeder Menge $H_1 \in \sigma$ eine Menge $H_2 \in \sigma$ gefunden werden kann derart, daß $[H_2] < H_1$ ist. Ein zentriertes und v-gerechtes System, das sowohl bezüglich der Zentriertheit als auch der v-Gerechtheit maximal ist, wird *v-Ende* genannt. Die v-Enden $\xi = \{H\}$ sind nach Definition die Punkte des Raumes vX. Wählt man für jede offene Menge $H_0 \subseteqq X$ eine Menge O_{H_0}, die aus allen, die Menge H_0 als Element enthaltenden v-Enden $\xi = \{H\}$ besteht, so erhält man in der Gesamtheit aller Mengen O_{H_0} eine Basis des Raumes vX.

Wie man leicht sieht, ist der Durchschnitt jeder endlichen Anzahl von Elementen eines v-Endes ξ wieder ein Element des v-Endes ξ, und jedes v-Ende ξ enthält zusammen mit einem seiner Elemente H auch jede offene Menge $H_1 \supseteqq H$. Mit anderen Worten ist jedes v-Ende ein Filter im System aller offenen Mengen des Raumes X.

Ohne Schwierigkeiten beweist man, daß $O_{H_1 \cap H_2} = O_{H_1} \cap O_{H_2}$ für zwei beliebige offene Mengen H_1 und H_2 gilt.

Die Unterordnungsmethode, die im wesentlichen der Einführung des Nähebegriffs (vgl. Smirnow [1]) äquivalent ist, wurde erstmalig zur Konstruktion maximaler Erweiterungen βX angewendet (vgl. Alexandroff [7]), in ihrer ganzen Allgemeinheit jedoch erst durch W. I. Ponomarjew entwickelt, und sie hat sich als außerordentlich praktisch und anschaulich in den unterschiedlichsten, mit bikompakten Erweiterungen zusammenhängenden Fragen erwiesen.

Das grundlegende Ergebnis dieses Abschnitts ist das

Theorem 19. *Wenn in einem Raum X eine Unterordnung v für offene und abgeschlossene Mengen gegeben ist, dann stellt der Raum vX aller v-Enden eine bikompakte Erweiterung des Raumes X dar, d. h. ein Bikompaktum, das den Raum X als überall dichte Menge topologisch enthält. Umgekehrt ist jede bikompakte Erweiterung $\overline{X}$ eines Raumes X (bis auf einen Homöomorphismus, der die Punkte von X fest läßt) ein Raum vX für eine gewisse, in X definierte Unterordnung v; diese Zuordnung zwischen bikompakten Erweiterungen und Unterordnungen ist umkehrbar eindeutig.*

2. Einbettung des Raumes X in vX.

Hilfssatz 1. *Der Raum X ist topologisch in vX enthalten und ist in vX eine überall dichte Menge.*

Beweis. Es sei x_0 ein beliebiger Punkt aus X. Nach Axiom K5 ist die Menge $\{Ux_0\}$ aller Umgebungen des Punktes x_0 in X ein v-gerechtes System. Aus der Regularität des Raumes folgt, daß sich das System $\{Ux_0\} = (x_0)$ durch keinerlei offene Mengen vervollständigen läßt, ohne daß seine Zentriertheit und seine v-Gerechtheit verletzt würde.

Die Menge aller Ux_0 ist also ein v-Ende, das wir mit $(x_0) = \{Ux_0\}$ bezeichnen wollen. Da X ein Hausdorffscher Raum ist, ergibt sich, daß die Zuordnung $(x_0) = \{Ux_0\} \leftrightarrow x_0$ umkehrbar eindeutig ist. Wie man weiterhin leicht sieht, besagen die Inklusionen $x \in Ux_0$, $Ux_0 \in (x)$ dasselbe. Hieraus folgt, wenn man jeden Punkt $x_0 \in X$ mit dem Ende $(x_0) = \{Ux_0\}$ identifiziert, daß man die letzte Behauptung in Form der Gleichung

$$X \cap O_{Ux_0} = Ux_0$$

schreiben kann, die zeigt, daß die Identifizierung $x_0 \equiv (x_0)$ eine topologische Einbettung des Raumes X in vX ist. Da x_0 ein beliebiger Punkt von X war und Ux_0 eine beliebige Umgebung dieses Punktes, ist Ux_0 irgendeine nichtleere offene Menge, und es ist

$$X \cap O_H = H,$$

woraus folgt, daß X überall dicht in vX ist oder daß vX eine Erweiterung des Raumes X ist.

Hieraus erhält man den

Hilfssatz 2. *Für jede in vX offene Menge Γ ist*

$$[O_{X \cap \Gamma}]_{vX} = [\Gamma]_{vX} \tag{1}$$

und folglich

$$O_{X \cap \Gamma} \subseteqq [\Gamma]_{vX}.$$

3. Der Operator $O(H)$.[1]) Es sei X^* irgendeine Erweiterung des Raumes X; wir wählen eine offene Menge $H \subseteqq X$ und bezeichnen mit $O(H)$ die größte offene Menge in X, die die Menge H aus X herausschneidet. Da $O(H)$ die Vereinigung aller offenen Mengen in X^* ist, die die Menge H aus X herausschneiden, ist $X^* \setminus O(H)$ der Durchschnitt aller in X^* abgeschlossenen Mengen, die $X \setminus H = F$ herausschneiden, d. h.

$$X^* \setminus O(H) = [F]_{X^*} \quad \text{oder} \quad O(H) = X^* \setminus [F]_{X^*}. \tag{2}$$

Wir führen einige einfache Eigenschaften des Operators $O(H)$ an.

1°. Der Operator O liefert eine umkehrbar eindeutige Abbildung der Menge aller offenen Mengen des Raumes X in die Menge aller offenen Mengen des Raumes X^*.

2°. Es ist $O(H_1) \subseteqq O(H_2)$ genau dann, wenn $H_1 \subseteqq H_2$ gilt, wobei die Gleichungen $O(H_1) = O(H_2)$ und $H_1 = H_2$ äquivalent sind.

[1]) Der Operator $O(H)$ wurde erstmalig von N. A. Schanin betrachtet.

Durch Übergang zu den Komplementen erhalten wir für die abgeschlossenen Mengen $F \subseteqq X$:

3°. $[F_2]_{X^*} \subseteqq [F_1]_{X^*}$ genau dann, wenn $F_2 \subseteqq F_1$ ist.

4°. $O(H_1 \cap H_2) = O(H_1) \cap O(H_2)$.

Die Eigenschaft 1° folgt aus 2°. Was die Eigenschaft 2° anbelangt, so folgt aus der Gleichung $O(H_1) = O(H_2)$ die Gleichung $X \cap O(H_1) = X \cap O(H_2)$, d. h. $H_1 = H_2$. Schließlich sei noch die Eigenschaft 4° überprüft. Die Inklusion $O(H_1 \cap H_2) \subseteqq O(H_1) \cap O(H_2)$ resultiert aus Eigenschaft 2°. Die umgekehrte Beziehung ergibt sich aus der Gleichung $X \cap O(H_1) \cap O(H_2) = H_1 \cap H_2$ und der Definition des Operators $O(H)$.

Wir beweisen, daß $O(H_0) = O_{H_0}$ für $X^* = vX$ gilt.

Wir haben bereits gesehen, daß $X \cap O_{H_0} = H_0$ ist; es bleibt zu beweisen, daß $\Gamma \subseteqq O_{H_0}$ ist, wenn für eine in vX offene Menge Γ die Beziehung $X \cap \Gamma = H_0$ gilt. Wenn aber $\xi \in \Gamma$ ist, dann gibt es (da die Mengen O_H eine Basis des Raumes vX bilden) ein H_1 derart, daß $\xi \in O_{H_1} \subseteqq \Gamma$ und $H_1 \in \xi$ ist. Aus $O_{H_1} \subseteqq \Gamma$ folgt jedoch $H_1 = X \cap O_{H_1} \subseteqq X \cap \Gamma$, und das bedeutet $H_0 = X \cap \Gamma \in \xi$, d. h. $\xi \in O_{H_0}$, was zu beweisen war.

Mit Φ_{F_0} bezeichnen wir jetzt (für eine gegebene beliebige abgeschlossene Menge $F_0 \subseteqq X$) die Menge aller derjenigen $\xi = \{H\} \in vX$, für die jedes $H \in \xi$ mit F_0 einen nichtleeren Durchschnitt hat. Wird $H_0 = X \setminus F_0$ gesetzt, so liegt, wie man sich leicht überzeugt, der Punkt $\xi = \{H\}$ dann und nur dann in Φ_{F_0}, wenn H_0 nicht zu ξ gehört.

Die Mengen Φ_{F_0} und O_{H_0} sind also zueinander komplementär:

$$\Phi_{F_0} = vX \setminus O_{H_0}.$$

Vergleicht man (1) und (2) und berücksichtigt, daß $O_{H_0} = O(H_0)$ ist, so findet man

$$[F_0]_{vX} = \Phi_{F_0}.$$

4. Weitere Hilfssätze. Aus dem Vorhergehenden ziehen wir eine wichtige Schlußfolgerung. Dazu wählen wir irgendeine offene Menge $H_0 \subseteqq X$. Da H_0 in O_{H_0} überall dicht ist, gilt

$$[O_{H_0}]_{vX} = \big[[H_0]_X\big]_{vX}.$$

Die rechte Seite ist nach dem Vorhergehenden aber gleich $\Phi_{[H_0]_X}$. Also ergibt sich $[O_{H_0}]_{vX} = \Phi_{[H_0]_X}$. Das bedeutet, daß $[O_{H_0}]_{xX}$ aus denjenigen $\xi = \{H\}$ besteht, in denen jedes $H \in \xi$ mit $[H_0]$ einen nichtleeren Durchschnitt hat, d. h. (da H offen ist) einen nichtleeren Durchschnitt mit H_0. Damit haben wir den folgenden Hilfssatz bewiesen:

Hilfssatz 3. *Ein Punkt $\xi = \{H\}$ gehört genau dann zu $[O_{H_0}]_{vX}$, wenn jedes $H \in \xi$ mit H_0 einen nichtleeren Durchschnitt besitzt.*

Hilfssatz 4. *Es sei (bezüglich einer im Raum X gegebenen Unterordnung v) $F < H_0$, wobei wie üblich F abgeschlossen und H_0 offen in X ist. In vX gilt dann $\Phi_F \subseteqq O_{H_0}$.*

Beweis. Es sei

$$\xi = \{H\} \in \Phi_F. \tag{3}$$

Wir müssen beweisen, daß $\xi \in O_{H_0}$ ist, d. h. $H_0 \in \xi$. Die Bedingung (3) besagt, daß $H \cap F \neq \emptyset$ für beliebiges $O \in \xi$ ist. Wir wählen in Übereinstimmung mit K5 eine Menge $OF = H_1$ derart, daß

$$F < H_1 \subseteqq [H_1] < H_0$$

ist, und beweisen $H_1 \in \xi$, womit auch $H_0 \in \xi$ gezeigt wäre, d. h. der ganze Hilfssatz 4 bewiesen ist. Angenommen, H_1 sei nicht in $\xi = \{H\}$ enthalten. Dann vervollständigen wir das System ξ durch die Menge H_1 und alle solchen H', für die

$$F < H' \subseteqq [H'] < H_1 \tag{4}$$

ist. Aus der Beziehung (4) selbst folgt bereits, daß das so vervollständigte System v-gerecht ist, während daraus, daß $F \cap H$ für jedes $H \in \xi$ nicht leer ist, folgt, daß es auch zentriert ist. Das widerspricht aber der Definition des Systems ξ als einem maximalen zentrierten und v-gerechten System. Hilfssatz 4 ist damit bewiesen.

Folgerung. *Der Raum vX ist regulär.*

Beweis. Es werden ein Punkt $\xi \in vX$ und eine Umgebung O_{H_0} desselben beliebig gewählt. Ferner sei $H_1 \in \xi$, $[H_1] < H_0$. Aus den Hilfssätzen 3 und 4 ergibt sich dann

$$[O_{H_1}] = \Phi_{[H_1]_X} \subseteqq O_{H_0},$$

womit die Regularität des Raumes vX bewiesen ist.

5. Die Unterordnung v^* im Raum vX.

Hilfssatz 5. *Im Raum vX werde („primäre Unterordnung") $\Phi_F < O_H$ gesetzt, wenn $F < H$ in X gilt; für eine beliebige abgeschlossene Menge Φ und für eine beliebige offene Menge O aus vX setzen wir („sekundäre Unterordnung") $\Phi < O$, wenn eine Menge $F < H$ in X gefunden werden kann derart, daß*

$$\Phi \subseteqq \Phi_F, \quad O_H \subseteqq O$$

ist, und dann ist nach dem Vorhergehenden $\Phi \subseteqq \Phi_F < O_H \subseteqq O$. Die auf diese Weise in vX definierte Unterordnung v^* genügt den sämtlichen Axiomen K1—K7.[1])

Hilfssatz 6. *In vX sei ein zentriertes System $\sigma = \{\Gamma_\alpha\}$ von in vX offenen Mengen Γ_α gegeben, das v^*-gerecht ist (d. h., zu jedem $\Gamma_\alpha \in \sigma$ existiert ein $\Gamma_\beta \in \sigma$ derart, daß $[\Gamma_\beta] < \Gamma_\alpha$ ist). Dann ist das zentrierte System σ' der Mengen $H_\alpha = X \cap \Gamma_\alpha$ v-gerecht;*

[1]) Es muß noch bewiesen werden, daß die „sekundäre Unterordnung" nicht im Widerspruch zur primären Unterordnung stehen kann, d. h., daß aus $\Phi_F < O_H$ stets $F < H$ folgt. Nun bedeutet aber $\Phi_F < O_H$, daß es ein $F' < H'$ mit $\Phi_F \subseteqq \Phi_{F'} < O_{H'} \subseteqq O_H$ gibt. Wie wir wissen, folgt aus $\Phi_F = [F]_{vX} \subseteqq \Phi_{F'} = [F']_{vX}$ die Inklusion $F \subseteqq F'$, ebenso wie aus $O_{H'} = O(H') \subseteqq O(H) = O_H$ die Inklusion $H' \subseteqq H$ folgt. Daher ist $F \subseteqq F' < H' \subseteqq H$, d. h. $F < H$.

ergänzt man dieses System zu einem maximalen v-gerechten System, einem v-Ende $\xi = \{H\}$, *so erhält man einen Punkt* $\xi \in vX$, *der in jeder der Mengen* $\Gamma_\alpha \in \sigma$ *enthalten ist.*

Zum Beweis der Gerechtheit des Systems σ' sei zunächst bemerkt, daß $X \cap \Phi_F = F$ ist für jedes $F \subseteqq X$. Es sei jetzt $H_\alpha = X \cap \Gamma_\alpha \in \sigma'$ beliebig gegeben. Wir wählen $[\Gamma_\beta]_{vX} < \Gamma_\alpha$. Das bedeutet, es gibt $\Gamma < H$ in X derart, daß

$$[\Gamma_\beta] \subseteqq \Phi_F < O_H \subseteqq \Gamma_\alpha$$

ist und folglich

$$[X \cap \Gamma_\beta]_X \subseteqq X \cap [\Gamma_\beta]_{vX} \subseteqq F < H \subseteqq X \cap \Gamma_\alpha,$$

d. h. $[H_\beta]_X \subseteqq F < H \subseteqq H_\alpha$, also $[H_\beta]_X < H_\alpha$. Damit ist die Gerechtheit des Systems σ' bewiesen. Wir zeigen jetzt, daß $\xi \in \Gamma_\alpha$ für jedes $\Gamma_\alpha \in \sigma$ gilt. Dazu wählen wir $\Gamma_\beta \in \sigma'$ so, daß $[\Gamma_\beta] < \Gamma_\alpha$ ist. Nach Hilfssatz 2 ist $O_{H_\beta} = O_{X \cap \Gamma_\beta} \subseteqq [\Gamma_\beta] < \Gamma_\alpha$, d. h. $O_{H_\beta} \subseteqq \Gamma_\alpha$. Wegen $H_\beta \in \xi$ ist $\xi \in O_{H_\beta} \subseteqq \Gamma_\alpha$, was zu beweisen war.

6. Beweis der Bikompaktheit des Raumes vX.

Definition. Eine Umgebung OF einer Menge $F \subseteqq X$ wird *verdichtbar* genannt, wenn eine Umgebung O_1F existiert derart, daß $[O_1F] < OF$ ist.

Aus der Regularität eines Raumes X und den Axiomen K5, K1, K7 folgt, daß jede abgeschlossene Menge $F \subseteqq X$ eine verdichtbare Umgebung besitzt; mehr noch: Wie immer der Punkt $x_0 \in X \setminus F$ gewählt wird, es gibt eine verdichtbare Umgebung $OF \subseteqq X \setminus x_0$.

Hieraus ergibt sich unmittelbar der

Hilfssatz 7. *Jede abgeschlossene Menge F ist Durchschnitt aller ihrer verdichtbaren Umgebungen.*

Wir gehen jetzt zum Beweis der Hauptaussage über:

Der auf Grund der Folgerung aus Hilfssatz 4 *reguläre Raum vX ist bikompakt (und folglich eine bikompakte Erweiterung des Raumes X).*

Es genügt zu zeigen, daß jedes zentrierte System $\sigma = \{\Phi_\alpha\}$ von in vX abgeschlossenen Mengen Φ_α einen nichtleeren Durchschnitt besitzt. Nun folgt aber aus Hilfssatz 7 $\bigcap_\alpha \Phi_\alpha = \bigcap_\alpha \bigcap_{U\Phi_\alpha} U\Phi_\alpha$, wobei $\{U\Phi_\alpha\}$ (für jedes Φ_α durchläuft die Menge $U\Phi_\alpha$ alle verdichtbaren Umgebungen, und jedes Φ_α durchläuft das ganze System σ) ein zentriertes v^*-gerechtes System in vX ist. Schneiden wir jede Umgebung $U\Phi_\alpha$ mit X, so erhalten wir nach Hilfssatz 6 ein v-gerechtes zentriertes System $\sigma' = \{H'\}$, woraus wir nach Vervollständigung zu einem maximalen System ein v-Ende $\xi = \{H\}$ erhalten, das zu jeder der Mengen $U\Phi_\alpha$ gehört; folglich $\left(\text{da } \bigcap_\alpha \Phi_\alpha = \bigcap_\alpha \bigcap_{U\Phi_\alpha} U\Phi_\alpha \text{ ist}\right)$ ist $\xi \in \bigcap_\alpha \Phi_\alpha$, womit die Behauptung bewiesen ist.

7. Zweiter Teil von Theorem 19. Es sei X^* irgendeine bikompakte Erweiterung eines Raumes X. Sie erzeugt im Raum X in folgender Weise eine Unterordnung v:

$$F < H, \quad \text{wenn} \quad [F]_{X^*} < O(H), \tag{5}$$

d. h. $[F]_{X^*} \subseteqq O(H)$. Man prüft leicht nach, daß (5) tatsächlich eine Unterordnung definiert.

Wir zeigen jetzt, daß vX (die durch eine Unterordnung v erzeugt bikompakte Erweiterung) mit X^* übereinstimmt. Es sei $\xi_0 = \{H^0\}$ ein v-Ende. Wir betrachten das Mengensystem $\{O(H)\}$ in dem Bikompaktum X^*. Zunächst stellt man fest, daß

$$\bigcap_{H^0 \in \xi_0} O(H^0) = \eta_0 \in X^* \tag{6}$$

ist. Für $[H_1]_X < H$ ist nämlich

$$O(H_1) \subseteqq \left[[H_1]_X\right]_{X^*} = [H_1]_{X^*} \subseteqq O(H),$$

woraus sich $\bigcap_{H^0 \in \xi_0} O(H^0) = \bigcap_{\substack{[H_1^0] < H^0 \\ H_1^0, H^0 \in \xi_0}} [H_1^0]_{X^*}$ ergibt. Auf Grund der Bikompaktheit des Raumes X^* ist die Menge $\bigcap [H_1^0]$ nicht leer, und auf Grund der Maximalität des Systems ξ_0 kann sie höchstens aus einem Punkt bestehen.

Zum Beweis der Gleichung $vX = X^*$ ordnen wir jedem Punkt $\xi^* \in X^*$ ein System $\xi = \{X \cap O\xi^*\}$ zu, wobei $O\xi^*$ eine beliebige Umgebung des Punktes ξ^* ist. Dieses System ist zentriert und v-gerecht (da das System $O\xi^*$ zentriert und v-gerecht ist). Es ist bezüglich beider dieser Eigenschaften maximal. Wäre nämlich das System $\xi = \{X \cap O\xi^*\}$ in einem zentrierten und v-gerechten System $\eta \neq \xi$, $\eta = \{G\}$, enthalten, so würden wir durch die Vervollständigung des Systems $\{O\xi^*\}$ durch alle $O(G)$ weder die v-Gerechtheit noch die Zentriertheit des Systems $\{O\xi^*\}$ verletzen, was der weiter oben bewiesenen Maximalität dieses Systems widerspräche.

Also ist $\xi = \{X \cap O\xi^*\}$ ein v-Ende, d. h. ein Punkt des Raumes vX. Wir erhalten damit eine Abbildung $f\xi^* = \xi$ des Raumes X^* in vX. Auf Grund von (6) ist f eine Abbildung von X^* auf vX.

Man prüft leicht nach, daß f eine umkehrbar eindeutige stetige Abbildung des Bikompaktums X^* ist, d. h. ein Homöomorphismus zwischen den Bikompakta X^* und vX, der die Punkte von X festläßt. Folglich können die Erweiterungen X^* und vX als identisch angesehen werden.

Zu beweisen bleibt als letzte Behauptung:

Ist $v \neq v'$, so ist $vX \neq v'X$. Wir bezeichnen die Unterordnung v mit $<$ und die Unterordnung v' mit $\lessdot$. Nach Voraussetzung sind die Unterordnungen v und v' verschieden, d. h., es gibt solche F, H, daß beispielsweise $F < H$ und $F \not\lessdot H$ gilt. Angenommen, es wäre $vX = v'X$, dann wäre

$$\Phi_F^v = [F]_{vX} = [F]_{v'X} = \Phi_F^{v'} = \Phi,$$

$$O_H^v = O_v(H) = O_{v'}(H) = O_H^{v'} = \Gamma.$$

Aus $F < H$ folgt $\Phi_F^v < O_H^v$, d. h. $\Phi \subseteqq \Gamma$. Da aber $\Phi = \Phi_F^{v'}$, $\Gamma = O_H^{v'}$ ist, ergibt sich aus $\Phi \subseteqq \Gamma$ die Beziehung $\Phi_F^{v'} < O_H^{v'}$, d. h. $\Gamma \lessdot H$. Der so erhaltene Widerspruch beweist unsere Behauptung, und der Beweis von Theorem 19 ist damit abgeschlossen.

6.8. Zusammenhang und Nulldimensionalität für Bikompakta

Ein zusammenhängendes Bikompaktum heißt *Kontinuum*, und wenn dieses aus mehr als einem Punkt besteht, wird es *eigentliches* oder *nichttriviales Kontinuum* genannt.

Ein Raum heißt *total unzusammenhängend*, wenn er keinen nichttrivialen (d. h. aus mehr als einem Punkt bestehenden) zusammenhängenden Teilraum enthält, und er wird *total zerfallend* genannt, wenn er kein nichttriviales Kontinuum enthält. Offenbar können total unzusammenhängende Räume auch als solche Räume definiert werden, in denen die Komponente eines jeden Punktes dieser Punkt selbst ist. Ebenso ist offensichtlich, daß jeder total unzusammenhängende Raum auch total zerfallend ist. Wie man leicht sieht, ist jeder induktiv nulldimensionale Raum total unzusammenhängend. Um sich davon zu überzeugen, sei etwa Z ein zusammenhängender Teilraum eines induktiv nulldimensionalen Raumes X. In X gibt es eine aus offen-abgeschlossenen Mengen bestehende Basis $\mathfrak{B}$. Gäbe es in Z zwei verschiedene Punkte x und x', so wählten wir in der Basis $\mathfrak{B}$ ein Element U, das den Punkt x enthält, aber nicht den Punkt x'. Nun muß aber die offen-abgeschlossene Menge U, wenn sie den Punkt x der zusammenhängenden Menge Z enthält, zugleich die ganze Menge $Z \ni x$ enthalten! Dieser Widerspruch beweist, daß der Raum X total unzusammenhängend ist. Andererseits gibt es selbst unter den separablen metrischen Räumen (ja sogar unter den Teilräumen der gewöhnlichen Ebene) Beispiele für total zerfallende Räume, die nicht total unzusammenhängend sind, sowie für total unzusammenhängende Räume, die nicht induktiv nulldimensional sind (vgl. ALEXANDROFF-PASSYNKOW [1], Kap. 2). Für Bikompakta indessen sind, wie wir in diesem Abschnitt sehen werden, die drei Eigenschaften: völlig zu zerfallen, total unzusammenhängend zu sein und induktive Nulldimensionalität zueinander äquivalent. Die induktive Nulldimensionalität ist nur ein spezieller Zugang zu dem allgemeineren Begriff der Nulldimensionalität („Dimensionslosigkeit") eines Raumes. Neben der weiter oben definierten induktiven Nulldimensionalität eines Raumes X, wofür $\operatorname{ind} X = 0$ geschrieben wird, gibt es noch die sogenannte große Nulldimensionalität oder $\operatorname{Ind} X = 0$, die darin besteht, daß jede Umgebung $O\Phi$ einer beliebigen in X liegenden abgeschlossenen Menge Φ eine offen-abgeschlossene Umgebung $O'\Phi$ enthält, und darüber hinaus eine einfach Nulldimensionalität genannte Eigenschaft des Raumes X. Diese Eigenschaft, wofür $\dim X = 0$ geschrieben wird, besteht darin, daß man jeder endlichen offenen Überdeckung $\omega = \{O_1, \ldots, O_s\}$ des Raumes X eine endliche offene Überdeckung $\{O_1', \ldots, O'_{s'}\}$ einbeschreiben kann, die aus disjunkten offen-abgeschlossenen Mengen besteht. Wie wir sehen werden, *stimmen für Bikompakta* und sogar für final kompakte Räume[1]) *diese drei Eigenschaften überein, d. h., die Aussagen* $\operatorname{ind} X = 0$, $\operatorname{Ind} X = 0$ *und* $\dim X = 0$ *sind zueinander äquivalent.*

Bemerkung. In diesem Abschnitt wird unter einem Raum X durchgehend ein T_1-Raum verstanden. Unter dieser Voraussetzung folgt aus $\operatorname{Ind} X = 0$ offen-

[1]) Ein Raum heißt final kompakt, wenn man aus jeder offenen Überdeckung dieses Raumes eine abzählbare Teilüberdeckung auswählen kann. Auf final kompakte Räume kommen wir in 6.11. zurück.

sichtlich auch ind $X = 0$. Wir beweisen jetzt, daß darüber hinaus aus Ind $X = 0$ stets die Normalität des Raumes X folgt. Es seien etwa Φ_1 und Φ_2 disjunkte abgeschlossene Mengen im Raum X. Da Ind $X = 0$ ist, enthält die Umgebung $O\Phi_1 = X \setminus \Phi_2$ der Menge Φ_1 eine offen-abgeschlossene Umgebung $O'\Phi_1$, deren Komplement eine offen-abgeschlossene Umgebung der Menge Φ_2 ist. Damit ist die Normalität des Raumes X bewiesen. Nun beweisen wir, daß für einen beliebigen Raum X aus dim $X = 0$ die Beziehung Ind $X = 0$ folgt, d. h., daß auch ind $X = 0$ und der Raum X normal ist. Dazu wählen wir eine beliebige abgeschlossene Menge $\Phi \subset X$ und eine beliebige Umgebung $O\Phi$. Die Mengen $O_1 = O\Phi$ und $O_2 = X \setminus \Phi$ bilden eine offene Überdeckung ω des Raumes X. Da dim $X = 0$ ist, gibt es eine der Überdeckung ω einbeschriebene Überdeckung $\gamma = \{O_1, \ldots, O_s\}$, die aus disjunkten offen-abgeschlossenen Mengen besteht. Von den Elementen der Überdeckung γ mögen die Mengen $O_1, \ldots, O_k$ und nur diese mit Φ einen nichtleeren Durchschnitt haben und folglich in O_1 enthalten sein; in $O_2 = X \setminus \Phi$ kann keine von ihnen liegen. Dann ist $O_1 \cup \cdots \cup O_k = O'\Phi$ eine offen-abgeschlossene Umgebung der Menge Φ, die in der gegebenen Umgebung $O\Phi$ liegt. Damit ist die Behauptung Ind $X = 0$ bewiesen. Es zeigt sich, daß aus Ind $X = 0$ auch dim $X = 0$ folgt, d. h., daß die Aussagen Ind $X = 0$ und dim $X = 0$ für jeden Raum X äquivalent sind. Der Beweis dieser Äquivalenz beruht allerdings auf einer Eigenschaft normaler Räume, die erst in 6.11. betrachtet wird. Indem wir auch den Abschluß des Beweises der Äquivalenz der Aussagen dim $X = 0$ und Ind $X = 0$ in seiner ganzen Allgemeinheit auf 6.11. verschieben, beweisen wir hier die Äquivalenz der drei Aussagen dim $X = 0$, Ind $X = 0$, ind $X = 0$ zunächst für Bikompakta X.

Wir haben bereits gezeigt, daß aus dim $X = 0$ die Beziehung Ind $X = 0$ und aus Ind $X = 0$ die Beziehung ind $X = 0$ folgt. Es sei X nun ein Bikompaktum. Wir beweisen, daß dim $X = 0$ aus ind $X = 0$ folgt.

Wir wählen eine beliebige endliche offene Überdeckung $\Omega = \{O_1, \ldots, O_s\}$ des Bikompaktums X. Es gilt, unter der Voraussetzung ind $X = 0$ eine der Überdeckung Ω einbeschriebene disjunkte offene Überdeckung ω zu finden. Für jeden Punkt x wählen wir ein diesen enthaltendes Element $O_{i(x)}$ aus der Überdeckung Ω sowie eine den Punkt x enthaltende und in $O_{i(x)}$ liegende offen-abgeschlossene Menge U_x. Diese U_x bilden eine Überdeckung des Bikompaktums X, und aus dieser Überdeckung kann man eine endliche Teilüberdeckung $\gamma = \{U_1, \ldots, U_k\}$ auswählen. Wir setzen jetzt $\sigma_1 = U_1$, $\sigma_2 = U_1 \setminus U_2$ und allgemein $\sigma_i = U_i \setminus (U_1 \cup \cdots \cup U_{i-1})$. Da sämtliche $U_1, \ldots, U_k$ offen-abgeschlossen sind, sind auch alle Mengen σ_i offen-abgeschlossen und darüber hinaus disjunkt. Sie bilden die gesuchte, γ und folglich auch Ω einbeschriebene Überdeckung γ'. Damit ist der Satz bewiesen.

Ein Bikompaktum, das einer — und folglich jeder — der Bedingungen dim $X = 0$, Ind $X = 0$, ind $X = 0$ genügt, wird einfach *nulldimensionales Bikompaktum* genannt.

Es sei x ein beliebiger Punkt eines topologischen Raumes X. Der Durchschnitt aller den Punkt x enthaltenden offen-abgeschlossenen Mengen ist eine abgeschlossene Menge, die mit Q_x bezeichnet und die *Quasikomponente* des Punktes x im Raum X genannt wird. Aus dieser Definition folgt unmittelbar, daß jede den Punkt x enthaltende offen-abgeschlossene Menge A_α auch die ganze Menge O_x enthält. Darüber hinaus wissen wir, daß jede x enthaltende offen-abgeschlossene Menge A_α die Komponente C_x des Punktes x enthält, d. h., auch der Durchschnitt Q_x aller dieser A_α enthält die Menge C_x. Es gilt also $Q_x \supseteqq C_x$.

Es seien nun x und z zwei Punkte eines Raumes X. Wir beweisen, daß $Q_z = Q_x$ ist, wenn z zu Q_x gehört. Mit A_α bezeichnen wir eine beliebige, den Punkt x enthaltende offen-abgeschlossene Menge und mit A_γ eine den Punkt z enthaltende offen-abgeschlossene Menge. Zunächst folgt aus $z \in Q_x$, daß jedes A_γ den Punkt x enthält; anderenfalls gälte für ein gewisses A_γ die Beziehung $x \in X \setminus A_\gamma$, und das bedeutete $Q_x \subseteqq X \setminus A_\gamma$ im Widerspruch zu $z \in Q_x$. Also folgt aus $z \in Q_x$, daß jedes A_γ auch ein gewisses A_α ist, d. h. $Q_x = \bigcap A_\alpha \subseteqq \bigcap A_\gamma = Q_z$. Andererseits enthält jedes A_α den Punkt x, und es ist somit auch $Q_x \ni z$, d. h., jedes A_α ist auch ein gewisses A_γ, weshalb $Q_z \subseteqq Q_x$ gilt. Also ist $Q_z = Q_x$. Damit haben wir bewiesen: *Die Quasikomponenten zweier verschiedener Punkte eines Raumes X stimmen entweder überein oder sind disjunkt; der ganze Raum X ist Vereinigung des disjunkten Systems seiner Quasikomponenten.* Dabei ist jede Komponente des Raumes X in einer einzigen Quasikomponente enthalten, und man kann sagen, daß die Zerlegung des Raumes X in seine Komponenten feiner ist als die Zerlegung in Quasikomponenten oder daß sie eine Unterteilung der letzteren ist.

Wir geben ein einfaches Beispiel eines Raumes X an, in dem $Q_x \neq C_x$ für einen Punkt x gilt. Dieser Raum wird als Teilraum der gewöhnlichen euklidischen Ebene definiert und ist gleich der Vereinigung zweier Geraden d und d', die den Gleichungen $x = 0$ bzw. $x = 1$ genügen, mit den Randlinien der Rechtecke g_n, deren horizontale Seiten den Gleichungen $y = n$, $y = -n$ und deren vertikale Seiten den Gleichungen $x = \frac{1}{n}$, $x = 1 - \frac{1}{n}$ genügen.

Es sei a irgendein Punkt der Geraden d und a' ein beliebiger Punkt der Geraden d'. Jede den Punkt a bzw. a' enthaltende offen-abgeschlossene Menge A enthält die ganze Gerade d bzw. d' sowie die Randlinien aller Rechtecke g_n für hinreichend großes n und folglich (da A abgeschlossen ist) auch die zweite Gerade, d. h. d' bzw. d. Daher ist der Durchschnitt aller den Punkt a bzw. den Punkt a' enthaltenden offen-abgeschlossenen Mengen gleich der Vereinigung der beiden Geraden d und d', und diese Vereinigung ist auch Quasikomponente sowohl des Punktes a' als auch des Punktes a. Die Komponente des Punktes a ist indessen die Gerade d, und die Komponente des Punktes a' ist die Gerade d'.

Theorem 20. *In einem Bikompaktum X stimmt die Komponente G_x eines jeden Punktes $x \in X$ mit dessen Quasikomponente Q_x überein.*

Lemma von Schura-Bura. *In einem Bikompaktum X sei eine Familie von abgeschlossenen Mengen $\sigma = \{\Phi_\alpha\}$ mit nichtleerem Durchschnitt $\Phi = \bigcap \Phi_\alpha$ gegeben. Es sei $O\Phi$ eine beliebige Umgebung der Menge Φ. Dann gibt es eine endliche Anzahl von Mengen $\Phi_\alpha \in \sigma$ mit einem in $O\Phi$ liegenden Durchschnitt.*

Beweis. Wir betrachten die Familie $\{F_\alpha\}$ aller Mengen von der Gestalt $F_\alpha = \Phi_\alpha \setminus O\Phi$. Die Mengen F_α sind im Bikompaktum X abgeschlossen. Wäre also die Familie $\{F_\alpha\}$ zentriert, so wäre der Durchschnitt aller ihrer Elemente nicht leer, d. h.

$$\emptyset \neq \bigcap_\alpha F_\alpha = \bigcap_\alpha \Phi_\alpha \setminus O\Phi = \Phi \setminus O\Phi,$$

was offensichtlich falsch ist.

Also gibt es eine endliche Anzahl von Mengen F_α, etwa $F_{\alpha_1}, \ldots, F_{\alpha_s}$, mit leerem Durchschnitt. Dann ist aber

$$\emptyset = F_{\alpha_1} \cap \cdots \cap F_{\alpha_s} = \Phi_{\alpha_1} \cap \cdots \cap \Phi_{\alpha_s} \setminus O\Phi,$$

d. h. $\Phi_{\alpha_1} \cap \cdots \cap \Phi_{\alpha_s} \subseteqq O\Phi$, was zu beweisen war.

Folgerung 1. *Wenn eine Familie von nichtleeren abgeschlossenen Mengen $\sigma = \{\Phi_\alpha\}$ eines Bikompaktums X bezüglich der Inklusion gerichtet ist (d. h., für beliebige $\Phi_{\alpha_1} \in \sigma$, $\Phi_{\alpha_2} \in \sigma$ gibt es ein Φ_{α_3} mit $\Phi_{\alpha_3} \subseteqq \Phi_{\alpha_1} \cap \Phi_{\alpha_2}$), so enthält jede Umgebung $O\Phi$ der nichtleeren Menge $\Phi = \bigcap_\alpha \Phi_\alpha$ ein gewisses $\Phi_\alpha \in \sigma$.*

Dem Lemma von Schura-Bura zufolge lassen sich nämlich Mengen $\Phi_{\alpha_1}, \ldots, \Phi_{\alpha_s}$ finden, die der Bedingung $\Phi_{\alpha_1} \cap \cdots \cap \Phi_{\alpha_s} \subseteqq O\Phi$ genügen. Da die Familie σ bezüglich der Inklusion gerichtet ist, gibt es ein $\Phi_\alpha \in \sigma$, das in $\Phi_{\alpha_1} \cap \cdots \cap \Phi_{\alpha_s}$ liegt, und dieses ist auch die gesuchte Menge $\Phi_\alpha \subseteqq O\Phi$.

Diese Folgerung ist insbesondere auf sogenannte multiplikative Familien σ von nichtleeren abgeschlossenen Mengen anwendbar (d. h. auf Familien, die zusammen mit je zwei Elementen $\Phi_{\alpha_1}, \Phi_{\alpha_2}$ auch deren Durchschnitt enthalten).

Wir gehen nun zum Beweis von Theorem 20 über. Da stets $C_x \subseteqq Q_x$ gilt, genügt es zu zeigen, daß die Quasikomponente Q_x eines Punktes x in einem Bikompaktum X in der Komponente C_x dieses Punktes enthalten ist. Dazu braucht seinerseits nur bewiesen zu werden, daß Q_x zusammenhängend ist: Wenn wir das nämlich beweisen, dann liegt Q_x als den Punkt x enthaltende zusammenhängende Menge in der diesen Punkt enthaltenden maximalen zusammenhängenden Menge, d. h. in der Menge C_x, und wir haben unser Ziel erreicht.

Wir beweisen also, daß die in X abgeschlossene Menge Q_x zusammenhängend ist. Der Beweis wird wiederum indirekt geführt. Es sei $Q_x = F_1 \cup F_2$, wobei F_1 und F_2 zwei nichtleere disjunkte abgeschlossene Mengen sind. Da F_1 und F_2 abgeschlossene Mengen des Bikompaktums X sind und jedes Bikompaktum ein normaler Raum ist, besitzen die Mengen F_1 und F_2 in X durchschnittsfremde Umgebungen OF_1 und OF_2, deren Vereinigung eine Umgebung $OQ_x = OF_1 \cup OF_2$ der Menge Q_x darstellt. Nach Definition der Quasikomponente ist

$$Q_x = \bigcap_\alpha A_\alpha,$$

wobei $\{A_\alpha\}$ die Familie aller den Punkt x enthaltenden offen-abgeschlossenen Mengen des Bikompaktums X ist. Da der Durchschnitt zweier offen-abgeschlossenen Mengen offen-abgeschlossen ist, ist die Familie der A_α multiplikativ, so daß die Voraussetzungen der Folgerung aus dem Lemma von Schura-Bura erfüllt sind.

Es existiert somit ein in $OQ_x = OF_1 \cup OF_2$ liegendes A_α. Wegen $C_x \subseteqq Q_x$ ist

$$C_x \subseteqq OF_1 \cup OF_2.$$

C_x ist aber zusammenhängend und liegt daher, wenn es in $OF_1 \cup OF_2$ enthalten ist, in einer der Mengen OF_1 oder OF_2. Es sei $C_x \subseteqq OF_1$. Die offen-abgeschlossene Menge A_α liegt nach Voraussetzung in $OF_1 \cup OF_2$. Hieraus folgt $A_\alpha \cap OF_1 = A_\alpha \setminus OF_2$, d. h., $A_\alpha \cap OF_1$ ist abgeschlossen. Außerdem ist die Menge $A_\alpha \cap OF_1$ offenbar offen. Die Menge $A_\alpha \cap OF_1$ ist also offen-abgeschlossen und enthält den Punkt x. Daher ist $Q_x \subseteqq A_\alpha \cap OF_1$, was jedoch $F_2 \subseteqq Q_x$ widerspricht.

Theorem 20 ist damit bewiesen.

Theorem 21. *Ein Bikompaktum ist genau dann nulldimensional, wenn es total unzusammenhängend und total zerfallend ist.*

Beweis. Bekanntlich folgt aus der Nulldimensionalität eines beliebigen Raumes, daß dieser total unzusammenhängend ist und somit erst recht total zerfallend.

Wir brauchen also nur zu beweisen: Zerfällt ein Bikompaktum total, so folgt daraus bereits seine Nulldimensionalität.

Jedes total zerfallende Bikompaktum X ist total unzusammenhängend; anderenfalls enthielte es eine aus mehr als einem Punkt bestehende zusammenhängende Menge, und die Menge $[X_0]_X$ wäre ein in X liegendes eigentliches Kontinuum. Also stimmen die Komponenten eines total zerfallenden Bikompaktums mit seinen Punkten überein. Die Komponenten eines Bikompaktums sind aber auch seine Quasikomponenten, so daß jeder Punkt x eines total zerfallenden Bikompaktums X Durchschnitt aller diesen Punkt enthaltenden offen-abgeschlossenen Mengen ist. Hieraus folgt nach dem Lemma von SCHURA-BURA, daß die den Punkt x enthaltenden offen-abgeschlossenen Mengen eine Basis dieses Punktes im Raum X bilden. Damit ist für jeden Punkt $x \in X$ die Gleichung $\operatorname{ind}_x X = 0$ bewiesen, d. h., es ist $\operatorname{ind} X = 0$, $\operatorname{Ind} X = \dim X = 0$.

Es ist jetzt an der Zeit, die sogenannten *grundlegenden Dimensionsinvarianten eines topologischen Raumes* X zu definieren. Es sind dies $\dim X$, $\operatorname{Ind} X$ und $\operatorname{ind} X$. Die Dimension $\dim X$ wird als die kleinste ganze Zahl $n \geqq 0$ definiert mit der Eigenschaft, daß jeder endlichen offenen Überdeckung ω des Raumes X eine endliche offene Überdeckung ω' von einer Ordnung $\leqq n + 1$ einbeschrieben ist. Wenn es keine solche Zahl gibt, d. h., wenn für jedes n eine endliche offene Überdeckung ω_n existiert derart, daß jede ihr einbeschriebene offene Überdeckung ω' von einer Ordnung größer als $n + 1$ ist, dann schreiben wir $\dim X = \infty$. Darüber hinaus ist $\dim \emptyset = -1$.

Die große (bzw. kleine) induktive Dimension $\operatorname{Ind} X$ (bzw. $\operatorname{ind} X$) wird induktiv in folgender Weise definiert. Für den leeren Raum setzen wir $\operatorname{Ind} \emptyset = \operatorname{ind} \emptyset = -1$. Wir nehmen jetzt an, es seien Räume X definiert, für die $\operatorname{Ind} X \leqq n - 1$ (bzw. $\operatorname{ind} X \leqq n - 1$) ist. Wir sagen dann, daß $\operatorname{Ind} X \leqq n$ (bzw. $\operatorname{ind} X \leqq n$) ist, wenn für jede abgeschlossene Menge $F \subset X$ und jede beliebige Umgebung OF eine Umgebung O_1F existiert derart, daß $[O_1F] \subset OF$ und $\operatorname{Ind} bO_1F \leqq n - 1$ (bzw. wenn für jeden Punkt $x \in X$ und jede Umgebung Ox eine Umgebung O_1x existiert derart, daß $[O_1x] \subseteqq Ox$ und $\operatorname{ind} bO_1x \leqq n - 1$) ist. Wenn $\operatorname{Ind} X \leqq n$ ist, dabei jedoch die

Ungleichung Ind $X \leqq n - 1$ nicht gilt, dann ist nach Definition Ind $X = n$. Analog wird die Gleichung ind $X = n$ definiert. Gilt für kein $n \geqq 0$ die Beziehung Ind $X \leqq n$ (bzw. ind $X \leqq n$), so setzen wir Ind $X = \infty$ (bzw. ind $X = \infty$).

Der Untersuchung der Dimensionsinvarianten und zahlreicher mit ihnen zusammenhängender wichtiger Eigenschaften topologischer Räume (wobei es sich hauptsächlich um normale Räume, speziell Bikompakta und metrische Räume handelt) ist einer der bedeutendsten und inhaltsreichsten Teile der allgemeinen Topologie gewidmet, der den Namen Dimensionstheorie trägt (vgl. ALEXANDROFF-PASSYNKOW [1]).

6.9. Einige universelle bikompakte Räume

Theorem 22 (ALEXANDROFF [6], [8]). *Jedes Bikompaktum vom Gewicht τ ist stetiges Bild eines abgeschlossenen Teilraumes des Raumes D^τ.*

Beweis. Wieder sei $\mathfrak{A} = \{\alpha\}$ eine feste Indexmenge von der Mächtigkeit τ. Ohne Beschränkung der Allgemeinheit können wir annehmen, daß das Bikompaktum X ein abgeschlossener Teilraum des Tychonoffschen Quaders $I^\tau = \prod_{\alpha \in \mathfrak{A}} I_\alpha$ vom Gewicht τ und $D^\tau = \prod_{\alpha \in \mathfrak{A}} C_\alpha$ ist, wobei C_α das Cantorsche Diskontinuum bezeichnet. Wir betrachten die Standardabbildung $f_\alpha: C_\alpha \to I_\alpha$ des Cantorschen Diskontinuums C_α auf das Segment I_α (vgl. 4.5.). Das einfache Produkt der Abbildungen f_α (vgl. 6.4.) ist eine stetige Abbildung des Raumes $D^\tau = \prod_{\alpha \in \mathfrak{A}} C_\alpha$ auf den Quader I^τ. Das Urbild $\Phi = f^{-1}X$ der Menge X wird stetig auf X abgebildet, was auch zu zeigen war.

Wir nennen eine elementare offene Menge $O_{\alpha_1 \ldots \alpha_s}$ des Raumes $D^\tau = \prod D_\alpha$ eine Menge erster Art, wenn die Koordinaten $z_{\alpha_1}, \ldots, z_{\alpha_s}$ der zu ihr gehörenden Punkte gleich Null sind. In der Menge aller Punkte des Raumes D^τ führen wir jetzt eine neue Topologie ein, die feiner als die ursprüngliche ist und als offene Basis die Familie $\mathfrak{F}$ aller elementaren offenen Mengen erster Art im Raum D^τ besitzt. Wir erhalten so einen neuen topologischen Raum, den wir mit F^τ bezeichnen wollen und der offenbar ein umkehrbar eindeutiges stetiges Bild des Raumes D^τ ist. Man überzeugt sich leicht, daß F^τ nichts anderes ist als das topologische Produkt $F^\tau = \prod F_\alpha$, wobei F_α ein zusammenhängendes Punktepaar ist und der Index α eine Menge der Mächtigkeit τ durchläuft. Folglich ist F^τ ein bikompakter T_0-Raum vom Gewicht τ.

Theorem 23 (ALEXANDROFF [6], [8]). *Jeder T_0-Raum X vom Gewicht τ ist einem Teilraum des Raumes F^τ homöomorph.*

Beweis. Im Raum X wählen wir eine Basis $\mathfrak{B} = \{V_\alpha\}$, $\alpha \in \mathfrak{A}$, von der Mächtigkeit τ, die die Eigenschaft besitzt, daß der Durchschnitt jeder endlichen Anzahl von Elementen der Basis $\mathfrak{B}$ wieder ein Element dieser Basis ist. Diese Bedingung ist offensichtlich leicht zu erfüllen, wenn man von einer beliebigen Basis des Raumes X ausgeht und diese mit allen möglichen endlichen Durchschnitten von zu ihr gehörigen Mengen ergänzt. Es sei $F^\tau = \prod F_\alpha$, $F_\alpha = (0_\alpha, 1_\alpha)$. Ferner sei $z = \{z_\alpha\}$ ein beliebiger Punkt des Raumes F^τ. Für jedes α definieren wir in folgender Weise eine Menge $E_\alpha(z) \subseteqq X$. Ist $z_\alpha = 0_\alpha$, so setzen wir $E_\alpha(z) = V_\alpha$; ist $z_\alpha = 1_\alpha$, so sei $E_\alpha(z) = X \setminus V_\alpha$. Zunächst bemerken wir, daß die Menge $\bigcap_{\alpha \in \mathfrak{A}} E_\alpha(z)$ für einen beliebigen gegebenen Punkt $z = \{z_\alpha\}$ entweder leer ist oder aus einem einzigen Punkt besteht. Sind nämlich x, x' zwei Punkte des Raumes X, dann existiert ein α derart, daß einer dieser Punkte in V_α liegt und der andere in $X \setminus V_\alpha$, etwa $x \in V_\alpha$, $x' \in X \setminus V_\alpha$. Das bedeutet aber, daß die beiden Punkte x und x' nicht zu der Menge $E_\alpha(z)$ und erst recht nicht zu der Menge $\bigcap_{\alpha \in \mathfrak{A}} E_\alpha(z)$ gehören können, wie immer man $z = \{z_\alpha\} \in F^\tau$ wählt. Wir bezeichnen jetzt mit Z die Menge aller derjenigen $z \in F^\tau$, für die die Menge $\bigcap_{\alpha \in \mathfrak{A}} E_\alpha(z)$ nicht leer ist, d. h., aus einem Punkt besteht, den wir auch mit $\varphi(z)$ bezeichnen wollen. Damit ist eine Abbildung $\varphi\colon Z \to X$ definiert. Wir beweisen ietzt, daß φ eine Abbildung auf den ganzen Raum X ist, womit insbesondere gezeigt jst, daß die Menge Z nicht leer ist. Es sei x ein beliebiger Punkt aus X. Für jedes α setzen wir $z_\alpha = 0$, wenn $x \in V_\alpha$, und $z_\alpha = 1$, wenn $x \in X \setminus V_\alpha$ ist. Für jedes α ist, anders ausgedrückt, $x \in E_\alpha(z)$, d. h. $x = \bigcap_\alpha E_\alpha(z) = \varphi(z)$. Wir wollen zeigen, daß die Abbildung φ umkehrbar eindeutig ist. Ist etwa $z \in Z$, $z' \in Z$, $z \neq z'$, so gilt $z_\alpha \neq z_\alpha'$ für ein gewisses $\alpha \in \mathfrak{A}$. Es sei beispielsweise $z_\alpha = 0$, $z_\alpha' = 1$; dann ergibt sich $E_\alpha(z) = V_\alpha$, $E_\alpha(z') = X \setminus V_\alpha$, und das bedeutet $\varphi(z) \in V_\alpha$, $\varphi(z') \in X \setminus V_\alpha$, $\varphi(z) \neq \varphi(z')$.

Schließlich beweisen wir, daß φ ein Homöomorphismus ist. In Z nennen wir jede Menge elementar, die Durchschnitt der Menge Z mit einer elementaren offenen Menge erster Art aus dem Raum F^τ ist. Die elementaren Mengen bilden eine Basis des Raumes Z. Es sei V_{α_0} ein beliebiges Element der Basis $\mathfrak{B}$ des Raumes X. Nach Definition der Abbildung φ fällt das Urbild $\varphi^{-1}V_{\alpha_0}$ der Menge V_{α_0} mit der einfach indizierten elementaren Menge $\{z \in Z\colon z_{\alpha_0} = 0\}$ zusammen. Nun ist aber jede elementare Menge Durchschnitt einer endlichen Anzahl von einfach indizierten Mengen. Daher wird jede elementare Menge auf den Durchschnitt einer endlichen Anzahl von Elementen der Basis $\mathfrak{B}$ abgebildet, d. h. auf ein Element der Basis $\mathfrak{B}$. Somit überführt die Abbildung φ eine Basis des Raumes Z in eine Basis des Raumes X. Nach 4.4., Satz 4, ist φ eine topologische Abbildung. Damit ist der Satz bewiesen.

Theorem 24 (Alexandroff [6], [8]). *Ein Raum X ist genau dann induktiv nulldimensional, wenn er einem (nichtleeren) Teilraum des Raumes D homöomorph ist.*

Da die Tychonoffsche Basis des Raumes D^τ aus offen-abgeschlossenen Mengen besteht, ist der Raum D^τ und jeder seiner nichtleeren Teilräume induktiv nulldimensional, womit eine der Aussagen in Theorem 24 bewiesen wäre. Wir gehen jetzt zur zweiten Behauptung über. Es sei X ein induktiv nulldimensionaler Raum vom Gewicht τ. In der aus allen offen-abgeschlossenen Mengen bestehenden Basis dieses Raumes ist eine Basis von der Mächtigkeit τ enthalten. Wir nehmen an, die Elemente dieser Basis seien mit Indizes α numeriert, die irgendeine feste Indexmenge $\mathfrak{A}$ durchlaufen, und setzen weiter $D = \prod_{\alpha \in \mathfrak{A}} D_\alpha$ voraus, wobei $D_\alpha = \{0_\alpha, 1_\alpha\}$ ein einfaches Punktepaar ist. Wir setzen $f_\alpha(X \setminus V_\alpha) = 1_\alpha$, $f_\alpha V_\alpha = 0_\alpha$. Die auf diese

Weise definierte Funktion $f_\alpha: X \to D_\alpha$ ist trivialerweise stetig. Mit $f: X \to D^\tau = \prod_{\alpha \in \mathfrak{A}} D_\alpha$ bezeichnen wir das Diagonalprodukt der Funktionen f_α. Auf Grund von 6.4., Satz 2, ist die Abbildung f stetig. Da für je zwei verschiedene Punkte $x \in X$, $x' \in X$ ein V_α existiert derart, daß $x \in V_\alpha$, $x' \in X \setminus V_\alpha$ und folglich $f_\alpha x \neq f_\alpha x'$ und $fx \neq fx'$ ist, bildet f den Raum X umkehrbar eindeutig auf ein $Y = fX \subseteqq D^\tau$ ab. Dabei ist $fV_\alpha = Y \cap \pi_\alpha^{-1} 0_\alpha$, d. h., die Bilder von Elementen der Basis $\mathfrak{B}$ sind offen in Y.

Also ist f eine offene umkehrbar eindeutige und somit topologische Abbildung des Raumes X auf den Raum Y, was auch zu zeigen war.

Für abzählbares τ erhalten wir den

Satz 1. *Die induktiv nulldimensionalen Räume mit abzählbarer Basis und nur diese sind Teilmengen des Cantorschen Diskontinuums homöomorph.*

Da der Raum F^τ ein umkehrbar eindeutiges stetiges Bild des Raumes D^τ ist, ergibt sich aus Theorem 23

Theorem 25 (Alexandroff [6], [8]). *Jeder T_0-Raum X vom Gewicht τ ist Bild eines Teilraumes Z des Raumes D^τ bei einer stetigen umkehrbar eindeutigen Abbildung.*

6.10. Dyadische Bikompakta

Bereits die Theoreme 22 und 24 lassen die Wichtigkeit der Räume D^τ (der verallgemeinerten Cantorschen Diskontinua) erkennen. Darüber hinaus sei bemerkt, daß der Raum D^τ für jede Kardinalzahl τ eine topologische Gruppe mit einer in folgender Weise definierten Addition ist: Sind $x = \{x_\alpha\}$ und $y = \{y_\alpha\}$ zwei Punkte des Diskontinuums D^τ, so setzen wir $x + y = \{x_\alpha + y_\alpha\}$, wobei die („koordinatenweise") Addition $x_\alpha + y_\alpha$ modulo 2 erfolgt, d. h. entsprechend den Regeln $0 + 0 = 1 + 1 = 0$, $0 + 1 = 1 + 0 = 1$. Das bedeutet, daß die topologische Gruppe D^τ das topologische direkte Produkt der Gruppen $D_\alpha = \{0_\alpha, 1_\alpha\}$ von der Ordnung 2 ist. Die mit den Bikompakta D^τ verbundenen algebraischen Fragestellungen werden noch interessanter, wenn man von den Bikompakta D^τ zu den sogenannten *dyadischen Bikompakta* übergeht, d. h. zu bikompakten (Hausdorffschen) Räumen, die stetige Bilder von Bikompakta D^τ für unterschiedliche Kardinalzahlen τ sind. Einem bemerkenswerten Satz von Iwanowski und Kusminow[1]) zufolge ist der Raum jeder bikompakten topologischen Gruppe (d. h. eine bikompakte topologische Gruppe, aufgefaßt als topologischer Raum) stets ein dyadisches Bikompaktum. Wie man leicht sieht, ist die Klasse der dyadischen Bikompakta die kleinste Klasse von topologischen Räumen, die bezüglich der Operationen topologische Multiplikation und Übergang zum stetigen Bild für jeden dazu gehörigen Raum abgeschlossen ist und zu deren Elementen alle Räume gehören, die aus endlich vielen (oder wenigstens aus zwei) isolierten Punkten bestehen. Insbesondere wissen wir bereits, daß alle Kompakta dyadische Bikompakta sind (vgl. 5.4., Theorem 25).

---

[1]) Der Beweis dieses Satzes geht leider über den Rahmen dieses Buches hinaus (vgl. Iwanowski [1], Kusminow [1]).

Die dyadischen Bikompakta besitzen zahlreiche bemerkenswerte Eigenschaften. Die folgenden wollen wir in diesem Abschnitt beweisen:

I. *Dyadische Bikompakta besitzen die Suslin-Eigenschaft, d. h., jedes disjunkte System von offenen nichtleeren Teilmengen eines dyadischen Bikompaktums X ist höchstens abzählbar.*

II. *Jedes dem ersten Abzählbarkeitsaxiom genügende dyadische Bikompaktum ist metrisierbar.*

Jede dieser Eigenschaften zeigt, daß nicht alle Bikompakta dyadisch sind. So ist nach der ersten Eigenschaft der Raum aller Ordnungszahlen $\leqq \omega_1$ kein dyadisches Bikompaktum, und der zweiten Eigenschaft zufolge ist auch das geordnete Bikompaktum „zwei Pfeile" kein dyadisches Bikompaktum.

Zunächst seien einige Bezeichnungen und Definitionen eingeführt.

Es sei $X = \prod_{\alpha \in A} X_\alpha$ ein topologisches Produkt von Räumen X_α und es sei $B \subset A$. Mit π_B bezeichnen wir die natürliche Projektion des Raumes X auf das Produkt $\prod_{\alpha \in B} X_\alpha$. Ist $\alpha \in A$, so wird die Projektion $\pi_{\{\alpha\}}: X \to X_\alpha$ mit π_α bezeichnet. Wir sagen, eine Menge $Y \subset X$ hänge nicht von der Indexmenge B ab, wenn $Y = \pi_{A\setminus B}^{-1} \pi_{A\setminus B} Y$ ist. Offenbar gilt die folgende Aussage:

Wenn eine Menge $Y \subset X$ nicht von der Indexmenge B abhängt und $C \subset B$ ist, dann hängt Y auch nicht von C ab.

Es sei $f: \prod_{\alpha \in A} X_\alpha \to Z$ eine Abbildung. Wir sagen, die Abbildung f hänge auf der Menge $Y \subseteqq \prod X_\alpha$ nicht von der Indexmenge $B \subset A$ ab, wenn für jeden Punkt $y \in Y$ und für jeden Punkt $y' \in \prod X_\alpha$ mit $\pi_{A\setminus B} y = \pi_{A\setminus B} y'$ auch $fy = fy'$ gilt.

Hilfssatz 1. *Für jede Kardinalzahl τ genügt das Cantorsche Diskontinuum D der Suslin-Eigenschaft.*

Beweis. Es sei $D^\tau = \prod_{\beta \in B} D_\beta$, wobei $|B| = \tau$ ist. Wir nehmen an, es sei $\{V_\alpha\}$, $\alpha \in A$, ein überabzählbares disjunktes System offener Mengen in D^τ. Ohne Beschränkung der Allgemeinheit kann weiterhin angenommen werden, daß jedes V_α eine elementare offene Menge ist. Jedes V_α hängt von einer endlichen Anzahl von Koordinatenindizes ab. Daher gibt es eine natürliche Zahl k und eine überabzählbare Menge $A_0 \subset A$ derart, daß jedes V_α, $\alpha \in A_0$, von genau k Koordinaten abhängt.

Es existieren ein Index $\beta_1 \in B$ und eine überabzählbare Menge $A_1 \subset A_0$ derart, daß jedes V_α, $\alpha \in A_1$, für alle $\alpha', \alpha'' \in A_1$ von β_1 abhängt und $\pi_{\beta_1} V_{\alpha'} = \pi_{\beta_1} V_{\alpha''}$ ist. Um uns davon zu überzeugen, wählen wir eine beliebige Menge V_{α_0}, $\alpha_0 \in A_0$. Zu jedem $\alpha \in A_0 \setminus \{\alpha_0\}$ gibt es ein $\beta = \beta(\alpha) \in B$ derart, daß $\pi_{\beta(\alpha)} V_{\alpha_0} \cap \pi_{\beta(\alpha)} V_\alpha = \emptyset$ ist. Aus der letzten Gleichung folgt, daß sowohl V_{α_0} als auch V_α von $\beta(\alpha)$ abhängt. Da V_{α_0} von einer endlichen Anzahl Koordinaten abhängt, läßt sich eine überabzählbare Menge $A_1' \subset A_0$ finden derart, daß $\beta(\alpha') = \beta(\alpha'') = \beta$ ist für jedes Paar α', $\alpha'' \in A_1'$. Nun besteht aber D_{β_1} aus zwei Punkten, weshalb eine überabzählbare Menge $A_1 \subset A_1'$ existiert derart, daß $\pi_{\beta_1} V_{\alpha'} = \pi_{\beta_1} V_{\alpha''}$ für alle $\alpha', \alpha'' \in A_1$ ist. Die Menge A_1 ist offenbar die gesuchte Menge.

Wiederholen wir diese Überlegung noch $(k-1)$-mal, so erhalten wir k paarweise verschiedene Indizes $\beta_1, \ldots, \beta_k$ und eine überabzählbare Menge $A_k \subset A_0$, so daß jedes V_α, $\alpha \in A_k$, von jedem der Indizes $\beta_1, \ldots, \beta_k$ abhängt und für alle $\alpha', \alpha'' \in A_k$ und alle $i = 1, \ldots, k$ die Beziehung $\pi_{\beta_i} V_{\alpha'} = \pi_{\beta_i} V_{\alpha''}$ gilt. Jede Menge V_α, $\alpha \in A_k$, hängt aber von genau k Koordinaten ab, d. h. nur von $\beta_1, \ldots, \beta_k$. Daher ist für alle $\alpha', \alpha'' \in A_k$ die Gleichung $V_{\alpha'} = V_{\alpha''}$ erfüllt. Der damit erhaltene Widerspruch beweist den Hilfssatz.

Aus Hilfssatz 1 folgt unmittelbar

Theorem 26. *Jedes dyadische Bikompaktum besitzt die Suslin-Eigenschaft.*

Hilfssatz 2. *Jede abgeschlossene G_δ-Menge in D^τ hängt von einer abzählbaren Anzahl Koordinaten ab.*

Beweis. Es sei $F = [F] \subset D^\tau$ und $F = \bigcap_{i=1}^{\infty} U_i$, wobei alle U_i in D^τ offen seien. Auf Grund der Bikompaktheit von F gibt es zu jedem i eine offene Menge V_i, die Vereinigung einer endlichen Anzahl elementarer offener Mengen ist derart, daß $F \subset V_i \subset U_i$ ist. Als Vereinigung einer endlichen Anzahl von Mengen, deren jede von einer endlichen Anzahl von Koordinaten abhängt, hängt die Menge V_i selbst auch nur von einer endlichen Koordinatenmenge B_i ab. Wie wir zeigen werden, hängt die Menge F nur von der Menge $B_\infty = \bigcup_{i=1}^{\infty} B_i$ ab. Es sei $x \in F$ und y ein solcher Punkt aus D^τ, daß $\pi_{B_\infty} x = \pi_{B_\infty} y$ ist. Dann ist erst recht $\pi_{B_i} x = \pi_{B_i} y$. Es ist aber $x \in V_i$ und $V_i = \pi_{B_i}^{-1} \pi_{B_i} V_i$. Für jedes i gilt daher $y \in V_i$, d. h. $y \in \bigcap_{i=1}^{\infty} V_i = F$. Also ist $F = \pi_{B_\infty}^{-1} \pi_{B_\infty} F$. Damit ist Hilfssatz 2 bewiesen.

Theorem 27. *Jedes dem ersten Abzählbarkeitsaxiom genügende dyadische Bikompaktum X genügt auch dem zweiten Abzählbarkeitsaxiom.*

Beweis. Es sei $X = f(D^\tau)$, wobei $D^\tau = \prod_{\beta \in B} D_\beta$ ist. Wir konstruieren ein in D^τ liegendes Kompaktum Z derart, daß $fZ = X$ ist. Bei einer stetigen Abbildung eines Bikompaktums wird das Gewicht nicht erhöht. Daher besitzt das Bikompaktum X eine abzählbare Basis.

Wir gehen nun zur Konstruktion des Kompaktums Z über. Für jeden Punkt $y \in D^\tau$ ist die Menge $f^{-1} f y$ eine G_δ-Menge, da X dem ersten Abzählbarkeitsaxiom genügt. Hilfssatz 2 zufolge hängt die Menge $f^{-1} f y$ von einer abzählbaren Koordinatenmenge ab, die wir mit B_y bezeichnen wollen. Nun definieren wir induktiv eine Folge $\{B_i\}$ von abzählbaren Teilmengen der Menge B und eine Folge $\{Y_i\}$ von abzählbaren Teilmengen des Diskontinuums D^τ derart, daß für alle i die folgenden Bedingungen erfüllt sind:

1. $Y_i \subset Y_{i+1}$. 2. $B_i = \bigcap_{y \in Y_i} B_y$. 3. $\pi_{B_i}(Y_{i+1})$ ist in $\pi_{B_i}(D^\tau)$ überall dicht.

Wir setzen $Y_0 = \{y_0\}$, wobei y_0 ein beliebig gewählter Punkt des Bikompaktums D^τ ist, und $B_0 = B_{y_0}$. Der Induktionsschritt von i zu $i+1$ bereitet keine Schwierigkeiten, da der Raum $\pi_{B_i} D^\tau = \prod_{\beta \in B_i} D_\beta$ eine abzählbare Basis besitzt und folglich separabel ist. Als Menge Y_{i+1} wählen wir eine beliebige abzählbare Menge, die die Menge Y_i enthält und (mittels der Projektion π_{B_i}) auf eine abzählbare überall dichte Teilmenge des Kompaktums $\pi_{B_i}(D^\tau)$ abgebildet wird.

Wir setzen jetzt $Y_\infty = \bigcup_{i=1}^{\infty} Y_i$, $B_\infty = \bigcup_{i=1}^{\infty} B_i$ und $Y^* = f^{-1}fY_\infty$. Wie man bemerkt, ist $fY^* = fY_\infty$, und die Abbildung f hängt nicht von der Menge $B \setminus B_\infty$ auf Y_∞ ab. Ist nämlich $y' \in Y_\infty$, $y'' \in D^\tau$, $\pi_{B_\infty}y' = \pi_{B_\infty}y''$, so gehört y' zu einer Menge Y_i. Aus der Gleichung $\pi_{B_\infty}y'' = \pi_{B_\infty}y'$ ergibt sich die Gleichung $\pi_{B_i}y'' = \pi_{B_i}y'$ und damit erst recht die Gleichung $\pi_{B_{y'}}y'' = \pi_{B_{y'}}y'$. Es ist aber $\pi_{B_{y'}}^{-1}\pi_{B_{y'}}f^{-1}fy' = f^{-1}fy'$. Daraus erhält man $y'' \in f^{-1}fy'$, d. h. $fy'' = fy'$.

Andererseits ist $\pi_{B_\infty}Y^*$ in $\pi_{B_\infty}D^\tau$ überall dicht. Dies folgt unmittelbar aus der Definition der Produkttopologie und daraus, daß $\pi_{B_i}Y^*$ in $\pi_{B_i}D^\tau$ dicht ist (letzteres gilt wegen $Y^* \supset Y_{i+1}$).

Wir zeigen jetzt, daß Y^* nicht von $B \setminus B_\infty$ abhängt, d. h. $\pi_{B_\infty}^{-1}\pi_{B_\infty}Y^* = Y^*$. Es sei $y \in Y^*$, $y' \in D^\tau$ und $\pi_{B_\infty}y = \pi_{B_\infty}y'$. Es gibt einen Punkt $y'' \in Y_\infty$ derart, daß $fy = fy''$ ist. Wie man sieht, ist $\pi_{B_{y''}}y \in \pi_{B_{y''}}f^{-1}fy''$. Aus $\pi_{B_\infty}y = \pi_{B_\infty}y'$ folgt $\pi_{B_{y''}}y = \pi_{B_{y''}}y'$. Unter Verwendung der Unabhängigkeit der Menge $f^{-1}fy''$ von $B \setminus B_{y''}$ erhalten wir

$$y' \in \pi_{B_{y''}}^{-1}(\pi_{B_{y''}}y') = \pi_{B_{y''}}^{-1}(\pi_{B_{y''}}y) \subseteq \pi_{B_{y''}}^{-1}\pi_{B_{y''}}f^{-1}fy'' = f^{-1}fy'' \subseteq Y^*.$$

Die Unabhängigkeit der Menge Y^* von $B \setminus B_\infty$ ist damit bewiesen.

Da $\pi_{B_\infty}(Y^*)$ in $\pi_{B_\infty}(D^\tau)$ überall dicht ist und $\pi_{B_\infty}^{-1}\pi_{B_\infty}Y^* = Y^*$, ist die Menge Y^* überall dicht in D^τ; das folgt aus der Offenheit der Abbildung π_{B_∞}. Somit ist die Menge fY_∞, die gleich der Menge fY^* ist, in dem Bikompaktum X überall dicht.

Nun fixieren wir einen Punkt $z \in D^\tau$. Wir setzen

$$z_{B\setminus B_\infty} = \pi_{B\setminus B_\infty}(z) \in \prod_{\beta \in B\setminus B_\infty} D_\beta$$

und

$$\tilde{Y} = \pi_{B_\infty}Y_\infty \times z_{B\setminus B_\infty} \subset \prod_{\beta \in B_\infty} D_\beta \times \prod_{\beta \in B\setminus B_\infty} D_\beta = D^\tau.$$

Weiter oben wurde gezeigt, daß die Abbildung f auf der Menge Y_∞ nicht von der Indexmenge $B \setminus B_\infty$ abhängt. Daher ist die Menge $f\tilde{Y}$, die gleich fY_∞ ist, im Bikompaktum X überall dicht. Wir setzen $Z = [\tilde{Y}]_{D^\tau}$. Da Z ein Bikompaktum ist, gilt $fZ = X$. Nun liegt aber das Bikompaktum Z in dem Bikompaktum $\pi_{B_\infty}(D^\tau) \times Z_{B\setminus B_\infty}$, das dem Kompaktum $\pi_{B_\infty}(D^\tau) = \prod_{\beta \in B_\infty} D_\beta$ homöomorph ist. Z ist somit ein Kompaktum. Damit ist Theorem 27 bewiesen.

Als einfache Folgerung aus den Theoremen 26 und 27 ergibt sich

Theorem 28. *Jedes geordnete dyadische Bikompaktum X ist metrisierbar.*

Wenn nämlich in irgendeinem Punkt x des Raumes X das erste Abzählbarkeitsaxiom nicht erfüllt ist, dann existiert eine gegen diesen Punkt konvergierende wachsende (oder fallende) wohlgeordnete überabzählbare Folge $\{x_\alpha\}$, $\alpha \in A$. Die

Familie von Intervallen $(x_\alpha; x_{\alpha+2})$, wobei α alle Limeszahlen aus A durchläuft, stellt dann eine überabzählbare disjunkte Familie offener Mengen dar. Mit diesem Widerspruch ist Theorem 28 bewiesen.

6.11. Offene Überdeckungen; Parakompaktheit und andere Eigenschaften des Kompaktheitstyps

1. Mengenfamilien und Überdeckungen. In 1.3. wurde der Leser bereits mit elementaren Aussagen über Mengensysteme und Überdeckungen bekannt gemacht. In diesem Abschnitt werden nun Mengenfamilien und Überdeckungen ausführlicher untersucht.

Definition 4. Eine Mengenfamilie σ heißt *sternendlich* (*sternabzählbar*), wenn jedes Element der Familie σ nur mit endlich (abzählbar) vielen Elementen dieser Familie Punkte gemeinsam hat.

Zunächst wollen wir einige Bemerkungen über sternabzählbare Familien (offener) Mengen machen.

Es sei Σ irgendeine Gesamtheit von Teilmengen einer beliebig gegebenen Menge X. Wir betrachten die verketteten Teilsysteme σ des Systems Σ. (Ein Mengensystem $\sigma = \{M\}$ heißt verkettet, wenn je zwei Elemente M und M' des Systems σ durch eine Kette verbunden werden können, d. h. durch eine endliche Folge von Mengen $M = M_1, \ldots, M_s = M'$ aus Elementen des Systems σ derart, daß je zwei benachbarte Elemente M_i und M_{i+1}, $i = 1, \ldots, s - 1$, dieser Folge einen nichtleeren Durchschnitt besitzen, $M_i \cap M_{i+1} \neq \emptyset$.)

Die Vereinigung zweier verketteter Systeme σ_α, σ_β mit nichtleerem Durchschnitt ihrer Körper ist wiederum ein verkettetes System. Daher ist jedes verkettete Teilsystem σ_0 eines gegebenen Mengensystems Σ in einem maximalen verketteten Teilsystem oder einer Verkettungskomponente des Systems Σ enthalten. Insbesondere gehört jedes Element des Systems Σ zu einer durch dieses Element eindeutig bestimmten Verkettungskomponente des Systems Σ. Zwei verschiedene Verkettungskomponenten desselben Mengensystems können keine Elemente gemeinsam haben. Ferner gilt: Sind die Mengen M_α und M_β beliebige Elemente verschiedener Verkettungskomponenten σ_α bzw. σ_β des Systems Σ, dann ist notwendigerweise $M_\alpha \cap M_\beta$ leer (anderenfalls wäre das System $\sigma_\alpha \cup \sigma_\beta$ ein verkettetes Teilsystem von Σ, was der Maximalität von Verkettungskomponenten widerspräche). Hieraus ergibt sich, daß auch die Körper von je zwei verschiedenen Verkettungskomponenten eines gegebenen Mengensystems Σ disjunkte Teilmengen der Menge X sind. Wir setzen jetzt voraus, daß X ein topologischer Raum ist und Σ irgendein System von in X offenen Mengen, das eine Überdeckung des Raumes X darstellt (insbesondere könnte Σ eine Basis des Raumes X sein). Der Körper einer jeden Verkettungskomponente σ des Systems Σ ist dann, da er das Komplement der Vereinigung der Körper aller von σ verschiedenen Verkettungskomponenten des Systems Σ ist, eine offen-abgeschlossene Menge, und der ganze Raum X ist eine Vereinigung von disjunkten offen-abgeschlossenen Mengen, nämlich den Körpern der Verkettungskomponenten des Systems Σ. Über die Mächtigkeit dieses Systems offen-abgeschlossener Mengen können wir im allgemeinen nichts aussagen; sie kann alle möglichen Werte von 1 an bis zu einer beliebig vorgegebenen Kardinalzahl annehmen.

Es gilt der folgende

Satz 1. *Jedes verkettete Teilsystem σ (insbesondere jede Verkettungskomponente) eines sternabzählbaren Systems Σ besteht aus höchstens abzählbar vielen Elementen.*

Beweis. Es sei M_0 irgendein fixiertes Element des Systems σ. Mit σ_k (wobei k eine natürliche Zahl ist) bezeichnen wir das Teilsystem des Systems σ, das aus allen Mengen $M \in \sigma$ besteht, die mit M_0 durch Ketten einer Länge $\leqq k$ verbunden werden können (unter der Länge einer Mengenkette wird die Anzahl der darin vorkommenden Elemente verstanden).

Die folgenden Behauptungen sind offensichtlich:

1. Das System σ_1 besteht nur aus dem Element M_0.

2. Das System σ_{k+1} besteht aus allen Mengen $M \in \sigma$, die wenigstens ein Element des Systems σ_k schneiden (oder, was dasselbe ist, den Körper dieses Systems). Hieraus ergibt sich $\sigma_k \subset \sigma_{k+1}$.

3. $\sigma = \bigcup_{k=1}^{\infty} \sigma_k$

Zum Beweis von Satz 1 bleibt zu zeigen, daß jedes System σ_k höchstens abzählbar ist. Für $k = 1$ ist das der Fall. Daraus, daß σ_k ein endliches oder abzählbares Teilsystem des sternabzählbaren Systems Σ ist, folgt aber, daß auch das System σ_{k+1} höchstens abzählbar ist. Damit ist der Satz bewiesen.

Es seien $\alpha = \{A\}$ und $\beta = \{B\}$ Überdeckungen ein und derselben Menge X. Wir erinnern daran, daß die Überdeckung β der Überdeckung α *einbeschrieben* heißt, wenn jedes Element B der Überdeckung β in wenigstens einem Element A der Überdeckung α enthalten ist. Ist dabei $\alpha \neq \beta$, so sagt man, die Überdeckung β *folgt* auf die Überdeckung α, und schreibt dafür $\beta \succ \alpha$. Die Folgebeziehung macht die Menge der Überdeckungen einer gegebenen Menge X zu einer teilweise geordneten Menge.

Definition 5. Eine Überdeckung β eines Raumes X heißt einer Überdeckung α desselben Raumes *sterneinbeschrieben*, wenn die Familie β^*[1]) der Überdeckung α einbeschrieben ist.

Verfeinerungslemma für punktendliche Überdeckungen.[2]) *Es sei $u = \{U_\alpha : \alpha \in A\}$ eine punktendliche offene Überdeckung eines normalen Raumes X. Es gibt eine offene Überdeckung $v = \{V_\alpha : \alpha \in A\}$ des Raumes X derart, daß $[V_\alpha] \subseteqq U_\alpha$ für jedes $\alpha \in A$ ist.*

Beweis. Auf Grund des Wohlordnungssatzes können wir annehmen, daß die Menge A wohlgeordnet ist. Mit Hilfe der Methode der transfiniten Induktion kon-

[1]) Vgl. 1.3.

[2]) Dieses Lemma wurde für endliche Überdeckungen von Čech [1] und für den allgemeinen Fall von Lefschetz [1] bewiesen.

struieren wir die Menge V_α. Wir setzen $F_1 = X \setminus \bigcup_{\alpha \geqq 2} U_\alpha$. Die Menge F_1 ist abgeschlossen und in U_1 enthalten. Auf Grund der Normalität des Raumes X existiert eine Umgebung V_1 der Menge F_1 derart, daß $[V_1] \subset U_1$ ist. Das System $v_1 = \{V_1\} \cup \{U_\alpha : \alpha \geqq 2\}$ ist eine Überdeckung des Raumes X. Wir nehmen nun an, für jedes $\alpha' < \alpha$ sei eine offene Menge $V_{\alpha'}$ konstruiert derart, daß $[V_{\alpha'}] \subset U_{\alpha'}$ ist und das System $v_{\alpha'} = \{V_{\alpha''} : \alpha'' \leqq \alpha'\} \cup \{U_{\alpha''} : \alpha'' > \alpha'\}$ eine Überdeckung des Raumes X bildet.

Es ist zu zeigen, daß das System $v_\alpha' = \{V_{\alpha'} : \alpha' < \alpha\} \cup \{U_{\alpha'} : \alpha' \geqq \alpha\}$ ebenfalls eine Überdeckung des Raumes X ist. Wenn α eine isolierte Zahl ist, dann stimmt die Familie v_α' mit $v_{\alpha-1}$ überein und ist nach Induktionsvoraussetzung eine Überdeckung. Es sei α eine Limeszahl und $x \in X \setminus \bigcup_{\alpha' \leqq \alpha} U_{\alpha'}$. Nur endlich viele Elemente der Überdeckung u enthalten den Punkt x. Es seien dies $U_{\alpha_1}, \ldots, U_{\alpha_k}$. Dann läßt sich eine Zahl α_0 angeben, so daß $\max \{\alpha_i : i = 1, \ldots, k\} \leqq \alpha_0 < \alpha$ ist. Nach Induktionsvoraussetzung ist die Familie v_{α_0} eine Überdeckung des Raumes X. So wie die Zahl α_0 gewählt wurde, ist aber $x \notin \bigcup_{\alpha' > \alpha_0} U_{\alpha'}$. Folglich gilt $x \in \bigcup_{\alpha'' \leqq \alpha_0} V_{\alpha''}$. Erst recht ist also $x \in \bigcup_{\alpha' < \alpha} V_{\alpha'}$, und die Familie v_α' ist somit eine Überdeckung. Wir setzen jetzt $F_\alpha = X \setminus \left(\bigcup_{\alpha' < \alpha} V_{\alpha'} \cup \bigcup_{\alpha' > \alpha} U_{\alpha'} \right)$. Die Menge F_α ist abgeschlossen und offenbar in U_α enthalten. Auf Grund der Normalität von X gibt es eine Umgebung V_α der Menge F_α derart, daß $[V_\alpha] \subseteqq U_\alpha$ ist. Wählen wir jetzt eine Ordnungszahl β, die größer ist als jedes $\alpha \in A$, so erhalten wir die gesuchte Überdeckung $v = v_\beta'$. Damit ist das Lemma bewiesen.

Ein Spezialfall dieses Lemmas ist das

Verfeinerungslemma für endliche Überdeckungen (Čech [1]). *Zu jeder endlichen offenen Überdeckung* $\{U_1, \ldots, U_n\}$ *eines normalen Raumes* X *gibt es eine offene Überdeckung* $\{V_1, \ldots, V_n\}$ *dieses Raumes derart, daß* $[V_i] \subseteqq U_i$, $i = 1, \ldots, n$, *ist.*

Der Leser kann dieses Lemma durch vollständige Induktion auch selbst beweisen.

In 6.8. war gezeigt worden, daß für einen normalen Raum X aus $\dim X = 0$ folgt, daß $\operatorname{Ind} X = 0$ ist. Jetzt sind wir in der Lage, auch die umgekehrte Behauptung zu beweisen. Es sei $\operatorname{Ind} X = 0$ und $\{U_1, \ldots, U_n\}$ eine endliche offene Überdeckung des Raumes X. Nach dem Verfeinerungslemma für endliche Überdeckungen existiert eine Überdeckung $\{V_1, \ldots, V_n\}$ derart, daß $[V_i] \subseteqq U_i$ ist. Wegen $\operatorname{Ind} X = 0$ gibt es für jedes $i = 1, \ldots, n$ eine offen-abgeschlossene Umgebung O_i der Menge $[V_i]$, die in U_i enthalten ist. Wir setzen jetzt $W_j = O_j \setminus \bigcup_{i<j} O_i$, $j = 1, \ldots, n$. Die Familie $W_1, \ldots, W_n$ stellt ebenfalls eine disjunkte offene Überdeckung dar, die der Überdeckung $\{U_1, \ldots, U_n\}$ einbeschrieben ist. Damit haben wir den folgenden Satz bewiesen:

Theorem 29. *Für einen normalen Raum* X *ist die Gleichung* $\operatorname{Ind} X = 0$ *der Gleichung* $\dim X = 0$ *äquivalent.*

Mit der Einführung einiger neuer Begriffe soll dieser Abschnitt abgeschlossen werden.

Definition 6. Eine Familie $\alpha = \{A\}$ von Teilmengen eines topologischen Raumes X heißt *lokal endlich,* wenn zu jedem Punkt $x \in X$ eine Umgebung Ox existiert, die nur mit einer endlichen Anzahl von Elementen der Familie α Punkte gemeinsam hat.

Jede sternendliche offene Überdeckung eines Raumes X ist offenbar lokal endlich. Die Voraussetzung der Offenheit ist hierbei wesentlich.

Definition 7. Eine Familie $\alpha = \{A\}$ von Teilmengen eines topologischen Raumes X heißt *diskret,* wenn zu jedem Punkt $x \in X$ eine Umgebung existiert, die mit höchstens einem Element der Familie α Punkte gemeinsam hat.

Jede diskrete Familie ist lokal endlich. Jede disjunkte offene Überdeckung eines Raumes ist diskret. Wenn umgekehrt eine diskrete Familie eine Überdeckung eines Raumes darstellt, dann sind ihre Elemente offen (sogar offen-abgeschlossen). Die Familie aller einpunktigen Mengen eines gegebenen Raumes mag als Beispiel für eine sternendliche, jedoch nicht lokal endliche Überdeckung dienen.

Definition 8. Eine Familie $\alpha = \{A\}$ von Teilmengen eines topologischen Raumes X heißt *konservativ,* wenn $\left[\bigcup_{A \in \alpha_0} A\right] = \bigcup_{A \in \alpha_0} [A]$ für jede Teilfamilie α_0 der Familie α gilt, d. h., wenn für jede Teilfamilie die Vereinigung der Abschließungen ihrer Elemente gleich der Abschließung ihrer Vereinigung ist.

Der Leser prüft ohne Mühe nach, daß eine beliebige Familie von abgeschlossenen Mengen genau dann diskret ist, wenn sie disjunkt und konservativ ist.

Hilfssatz 2. *Jede lokal endliche Familie ist konservativ.*

Beweis. Es sei $\alpha = \{A\}$ eine lokal endliche Familie von Teilmengen eines Raumes X, und es sei $\alpha_0 \subseteqq \alpha$. Die Inklusion $\bigcup_{A \in \alpha_0} [A] \subseteqq \left[\bigcup_{A \in \alpha_0} A\right]$ resultiert aus der Monotonie des Hüllenoperators. Wir beweisen jetzt die umgekehrte Inklusion. Es sei $x \notin \bigcup_{A \in \alpha_0} [A]$, und es sei Ox eine Umgebung des Punktes x, die nur mit einer endlichen Anzahl von Elementen der Familie α Punkte gemeinsam hat. Gewisse dieser Elemente können zur Familie α_0 gehören, etwa die Mengen $A_1, \ldots, A_n$. Da $x \notin \bigcup [A]$ ist, gilt erst recht $x \notin [A_1] \cup \cdots \cup [A_n]$. Die Menge $O'x = Ox \setminus ([A_1] \cup \cdots \cup [A_n])$ ist also eine Umgebung des Punktes x. Diese Umgebung hat offenbar mit keinem der Elemente der Familie α_0 Punkte gemeinsam. Folglich ist $x \notin \left[\bigcup_{A \in \alpha_0} A\right]$. Damit ist der Hilfssatz bewiesen.

Definition 9. Ein System $\Omega = \{\omega\}$ von offenen Überdeckungen eines topologischen Raumes X heißt *zerkleinernd,* wenn es zu jedem Punkt $x \in X$ und zu jeder Umgebung Ox dieses Punktes eine Überdeckung $\omega \in \Omega$ gibt derart, daß $\mathrm{St}_\omega x \subseteqq Ox$ gilt.

2. Eigenschaften des Kompaktheitstyps. Es seien $\mathfrak{A}$ und $\mathfrak{B}$ zwei Familien von Überdeckungen eines topologischen Raumes X; dabei wird vorausgesetzt, daß die Elemente der Familie $\mathfrak{A}$ offene Überdeckungen sind.

Wir sagen, der Raum X ist ein $(\mathfrak{A}, \mathfrak{B})$-kompakter Raum oder er besitzt die $(\mathfrak{A}, \mathfrak{B})$-Kompaktheitseigenschaft, wenn jeder Überdeckung α aus der Familie $\mathfrak{A}$ eine Überdeckung β aus der Familie $\mathfrak{B}$ einbeschrieben ist. Für verschiedene $\mathfrak{A}$ und $\mathfrak{B}$ werden die $(\mathfrak{A}, \mathfrak{B})$-Kompaktheitseigenschaften auch *Eigenschaften des Kompaktheitstyps* genannt. Die wichtigsten davon sind:

(A_1) Bikompaktheit: $\mathfrak{A}$ ist die Familie aller offenen Überdeckungen, $\mathfrak{B}_1$ ist die Familie aller endlichen offenen Überdeckungen.

(A_2) Finale Kompaktheit: $\mathfrak{A}$ ist die Familie aller offenen Überdeckungen, $\mathfrak{B}_2$ ist die Familie aller höchstens abzählbaren Überdeckungen.

(A_3) Parakompaktheit bzw. (A_4) starke Parakompaktheit: $\mathfrak{A}$ ist die Familie aller offenen Überdeckungen, $\mathfrak{B}_3$ ist die Familie aller lokal endlichen bzw. $\mathfrak{B}_4$ die Familie aller sternendlichen offenen Überdeckungen.

(A_5) Abzählbare Kompaktheit: $\mathfrak{A}$ ist die Familie aller abzählbaren, $\mathfrak{B}_5$ die aller endlichen offenen Überdeckungen. Im Fall der Bikompaktheit, der finalen Kompaktheit und der abzählbaren Kompaktheit kann man sogar fordern, ohne dabei die Klasse der erhaltenen Räume zu ändern, daß die Überdeckung $\beta \in \mathfrak{B}$ aus der Familie $\mathfrak{B}$ der Überdeckung aus $\mathfrak{A}$ nicht nur einbeschrieben, sondern in ihr enthalten ist, $\beta \subset \alpha$.

Aus der Definition der $(\mathfrak{A}, \mathfrak{B})$-Kompaktheit folgt, daß jeder bikompakte Raum final kompakt, abzählbar kompakt sowie stark parakompakt ist und daß jeder stark parakompakte Raum parakompakt ist. Weiter unten wird gezeigt, daß ein regulärer final kompakter Raum parakompakt ist.

Satz 3. *Ein abgeschlossener Teilraum $\Phi \subseteqq X$ eines Raumes X, der die Eigenschaft* (A_i) *hat, $i = 1, 2, 3, 4, 5$, ist ein Raum, der dieselbe Eigenschaft* (A_i) *besitzt.*

Beweis. Es sei $\omega = \{O_\alpha\}$ irgendeine (im Fall (A_5) eine abzählbare) Überdeckung der Menge Φ mit in Φ offenen Mengen. Zu jedem $O_\alpha \in \omega$ gibt es eine im ganzen Raum X offene Menge U_α derart, daß $O_\alpha = \Phi \cap U_\alpha$ ist. Die Familie $\Omega = \{X \setminus \Phi\} \cup \{U_\alpha\}$ ist eine offene Überdeckung des Raumes X, die im Fall (A_5) abzählbar ist. Es gibt eine Überdeckung $\gamma = \{\Gamma_\lambda\}$, die Ω einbeschrieben ist und zur Klasse $\mathfrak{B}_i$ gehört. Die Mengen $V_\lambda = \Phi \cap \Gamma_\lambda$ bilden dann eine der Überdeckung ω einbeschriebene offene und zur Klasse $\mathfrak{B}_i$ gehörende Überdeckung der Menge Φ, was zu zeigen war.

Die abzählbare Kompaktheit ist bis zur Mächtigkeit $\aleph_0$ initiale Kompaktheit. Ist daher ein Raum X gleichzeitig final kompakt und abzählbar kompakt, so ist er bikompakt.

In 6.1. haben wir gesehen, daß die abzählbare Kompaktheit zu der mittels Häufungspunkten definierten Kompaktheit äquivalent ist. Daher stimmen für metrische Räume die Begriffe der Bikompaktheit und der abzählbaren Kompaktheit überein.

Satz 4. *Für parakompakte Räume stimmen die Begriffe der Bikompaktheit und der abzählbaren Kompaktheit überein.*

Beweis. Es muß gezeigt werden, daß jeder abzählbar kompakte parakompakte Raum X bikompakt ist. Dazu genügt es zu prüfen, daß jede offene lokal endliche Überdeckung ω eines abzählbar kompakten Raumes X endlich ist. Wir nehmen an, dies wäre nicht so, d. h., es gäbe eine unendliche lokal endliche Überdeckung ω des Raumes X. Aus jedem Element O_α der Überdeckung ω wählen wir einen Punkt x_α aus. Dabei kann der Fall eintreten, daß aus verschiedenen Elementen der Überdeckung ω derselbe Punkt gewählt wurde. Da die Überdeckung ω jedoch lokal endlich ist, ist die aus allen ausgewählten Punkten bestehende Menge $M = \{x_\alpha\}$ unendlich und besitzt somit einen Häufungspunkt x. Für den Punkt x läßt sich eine Umgebung Ox angeben, die nur mit endlich vielen Elementen der Überdeckung ω Punkte gemeinsam hat und folglich auch nur endlich viele Punkte der Menge M enthält. Das steht aber im Widerspruch dazu, daß x ein Häufungspunkt der Menge M ist. Damit ist Satz 4 bewiesen.

Satz 5. *Jeder parakompakte Hausdorffsche Raum ist normal.*

Der Beweis verläuft analog zum Beweis der Normalität von Bikompakta. Zunächst wird gezeigt, daß jeder parakompakte Raum regulär ist. Es sei F eine beliebige abgeschlossene Teilmenge eines Parakompaktums X und $x \in X \setminus F$. Zu jedem Punkt $y \in F$ gibt es eine Umgebung Oy derart, daß $x \notin [Oy]$ ist. Die Familie $\omega = \{X \setminus F\} \cup \{Oy : y \in F\}$ ist eine offene Überdeckung des Raumes X. Es existiert eine lokal endliche offene Überdeckung $\omega_0 = \{O_\alpha : \alpha \in A\}$ des Raumes X, die der Überdeckung ω einbeschrieben ist. Wir setzen $OF = \mathrm{St}_{\omega_0} F$. Da jede lokal endliche Familie konservativ ist, gilt

$$[OF] = \bigcup_{O_\alpha \cap F \neq \emptyset} [O_\alpha].$$

Jedes O_α aber, das mit F Punkte gemeinsam hat, ist in einem gewissen Oy enthalten. Das bedeutet, aus $O_\alpha \cap F \neq \emptyset$ folgt, daß $x \notin [O_\alpha]$ ist. Daher ist auch $x \notin [OF]$. Die Mengen $X \setminus [OF]$ und OF sind also durchschnittsfremde Umgebungen des Punktes x bzw. der Menge F, womit die Regularität des Raumes X bewiesen ist.

Die Normalität wird analog gezeigt. Es seien F_1 und F_2 disjunkte abgeschlossene Teilmengen des Raumes X. Auf Grund der bereits bewiesenen Regularität von X gibt es zu jedem Punkt $y \in F_2$ eine Umgebung Oy, deren Abschließung mit F_1 keine Punkte gemeinsam hat. Wir setzen $\omega = \{X \setminus F_2\} \cup \{Oy : y \in F_2\}$ und erhalten ebenso wie beim Beweis der Regularität eine Umgebung OF_2, deren Abschließung mit F_1 keine Punkte gemeinsam hat, d. h., wir erhalten disjunkte Umgebungen $X \setminus [OF_2]$ und OF_2 der Mengen F_1 und F_2. Damit ist Satz 5 bewiesen.

Satz 6. *Jeder reguläre final kompakte Raum X ist parakompakt*[1]).

[1]) Und sogar stark parakompakt, wie in 6.12. gezeigt wird. Zugleich gibt es einfache Beispiele für Hausdorffsche final kompakte Räume, die nicht parakompakt sind.

Folgerung. *Jeder reguläre final kompakte Raum X ist normal.*

Beweis von Satz 6. Es sei $\omega = \{U\}$ eine beliebige offene Überdeckung des Raumes X. Auf Grund der Regularität des Raumes X gibt es zu jedem seiner Punkte x eine Umgebung Ox, die zusammen mit ihrer Abschließung in einem Element U der Überdeckung ω liegt. Die Familie $\omega_0 = \{Ox: x \in X\}$ ist eine Überdeckung des Raumes X. Es existiert eine abzählbare Teilüberdeckung $\omega_0' = \{Ox_1, \ldots, Ox_k, \ldots\}$. Für jedes Element Ox_k der Überdeckung ω_0' fixieren wir ein Element U aus der Überdeckung ω derart, daß $[Ox_k] \subseteqq U$ ist, und numerieren es mit der Zahl k. Dabei kann es vorkommen, daß einem Element U aus der Überdeckung ω mehrere (unter Umständen sogar unendlich viele) Nummern zugeordnet werden. In jedem Fall ist die Familie $\omega' = \{U_1, \ldots, U_k, \ldots\}$ eine der Überdeckung ω einbeschriebene offene Überdeckung des Raumes X. Außerdem ist die Überdeckung ω_0' der Überdeckung ω' so einbeschrieben, daß $[Ox_k] \subseteqq U_k$ ist. Wir setzen jetzt $V_1 = U_1$ und $V_k = U_k \setminus \bigcup_{i<k} [Ox_i]$ für $k > 1$. Die Familie $\omega_1 = \{V_1, \ldots, V_k\}$ besteht aus offenen Mengen und ist der Überdeckung ω' einbeschrieben, d. h. auch der Überdeckung ω. Die Familie ω_1 ist eine Überdeckung. Um sich davon zu überzeugen, nehmen wir an, es sei $x \in X$. Unter allen den Punkt x enthaltenden Elementen der Überdeckung ω' wählen wir das Element mit der kleinsten Nummer. Es sei dies etwa U_k. Für alle $i < k$ ist dann $x \notin [Ox_i]$, denn es ist $[Ox_i] \subseteqq U_i$. Folglich ist $x \in V_k$. Schließlich zeigen wir noch, daß die Überdeckung ω_1 lokal endlich ist. Es sei x ein beliebiger Punkt des Raumes X. Dieser Punkt gehört zu einem Element Ox_k der Überdeckung ω_0'. Offenbar ist $Ox_k \cap V_l = \emptyset$ für alle $l > k$. Daher hat die Umgebung Ox_k des Punktes x mit höchstens k Elementen der Überdeckung ω_1 Punkte gemeinsam. Also ist ω_1 eine offene lokal endliche Überdeckung des Raumes X, die der Überdeckung ω einbeschrieben ist. Damit ist der Satz bewiesen.

3. Der Große Satz von A. Stone und die Parakompaktheit metrischer Räume als Folgerung daraus. Eng verbunden mit der bereits aus der Antike herrührenden intuitiven Vorstellung vom „stetigen Raum" ist die ebenso intuitive Vorstellung von der „unendlichen Teilbarkeit des Raumes", der in der Gedankenwelt der allgemeinen Topologie die Idee entspricht, daß zu jeder offenen Überdeckung α eines Raumes X eine „feinere" Überdeckung β dieses Raumes existiert. Ist eine Überdeckung β einer Überdeckung α einbeschrieben, so ist damit noch nicht gesichert, daß die Überdeckung β wesentlich feiner als die Überdeckung α ist, was bereits daraus folgt, daß jede Überdeckung sich selbst einbeschrieben ist. Eine Gewähr für eine echte Verfeinerung einer Überdeckung gibt der stärkere Begriff der Sterneinbeschreibung (vgl. 6.2., Definition 5). Wir wollen sagen, daß eine gegebene *offene Überdeckung ω eines Raumes X eine Sternverfeinerung besitzt*, wenn es eine offene Überdeckung ω' gibt, die der Überdeckung ω sterneinbeschrieben ist. Schließlich sagen wir, daß ein *Raum X eine Sternverfeinerung besitzt*, wenn jede offene Überdeckung dieses Raumes eine Sternverfeinerung besitzt.

Natürlicherweise stellt sich hier die Frage: Welches sind denn die topologischen Räume, die Sternverfeinerungen besitzen? Das prinzipielle Interesse an dieser Frage rührt daher, daß es eben die Räume mit Sternverfeinerung sind, die am ehesten unserer Vorstellung vom Raum als einem „kontinuierlichen Medium" gerecht werden. Eine vollständige Antwort auf die eingangs gestellte Frage gibt ein tiefliegender und schwieriger Satz von A. STONE, der zweifellos zu den bedeutendsten Ergebnissen der allgemeinen Topologie zählt, insbesondere auch deshalb, weil er zwei völlig verschiedene Kreise topologischer Ideen miteinander verbindet.

Theorem 30 (Großer Satz von A. STONE [1]). *Von allen normalen Räumen besitzen genau die parakompakten Räume eine Sternverfeinerung.*

Dieser Satz umfaßt offenbar zwei Behauptungen. Die erste besteht darin, daß jeder parakompakte Raum eine Sternverfeinerung besitzt. Diese Behauptung folgt leicht aus dem folgenden

Satz 7. *Jede offene lokal endliche Überdeckung eines normalen Raumes X besitzt eine Sternverfeinerung.*

Wenn Satz 7 bewiesen ist und X ist ein parakompakter Raum, dann kann man jeder offenen Überdeckung ω des Raumes X eine lokal endliche offene Überdeckung ω' einbeschreiben, und der Überdeckung ω' läßt sich auf Grund von Satz 7 eine offene Überdeckung ω'' sterneinbeschreiben, die offenbar auch der Überdeckung ω sterneinbeschrieben ist. Also besitzt ω eine Sternverfeinerung, und da ω eine beliebige offene Überdeckung des Raumes X war, besitzt auch der Raum X eine Sternverfeinerung.

Wir gehen nun zum Beweis von Satz 7 über.

Es sei $\omega = \{O_\alpha\}$, $\alpha \in \mathfrak{A}$, eine lokal endliche offene Überdeckung des Raumes X. Auf Grund des Verfeinerungslemmas für unendliche Überdeckungen gibt es eine abgeschlossene Überdeckung $\lambda = \{F_\alpha\}$, $\alpha \in \mathfrak{A}$, die der Überdeckung ω kombinatorisch[1]) einbeschrieben ist, d. h. $F_\alpha \subseteqq O_\alpha$, $\alpha \in \mathfrak{A}$. Aus der kombinatorischen Einbeschreibung von λ in ω folgt, daß die Überdeckung λ lokal endlich und somit auch konservativ ist.

Für eine beliebige endliche Menge von Indizes $\alpha_1, \ldots, \alpha_s$ setzen wir

$$V_{\alpha_1,\ldots,\alpha_s} = \bigcap_{i=1}^{s} O_{\alpha_i} \setminus \bigcup_{\substack{\alpha \neq \alpha_i \\ i=1,\ldots,s}} F_\alpha .$$

Die Mengen $V_{\alpha_1,\ldots,\alpha_s}$ sind offenbar offen. Wir wollen zeigen, daß das System v aller möglichen Mengen $V_{\alpha_1,\ldots,\alpha_s}$ der Überdeckung ω sterneinbeschrieben ist und zugleich eine Überdeckung des Raumes X darstellt.

Dazu betrachten wir einen beliebigen Punkt $x \in X$. Da die Überdeckung λ lokal endlich ist, ist der Punkt x nur in einer endlichen Anzahl von Elementen dieser Überdeckung enthalten. Es seien dies etwa die Mengen $F_{\alpha_1}, \ldots, F_{\alpha_s}$. Offenbar ist dann $x \in V_{\alpha_1,\ldots,\alpha_s}$. Das System v ist also eine Überdeckung des Raumes X. Es sei $x \in F_{\alpha_1}$. Wir zeigen, daß $\mathrm{St}_v x \subseteqq O_{\alpha_1}$ ist, oder mit anderen Worten, daß aus $x \in V_{\alpha_1',\ldots,\alpha_r'} \in v$ die Inklusion $V_{\alpha_1',\ldots,\alpha_r'} \subseteqq O_{\alpha_1}$ folgt. Ist aber $x \in V_{\alpha_1',\ldots,\alpha_r'}$, dann ist

[1]) Ein System σ' ist einem System σ *kombinatorisch einbeschrieben*, wenn sich die Elemente beider Systeme derart einander umkehrbar eindeutig zuordnen lassen, daß jedes Element des Systems σ' in dem ihm entsprechenden Element des Systems σ enthalten ist.

$x \notin F_\alpha$ für $\alpha \neq \alpha_j'$, $j = 1, \ldots, r$. Daneben ist $x \in F_{\alpha_1}$, und das bedeutet $\alpha_1 = \alpha_{j_0}'$ für ein gewisses $j_0 = 1, \ldots, r$. Nun ist aber

$$V_{\alpha_1', \ldots, \alpha_r'} \subseteqq \bigcap_{j=1}^{r} O_{\alpha_j} \subseteqq O_{\alpha_{j_0}'} \quad \text{und} \quad O_{\alpha_{j_0}'} = O_{\alpha_1},$$

d. h. $V_{\alpha_1', \ldots, \alpha_r'} \subseteqq O_{\alpha_1}$, womit die Behauptung bewiesen ist.

Also ist v die gesuchte Überdeckung, die der Überdeckung ω sterneinbeschrieben ist. Die erste Behauptung von Theorem 30 ist bewiesen.

Satz 8. *Ein normaler Raum X, der eine Sternverfeinerung besitzt, ist parakompakt.*

Hilfssatz 1. *Es sei $\mathfrak{G} = \{G_n\}$, $n = 1, 2, 3, \ldots$, eine abzählbare offene Überdeckung eines normalen Raumes X, und der Überdeckung $\mathfrak{G}$ sei eine abgeschlossene Überdeckung $\mathfrak{F} = \{F_n\}$ kombinatorisch derart einbeschreibbar, daß $F_n \subseteqq G_n$ ist. Dann kann man der Überdeckung $\mathfrak{G}$ eine offene lokal endliche abzählbare Überdeckung $\mathfrak{H} = \{H_n\}$ derart einbeschreiben, daß $H_n \subseteqq G_n$ ist.*

Beweis. Für jedes $n = 1, 2, 3, \ldots$ wählen wir eine offene Menge G_n' derart, daß

$$F_n \subseteqq G_n' \subseteqq [G_n'] \subseteqq G_n$$

ist. Offenbar ist die Familie von offenen Mengen $\mathfrak{G}' = \{G_n'\}$ und erst recht die Familie von abgeschlossenen Mengen $\overline{\mathfrak{G}}' = \{[G_n']\}$ eine Überdeckung des Raumes X.

Wir setzen $H_n = G_n \setminus \left[\bigcap_{k<n} G_k'\right]$ und beweisen, daß $\mathfrak{H} = \{H_n\}$ eine Überdeckung des Raumes X ist. Dazu wählen wir für jedes $x \in X$ eine kleinste Zahl n derart, daß $x \in [G_n']$ ist. Dann ist $x \in G_n$ und $x \notin \left[\bigcap_{k<n} G_k'\right]$, d. h. $x \in H_n$. Offenbar ist $\mathfrak{H}$ der Überdeckung $\mathfrak{G}$ kombinatorisch einbeschrieben. Zu beweisen bleibt, daß die Überdeckung $\mathfrak{H}$ lokal endlich ist.

Es sei $x \in X$. Da $\mathfrak{G}'$ eine Überdeckung ist, existiert eine Menge G_p', die den Punkt x enthält. Die Menge G_p' kann mit H_n, $n > p$, keine Punkte gemeinsam haben, da $H_n = G_n \setminus \bigcup_{k<n} [G_n] \subseteqq X \setminus [G_p']$ für $n > p$ gilt. Folglich ist G_p' eine Umgebung des Punktes x, die mit keiner der Mengen $H_{p+1}, H_{p+2}, \ldots$ Punkte gemeinsam hat, d. h., die nur mit endlich vielen Elementen H_n der Überdeckung $\mathfrak{H}$ einen nichtleeren Durchschnitt besitzt. Damit ist Hilfssatz 1 bewiesen.

Der Raum X möge eine Sternverfeinerung besitzen. Wir wollen beweisen, daß X dann parakompakt ist. Dazu wählen wir eine beliebige offene Überdeckung $\gamma = \gamma_0 = \{U_\alpha\}$ des Raumes X. Nun konstruieren wir eine der Überdeckung γ einbeschriebene lokal endliche Überdeckung.

a) Es bezeichne $\gamma_1 = \{U_\alpha^1\}$ eine der Überdeckung γ_0 sterneinbeschriebene offene Überdeckung und allgemein $\gamma_n = \{U_\alpha^n\}$ eine der Überdeckung $\gamma_{n-1} = \{U_\alpha^{n-1}\}$, $n = 1, 2, 3, \ldots$, einbeschriebene offene Überdeckung. Für jedes $n = 0, 1, 2, \ldots$ durchlaufen die Indizes α alle Ordnungszahlen, die kleiner als ein gewisses $\omega_\alpha = \omega_\tau(n)$ sind; ω_α ist die kleinste Ordnungszahl, deren Mächtigkeit gleich der Mächtigkeit der Überdeckung γ_n ist.

Den Stern einer Menge $M \subseteqq X$ bezüglich der Überdeckung γ_n bezeichnen wir mit $\mathrm{St}_n M$; den Stern eines Punktes $x \in X$ bezüglich der Überdeckung γ_n bezeichnen wir mit $\mathrm{St}_n x$.

Jedes γ_n, $n = 1, 2, 3, \ldots$, ist allen vorhergehenden Überdeckungen γ_k, $0 \leqq k \leqq n - 1$, sterneinbeschrieben.

Ist eine Überdeckung π' einer Überdeckung π sterneinbeschrieben, so ist sie auch „regulär" einbeschrieben, d. h., die Vereinigung von je zwei nichtdisjunkten Elementen der Überdeckung π' ist in einem Element der Überdeckung π enthalten.

b) Wir setzen

$$F'_{n\alpha} = \{x \in U_\alpha \mid \mathrm{St}_n x \subseteqq U_\alpha\}$$

und beweisen zunächst die Identität

$$F'_{n\alpha} = X \setminus \mathrm{St}_n(X \setminus U_\alpha). \tag{1}$$

Es sei etwa $x \in F'_{n\alpha}$. Dann gilt $\mathrm{St}_n x \subseteqq U_\alpha$, d. h.

$$\mathrm{St}_n x \cap (X \setminus U_\alpha) = \emptyset.$$

Wäre $x \in \mathrm{St}_n(X \setminus U_\alpha)$, so gäbe es ein $U_\beta{}^n \in \gamma_n$, das mit $X \setminus U_\alpha$ einen nichtleeren Durchschnitt hätte und den Punkt x enthielte, so daß $\mathrm{St}_n x \cap (X \setminus U_\alpha)$ nicht leer wäre, während $\mathrm{St}_n x \subseteqq U_\alpha$ ist. Also ist die linke Seite der Gleichung in der rechten enthalten.

Wir beweisen jetzt, daß die rechte Seite in der linken enthalten ist. Es sei $x \in X \setminus \mathrm{St}_n(X \setminus U_\alpha)$. Für jedes $U_\beta{}^n \in \gamma_n$ und $x \in U_\beta{}^n$ folgt dann $U_\beta{}^n \cap (X \setminus U_\alpha) = \emptyset$, d. h. $U_\beta{}^n \subseteqq U_\alpha$. Mit anderen Worten, es ist $\mathrm{St}_n x \subseteqq U_\alpha$ und $x \in F'_{n\alpha}$. Damit ist Gleichung (1) bewiesen.

Da die Überdeckung γ_{n+1} der Überdeckung γ_n einbeschrieben ist (sogar sterneinbeschrieben), ergibt sich für jedes $M \subseteqq X$, insbesondere für $M \subseteqq X \setminus U_\alpha$ die Inklusion $\mathrm{St}_{n+1} M \subseteqq \mathrm{St}_n M$; als eine unmittelbare Folgerung aus der Identität (1) ergibt sich somit $F'_{n\alpha} \subseteqq F'_{n+1,\alpha}$. Wir beweisen etwas mehr, und zwar

$$\mathrm{St}_{n+1} F'_{n\alpha} \subseteqq F'_{n+1,\alpha}. \tag{2}$$

Es sei $x \in \mathrm{St}_{n+1} F'_{n\alpha}$. Das besagt, es gibt ein $U_\beta{}^{n+1} \in \gamma_{n+1}$ derart, daß $x \in U_\beta{}^{n+1}$ und $U_\beta{}^{n+1} \cap F_n{}' \neq \emptyset$ ist. Hieraus folgt

$$\mathrm{St}_{n+1} x \subseteqq U_\alpha.$$

Nun ist die Überdeckung γ_{n+1} aber γ_n sterneinbeschrieben, d. h., es gibt ein $U_\mu{}^n \in \gamma_n$, so daß

$$\mathrm{St}_{n+1} x \subseteqq U_\mu{}^n \tag{3}$$

(und offenbar $U_\mu{}^n \cap F'_{n\alpha} \neq \emptyset$) ist. Aus der letzten Ungleichung ergibt sich, daß $U_\mu{}^n$ nicht in $X \setminus F'_{n\alpha} = \mathrm{St}_n(X \setminus U_\alpha)$ enthalten ist, d. h. $U_\mu{}^n \cap (X \setminus U_\alpha) = \emptyset$, und das bedeutet $U_\mu{}^n \subseteqq U_\alpha$. Hieraus und aus (3) folgt $x \in F'_{n+1,\alpha}$. Formel (2) ist damit bewiesen.

Da der Stern jeder Menge $M \subseteqq X$ bezüglich einer offenen Überdeckung eine in X offene Menge ist, folgt aus (1), daß alle $F'_{n\alpha}$ abgeschlossen sind, und aus (2) ergibt sich, daß die Menge

$$V_\alpha = \bigcup_{n=1}^{\infty} F'_{n\alpha}$$

in X offen ist.

Wir beweisen jetzt, daß für jedes vorgegebene n die Familie $\mathfrak{F} = \{F'_{n\alpha}\}$ eine abgeschlossene Überdeckung des Raumes X ist. Es sei etwa x ein beliebiger Punkt aus X. Da γ_n der Überdeckung γ sterneinbeschrieben ist, ist $\mathrm{St}_n x$ in einem gewissen U_α enthalten. Dann ist aber $x \in F'_{n\alpha} \in \mathfrak{F}$, was auch zu zeigen war.

Wir setzen (wobei wir beachten, daß die Indizes α Ordnungszahlen sind)

$$F_{n\alpha} = F'_{n\alpha} \setminus \bigcup_{\beta<\alpha} V_\beta. \tag{4}$$

Da die Mengen V_β offen sind, ist F_n abgeschlossen. Aus der Definition der Menge V_β folgt weiterhin, daß man die Identität (4) auch folgendermaßen schreiben kann:

$$F_{n\alpha} = F'_{n\alpha} \setminus \bigcup_{\beta<\alpha} \bigcup_{k=1}^{\infty} F'_{k\beta}. \tag{4'}$$

Wir zeigen, daß die Gesamtheit $\mathfrak{F}_0$ aller $F_{n\alpha}$ (wobei n alle natürlichen Zahlen durchläuft und α für jedes n alle Ordnungszahlen $< \omega_\tau(n)$) eine, offensichtlich abgeschlossene, Überdeckung des Raumes X ist.

Wir wählen einen beliebigen Punkt $x \in X$. Mit α bezeichnen wir die kleinste Ordnungszahl, $\alpha < \omega_\tau(n)$, die folgender Bedingung genügt: Es gibt eine natürliche Zahl n derart, daß $x \in F'_{n\alpha}$ ist; ein solches α existiert, da $\mathfrak{F}' = \{F'_{n\alpha}\}$ eine Überdeckung ist, d. h. (für jedes n ist der Punkt x in einem gewissen $F'_{n\alpha}$ enthalten), wir suchen ein solches n, daß α dabei minimal ist.

Also ist $x \in F'_{n\alpha}$, aber es ist auch $x \in F'_{k\beta}$, wie immer man die natürliche Zahl k und $\beta < \alpha$ wählt. Das bedeutet aber auch, daß $x \in F'_{n\alpha} \setminus \bigcup_{\beta<\alpha} \bigcup_{k} F'_{k\beta}$ ist, d. h. $x \in F_{n\alpha}$.

c) Es gibt kein $U_\eta^{n+1} \in \gamma_{n+1}$, das gleichzeitig einen nichtleeren Durchschnitt mit einem $F_{n\alpha}$ und einem $F_{n\beta}$ für $\alpha \neq \beta$ besitzt.

Es sei $\alpha > \beta$. Offenbar genügt es zu beweisen, daß

$$F_{n\alpha} \cap \mathrm{St}_{n+1} F_{n\beta} = \emptyset$$

ist. Nun ist aber (vgl. (2) und (4))

$$\mathrm{St}_{n+1} F_{n\beta} \subseteqq \mathrm{St}_{n+1} F'_{n\beta} \subseteqq F'_{n+1,\beta} \subseteqq V_\beta \subseteqq X \setminus F_{n\alpha},$$

woraus die Behauptung folgt.

Aus dem eben Bewiesenen leiten wir ferner die folgende Behauptung ab:

d) Es gibt kein $U_\nu^{n+3} \in \gamma_{n+3}$, das für $\beta \neq \alpha$ gleichzeitig mit $\mathrm{St}_{n+3} F_{n\alpha}$ und $\mathrm{St}_{n+3} F_{n\beta}$ Punkte gemeinsam hat.

Angenommen, U_ν^{n+3} schneide sowohl $\mathrm{St}_{n+3}F_{n\alpha}$ als auch $\mathrm{St}_{n+3}F_{n\beta}$. Dann existieren $U_{\alpha'}^{n+3}$ und $U_{\beta'}^{n+3}$ derart, daß

$$F_{n\alpha} \cap U_{\alpha'}^{n+3} \neq \emptyset, \qquad F_{n\beta} \cap U_{\beta'}^{n+3} \neq \emptyset,$$

$$U_\nu^{n+3} \cap U_{\alpha'}^{n+3} \neq \emptyset, \qquad U_\nu^{n+3} \cap U_{\beta'}^{n+3} \neq \emptyset$$

ist. Folglich ist die Vereinigung $U_\nu^{n+3} \cup U_{\alpha'}^{n+3}$ in einem U_λ^{n+2} enthalten und die Vereinigung $U_\nu^{n+3} \cup U_{\beta'}^{n+3}$ in einem U_μ^{n+2}. Dann ist aber $U_\lambda^{n+2} \cap U_\mu^{n+2}$ nicht leer, und deshalb ist $U_\lambda^{n+2} \cup U_\mu^{n+2}$ in einem U_η^{n+1} enthalten, das sowohl mit $F_{n\alpha}$ als auch mit $F_{n\beta}$ Punkte gemeinsam hat, was im Widerspruch zur Aussage c) steht.

e) Wir setzen $G_{n\alpha} = \mathrm{St}_{n+3}F_{n\alpha}$. Aus dem Bewiesenen folgt, daß die Familie $\mathfrak{G} = \{G_{n\alpha}\}$ ein diskretes Mengensystem ist. Folglich ist auch das System $\mathfrak{F} = \{F_{n\alpha}\}$ diskret.

Schließlich setzen wir

$$F_n = \bigcup_\alpha F_{n\alpha}, \qquad G_n = \bigcup_\alpha G_{n\alpha}.$$

Offenbar ist $F_n \subseteqq G_n$.

Als Körper eines diskreten Systems abgeschlossener Mengen ist die Menge F_n abgeschlossen.

Da ferner die Familie $\mathfrak{F}_0 = \{F_{n\alpha}\}$ eine abgeschlossene Überdeckung des Raumes X ist, ist auch die Familie

$$\mathfrak{F} = \{F_n\}$$

eine abgeschlossene Überdeckung dieses Raumes. Außerdem ist die Familie $\mathfrak{G} = \{G_n\}$ eine offene Überdeckung des Raumes X. Dabei gilt $F_n \subseteqq G_n$, so daß die Voraussetzungen von Hilfssatz 1 erfüllt sind. Aus diesem folgt die Existenz einer lokal endlichen Überdeckung $\mathfrak{H} = \{H_n\}$ des Raumes X, die der Überdeckung $\mathfrak{G}$ kombinatorisch einbeschrieben ist, so daß $H_n \subseteqq G_n$, $\bigcup_n H_n = X$ gilt.

Wir setzen

$$H_{n\alpha} = H_n \cap G_{n\alpha}$$

und beweisen, daß die Familie γ' aller Mengen $H_{n\alpha}$ (für beliebiges n und α) eine Überdeckung des Raumes X ist. Für eine Menge $H_n \subseteqq G_n$ ergibt sich nämlich

$$H_n = \bigcup_\alpha (H_n \cap G_{n\alpha}), \qquad \text{d. h.} \qquad H_n = \bigcup_\alpha H_{n\alpha},$$

also

$$\bigcup_{n,\alpha} H_{n\alpha} = \bigcup_n \bigcup_\alpha H_{n\alpha} = \bigcup_n H_n = X.$$

Weiterhin erhält man in Übereinstimmung mit Formel (2)

$$H_{n\alpha} \subseteqq G_{n\alpha} = \mathrm{St}_{n+3}F_{n\alpha} \subseteqq F'_{n+2,\alpha},$$

weshalb die Überdeckung γ' der Überdeckung $\gamma = \{U_\alpha\}$ einbeschrieben ist.

Es bleibt zu beweisen, daß die Überdeckung γ' lokal endlich ist. Es sei $x \in X$. Da $\mathfrak{H} = \{H_n\}$ lokal endlich ist, gibt es eine Umgebung Ox des Punktes x, die nur mit endlich vielen Mengen H_n einen nichtleeren Durchschnitt besitzt (d. h., die mit keinem H_n Punkte gemeinsam hat, dessen Nummer n größer ist als eine gewisse

Zahl n_0). Da das System $\mathfrak{G}$ diskret ist, existiert zu jedem $n \leqq n_0$ eine Umgebung $O_n x \subseteqq Ox$, die höchstens ein $G_{n\alpha}$ schneidet. Die Umgebung $O'x = \bigcap_{n=1}^{n_0} O_n x$ schneidet kein $H_{n\alpha} \subseteqq H_n$ für $n > n_0$, und für $n \leqq n_0$ kann sie höchstens mit einem $H_{n\alpha} \subseteqq G_{n\alpha}$ Punkte gemeinsam haben, was bedeutet, daß diese Umgebung nur mit einer endlichen Anzahl von Elementen aus der Überdeckung γ' einen nichtleeren Durchschnitt haben kann.

Damit ist die Parakompaktheit des Raumes und mit dieser Theorem 30 vollständig bewiesen.

Aus dem Satz von A. Stone ergibt sich

Theorem 31. *Jeder metrische Raum ist parakompakt.*

Beweis. Es sei X ein metrischer Raum. Wir nehmen an, es sei diam $X < \infty$.[1]) Es muß gezeigt werden, daß es zu jeder offenen Überdeckung $\gamma = \{\Gamma_\alpha\}$ eine dieser sterneinbeschriebene offene Überdeckung γ' gibt. Bezüglich der zur Numerierung der Elemente von γ verwendeten Indizes α setzen wir wieder voraus, daß sie Ordnungszahlen seien (die mit Null beginnend alle Werte bis hin zur kleinsten Ordnungszahl ω_τ durchlaufen, deren Mächtigkeit gleich der Mächtigkeit der Überdeckung γ ist, $0 \leqq \alpha < \omega_\tau$).

Für jeden Punkt $x \in X$ bezeichnen wir mit $\alpha(x)$ die kleinste Ordnungszahl α derart, daß $x \in \Gamma_\alpha$ ist. Ferner bezeichnen wir mit $\varepsilon(x)$ die Zahl

$$\varepsilon(x) = \frac{1}{4}\, \varrho(x, X \setminus \Gamma_{\alpha(x)})$$

und setzen

$$U(x) = O\big(x, \varepsilon(x)\big). \tag{5}$$

Bemerkung. Wenn für einen Punkt $y \in X$ die Ungleichung $\varrho(x, y) < 4\varepsilon(x)$ gilt, dann ist

$$\varrho(x, y) < \varrho(x, X \setminus \Gamma_{\alpha(x)})$$

und folglich $y \in \Gamma_{\alpha(x)}$.

Von dieser Bemerkung werden wir am Ende unseres Beweises entscheidenden Gebrauch machen; im Augenblick sei nur darauf hingewiesen, daß aus ihr die Inklusion

$$U(x) \equiv O\big(x, \varepsilon(x)\big) \subseteqq O\big(x, 4\varepsilon(x)\big) \subseteqq \Gamma_{\alpha(x)}$$

---

[1]) Jeder metrische Raum (X, ϱ) ist einem metrischen Raum (X, ϱ') mit einem Durchmesser < 1 homöomorph. Um das zu zeigen, genügt es, für zwei beliebige Punkte $x_1 \in X$, $x_2 \in X$

$$\varrho'(x_1, x_2) = \frac{\varrho(x_1, x_2)}{1 + \varrho(x_1, x_2)}$$

zu setzen. Die Räume (X, ϱ) und (X, ϱ') sind zueinander homöomorph. (Das folgt daraus, daß jede Punktfolge $\{x_k\}$, die in einer der beiden Metriken ϱ, ϱ' gegen x_0 konvergiert, dies auch in der anderen Metrik tut.)

folgt. Die für alle Punkte $x \in X$ gebildeten Mengen $U(x)$ ergeben eine Überdeckung

$$\gamma' = \{U(x)\}, \qquad x \in X,$$

des Raumes X.

Wir beweisen jetzt, daß γ' die gesuchte, γ sterneinbeschriebene Überdeckung ist. Wir wählen einen beliebigen Punkt $a \in X$ und setzen

$$E_a = \{x : U(x) \ni a\} = \{x : \varepsilon(x) > \varrho(x, a)\}. \tag{6}$$

Mit $d(a)$ bezeichnen wir die Zahl

$$d(a) = \sup_{x \in E_a} \varepsilon(x). \tag{7}$$

Die Zahl $d(a)$ ist offenbar positiv (und endlich auf Grund der Voraussetzung über die Endlichkeit des Durchmessers des Raumes X).

Wir wählen einen Punkt $b \in E_a$, der der Bedingung $\varepsilon(b) > \frac{2}{3} d(a)$ genügt, d. h., für den

$$d(a) < \frac{3}{2} \varepsilon(b) \tag{8}$$

ist. Wir haben unser Ziel erreicht, wenn wir beweisen können, daß $\mathrm{St}_{\gamma'}(a)$, d. h. die Menge $\bigcup_{U(x) \ni a} U(x)$, in dem Element $\Gamma_{\alpha(b)}$ der Überdeckung γ enthalten ist.

Dazu wiederum genügt es zu beweisen, daß aus $U(x) \ni a$, d. h. aus $x \in E_a$, die Inklusion $U(x) \subseteqq \Gamma_{\alpha(b)}$ folgt.

Es sei also $x \in E_a$. Das bedeutet

$$\varepsilon(x) > \varrho(x, a). \tag{9}$$

Es ist zu zeigen, daß dann $y \in \Gamma_{\alpha(b)}$ für jeden Punkt $y \in U(x)$ gilt. Aus der weiter oben gemachten Bemerkung folgt nun aber, daß es dafür zu beweisen ausreicht, daß

$$\varrho(b, y) < 4\varepsilon(b)$$

ist. Gegeben sind uns nun: ein Punkt $a \in X$, ein Punkt $b \in E_a$ und folglich (nach Formel (6)) die Beziehung $\varepsilon(b) > \varrho(b, a)$, ein Punkt $x \in E_a$, d. h., es gilt die Beziehung $\varrho(x, a) < \varepsilon(x)$, sowie ein Punkt $y \in U(x)$, d. h., es ist $\varrho(x, y) < \varepsilon(x)$. Unter diesen Bedingungen ergibt sich

$$\varrho(y, b) \leqq \varrho(y, x) + \varrho(x, a) + \varrho(a, b) < \varepsilon(x) + \varepsilon(x) + \varepsilon(b). \tag{10}$$

Nun ist aber $x \in E_a$, weshalb aus (7) und (8)

$$\varepsilon(x) \leqq d(a) < \frac{3}{2} \varepsilon(b)$$

folgt. Setzen wir das in die Ungleichung (10) ein, so erhalten wir

$$\varrho(y, b) < \frac{3}{2} \varepsilon(b) + \frac{3}{2} \varepsilon(b) + \varepsilon(b) = 4\varepsilon(b),$$

was zu beweisen war.

6.12. Lokal bikompakte Räume

1. Vorbemerkung.

Definition 10. Ein Raum X heißt *lokal bikompakt*, wenn jeder Punkt x eine Umgebung U besitzt, deren abgeschlossene Hülle $[U]$ bikompakt ist.

Theorem 32. *Jede offene Menge Γ eines Bikompaktums X ist lokal bikompakt.*

Wegen der Normalität des Bikompaktums X besitzt nämlich jeder Punkt $x \in \Gamma$ eine Umgebung U, deren abgeschlossene Hülle $[U]$ in Γ liegt und als abgeschlossene Menge im Bikompaktum X selbst ein Bikompaktum ist.

Wir beweisen die Umkehrung von Theorem 12, sogar in einer etwas verschärften Form:

Theorem 33. *Zu jedem lokal bikompakten Hausdorffschen Raum X (und nur zu einem solchen Raum) läßt sich ein Punkt ξ hinzufügen derart, daß sich ein Bikompaktum $X' = X \cup \xi$ ergibt (wobei die Topologie in X als einer im Bikompaktum X' gelegenen Menge mit der Topologie übereinstimmt, die in X a priori gegeben ist); dabei ist die Topologie in X' eindeutig durch die Topologie in X und die Forderung bestimmt, daß X' ein Bikompaktum ist.*

Beweis. Es sei $X' = X \cup \xi$ ein Bikompaktum. Hieraus folgt bereits, daß X (als offene Menge im Bikompaktum X') ein lokal bikompakter Raum ist. Ferner sind genau diejenigen Mengen aus X in X' offen, die auch in X offen sind (sonst würde die Topologie, die in X a priori gegeben ist, nicht mit der in X durch X' „induzierten" Topologie übereinstimmen). Ist Γ' eine offene Menge in X', die den Punkt ξ enthält, so ist $\Gamma' = \Gamma \cup \xi$, wobei Γ in X offen und $\Phi = X \setminus \Gamma = X' \setminus \Gamma'$ ist, als abgeschlossene Menge im Bikompaktum X', selbst bikompakt. Umgekehrt ist jede Menge der Gestalt $\Gamma' = \Gamma \cup \xi$, wobei $\Phi = X \setminus \Gamma$ ein Bikompaktum ist, offen in X', da ihr Komplement $X' \setminus \Gamma' = X \setminus \Gamma = \Phi$ als Bikompaktum in X' abgeschlossen ist.

Existiert also ein Bikompaktum $X' = X \cup \xi$, das den gegebenen Hausdorffschen Raum X enthält, so ist dies nur dann möglich, wenn X lokal bikompakt und die Topologie in X' eindeutig dadurch bestimmt ist, daß die in X' offenen Mengen, die den Punkt ξ nicht enthalten, mit den in X offenen Mengen identisch sind, und daß die in X' offenen Mengen, die den Punkt ξ enthalten, gerade die Mengen der Gestalt $\xi \cup \Gamma$ sind, wobei $\Gamma = X \setminus \Phi$ und $\Phi \subset X$ ein Bikompaktum ist. Wir zeigen nun: Ist X ein lokal bikompakter Hausdorffscher Raum, so ist der Raum X' mit der eben beschriebenen Topologie tatsächlich ein Bikompaktum. Zunächst prüft man leicht nach, daß in X' die Axiome eines topologischen Raumes erfüllt sind. Wir zeigen ferner, daß auch das Hausdorffsche Trennungsaxiom im Raum X' gilt. Dies ist klar für je zwei in X gelegene Punkte x und x'. Aber auch zu ξ und jedem Punkt $x \in X$ lassen sich disjunkte Umgebungen finden: Dazu braucht man nur $U(x)$ so zu wählen, daß $\Phi = [U(x)]$ bikompakt ist; dann sind die Umgebungen $U(x)$ und $U(\xi) = \xi \cup (X \setminus \Phi)$ disjunkt. Schließlich ist X' bikompakt. Ist nämlich Σ ein System in X' offener Mengen Γ_α, das den ganzen Raum X' überdeckt, dann gibt es unter den Mengen Γ_α ein gewisses $\Gamma_0 = U(\xi) = \xi \cup (X \setminus \Phi)$. Die übrigen Mengen Γ_α, $\alpha \neq 0$, überdecken auf alle Fälle das Bikompaktum Φ; unter ihnen kann man endlich viele Mengen $\Gamma_1, \ldots, \Gamma_s$ auswählen, die Φ überdecken. Die Mengen $\Gamma_0, \Gamma_1, \ldots, \Gamma_s$ überdecken den ganzen Raum X', womit die Bikompaktheit dieses Raumes bewiesen ist.

Man kann die Bikompaktheit des Raumes X' auch mit Hilfe der Bedingung (A) aus 6.1., Satz 2, herleiten: Es sei M eine beliebige Menge irgendeiner unendlichen Mächtigkeit m. Gibt es ein Bikompaktum $\Phi \subset X$, das mit der Menge M eine Menge der Mächtigkeit m gemeinsam hat, so existiert in Φ ein vollständiger Häufungspunkt der Menge M. Ist für jedes Bikompaktum $\Phi \subset X$ die Mächtigkeit der Menge $M \cap \Phi$ stets kleiner als m, so hat die Menge $M \cap (X' \setminus \Phi)$, d. h. die Menge $M \cap U(\xi)$, bei jeder Wahl der Umgebung $U(\xi)$ die Mächtigkeit m. Dann ist jedoch ξ ein vollständiger Häufungspunkt der Menge M. Somit besitzt der Raum X' die Eigenschaft (A) und ist infolgedessen bikompakt.

Damit ist Theorem 33 bewiesen.[1])

Schließlich zeigen wir noch, daß in den Theoremen 32 und 33 die Voraussetzung, daß der Raum X' ein Hausdorffscher Raum ist, wesentlich ist, Es gilt nämlich

Theorem 34. *Jeder T_1-Raum (also erst recht jeder T_2-Raum) X', der unendlich viele Punkte enthält, kann durch Hinzufügen eines Punktes ξ zu einem bikompakten T_1-Raum $X' = X \cup \xi$ erweitert werden, in welchem ξ kein isolierter Punkt ist.*

Beweis. Wir nehmen ein beliebiges Element ξ und führen in $X' = X \cup \xi$ eine Topologie ein, indem wir in X' alle Mengen als offen erklären, die in X offen sind, sowie alle Mengen der Gestalt $\xi \cup (X \setminus K)$, wobei K irgendeine Menge ist, die aus endlich vielen Punkten des Raumes X besteht. Man prüft leicht nach, daß X' ein T_1-Raum ist. Da jede Umgebung des Punktes ξ alle Punkte des Raumes X' mit Ausnahme endlich vieler enthält, ist ξ für jede unendliche Menge $M \subseteqq X'$ vollständiger Häufungspunkt, womit der Satz bewiesen ist.

2. Parakompakte lokal bikompakte Räume.

Hilfssatz 1. *Jede offene lokal endliche Überdeckung eines bikompakten Raumes ist endlich.*

Der Beweis sei dem Leser überlassen.

Aus Hilfssatz 1 folgt unmittelbar

Hilfssatz 2. *Es sei X ein lokal bikompakter Raum und $\omega = \{O_\alpha\}$ eine offene lokal endliche Überdeckung des Raumes X derart, daß die abgeschlossene Hülle $[O_\alpha]$ jedes ihrer Elemente bikompakt ist. Dann ist die Überdeckung ω sternendlich.*

Satz 1. *Jeder parakompakte lokal bikompakte Raum X ist stark parakompakt.*

Beweis. Einer beliebigen offenen Überdeckung ω des Raumes X beschreiben wir eine offene Überdeckung ω_1 ein, deren Elemente bikompakte abgeschlossene Hüllen haben. Der Überdeckung ω_1 beschreiben wir eine offene lokal endliche Überdeckung ω_2 ein, die nach Hilfssatz 2 sternendlich ist, was zu beweisen war.

[1]) Jedes Bikompaktum X ist erst recht ein lokal bikompakter Raum. In diesem Fall enthält der Raum $X' = X \cup \xi$ den Punkt ξ als isolierten Punkt. Theorem 33 gilt dann trivalerweise, ist aber belanglos.

Also besitzt jeder lokal bikompakte parakompakte Raum X eine offene sternendliche Überdeckung ω, deren Elemente bikompakte abgeschlossene Hüllen haben. Aus der Bemerkung über sternabzählbare Systeme von offenen Mengen (vgl. 6.11., Nr. 1) folgt, daß der Raum X Vereinigung disjunkter offener Mengen Γ_α ist, nämlich der Körper der Verkettungskomponenten der Überdeckung ω. Darüber hinaus ergibt sich aus 6.11., Satz 1, daß jede Verkettungskomponente einer Überdeckung ω höchstens abzählbar ist. Damit erhalten wir

Satz 2. *Jeder lokal bikompakte parakompakte Raum X kann in der Form $X = \bigcup_\alpha \Gamma_\alpha$ dargestellt werden, wobei die Mengen Γ_α disjunkt und offen in X sind und jedes Γ_α Vereinigung einer abzählbaren Anzahl von offenen Mengen Γ_{α_i} ist, deren abgeschlossene Hüllen bikompakt sind.*

Der Beweis der folgenden einfachen Behauptung sei dem Leser überlassen.

Satz 3. *Jeder lokal bikompakte Raum, der Vereinigung einer abzählbaren Anzahl von Bikompakta ist, ist final kompakt.*

Die Sätze 1 und 3 ziehen wir jetzt zum Beweis der folgenden Aussage heran:

Theorem 35. *Jeder reguläre final kompakte Raum X ist stark parakompakt.*

Zunächst beweisen wir den

Hilfssatz 3. *In jeder Umgebung U eines final kompakten Teilraumes Y eines normalen Raumes X ist eine Umgebung V enthalten, die eine F_σ-Menge ist.*

Beweis. Zu jedem Punkt $y \in Y$ gibt es eine Umgebung Oy, deren Abschließung $[Oy]$ (im Raum X) in U enthalten ist. Aus der Familie $\{Oy: y \in Y\}$ läßt sich eine abzählbare Teilfamilie $\{Oy_1, \ldots, Oy_k, \ldots\}$ aussondern, die die Menge Y überdeckt.

Nach 4.8., Satz 1, gibt es für jedes $k = 1, 2, 3, \ldots$ eine F_σ-Umgebung V_k der Menge $[Oy_k]$, die in U enthalten ist. Die Menge $V = \bigcup_{k=1}^{\infty} V_k$, die als Vereinigung einer abzählbaren Anzahl von F_σ-Mengen selbst eine F_σ-Menge ist, stellt die gesuchte Umgebung der Menge X dar. Damit ist Hilfssatz 3 bewiesen.

Beweis von Theorem 35. Es sei $\omega = \{O_\alpha\}$ eine beliebige offene Überdeckung des Raumes X. Entsprechend der Folgerung aus Satz 6 (vgl. 6.11.) ist der Raum X normal und damit vollständig regulär. Nach dem zweiten Satz von Tychonoff kann man den Raum X als Teilmenge eines Bikompaktums B auffassen. Zu jedem Element O_α der Überdeckung ω gibt es eine offene Teilmenge U_α des Bikompaktums B derart, daß $O_\alpha = X \cap U_\alpha$ ist. Nach Hilfssatz 3 gibt es eine im Bikompaktum B offene F_σ-Menge V derart, daß $X \subseteq V \subseteq U = \bigcup_\alpha U_\alpha$ ist. Nach Satz 3 ist der Raum V final kompakt, und nach 6.11., Satz 6, parakompakt. Die Familie $\{V_\alpha\}$, wobei $V_\alpha = U_\alpha \cap V$ ist, ist eine offene Überdeckung des Raumes V. Auf Grund von Satz 1 gibt es eine sternendliche Überdeckung $\gamma = \{\Gamma\}$ des Raumes V, die der Überdeckung $\{V_\alpha\}$ einbeschrieben ist. Die von den Durchschnitten der Elemente Γ der Überdeckung γ mit der Menge X gebildete Familie γ_0 ist eine sternendliche offene Überdeckung des Raumes X, die der Ausgangsüberdeckung ω einbeschrieben ist. Damit ist Theorem 35 bewiesen.

3. Metrisierung lokal bikompakter Räume.

Hilfssatz 4. *Jeder lokal bikompakte Hausdorffsche Raum mit einer abzählbaren Basis ist metrisierbar.*

Die Behauptung folgt aus der Regularität jedes lokal bikompakten Hausdorffschen Raumes und dem ersten Metrisationssatz von URYSOHN.

Satz 5. *Wenn ein topologischer Raum X Vereinigung seiner disjunkten metrisierbaren offenen Teilräume ist: $X = \bigcup_\alpha \Gamma_\alpha$, wobei jedes Γ_α offen und unter den gegebenen Bedingungen auch in X abgeschlossen und metrisierbar ist, dann ist auch der Raum X metrisierbar.*

In jedem Teilraum Γ_α kann man eine Metrik ϱ_α einführen derart, daß der Durchmesser $\operatorname{diam} \Gamma_\alpha < 1$ ist. Im ganzen Raum X definieren wir jetzt folgendermaßen eine Metrik ϱ.

Wenn zwei Punkte x und x' des Raumes X zum selben Γ_α gehören, dann setzen wir $\varrho(x, x') = \varrho_\alpha(x, x')$. Gehören die Punkte x und x' zu verschiedenen Mengen: $x \in \Gamma_\alpha$ bzw. $x' \in \Gamma_{\alpha'}$, so setzen wir $\varrho(x, x') = 1$. Damit ist Satz 5 bewiesen.

Bewiesen ist damit auch ein (der hinreichende) Teil des folgenden Metrisationskriteriums:

Ein lokal bikompakter Hausdorffscher Raum X ist genau dann metrisierbar, wenn X disjunkte Vereinigung einer beliebigen (endlichen oder unendlichen) Anzahl $\mathfrak{r} \geqq 1$ offener Teilräume ist, von denen jeder eine abzählbare Basis besitzt.

Zum Beweis dieses Satzes bleibt zu zeigen, daß jeder metrisierbare lokal bikompakte Raum Vereinigung einer disjunkten Familie von offenen Teilräumen mit abzählbarer Basis ist. Satz 2 zufolge kann jeder lokal bikompakte parakompakte Raum X dargestellt werden in der Form $X = \bigcup_\alpha \Gamma_\alpha$, wobei die Mengen Γ_α disjunkt sind und offen in X, $\Gamma_\alpha = \bigcap_{i=1}^{\infty} \Gamma_{\alpha_i}$ für jedes Γ_α gilt und jedes Γ_{α_i} offener Kern des Bikompaktums $[\Gamma_{\alpha_i}]$ ist. Nun sei X nicht mehr nur parakompakt, sondern auch metrisierbar. Dann ist jedes Bikompaktum $[\Gamma_{\alpha_i}]$ metrisierbar und besitzt folglich eine abzählbare Basis. Da auch jeder offene Teilraum Γ_{α_i} des Raumes Γ_α eine abzählbare Basis $\mathfrak{B}_{\alpha_i}$ besitzt, ist $\mathfrak{B} = \bigcup_{i=1}^{\infty} \mathfrak{B}_{\alpha_i}$ die gesuchte abzählbare Basis des Raumes Γ_α, was auch zu beweisen war.

6.13. Die Metrisationssätze von Alexandroff-Urysohn und Nagata-Smirnow

Metrisationssatz von NAGATA-SMIRNOW. *Ein topologischer Raum ist genau dann metrisierbar, wenn er regulär ist und eine σ-lokal endliche Basis besitzt, d. h. eine Basis, die Vereinigung von abzählbar vielen lokal endlichen Familien offener Mengen ist.*

Da alle metrisierbaren Räume regulär sind, braucht man zum Beweis der Notwendigkeit der Bedingung von NAGATA-SMIRNOW nur in einem beliebigen metrischen Raum X eine σ-lokal endliche Basis zu konstruieren. Das geschieht in der folgenden Weise. Mit γ_n bezeichnen wir die Überdeckung des Raumes X, die aus allen Kugelumgebungen vom Radius $\frac{1}{n}$ besteht. Da der Raum X nach 6.11., Theorem 31, parakompakt ist, gibt es eine lokal endliche offene Überdeckung γ_n' des Raumes X, die der Überdeckung γ_n einbeschrieben ist. Das Mengensystem $\mathfrak{B} = \cup\, \gamma_n'$ ist offenbar σ-lokal endlich und darüber hinaus eine Basis des Raumes X, was es zu zeigen galt.

Wir wollen nun den zweiten Teil des Satzes von NAGATA-SMIRNOW beweisen, d. h. die Metrisierbarkeit jedes regulären Raumes X, der eine Basis $\mathfrak{B} = \cup\, \gamma_n$ besitzt, die Vereinigung einer abzählbaren Anzahl lokal endlicher Familien von offenen Mengen $\gamma_n = \{\Gamma_{n_\alpha}\}$ ist. Zunächst beweisen wir, daß der Raum X unter diesen Voraussetzungen normal ist. Es seien A und B zwei disjunkte in X abgeschlossene Mengen. Da der Raum X regulär ist, gibt es zu jedem Punkt $x \in A \subset X \setminus B$ eine zur Basis $\mathfrak{B}$ gehörige Umgebung $\Gamma_{n(x)\alpha(x)}$ des Punktes x mit einer in $X \setminus B$ liegenden abgeschlossenen Hülle. Ebenso existiert zu jedem Punkt $y \in B$ eine Umgebung $\Gamma_{n(y)\alpha(y)}$ derart, daß $[\Gamma_{n(y)\alpha(y)}] \subseteqq X \setminus A$ ist. Für jede natürliche Zahl n bezeichnen wir mit G_n die Vereinigung $\bigcup\limits_{x\in A,\, n(x)=n} \Gamma_{n(x)\alpha(x)}$, die für alle $x \in A$ gebildet wird, für die $n(x) = n$ ist. Ebenso setzen wir $H_n = \bigcup\limits_{n(y)=n,\, y\in B} \Gamma_{n(y)\alpha(y)}$. Offenbar ist $A \subseteqq \bigcup\limits_n G_n$, $B \subseteqq \bigcup\limits_n H_n$. Da das System γ_n für beliebiges n lokal endlich und somit konservativ ist, erhält man

$$[G_n] = \bigcup_{x\in A} [\Gamma_{n\alpha(x)}] \subseteqq X \setminus B, \qquad [H_n] = \bigcup_{y\in B} [\Gamma_{n\alpha(y)}] \subseteqq X \setminus A.$$

Weiterhin setzen wir

$$U_n = G_n \setminus \bigcup_{k\leqq n} [H_k], \qquad V_n = H_n \setminus \bigcup_{k\leqq n} [G_k],$$

$$U = \bigcup_{n=1}^{\infty} U_n, \qquad V = \bigcup_{n=1}^{\infty} V_n,$$

so daß $A \subseteqq U$, $B \subseteqq V$ ist. Für beliebige m, n ist $U_m \cap V_n$ leer. Denn ist etwa $m \geqq n$, dann ist $U_m \cap V_n \subseteqq X \setminus [H_n] \subseteqq X \setminus [V_n]$, d. h. $U_m \cap V_n = \emptyset$. Folglich ist $U \cap V$ leer, d. h., U und V sind disjunkte Umgebungen der Mengen A bzw. B. Damit ist die Normalität des Raumes X bewiesen.

Wir zeigen nun, daß der Raum X vollständig normal ist, d. h., wir beweisen, daß jede in X offene Menge G Vereinigung von abzählbar vielen abgeschlossenen Mengen ist. Zu jedem Punkt $x \in G$ finden wir eine Umgebung $\Gamma_{n(x)\alpha(x)}$, die der Bedingung $[\Gamma_{n(x)\alpha(x)}] \subseteqq G$ genügt, und wir setzen $\Gamma_n = \cup\, \Gamma_{n(x)\alpha(x)}$ (wobei über alle $x \in G$ vereinigt wird, für die $n(x) = n$ ist). Auf Grund der Konservativität der Familie γ_n ist $[\Gamma_n] = \bigcup\limits_{x\in G} \Gamma_{n\alpha(x)}$, und da jeder Punkt x in einem gewissen Γ_n liegt, ergibt sich $G = \bigcup\limits_{n=1}^{\infty} [\Gamma_n]$, was auch zu beweisen war.

Wir gehen jetzt zur Konstruktion einer topologischen Abbildung eines Raumes X, der eine σ-lokal endliche Basis $\mathfrak{B} = \{O_\alpha : \alpha \in \mathfrak{A}\}$ und das Gewicht τ besitzt, in den verallgemeinerten Hilbertraum H^τ über. Ohne Beschränkung der Allgemeinheit kann angenommen werden, daß die Basis $\mathfrak{B} = \bigcup\limits_{n=1}^{\infty} \gamma_n$ die Mächtigkeit τ besitzt, wobei $\gamma_n = \{O_\alpha : \alpha \in \mathfrak{A}_n\}$ eine lokal endliche Familie ist.

Nach dem Lemma von Wedenissow (vgl. 4.8.) gibt es für jedes Element O_α des Systems γ_i eine stetige Funktion $f_\alpha : X \to [0; 1]$, die in den Punkten der Menge $X \setminus O_\alpha$ und nur in diesen gleich Null ist. Aus der lokalen Endlichkeit der Familie γ_i folgt, daß ein beliebiger Punkt $x \in X$ eine Umgebung Ox besitzt, die nur mit endlich vielen Mengen, d. h. Elementen des Systems γ_i für eine beliebig vorgegebene feste natürliche Zahl i, Punkte gemeinsam hat. Zu gegebenem i gibt es also höchstens eine endliche Anzahl von Indizes $\alpha \in \mathfrak{A}_i$, für die die Funktion f_α in der Umgebung Ox eines Punktes x einen von Null verschiedenen Wert annehmen kann. Für jede natürliche Zahl i ist daher auf X auch die stetige positive Funktion

$$f_i(x) = 1 + \sum_{\alpha \in \mathfrak{A}_i} f_\alpha(x)$$

definiert. Folglich ist für jedes $\alpha \in \mathfrak{A}_i$ auf X auch die stetige Funktion

$$g_\alpha(x) = \frac{f_\alpha(x)}{f_i(x)}$$

definiert. Offenbar ist

$$\sum_{\alpha \in \mathfrak{A}_i} [g_\alpha(x)]^2 < 1 \tag{1}$$

und

$$\sum_{\alpha \in \mathfrak{A}_i} [g_\alpha(x) - g_\alpha(y)]^2 \leqq \sum_{\alpha \in \mathfrak{A}_i} [g_\alpha(x)]^2 + \sum_{\alpha \in \mathfrak{A}_i} [g_\alpha(y)]^2 \tag{2}$$

für beliebige x und y aus X.

Für $\alpha \in \mathfrak{A}_i$ setzen wir $t_\alpha = \frac{1}{2^{i/2}} g_\alpha(x)$, $x \in X$. Dann ist

$$\sum_{\alpha \in \mathfrak{A}} [t_\alpha(x)]^2 = \sum_{i=1}^{\infty} \frac{1}{2^i} \sum_{\alpha \in \mathfrak{A}_i} [g_\alpha(x)]^2 < \sum_{i=1}^{\infty} \frac{1}{2^i} = 1.$$

Folglich kann man $hx = \{t_\alpha(x)\}$, $\alpha \in \mathfrak{A}$, als einen Punkt des verallgemeinerten Hilbertraumes H^τ (vgl. 4.6.) ansehen.

Wir zeigen nun, daß die so erhaltene Abbildung $h: X \to H^\tau$ topologisch ist.

Sind x und x' zwei verschiedene Punkte des Raumes X, so existiert ein Element O_α der Basis $\mathfrak{B}$ derart, daß $x \in O_\alpha$ und $x' \in X \setminus O_\alpha$ ist. Dann gilt $t_\alpha(x) > 0$, $t_\alpha(x') = 0$ und folglich $h(x) \neq h(x')$. Die Abbildung h ist also umkehrbar eindeutig.

Wir wollen beweisen, daß die Abbildung h des Raumes X auf $Y = hX \subseteqq H^\tau$ stetig ist. Dazu wählen wir einen beliebigen Punkt $x_0 \in X$, $y_0 = fx_0$ und ein beliebiges

$\varepsilon > 0$. Eine natürliche Zahl n werde so gewählt, daß $\dfrac{1}{2^n} < \dfrac{\varepsilon^2}{4}$ ist. Die lokale Endlichkeit der Familien γ_i gestattet es, eine Umgebung Ux_0 des Punktes x_0 zu finden, die höchstens endlich viele Elemente jeder der Familien γ_i für $i \leqq n$ schneidet. Es seien $\alpha_1, \ldots, \alpha_s$ diejenigen Indizes aus $\bigcup\limits_{i=1}^{n} \mathfrak{A}_i = \mathfrak{B}_n$, für welche die Durchschnitte $Ux_0 \cap O_\alpha$ nicht leer sind. Aus der Stetigkeit der Funktionen t_α ergibt sich die Existenz einer Umgebung $Vx_0 \subseteqq Ux_0$ derart, daß

$$|t_{\alpha_j}(x_0) - t_{\alpha_j}(y)| < \frac{\varepsilon}{\sqrt{2s}}, \qquad j = 1, 2, \ldots, s, \qquad y \in Vx_0,$$

ist. Da die Durchschnitte $Ux_0 \cap O_\alpha$ für von $\alpha_1, \ldots, \alpha_s$ verschiedene Indizes $\alpha \in \mathfrak{B}_n$ leer sind, erhalten wir für diese Indizes die Gleichungen $t_\alpha(x_0) = t_\alpha(y) = 0$, $y \in Vx_0$. Folglich ist

$$\sum_{\alpha \in \mathfrak{B}_n} [t_\alpha(x_0) - t_\alpha(y)]^2 < s \cdot \frac{\varepsilon^2}{2s} = \frac{\varepsilon^2}{2}. \tag{3}$$

Auf Grund der Wahl der Zahl n und der Abschätzungen (1) und (2) gilt die Ungleichung

$$\begin{aligned}\sum_{\alpha \in \mathfrak{A} \setminus \mathfrak{B}_n} [t_\alpha(x_0) - t_\alpha(y)]^2 &= \sum_{i \geqq n} \frac{1}{2^i} \sum_{\alpha \in \mathfrak{A}_i} [g_\alpha(x_0) - g_\alpha(y)]^2 \\ &\leqq \sum_{i \geqq n} \frac{1}{2^i}\, 2 = 2 \cdot \frac{1}{2^n} < \frac{\varepsilon^2}{2}. \end{aligned} \tag{4}$$

Aus den Ungleichungen (3) und (4) erhält man für einen beliebigen Punkt $y \in Vx_0$ die Ungleichung

$$\varrho(hx_0, hy) = \Big(\sum_{\alpha \in \mathfrak{A}} [t_\alpha(x_0) - t_\alpha(y)]^2\Big)^{1/2} < \varepsilon,$$

die die Stetigkeit der Abbildung h beweist.

Nun beweisen wir die Stetigkeit der Umkehrabbildung $h^{-1}\colon hX \to X$. Es sei $y = hx \in Y$ ein beliebiger Punkt und Ox eine beliebige Umgebung des Punktes $x = h^{-1}y$. Es läßt sich ein Element O_α der Basis $\mathfrak{B}$ finden derart, daß $x \in O_\alpha \subseteqq Ox$ ist. Wenn $x' = h^{-1}y'$, $y' \in hX$, und $\varrho(y, y') < \varepsilon < t_\alpha(x)$ gilt, dann ist erst recht $|t_\alpha(x) - t_\alpha(x')| < \varepsilon$ und folglich $t_\alpha x' > 0$, d. h. $x' \in O_\alpha$. Also ist $h^{-1}y \in Ox_0$. Damit ist die Stetigkeit der Abbildung h^{-1} bewiesen und mit dieser der Satz von Nagata-Smirnow.

Aus dem eben bewiesenen Satz erhält man ohne Mühe den für den Spezialfall $\tau = \aleph_0$ bereits von Urysohn bewiesenen

Satz von Dowker. *Der verallgemeinerte Hilbertraum H^τ enthält das topologische Bild jedes metrisierbaren Raumes X vom Gewicht τ.*

Zum Beweis genügt es, in X eine σ-lokal endliche Basis von der Mächtigkeit τ zu wählen und die Überlegungen aus dem zweiten Teil des Beweises (hinreichende Aussage) des Satzes von NAGATA-SMIRNOW zu wiederholen.

Der Begriff der Parakompaktheit gestattet es, das historisch erste allgemeine Metrisationskriterium (ALEXANDROFF und URYSOHN) sehr einfach zu formulieren, nämlich:

Ein Hausdorffscher Raum X ist genau dann metrisierbar, wenn er parakompakt ist und ein abzählbares verfeinerndes System offener Überdeckungen besitzt.

Beweis. 1°. Ein metrischer Raum ist parakompakt. Um in ihm zu einem abzählbaren verfeinernden System offener Überdeckungen zu gelangen, genügt es, für eine beliebige natürliche Zahl n die Überdeckung zu wählen, die aus allen Kugelumgebungen vom Radius $\frac{1}{n}$ besteht.

2°. Umgekehrt sei in dem parakompakten Raum X ein abzählbares verfeinerndes System von offenen Überdeckungen $\gamma_1, \ldots, \gamma_n, \ldots$ gegeben. Beschreiben wir jedem γ_n eine lokal endliche Überdeckung γ_n' ein, so erhalten wir ein verfeinerndes abzählbares System von lokal endlichen Überdeckungen γ_n'. Da die Überdeckungen γ_n' ein verfeinerndes System bilden, ist ihre Vereinigung $\gamma = \bigcup_{n=1}^{\infty} \gamma_n'$ eine Basis des Raumes X, und da die Überdeckungen γ_n' lokal endlich sind und ihre Anzahl abzählbar ist, ist die Basis γ σ-lokal endlich. Nach dem Satz von NAGATA-SMIRNOW ist der Raum X metrisierbar, was zu zeigen war.

Anhang zu Kapitel 6.
Der Satz von der Mächtigkeit bikompakter Räume, die dem ersten Abzählbarkeitsaxiom genügen

Theorem 1 (ARCHANGELSKI [2]). *Jedes dem ersten Abzählbarkeitsaxiom genügende Bikompaktum X hat eine Mächtigkeit $\leqq \mathfrak{c}$.*

Beweis.[1] Mit $\mathfrak{B}_x = \{O_x\}$ bezeichnen wir eine abzählbare Umgebungsbasis eines beliebigen Punktes $x \in X$. Für jede Ordnungszahl $\xi < \omega_1$ konstruieren wir eine abgeschlossene Menge $F_\xi \subset X$, so daß die folgenden Bedingungen erfüllt sind:

1°. $F_\alpha \subseteqq F_\xi$ für $\alpha < \xi$.

2°. Ist γ ein endliches Teilsystem des Systems $\mathfrak{A}_\xi = \bigcup \left\{\mathfrak{B}_x : x \in \bigcup_{\alpha<\xi} F_\alpha\right\}$ und ist γ keine Überdeckung des Raumes X, dann überdeckt γ auch F_ξ nicht.

3°. $|F_\xi| \leqq \mathfrak{c}$[2] für jedes $\xi < \omega_1$.

[1] Die hier wiedergegebene Beweisvariante geht auf den polnischen Mathematiker R. POLE zurück.

[2] Wie gewöhnlich bezeichnet hier $|A|$ die Mächtigkeit der Menge A.

Die Mengen F_ξ werden induktiv konstruiert. Für $\xi = 0$ setzen wir $F_0 = p$, wobei p irgendein Punkt des Bikompaktums X ist. Wir nehmen an, wir hätten die Mengen F_α für $\alpha < \xi$ bereits konstruiert. Unter dieser Voraussetzung können wir behaupten, daß das Mengensystem $\mathfrak{A}_\xi$ eine Mächtigkeit $\leqq \mathfrak{c}$ hat. Eine ebensolche Mächtigkeit besitzt auch das System $\mathfrak{A}_\xi^* = \left\{X \setminus \bigcup\limits_{i=1}^{n} O_i : O_i \in \mathfrak{A}_\xi\right\}$ der Komplemente zu den Körpern der endlichen Teilsysteme des Systems $\mathfrak{A}_\xi$. Wählen wir aus jeder nichtleeren Menge des Systems $\mathfrak{A}_\xi^*$ je einen Punkt, so erhalten wir demnach eine Menge E, deren Mächtigkeit $\mathfrak{c}$ nicht übersteigt.

Wir setzen jetzt $F_\xi = \left[E \cup \bigcup\limits_{\alpha<\xi} F_\alpha\right]$. Daß die Bedingungen 1^0 und 2^0 erfüllt sind, folgt unmittelbar aus der Konstruktion der Menge F_ξ. Die Gültigkeit der Bedingung 3^0 ergibt sich aus der folgenden Aussage:

Ist $Y \subset X$, $|Y| \leqq \mathfrak{c}$ und X ein dem ersten Abzählbarkeitsaxiom genügender Raum, so ist $|[Y]_X| \leqq \mathfrak{c}$.

Wir beweisen zunächst diese Behauptung. Es sei y ein in Y gelegener Punkt. In Y wählen wir irgendeine gegen den Punkt y konvergierende Folge $\{y_n\}$. Auf diese Weise erhalten wir eine umkehrbar eindeutige Abbildung der Menge $[Y]$ in die Menge der abzählbaren Folgen über der Menge Y, deren Mächtigkeit $\leqq \mathfrak{c}^{\aleph_0} = \mathfrak{c}$ ist (vgl. Formel (9) auf S. 85). Folglich ist $|[Y]| \leqq \mathfrak{c}$.

Also ist die Bedingung 3^0 für die Menge F_ξ erfüllt. Fahren wir induktiv fort, so erhalten wir die gesuchte Folge von abgeschlossenen Mengen

$$F_0, F_1, \ldots, F_\xi, \ldots, \qquad \xi < \omega_1 .$$

Wir setzen nun $F = \bigcup\limits_{\xi<\omega_1} F_\xi$ und beweisen, daß die Menge F abgeschlossen ist. Dazu sei $x \in [F]$. In F gibt es dann eine Punktfolge $\{x_i : x_i \in F_{\xi_i}\}$, die gegen x konvergiert. Wir wählen eine Ordnungszahl ξ, die größer ist als alle ξ_i. Für beliebiges i ist dann $x_i \in F_\xi$ auf Grund von Bedingung 1^0, und da die Menge F_ξ abgeschlossen ist, ist auch $x \in F_\xi \subseteqq F$, womit die Abgeschlossenheit der Menge F bewiesen ist.

Die Mächtigkeit der Menge F übersteigt nicht die Mächtigkeit des Kontinuums, weshalb der Beweis des Satzes abgeschlossen ist, wenn wir die Gleichheit von F und X nachgewiesen haben. Wir nehmen das Gegenteil an, d. h., daß es einen Punkt $y \in X \setminus F$ gibt. Für jeden Punkt $x \in F$ wählen wir eine Umgebung $Ox \in \mathfrak{B}_x$, $y \notin Ox$. Aus der Überdeckung $\{Ox\}$ des Bikompaktums F wählen wir eine endliche Teilüberdeckung $Ox_1, \ldots, Ox_k$ aus. Es werde $\alpha < \omega_1$ so bestimmt, daß $x_i \in F_\alpha$, $i = 1, \ldots, k$, ist. Für $\xi = \alpha + 1$ ist dann

$$Ox_1, \ldots, Ox_k \in \mathfrak{A}_\xi, \qquad y \notin \bigcup Ox_i, \qquad F_\xi \subseteqq F \subseteqq \bigcup Ox_i,$$

was im Widerspruch zur Bedingung 2^0 steht. Damit ist der Satz bewiesen.

Wir beweisen jetzt den folgenden

Satz 1 (Alexandroff-Urysohn [2]). *Jedes Bikompaktum X ohne isolierte Punkte hat eine Mächtigkeit $\geqq \mathfrak{c}$.*

Beweis. Wir wählen in X zwei verschiedene Punkte x_0 und x_1 und zu diesen Umgebungen O_0 und O_1 mit durchschnittsfremden Abschließungen. Da das Bikompaktum X keine isolierten Punkte enthält, besteht jede nichtleere in X offene Menge aus mehr als einem Punkt. Daher können wir in jeder der Mengen O_0, O_1 auch zwei verschiedene Punkte x_{i0}, x_{i1}, $i = 1, 2$, und zu diesen gehörige Umgebungen O_{i0}, O_{i1} wählen, wobei wir fordern, daß $O_{ij} \subset O_i$ und $[O_{i0}] \cap [O_{i1}]$ leer ist.

Setzen wir diese Konstruktion induktiv fort, so erhalten wir für jede dyadische Folge $i_1, i_2, \ldots, i_n, \ldots$ eine Folge von offenen Mengen

$$O_{i_1} \supset O_{i_1 i_2} \supset \cdots \supset O_{i_1 \ldots i_n} \supset \cdots.$$

Der Durchschnitt

$$[O_{i_1}]_X \cap [O_{i_1 i_2}]_X \cap \cdots \cap [O_{i_1 \ldots i_n}]_X \cap \cdots$$

ist nicht leer, da X bikompakt ist. Wir fixieren einen beliebigen Punkt aus diesem Durchschnitt und ordnen ihm die Folge $i_1, i_2, \ldots, i_n, \ldots$ zu.

Damit haben wir eine gewisse Abbildung f der Menge $\mathfrak{N}$ aller dyadischen Folgen in das Bikompaktum X konstruiert. Wir zeigen nun, daß diese Abbildung umkehrbar eindeutig ist. Es seien $\alpha = (i_1, \ldots, i_n, \ldots)$ und $\alpha' = (i_1', \ldots, i_n', \ldots)$ zwei verschiedene dyadische Folgen, d. h., für gewisses n ist $i_n \neq i_n'$. Dann ist aber $f\alpha \in [O_{i_1 \ldots i_n}]$, $f\alpha' \in [O_{i_1' \ldots i_n'}]$ und $[O_{i_1 \ldots i_n}] \cap [O_{i_1' \ldots i_n'}] = \emptyset$, also $f\alpha \neq f\alpha'$. Die Menge $\mathfrak{N}$ von der Mächtigkeit $\mathfrak{c}$ wurde damit umkehrbar eindeutig in das Bikompaktum X abgebildet. Satz 1 ist damit bewiesen.

Satz 2 (Alexandroff-Urysohn [2]). *Jedes überabzählbare Bikompaktum X, das dem ersten Abzählbarkeitsaxiom genügt, hat eine Mächtigkeit $\geqq \mathfrak{c}$.*

Beweis. Satz 1 zufolge genügt es zu beweisen, daß es in X ein nichtleeres Bikompaktum ohne isolierte Punkte gibt. Mit Y bezeichnen wir die Menge aller Punkte $y \in X$, von denen jeder eine abzählbare Umgebung besitzt. Die Menge Y ist offen in X, und jede in Y liegende in X abgeschlossene Menge F ist höchstens abzählbar. Daher ist die abgeschlossene Menge $X \setminus Y$ nicht leer. Es bleibt zu prüfen, ob es in $X \setminus Y$ keine isolierten Punkte gibt. Angenommen, der Punkt $x \in X \setminus Y$ sei in $X \setminus Y$ isoliert. Wir wählen eine lokale Basis $\{U_n : n = 1, 2, \ldots\}$ im Punkt x derart, daß $[U_1] \cap (X \setminus Y) = \{x\}$ ist. Für jedes n liegt dann die abgeschlossene Menge $F_n = [U_1] \setminus U_n$ in Y und ist folglich höchstens abzählbar. Daher ist auch die Menge $[U_1] = \{x\} \cup \bigcup_n F_n$ abzählbar. Das steht aber im Widerspruch zu $x \notin Y$. Satz 2 ist damit bewiesen.

Aus Theorem 1 und Satz 2 ergibt sich das

Theorem 2. *Jedes dem ersten Abzählbarkeitsaxiom genügende Bikompaktum ist entweder endlich oder abzählbar, oder es besitzt die Mächtigkeit des Kontinuums.*

Anhang A.
Projektionsspektren und Absolutum

A.1. Der allgemeine Begriff des inversen Spektrums topologischer Räume. Abstrakte Projektionsspektren

Einen breiten Raum nimmt in den unterschiedlichsten topologischen und algebraisch-topologischen Untersuchungen der Begriff des (inversen) Spektrums topologischer Räume ein.

Gegeben sei eine gerichtete Menge $\mathfrak{A} = \{\alpha\}$, deren Elemente Indizes genannt werden. Jedem $\alpha \in \mathfrak{A}$ sei ein T_0-Raum X_α zugeordnet und jedem Paar von Indizes α, α', für das $\alpha' > \alpha$ in der gerichteten Menge $\mathfrak{A}$ gilt, entspreche eine stetige Abbildung $\vartheta_\alpha^{\alpha'}$ des Raumes $X_{\alpha'}$ auf den Raum X_α, wobei für $\alpha'' > \alpha' > \alpha$ die Transitivitätseigenschaft $\vartheta_\alpha^{\alpha''} = \vartheta_\alpha^{\alpha'}\vartheta_{\alpha'}^{\alpha''}$ erfüllt ist. Unter diesen Umständen sagen wir daß ein *inverses Spektrum* $S = \{X_\alpha, \vartheta_\alpha^{\alpha'}\}$ von topologischen Räumen X_α mit den Projektionen $\vartheta_\alpha^{\alpha'}$ gegeben sei. Ein Punkt $x = \{x_\alpha\}$ des topologischen Produktes $X = \prod_\alpha X_\alpha$ heißt ein *Faden des Spektrums* S, wenn $x_\alpha = \vartheta_\alpha^{\alpha'} x_{\alpha'}$ für $\alpha' > \alpha$ ist. Die Menge aller Fäden eines Spektrums $S = \{X_\alpha, \vartheta_\alpha^{\alpha'}\}$, aufgefaßt als Teilraum des topologischen Produkts $\prod_\alpha X_\alpha$, wird der *volle Limes* (*Limesraum*) des Spektrums S genannt und mit $\bar{S}$ bezeichnet. Nach Definition der Topologie des Produkts $\prod_\alpha X_\alpha$ bilden die Mengen der Gestalt $\bar{S} \cap \bigcap_{i=1}^{s} \pi_{\alpha_i}^{-1} O_{\alpha_i}$ eine Basis in $\bar{S}$, wobei die Mengen O_{α_i} in $X_{\alpha'}$ offen sind und $\pi_{\alpha'}$ die Projektionen des Produkts $\prod_\alpha X_\alpha$ auf den Faktor $X_{\alpha'}$ bezeichnen. Wir beweisen den stärkeren

Satz 1. *Die Mengen der Gestalt $\bar{S} \cap \pi_\alpha^{-1} O_\alpha$, wobei O_α eine in X_α offene Menge ist, $\alpha \in \mathfrak{A}$, bilden in $\bar{S}$ eine Basis.*

Beweis. Es sei $O = \bar{S} \cap \bigcap_{i=1}^{s} \pi_{\alpha_i}^{-1} O_{\alpha_i}$, wobei die Mengen O_{α_i} in X_{α_i} offen sind. Wir wählen $\alpha \geqq \alpha_i$, $i = 1, \ldots, s$. Dann ist die Menge $O_\alpha = \bigcap_{i=1}^{s} (\vartheta_{\alpha_i}^{\alpha})^{-1} O_{\alpha_i}$ im Raum X offen, und es gilt

$$\bar{S} \cap \bigcap_{i=1}^{s} \pi_{\alpha_i}^{-1} O_{\alpha_i} = \bar{S} \cap \bigcap_{i=1}^{s} \pi_\alpha^{-1} (\vartheta_{\alpha_i}^{\alpha})^{-1} O_{\alpha_i} = \bar{S} \cap \pi^{-1} O_\alpha .$$

Damit ist der Satz bewiesen.

In diesem Anhang werden uns Spektren $S = \{X_\alpha, \vartheta_\alpha^{\alpha'}\}$ interessieren, deren Elemente X_α sogenannte *diskrete* topologische Räume (im weitesten Sinne) sind, d. h. T_0-Räume, die durch irgendeine vorgegebene teilweise geor[illegible]e X in folgender Weise definiert werden: Die Basis dieser Topologie bilden die sogenannten minimalen Umgebungen der Punkte $x \in X$. Minimale Umgebung eines Punktes $x \in X$ einer teilweise geordneten Menge X wird die Menge aller derjenigen Punkte $x' \in X$ genannt, für die $x' \geqq x$ ist. Die so erhaltene Topologie genügt dem T_0-Axiom und heißt die gewöhnliche oder normale Topologie. Die zu einer normalen Topologie duale erhalten wir, wenn wir die minimale Umgebung eines Punktes $x \in X$ als Menge derjenigen $x' \in X$ definieren, für die $x' \leqq x$ ist. Mit anderen Worten ist die duale Topologie in einer teilweise geordneten Menge X die normale Topologie in derjenigen teilweise geordneten Menge $\overline{X}$, die man aus X durch die Umkehrung der Ordnung erhält (d. h., $x < x'$ in $\overline{X}$ ist dasselbe wie $x' > x$ in X).

In der Topologie gehören die simplizialen Komplexe[1]) zu den wichtigsten diskreten Räumen. Unter einem simplizialen geometrischen Komplex versteht man eine beliebige Menge von offenen Simplexen, die in einem euklidischen Raum oder einem Hilbertraum liegen. Wenn $t \in K$ und $t' \in K$ zwei Simplexe sind, von denen t' Seite des Simplexes t ist, dann schreiben wir $t' \leqq t$. Das Simplex t selbst wird als seine „uneigentliche" Seite angesehen. Damit ist in der Menge K eine natürliche (normale) Ordnung eingeführt und zusammen mit dieser eine normale Topologie, die den Komplex K zu einem diskreten T_0-Raum macht. Die minimale Umgebung eines Simplexes t_0 in K ist sein Stern im Komplex K, d. h. der Teilkomplex $Ot_0 \subseteqq K$, der aus allen Simplexen t besteht, die das Simplex t_0 als eigentliche oder uneigentliche Seite besitzen.

Im Grunde werden wir sogenannte volle Komplexe betrachten, (d. h. Komplexe K, die zusammen mit einem beliebigen gegebenen Simplex $t \in K$ auch alle Seiten dieses Simplexes enthalten). Allerdings werden wir es in vollen Komplexen ständig mit unvollständigen Teilkomplexen zu tun haben, insbesondere mit offenen Teilkomplexen (Vereinigungen der Sterne von Simplexen des Komplexes K). Da in euklidischen Räumen die Simplexe von beliebiger Dimension umkehrbar eindeutig ihren Gerüsten entsprechen, erweist es sich in vielen Fällen als vorteilhafter, anstelle des gegebenen vollen simplizialen Komplexes K die Menge der Gerüste aller zu K gehörenden Simplexe zu betrachten. Diese Gerüste werden dann abstrakte Simplexe genannt, und ihre Menge heißt ein abstrakter Komplex. Dies führt uns auf die folgende allgemeine Definition. Gegeben sei irgendeine Menge $E = \{e\}$, deren Elemente wir Ecken nennen wollen. Jede nichtleere endliche Menge $t \subset E$ nennen wir ein Gerüst oder Simplex der „gegebenen Eckenmenge E". Die (eigentlichen)

---

[1]) Beim Leser wird als bekannt vorausgesetzt, was ein (abgeschlossenes oder offenes) n-dimensionales Simplex $T^n = |e_0, e_1, \ldots, e_n|$, sein Gerüst (d. h. die Menge aller seiner Eckpunkte $e_0, \ldots, e_n$), seine Seiten $e_{i_1}, \ldots, e_{i_r}$ und eigentlichen Seiten (wenn $r < n$ ist) sind; das Simplex selbst wird als seine (einzige) uneigentliche Seite angesehen. Vgl. ALEXANDROFF [11], S. 355.

Jeder Punkt eines abgeschlossenen Simplexes, der nicht Ecke dieses Simplex ist, und nur ein solcher Punkt ist Mittelpunkt einer Strecke, die in dem gegebenen (abgeschlossenen) Simplex enthalten ist. Hieraus folgt, daß jedes Simplex sein Gerüst eindeutig bestimmt (und offensichtlich durch sein Gerüst eindeutig bestimmt ist).

Teilmengen t' der Menge t werden (eigentliche) Seiten des Simplexes t genannt. Zwei Seiten $t' \subset t$ und $t'' \subset t$ heißen einander gegenüberliegend, wenn sie disjunkt sind und $t = t' \cup t''$ ist. Unter der Dimension eines Simplexes verstehen wir die um 1 verminderte Anzahl seiner Ecken. Jede Menge K von Simplexen einer gegebenen Eckenmenge E heißt ein Komplex dieser Eckenmenge. Die Vollständigkeitsbedingung für einen Komplex K lautet genauso wie oben: Jede Seite eines Simplexes $t \in K$ ist ein Simplex t' des Komplexes K. Indem wir, falls das angebracht ist, die gewöhnlichen geometrischen Simplexe mit ihren Gerüsten identifizieren, können geometrische Komplexe als Spezialfälle abstrakter Komplexe aufgefaßt werden. Alle Untersuchungen in diesem Anhang beziehen sich auf beliebige abstrakte Komplexe.

Das wichtigste Beispiel abstrakter Komplexe sind die Nerven von Mengenfamilien. Gegeben sei eine Familie α von irgendwelchen Teilmengen M einer Menge X. Jedem Element M der Familie α ordnen wir eine Ecke $e(M)$ zu, die aus irgendeiner Eckpunktmenge E gewählt wird. Nach Definition bilden die Ecken $e_1 = e(M_1)$, $\ldots$, $e_r = e(M_r)$ genau dann ein Gerüst (ein abstraktes Simplex) $T = e_1, \ldots, e_r$, wenn $M_1 \cap \cdots \cap M_r \neq \emptyset$ ist. Die so erhaltene Menge von Simplexen ist ein (offenbar voller) simplizialer Komplex, der der *Nerv der Mengenfamilie* α genannt und gewöhnlich mit N_α bezeichnet wird. In diesem Anhang werden wir hauptsächlich Nerven endlicher Mengensysteme betrachten; sie sind endliche volle Komplexe.

Eine *simpliziale Abbildung* f eines Komplexes K' in einen Komplex K ist eine Abbildung, die jeder Ecke e' des Komplexes K' eine Ecke $e = fe'$ aus dem Komplex K zuordnet derart, daß dabei „die Gerüste nicht zerstört werden", d. h., jedes Gerüst eines Simplexes $t' \in K'$ auf das Gerüst eines Simplexes $t = ft'$ aus dem Komplex K abgebildet wird, so daß f eine Abbildung des ganzen Komplexes K' in den Komplex K ist. Eine auf diese Weise definierte Abbildung $f: K' \to K$ wird auch simpliziale Abbildung genannt. Faßt man die simplizialen Komplexe K' und K als diskrete topologische Räume auf, dann ist, wie man sich leicht überzeugt, jede simpliziale Abbildung eine stetige Abbildung des einen Raumes in den anderen.

Projektionsspektrum wird ein Spektrum $S = \{K_\alpha, \vartheta_\alpha^{\alpha'}\}$ genannt, dessen Elemente K_α volle simpliziale Komplexe sind, die mit der zur normalen Topologie dualen Topologie versehen sind, und die Projektionen sind die simplizialen Abbildungen $\vartheta_\alpha^{\alpha'}: K_{\alpha'} \xrightarrow{\text{auf}} K_\alpha$ für $\alpha' > \alpha$. Ein Spektrum heißt endlich, wenn alle Komplexe K_α endlich sind. Faden eines Spektrums ist jede Menge $x = \{t_\alpha\}$ von Simplexen, von denen jeweils eins aus jedem K_α stammt und die der Bedingung $t_\alpha = \vartheta_\alpha^{\alpha'} t_{\alpha'}$ für $\alpha' > \alpha$ genügt. Die Fäden eines Spektrums sind die Punkte des vollen Limesraumes $\bar{S}$ des Spektrums S, in dem auf Grund von Satz 1 eine Topologie durch die offene Basis definiert ist, die aus allen elementaren offenen Mengen Ot_{α_0} besteht, wobei Ot_{α_0} die Menge aller Fäden $x' = \{t_\alpha'\}$ ist, für die t'_{α_0} eine eigentliche oder uneigentliche Seite des Simplexes t_{α_0} ist ($t'_{\alpha_0} \leqq t_{\alpha_0}$) und t_{α_0} ein beliebiges Simplex aus einem beliebigen Komplex K_{α_0} unseres Spektrums bezeichnet. Der volle Limesraum (volle Limes) $\bar{S}$ des Spektrums S ist ein Teilraum des Produkts von T_0-Räumen $\prod_\alpha K_\alpha$, weshalb $\bar{S}$ selbst ein T_0-Raum ist. Weiter unten werden wir beweisen, daß der volle Limes jedes endlichen Spektrums ein semiregulärer T_0-Raum ist.

Der volle Limes $\bar{S}$ enthält einen *oberen* Limes $\hat{S}$ und einen *unteren* Limes $\check{S}$ des Spektrums S. Um diese Begriffe zu definieren, bemerken wir, daß ein Faden $\xi = \{t_\alpha\}$ einen Faden $\xi' = \{t_\alpha'\}$ umfaßt, wenn $t_\alpha \geqq t_\alpha'$ für beliebiges α gilt. Ein Faden ξ heißt *maximal*, wenn es keinen von ihm verschiedenen ihn umfassenden Faden gibt. Analog werden *minimale* Fäden definiert. Der aus allen maximalen (bzw. minimalen) Fäden des Spektrums S bestehende Teilraum des Raumes $\bar{S}$ wird der obere (bzw. untere) Limes des Spektrums S genannt und mit $\check{S}$ (bzw. $\hat{S}$) bezeichnet. Ohne Mühe beweist man den

Satz 2. *Der obere Limes $\check{S}$ und der untere Limes $\hat{S}$ sind T_1-Räume.*

Beweis. Es sei $\xi = \{t_\alpha\}$ ein maximaler (bzw. minimaler) Faden und $\xi' = \{t_\alpha'\}$ ein Berührungspunkt des Punktes ξ im Raum $\hat{S}$ (bzw. im Raum $\check{S}$). Für beliebiges α gilt dann $\xi \in O_\alpha \xi'$ in $\hat{S}$ (bzw. in $\check{S}$), d. h. $t_\alpha \leqq t_\alpha'$, $t_\alpha \in \xi$, $t_\alpha' \in \xi'$. Auf Grund der Maximalität des Fadens $\xi = \{t_\alpha\}$ (bzw. der Minimalität des Fadens $\xi' = \{t_\alpha'\}$) erhält man folglich $t_\alpha = t_\alpha'$, d. h. $\xi = \xi'$. Also sind die einpunktigen Mengen in den Räumen $\hat{S}$ und $\check{S}$ abgeschlossen, was zu beweisen war.

Satz 3. *Jeder Faden eines endlichen Spektrums wird von einem maximalen Faden umfaßt.*

Beweis. Es sei ξ irgendein Faden eines endlichen Spektrums $S = \{K_\alpha, \vartheta_\alpha^{\alpha'}\}$, $\alpha \in \mathfrak{A}$. Die Mächtigkeit der Indexmenge $\mathfrak{A}$ sei τ. Alle Indizes numerieren wir mit Hilfe der Ordnungszahlen $\lambda < \omega_\tau$, wobei ω_τ die kleinste Ordnungszahl der Mächtigkeit τ bezeichnet. Alle unsere Indizes sind dann in Gestalt einer transfiniten Folge

$$\alpha_0, \ldots, \alpha_\lambda, \ldots$$

gegeben, was es gestattet, auch den Faden ξ in der Gestalt $\{t_{\alpha_\lambda}\}$ zu schreiben. Wir suchen nun einen Faden $\xi^0 = \{t_\alpha^0\}$, der den Faden ξ umfaßt derart, daß für jeden i^0 umfassenden Faden ξ' die Gleichung $t^0_{\alpha_0} = t'_{\alpha_0}$ gilt. Da der Komplex K_{α_0} endlich ξst, läßt sich ein solcher Faden ξ^0 nach endlich vielen Schritten finden.

Wir nehmen jetzt an, daß für jedes $\lambda' < \lambda$ ein Faden $\xi^{\lambda'} = \{t_\alpha^{\lambda'}\}$ konstruiert sei, der jeden Faden $\xi^{\lambda''}$, $\lambda'' < \lambda'$, umfaßt derart, daß $t'_{\alpha_\mu} = t^{\lambda'}_{\alpha_\mu}$, $\mu = 0, \ldots, \lambda'$, für jeden ihn umfassenden Faden $\xi' = \{t_\alpha'\}$ gilt. Wir betrachten die Folge von Simplexen $\{t_\alpha^\mu\}$, $\mu < \lambda$. Für $\mu' > \mu$ ist $t_\alpha^{\mu'} \geqq t_\alpha^\mu$. Daher gibt es in dieser Folge ein maximales Element, das wir mit t_α bezeichnen wollen. Es sei $\eta = \{t_\alpha\}$ die Menge aller maximalen Elemente. Wir zeigen, daß η ein Faden ist. Es sei $\alpha > \beta$, $t_\alpha = t_\alpha^{\lambda_1}$, $t_\beta = t_\beta^{\lambda_2}$, $\lambda_1, \lambda_2 < \lambda$. Auf Grund der Maximalität der Simplexe t_α und t_β ist $t_\alpha^{\lambda_1} \geqq t_\alpha^{\lambda_2}$, $t_\beta^{\lambda_1} \leqq t_\beta^{\lambda_2}$. Da $\vartheta_\beta^\alpha t_\alpha^{\lambda_1} = t_\beta^{\lambda_1}$, $\vartheta_\beta^\alpha t_\alpha^{\lambda_2} = t_\beta^{\lambda_2}$ ist, ergibt sich andererseits $t_\beta^{\lambda_1} \geqq t_\beta^{\lambda_2}$, woraus man $t_\beta^{\lambda_1} = t_\beta^{\lambda_2} = t_\beta$ erhält. Für $\alpha > \beta$ ist folglich $\vartheta_\beta^\alpha t_\alpha = t_\beta$. Das bedeutet, daß das System η ein Faden ist, der offensichtlich alle Fäden ξ^λ, $\lambda' < \lambda$, umfaßt. Man kann also auch im Schritt λ vollständige Induktion anwenden.

Letztendlich schöpfen wir alle Indizes aus und gelangen zu einem maximalen Faden, der ξ umfaßt. Damit ist der Hilfssatz bewiesen.

Mit jedem Spektrum $S = \{K_\alpha, \vartheta_\alpha^{\alpha'}\}$ ist ein nulldimensionales Spektrum $S^\cdot = \{K_\alpha^\cdot, \vartheta_\alpha^{\alpha'}\}$ verbunden, das von W. I. PONOMARJEW unter dem Namen *vollständige Abschwächung* des Spektrums S eingeführt worden ist. Die Komplexe des Spektrums $S^{\cdot}$ sind die nulldimensionalen Komplexe $K_\alpha^{\cdot}$, die aus (jeweils) allen Ecken der Komplexe K_α mit den Projektionen $\vartheta_\alpha^{\alpha'}$ bestehen, die dem Spektrum S entnommen werden. Da $S^{\cdot}$ ein nulldimensionales Spektrum ist, stimmen der obere, der untere und der volle Limes überein.

Ein zweites nulldimensionales Spektrum $S^{(0)} = \{K_\alpha^{(0)}, \vartheta_\alpha^{\alpha'}\}$ kann man zu einem gegebenen Spektrum $S = \{K_\alpha, \vartheta_\alpha^{\alpha'}\}$ in folgender Weise definieren. Zu jedem Komplex K_α des Spektrums S betrachten wir den nulldimensionalen Komplex $K_\alpha^{(0)}$, dessen Ecken a_α alle möglichen Simplexe t_α des Komplexes K_α sind. Für $\alpha' \geqq \alpha$ definieren wir die Abbildung $\vartheta_\alpha^{\alpha'}\colon K_{\alpha'}^{(0)} \to K_\alpha^{(0)}$ in folgender Weise. Ist

$$a_\alpha \equiv t_\alpha \in K_\alpha \quad \text{und} \quad a_{\alpha'} \equiv t_{\alpha'} \in K_{\alpha'}, \quad \vartheta_\alpha^{\alpha'} t_{\alpha'} = t_\alpha$$

in S, so setzen wir $\vartheta_\alpha^{\alpha'} a_{\alpha'} = a_\alpha$ in $S^{(0)}$.

Die so definierten Abbildungen $\vartheta_\alpha^{\alpha'}\colon K_{\alpha'}^{(0)} \to K_\alpha^{(0)}$ sind offenbar Abbildungen „auf“ (wenn die ursprünglichen Projektionen Abbildungen „auf“ waren), die der Transitivitätsbedingung $\vartheta_\alpha^{\alpha'}\vartheta_{\alpha'}^{\alpha''} = \vartheta_\alpha^{\alpha''}$ für $\alpha'' \geqq \alpha' \geqq \alpha$ genügen, so daß $S^{(0)} = \{K_\alpha^{(0)}, \vartheta_\alpha^{\alpha'}\}$ ein nulldimensionales Projektionsspektrum ist; es wird das abgeleitete Spektrum des Spektrums S genannt.

Unmittelbar aus den Definitionen ergibt sich der

Satz 4. *In einem Spektrum S ist jedes Simplex genau dann in einem Faden enthalten, wenn das abgeleitete Spektrum $S^{(0)}$ diese Eigenschaft besitzt.*

Wir kommen jetzt zu einem der grundlegenden Sätze aus der Theorie der Projektionsspektren, der von W. I. Ponomarjew und vorher bereits von A. G. Kurosch formuliert wurde.

Satz 5. *In einem beliebigen endlichen Spektrum $S = \{K_\alpha, \vartheta_\alpha^{\alpha'}\}$ ist jede Ecke in einem Faden enthalten.*

Wir werden eine etwas allgemeinere Aussage beweisen. Unter einer q-Menge eines gegebenen Spektrums wollen wir jede nichtleere Menge Q verstehen, die aus Simplexen dieses Spektrums besteht und den folgenden beiden Bedingungen genügt:

1^0. Zu jedem $t_\alpha \in Q$, $t_\alpha \in K_\alpha$ und jedem $\alpha' \geqq \alpha$ gibt es ein solches $t_{\alpha'} \in Q$, $t_{\alpha'} \in K_{\alpha'}$, daß $\vartheta_\alpha^{\alpha'} t_{\alpha'} = t_\alpha$ ist.

2^0. Ist $\alpha' \geqq \alpha$ und $t_{\alpha'} \in Q$, dann ist auch $\vartheta_\alpha^{\alpha'} t_{\alpha'} \in Q$. Insbesondere ist die Menge aller Simplexe eines Spektrums eine q-Menge.

Mit Satz 6 beweisen wir jetzt einen Satz, der offensichtlich allgemeiner ist als Satz **5**.

Satz 6. *Es sei Q eine beliebige q-Menge eines endlichen Spektrums S und t_{α_0} beliebig gewählt in Q. Dann gibt es einen in Q enthaltenen Faden, der das Element t_{α_0} enthält.*

Beweis. Ohne Beschränkung der Allgemeinheit können wir annehmen, daß das Spektrum S nulldimensional ist (anderenfalls würden wir zum abgeleiteten Spektrum übergehen). Wir numerieren alle α mit Hilfe der Ordnungszahlen $\lambda < \omega_\tau$: $\alpha_0, \alpha_1, \ldots, \alpha_\lambda, \ldots$, wobei wir mit $\alpha = \alpha_0$ beginnen.

I. Es sei $\lambda = 0$. In dem nulldimensionalen Komplex $K_{\alpha_0} = K_\alpha$ haben wir bereits eine Ecke $e_{\alpha_0} \in Q$ gewählt. Für jedes α_ν, $\alpha_\nu \geqq \alpha_0$, läßt sich dann in K_{α_ν} eine Ecke e'_{α_ν} finden derart, daß $\vartheta^{\alpha_\nu}_{\alpha_0} e'_{\alpha_\nu} = e_{\alpha_0}$ ist.

II. Es sei jetzt $\lambda < \omega_\tau$ eine beliebige Zahl. Wir wollen annehmen, daß für alle $\mu < \lambda$ in $Q \cap K_{\alpha_\mu}$ eine Ecke $e_{\alpha_\mu} = e(\mu)$ so gewählt sei, daß man für eine beliebige endliche Menge $\alpha_{\mu_1}, \ldots, \alpha_{\mu_r}$ mit $\mu_1, \ldots, \mu_r < \lambda$ und ein beliebiges α_ν, $\alpha_\nu \geqq \alpha_{\mu_1}, \ldots, \alpha_{\mu_r}$, in $Q \cap K_{\alpha_\nu}$ eine Ecke $e'_{\alpha_\nu} = e'(\nu)$ wählen kann derart, daß

$$\vartheta^{\alpha_\nu}_{\alpha_{\mu_i}} e'(\nu) = e(\mu_i), \qquad i = 1, \ldots, r,$$

ist. Damit gelangen wir zu in Q enthaltenen Ecken

$$e_{\alpha_0}, e_{\alpha_1}, \ldots, e_{\alpha_\mu}, \qquad \mu < \lambda, \tag{1}$$

die der folgenden Bedingung genügen: Für jede endliche Menge $\mu_1, \ldots, \mu_r < \lambda$ und jedes α_ν, $\alpha_\nu \geqq \alpha_{\mu_1}, \ldots, \alpha_{\mu_r}$, läßt sich im Komplex K_{α_ν} eine Ecke $e'_{\alpha_\nu} = e'(\nu) \in Q$ finden derart, daß

$$\vartheta^{\alpha_\nu}_{\alpha_{\mu_i}} e'(\nu) = e(\mu_i), \qquad i = 1, \ldots, r, \tag{2}$$

ist. Wir beweisen nun, daß die Eckenfolge (1) durch eine Ecke $e_{\alpha_\lambda} \in K_{\alpha_\lambda} \cap Q$ ergänzt werden kann derart, daß für eine beliebige Menge $\alpha_\lambda, \alpha_{\mu_1}, \ldots, \alpha_{\mu_r}, \mu_1, \ldots, \mu_r < \lambda$, und beliebiges α_ν, $\alpha_\nu \geqq \alpha_{\mu_1}, \ldots, \alpha_{\mu_r}$, in $Q \cap K_{\alpha_\nu}$ eine solche Ecke $e'_{\alpha_\nu} = e'(\nu)$ gefunden werden kann, daß

$$\vartheta^{\alpha_\nu}_{\alpha_{\mu_i}} e'(\nu) = e(\mu_i), \qquad i = 1, \ldots, r,$$

ist. Angenommen, dies wäre nicht so. Dann könnte man zu jeder Ecke $e'_{\alpha_\lambda} \in K_{\alpha_\lambda} \cap Q$ solche $\mu_1{}^i, \ldots, \mu^i_{r(i)}$ und ein solches

$$\alpha_{\nu_i}, \qquad \alpha_{\nu_i} \geqq \alpha_{\mu_k{}^i}, \qquad k = 1, \ldots, r(i),$$

$\alpha_{\nu_i} \geqq \alpha_\lambda$, finden, daß es in dem Komplex $K_{\alpha_{\nu_i}} \cap Q$ keine Ecke

$$e'_{\alpha_{\nu_i}} = e'(\nu_i)$$

gäbe, die den Bedingungen

$$\vartheta^{\alpha_{\nu_i}}_{\alpha_{\mu_k{}^i}} e'(\nu_i) = e(\mu_k{}^i), \qquad \vartheta^{\alpha_{\nu_i}}_{\alpha_\lambda} e(\nu_i) = e^i(\lambda) = e^i_{\alpha_\lambda} \tag{3}$$

genügte. Zunächst bemerken wir, daß die Bedingungen (3) auch für beliebiges α, $\alpha \geqq \alpha_{\nu_i}$, gelten, d. h., daß für beliebiges $\alpha \geqq \alpha_{\nu_i}$ in $Q \cap K_\alpha$ keine Ecke liegt, die den Bedingungen (3) entspricht.

Wir setzen jetzt

$$(i) = \left\{\alpha_{\mu_1{}^i}, \ldots, \alpha_{\mu^i_{r(i)}}\right\}, \qquad \{\alpha_{\mu_1}, \ldots, \alpha_{\mu_n}\} = \bigcup_{i=1}^{s} (i),$$

wobei s die Anzahl der Elemente der Menge $K_{\alpha_\lambda} \cap Q$ ist. Ist $\alpha \geqq \alpha_{\nu_1}, \ldots, \alpha_{\nu_s}$, so ist auch $\alpha \geqq \alpha_{\mu_1}, \ldots, \alpha_{\mu_n}$. Wegen $\mu_1, \ldots, \mu_n < \lambda$ läßt sich nach Induktionsvoraussetzung für jedes α^*, $\alpha^* \geqq \alpha_{\nu_1}, \ldots, \alpha_{\nu_s}$, in $Q \cap K_{\alpha^*}$ eine Ecke e'_{α^*} finden, für die

$$\vartheta^{\alpha^*}_{\alpha_{\mu_m}} e'_{\alpha^*} = e(\mu_m), \quad m = 1, \ldots, n,$$

ist. Gleichzeitig gibt es wegen $\alpha^* \geqq \alpha_\lambda$ eine Ecke $\vartheta^{\alpha^*}_{\alpha_\lambda} e'_{\alpha^*} = e^i_{\alpha_\lambda} \in K_{\alpha_\lambda} \cap Q$, und folglich ist, entgegen unserer Annahme, die Bedingung (3) erfüllt.

Also geht die Induktion weiter, und wir erhalten eine Menge von Ecken $\{e_{\alpha_\lambda}\}$, und zwar jeweils eine Ecke aus jeder der Mengen $Q \cap K_\alpha$, die offenbar ein in Q liegender Faden ist und die Ecke e_α als Element enthält. Satz 6, und das heißt auch Satz 5, ist damit bewiesen.

Aus den Sätzen 3 und 5 folgt das

Theorem 1. *Jedes Simplex eines endlichen Projektionsspektrums ist in einem Faden enthalten und wird von einem maximalen Faden umfaßt.*

Folgerung 1. *Jede Seite einer beliebigen Koordinate eines Fadens $\xi = \{t_\alpha\}$ eines Spektrums $S = \{K_\alpha, \vartheta_\alpha{}^{\alpha'}\}$ ist in einem Faden $\xi' \leqq \xi$ enthalten.*

Zum Beweis genügt es, Satz 5 auf das endliche Spektrum $S_\xi = \{[t_\alpha], \vartheta_\alpha{}^{\alpha'}\}$ anzuwenden.

Folgerung 2. *Der untere Limes $\check{S}$ eines endlichen Spektrums S stimmt mit dem Limes der vollständigen Abschwächung $S^{\cdot}$ des Spektrums S überein.*

Beweis. Jeder Faden des Spektrums $S^{\cdot}$ ist ein (offenbar minimaler) Faden des Spektrums S. Umgekehrt besteht auf Grund von Folgerung 1 jeder minimale Faden aus nulldimensionalen Simplexen und ist folglich ein Faden im Spektrum $S^{\cdot}$.

Satz 7. *Der volle Limesraum $\bar{S}$ eines endlichen Spektrums S ist bikompakt.*

Beweis. Es sei M eine beliebige in $\bar{S}$ liegende Menge. Es gilt zu zeigen, daß die Menge M in $\bar{S}$ wenigstens einen vollständigen Häufungspunkt besitzt. Mit $\mathfrak{m}$ bezeichnen wir die Mächtigkeit der Menge M. Wir wählen einen beliebigen Komplex K_α des Spektrums S. Da K_α eine endliche Menge von Simplexen ist und $M = \{\xi\}$ eine Menge von Fäden, die die unendliche Mächtigkeit $\mathfrak{m}$ besitzt, gibt es wenigstens ein Simplex $t_\alpha \in K_\alpha$, das Element von Fäden ist, die eine Menge $M_0 \subseteqq M$ von der Mächtigkeit $\mathfrak{m}$ bilden. Jedes solche Simplex nennen wir ausgezeichnet. Man prüft leicht nach, daß die Menge Q aller ausgezeichneten Simplexe eine q-Menge ist, die auf Grund von Satz 6 einen Faden $\xi_0 = \{t_\alpha{}^0\}$ enthält, worin jede Koordinate die Koordinate einer Menge der Mächtigkeit $\mathfrak{m}$ von Elementen aus der Menge M ist. Um so mehr hat jede Umgebung $O\xi_0$ des Punktes ξ_0 mit der Menge M eine Menge von der Mächtigkeit $\mathfrak{m}$ gemeinsam, was zu beweisen war.

Ebenso beweist man, daß oberer und unterer Limes eines endlichen Spektrums bikompakte Räume sind.

Satz 8. *Der volle Limes jedes endlichen Spektrums ist ein semiregulärer T_0-Raum.*

Wir wissen, daß $\bar{S}$ ein T_0-Raum ist, für den die Mengen der Form Ot_α eine offene Basis bilden. Es werde $\Phi e_\alpha = \{\xi = \{t_\alpha\} : e_\alpha \leqq t_\alpha\}$ gesetzt. Zunächst beweisen wir, daß die Menge Φe_α für jede Ecke e_α eine $\varkappa a$-Menge ist. Dazu genügt es, die Richtigkeit der Gleichung

$$[Oe_\alpha]_{\bar{S}} = \Phi_{e_\alpha} \tag{4}$$

nachzuweisen. Offenbar ist $Oe_\alpha \subseteqq \Phi e_\alpha$. Auf Grund der Abgeschlossenheit von Φe_α ist damit die Inklusion $[Oe_\alpha] \subseteqq \Phi e_\alpha$ bewiesen. Wir beweisen jetzt die umgekehrte Inklusion. Dazu wählen wir ein festes $\alpha = \alpha_0$. Es sei $\xi = \{t_\alpha\} \in \Phi e_{\alpha_0}$. Schließlich wählen wir eine beliebige Umgebung $O_{\alpha_1}\xi$ des Punktes ξ sowie α_2, $\alpha_2 \geqq \alpha_1$, $\alpha_2 \geqq \alpha_0$. Dann gibt es in dem Simplex $t_{\alpha_2} \in \xi$ eine Ecke e_{α_2} derart, daß $\vartheta_{\alpha_0}^{\alpha_2} e_{\alpha_2} = e_{\alpha_0}$ ist. Es existiert ein Faden $\xi' = \{t_\alpha'\}$, für den $t'_{\alpha_0} = e_{\alpha_0}$, $t'_{\alpha_2} = e_{\alpha_2}$ ist. Hieraus ergibt sich

$$\xi' = \{t_\alpha'\} \in Oe_{\alpha_0}, \qquad \xi' = \{t_\alpha'\} \in Oe_{\alpha_2}.$$

Nun ist aber $Oe_{\alpha_2} \subseteqq O_{\alpha_1}\xi$ und folglich $O_{\alpha_1}\xi \cap Oe_{\alpha_0} \neq \emptyset$, d. h. $\xi \in [Oe_{\alpha_0}]$. Also ist die Gleichung (4) bewiesen und mit dieser auch die kanonische Abgeschlossenheit der Mengen Φe_α. Es sei jetzt t_α ein beliebiges Simplex eines beliebigen Komplexes K_α. Bezeichnet σ_α die Menge derjenigen Φe_α, $e_\alpha \in K_\alpha$, für die e_α keine Ecke des Simplexes t_α ist, so erhalten wir die Formel

$$Ot_\alpha = \bar{S} \setminus \tilde{\sigma}_\alpha,$$

die sich daraus ergibt, daß für einen beliebigen Punkt $\xi' = \{t_\alpha'\}$ die beiden Inklusionen $\xi' \in Ot_\alpha$ und $\xi' \in \bar{S} \setminus \tilde{\sigma}_\alpha$ dasselbe bedeuten, nämlich daß jede Ecke des Simplexes t_α' eine Ecke des Simplexes t_α ist. Andererseits ist, wie bereits bewiesen, die Menge $\tilde{\sigma}$ eine $\varkappa a$-Menge; ihr Komplement $\bar{S} \setminus \tilde{\sigma}_\alpha = Ot_\alpha$ ist also eine $\varkappa o$-Menge. Damit ist die Semiregularität des Raumes $\bar{S}$ bewiesen.

A.2. Projektionsspektren über Zerlegungsfamilien

Es sei X ein beliebiger topologischer Raum. Eine lokal endliche Überdeckung des Raumes X durch $\varkappa a$-Mengen $\alpha = \{A_\alpha\}$ wird eine *Zerlegung* des Raumes X genannt, wenn die offenen Kerne der Mengen A_α disjunkt sind. Die Familie aller Zerlegungen eines Raumes X ist in natürlicher Weise geordnet: $\alpha' \succ \alpha$, wenn die Zerlegung α' der Zerlegung α einbeschrieben ist. Da für $\alpha' \succ \alpha$ jede Menge $A_{\alpha'}$ in einer einzigen Menge A_α enthalten ist, ist eine simpliziale Abbildung des Nervs $N_{\alpha'}$ in den Nerv N_α definiert. Wir wollen zeigen, daß diese Abbildung eine Abbildung auf N_α ist. Es sei etwa $t_\alpha \in N_\alpha$, $t_\alpha = |A_\alpha^0, \ldots, A_\alpha^r|$. Wir wählen einen Punkt $x \in A_\alpha^0 \cap \cdots \cap A_\alpha^r$ und für jedes $i = 0, \ldots, r$ eine Menge $A_{\alpha'}^{\lambda_i} \in \alpha'$ derart, daß $x \in A_{\alpha'}^{\lambda_i} \subset A_\alpha^i$ ist. (Die Existenz der Mengen $A_{\alpha'}^{\lambda_i}$ resultiert aus der Konservativität der Überdeckung α'.) Dann ist $|A_{\alpha'}^{\lambda_0}, \ldots, A_{\alpha'}^{\lambda_r}|$ ein Simplex $t_{\alpha'} \in N_{\alpha'}$, und es ist $\vartheta_\alpha^{\alpha'} t_{\alpha'} = t_\alpha$.

Auf diese Weise läßt sich über jeder gerichteten Familie von Zerlegungen eines Raumes X ein Projektionsspektrum konstruieren. Wir werden uns im weiteren vor allem mit Spektren über den Familien

1⁰. $\varkappa_X$ aller endlichen Zerlegungen des Raumes X,

2⁰. ζ_X aller Zerlegungen des Raumes X

befassen, die wir mit $S_\varkappa X$ (maximales endliches Spektrum) bzw. S/X (maximales Spektrum) bezeichnen wollen.

Es zeigt sich, daß der obere Limes des Spektrums $S_\varkappa X$ ein $\omega_\varkappa X$ genannter Raum ist (Wallman-Ponomarjew-Raum über dem Raum X), den wir nun definieren wollen. Punkte des Raumes $\omega_\varkappa X$ sind die maximalen zentrierten Systeme von $\varkappa a$-Mengen oder die $\varkappa$-Enden des Raumes X, und die Topologie im Raum $\omega_\varkappa X$ ist die sogenannte Wallmansche Topologie, die durch die aus allen Mengen der Gestalt V_H bestehende offene Basis definiert wird, wobei H irgendeine $\varkappa o$-Menge ist, d. h. eine kanonisch offene Menge des Raumes X, und V_H die Menge aller $\varkappa$-Enden $\xi = \{A\}$ bezeichnet, deren jedes Element A_α einen nichtleeren Durchschnitt mit der Menge H besitzt. Dieselbe Topologie kann man mit Hilfe der abgeschlossenen Basis definieren, deren Elemente die Mengen von der Gestalt Φ_A sind, wobei Φ_A als die Menge aller $\varkappa$-Enden definiert ist, die unter ihren Elementen eine beliebig gegebene $\varkappa a$-Menge A enthalten. Ein natürlicher Homomorphismus zwischen den Räumen $\omega_\varkappa X$ und $\hat{S}_\varkappa X$ ist vermittels der sogenannten Spektralabbildung $\eta\colon \omega_\varkappa X \to \hat{S}_\varkappa X$ gegeben. Bevor wir jedoch diese Abbildung definieren wollen, verändern wir die Definition des Raumes $\omega_\varkappa X$ geringfügig, was uns zu einem Raum $\omega_\pi X$ führt, zu dem sich ein natürlicher und sehr einfacher Homöomorphismus auf $\omega_\varkappa X$ finden läßt, was es uns gestattet, in den folgenden Betrachtungen $\omega_\pi X$ anstelle von $\omega_\varkappa X$ zu setzen. Es sei daran erinnert, daß wir unter einer π-Menge im Raum X jede Menge $P \subseteqq X$ verstehen, die Durchschnitt einer endlichen Anzahl von $\varkappa a$-Mengen dieses Raumes ist. Jedes maximale zentrierte System von π-Mengen wollen wir ein π-Ende nennen. Auf der Menge aller π-Enden führen wir dieselbe Wallmansche Topologie ein wie bereits in $\omega_\varkappa X$ mit dem einzigen Unterschied, daß als Mengen H Komplemente zu π-Mengen gewählt werden. Den so erhaltenen topologischen Raum bezeichnen wir auch mit $\omega_\pi X$. Wir konstruieren jetzt eine Abbildung des Raumes $\omega_\pi X$ in $\omega_\varkappa X$, indem wir jedem π-Ende die Menge aller derjenigen seiner Elemente zuordnen, die $\varkappa a$-Mengen sind. Man erhält ein $\varkappa$-Ende, wobei, wie man leicht sieht, jedes $\varkappa$-Ende so gewonnen werden kann, daß man es durch alle endlichen Durchschnitte seiner Elemente zu einem π-Ende ergänzt. Also haben wir eine Abbildung des Raumes $\omega_\pi X$ auf den Raum $\omega_\varkappa X$ gefunden, und man prüft leicht nach, daß diese Abbildung eine topologische Abbildung des Raumes $\omega_\pi X$ auf $\omega_\varkappa X$ ist. Jetzt können wir diese beiden Räume miteinander identifizieren.

Theorem 2. *Der obere Limes $\hat{S}_\varkappa X$ eines maximalen endlichen Spektrums $S_\varkappa X$ eines Raumes X ist dem Wallman-Ponomarjew-Raum $\omega_\varkappa X$ homöomorph.*

Beweis. Wir konstruieren die folgende Abbildung $\eta\colon \omega_\varkappa X \to \hat{S}_\varkappa X$. Es sei $\xi^\varkappa = \{A\}$ ein beliebiger Punkt des Raumes $\omega_\varkappa X$, d. h. ein beliebiges $\varkappa$-Ende des Raumes X. Mit ξ^π bezeichnen wir das π-Ende, das aus allen möglichen endlichen Durchschnitten von Elementen des Endes $\xi^\varkappa$ besteht. Zunächst bemerken wir, daß jede Zerlegung $\alpha = \{A_1^\alpha, \ldots, A_{s_\alpha}^\alpha\}$ wenigstens ein Element enthält, das mit allen Elementen des Endes $\xi^\varkappa$ Punkte gemeinsam hat und folglich (auf Grund der Maximalitätseigenschaft des Endes $\xi^\varkappa$) zu ihm gehört. Im entgegengesetzten Fall gäbe es zu jedem A_i^α, $1 \leqq i \leqq s_\alpha$, aus der Überdeckung α ein zu diesem durchschnittsfremdes Element A^i in dem Ende $\xi^\varkappa$. Die Menge $\cap A^i$ hätte dann mit der Vereinigung $\cup A_i^\alpha = X$

keine Punkte gemeinsam, d. h., sie wäre leer, was der Zentriertheit des Endes $\xi^\varkappa$ widerspricht. Es seien $A^\alpha_{i_0}, \ldots, A^\alpha_{i_r}$ alle zum Ende $\xi^\varkappa$ gehörenden Elemente der Überdeckung α. In dem Nerv N_α liegt dann das Simplex $t_\alpha = |A^\alpha_{i_0}, \ldots, A^\alpha_{i_r}|$. Wir beweisen, daß die auf diesem Wege gefundene Menge von Simplexen $\eta = \eta(\xi^\varkappa) = \{t_\alpha\}$, wobei zu jedem α jeweils ein Simplex gehört, ein Faden des Spektrums $S_\varkappa X$ ist. Dazu zeigen wir, daß für $\alpha' > \alpha$ die Beziehung $\vartheta_\alpha{}^{\alpha'} t_{\alpha'} = t_\alpha$ gilt. Die Ungleichung $\vartheta_\alpha{}^{\alpha'} t_{\alpha'} \leqq t_\alpha$ folgt daraus, daß jedes $A_i{}^\alpha$, das ein $A_j{}^{\alpha'} \in \xi^\varkappa$ enthält, selbst zu dem Ende $\xi^\varkappa$ gehört. Wir beweisen jetzt die umgekehrte Ungleichung $t_\alpha \leqq \vartheta_\alpha{}^{\alpha'} t_{\alpha'}$.

Es sei $A_i{}^\alpha$ eine beliebige Ecke des Simplexes t_α. Es bezeichnen $A_1{}^{\alpha'}, \ldots, A_q{}^{\alpha'}$ alle in $A_i{}^\alpha$ liegenden Elemente der Zerlegung α', d. h. alle die Elemente, die der Bedingung $\vartheta_\alpha{}^{\alpha'} A_j{}^{\alpha'} = A_i{}^\alpha$ genügen. Es muß nur gezeigt werden, daß wenigstens eins von diesen $A_j{}^\alpha$, $j \leqq q$, zu dem Ende $\xi^\varkappa$ gehört. Im entgegengesetzten Fall entspräche jedem $A_j{}^{\alpha'}$, $j \leqq q$, ein $A^j \in \xi^\pi$, das mit diesem einen leeren Durchschnitt hätte, und der Durchschnitt dieser A^j wäre ein Element aus dem Ende ξ^π, das mit der Vereinigung $\bigcup_{j=1}^{q} A_j{}^{\alpha'} = A_i{}^\alpha \in \xi^\pi$ keine Punkte gemeinsam hätte, was unmöglich ist. Also entspricht jedem $\varkappa$-Ende $\xi^\varkappa \in \omega_\varkappa X$ ein Faden $\eta(\xi^\varkappa) = \{t_\alpha\}$ des Spektrums $S_\varkappa X$, wobei die Ecken des Simplexes t_α diejenigen $A_i{}^\alpha$ sind, die Elemente des Endes $\xi^\varkappa$ sind. Identifizieren wir jedes Simplex des Nervs $t_\alpha = |A^\alpha_{i_0}, \ldots, A^\alpha_{i_q}|$ mit der Menge seiner Ecken und fassen wir diese Ecken selbst als Elemente der Überdeckung α auf, so können wir $\xi^\varkappa = \bigcup_\alpha t_\alpha$ schreiben, wobei $\eta(\xi^\varkappa) = \{t_\alpha\}$ ist. Hierbei folgt aus der Maximalität des Endes $\xi^\varkappa$, daß auch der Faden $\eta(\xi^\varkappa)$ maximal ist. Ist umgekehrt $\nu = \{t_\alpha\}$ irgendein maximaler Faden des Spektrums $S_\varkappa X$, so ist $\bigcup_\alpha t_\alpha$ ein maximales zentriertes System von $\varkappa a$-Mengen, d. h. ein $\varkappa$-Ende des Raumes X, so daß wir eine umkehrbar eindeutige Abbildung η des Raumes $\omega_\varkappa X$ auf $\hat{S}_\varkappa X$ konstruiert haben. Um zu beweisen, daß die so erhaltene Abbildung η ein Homöomorphismus ist, genügt es zu zeigen, daß sie eine Basis des Raumes $\omega_\varkappa X$ auf eine Basis des Raumes $\hat{S}_\varkappa X$ abbildet. Dem Beweis sei die folgende einfache Bemerkung vorangestellt.

Es seien $A^\alpha_{i_0}, \ldots, A^\alpha_{i_r}$ gewisse Elemente aus der Zerlegung $\alpha = \{A_1{}^\alpha, \ldots, A_s{}^\alpha\}$. Dann ist

$$\left\langle \bigcup_{k=0}^{r} A_{i_k} \right\rangle = X \setminus \bigcup_{j \neq i_0, \ldots, i_r} A_j. \tag{1}$$

Es sei daran erinnert, daß die Menge V_H (für eine beliebige $\varkappa o$-Menge $H \subseteqq X$) definiert war als die Menge aller der $\varkappa$-Enden, deren Elemente alle einen nichtleeren Durchschnitt mit H haben. Ist $t_\alpha = |A^\alpha_{i_0}, \ldots, A^\alpha_{i_r}|$, so bezeichnen wir mit $\tilde{t}_\alpha$ die Menge $A^\alpha_{i_0} \cup \cdots \cup A^\alpha_{i_r} \subseteqq X$. Mit diesen Bezeichnungen erhält man aus (1) ohne Mühe die Formel

$$\eta V_{\langle \tilde{t}_\alpha \rangle} = O t_\alpha. \tag{2}$$

Beweis von Formel (2). Wir fixieren $\alpha = \alpha_0$, $t_{\alpha_0} = A_1{}^{\alpha_0}, \ldots, A_p{}^{\alpha_0}$, und es sei $\xi' = \bigcup t_\alpha \subseteqq V_{\langle \tilde{t}_{\alpha_0} \rangle}$, $\eta' = \eta(\xi') = \{t_\alpha'\}$. Wir wollen zeigen, daß $\eta' \in O t_{\alpha_0}$ ist. Damit wäre die Inklusion $\eta V_{\langle \tilde{t}_{\alpha_0} \rangle} \subseteqq O t_{\alpha_0}$ bewiesen. Es sei $t'_{\alpha_0} = A^{\alpha_0}_{j_q}, \ldots, A^{\alpha_0}_{j_q}$. Aus $\xi' \in V_{\langle \tilde{t}_{\alpha_0} \rangle}$ folgt, daß jedes A_j, $j = j_0, \dots, j_q$, mit $\langle \bar{t}_{\alpha_0} \rangle$ Punkte gemeinsam hat und auf Grund von (1) also eins der $A_1^{\alpha_0}, \dots, A_p^{\alpha_0}$ ist, so daß $t'_{\alpha_0} \leqq t_{\alpha_0}$ ist. Die Inklusion $\eta V_{\langle \bar{t}_{\alpha_0} \rangle} \subseteqq Ot_{\alpha_0}$ ist damit bewiesen. Wir gehen nun zum Beweis der umgekehrten Inklusion über. Es sei $\eta' = \eta(\xi') \in Ot_\alpha$, d. h. $t'_{\alpha_0} \leqq t_{\alpha_0}$. Dann sind alle $A_{j_0}^{\alpha_0}, \dots, A_{j_q}^{\alpha_0}$ gewisse der $A_1^{\alpha_0}$, $\dots, A_p^{\alpha_0}$, woraus sich ergibt, daß jedes der $A_\lambda = A_h^\alpha \in \xi'$, $\alpha \geqq \alpha_0$, in einem der Elemente $A_1^{\alpha_0}, \dots, A_p^{\alpha_0}$ enthalten ist und also Punkte mit $\langle \bar{t}_{\alpha_0} \rangle$ gemeinsam hat. Es muß gezeigt werden, daß dies auch für ein beliebiges $A_\lambda = A_h^\alpha \in \xi'$ gilt. Dazu wählen wir ein sowohl auf α_0 als auch auf α folgendes α'. Es sei A_h^α ein beliebiges Element des Systemes ξ'; dann ist $A_h^\alpha \in t_\alpha' \in \eta(\xi')$. Wir wählen ein solches $A_{h'}^{\alpha'} \in t_{\alpha'} \subseteqq \eta(\xi')$, daß $\vartheta_\alpha^{\alpha'} A_{h'}^{\alpha'} = A_h^\alpha$ ist. Mit anderen Worten, es ist $A_{h'}^{\alpha'} \in \xi'$, $A_{h'}^{\alpha'} \subseteqq A_h^\alpha \in \xi$. Wegen $A_{h'}^{\alpha'} \cap \langle \bar{t}_{\alpha_0} \rangle \neq \emptyset$ gilt erst recht $A_h^\alpha \cap \langle \bar{t}_{\alpha_0} \rangle \neq \emptyset$. Formel (2) ist damit bewiesen.

Jede $\varkappa o$-Menge H ist eine gewisse Menge $\langle \bar{t}_\alpha \rangle$; um sich davon zu überzeugen, genügt es, $\alpha = \{A_1^\alpha, A_2^\alpha\}$ zu setzen, wobei $A_1^\alpha = [H]$, $A_2^\alpha = \left[X \setminus [H]\right]$ und t_α ein nulldimensionales Simplex des Nervs N_α ist, das aus der Ecke A_1^α besteht.

Umgekehrt ist für jede Zerlegung $\alpha = \{A_1^\alpha, \dots, A_{s_\alpha}^\alpha\}$ und jedes Simplex $t^\alpha = |A_{i_0}^\alpha, \dots, A_{i_r}^\alpha| \in N_\alpha$ die Menge $\langle \bar{t}_\alpha \rangle$ eine $\varkappa o$-Menge. Das System aller Mengen $V_{\langle \bar{t}_\alpha \rangle}$ stimmt also mit dem System aller V_H überein (wobei H alle $\varkappa o$-Mengen des Raumes X durchläuft) und ist eine offene Basis des Raumes $\omega_\varkappa X$, die bei der Abbildung η in eine Basis des Raumes $\hat{S}_\varkappa X$ übergeht, die aus allen Mengen der Gestalt Ot_α besteht. Theorem 2 ist damit bewiesen.

Aus der Bikompaktheit des oberen Limes $\hat{S}_\varkappa X$ und dem bewiesenen Theorem ergibt sich als

Folgerung. *Der Raum $\omega_\varkappa X$ ist bikompakt.*

Wir weisen darauf hin, daß sich die Bikompaktheit des Raumes $\omega_\varkappa X$ auch leicht unmittelbar beweisen läßt. Es sei $\{F_\lambda\}$, $\lambda \in \mathfrak{B}$, ein beliebiges zentriertes System abgeschlossener Mengen des Raumes $\omega_\varkappa X$. Wir zeigen, daß $\bigcap_\lambda F_\lambda$ nicht leer ist. Nach Definition der Topologie in $\omega_\varkappa X$ ist $F_\lambda = \bigcap_{\alpha \in \mathfrak{A}_\lambda} \Phi_{A_\lambda^\alpha}$, wobei A_λ^α $\varkappa a$-Mengen in X sind. Wie man leicht sieht, ist das System der $\varkappa a$-Mengen $\{A_\lambda^\alpha\}$, $\lambda \in \mathfrak{B}$, $\alpha \in \mathfrak{A}_\lambda$, zentriert (anderenfalls wäre die Zentriertheit des Systems $\{F_\lambda\}$ verletzt). Vervollständigen wir dieses System zu einem $\varkappa$-Ende, so erhalten wir einen Punkt ξ, der zu $\bigcap_{\lambda,\alpha} \Phi_{A_\lambda^\alpha} = \bigcap_\lambda F_\lambda$ gehört. Somit ist $\bigcap_\lambda F_\lambda \neq \emptyset$, was zu beweisen war.

Wir benötigen noch ein Trennungsaxiom, und zwar die folgende *Quasinormalitätsbedingung*[1]): Je zwei disjunkte π-Mengen besitzen disjunkte Umgebungen. Reguläre

[1]) Es wäre natürlich, die Quasinormalitätsbedingung π-Normalität zu nennen, analog zur $\varkappa$-Normalität, wie sie von Stschepin [1] eingeführt wurde. Ein Raum genügt der $\varkappa$-Normalitätsbedingung, wenn beliebige disjunkte $\varkappa a$-Mengen disjunkte Umgebungen besitzen. Die $\varkappa$-Normalitätsbedingung wird verschärft, wenn man darüber hinaus fordert, daß jede $\varkappa a$-Menge Durchschnitt einer abzählbaren Anzahl von $\varkappa o$-Mengen sei. Dann erhalten wir die vollständige $\varkappa$-Normalität (E. W. Stschepin), die in ebenso natürlicher Weise aus der $\varkappa$-Normalität hervorgeht wie die vollständige Normalität aus der Normalitätsbedingung.

Räume, die dieser Bedingung genügen, heißen *quasinormal*.[1]) Jeder normale Raum ist quasinormal. Andererseits gibt es quasinormale Räume, die nicht normal sind. Dazu zählen z. B. alle nichtnormalen extrem nicht-zusammenhängenden Räume[2]).

Die soeben eingeführte Klasse der quasinormalen Räume ist von großer Bedeutung, da nur für diese Räume der obere Limes des Spektrums $S_\varkappa X$ mit dem Stone-Čechschen Raum βX übereinstimmt (oder, was dasselbe ist, auf Grund von Theorem 2 der Raum $\omega_\varkappa X$ mit βX identisch ist). Diese Aussage erhalten wir als Folgerung aus den Theoremen 3 und 4.

Es erweist sich als vorteilhaft, die Punkte eines quasinormalen Raumes X mit denjenigen $\varkappa$-Enden $\xi \in \omega_\varkappa X$ zu identifizieren, die sie berühren (ein $\varkappa$-Ende $\xi = \{A_\alpha\}$ berührt einen Punkt $x \in X$, wenn $x \in \bigcap_{A_\alpha \in \xi} A_\alpha$ ist). Man beweist ohne Mühe, daß diese Identifizierung eine Einbettung des quasinormalen Raumes X in $\omega_\varkappa X$ als überall dichte Teilmenge definiert. Der Raum $\omega_\varkappa X$ kann also als bikompakte Erweiterung des Raumes X angesehen werden.

Theorem 3. *Der Raum $\omega_\varkappa X$ ist genau dann ein Hausdorffscher Raum, wenn X quasinormal ist.*

Beweis. 1⁰. Der Raum X sei quasinormal. Um zu beweisen, daß $\omega_\varkappa X$ ein Hausdorffscher Raum ist, wählen wir in $\omega_\varkappa X$ zwei Punkte $\xi_1 = \{A_\lambda\}$ und $\xi_2 = \{B_\mu\}$. Da diese Punkte verschieden sind, gibt es eine $\varkappa a$-Menge $B \equiv B_\mu \in \xi_2$, die von allen A_λ verschieden ist. Auf Grund der Maximalität des Endes ξ_1 lassen sich $A_{\lambda_1}, \ldots, A_{\lambda_r} \in \xi_1$ finden derart, daß $B \cap A_{\lambda_1} \cap \cdots \cap A_{\lambda_r}$ leer ist. Da X quasinormal ist, existieren in X disjunkte Umgebungen H_1 und H_2 für die Mengen $A_{\lambda_1} \cap \cdots \cap A_{\lambda_r}$ bzw. B, und diese Umgebungen H_1 und H_2 können als kanonische Umgebungen vorausgesetzt werden. Wir beweisen, daß die im Raum $\omega_\varkappa X$ gelegenen Mengen V_{H_1} und V_{H_2} den Punkt ξ_1 bzw. den Punkt ξ_2 enthalten. Für jedes $A_\lambda \in \xi_1$ gilt nämlich $\emptyset \neq A_\lambda \cap (A_{\lambda_1} \cap \cdots \cap A_{\lambda_r}) \subseteqq A_\lambda \cap H_1$, und das bedeutet $\xi_1 \in V_{H_1}$. Analog beweist man, daß $\xi_2 \in V_{H_2}$ ist. Es bleibt zu zeigen, daß $V_{H_1} \cap V_{H_2}$ eine leere Menge ist. Angenommen, es gäbe im Widerspruch dazu einen Punkt $\xi_3 = \{C_\nu\} \subset V_{H_1} \cap V_{H_2}$. Dann existieren endliche Mengen von Elementen $C_{\nu_1}, \ldots, C_{\nu_p}$ und $C_{\nu_1'}, \ldots, C_{\nu'_{p'}}$ des Endes ξ_3, die den Bedingungen

$$C_{\nu_1} \cap \cdots \cap C_{\nu_p} \subseteqq H_1, \quad C_{\nu_1'} \cap \cdots \cap C_{\nu'_{p'}} \subseteqq H_2$$

genügen, und für die folglich

$$\emptyset \neq C_{\nu_1} \cap \cdots \cap C_{\nu_p} \cap C_{\nu_1'} \cap \cdots \cap C_{\nu'_{p'}} \subseteqq H_1 \cap H_2$$

gilt, entgegen der vorausgesetzten Disjunktheit der Mengen H_1 und H_2.

---

[1]) Dieselbe Klasse quasinormaler Räume ergibt sich, wenn man anstelle der Regularität die Gültigkeit des Axioms T_λ fordert. Ein Raum genügt dem Axiom T_λ (SAIZEW [2]), wenn er ein semiregulärer T_1-Raum ist und die π-Mengen in ihm ein Netz im Sinne von ARCHANGELSKI bilden. Alle regulären Räume sind T_λ-Räume.

Die quasinormalen Räume sind von SAIZEW in der Arbeit [2] eingeführt worden.

[2]) Zur Definition des extrem nicht-zusammenhängenden Raumes vgl. A.6.

2^0. Es sei jetzt bekannt, daß der Raum $\omega_\varkappa X = \omega_\pi X$ ein Hausdorffscher Raum ist und (als bikompakter Raum) folglich auch normal. Wir zeigen, daß unter diesen Bedingungen je zwei disjunkte π-Mengen P_1 und P_2 in X disjunkte Umgebungen H_1 und H_2 besitzen.

Wegen $P_1 \cap P_2 = \emptyset$ gilt in $\omega_\pi X$

$$\Phi_{P_1} \cap \Phi_{P_2} = \emptyset.$$

Wir wählen in $\omega_\pi X$ disjunkte Umgebungen $O\Phi_1$ und $O\Phi_2$ der Mengen Φ_{P_1} und Φ_{P_2}. Setzen wir

$$H_1 = X \cap O\Phi_1, \qquad H_2 = X \cap O\Phi_2,$$

so erhalten wir damit disjunkte offene Mengen in X. Es bleibt zu zeigen, daß $P_1 \subseteqq H_1$, $P_2 \subseteqq H_2$ ist. Das eine wie das andere folgt aus der Inklusion

$$P \subseteqq \Phi_P, \tag{3}$$

die für beliebige π-Mengen $P \subseteqq X$ (und dementsprechend $\Phi_P \subseteqq \omega_\varkappa X$) zutrifft. Zum Beweis der Inklusion (3) wählen wir einen beliebigen Punkt $x \in P$ und betrachten das π-Ende $\xi^\pi(x) = \{P_\lambda\} \in \omega_\varkappa X$, wobei $P_\lambda \subseteqq X$ alle den Punkt x enthaltenden π-Mengen durchläuft. Es ist dann $P \in \xi^\pi(x)$, d. h. $\xi^\pi(x) \in \Phi_P$. Da die Punkte x und $\xi^\pi(x)$ in $\omega_\pi X$ identifiziert werden, ist Formel (3) bewiesen und damit auch Theorem 3.

Da der Raum X in $\omega_\varkappa X$ eingebettet ist, ergibt sich als

Folgerung. *Ein quasinormaler Raum ist vollständig regulär.*

Wir erinnern daran, daß eine stetige Abbildung $f\colon b_1X \to b_2X$ einer Erweiterung b_1X eines Raumes X auf eine Erweiterung b_2X natürlich genannt wird, wenn bei dieser Abbildung alle Punkte $x \in X$ fest bleiben.

Theorem 4. *Zu jedem vollständigen regulären Raum X gibt es eine natürliche Abbildung $f\colon \omega_\varkappa X \to bX$ des Raumes $\omega_\varkappa X$ auf jede Hausdorffsche bikompakte Erweiterung bX des Raumes X.*

Beweis. 1^0. Konstruktion der Abbildung $f\colon \omega_\varkappa X \to bX$. Für jeden Punkt $\xi = \{P_\lambda\} \in \omega_\varkappa X$ setzen wir

$$f(\xi) = \bigcap_\lambda [P_\lambda] \subseteqq bX \tag{4}$$

(hier und im weiteren wird die abgeschlossene Hülle in bX betrachtet). Da die Familie der Mengen P_λ zentriert ist, ist die Menge $\Phi = \bigcap\limits_\lambda [P_\lambda]$ eine im Bikompaktum bX gelegene nichtleere Menge. Wir beweisen, daß sie aus einem einzigen Punkt besteht. Dazu genügt es, die Formel

$$[Oy] \cap X \in \xi \tag{5}$$

für eine beliebige Umgebung Oy irgendeines Punktes $y \in \Phi$ zu beweisen.

Wir nehmen an, Formel (5) wäre bewiesen. Wenn y_1 und y_2 zwei verschiedene Punkte der Menge Φ sind und Oy_1 bzw. Oy_2 Umgebungen dieser Punkte, deren Abschließungen in X keine Punkte gemeinsam haben, dann schneiden sich die Mengen $[Oy_1] \cap X$ und $[Oy_2] \cap X$ nicht und können also nicht gleichzeitig Elemente einer zentrierten Familie ξ sein.

Wir gehen nun zum Beweis von Formel (5) über. Wegen $y \in \bigcap_\lambda [P_\lambda]$ gilt $Oy \cap P_\lambda \neq \emptyset$ für jedes P_λ. Es ist jedoch $P_\lambda \subseteqq X$; das bedeutet $P_\lambda = P_\lambda \cap X$ und

$$([Oy] \cap X) \cap P_\lambda \supseteqq Oy \cap P_\lambda \neq \emptyset.$$

Da $[Oy] \cap X$ eine $\varkappa a$-Menge ist und also erst recht eine π-Menge in X, ist die Inklusion (5) damit bewiesen.

Jetzt ordnen wir jedem Punkt $\xi = \{P_\lambda\} \in \omega_\varkappa X$ den eindeutig bestimmten Punkt $y = f(\xi) = \bigcap_\lambda [P_\lambda]$ zu und erhalten auf diese Weise eine Abbildung $f \colon \omega_\varkappa X \to bX$.

2⁰. Die Abbildung f ist eine Abbildung auf bX. Zum Beweis wählen wir einen beliebigen Punkt $y \in bX$ und betrachten die Familie $\{O^\alpha y\}$ aller Umgebungen des Punktes y in bX. Die Familie $\{[O^\alpha y] \cap X\}$ ist eine zentrierte Familie von Mengen in X und sie ist in einem gewissen π-Ende $\xi = \{P_\lambda\}$ enthalten. Dann ist

$$\emptyset \neq f(\xi) = \bigcap_\lambda [P_\lambda] \subseteqq \bigcap_\alpha [O^\alpha y] = y$$

und $f(\xi) = y$.

3⁰. Die Abbildung f ist stetig. Es sei etwa

$$\xi = \{P_\lambda\} \in \omega_\pi X, \qquad y = f(\xi) \in bX.$$

Wir wählen eine beliebige Umgebung Oy in bX und eine kleinere Umgebung $O_1 y = H_1$, die der Bedingung $[O_1 y] \subseteqq Oy$ genügt. Die offene Menge H_1 kann in bX als kanonisch vorausgesetzt werden. Dann ist $H = X \cap H_1$ eine $\varkappa o$-Menge in X. Wir wählen V_H in $\omega_\pi X = \omega_\varkappa X$ und beweisen, daß $\xi \in V_H$ ist. Anderenfalls wäre $\xi \in \omega_\pi X \setminus V_H = \Phi X \setminus H$, d. h. $X \setminus H \in \xi$. Hieraus ergäbe sich

$$y \in [X \setminus H] = [X \setminus (H_1 \cap X)] = bX \setminus H_1,$$

was einen Widerspruch darstellt.

Wie wir soeben bewiesen haben, ist V_H eine Umgebung des Punktes ξ in $\omega_\pi X$. Es bleibt zu zeigen, daß ihr Bild $f(V_H)$ in Oy enthalten ist. Es sei $\xi' = \{P_{\lambda'}\} \in V_H$. Für ein gewisses $\lambda' = \lambda_0'$ ist $P_{\lambda_0'} \subseteqq H$. Dann gilt

$$f(\xi') = \bigcap_{\lambda'} [P_{\lambda'}] \subseteqq [P_{\lambda_0'}] \subseteqq [H] \subseteqq [H_1] \subseteqq Oy,$$

womit die Stetigkeit der Abbildung f bewiesen ist.

4⁰. Jeder Punkt $x \in X$ bleibt bei der Abbildung f fest. Jeder Punkt $x \in X$ wurde mit einem π-Ende $\xi(x) = \{P_\lambda(x)\}$ identifiziert, das aus allen π-Mengen $P_\lambda \ni x$ besteht. Dann ist

$$\bigcap_\lambda [P_\lambda(x)] = x, \qquad f\big(\xi(x)\big) = \bigcap_\lambda [P_\lambda(x)] = x,$$

was zu beweisen war.

Bemerkung. Faktisch haben wir Theorem 4 für den Raum $\omega_\pi X$ anstelle des Raumes $\omega_\varkappa X$ selbst bewiesen. Bei dem diese Räume identifizierenden natürlichen Homöomorphismus $\varkappa^{-1}\colon \omega_\varkappa X \to \omega_\pi X$ bleiben jedoch die Punkte $x \in X$ fest, und die Komposition der Abbildungen $\varkappa^{-1}$ und f liefert uns die gesuchte natürliche Abbildung von $\omega_\varkappa X$ auf bX.

Eine unmittelbare Folgerung aus den Theoremen 3 und 4 ist das

Theorem 5. *Für alle quasinormalen Räume X und nur für diese stimmt der Wallman-Ponomarjewsche Raum $\omega_\varkappa X$ mit dem Stone-Čechschen Raum βX überein.*

Auf Grund des natürlichen Homöomorphismus zwischen den Räumen $\omega_\varkappa X$ und $\hat{S}_\varkappa X$ kann Theorem 5 auch folgendermaßen formuliert werden:

Theorem 5'. *Für alle quasinormalen Räume X und nur für diese stimmt der obere Limes $\hat{S}_\varkappa X$ eines Spektrums $S_\varkappa X$ mit dem Raum βX überein.*

Theorem 6 (Ponomarjew [2]). *Ein parakompakter Raum X ist zum Limes $\hat{S}_\zeta X$ eines maximalen Spektrums $S_\zeta X$ homöomorph.*

Bevor wir an den Beweis des Theorems gehen, beweisen wir zwei Sätze über parakompakte Räume.

Satz 1. *Jeder Überdeckung $\omega = \{O_\alpha\}$, $\alpha \in \mathfrak{A}$, eines parakompakten Raumes X kann eine Zerlegung einbeschrieben werden.*

Beweis. Ohne Beschränkung der Allgemeinheit kann angenommen werden, daß die Überdeckung ω lokal endlich ist. Nach dem Verfeinerungslemma für punktendliche Überdeckungen (vgl. 6.11.) kann man der Überdeckung ω kombinatorisch eine Überdeckung ν einbeschreiben, die aus $\varkappa a$-Mengen V_α besteht.

Die Mächtigkeit der Überdeckung ω sei gleich τ, und die Indexmenge $\mathfrak{A}$ bestehe aus allen Ordnungszahlen $0 \leqq \alpha < \omega_\tau$.

Wir konstruieren jetzt eine der Überdeckung ν einbeschriebene Zerlegung $\eta = \{F_\lambda\}$. Wir setzen $F_\lambda = \left[V_\lambda \setminus \bigcup\limits_{\alpha<\lambda} [V_\alpha]\right]$. Das System $\{F_\lambda\}$ von $\varkappa a$-Mengen ist lokal endlich, da es dem lokal endlichen System ν kombinatorisch einbeschrieben ist. Offenbar ist $\langle F_\lambda\rangle \cap \langle F_{\lambda'}\rangle = \emptyset$ für $\lambda \neq \lambda'$. Es bleibt zu zeigen, daß das System $\{F_\lambda\}$ eine Überdeckung des Raumes X ist. Zu jedem Punkt $x \in X$ gibt es aber ein λ_0 derart, daß $x \in [V_{\lambda_0}]$ und $x \notin [V_\lambda]$ für $\lambda < \lambda_0$ ist. Folglich ist

$$x \in [V_{\lambda_0}] \setminus \bigcup_{\alpha<\lambda_0} [V_\alpha] \subseteqq \left[V_{\lambda_0} \setminus \bigcup_{\alpha<\lambda_0} [V_\alpha]\right] = F_{\lambda_0},$$

d. h., das System $\{F_\lambda\}$ überdeckt alle Punkte des Raumes X. Also haben wir bewiesen, daß das System $\eta = \{F_\lambda\}$ die gesuchte Zerlegung des Raumes X ist. Satz 1 ist damit bewiesen.

Wir wollen sagen, ein System $\sigma = \{F_\lambda\}$ von abgeschlossenen Mengen eines Raumes X *berühre* eine Überdeckung α, wenn es ein Element $V \in \alpha$ gibt, das mit allen Mengen des Systems σ Punkte gemeinsam hat.

Satz 2 (PONOMARJEW [1]). *Ein Raum X ist genau dann parakompakt, wenn jedes System σ, das alle lokal endlichen Überdeckungen des Raumes X berührt, einen nichtleeren Durchschnitt besitzt.*

Beweis. 1^0. Ein beliebiges System σ von abgeschlossenen Mengen, das alle lokal endlichen Überdeckungen des Raumes X berührt, möge einen nichtleeren Durchschnitt haben. Wir werden zeigen, daß X dann parakompakt ist. Im entgegengesetzten Fall gäbe es eine offene Überdeckung $\omega = \{U_\lambda\}$, der sich keine lokal endliche Überdeckung einbeschreiben läßt. Dann berührt das System $\sigma = \{X \setminus U_\lambda\}$ alle lokal endlichen Überdeckungen und besitzt einen leeren Durchschnitt.

2^0. Der Raum X sei parakompakt, und es sei $\sigma = \{F_\lambda\}$ ein beliebiges System von abgeschlossenen Mengen, das alle lokal endlichen Überdeckungen berührt. Ferner sei der Durchschnitt $\bigcap F_\lambda$ leer. Dann ist $\omega = \{X \setminus F_\lambda\}$ eine Überdeckung des Raumes X. Ihr kann eine lokal endliche Überdeckung $\alpha = \{V\}$ einbeschrieben werden. Da das System σ die Überdeckung α berührt, gibt es ein Element $V^* \in \alpha$, das alle $F_\lambda \in \sigma$ schneidet, im Widerspruch dazu, daß V^* in einem gewissen Element $U_\lambda \in \omega$ enthalten ist. Der Satz ist damit bewiesen.

Beweis von Theorem 6. Jedem Punkt $x \in X$ entspricht in N_α ein Simplex $t_\alpha(x) = |e_\alpha^0, \ldots, e_\alpha^r|$, das von denjenigen e_α^i gebildet wird, für die $x \in A_\alpha^i$ ist. Für $\alpha' > \alpha$ ist offenbar $\vartheta_\alpha^{\alpha'} t_{\alpha'}(x) = t_\alpha(x)$. Also ist $\{t_\alpha(x)\}$ ein Faden des Spektrums $S_\xi X$. Wir wollen zeigen, daß $\{t_\alpha(x)\}$ ein maximaler Faden ist. Angenommen, ein Faden $\xi = \{t_\alpha\}$ umfaßt den Faden $\{t_\alpha(x)\}$ und ist von diesem verschieden. Das bedeutet, es ist $t_\alpha(x) \leqq t_\alpha$, wobei $t_{\alpha_0}(x) < t_{\alpha_0}$ für ein gewisses α_0 gilt, so daß $t_{\alpha_0} = |e_{\alpha_0}^0, \ldots, e_{\alpha_0}^r, e_{\alpha_0}^{r+1}, \ldots, e_{\alpha_0}^s|$ ist.

Es sei $A(t_\alpha)$ der Durchschnitt aller A_α^i, wobei e_α^i eine Ecke des Simplex t_α ist. Wir betrachten das System $\sigma = \{A(t_\alpha)\}$ von abgeschlossenen Mengen aus dem parakompakten Raum X; für $\alpha' > \alpha$ gilt offenbar $A(t_{\alpha'}) \subseteqq A(t_\alpha)$, woraus folgt, daß das System σ zentriert ist. Wir beweisen nun, daß es alle lokal endlichen offenen Überdeckungen des Parakompaktums X berührt. Dazu stellen wir zunächst fest, daß es, wie auch immer eine lokal endliche Überdeckung ω gewählt wird, eine dieser einbeschriebene Zerlegung ψ_{α_1} gibt. Wir betrachten eine beliebige Ecke $e_{\alpha_1}^i$ des Simplexes $t_{\alpha_1} \in \xi$. In der Überdeckung ω gibt es ein Element U, das die Menge $A_{\alpha_1}^i$ enthält, und das bedeutet, daß U erst recht die Menge $A(t_{\alpha_1})$ und jedes $A(t_{\alpha'})$, $\alpha' > \alpha_1$, umfaßt. Es sei nun ein beliebiges α gegeben. Da es ein $\alpha' > \alpha, \alpha_1$ gibt und $A(t_{\alpha'}) \subseteqq U$, $A(t_{\alpha'}) \subseteqq A(t_\alpha)$ gilt, ist $A(t_\alpha) \cap U \neq \emptyset$, womit bewiesen ist, daß U alle $A(t_\alpha) \in \sigma$ schneidet, d. h., daß σ ein System ist, das alle lokal endlichen Überdeckungen des Raumes X berührt. Auf Grund von Satz 2 gilt dann aber $\bigcap_\alpha A(t_\alpha) \neq \emptyset$. Da $A(t_\alpha) \subseteqq A_\alpha^0$ ist (wobei A_α^0 eine bestimmte, den Punkt x enthaltende Menge aus der Zerlegung α ist) und $\bigcap_\alpha A_\alpha^0 = x$ gilt, ist auch $\bigcap_\alpha A(t_\alpha) = x$.

Insbesondere ist $x \in A_{\alpha_0}^{r+1}$, was jedoch dem widerspricht, daß die Mengen $A_\alpha^0, \ldots, A_\alpha^r$ sämtliche den Punkt x enthaltenden Elemente der Zerlegung ψ_α sein sollten.

Also entspricht jedem Punkt $x \in X$ ein maximaler Faden $\{t_\alpha(x)\}$.

Umgekehrt ist jeder maximale Faden $\xi = \{t_\alpha\}$ ein Faden von der Gestalt $\{t_\alpha(x)\}$

für einen gewissen Punkt $x \in X$. Wie wir nämlich gesehen hatten, können wir, wenn wir für $t_\alpha = |e_\alpha^0, \ldots, e_\alpha^r|$

$$A(t_\alpha) = \bigcap_{i=0}^{r} A_\alpha^i$$

setzen, einen Punkt $x \in \bigcap_\alpha A(t_\alpha)$ finden. Wenn der Punkt x für wenigstens ein α_0 außer zu den den Ecken $e_{\alpha_0}^0, \ldots, e_{\alpha_0}^r$ des Simplexes t_{α_0} entsprechenden Mengen $A_{\alpha_0}^0, \ldots, A_{\alpha_0}^r$ noch zu mindestens einer Menge $A_{\alpha_0}^{r+1}$ gehörte, dann wäre der Faden ξ nicht maximal. Daher ist $t_\alpha = t_\alpha(x)$ für alle α. Ordnen wir also jedem Punkt $x \in X$ den maximalen Faden $\xi = \{t_\alpha(x)\}$ zu, so erhalten wir eine Abbildung $f\colon X \to \hat{S}_\zeta X$ des Raumes X auf den Raum $\hat{S}_\zeta X$. Diese Abbildung ist umkehrbar eindeutig (denn ist $t_\alpha(x) = t_\alpha(x')$ für alle α, so ist $x = x'$, weil das System ζ_X verfeinernd ist). Um zu beweisen, daß die Abbildung f topologisch ist, sehen wir uns an, welchen Mengen zu einem gegebenen Punkt $x \in X$ und dem entsprechenden Punkt $\xi = f(x)$ die Mengen $O_\alpha \xi = O_{t_\alpha}$ entsprechen. Da für $\xi = \{t_\alpha\} = f(x)$ die Beziehung $t_\alpha = t_\alpha(x)$ gilt, besteht $O_\alpha \xi$ aus denjenigen Punkten $\xi' = f(x')$, für die x' nur in den $A_\alpha \in \psi_\alpha$ liegt, die den Punkt x enthalten. Mit anderen Worten, es ist

$$f^{-1} O_\alpha \xi = X \setminus \bigcup_{x \in A_\alpha^\lambda} A_\alpha^\lambda.$$

Auf Grund der Konservativität der Zerlegung ψ_α ist die Menge $O_\alpha x = X \setminus \bigcup_{x \notin A_\alpha^\lambda} A_\alpha^\lambda$ eine den Punkt x enthaltende offene Menge und somit eine Umgebung dieses Punktes. Da das System von Zerlegungen ζ_X verfeinernd ist, bilden die Mengen $O_\alpha x$ eine Basis des Punktes x im Raum X. Bei der umkehrbar eindeutigen Zuordnung f zwischen den Räumen X und $\hat{S}_\zeta X$ entspricht also einer Basis des Raumes $\hat{S}_\zeta X$ eine Basis des Raumes X, was besagt, daß die Abbildung f topologisch ist. Das Theorem ist damit bewiesen.

A.3. Das Realisierungstheorem für abstrakte Spektren

Zwei Spektren heißen *äquivalent* (ALEXANDROFF [9]), wenn man von einem zum anderen vermittels einer endlichen Anzahl der folgenden Operationen übergehen kann: Übergang von einem gegebenen Spektrum zu einem isomorphen Spektrum; Übergang von einem gegebenen Spektrum zu seinem konfinalen Teil; Übergang von einem gegebenen Spektrum zu einem Spektrum, das das gegebene als konfinalen Teil enthält. Zwei Spektren heißen *stark äquivalent*, wenn sie äquivalent sind und außerdem aus denselben (oder isomorphen) Komplexen bestehen. Zwei Spektren beispielsweise, von denen das eine aus dem anderen durch eine Verschärfung (oder eine Abschwächung) der Ordnung hervorgeht, sind zueinander stark äquivalent.

Ein weiterer Spezialfall der starken Äquivalenz zweier Spektren S und S^* liegt vor, wenn sich das Spektrum S^* aus dem Spektrum S mit Hilfe einer sogenannten Multiplikation ergibt. Nach Definition erhalten wir die Multiplikation einer gegebenen gerichteten Menge $\mathfrak{A} = \{\alpha\}$, wenn wir jedes ihrer Elemente α durch eine Gesamtheit von neuen Elementen ersetzen, die wir mit $\alpha\lambda$, $\alpha\mu$ usw. bezeichnen wollen. In der Menge $\mathfrak{A}^* = \{\alpha\lambda\}$ der so gewonnenen Elemente $\alpha\lambda$ führen wir eine Ordnung ein, indem wir $\alpha'\lambda' \geqq \alpha\lambda$ genau dann setzen, wenn $\alpha' \geqq \alpha$ ist. Wenn $S = \{K_\alpha, \vartheta_\alpha{}^{\alpha'}\}$ ein Spektrum über einer gerichteten Menge $\mathfrak{A} = \{\alpha\}$ ist, dann wird das Spektrum $S^* = \{K_{\alpha\lambda}, \vartheta_{\alpha\lambda}^{\alpha'\lambda'}\}$ über der gerichteten Menge $\mathfrak{A}^* = \{\alpha\lambda\}$ (der Multiplikation der Menge $\mathfrak{A}$) die durch die gegebene Multiplikation $\mathfrak{A}^*$ seiner Indexmenge $\mathfrak{A}$ definierte Multiplikation von S genannt. Hierbei ist $K_{\alpha\lambda}$ stets gleich dem Komplex K_α, der nur mit dem Index λ versehen wird, und für $\alpha'\lambda' \geqq \alpha\lambda$ (d. h. für $\alpha' \geqq \alpha$) stimmt die Projektion $\vartheta_{\alpha\lambda}^{\alpha'\lambda'}\colon K_{\alpha'\lambda'} \to K_{\alpha\lambda}$ mit der Projektion $\vartheta_\alpha{}^{\alpha'}\colon K_{\alpha'} \to K_\alpha$ überein. Man kann sagen, daß sich das Spektrum $S^* = \{K_{\alpha\lambda}, \vartheta_{\alpha\lambda}^{\alpha'\lambda'}\}$ aus dem Spektrum $S = \{K_\alpha, \vartheta_\alpha{}^{\alpha'}\}$ dadurch ergibt, daß jeder Komplex K_α so oft „wiederholt" wird, wie es zu gegebenem α Paare (α, λ) gibt (und die Projektionen aus S ohne Veränderungen nach S^* übernommen werden).

Wir formulieren jetzt das Realisierungstheorem für endliche Spektren.

Theorem $7_\varkappa$. *Jedes endliche abstrakte Projektionsspektrum ist zu einem Spektrum über einer Familie von endlichen Zerlegungen eines bikompakten semiregulären T_0-Raumes (und zwar über der Familie $\varphi = \{\varphi_\alpha\}$ der endlichen Zerlegungen des vollen Limes $\bar{S}$ eines Spektrums S) stark äquivalent.*

Beweis von Theorem $7_\varkappa$.

Hauptlemma. *In einem endlichen Spektrum $S = \{K_\alpha, \vartheta_\alpha{}^{\alpha'}\}$ ist die Familie $\varphi_\alpha = \{\Phi e_\alpha\}$, wobei e_α alle Ecken des Komplexes K_α durchläuft, eine Zerlegung des Raumes $\bar{S}$.*

Beweis. Offenbar ist für jedes α die Familie $\varphi_\alpha = \{\Phi e_\alpha\}$ eine Überdeckung des Raumes $\bar{S}$. Weiter oben haben wir festgestellt, daß die Mengen Φe_α $\varkappa a$-Mengen sind und daß $\Phi e_\alpha = [Oe_\alpha]_{\bar{S}}$ ist (vgl. den Beweis von Satz 8 in A.1.). Es bleibt zu prüfen, ob die offenen Kerne der Mengen Φe_α disjunkt sind. Für verschiedene Ecken e_α und $e_{\alpha'}$ eines Komplexes K_α ist aber $Oe_\alpha \cap Oe_{\alpha'}$ leer, das bedeutet $\langle[Oe_\alpha]\rangle \cap \langle[Oe_{\alpha'}]\rangle = \langle\Phi e_\alpha\rangle \cap \langle\Phi e_{\alpha'}\rangle = \emptyset$. Folglich ist φ_α eine Zerlegung. Das Lemma ist damit bewiesen.

Um Theorem $7_\varkappa$ zu beweisen, genügt es nachzuprüfen, ob ein endliches Spektrum S zum Spektrum S_φ über der Familie $\varphi = \{\varphi_\alpha\}$ der endlichen Zerlegungen des Raumes $\bar{S}$ stark äquivalent ist.

Zunächst ist klar, daß die Spektren S und S_φ durch dieselbe Indexmenge $\mathfrak{A} = \{\alpha\}$ gerichtet sind.

Wir beweisen jetzt, daß der Nerv N_α der Überdeckung φ_α mit dem Komplex K_α übereinstimmen, d. h., daß beliebige Ecken $e_\alpha{}^0, \ldots, e_\alpha{}^r$ des Komplexes K_α genau dann ein Gerüst in diesem Komplex bilden, wenn $\Phi e_\alpha{}^0 \cap \cdots \cap \Phi e_\alpha{}^r \neq \emptyset$ ist.

Wir setzen $\alpha = \alpha_0$, und es sei $\xi = \{t_\alpha\} \in \Phi e_{\alpha_0}^0 \cap \cdots \cap \Phi e_{\alpha_0}^r \neq \emptyset$. Das Simplex t_{α_0} hat dann unter seinen Ecken $e_{\alpha_0}^0, \ldots, e_{\alpha_0}^r$, die folglich in K_{α_0} ein Gerüst bilden. Es sei umgekehrt jetzt $\tau_{\alpha_0} = |e_{\alpha_0}^0, \ldots, e_{\alpha_0}^r|$ ein beliebiges Simplex aus dem Komplex K_{α_0}. Auf Grund von A.1., Theorem 1, gibt es einen Faden $\xi = \{t_\alpha\}$, der das Simplex τ_{α_0}

umfaßt, und es ist dann $\xi \in \Phi e^0_{\alpha_0} \cap \cdots \cap \Phi e^r_{\alpha_0} \neq \emptyset$. Unsere Behauptung ist damit bewiesen. Die Spektren S und S_φ bestehen also aus denselben Komplexen $K_\alpha = N_\alpha$.

Es sei $\alpha' > \alpha$. Aus $\vartheta_\alpha^{\alpha'} e_{\alpha'} = e_\alpha$ folgt dann offenbar $\Phi e_{\alpha'} \subseteqq \Phi e_\alpha$. Umgekehrt folgt aus $\Phi e_{\alpha'} \subseteqq \Phi e_\alpha$ (unter der Voraussetzung $\alpha' > \alpha$), daß $\vartheta_\alpha^{\alpha'} e_{\alpha'} = e_\alpha$ ist; anderenfalls wäre $\vartheta_\alpha^{\alpha'} e_{\alpha'} = e_\alpha^* \neq e_\alpha$ und $\Phi e_{\alpha'} \subseteqq \Phi e_\alpha \cap \Phi e_\alpha^*$, was unmöglich ist, da φ_α eine Zerlegung darstellt.

Für $\alpha' > \alpha$ ist also die Zerlegung $\varphi_{\alpha'}$ der Zerlegung φ_α einbeschrieben, wobei die Aussagen $\vartheta_\alpha^{\alpha'} e_{\alpha'} = e_\alpha$ und $\Phi e_{\alpha'} \subseteqq \Phi e_\alpha$ gleichwertig sind.

In der Menge $\mathfrak{A} = \{\alpha\}$ führen wir jetzt eine neue Ordnung ein, indem wir $\alpha' *> \alpha$ setzen, wenn $\varphi_{\alpha'}$ in φ_α einbeschrieben ist. Aus dem eben Bewiesenen ergibt sich, daß die Ordnung $*>$ in folgendem Sinne größer als die Ordnung $>$ (oder gleich dieser) ist: Aus $\alpha' > \alpha$ folgt $\alpha' *> \alpha$.

Bemerkung 1. Aus dem Vorhergehenden ergibt sich, daß die Ordnung $*>$ maximal unter allen Ordnungen ist, die man in einem Spektrum S einführen kann, ohne seinen vollen Limes zu ändern.

Führen wir die neue Ordnung $*>$ in einem Spektrum S ein, so müssen wir noch die Projektionen $\overset{*}{\vartheta}{}_\alpha^{\alpha'}$ für $\alpha' *> \alpha$ definieren. Dazu setzen wir $\overset{*}{\vartheta}{}_\alpha^{\alpha'} e_{\alpha'} = e_\alpha$, wenn $\Phi e_{\alpha'} \subseteqq \Phi e_\alpha$ ist.

Auf Grund des soeben Bewiesenen erhalten wir, wenn wir in einem Spektrum S die neue Ordnung $*>$ einführen, ein Spektrum $S' = \{K_\alpha, \overset{*}{\vartheta}{}_\alpha^{\alpha'}\}$, das eine Ordnungsverschärfung des Spektrums S und folglich zum Ausgangsspektrum S stark äquivalent ist.

Definition 1. Das Spektrum S_φ über der Familie $\varphi = \{\varphi_\alpha\}$ der Zerlegungen des Raumes $\bar{S}$ heißt das zum Spektrum S *duale* Spektrum.

Bemerkung 2. Da alle φ_α endlich sind, sind die Projektionen im Spektrum S Abbildungen „auf".

Verschiedenen Indizes $\alpha' \neq \alpha$ kann dieselbe Zerlegung $\varphi_\alpha = \varphi_{\alpha'}$ des Raumes S_φ entsprechen. Daher erhalten wir eine Multiplikation S_φ' des Spektrums S_φ, wenn wir jede Zerlegung φ_α so oft wiederholen, wie es für sie Indizes gibt. Die Spektren S_φ und S_φ' sind stark äquivalent zueinander; zum Beweis von Theorem $7_\varkappa$ genügt es daher zu zeigen, daß die Spektren $S_\varphi = \{N_\alpha, \vartheta_\alpha^{\alpha'}\}$ und $S' = \{K_\alpha, \overset{*}{\vartheta}{}_\alpha^{\alpha'}\}$ isomorph sind.

Auf Grund der weiter oben bewiesenen Gleichheit $N_\alpha = K_\alpha$ braucht zum Beweis der Isomorphie der Spektren S' und S_φ' nur noch daran erinnert werden, daß die Projektionen in beiden Spektren dieselben sind.

Theorem $7_\varkappa$ ist damit bewiesen. Es ist ein sehr spezieller Fall eines allgemeinen Realisierungstheorems, das von Saizew [3] bewiesen worden ist und besagt, daß jedes zu einer bestimmten außerordentlich weiten Klasse von Projektionsspektren gehörende Spektrum S zu einem Spektrum über einer gewissen gerichteten Familie φ von kanonischen Überdeckungen des semiregulären T_0-Raumes $\bar{S}$ äquivalent ist.

A.4. Irreduzible abgeschlossene Abbildungen

Definition 2. Gegeben sei eine beliebige Abbildung $f\colon X \to Y$ eines Raumes X auf einen Raum Y. Die Abbildung f wird *irreduzibel* genannt, wenn für jede abgeschlossene Menge $A \subseteqq X$, $A \neq X$, die Menge fA von Y verschieden ist.

Satz 1 (Ponomarjew [2]). *Eine stetige Abbildung $f\colon X \to Y$ ist genau dann zugleich abgeschlossen und irreduzibel, wenn das kleine Bild $f^{\#}U$ jeder nichtleeren in X offenen Menge U eine nichtleere offene Menge in Y ist.*

Beweis. Es sei $f\colon X \to Y$ abgeschlossen und irreduzibel und $\emptyset \neq U = \langle U\rangle \subseteqq X$. Setzen wir $F = X \setminus U$, so erhalten wir: fF ist abgeschlossen und von Y verschieden, d. h., $Y \setminus fF$ ist eine offene nichtleere Menge. Nun ist aber $Y \setminus fF = f^{\#}U$. Ebenso einfach beweist man den hinreichenden Teil der Aussage, indem man die Gleichung $fF = Y \setminus f^{\#}(X \setminus F)$ verwendet.

Satz 2 (Ponomarjew [2]). *Es sei $f\colon X \to Y$ eine abgeschlossene irreduzible Abbildung und U eine nichtleere offene Teilmenge des Raumes X. Dann ist $f[U] = [f^{\#}U]$. Insbesondere ist das Bild einer $\varkappa a$-Menge eine $\varkappa a$-Menge.*

Beweis. Offensichtlich ist $f[U] \supseteqq fU \supseteqq f^{\#}U$. Infolge der Abgeschlossenheit der Abbildung f ergibt sich daher $f[U] \supseteqq [f^{\#}U]$. Zum Nachweis der umgekehrten Inklusion genügt es wegen der für stetige Funktionen allgemein gültigen Inklusion $f[M] \subseteqq [fM]$ zu beweisen, daß $fU \subseteqq [f^{\#}U]$ ist. Wir nehmen an, dies wäre nicht so, d. h., es existierte ein Punkt $x \in fU \setminus [f^{\#}U]$. Wir wählen einen Punkt $y \in U$ derart, daß $fy = x$ ist. Es gibt eine Umgebung Oy des Punktes y derart, daß $Oy \subseteqq U$ und $fOy \subset Ox = X \setminus [f^{\#}U]$ ist. Dann ist $fOy \cap [f^{\#}U] = \emptyset$ und erst recht $f^{\#}Oy \cap f^{\#}U = \emptyset$. Letzteres steht jedoch im Widerspruch dazu, daß $f^{\#}Oy \neq \emptyset$ ist, denn die Abbildung f ist als irreduzibel vorausgesetzt, und daß $f^{\#}Oy \subseteqq f^{\#}U$ ist. Satz 2 ist somit bewiesen.

Aus Satz 2 ergibt sich der folgende

Satz 3. *Es sei $f\colon X \to Y$ eine abgeschlossene irreduzible Abbildung des Raumes X auf den Raum Y, und es sei F eine $\varkappa a$-Menge im Raum Y. Dann gibt es eine einzige $\varkappa a$-Menge des Raumes X, die auf die Menge F abgebildet wird.*

Beweis. Wir überzeugen uns, daß die Menge $[f^{-1}\langle F\rangle]$ eine solche Menge ist. Bei Anwendung des vorangehenden Satzes auf $U = f^{-1}\langle F\rangle$ erhalten wir $f[f^{-1}\langle F\rangle] = F$. Nun nehmen wir an, daß es im Raum X zwei verschiedene $\varkappa a$-Mengen Φ_1 und Φ_2 gibt derart, daß $f\Phi_1 = f\Phi_2 = F$ ist. Setzen wir $U_i = \langle\Phi_i\rangle$, $i = 1, 2$, so ist $U_1 \neq U_2$; dann ist eine der Differenzen $U_1 \setminus \Phi_2$ und $U_2 \setminus \Phi_1$ nicht leer. Es sei etwa $V = U_1 \setminus \Phi_2 \neq \emptyset$. Einerseits gilt dann $f^{\#}V \subseteqq f(U_1 \setminus \Phi_2) \subseteqq fU_1 \subseteqq F$. Auf der anderen Seite findet man $f^{\#}V = f^{\#}U_1 \setminus f\Phi_2$. Folglich ergibt sich $f^{\#}V \cap F = \emptyset$. Das steht aber im Widerspruch dazu, daß die Menge $f^{\#}V$ nicht leer ist. Damit ist der Satz bewiesen.

Aus den letzten beiden Sätzen resultiert die wichtige

Folgerung. *Es sei $f: X \to Y$ eine abgeschlossene irreduzible Abbildung. Sie erzeugt eine Abbildung der Menge $\mathfrak{A}_X$ der $\varkappa a$-Mengen aus dem Raum X in die Menge $\mathfrak{A}_Y$ der $\varkappa a$-Mengen im Raum Y, die wir ebenfalls mit f bezeichnen werden. Die Abbildung $f: \mathfrak{A}_X \to \mathfrak{A}_Y$ ist eine umkehrbar eindeutige ordnungserhaltende Abbildung von $\mathfrak{A}_X$ auf $\mathfrak{A}_Y$, d. h. ein Isomorphismus der teilweise geordneten Mengen $\mathfrak{A}_X$ und $\mathfrak{A}_Y$.*

A.5. Das Absolutum eines regulären Raumes

Wir erinnern daran, daß wir unter einem H-System eines regulären Raumes X jedes System $\xi = \{A\}$ von nichtleeren $\varkappa a$-Mengen des Raumes X verstehen, das bezüglich der Inklusion gerichtet war, d. h., das der folgenden Bedingung genügt: Zu je zwei Elementen $A \in \xi$, $A' \in \xi$ gibt es ein drittes Element $A'' \in \xi$, das in den beiden enthalten ist, $A'' \subseteqq A' \cap A$. Maximale H-Systeme werden H-Enden genannt. Vermittels transfiniter Induktion kann man jedes H-System zu einem H-Ende ergänzen.

Wir weisen auf die folgenden einfachen Eigenschaften von H-Enden hin:

1^0. Zu jeder endlichen Anzahl von Elementen A_i eines H-Endes p gibt es ein Element $A' \in p$, das in allen A_i enthalten ist.

2^0. Ist $A_i \in p$, $i = 1, 2, \ldots, n$, so ist $\left[\bigcap_{i=1}^{n} \langle A_i \rangle\right] \in p$.

3^0. Ist $A_1 \in p$ und ist A_2 eine A_1 enthaltende $\varkappa a$-Menge, dann ist $A_2 \in p$.

4^0. Eine $\varkappa a$-Menge A gehört genau dann zu einem H-Ende p, wenn für beliebiges $A' \in p$ die Menge $A' \cap \langle A \rangle$ nicht leer ist.

Die Eigenschaften 1^0 bis 3^0 ergeben sich automatisch aus der Definition eines H-Endes. Wir wollen die Eigenschaft 4^0 nachprüfen. Angenommen, der offene Kern einer $\varkappa a$-Menge A besitzt mit allen Elementen A eines H-Endes p Punkte gemeinsam. Dann sind alle Mengen des Systems $\eta_0' = \{[\langle A \rangle \cap \langle A_\alpha \rangle]: A_\alpha \in p\}$ nicht leer. Man überzeugt sich leicht, daß das System η_0' ein H-System ist. Wir ergänzen es zu einem H-Ende η'. Aus der Eigenschaft 3^0 folgt $A \in \eta'$ und $p \subseteqq \eta'$, woraus sich auf Grund der Maximalität von p ergibt, daß $p = \eta'$ ist und folglich $A \in p$. Eigenschaft 4^0 ist damit nachgewiesen.

Im weiteren benötigen wir den folgenden

Satz 1. *Es sei $\alpha = \{A_i\}$ eine endliche Überdeckung eines Raumes X mit $\varkappa a$-Mengen. Dann ist für jedes H-Ende p der Durchschnitt $p \cap \alpha$ nicht leer (d. h., es läßt sich stets ein Element der Überdeckung α finden, das zu dem H-Ende p gehört).*

Beweis. Auf Grund der Eigenschaft 4^0 genügt es zu beweisen, daß der offene Kern eines Elementes der Überdeckung α mit allen Elementen des H-Endes p Punkte gemeinsam hat. Wir nehmen das Gegenteil an, d. h., zu jedem $A_i \in \alpha$ läßt sich ein $A_{\alpha_i} \in p$ angeben derart, daß $\langle A_i \rangle \cap A_{\alpha_i} = \emptyset$ ist. Dann ist aber der Durchschnitt $\bigcap_i A_{\alpha_i}$, der einen nichtleeren offenen Kern besitzt, in der Menge $X \setminus \bigcup_i \langle A_i \rangle$ enthalten, deren Kern offenbar leer ist, was einen Widerspruch darstellt.

Wir bezeichnen jetzt mit $H(X)$ die Menge aller H-Enden eines Raumes X. In der Menge $H(X)$ führen wir die klassische Topologie ein, deren Basis die Gesamtheit aller Mengen O_A ist, wobei unter O_A die Menge aller H-Enden verstanden wird, die die Menge A als Element enthalten. Die so definierte offene Basis ist, wie wir sogleich sehen werden, auch abgeschlossen.

Theorem 8. *Der Raum $H(X)$ ist ein induktiv nulldimensionaler bikompakter Hausdorffscher Raum.*

Zunächst beweisen wir die folgenden Formeln:

a) $O_{A_1 \cup A_2} = O_{A_1} \cup O_{A_2}$;

b) $O_A = H(X) \setminus O_{X \setminus \langle A \rangle}$.

Zum Beweis sei $p \in O_{A_1}$, d. h. $A_1 \in p$. Auf Grund der Eigenschaft 3^0 ist dann auch $A_1 \cup A_2 \in p$, d. h. $p \in O_{A_1 \cup A_2}$; folglich gilt $O_{A_1} \cup O_{A_2} \subseteqq O_{A_1 \cup A_2}$. Es sei nun $p \in O_{A_1 \cup A_2}$, d. h. $A_1 \cup A_2 \in p$. Ist $A_1 \notin p$, so finden wir $X \setminus \langle A_1 \rangle \in p$[1]) und folglich (wegen Eigenschaft 2^0) $[(X \setminus A_1) \cap \langle A_1 \cup A_2 \rangle] \in p$. Nun ist aber $[(X \setminus A_1) \cap$ $\cap \langle A_1 \cup A_2 \rangle] \subseteqq A_2$ und somit $A_2 \in p$, d. h. $p \in O_{A_2}$. Also gilt $O_{A_1 \cup A_2} \subseteqq O_{A_1} \cup O_{A_2}$, d. h., Gleichung a) ist bewiesen. Setzen wir darin $A_1 = A$, $A_2 = X \setminus \langle A \rangle$ und beachten, daß jedes H-Ende X als Element enthält, so erhalten wir Gleichung b).

Wir gehen jetzt zum Beweis des Theorems über. Unmittelbar aus der Definition der Topologie ergibt sich, daß $H(X)$ ein T_1-Raum ist. Auf Grund von Gleichung b) ist jede offene Menge O_A abgeschlossen. Folglich besitzt der Raum $H(X)$ eine Basis aus offen-abgeschlossenen Mengen, d. h., $H(X)$ ist induktiv nulldimensional. Aus der induktiven Nulldimensionalität und der T_1-Trennbarkeit resultiert, daß $H(X)$ ein Hausdorffscher Raum ist. Schließlich zeigen wir, daß $H(X)$ bikompakt ist. Gegeben sei eine Überdeckung $\{O_{A_\alpha}\}$ des Raumes $H(X)$ mit Basismengen. Wenn sich aus dieser Überdeckung keine endliche Teilüberdeckung auswählen läßt, dann sind sämtliche $\varkappa a$-Mengen der Gestalt $\left[X \setminus \bigcup_{i=1}^{n} A_{\alpha_i}\right]$ nicht leer. Das hieße, das System der $\varkappa a$-Mengen $\{A_{\alpha_i}\}$ wäre eine Überdeckung des Raumes X und (auf Grund von Satz 1) die Mengen $O_{A_{\alpha_i}}$ überdeckten $H(X)$. Ferner erkennt man leicht, daß das System von Mengen der Form $\left[X \setminus \bigcup_{i=1}^{n} A_{\alpha_i}\right]$ ein H-System bildet $\left(\text{wegen } \left[X \setminus \bigcup_{i=1}^{n} A_{\alpha_i}\right] \cap \left[X \setminus \bigcup_{i=n+1}^{m} A_{\alpha_i}\right] \supseteqq \left[X \setminus \bigcup_{i=1}^{m} A_{\alpha_i}\right]\right)$. Wir ergänzen dieses H-System zu einem H-Ende p. Offenbar gehört p zu keiner der Mengen O_{A_α}, da p insbesondere alle Mengen $[X \setminus A_\alpha]$ enthält. Der so erhaltene Widerspruch beweist die Bikompaktheit des Raumes $H(X)$. Das Theorem ist damit bewiesen.

Wir wollen sagen, ein H-Ende p berühre einen Punkt x oder x sei ein Berührungspunkt des H-Endes p, wenn $x \in \bigcap_{A_\alpha \in p} A_\alpha$ ist. Die Menge der H-Enden, die Berührungspunkte besitzen, bildet einen Teilraum $h(X)$ des Raumes $H(X)$ aller H-Enden.

[1]) Auf Grund von Satz 1.

Satz 2. *Ein H-Ende p berührt genau dann einen Punkt x, wenn p die abgeschlossenen Hüllen aller Umgebungen des Punktes x enthält.*

Beweis. Es sei x ein Berührungspunkt von p und Ox eine beliebige Umgebung dieses Punktes. Auf Grund von Satz 1 gehört eine der beiden Mengen $[Ox]$ oder $X \setminus Ox$ zu p. Da aber $x \notin X \setminus Ox$ und $x \in A$ für jedes $A \in p$ gilt, ist $[Ox] \in p$, was zu beweisen war.

Nun enthalte p die abgeschlossenen Hüllen sämtlicher Umgebungen eines Punktes x. Auf Grund von Eigenschaft 4^0 gehört für jedes A aus p die Menge $[X \setminus A]$ nicht zu p; folglich ist $X \setminus A$ keine Umgebung des Punktes x, d. h. $x \in A$.

Folgerung. *Zu jedem Punkt x gibt es ein H-Ende, das x berührt.*

Zum Beweis genügt es, das H-System der abgeschlossenen Hüllen aller Umgebungen des Punktes x zu einem H-Ende zu ergänzen.

Ordnen wir jedem H-Ende $p \in h(X)$ seinen (eindeutig bestimmten) Berührungspunkt zu, so erhalten wir eine natürliche Abbildung $\pi_X: h(X) \to X$ des Raumes $h(X)$ auf X.

Der Raum $h(X)$ ist auch (wie wir beweisen werden) das *Absolutum aX eines regulären Raumes X*, d. h. das *einzige maximale vollständige irreduzible Urbild* dieses Raumes.

Bemerkung 1. Wenn ein Raum X H-abgeschlossen ist (und also erst recht bikompakt), dann besitzen alle H-Enden $p \in H(X)$ Berührungspunkte, und das Absolutum $aX = h(X) = H(X)$ ist ein bikompakter Raum.

Wir wollen jetzt beweisen, daß $h(X)$ tatsächlich das Absolutum des Raumes X ist.

Diese grundlegende Aussage ist eine Folgerung aus mehreren Einzelresultaten, die wir nacheinander formulieren und beweisen werden.

Hilfssatz 1. *Es sei X ein regulärer Raum. Dann ist die natürliche Abbildung $\pi_X: h(X) \to X$ des Raumes $h(X)$ auf X irreduzibel und vollständig.*

Beweis. Die Stetigkeit der Abbildung π_X folgt unmittelbar aus der Inklusion $\pi_X(O_A \cap h(X)) \subseteq A$ und der Regularität des Raumes X. Auf Grund von Satz 2 ist $\pi_X^{-1}x = \bigcap_{Ox} O_{[Ox]}$. Daher ist die Menge $\pi_X^{-1}x$ als abgeschlossene Teilmenge des Bikompaktums $H(X)$ bikompakt.

Zum Beweis der Abgeschlossenheit und der Irreduzibilität der Abbildung π_X benötigen wir die Gleichung

$$\pi_X{}^{\#}(O_A \cap h(X)) = \langle A \rangle, \tag{1}$$

wobei A eine beliebige $\varkappa a$-Menge ist. Wir beweisen jetzt die Gleichung (1).

Unmittelbar aus Satz 2 folgt die Inklusion $\pi_X{}^{\#}(O_A \cap h(X)) \supseteq \langle A \rangle$. Wir beweisen nun die umgekehrte Inklusion $\pi_X{}^{\#}(O_A \cap h(X)) \subseteq \langle A \rangle$. Dazu wählen wir einen beliebigen nicht in $\langle A \rangle$ liegenden Punkt x. Es sei $\xi = \{[Ox]\}$ das H-System der abgeschlossenen Hüllen aller Umgebungen des Punktes x. Wir ergänzen dieses H-System zu dem H-System $\xi' = \xi \cup \{[Ox \cap (X \setminus A)]\}$. Jedes das H-System ξ' enthaltende H-Ende p berührt den Punkt x, da ξ in p liegt. Zugleich gilt $p \not\ni A$, denn es ist $p \ni X \setminus \langle A \rangle$. Somit ist $p \notin O_A$ und folglich $x \notin \pi_X{}^{\#}O_A$. Gleichung (1) ist bewiesen.

Die Irreduzibilität der Abbildung π_X folgt automatisch aus Gleichung (1). Wir beweisen nun die Abgeschlossenheit von π_X. Es sei Φ eine abgeschlossene Teilmenge in $h(X)$, und es sei $x \in X \setminus \pi_X\Phi$. Wir müssen beweisen, daß im Raum X eine Umgebung U des Punktes x existiert derart, daß die Menge $U \cap \pi_X\Phi$ leer ist. Da $\pi_X{}^{-1}x$ bikompakt ist, läßt sich eine in $h(X)$ offene Menge V finden, die $\pi_X{}^{-1}x$ enthält und mit Φ keine Punkte gemeinsam hat. Auf Grund der Bikompaktheit von $\pi_X{}^{-1}x$ kann man unter Berücksichtigung von Formel a) annehmen, daß V von der Gestalt $O_{A'} \cap h(X)$ ist. Dann enthält die offene Menge $\pi_X{}^{\#}(O_{A'} \cap h(X)) = \langle A' \rangle$ den Punkt x und hat mit der Menge $\pi_X\Phi$ keine Punkte gemeinsam. Damit ist die Abgeschlossenheit von π_X gezeigt und Hilfssatz 1 bewiesen.

Also wird der (als Teilraum des Bikompaktums $H(X)$ vollständige reguläre) Raum $h(X)$ vermittels der irreduziblen vollständigen Abbildung π_X auf X abgebildet. Anders ausgedrückt: $h(X)$ ist das irreduzible vollständige Urbild des Raumes X.

Es bleibt zu zeigen, daß dieses Urbild maximal ist und darüber hinaus das einzige maximale Urbild darstellt, d. h. das Absolutum des Raumes X ist.

Es sei t eine irreduzible vollständige Abbildung eines regulären Raumes X auf einen regulären Raum Y. Aus den in A.4. bewiesenen Hilfssätzen über irreduzible Abbildungen ergibt sich der für das weitere grundlegende

Hilfssatz 2. *Jede vollständige irreduzible Abbildung f eines Raumes X auf einen Raum Y erzeugt eine wohlbestimmte topologische Abbildung $f^{\cdot}$ des Raumes $h(X)$ auf den Raum $h(Y)$, die sich zu einer topologischen Abbildung $\bar{f}^{\cdot}$ des Bikompaktums $H(X)$ auf das Bikompaktum $H(Y)$ fortsetzen läßt.*

Beweis. Wie wir wissen (vgl. die Folgerung aus Satz 3 in A.4.), wird die Menge $\mathfrak{A}_X$ aller $\varkappa a$-Mengen des Raumes X durch eine irreduzible abgeschlossene Abbildung $f\colon X \xrightarrow{\text{auf}} Y$ isomorph auf die Menge $\mathfrak{A}_Y$ aller $\varkappa a$-Mengen des Raumes Y abgebildet. Man sieht leicht, daß dieser Isomorphismus einen Homöomorphismus $\bar{f}^{\cdot}$ der Räume $H(X)$ und $H(Y)$ erzeugt, wobei jedes einen Punkt x berührende H-Ende in ein H-Ende übergeht, das den Punkt $f(x)$ berührt, d. h., es ist $\bar{f}^{\cdot}h(X) \subseteqq h(Y)$. Wir beweisen nun die folgende Aussage: Ist die irreduzible abgeschlossene Abbildung $f\colon X \to Y$ bikompakt (d. h. vollständig), dann ist jedes H-Ende $p \in h(Y)$ Bild eines H-Endes $q \in h(X)$ bei der Abbildung $\bar{f}^{\cdot}$, oder anders ausgedrückt, eingeschränkt auf $h(X)$ bildet die Abbildung $\bar{f}^{\cdot}$ den Raum $h(X)$ topologisch auf $h(Y)$ ab. Um uns davon zu überzeugen, wählen wir ein H-Ende $p \in h(Y)$, das einen Punkt y berührt, und es sei $p = \bar{f}^{\cdot}(q)$.

Die Menge $\Phi = f^{-1}y$ ist auf Grund der Bikompaktheit der Abbildung f bikompakt. Das System von abgeschlossenen Teilmengen $\{\Phi \cap A_\alpha\colon A_\alpha \in q\}$ des Bikompaktums Φ ist offenbar zentriert und hat demzufolge einen nichtleeren Durchschnitt: $\bigcap_{A_\alpha \in q} (\Phi \cap A_\alpha) = \Phi \cap \bigcap_{A_\alpha \in q} A_\alpha \neq \emptyset$, woraus sich ergibt, daß das H-Ende q einen Berührungspunkt besitzt, d. h. $q \in h(X)$. Damit ist der Hilfssatz bewiesen.

Aus den Hilfssätzen 1 und 2 folgt, daß der Raum $h(h(X))$ zum Raum $h(X)$ homöomorph ist.

Wir betrachten jetzt die natürlichen Abbildungen π_X und π_Y der Räume $h(X)$ bzw. $h(Y)$ auf X bzw. Y und beweisen den folgenden

Hilfssatz 3. *Jede vollständige irreduzible Abbildung f eines Raumes X auf einen Raum Y kann als*

$$f = \pi_Y f^{\cdot} \pi_X^{-1} \tag{2}$$

dargestellt werden, wobei $f^{\cdot}$ eine (durch die Abbildung f eindeutig bestimmte) topologische Abbildung des Raumes $h(X)$ auf $h(Y)$ ist.

Zunächst bemerken wir, daß direkt aus der Definition der Abbildungen π_X, π_Y und $f^{\cdot}$ folgt, daß $\pi_Y f^{\cdot} \dot{x} = fx$ für jeden Punkt $x \in X$ und $\dot{x} \in \pi_X^{-1} x$ gilt.

Ist nämlich $\dot{x} \in \{A_\alpha\} \in \pi_X^{-1} x$, so ist $x = \bigcap_\alpha A_\alpha$; dann ergibt sich $f^{\cdot} x = \{f A_\alpha\}$, $fx = \bigcap_\alpha f A_\alpha = \pi_Y f^{\cdot} \dot{x}$. Dies bedeutet aber, daß die Abbildung f in der Gestalt (2) gegeben ist.[1])

Wir beweisen nun noch den

Hilfssatz 4. *Der Raum $h(X)$ ist der einzige Raum, der irreduzibles vollständiges Urbild eines jeden irreduziblen vollständigen Urbildes des Raumes X ist.*

Beweis. Entsprechend den Hilfssätzen 1 und 2 wird der Raum $h(X)$ irreduzibel und vollständig auf jedes irreduzible und vollständige Urbild des Raumes X abgebildet. Es werde nun ein anderer Raum X_0 irreduzibel und vollständig auf jedes irreduzible und vollständige Urbild des Raumes X abgebildet, d. h. insbesondere auch auf $h(X)$, so daß es eine irreduzible vollständige Abbildung g des Raumes X_0 auf $h(X)$ gibt. Wegen $h(X_0) = h(h(X)) = h(X)$ erhalten wir das Diagramm (worin I die identische Abbildung bezeichnet)

$$\begin{array}{ccc} h(X) & \xrightarrow{\dot{g}} & h(X) \\ \pi_{X_0}\downarrow & & \downarrow I \\ X_0 & \xrightarrow{g} & h(X) \end{array}$$

woraus sich $g = I \dot{g} \pi_{X_0}^{-1}$ ergibt. Wäre $\pi_{X_0}^{-1}$ mehrdeutig, so träfe dies auch für g zu, was jedoch der Voraussetzung widerspricht. Also ist $\pi_{X_0}^{-1}$ eindeutig, und das bedeutet, π_{X_0} ist eine umkehrbar eindeutige vollständige, d. h. topologische Abbildung des Raumes $h(X)$ auf X_0, womit unsere Behauptung bewiesen ist.

---

[1]) Ist $f^{\cdot}$ eine beliebige topologische Abbildung des Raumes $h(X)$ auf den Raum $h(Y)$, so ist die durch Gleichung (2) definierte Abbildung f eine im allgemeinen mehrdeutige vollständige und irreduzible Abbildung. Eine mehrdeutige Abbildung heißt vollständig (irreduzibel), wenn sie eine Darstellung der Form $f = p_Y p_X^{-1}$ besitzt, wobei p_X eine eindeutige vollständige (irreduzible) Abbildung eines Raumes Z auf X ist und p_Y eine eindeutige vollständige (irreduzible) Abbildung desselben Raumes Z auf Y.

Jede mehrdeutige irreduzible vollständige Abbildung f eines Raumes X auf einen Raum Y ist in der Form (2) darstellbar (vgl. Ponomarjew [2]).

Wir fassen zusammen:

Hauptsatz. *Der zu jedem regulären Raum X konstruierte vollständig reguläre Raum $h(X)$ ist das einzige maximale irreduzible und vollständige Urbild, d. h. das Absolutum des Raumes X.*

Folgerung. *Wenn jedes H-Ende $\xi = \{A\}$ in einem regulären Raum X einen nichtleeren Durchschnitt besitzt, dann ist X bikompakt.*

Beweis. Aus der Voraussetzung folgt, daß das Absolutum $aX = h(X)$ des Raumes X das Bikompaktum $H(X) = h(X)$ ist, weshalb dann X als stetiges Bild seines Absolutums ebenfalls bikompakt ist.

Da die zu dieser Folgerung gehörende Umkehrung offensichtlich ist, erhält man:

Ein regulärer Raum ist genau dann bikompakt, wenn in ihm jedes bezüglich der Inklusion gerichtete System von nichtleeren $\varkappa a$-Mengen einen nichtleeren Durchschnitt hat.

Wir haben wiederum Theorem 8 aus Kapitel 6 erhalten, dessen elementarer Beweis sich in 6.1. findet.

Für einen gegebenen regulären Raum X betrachten wir das Spektrum $S_\varkappa{}^{\cdot}X$, das die vollständige Abschwächung des Spektrums $S_\varkappa X$ ist. Den Limesraum $\bar{S}_\varkappa{}^{\cdot}X$ bezeichnen wir mit $\bar{D}$ und die nulldimensionalen Komplexe des Spektrums $S_\varkappa{}^{\cdot}X$ mit D_α.

Wir wollen einen Punkt (Faden) $\xi = \{e_\alpha{}^i\} \in \bar{D} \subseteqq \prod\limits_\alpha D_\alpha$ ausgezeichnet nennen, wenn $\bigcap\limits_\alpha A_\alpha{}^i \subseteqq X$ nicht leer ist; da X ein Hausdorffscher Raum ist, besteht die Menge $\bigcap\limits_\alpha A_\alpha{}^i$ aus einem einzigen Punkt $x = \pi_X{}'\xi$. Mit D bezeichnen wir die Menge aller ausgezeichneten Punkte des Bikompaktums $\bar{D}$; wir haben eine Abbildung $\pi_X{}': D \to X$ der Menge D in X konstruiert. Es zeigt sich, daß die Menge D (wird sie als Teilraum des Bikompaktums $\bar{D}$ aufgefaßt) dem Raum $h(X)$ homöomorph ist (wobei dieser Homöomorphismus zu einem Homöomorphismus der bikompakten Räume $\bar{D}$ und $H(X)$ fortgesetzt werden kann) und folglich ein Absolutum des Raumes X ist. Die Abbildung $\pi_X{}'$ ist dabei eine vollständige und irreduzible Abbildung von D auf X.

Zum Beweis dieser Behauptung benötigen wir den folgenden

Satz 3. *Die Menge aller Elemente eines nulldimensionalen Fadens $\xi = \{A_\alpha\}$ des Spektrums $S_\varkappa X$ ist ein H-Ende $\eta = \eta(\xi)$. Ist umgekehrt $\eta = \{A_\lambda\}$ irgendein H-Ende, so besteht für jedes $\alpha \in \varkappa_X$ der Durchschnitt $\eta \cap \alpha$ aus einem einzigen Element A_α, und $\xi = \{A_\alpha\}$ ist ein nulldimensionaler Faden, für den (offenbar) $\eta(\xi) = \eta$ ist.*

Beweis. Ist $\xi = \{A_\alpha\}$ ein nulldimensionaler Faden des Spektrums $S_\varkappa X$, so erhalten wir, wenn wir $A_\alpha \in \xi$, $A_{\alpha'} \in \xi$ beliebig und α'' so wählen, daß es sowohl auf α als auch auf α' folgt, ein $A_{\alpha''} \in \xi$, das sowohl in A_α als auch in $A_{\alpha'}$ enthalten ist. Mit anderen Worten, ist $\xi = \{A_\alpha\}$ ein nulldimensionaler Faden, dann bildet die Menge seiner Elemente $\eta = \eta(\xi)$ ein H-System. Wir zeigen nun, daß $\eta(\xi)$ ein maximales H-System ist. Wäre nämlich das H-System η in einem von ihm verschiedenen H-System $\eta' = \{A'\}$ enthalten, so gäbe es eine Menge A_0' mit der Eigenschaft $A_0' \in \eta'$, $A_0' \notin \eta'$. Wir wählen irgendeine Zerlegung α, die das Element A_0' enthält. Da α auch ein Element $A_\alpha \in \eta(\xi)$ enthält, würde die Zerlegung zwei verschiedene Elemente des H-Endes η' enthalten, was unmöglich ist.

Die erste Behauptung von Satz 3 ist damit bewiesen. Wir beweisen nun die zweite Aussage. Ist $\eta = \{A_\lambda\}$ ein H-Ende, dann ist auf Grund von Satz 1 der Durchschnitt $\eta \cap \alpha$ nicht leer und besteht folglich aus einem einzigen Element. Wir werden beweisen, daß die Gesamtheit $\xi = \{A_\alpha{}^\eta\}$ dieser Elemente ein Faden des Spektrums $S_\varkappa X$ ist, d. h., daß für $\alpha' > \alpha$ stets $A^\eta_{\alpha'} \subseteqq A_\alpha{}^\eta$ gilt. Dies folgt aber unmittelbar aus der Existenz eines Elementes $A^* \subseteqq A_\alpha{}^\eta \cap A^\alpha_{\alpha'}$ in dem H-Ende ξ (und aus $\alpha' > \alpha$). Der Satz ist damit vollständig bewiesen.

Es gibt also eine umkehrbar eindeutige Abbildung $\eta\colon \overline{D} \to H(X)$ des Raumes $\overline{D}$ auf den Raum $H(X)$, für die, wie man leicht sieht, $\eta O_e = O_A$ ist, wobei e die der $\varkappa a$-Menge A entsprechende Ecke des Spektrums $S_\varkappa X$ ist. Aus dieser Gleichung leiten wir ab, daß die Abbildung η eine offene Basis des Raumes $\overline{D}$ in eine offene Basis des Raumes $H(X)$ überführt. Folglich ist η ein Homöomorphismus zwischen den Räumen $\overline{D}$ und $H(X)$ mit $\eta D = h(X)$. Es gilt somit das

Theorem 9 (Ponomarjew). *Das Absolutum aX eines regulären Raumes X ist der Raum D; dabei ist $\overline{D} = H(X)$.*

Bemerkung 2. Wenn der Raum X das Gewicht $\mathfrak{m}$ besitzt, dann hat sein Absolutum aX ein Gewicht $\leqq \tau = 2^{\mathfrak{m}}$ und eine Mächtigkeit $\leqq 2^\tau = 2^{2^{\mathfrak{m}}}$. Das ergibt sich unmittelbar daraus, daß aX ein Teilraum des Bikompaktums $\prod_\alpha D_\alpha$ ist. Diese Abschätzungen lassen sich nicht verbessern; das Absolutum des Kompaktums $\overline{N}$, das aus einer abzählbaren Anzahl von isolierten Punkten N und einem Limespunkt besteht, ist der Raum βN (die Stone-Čechsche Erweiterung der Folge der natürlichen Zahlen N), und dieser Raum besitzt das Gewicht $\mathfrak{c} = 2^{\aleph_0}$ sowie die Mächtigkeit $2^{\mathfrak{c}}$ (vgl. A.6., S. 323).

Theorem 10 (Ponomarjew [2]). *Das Absolutum aX eines parakompakten Raumes X stimmt mit dem Limes der vollständigen Abschwächung des maximalen Spektrums $S_\zeta X$ überein.*

Beweis. Wir werden einen Faden des Spektrums $S_\zeta X$ nichtleer nennen, wenn der Durchschnitt seiner Elemente nicht leer ist. Beim Beweis von Theorem 6 (vgl. A.2.) haben wir gefunden, daß alle Fäden des Spektrums $S_\zeta X$ (insbesondere auch die nulldimensionalen Fäden) nichtleer sind. Man prüft leicht nach, daß die Menge der Elemente eines nulldimensionalen ζ-Fadens[1]) ein H-System bildet. (Um sich davon zu überzeugen genügt es, den Beweis dieser Behauptung für einen nulldimensionalen $\varkappa$-Faden wortwörtlich zu wiederholen, der, da ein ζ-Faden nichtleer und also ein h-System, d. h. ein H-System ist, einen Berührungspunkt besitzt.) Zwischen den

[1]) Um im weiteren Fäden der Spektren $S_\varkappa X$ und $S_\zeta X$ unterscheiden zu können, werden wir diese $\varkappa$-Fäden bzw. ζ-Fäden nennen.

h-Systemen und den nichtleeren nulldimensionalen $\varkappa$-Fäden haben wir bereits eine umkehrbar eindeutige Zuordnung hergestellt, und zwar hatten wir jedem nichtleeren $\varkappa$-Faden das h-System seiner Elemente zugeordnet. Um den Beweis abzuschließen genügt es also, den folgenden Satz zu beweisen.

Satz 4. *Jeder nichtleere $\varkappa$-Faden $\xi_\varkappa = \{A\}$ läßt sich auf genau eine Weise zu einem nichtleeren ζ-Faden $\xi_\zeta = \zeta\xi_\varkappa$ ergänzen; dabei bestehen die Fäden $\zeta\xi_\varkappa$ und $\xi_\varkappa$ aus derselben Menge von Elementen.*

Beweis. Zunächst beweisen wir, daß in jeder Zerlegung $\alpha \in \zeta_x$ ein, offenbar einziges, Element A_α enthalten ist, das zu dem gegebenen nichtleeren Faden $\xi_\varkappa$ gehört. Im Beweis bezeichnen wir mit x_0 den eindeutig bestimmten Punkt, der zu allen Mengen $A \in \xi_\varkappa$ gehört. Es sei $\sigma = \{A_\alpha^1, \ldots, A_\alpha^s\}$ die Gesamtheit aller den Punkt x_0 enthaltenden Elemente aus der Zerlegung α. Wir setzen $\alpha' = \alpha \setminus \sigma$, $B = \tilde{\alpha}' = [X \setminus \tilde{\sigma}]$. Von den Elementen der endlichen Zerlegung $\{A_\alpha^1, \ldots, A_\alpha^s, B\}$ des Raumes X ist genau eins in $\xi_\varkappa$ enthalten. Dieses Element kann wegen $x_0 \notin B$ nicht B sein; folglich ist eins der Elemente $A_\alpha^1, \ldots, A_\alpha^s$ aus der Überdeckung α in $\xi_\varkappa$ enthalten.

In jedem $\alpha \in \zeta_X$ ist also ein einziges Element A_α des Fadens $\zeta_\varkappa$ enthalten. Wie wir zeigen werden, ist die so erhaltene Gesamtheit $\xi = \{A_\alpha\}$ ein ζ-Faden, d. h., für $\alpha' \geqq \alpha$ gilt $A_{\alpha'} \subseteqq A_\alpha$ (und es ist somit $\vartheta_\alpha^{\alpha'} A_{\alpha'} = A_\alpha$). Die Menge aller A_α bildet ein H-System (als Menge der Elemente des $\varkappa$-Fadens $\xi_\varkappa$), weshalb sich zu A_α und $A_{\alpha'}$ ein in $A_\alpha \cap A_{\alpha'}$ liegendes Element $A^* \in \xi_\varkappa$ finden läßt; da aber $\alpha' \geqq \alpha$ ist, ergibt sich, daß $A_{\alpha'}$ in einem einzigen Element der Zerlegung α enthalten ist und mit keinem anderen Element dieser Zerlegung innere Punkte gemeinsam hat; daher folgt aus $A^* \subseteqq A_\alpha \cap A_{\alpha'}$ die Inklusion $A_{\alpha'} \subseteqq A_\alpha$, so daß $\xi = \{A_\alpha\}$ ein ζ-Faden ist. Satz 4 ist damit bewiesen.

Es gibt also einen natürlichen Homöomorphismus zwischen den Räumen $S_\zeta X$ und $h(X)$. Damit ist Theorem 10 bewiesen.

A.6. Extrem unzusammenhängende Räume

Ein topologischer Raum heißt *extrem unzusammenhängend*, wenn er regulär ist und der Rand jeder seiner (offenen oder abgeschlossenen) kanonischen Mengen leer ist. Da $\varkappa a$-Mengen und $\varkappa o$-Mengen zueinander komplementär sind, ist es gleichgültig, ob man in dieser Definition fordert, daß die Ränder von $\varkappa a$-Mengen oder von $\varkappa o$-Mengen leer sein sollen. Offenbar können die extrem unzusammenhängenden Räume als reguläre Räume definiert werden, die einer der folgenden Bedingungen genügen:

1⁰. Alle $\varkappa o$-Mengen des Raumes X sind abgeschlossen.

2⁰. Alle $\varkappa a$-Mengen sind offen.

3⁰. Die abgeschlossene Hülle jeder offenen Menge ist offen.

4⁰. Der offene Kern jeder abgeschlossenen Menge ist abgeschlossen.

5⁰. Disjunkte offene Mengen besitzen disjunkte abgeschlossene Hüllen.

Jeder extrem unzusammenhängende Raum X ist offenbar induktiv nulldimensional.

In A.4. ist gezeigt worden, daß eine abgeschlossene stetige Abbildung f eines Raumes X auf einen Raum Y genau dann irreduzibel ist, wenn für jede in X offene nichtleere Menge U die Menge $f^{\#}U$ offen und nichtleer ist. Hieraus erhalten wir den

Satz 1. *Eine irreduzible abgeschlossene stetige Abbildung f eines Hausdorffschen Raumes X auf einen extrem unzusammenhängenden Raum Y ist topologisch.*

Beweis. Es genügt zu zeigen, daß die Abbildung f umkehrbar eindeutig ist. Wir wollen annehmen, dies wäre nicht der Fall, d. h., es gäbe im Raum X zwei Punkte x_1 und x_2, die auf einen Punkt $y \in Y$ abgebildet werden. Zu den Punkten x_1 und x_2 existieren disjunkte Umgebungen Ox_1 und Ox_2. Deren kleine Bilder $f^{\#}Ox_1$ und $f^{\#}Ox_2$ sind offen und ebenfalls disjunkt. Damit schneiden sich auch ihre abgeschlossenen Hüllen nicht. Es ist aber $y \in fOx_i \subseteqq f[Ox_i] = [f^{\#}Ox_i]$, und das bedeutet $y \in [f^{\#}Ox_1] \cap [f^{\#}Ox_2]$. Der so erhaltene Widerspruch liefert den Beweis des Satzes.

Theorem 11. *Das Absolutum $aX = h(X) = D$ eines regulären Raumes X ist extrem unzusammenhängend. Ebenso ist der Raum $H(X) = \overline{D}$ extrem unzusammenhängend.*

Beweis. Zunächst bemerken wir, daß ein überall dichter Teilraum eines extrem unzusammenhängenden Raumes extrem unzusammenhängend ist. Dies folgt unmittelbar aus der Formel $[O \cap X_0]_{X_0} = [O]_X \cap X_0$, die für jeden in X dichten Teilraum X_0 und für jede in X offene Menge O gilt. Der Beweis dieser Formel bereitet keinerlei Mühe.

Zum Beweis des Theorems genügt es daher zu prüfen, ob der Raum $H(X)$ extrem unzusammenhängend ist, wobei sich diese Eigenschaft offenbar aus der Gleichung

$$\Big[\bigcup_\alpha O_{A_\alpha}\Big]_{H(X)} = O_{\big[\bigcup_\alpha \langle A_\alpha\rangle\big]_X} \tag{$*$}$$

ergibt. Diese Gleichung wollen wir jetzt beweisen. Die Inklusion $\big[\bigcup_\alpha O_{A_\alpha}\big] \subseteqq O_{\big[\bigcup_\alpha \langle A_\alpha\rangle\big]}$ folgt aus der Eigenschaft 3^0 der H-Enden (vgl. A.5.) sowie aus der Abgeschlossenheit der Menge $O_{\big[\bigcup_\alpha \langle A_\alpha\rangle\big]}$. Wir beweisen jetzt die umgekehrte Inklusion $O_{\big[\bigcup_\alpha \langle A_\alpha\rangle\big]} \subseteqq \big[\bigcup_\alpha O_{A_\alpha}\big]$. Es sei $p \in O_{\big[\bigcup_\alpha \langle A_\alpha\rangle\big]}$ und O_A eine beliebige Umgebung des Punktes p. Dann ist $\langle A\rangle \cap \bigcup_\alpha \langle A_\alpha\rangle \neq \emptyset$. Das bedeutet, es läßt sich ein α_0 angeben derart, daß $\langle A\rangle \cap \langle A_{\alpha_0}\rangle \neq \emptyset$ ist. Dann ist aber $O_A \cap O_{A_{\alpha_0}} \neq \emptyset$ und folglich $O_A \cap \bigcup_\alpha O_{A_\alpha} \neq \emptyset$. Also hat jede Umgebung des Punktes p mit $\bigcup_\alpha O_{A_\alpha}$ Punkte gemeinsam, d. h., es ist $p \in \big[\bigcup_\alpha O_{A_\alpha}\big]$. Gleichung $(*)$ ist bewiesen und damit auch das Theorem.

Aus Theorem 11 folgt das

Theorem 12. *Ein Raum X_0 ist genau dann Absolutum eines Raumes X, wenn X_0 extrem unzusammenhängend ist. In diesem Fall ist X_0 Absolutum von sich selbst.*

Der Raum $H(X) = \overline{D}$. Für einen regulären Raum X ist das Bikompaktum $H(X) = \overline{D}$ ein extrem unzusammenhängender Raum und stellt daher, als bikompakte Erweiterung des Raumes $aX = h(X) = D$, notwendigerweise dessen maximale (Stone-Čechsche) Erweiterung βaX dar; denn der Leser überzeugt sich leicht, daß jede natürliche Abbildung der einen bikompakten Erweiterung auf die andere irreduzibel ist. Für beliebiges X erhalten wir also $H(X) = \beta h(X)$ $(\overline{D} = \beta D)$.

Es sei X jetzt ein vollständig regulärer Raum. Wir beweisen, daß dann $H(X) = a\beta X$ und somit $\beta aX = a\beta X$ gilt.

Aus der Gleichung $H(X) = \beta aX$ ergibt sich auf Grund von Theorem 18 aus 6.6. die Existenz einer Abbildung $\bar{\pi}: H(X) \to \beta X$ des Bikompaktums $H(X)$ in βX, die Fortsetzung der Abbildung $\pi_X: h(X) \to X$ ist. Aus der Irreduzibilität der Abbildung π_X folgt die Irreduzibilität auch der Abbildung $\bar{\pi}$. Das extrem unzusammenhängende Bikompaktum $H(X)$ ist also das irreduzible vollständige Urbild von βX, d. h. das Absolutum des Raumes βX. Damit ist die Formel $H(X) = a\beta X = \beta aX$ bewiesen.

Da jede Hausdorffsche bikompakte Erweiterung eines vollständig regulären Raumes X ein vollständig irreduzibles Urbild des Raumes βX ist, gilt

$$abX = a\beta X = \beta aX = H(X) = \overline{D}, \tag{1}$$

oder anders ausgedrückt: *Alle Hausdorffschen bikompakten Erweiterungen eines Raumes X besitzen dasselbe Absolutum.*

Wir betrachten insbesondere den Raum N, der aus einer abzählbaren Anzahl von isolierten Punkten besteht. Dieser Raum ist extrem unzusammenhängend und stimmt somit mit seinem Absolutum überein. Für eine beliebige bikompakte Erweiterung bN gilt also

$$abN = a\beta N = \beta aN = \beta N. \tag{2}$$

Einige Eigenschaften von βN. In diesem Abschnitt beweisen wir, daß das Gewicht von βN gleich $\mathfrak{c}$ ist und die Mächtigkeit gleich $2^{\mathfrak{c}}$.

Wie wir wissen, enthält der Tychonoffsche Quader $I^{\mathfrak{c}}$ vom Gewicht $\mathfrak{c}$ eine abzählbare überall dichte Teilmenge A (vgl. S. 241). Wir betrachten die Abbildung $\varphi: N \to I^{\mathfrak{c}}$, die die Menge N (umkehrbar eindeutig) auf die Menge A abbildet. Wie jede Abbildung eines diskreten Raumes ist die Abbildung φ stetig. Nach 6.6., Theorem 17 (S. 248), kann die Abbildung φ zu einer stetigen Abbildung $\tilde{\varphi}: \beta N \to I^{\mathfrak{c}}$ fortgesetzt werden. Da das stetige Bild eines bikompakten Raumes bikompakt ist, ist die Menge $\tilde{\varphi}\beta N$ bikompakt und somit abgeschlossen in $I^{\mathfrak{c}}$. Gleichzeitig enthält $\tilde{\varphi}\beta N$ eine in $I^{\mathfrak{c}}$ überall dichte Teilmenge A. Daher ist $\tilde{\varphi}\beta N = I^{\mathfrak{c}}$. Also kann der Raum βN stetig auf den Tychonoffschen Quader $I^{\mathfrak{c}}$ abgebildet werden. Hieraus ergibt sich einerseits, daß die Mächtigkeit der Menge βN nicht kleiner ist als die Mächtigkeit des Tychonoffschen Quaders $I^{\mathfrak{c}}$, die gleich $2^{\mathfrak{c}}$ ist. Andererseits nimmt bei einer stetigen Abbildung von bikompakten Räumen das Gewicht nicht zu (vgl. 6.3., Theorem 10, S. 230). Daher ist das Gewicht von βN nicht kleiner als das Gewicht des Tychonoffschen Quaders $I^{\mathfrak{c}}$, das gleich $\mathfrak{c}$ ist.

Wir beweisen jetzt, daß die Mächtigkeit der Menge βN nicht größer als $2^{\mathfrak{c}}$ ist.

Satz 2. *Die Mächtigkeit eines beliebigen separablen Hausdorffschen Raumes ist höchstens gleich* $2^{\mathfrak{c}}$.

Beweis. Es sei X ein Hausdorffscher Raum und A eine abzählbare in X überall dichte Menge. Für einen beliebigen Punkt x des Raumes X setzen wir $\mathfrak{F}_x = \{A \cap Ox : Ox$ ist eine beliebige Umgebung des Punktes $x\}$. Jede Menge $A \cap Ox$ ist ein Element der Menge $P(A)$ aller Teilmengen der Menge A. Daher ist $\mathfrak{F}_x$ eine Teilmenge der Menge $P(A)$ bzw. ein Element der Menge $P(P(A))$. Weiterhin ist $\mathfrak{F}_x$ ein zentriertes Mengensystem. Daher sind für verschiedene Punkte x und y die Systeme $\mathfrak{F}_x$ und $\mathfrak{F}_y$ verschieden; anderenfalls erhielte man, wenn man durchschnittsfremde Umgebungen Ox und Oy der Punkte x und y wählte, daß die leere Menge $Ox \cap A \cap Oy$ zum System $\mathfrak{F}_x$ gehört. Die Abbildung $x \to \mathfrak{F}_x$ ist also eine umkehrbar eindeutige Abbildung der Menge X in die Menge $P(P(A))$. Folglich übersteigt die Mächtigkeit der Menge X nicht die Mächtigkeit der Menge $P(P(A))$, die gleich $2^{2^{\aleph_0}} = 2^{\mathfrak{c}}$ ist (vgl. Bemerkung 3 auf S. 31). Satz 2 ist damit bewiesen.

Nachzuweisen bleibt die Ungleichung $w(\beta N) \leqq \mathfrak{c}$. Jede kanonische offene Menge ist eindeutig durch eine beliebige ihrer überall dichten Teilmengen definiert. Insbesondere ist jede kanonische offene Menge $U \subseteqq \beta N$ eindeutig durch die höchstens abzählbare Menge $U \cap N$ bestimmt; es ist nämlich $U = \langle [U \cap N] \rangle$. Folglich steht die Menge $\mathfrak{B}$ aller kanonischen offenen Teilmengen des Raumes βN in umkehrbar eindeutiger Beziehung zur Menge aller Teilmengen der Menge N, d. h., sie besitzt die Mächtigkeit $2^{\aleph_0} = \mathfrak{c}$. Andererseits bilden die kanonischen offenen Mengen eine Basis in jedem semiregulären Raum, insbesondere also in βN. Daher übersteigt das Gewicht des Raumes βN nicht die Mächtigkeit des Kontinuums.

A.7. Koabsolute Räume

Ein regulärer Raum X heißt *koabsolut* zu einem gegebenen regulären Raum Y, wenn die Absoluta aX und aY der Räume X und Y homöomorph sind.

Auf diese Weise wird auf der Klasse aller regulären Räume eine *Koabsolutheitsrelation* definiert, die offenbar reflexiv, symmetrisch und transitiv, d. h. eine Äquivalenzrelation ist (vgl. S. 17).

Theorem 13. *Zwei beliebige reguläre Räume X und Y sind genau dann koabsolut, wenn es einen regulären Raum Z und vollständige irreduzible Abbildungen $f\colon Z \to X$ und $g\colon Z \to Y$ gibt.*

Beweis. Wir nehmen an, die Räume X und Y seien koabsolut. Dann gibt es einen Homöomorphismus ihrer Absoluta $h\colon aX \to aY$. Wir setzen $Z = aX$, $f = \pi_X$ und $g = \pi_Y h$. Als Teilmenge des Bikompaktums $H(X)$ ist der Raum Z regulär, und die Abbildungen f und g sind auf Grund von A.6., Hilfssatz 1, vollständig und irreduzibel.

Es seien nun umgekehrt ein regulärer Raum Z und vollständige irreduzible Abbildungen $f\colon Z \to X$ und $g\colon Z \to Y$ gegeben. Nach A.5., Hilfssatz 2, ist dann das

Absolutum aX des Raumes X zum Absolutum aZ des Raumes Z homöomorph, das seinerseits zum Absolutum aY des Raumes Y homöomorph ist. Damit ist Theorem 13 bewiesen.

Aus diesem Theorem ergibt sich das

Theorem 14. *Alle unendlichen Kompakta, in denen die isolierten Punkte überall dichte Teilmengen bilden, sind paarweise koabsolut.*

Beweis. Es genügt zu zeigen, daß das Absolutum jedes derartigen Kompaktums X zum Raum βN homöomorph ist. Es sei A die Menge aller isolierten Punkte des Kompaktums X. Die Menge A ist offen, abzählbar und überall dicht in dem Kompaktum X. Identifizieren wir die Mengen A und N, so finden wir, daß der Raum X mit der bikompakten Erweiterung bN des Raumes der natürlichen Zahlen N übereinstimmt. Folglich gilt auf Grund der Gleichungen (2) auf S. 323

$$aX = abN = \beta N.$$

Wir führen jetzt eine weitere Klasse von koabsoluten Kompakta an. In Vorbereitung darauf beweisen wir noch einen Hilfssatz, der auch für sich genommen interessant ist und zeigt, daß es hinreichend viele irreduzible Abbildungen gibt.

Hilfssatz. *Es sei $f\colon X \to Y$ eine beliebige bikompakte Abbildung*[1]) *eines beliebigen Raumes X auf einen Raum Y. Dann gibt es in X eine abgeschlossene Menge, die durch die Abbildung f irreduzibel auf Y abgebildet wird.*

Beweis. Wir setzen $X_0 = X$ und nehmen an, daß für alle Ordnungszahlen $\mu < \lambda$ eine abgeschlossene Teilmenge X_μ des Raumes X definiert ist, so daß $fX_\mu = Y$ und $X_{\mu''} \subset X_{\mu'}$ für $\mu'' > \mu'$ gilt. Ist λ eine isolierte Ordnungszahl, $\lambda = \mu + 1$, und die Abbildung f irreduzibel auf der Menge X_μ, dann ist die Konstruktion beendet, und die gesuchte Menge ist gefunden. Wenn die Abbildung f auf der Menge X_μ nicht irreduzibel ist, dann gibt es eine echte Teilmenge $X_{\mu+1}$ der Menge X_μ, die durch f auf ganz Y abgebildet wird.

Es sei jetzt λ eine Limeszahl. Wir setzen dann $X_\lambda = \bigcap\limits_{\mu<\lambda} X_\mu$ und beweisen, daß für jeden Punkt $y \in Y$ die Menge $X_\lambda \cap f^{-1}y$ nicht leer ist. Das ergibt sich daraus, daß $X_\lambda \cap f^{-1}y = \bigcap\limits_{\mu<\lambda} (X_\mu \cap f^{-1}y)$ ist und die Mengen $X_\mu \cap f^{-1}y$ ein vollständig geordnetes fallendes System von nichtleeren abgeschlossenen Teilmengen des bikompakten Raumes $f^{-1}y$ bilden. Die Menge X_λ wird bei f also auf ganz Y abgebildet. Der Induktionsschluß bricht erst mit einer solchen Menge X_λ ab, die bei der Abbildung f irreduzibel auf den ganzen Raum Y abgebildet wird. Der Hilfssatz ist damit bewiesen.

Theorem 15. *Alle Kompakta ohne isolierte Punkte sind paarweise koabsolut.*

Beweis. Es genügt zu zeigen, daß das Absolutum aX eines jeden Kompaktums X ohne isolierte Punkte dem Absolutum $a\Pi$ des Cantorschen Diskontinuums Π homöomorph ist. Nach 5.4., Theorem 24, gibt es eine stetige Abbildung $f\colon \Pi \to X$ des

[1]) Eine Abbildung $f\colon X \to Y$ heißt *bikompakt*, wenn das volle Urbild $f^{-1}y$ für jeden Punkt $y \in Y$ bikompakt ist.

Cantorschen Diskontinuums Π auf das Kompaktum X. Dem eben bewiesenen Hilfssatz zufolge existiert eine abgeschlossene Teilmenge Y des Cantorschen Diskontinuums Π derart, daß die Abbildung $f\colon Y \to X$ irreduzibel ist. Da es im Raum X keine isolierten Punkte gibt und die Abbildung $f\colon Y \to X$ irreduzibel ist, gibt es auch im Raum Y keine isolierten Punkte. Nach 4.5., Theorem **25**, ist die Menge Y als nichtleere vollständige Teilmenge des Cantorschen Diskontinuums dem ganzen Diskontinuum Π homöomorph. Andererseits sind nach A.5., Hilfssatz 2, die Absoluta der Räume X und Y homöomorph, und das bedeutet, das Absolutum des Kompaktums X ist dem Absolutum des Cantorschen Diskontinuums homöomorph. Damit ist die Behauptung bewiesen.

W. I. Ponomarjew folgend, geben wir jetzt die folgende

Definition. Eine Familie $\mathfrak{B}$ von offenen Teilmengen eines topologischen Raumes X heißt *π-Basis* dieses Raumes, wenn in jeder nichtleeren offenen Menge U des Raumes X eine nichtleere Menge V enthalten ist, die zur Familie $\mathfrak{B}$ gehört.

Jede offene Basis eines Raumes X ist offenbar eine π-Basis dieses Raumes. Wie wir allerdings weiter unten sehen werden, ist der Begriff der π-Basis bedeutend weiter als der Begriff der offenen Basis.

Die kleinste Mächtigkeit von π-Basen eines Raumes X wird dessen *π-Gewicht* genannt und mit πwX bezeichnet. Offenbar ist das π-Gewicht eines beliebigen Raumes höchstens gleich seinem Gewicht. Die Aussage des folgenden Satzes verbindet in überraschender Weise das π-Gewicht mit den irreduziblen Abbildungen.

Satz 1. *Wenn es eine abgeschlossene irreduzible Abbildung f eines Raumes X auf einen Raum Y gibt, dann ist*

$$\pi wX = \pi wY.$$

Beweis. Ist $\mathfrak{B} = \{V\}$ eine π-Basis des Raumes X, dann ist die Familie $f^{\#}\mathfrak{B} = \{f^{\#}V\}$ nach A.4., Satz 1, eine π-Basis im Raum Y. Daher gilt $\pi wY \leqq \pi wX$. Ist nun $\mathfrak{B} = \{V\}$ eine π-Basis im Raum Y, so bildet die Familie $f^{-1}\mathfrak{B} = \{f^{-1}V\}$ eine π-Basis des Raumes X, woraus sich $\pi wX \leqq \pi wY$ ergibt. Für jede nichtleere offene Menge U des Raumes X ist nämlich das kleine Bild nicht leer und offen, was ebenfalls aus A.4., Satz 1, folgt. Somit gibt es eine nichtleere Menge $V \in \mathfrak{B}$, die in der Menge $f^{\#}U$ enthalten ist. Dann ist $f^{-1}V \subseteqq U$. Der Satz ist damit bewiesen.

Wir bemerken, daß Räume von abzählbarem π-Gewicht separabel sind. Zur Konstruktion einer abzählbaren überall dichten Menge genügt es, in jedem Element einer abzählbaren π-Basis jeweils einen Punkt zu wählen. Übrigens gilt auch die teilweise Umkehrung dieser Behauptung.

Satz 2. *Jeder dem ersten Abzählbarkeitsaxiom genügende Raum X besitzt ein abzählbares π-Gewicht.*

Beweis. Es sei A eine abzählbare überall dichte Teilmenge des Raumes X. Für jeden Punkt x aus der Menge A fixieren wir eine abzählbare Umgebungsbasis $\{O_n x\}$. Wie man leicht unmittelbar nachprüft, bildet die abzählbare Familie $\{O_n x\colon x \in A, n = 1, 2, \ldots\}$ eine π-Basis des Raumes X. Damit ist die Behauptung bewiesen.

Theorem 16 (Ponomarjew [4]). *Ein Bikompaktum X ist genau dann zu einem Kompaktum koabsolut, wenn das π-Gewicht des Bikompaktums X abzählbar ist.*

Beweis. Die Notwendigkeit ergibt sich aus Satz 1. Wir beweisen nun den hinreichenden Teil der Aussage. Es sei $\mathfrak{B}$ eine abzählbare π-Basis im Bikompaktum X. Wir nennen ein Paar von nichtleeren Mengen U, V aus der π-Basis $\mathfrak{B}$ ausgezeichnet, wenn $[U] \subseteqq V$ ist. Für jedes ausgezeichnete Paar U, V fixieren wir eine Funktion $f_{UV}\colon X \to [0; 1] = I_{UV}$ derart, daß $f_{UV}[U] = 0$ und $f_{UV}(X \setminus V) = 1$ ist (eine solche Funktion existiert nach dem Urysohnschen Lemma). Die Menge aller ausgezeichneten Paare ist abzählbar. Wie üblich konstruieren wir eine Abbildung f des Bikompaktums X in den Hilbertschen Quader $I^{\aleph_0} = \prod I_{UV}$, indem wir f gleich dem Diagonalprodukt der Abbildungen f_{UV} setzen (vgl. S. 235). Wir zeigen, daß die Abbildung $f\colon X \to fX$ irreduzibel ist. Es sei W eine nichtleere offene Teilmenge des Bikompaktums X. Nach Definition der π-Basis ist in W ein nichtleeres Element V der π-Basis $\mathfrak{B}$ enthalten. Auf Grund der Regularität von X gibt es eine nichtleere offene Menge Γ derart, daß $[\Gamma] \subseteqq V$ ist. Schließlich enthält die Menge Γ ein nichtleeres Element U der π-Basis $\mathfrak{B}$. Also haben wir ein in W liegendes ausgezeichnetes Paar $\{U, V\}$ gefunden.

Es sei $\pi_{UV}\colon I^{\aleph_0} \to I_{UV}$ die Projektion des Hilbertschen Quaders $I^{\aleph_0} = \prod I_{U'V'}$ auf den Faktor I_{UV}. Nach Definition des Diagonalproduktes gilt dann

$$f_{UV} = \pi_{UV} f.$$

Für jeden Punkt t des Segmentes I_{UV} ergibt sich somit die Gleichung

$$f_{UV}^{-1}(t) = f^{-1}\pi_{UV}^{-1}(t).$$

Insbesondere gilt diese Gleichung für $t = 0$. Es ist aber $f_{UV}^{-1}(0) \subseteqq V$. Gleichzeitig gilt $fX \cap \pi_{UV}^{-1}(0) \supseteqq f[U]$. Für jeden Punkt $y \in f[U]$ ergibt sich folglich $f^{-1}y \subseteqq f_{UV}^{-1}(0) \subseteqq V \subseteqq W$. Das kleine Bild $f^{\#} W$ der Menge W enthält somit die Menge $f[U]$ und ist demzufolge nicht leer. Nach A.4., Satz 1, ist die Abbildung $f\colon X \to fX$ irreduzibel. Nach A.5., Hilfssatz 2, sind die Räume X und fX koabsolut. Als abgeschlossene Teilmenge des Hilbertschen Quaders ist fX aber kompakt. Theorem 16 ist damit bewiesen.

Anhang B.
Reelle Funktionen einer reellen Veränderlichen

Reelle Funktionen einer reellen Veränderlichen

§ 1. Stetigkeit und Grenzwerte von Funktionen. Elementare Eigenschaften der stetigen Funktionen

Wir erinnern an die aus der Analysisvorlesung bekannten Definitionen und Grundeigenschaften stetiger Funktionen. Ist jedem Punkt x einer gewissen Menge E eine reelle Zahl $f(x)$ zugeordnet, so sagt man, auf der Menge E sei eine reelle Funktion $f(x)$ (oder einfach eine Funktion f) definiert. In diesem Kapitel wollen wir voraussetzen, daß die Menge E (*der Definitionsbereich der Funktion* f) eine auf der Zahlengeraden R^1 oder in der Ebene R^2 gelegene Menge ist. Dabei werden wir in der Mehrzahl der Fälle Funktionen betrachten, deren Definitionsbereich entweder die ganze Zahlengerade R^1 oder ein Segment oder ein halboffenes oder offenes (endliches oder unendliches) Intervall auf R^1 ist.

Eine auf einer Menge E definierte Funktion f heißt *stetig im Punkte* $x_0 \in E$, wenn sich zu jedem $\varepsilon > 0$ ein $\delta > 0$ angeben läßt derart, daß für alle in $U(x, \delta)$ gelegenen Punkte $x \in E$ gilt: $|f(x_0) - f(x)| < \varepsilon$ (d. h. $f(x) \in U(f(x_0), \varepsilon)$).

Ein Punkt $x_0 \in E$, in dem eine Funktion f stetig ist, heißt *Stetigkeitsstelle* der Funktion f; ein Punkt x_0, in dem die Funktion f nicht stetig ist, heißt *Unstetigkeitsstelle* der Funktion f. Eine in allen Punkten einer Menge E stetige Funktion f heißt *stetig auf der Menge* E.

Satz 1. *Es seien f und g zwei auf einer Menge E definierte und im Punkte a dieser Menge stetige Funktionen. Dann sind die Funktionen*

$$s(x) = f(x) \pm g(x),$$
$$p(x) = f(x) \cdot g(x)$$

und — wenn $f(a) \neq 0$ ist — auch die Funktion

$$q(x) = \frac{g(x)}{f(x)}$$

stetig im Punkte a.

Beweis 1. Stetigkeit der Funktion $s(x)$. Wir wählen ein beliebiges $\varepsilon > 0$ und ein hinreichend kleines $\delta > 0$, so daß für alle in $U(a, \delta)$ gelegenen Punkte $x \in E$ die Ungleichungen

$$|f(a) - f(x)| < \frac{\varepsilon}{2}, \quad |g(a) - g(x)| < \frac{\varepsilon}{2}$$

erfüllt sind. Für dieselben Punkte x gilt dann

$$\begin{aligned}|s(a) - s(x)| &= |[f(a) - f(x)] \pm [g(a) - g(x)]| \\ &\leqslant |f(a) - f(x)| + |g(a) - g(x)| < \frac{\varepsilon}{2} + \frac{\varepsilon}{2} = \varepsilon,\end{aligned}$$

womit die Stetigkeit von $s(x)$ im Punkte a bewiesen ist.

2. Stetigkeit der Funktion $p(x)$. Wir bezeichnen die größte der positiven Zahlen 1, $|f(a)| + \varepsilon$, $|g(a)| + \varepsilon$ mit m und wählen $\delta > 0$ so klein, daß für alle Punkte $x \in E$, die in $U(a, \delta)$ liegen, die Ungleichungen

$$|f(a) - f(x)| < \frac{\varepsilon}{2m}, \qquad |g(a) - g(x)| < \frac{\varepsilon}{2m}$$

und damit erst recht die Ungleichungen

$$|f(x)| < |f(a)| + \varepsilon \leqslant m, \qquad |g(x)| < |g(a)| + \varepsilon \leqslant m$$

erfüllt sind. Mit Hilfe dieser Ungleichungen folgt für alle Punkte $x \in E \cap U(a, \delta)$:

$$\begin{aligned}|p(a) - p(x)| &= |f(a) \cdot g(a) - f(x) \cdot g(x)| \\ &= |f(a)\,[g(a) - g(x)] + g(x)\,[f(a) - f(x)]| \\ &\leqslant |f(a)|\,|g(a) - g(x)| + |g(x)|\,|f(a) - f(x)| \\ &\leqslant m\,|g(a) - g(x)| + m\,|f(a) - f(x)| \\ &< m\,\frac{\varepsilon}{2m} + m\,\frac{\varepsilon}{2m} = \varepsilon.\end{aligned}$$

3. Stetigkeit der Funktion $q(x)$. Es genügt nach dem eben Bewiesenen, die Stetigkeit für den Fall $g(x) = 1$, d. h. für $q(x) = \dfrac{1}{f(x)}$, zu beweisen unter der Voraussetzung, daß $f(x)$ im Punkte a stetig und $|f(a)| = c > 0$ ist.

Es sei ein beliebiges $\varepsilon > 0$ vorgegeben. Wir bezeichnen die kleinste der Zahlen $\frac{c}{2}$, $\frac{c^2}{2}\varepsilon$ mit ε' und wählen $\delta > 0$ so klein, daß für alle in $U(a, \delta)$ gelegenen Punkte $x \in E$ die Ungleichung

$$|f(a) - f(x)| < \varepsilon'$$

erfüllt ist, woraus sich

$$|f(x)| > |f(a)| - \varepsilon' = c - \varepsilon' \geqslant c - \frac{c}{2} = \frac{c}{2}$$

ergibt. Für diese Punkte x erhalten wir also

$$|q(a) - q(x)| = \left|\frac{1}{f(a)} - \frac{1}{f(x)}\right| = \frac{|f(x) - f(a)|}{|f(a)| \cdot |f(x)|} < \frac{\varepsilon'}{c \cdot \frac{c}{2}} \leqslant \varepsilon,$$

womit die Stetigkeit der Funktion $q(x)$ im Punkte a bewiesen ist.

Bemerkung über Funktionen zweier Veränderlicher. Es sei eine Funktion f gegeben, die auf einer in der Ebene R^2 gelegenen Menge E definiert ist. Kennzeichnet man die Punkte $z \in E$ durch ihre Koordinaten x, y, also

$$z = (x, y),$$

so kann man statt $f(z)$ auch $f(x, y)$ schreiben und von einer Funktion der zwei unabhängigen Veränderlichen x und y sprechen. Diese Funktion ist für diejenigen

Wertepaare der Veränderlichen x und y erklärt, für welche die entsprechenden Punkte (x, y) der Menge E angehören.

Wird eine im Punkte $z_0 = (x_0, y_0)$ stetige Funktion f als Funktion der beiden Veränderlichen x und y betrachtet, so heißt f auch *stetig im Punkte* $z_0 = (x_0, y_0)$ *der Menge E bezüglich der beiden Veränderlichen x und y*. Nach Satz 1 kann als Beispiel einer in der ganzen Ebene definierten und in jedem ihrer Punkte stetigen Funktion jedes Polynom $P(x, y)$ zweier Veränderlichen x und y dienen. Eine gebrochene rationale Funktion zweier Veränderlichen, d. h. eine durch eine Beziehung der Form

$$f(x, y) = \frac{P(x, y)}{Q(x, y)} \tag{1}$$

definierte Funktion, wobei $P(x, y)$ und $Q(x, y)$ Polynome zweier Veränderlichen sind, ist im allgemeinen nicht mehr auf der ganzen Ebene definiert, sondern nur auf der offenen überall dichten Menge G aller Punkte, die nicht auf der algebraischen Kurve $Q(x, y) = 0$ liegen. Nach Satz 1 ist die Funktion (1) in jedem Punkt der Menge G stetig.

Den Begriff der Stetigkeit einer Funktion $f(x, y)$ bezüglich der beiden Veränderlichen x, y darf man jedoch nicht mit dem Begriff der Stetigkeit bezüglich jeder einzelnen Veränderlichen verwechseln. Man sagt, *eine Funktion* $f(x, y)$ *sei stetig im Punkte* $z_0 = (x_0, y_0)$ *bezüglich der Veränderlichen x, wenn*

$$\varphi(x) = f(x, y_0)$$

als Funktion von x im Punkte x_0 *stetig ist.* Analog wird die Stetigkeit der Funktion $f(x, y)$ bezüglich y definiert.

Wir betrachten die folgendermaßen definierte Funktion $f(x, y)$:

Im Punkte $x = 0$, $y = 0$ habe die Funktion $f(x, y)$ den Wert Null; in jedem Punkte (x, y), in dem wenigstens eine der beiden Koordinaten von Null verschieden ist, sei

$$f(x, y) = \frac{2xy}{x^2 + y^2}.$$

Nach Satz 1 ist diese Funktion $f(x, y)$ in jedem von $(0, 0)$ verschiedenen Punkte stetig. Im Punkte $(0, 0)$ ist sie jedoch unstetig.

Nähern wir uns nämlich dem Punkte $(0, 0)$ auf der Geraden $x = 0$ oder auf der Geraden $y = 0$, so wird der Funktionswert immer konstant gleich Null sein, besitzt also Null als Grenzwert (woraus ersichtlich ist, daß jede der Funktionen einer Veränderlichen $f(0, y)$ und $f(x, 0)$ im Punkte $(0, 0)$ stetig ist). Nähern wir uns jedoch dem Punkte $(0, 0)$ z. B. auf der Geraden $y = x$, so ist die Funktion $f(x, y)$ konstant gleich 1, besitzt also 1 als Grenzwert. Während also die Funktion $f(x, y)$ im Punkte $(0, 0)$ bezüglich jeder einzelnen Veränderlichen x und y stetig ist, ist sie in diesem Punkte bezüglich der beiden Veränderlichen x und y unstetig. (Somit ist $f(x, y)$ eine Funktion, die auf der ganzen Ebene definiert ist und den Punkt $(0, 0)$ als einzige Unstetigkeitsstelle besitzt.)

Definition 1. Es sei auf der (auf R^1 oder in R^2 gelegenen) Menge E eine Funktion $f(x)$ definiert und x_0 sei ein Häufungspunkt der Menge E (es interessiert nicht, ob er zur Menge E gehört oder nicht). Wir nennen eine Zahl a *Grenzwert der*

Funktion $f(x)$ bei Annäherung von x auf der Menge E an den Punkt x_0 und schreiben

$$a = \lim_{\substack{x \to x_0 \\ x \in E}} f(x) \quad \text{oder} \quad a = \lim_{x_0, E} f(x),$$

wenn man zu jedem $\varepsilon > 0$ ein $\delta > 0$ finden kann derart, daß für alle in $U(x_0, \delta)$ gelegenen $x \in E$ die Ungleichung

$$|a - f(x)| < \varepsilon$$

gilt.

Offenbar gilt folgender Satz:

Satz 2. *Eine auf einer Menge E definierte Funktion $f(x)$ ist dann und nur dann in einem gegebenen Punkte $x_0 \in E$ stetig, wenn sie bei Annäherung von x auf der Menge E an den Punkt x_0 gegen einen gewissen endlichen Grenzwert strebt. Aus unseren Definitionen folgt, daß dieser Grenzwert (wenn er existiert) gleich $f(x_0)$ sein muß.*

In den Lehrbüchern der klassischen Analysis wird als Grenzwert einer Funktion $f(x)$ bei Annäherung an einen Punkt x_0 meist das bezeichnet, was wir unter $\lim\limits_{x_0, E - x_0} f(x)$ verstehen. Nach dieser Terminologie (von der wir hier abweichen) muß man dann sagen, daß eine Funktion $f(x)$ dann und nur dann im Punkte x_0 stetig ist, wenn $f(x_0)$ gleich dem Grenzwert von $f(x)$ bei Annäherung von x an x_0 ist.

Beispiele:

1. Die auf der Menge E aller von 0 verschiedenen reellen Zahlen definierte Funktion $f(x) = x \sin \frac{1}{x}$ strebt bei Annäherung auf der Menge E an den Punkt $x = 0$ gegen den Grenzwert 0.

2. Die auf derselben Menge E definierte Funktion $f(x) = \sin \frac{1}{x}$ hat bei Annäherung auf der Menge E an den Punkt $x = 0$ keinen Grenzwert.

3. Die Funktion $f(x) = [x]$, wobei $[x]$ die größte nichtnegative ganze Zahl ist, die eine gegebene reelle Zahl $x \geqslant 0$ nicht übertrifft, ist für alle $x \geqslant 0$ definiert und für ganzzahlige x offenbar gleich x. Die Menge E_n bestehe aus allen Punkten $x \geqslant 0$, die bei gegebenem natürlichen n der Bedingung $[x] < n$ genügen. Dann strebt die Funktion $f(x) = [x]$ bei Annäherung von x auf der Menge E_n an n gegen den Grenzwert $n - 1$.

Definition 2. Es sei wiederum f eine auf einer in R^2 oder auf R^1 gelegenen Menge E definierte Funktion. Wir sagen, daß bei Annäherung des Punktes x auf der Menge E an den Punkt x_0 (der zur Menge E gehört oder nicht) die Funktion $f(x)$ gegen $+\infty$ (bzw. $-\infty$) strebt, wenn sich zu jeder positiven (bzw. negativen) Zahl n ein $\delta > 0$ finden läßt derart, daß für alle in $U(x_0, \delta)$ gelegenen $x \in E$ die Ungleichung $f(x) > n$ (bzw. $f(x) < -n$) gilt.

Beispiel. Die Funktion $f(x) = \frac{1}{x}$ strebt bei Annäherung von x auf der Menge aller Punkte $x > 0$ an den Punkt 0 gegen $+\infty$, aber bei Annäherung auf der Menge aller Punkte $x < 0$ an den Punkt 0 gegen $-\infty$. Die Funktion $f(x) = \operatorname{tg} x$ strebt bei Annäherung von x an den Punkt $\frac{\pi}{2}$ „von rechts" (d. h. auf der Menge aller Punkte $x > \frac{\pi}{2}$) gegen $-\infty$, bei Annäherung „von links" aber gegen $+\infty$.

Bemerkung 2. Eine rationale Funktion

$$f(x) = \frac{P(x)}{Q(x)}$$

(wobei $P(x)$, $Q(x)$ teilerfremde Polynome der Veränderlichen x sind) strebt bei Annäherung von x auf einer Menge E an ein beliebig vorgegebenes x_0 entweder gegen einen endlichen Grenzwert oder gegen $+\infty$ oder $-\infty$. Bei rationalen Funktionen von zwei Veränderlichen können wir dies nicht behaupten.

Für Grenzwerte von Funktionen gelten die allgemein bekannten Eigenschaften: Streben $f_1(x)$ und $f_2(x)$ bei Annäherung des Punktes x auf einer Menge E an einen Punkt x_0 gegen die Grenzwerte a_1 bzw. a_2, so strebt $f_1(x) \pm f_2(x)$ unter denselben Voraussetzungen gegen den Grenzwert $a_1 \pm a_2$, das Produkt $f_1(x) \cdot f_2(x)$ gegen den Grenzwert $a_1 \cdot a_2$. Was die Funktion $f(x) = \frac{f_1(x)}{f_2(x)}$ anbelangt, so strebt sie bei $a_2 \neq 0$ gegen den Grenzwert $\frac{a_1}{a_2}$; ist jedoch a_2 gleich 0, so erfordert die Frage nach dem Verlauf der Funktion $f(x) = \frac{f_1(x)}{f_2(x)}$ bei Annäherung von x an den Punkt x_0 in jedem vorgelegten Fall eine besondere Untersuchung.

Strebt eine Funktion $f(x)$ bei Annäherung des Punktes x auf einer gewissen Menge E an einen Punkt x_0 nicht gegen einen Grenzwert, so kann man zwei Werte untersuchen: den oberen und den unteren Limes der Funktion $f(x)$ bei Annäherung auf der Menge E an den Punkt x_0; dabei setzen wir stets voraus, daß x_0 Häufungspunkt von E ist. Diese Limites sind folgendermaßen definiert: Für jedes $\varepsilon > 0$ betrachten wir die ε-Umgebung $U(x_0, \varepsilon)$ des Punktes x_0 und bezeichnen mit M_ε die obere, mit m_ε die untere Grenze aller Werte der Funktion $f(x)$ in den Punkten $x \in E \cap U(x_0, \varepsilon)$. Läßt man ε kleiner werden, so kann auch M_ε nur kleiner werden; $\lim\limits_{\varepsilon \to 0} M_\varepsilon$ existiert also; dieser Grenzwert (der nur dann gleich $+\infty$ ist, wenn für jedes $\varepsilon > 0$ gilt: $M_\varepsilon = +\infty$) heißt *oberer Limes der Funktion $f(x)$ bei Annäherung des Punktes x auf der Menge E an den Punkt x_0;* er wird mit $\overline{\lim\limits_{\substack{x \to x_0 \\ x \in E}}} f(x)$ oder kürzer mit $\overline{\lim}_{x_0, E} f$ bezeichnet.

Die Zahl m_ε kann für abnehmendes ε nur größer werden; strebt also ε gegen Null, so strebt m_ε gegen einen Grenzwert, den wir mit $\underline{\lim\limits_{\substack{x \to x_0 \\ x \in E}}} f(x)$ oder kürzer mit $\underline{\lim}_{x_0, E} f$ bezeichnen und *unteren Limes der Funktion $f(x)$ bei Annäherung des Punktes x auf der Menge E an den Punkt x_0* nennen. Dabei kann es vorkommen, daß $\underline{\lim\limits_{\substack{x \to x_0 \\ x \in E}}} f(x) = -\infty$ ist; dies tritt jedoch dann und nur dann ein, wenn $m_\varepsilon = -\infty$ für jedes ε ist. Offenbar gilt stets

$$\underline{\lim}_{x_0, E} f \leqslant \overline{\lim}_{x_0, E} f.$$

Insbesondere gilt für $a \in E$

$$\underline{\lim}_{a, E} f \leqslant f(a) \leqslant \overline{\lim}_{a, E} f.$$

Ist $E = R^1$ bzw. R^2, so schreiben wir einfach $\underline{\lim}_a f$, $\overline{\lim}_a f$. Aus unseren Definitionen ergibt sich unmittelbar

Satz 3. *Bei Annäherung auf einer Menge E an einen Punkt a strebt die (auf dieser Menge definierte) Funktion f(x) dann und nur dann gegen einen Grenzwert, wenn*

$$\underline{\lim}_{a,E} f = \overline{\lim}_{a,E} f$$

ist. Dann gilt

$$\lim_{a,E} f = \underline{\lim}_{a,E} f = \overline{\lim}_{a,E} f.$$

Hieraus und aus Satz 2 ergibt sich die

Folgerung 1. *Eine Funktion $f(x)$ ist dann und nur dann in einem ihrem Definitionsbereich angehörenden Punkte a stetig, wenn*

$$\underline{\lim}_{a} f = \overline{\lim}_{a} f$$

ist. In diesem Falle wird $\underline{\lim}_{a} f = \overline{\lim}_{a} f = f(a)$.

Bemerkung 3. Wenn $\overline{\lim}_{a,E} f = -\infty$ (was nur geschehen kann, wenn a nicht in E enthalten ist[1]), dann ist auch $\underline{\lim}_{a,E} f = -\infty$ und daher

$$\lim_{a,E} f = -\infty.$$

Ist $\underline{\lim}_{a,E} f = +\infty$, so folgt analog: $\lim_{a,E} f = +\infty$.

Es sei nun f eine auf einer Menge E definierte Funktion.

Definition 3. Als *Schwankung der Funktion f im Punkte $a \in E$* (auf der Menge E) bezeichnet man die Differenz

$$\omega_{a,E} f = \overline{\lim}_{a,E} f - \underline{\lim}_{a,E} f.$$

Diese Differenz ist eine nichtnegative Zahl, wenn $\overline{\lim}_{a,E} f$ und $\underline{\lim}_{a,E} f$ endlich sind; sie ist gleich $+\infty$, wenn wenigstens eine der Bedingungen

$$\overline{\lim}_{a,E} f = +\infty, \quad \underline{\lim}_{a,E} f = -\infty$$

erfüllt ist. Ein dritter Fall kann nicht eintreten: Die Fälle $\overline{\lim}_{a,E} f = -\infty$ und $\underline{\lim}_{a,E} f = +\infty$ sind unmöglich, da die Funktion $f(x)$ im Punkte a einen bestimmten Zahlenwert $f(a)$ annimmt und $\overline{\lim}_{a,E} f \geqslant f(a) \geqslant \underline{\lim}_{a,E} f$ ist. Daher ist $\omega_{a,E} f$ stets eine nichtnegative Zahl oder $+\infty$. Ist E ein Segment oder ein offenes Intervall, so schreiben wir statt $\omega_{a,E} f$ einfach $\omega_a f$.

Die Folgerung 1 aus Satz 3 kann jetzt folgendermaßen formuliert werden:

Satz 4. *Eine auf E definierte Funktion ist genau dann im Punkte $a \in E$ stetig, wenn ihre* (auf E bezogene) *Schwankung in diesem Punkte gleich Null ist.*

Wir benutzen dieses Ergebnis zum Beweis des folgenden Satzes:

Satz 5. *Die Menge C aller Stetigkeitsstellen einer Funktion f, die auf einer abgeschlossenen oder offenen Menge E der Zahlengeraden definiert ist, ist eine Menge vom Typus G_δ (die insbesondere leer sein oder mit E zusammenfallen kann).*

Diesem Satz ist der folgende äquivalent:

[1] Für $a \in E$ wäre nämlich $\overline{\lim}_{a,E} f \geqslant f(a)$.

Satz 5'. *Die Menge D aller Unstetigkeitsstellen einer Funktion f ist eine Menge vom Typus F_σ*[1].

Der Beweis des Satzes 5' stützt sich auf folgenden Hilfssatz:

Hilfssatz. *Die Menge $E_f(\varepsilon)$ aller Punkte x, die bei gegebenem $\varepsilon > 0$ die Bedingung $\omega_{x,E} f \geqq \varepsilon$ erfüllen, ist in E abgeschlossen* (siehe Kap. IV, § 7, Bemerkung 5).

Beweis des Hilfssatzes. Es sei a Berührungspunkt der Menge $E_f(\varepsilon)$ und $a \in E$. Dann gibt es in jeder Umgebung $U = U(a, \eta)$ des Punktes a einen Punkt a', für den $\omega_{a',E} f \geqq \varepsilon$ ist.

Wir bezeichnen mit m bzw. M die untere bzw. die obere Grenze der Menge der Funktionswerte von f in U. Da U eine gewisse Umgebung des Punktes a' enthält, ist

$$M \geqq \overline{\lim}_{a'} f, \quad \underline{\lim}_{a'} f \geqq m$$

und daher $M - m \geqq \omega_{a',E} f \geqq \varepsilon$. Wäre nun $\omega_{a,E} f < \varepsilon$, so könnte man eine Umgebung U wählen derart, daß für sie die Ungleichung $M - m < \varepsilon$ erfüllt wäre. Der Hilfssatz ist damit bewiesen.

Beweis des Satzes 5'. Nach Satz 4 ist die Menge aller Unstetigkeitsstellen einer Funktion f die Vereinigung $\bigcup_{n=1}^{\infty} E_f\left(\frac{1}{n}\right)$. Nach dem Hilfssatz ist aber jede Menge $E_f\left(\frac{1}{n}\right)$ in E abgeschlossen. Weil E auch ein F_σ ist, ist damit der Satz 5' bewiesen, also auch Satz 5.

Folgender Satz erweist sich oft als sehr nützlich:

Satz 6. *Auf einer Menge E seien zwei Funktionen f und g definiert. Dann gelten bei Annäherung von x an einen Punkt a (der zur Menge E gehören mag oder nicht) die Beziehungen*

$$\left\{\begin{aligned} \overline{\lim}_a f + \underline{\lim}_a g &\leqq \overline{\lim}_a (f+g) \leqq \overline{\lim}_a f + \overline{\lim}_a g, \\ \underline{\lim}_a f + \underline{\lim}_a g &\leqq \underline{\lim}_a (f+g) \leqq \overline{\lim}_a f + \underline{\lim}_a g. \end{aligned}\right. \tag{2}$$

Wir bezeichnen bei gegebenem $\varepsilon > 0$ mit L_ε, M_ε, N_ε bzw. l_ε, m_ε, n_ε die oberen bzw. die unteren Grenzen der Funktionen $f(x)$, $g(x)$ und $f(x) + g(x)$ in der Menge $E \cap U(a, \varepsilon)$; dann überzeugt man sich leicht von der Richtigkeit der Ungleichungen

$$L_\varepsilon + m_\varepsilon \leqq N_\varepsilon \leqq L_\varepsilon + M_\varepsilon,$$

$$l_\varepsilon + m_\varepsilon \leqq n_\varepsilon \leqq L_\varepsilon + m_\varepsilon,$$

woraus beim Grenzübergang für gegen Null strebendes ε die gesuchten Ungleichungen (2) folgen.

Ist $\overline{\lim}_a g = \underline{\lim}_a g = \lim_a g$, so gilt insbesondere

$$\overline{\lim}_a f + \lim_a g \leqq \overline{\lim}_a (f+g) \leqq \overline{\lim}_a f + \lim_a g,$$

d. h.

$$\overline{\lim}_a (f+g) = \overline{\lim}_a f + \lim_a g; \tag{3}$$

analog

$$\underline{\lim}_a (f+g) = \underline{\lim}_a f + \lim_a g. \tag{3'}$$

[1]) Nach Satz 5' ist die Menge $R^1 - D$ eine G_δ-Menge. Ferner ist $C = E \cap (R^1 - D)$; da E (als abgeschlossene oder offene Menge auf R^1) eine G_δ-Menge und der Durchschnitt zweier G_δ-Mengen wieder eine G_δ-Menge ist, muß auch C eine Menge vom Typus G_δ sein.

Wir behandeln jetzt weitere grundlegende Sätze über stetige Funktionen.

Satz 7. *Eine auf einer Menge E definierte Funktion f ist genau dann im Punkt $a \in E$ stetig, wenn für jede gegen a konvergierende Folge*

$$x_1, x_2, \ldots, x_n, \ldots$$

von Punkten der Menge E die Folge

$$f(x_1), f(x_2), \ldots, f(x_n), \ldots \tag{4}$$

gegen den Punkt $f(a)$ konvergiert.

Der Beweis dieses Satzes ist in aller Ausführlichkeit in Kapitel III, Kleindruck auf Seite 53[1] durchgeführt worden und kann unabhängig vom übrigen Text des Kapitels III gelesen werden.

Aus Satz 7 ergibt sich

Satz 8. *Es sei f eine auf einer abgeschlossenen Menge E definierte stetige Funktion und Φ eine beliebige abgeschlossene Menge auf der Zahlengeraden. Dann ist die Menge $f^{-1}(\Phi)$ derjenigen Punkte $x \in E$, für die $f(x) \in \Phi$ ist, abgeschlossen (sie kann auch leer sein).*

Beweis: Es sei a Häufungspunkt der Menge $f^{-1}(\Phi) \subseteq E$. Da E abgeschlossen ist, muß $a \in E$ sein. Wir wählen irgendeine Folge $\{x_n\}$ von Punkten der Menge $f^{-1}(\Phi)$, die gegen den Punkt a konvergiert. Dann konvergiert die Folge $f(x_n)$ wegen der Stetigkeit der Funktion f gegen den Punkt $f(a)$. Da alle Punkte $f(x_n)$ der Menge Φ angehören und Φ nach Voraussetzung abgeschlossen ist, muß auch $f(a) \in \Phi$ sein, d. h. aber $a \in f^{-1}(\Phi)$, womit Satz 8 bewiesen ist. Man wendet diesen Satz besonders oft in den Fällen an, in denen die Menge Φ ein Segment ist oder nur aus einem Punkt besteht.

Satz 9_0. *Ist eine Funktion f auf einem Segment $[a, b]$ stetig und besitzt sie in den Randpunkten Werte von entgegengesetztem Vorzeichen, so gibt es im Intervall $]a, b[$ wenigstens einen Punkt, für den die Funktion f verschwindet.*

Den Beweis beginnen wir mit folgender trivialen Bemerkung: Ist eine stetige Funktion f in einem Punkt ξ von 0 verschieden, so haben die Funktionswerte aller zu ξ hinreichend nahegelegenen Punkte das gleiche Vorzeichen wie $f(\xi)$ (es genügt, $\varepsilon = |f(\xi)|$ zu setzen und $\delta > 0$ so zu wählen, daß für $x \in U(\xi, \delta)$ stets $|f(\xi) - f(x)| < \varepsilon$ ist).

Es sei jetzt etwa $f(a) < 0$, $f(b) > 0$. In allen hinreichend nahe an b gelegenen Punkten x des Segmentes $[a, b]$ hat die Funktion f positive Werte. Daher ist die obere Grenze der Menge aller Werte $x \in [a, b]$ mit $f(x) < 0$ eine Zahl $\xi < b$. In allen Punkten $x \in [\xi, b]$ nimmt die Funktion f positive Werte an, während in jedem Intervall $]\xi - \delta, \xi[$ Punkte x liegen, deren Funktionswerte $f(x)$ negativ sind. Nach der anfangs gemachten Bemerkung kann daher $f(\xi)$ weder negativ noch positiv sein, also ist $f(\xi) = 0$.

Aus Satz 9_0 ergibt sich sofort

Satz 9. *Ist eine Funktion f in einem Segment $[a, b]$ stetig und $f(a) \neq f(b)$, so gibt es zu jeder zwischen $f(a)$ und $f(b)$ gelegenen Zahl γ einen Punkt $\xi \in]a, b[$, in welchem $f(\xi) = \gamma$ ist.*

[1]) Der Umstand, daß auf Seite 53 als Menge E ein Segment genommen wurde, hat auf den Beweis keinerlei Einfluß.

Die Funktion $\varphi(x) = f(x) - \gamma$ genügt den Bedingungen des vorigen Satzes und verschwindet folglich in einem Punkt ξ; dann ist aber $f(\xi) = \gamma$.

Definition 4. Eine auf einer Menge E definierte Funktion f heißt auf dieser Menge *gleichmäßig stetig*, wenn sich zu jedem $\varepsilon > 0$ ein $\delta > 0$ finden läßt derart, daß für je zwei Punkte $x' \in E$ und $x'' \in E$, die der Bedingung $|x' - x''| < \delta$ genügen, $|f(x') - f(x'')| < \varepsilon$ ist.

Eine Funktion f kann in einem Intervall stetig sein, ohne jedoch in diesem Intervall gleichmäßig stetig zu sein. So ist z. B. die Funktion $f(x) = \frac{1}{x}$ im Intervall $]0, 1[$ stetig, aber nicht gleichmäßig stetig (wählt man zu jedem noch so kleinen δ eine natürliche Zahl N derart, daß $\frac{1}{N^2} < \delta$ ist, so gilt $0 < \frac{1}{N} - \frac{1}{N+1} = \frac{1}{N(N+1)} < \delta$, während $\left|f\left(\frac{1}{N}\right) - f\left(\frac{1}{N+1}\right)\right| = 1$ ist.

Satz 10. *Jede auf einer abgeschlossenen beschränkten Menge Φ stetige Funktion f ist auf dieser Menge gleichmäßig stetig.*

Wäre nämlich die auf der abgeschlossenen beschränkten Menge Φ definierte Funktion f auf dieser Menge nicht gleichmäßig stetig, so gäbe es ein $\varepsilon > 0$ derart, daß man zu jedem $\delta > 0$ zwei Punkte x'_δ und x''_δ finden könnte, welche die Bedingungen $|x'_\delta - x''_\delta| < \delta$, $|f(x'_\delta) - f(x''_\delta)| \geqq \varepsilon$ erfüllen. Gibt man insbesondere der Zahl δ die Werte $\delta_n = \frac{1}{n}$ und bezeichnet man die Punkte x'_{δ_n}, x''_{δ_n} mit x'_n und x''_n, so kann man aus der Folge

$$x'_1, x'_2, \ldots, x'_n, \ldots$$

auf Grund des Satzes von Bolzano-Weierstrass eine konvergente Teilfolge

$$x'_{n_1}, x'_{n_2}, \ldots, x'_{n_k}, \ldots \tag{5'}$$

herausgreifen. Der Grenzwert $\lim x'_{n_k} = x_0$ der Folge (5') gehört der Menge Φ an, da Φ abgeschlossen ist. Wegen $|x'_n - x''_n| < \frac{1}{n}$ konvergiert die Folge

$$x''_{n_1}, x''_{n_2}, \ldots, x''_{n_k}, \ldots \tag{5''}$$

ebenfalls gegen den Punkt x_0. Daher konvergieren die beiden Folgen $f(x'_{n_k})$ und $f(x''_{n_k})$ nach Satz 7 gegen $f(x_0)$, so daß für hinreichend großes k die Ungleichungen $|f(x_0) - f(x'_{n_k})| < \frac{\varepsilon}{2}$ und $|f(x_0) - f(x''_{n_k})| < \frac{\varepsilon}{2}$ gelten. Dann ist aber $|f(x'_{n_k}) - f(x''_{n_k})| < \varepsilon$, entgegen der Definition der Punkte x'_{n_k} und x''_{n_k}. Satz 10 ist damit bewiesen.

Eine Funktion f heißt bekanntlich beschränkt (auf einer Menge E), wenn die Menge der in den Punkten der Menge E angenommenen Werte beschränkt ist. Die obere und die untere Grenze dieser Menge heißen obere bzw. untere Grenze der Funktion f auf der Menge E. Eine auf einem Intervall stetige Funktion braucht nicht beschränkt zu sein. (Dies zeigt die Funktion $f(x) = \frac{1}{x}$ in dem Intervall $]0, 1[$.)

Andererseits braucht eine auf einem gegebenen Intervall stetige und beschränkte Funktion auf diesem Intervall weder einen größten noch einen kleinsten Wert anzunehmen (in diesem Fall sind die obere und untere Grenze der Funktion in dem gegebenen Intervall keine Werte der Funktion in diesem Intervall). So verhält es sich mit der einfachsten nichtkonstanten Funktion $f(x) = x$: Die obere Grenze der Funktion $f(x) = x$ auf dem Intervall $]0, 1[$ ist gleich 1, die untere gleich 0; weder der eine noch der andere Wert wird von der Funktion $f(x) = x$ auf dem Intervall $]0, 1[$ angenommen.

Satz 11. *Eine auf einer abgeschlossenen beschränkten Menge Φ stetige Funktion f ist beschränkt und nimmt auf dieser Menge sowohl einen größten als auch einen kleinsten Wert an.*

Beweis. Wäre die Funktion f auf der Menge Φ unbeschränkt, so ließe sich zu jeder natürlichen Zahl n ein Punkt x_n finden, in welchem $|f(x_n)| > n$ wäre. Wir betrachten die so gewonnene Folge

$$x_1, x_2, \ldots, x_n, \ldots \tag{6}$$

von Punkten der Menge Φ.

Wir können annehmen, daß die Folge (6) gegen einen gewissen Punkt $x_0 \in \Phi$ konvergiert, nötigenfalls gehen wir zu einer Teilfolge über. Wegen der Stetigkeit der Funktion f ist $f(x_0) = \lim_n f(x_n)$; das ist jedoch nicht möglich, da $f(x_0)$ eine wohlbestimmte reelle Zahl ist, während die Zahlen $|f(x_n)|$ unbeschränkt wachsen.

Es seien jetzt M bzw. m die obere bzw. die untere Grenze der Funktion f auf Φ. Wir beweisen, daß ein Punkt ξ existiert, für den $f(\xi) = M$ ist.

Nach Definition der Zahl M existiert ein Punkt x_n, für den $M \geqq f(x_n) > M - \frac{1}{n}$ ist. Man kann wiederum annehmen, daß die Folge $\{x_n\}$ gegen einen Punkt $\xi \in \Phi$ konvergiert. Dann ist jedoch $M = \lim_n f(x_n) = f(\xi)$.

Analog beweist man auch die Existenz eines Punktes ξ', für den $f(\xi') = m$ ist

§ 2. Unstetigkeitsstellen erster und zweiter Art. Punkte hebbarer Unstetigkeit

Es sei E eine Menge von reellen Zahlen, a ein Punkt der Menge E und f eine auf der Menge E definierte Funktion. Wir bezeichnen die Menge aller Punkte $x \in E$, die rechts vom Punkte a liegen, mit E^+ und die Menge aller $x \in E$, die links von a liegen, mit E^-. Der Grenzwert der Funktion f bei Annäherung an den Punkt a auf der Menge E^+ heißt, wenn er existiert, *rechtsseitiger Grenzwert* der Funktion f im Punkte a (auf der Menge E) und wird mit $f_E(a_+)$ oder einfach mit $f(a_+)$ bezeichnet; analog heißt der Grenzwert der Funktion f bei Annäherung an den Punkt a auf der Menge E^-, wenn er existiert, *linksseitiger Grenzwert* der Funktion im Punkte a (auf der Menge E) und wird mit $f_E(a_-)$ oder einfach mit $f(a_-)$ bezeichnet. Ist die Funktion f im Punkte a (auf der Menge E) stetig, dann existieren sowohl ihr linksseitiger als auch ihr rechtsseitiger Grenzwert im Punkte a, und es gilt $f(a_-) = f(a_+) = f(a)$. Ist der Grenzwert $f(a_+)$ vorhanden und gleich $f(a)$, so heißt die Funktion f *rechtsseitig stetig* (im Punkte a auf der Menge E).

Analog wird die *linksseitige Stetigkeit* definiert. Existieren $f(a_+)$ und $f(a_-)$ und sind sie einander gleich, jedoch von $f(a)$ verschieden, so heißt dieser Punkt *hebbare Unstetigkeitsstelle*[1].

Diese Bezeichnung erklärt sich dadurch, daß wir nach Änderung des Wertes der Funktion f an der Stelle a, indem wir nämlich $f(a) = f(a_+) = f(a_-)$ setzen, eine in diesem Punkte stetige Funktion erhalten. Hebbare Unstetigkeiten sind Sonderfälle von sogenannten *Unstetigkeitsstellen erster Art:* Ein Punkt a heißt *Unstetigkeitsstelle erster Art*, wenn die in diesem Punkte unstetige Funktion f sowohl einen rechtsseitigen als auch einen linksseitigen Grenzwert besitzt. Ist dabei der Punkt a keine hebbare Unstetigkeitsstelle, so muß $f(a_+) \neq f(a_-)$ sein. In diesem Falle heißt die positive Zahl $|f(a_+) - f(a_-)|$ *Sprung*[2] der Funktion f im Punkte a; es erweist sich als zweckmäßig, den hebbaren Unstetigkeitsstellen und den Stetigkeitsstellen der Funktion den Sprung Null zuzuordnen. Ist schließlich eine Unstetigkeitsstelle einer Funktion f keine Unstetigkeitsstelle erster Art, so heißt sie *Unstetigkeitsstelle zweiter Art.* In solchen Punkten existiert wenigstens einer der Grenzwerte $f(a_+)$, $f(a_-)$ nicht.

Beispiele:

1. Eine Funktion sei gleich Null in dem ganzen Segment $[-1, 1]$ mit Ausnahme des Punktes 0, in dem die Funktion gleich 1 gesetzt werde. Der Punkt 0 ist eine hebbare Unstetigkeitsstelle.

2. Eine Funktion $f(x)$ sei folgendermaßen definiert:

$$f(x) = \begin{cases} x & \text{für } \quad 0 \leqslant x \leqslant \frac{1}{2}, \\ \frac{1}{2} + x & \text{für } \quad \frac{1}{2} < x \leqslant 1. \end{cases}$$

Diese Funktion besitzt im Punkte $x = \frac{1}{2}$ eine Unstetigkeit erster Art mit dem Sprung $\frac{1}{2}$. Im Punkte $x = \frac{1}{2}$ ist sie außerdem linksseitig stetig.

3. Die Funktion $\operatorname{sgn} x$ wird folgendermaßen definiert:

$$\operatorname{sgn} x = \begin{cases} -1 & \text{für } \quad x < 0, \\ 0 & \text{für } \quad x = 0, \\ 1 & \text{für } \quad x > 0. \end{cases}$$

Sie besitzt im Punkte 0 eine Unstetigkeit erster Art (mit dem Sprung 2).

---

[1]) Eine hebbare Unstetigkeitsstelle kann auch als ein solcher Punkt a definiert werden, für den der Grenzwert der Funktion f bei Annäherung an den Punkt a auf der Menge $E - a$ existiert, jedoch nicht gleich $f(a)$ ist; diese Definition behält auch bei Anwendung auf eine auf einem beliebigen metrischen Raum definierte Funktion ihre Gültigkeit (s. Kapitel VI).

[2]) Dabei wird der Fall nicht ausgeschlossen, daß wenigstens einer der Grenzwerte $f(a_+)$, $f(a_-)$ gleich $+\infty$ oder $-\infty$ ist. Wenn einer der Grenzwerte gleich $+\infty$, der andere aber endlich oder gleich $-\infty$ ist, so spricht man von einer Unstetigkeitsstelle mit unendlichem Sprung. Dasselbe gilt für den Fall, daß einer der Grenzwerte $f(a_+)$, $f(a_-)$ gleich $-\infty$, der andere aber endlich ist. Sind beide Grenzwerte gleich $+\infty$ oder beide gleich $-\infty$, so sagt man, die Funktion strebe bei Annäherung an den Punkt a von links und von rechts her gegen $+\infty$ (bzw. $-\infty$). Diese Terminologie ist übrigens nicht allgemein üblich.

4. Die Funktion

$$f(x) = \begin{cases} \dfrac{1}{x} & \text{für} \quad x \neq 0, \\ 0 & \text{für} \quad x = 0 \end{cases}$$

ist auf der ganzen Zahlengeraden definiert und besitzt im Punkt 0 eine Unstetigkeitsstelle erster Art mit unendlichem Sprung.

5. Die Funktion

$$f(x) = \begin{cases} \dfrac{1}{x^2} & \text{für} \quad x \neq 0, \\ 0 & \text{für} \quad x = 0 \end{cases}$$

besitzt im Punkt 0 eine Unstetigkeitsstelle erster Art und strebt bei Annäherung an diesen Punkt von links und von rechts her gegen $+\infty$.

6. Die Funktion

$$f(x) = \begin{cases} \sin \dfrac{1}{x} & \text{für} \quad x > 0, \\ x & \text{für} \quad x \leqq 0 \end{cases}$$

(Abb. 5) hat im Punkt $x = 0$ eine Unstetigkeitsstelle zweiter Art (und ist gleichzeitig in diesem Punkte linksseitig stetig).

7. Die Funktion f sei folgendermaßen definiert: Ist x ein dyadisch-rationaler Punkt, d. h., ist $x = \frac{m}{2^n}$, wobei m eine ungerade Zahl ist, dann sei $f(x) = \frac{1}{2^n}$; ist jedoch x keine dyadisch-rationale Zahl, so sei $f(x) = 0$. Bei dieser Funktion ist jeder dyadisch-rationale Punkt eine hebbare Unstetigkeitsstelle, alle übrigen Punkte sind Stetigkeitsstellen. Eine Funktion kann also eine überall dichte Menge hebbarer Unstetigkeitsstellen besitzen.

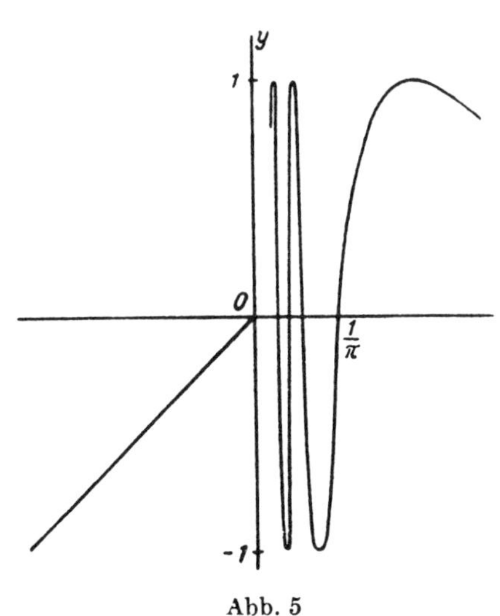

Abb. 5

8. Die Funktion

$$f(x) = \begin{cases} 0, & \text{wenn } x \text{ irrational}, \\ 1, & \text{wenn } x \text{ rational} \end{cases}$$

ist in jedem Punkte der Zahlengeraden unstetig; jeder Punkt ist eine Unstetigkeitsstelle zweiter Art. Diese Funktion wird auch DIRICHLET-*Funktion* genannt.

9. Die Funktion $f(x) = [x]$ (ganzzahliger Teil von x) hat für jede reelle Zahl x die größte ganze Zahl, die x nicht übertrifft, als Funktionswert. Alle ganzen Zahlen x sind Unstetigkeitsstellen erster Art der Funktion $f(x) = [x]$ mit dem Sprung 1. Die Funktion $f(x) = [x]$ ist auf der ganzen Zahlengeraden rechtsseitig stetig.

10. Die Funktion

$$f(x) = \begin{cases} \dfrac{1}{2 - e^{\frac{1}{x}}} & \text{für} \quad x \neq 0 \quad \text{und} \quad x \neq \dfrac{1}{\ln 2}, \\ \dfrac{1}{2} & \text{für} \quad x = 0 \end{cases}$$

(Abb. 6) ist in allen Punkten der Zahlengeraden stetig mit Ausnahme des Punktes 0, in welchem die Funktion eine Unstetigkeit erster Art hat (und linksseitig stetig ist), und des Punktes $x = \dfrac{1}{\ln 2}$, der eine Unstetigkeitsstelle erster Art mit einem unendlichen Sprung ist.

11. Die Funktion

$$f(x) = \begin{cases} \dfrac{1}{x} \sin \dfrac{1}{x} & \text{für} \quad x \neq 0, \\ 0 & \text{für} \quad x = 0 \end{cases}$$

(Abb. 7) hat im Punkte $x = 0$ eine Unstetigkeit zweiter Art; in diesem Punkte ist der obere Limes der Funktion gleich $+\infty$, der untere Limes gleich $-\infty$.

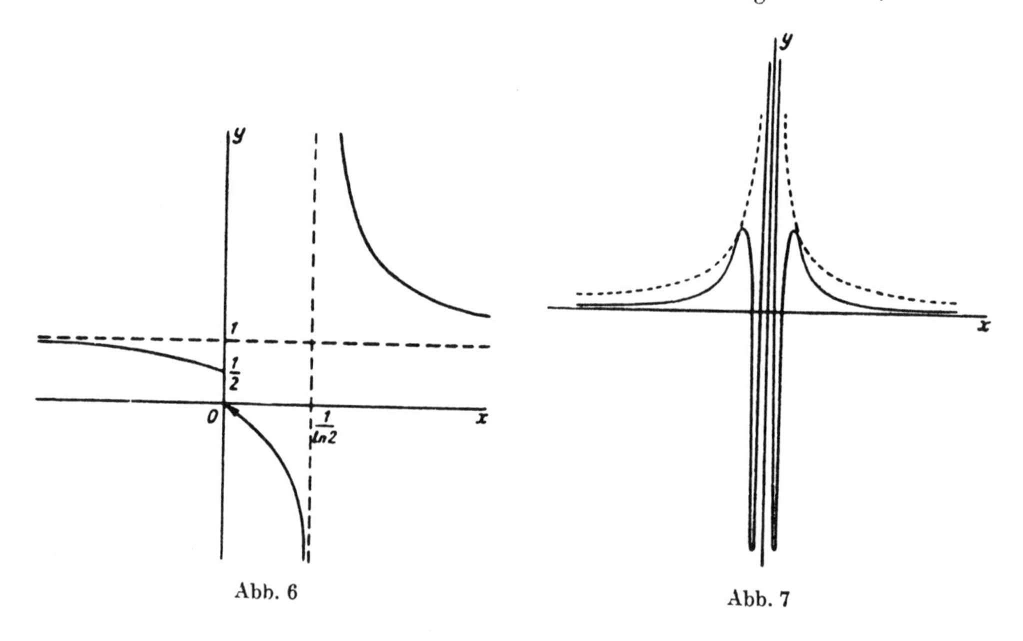

Abb. 6 Abb. 7

12. Die RIEMANN*sche Funktion*: $f(x) = 0$, wenn x irrational ist, $f(x) = \dfrac{1}{q}$, wenn x rational und als unkürzbarer Bruch mit dem Nenner q darstellbar ist, ist in allen irrationalen Punkten stetig; jeder rationale Punkt ist eine Unstetigkeitsstelle erster Art (und zwar eine hebbare Unstetigkeitsstelle).

§ 3. Monotone Funktionen

Eine auf einer gewissen Menge E reeller Zahlen definierte Funktion f heißt *monoton wachsend* auf E, wenn für beliebige $x' \in E$, $x'' \in E$ mit $x' < x''$ die Beziehung $f(x') \leqslant f(x'')$ gilt. Folgt dabei aus $x' < x''$ stets $f(x') < f(x'')$, so nennt man die Funktion f *eigentlich monoton wachsend.* Folgt aus $x' < x''$ stets $f(x') \geqslant f(x'')$, so heißt f *monoton fallend*; man nennt die Funktion f *eigentlich monoton fallend*, wenn für $x' < x''$ stets $f(x') > f(x'')$ ist.

Wachsende und fallende Funktionen auf E bilden zusammen die Klasse der (auf E) *monotonen* Funktionen. Eine Funktion f ist offenbar dann und nur dann gleichzeitig wachsend und fallend, wenn sie konstant ist.

Im folgenden werden wir uns auf den Fall beschränken, daß die Menge E, auf der die Funktion f definiert ist, ein Segment oder ein offenes (endliches oder unendliches) Intervall der Zahlengeraden ist.

Beispiele stetiger monotoner Funktionen:

1. $f(x) = ax + b$ ist auf der ganzen Zahlengeraden monoton; diese Funktion wächst bei positivem und fällt bei negativem a.

2. $f(x) = x^2$ ist auf jedem, den Nullpunkt nicht enthaltenden Intervall monoton; diese Funktion fällt auf $]-\infty, 0]$ und wächst auf $[0, +\infty[$.

3. $f(x) = \frac{1}{x}$ ist stetig und monoton fallend auf jedem der Intervalle $]-\infty, 0[$ und $]0, +\infty[$.

4. Die CANTOR*sche Treppenfunktion.* Diese Funktion ist auf dem Segment $[0, 1]$ folgendermaßen definiert: Zunächst setzen wir

$$f(0) = 0, \quad f(1) = 1,$$

danach definieren wir die Funktion in den Zwischenintervallen und in den Punkten erster Art des CANTORschen Diskontinuums. Im Zwischenintervall $\delta_{i_1 \ldots i_n}$ (Bezeichnungen wie in § 3, Kapitel IV) und in seinen Randpunkten setzen wir

$$f(x) = \frac{i_1}{2} + \frac{i_2}{2^2} + \cdots + \frac{i_n}{2^n} + \frac{1}{2^{n+1}}$$

(d. h. im dyadischen Zahlensystem: $f(x) = 0, i_1 i_2 \ldots i_n 1$ auf $C\delta_{i_1 i_2 \ldots i_n}$).

Es bleibt noch f in den Punkten zweiter Art der CANTORschen Menge Π zu definieren. Es sei x ein solcher Punkt. Er definiert einen Schnitt in der geordneten Menge aller Zwischenintervalle von Π: Die Unterklasse dieses Schnittes besteht aus allen links von x gelegenen Zwischenintervallen, die Oberklasse aus allen rechts von x gelegenen; diesem Schnitt in der Menge der Zwischenintervalle $\delta_{i_1 \ldots i_n}$ entspricht der Schnitt (A_x, B_x) in der Menge aller dyadisch-rationalen Zahlen $0, i_1 \ldots i_n$. Die durch diesen Schnitt bestimmte Zahl (d. h. $\sup A_x = \inf B_x$) setzen wir als Wert der Funktion f im Punkte x fest.

Der Leser überzeugt sich mühelos davon, daß f eine stetige monoton wachsende Funktion ist (die in jedem Zwischenintervall der CANTORschen Menge Π konstant ist).

B e m e r k u n g. Die CANTORsche Treppenfunktion f stellt eine eineindeutige Abbildung der Menge aller Punkte zweiter Art der CANTORschen Menge Π auf die Menge aller dyadisch-irrationalen Punkte des Segmentes $[0, 1]$ her, wobei auch die Umkehrfunktion $f^{-1}(x)$ stetig ist (auf der Menge der dyadisch-irrationalen Punkte des Segmentes $[0, 1]$). Die Menge aller Punkte erster Art der Menge Π (einschließlich der Punkte 0 und 1) wird stetig auf die Menge aller dyadisch-rationalen Punkte des Segmentes $[0, 1]$ abgebildet, wobei das Urbild jedes dyadisch-rationalen Punktes $0, i_1 \dots i_n 1$ des Intervalls $]0, 1[$ aus zwei Punkten erster Art besteht, nämlich aus den beiden Randpunkten des Intervalls $\delta_{i_1 \dots i_n}$.

Wir kommen nun zu Beispielen von unstetigen monotonen Funktionen. Die auf den beiden offenen Intervallen $]-\infty, 0[$ und $]0, +\infty[$ konstante (und damit auch stetige) monoton wachsende Funktion $\operatorname{sgn} x$ besitzt im Punkte 0 eine Unstetigkeit erster Art.

B e i s p i e l e i n e r m o n o t o n e n F u n k t i o n, d i e a u f $[0, 1]$ d e f i n i e r t i s t u n d e i n e i n $[0, 1]$ ü b e r a l l d i c h t e M e n g e v o n U n s t e t i g k e i t s s t e l l e n b e s i t z t. Wir ordnen alle rationalen Zahlen des Intervalls $]0, 1[$ in einer Folge

$$r_1, r_2, \dots, r_n, \dots$$

an, setzen $f(0) = 0$ und für jedes x mit $0 < x \leqslant 1$

$$f(x) = \sum\nolimits^{(x)} \frac{1}{2^n}.$$

Dabei bedeutet $\sum^{(x)}$, daß die Summe über alle n erstreckt wird, für die $r_n < x$ ist $\left(\text{insbesondere ist } f(1) = \sum_{n=1}^{\infty} \frac{1}{2^n} = 1\right)$. Jeder rationale Punkt r_n des Intervalls $]0, 1[$ ist eine Unstetigkeitsstelle der Funktion f, da für $x > r_k$

$$f(x) = \sum\nolimits^{(x)} \frac{1}{2^n} \geqslant \sum\nolimits^{(r_k)} \frac{1}{2^n} + \frac{1}{2^k} = f(r_k) + \frac{1}{2^k}$$

gilt. Hieraus folgt $f(r_{k+}) \geqslant f(r_k) + \frac{1}{2^k}$, womit bewiesen ist, daß r_k eine Unstetigkeitsstelle unserer Funktion ist. Es ist übrigens leicht einzusehen, daß $f(r_{k+}) = f(r_k) + \frac{1}{2^k}$ und $f(r_{k-}) = f(r_k)$ ist; der Sprung der Funktion im Punkte r_k ist also gleich $\frac{1}{2^k}$.

S a t z 12. *Jede Unstetigkeit einer monotonen Funktion ist eine Unstetigkeit erster Art.*

Es genügt, den B e w e i s für den Fall einer monoton wachsenden Funktion f durchzuführen (für monoton fallende Funktionen läßt er sich auf den Fall der monoton wachsenden durch Umkehrung des Vorzeichens zurückführen: Ist f eine monoton fallende Funktion, dann ist die Funktion $-f$ monoton wachsend).

Zum Beweis des Satzes 12 bezeichnen wir die obere Grenze der Menge aller Funktionswerte $f(x)$ für $x < x_0$ mit y_0. Zu jedem $\varepsilon > 0$ läßt sich nach Definition der oberen Grenze ein $x < x_0$ finden derart, daß

$$y_0 - \varepsilon < f(x) \leqslant y_0$$

gilt. Dann ist aber für jedes x' mit $x < x' < x_0$ erst recht

$$y_0 - \varepsilon < f(x') \leqslant y_0,$$

woraus $y_0 = f(x_{0-})$ folgt. Ebenso überzeugen wir uns davon, daß $f(x_{0+})$ existiert und gleich der unteren Grenze der Menge aller $f(x)$ mit $x > x_0$ ist. Satz 12 ist damit bewiesen.

Es gilt offenbar für jeden Punkt x_0 des Definitionsbereichs einer wachsenden Funktion

$$f(x_{0-}) \leqslant f(x_0) \leqslant f(x_{0+}),$$

so daß x_0 dann und nur dann eine Unstetigkeitsstelle der Funktion ist, wenn der Sprung $f(x_{0+}) - f(x_{0-})$ eine positive Zahl ist. Daher kann eine monotone Funktion keine hebbaren Unstetigkeiten und auch keine Unstetigkeiten mit unendlichem Sprung besitzen[1].

S a t z 13. *Die Menge aller Unstetigkeitsstellen einer monotonen Funktion ist höchstens abzählbar*[2].

B e w e i s. Aus den Definitionen folgt zunächst:

Ist $x' < x''$, so gilt für eine wachsende Funktion f stets

$$f(x'_+) \leqslant f(x''_-) \leqslant f(x''). \tag{1}$$

Es ergibt sich aus Satz 12, daß jede Unstetigkeitsstelle x_0 einer wachsenden Funktion f auf der Ordinatenachse ein Intervall $]f(x_{0-}), f(x_{0+})[$ definiert. Aus (1) folgt, daß sich diese Intervalle für zwei verschiedene Unstetigkeitsstellen nicht überschneiden; daher ist ihre Anzahl höchstens abzählbar (siehe Satz 6 des vorigen Kapitels).

Wir schließen diesen Paragraphen mit folgendem Satz ab, dessen Beweis wir dem Leser überlassen.

S a t z 14. *Es sei f eine auf einem Segment $[a, b]$ definierte stetige eigentlich monotone Funktion; ferner sei $f(a) = \alpha$, $f(b) = \beta$ und etwa $\alpha < \beta$. Dann vermittelt die Funktion f eine eineindeutige Abbildung des Segments $[a, b]$ auf das Segment $[\alpha, \beta]$. Dabei ist die inverse Abbildung f^{-1} eine auf $[\alpha, \beta]$ definierte eigentlich monotone Funktion.*

Es gilt auch umgekehrt:

S a t z 14'. *Es sei f eine auf dem Segment $[a, b]$ stetige Funktion, die in je zwei verschiedenen Punkten dieses Segments verschiedene Werte annimmt. Dann ist die Funktion f eine eigentlich monotone Funktion. (Nach Satz 14 ist dann auch die inverse Funktion f^{-1} eigentlich monoton.)*

H i n w e i s: Beim Beweis des Satzes 14' muß man Satz 9 benutzen.

---

[1]) Wenn eine wachsende Funktion bei Annäherung an den Punkt x_0 (offenbar von links) gegen $+\infty$ strebt, dann kann die Funktion im Punkte x_0 keinen endlichen Wert annehmen. So verhält es sich z. B. an der Stelle $x_0 = 0$ bei der Funktion $f(x) = \frac{1}{x^2}$, die auf dem Intervall $]-\infty, 0[$ definiert ist. Eine analoge Bemerkung kann gemacht werden, wenn $f(x_{0+}) = -\infty$ ist, z. B. bei der Funktion $f(x) = -\frac{1}{x^2}$ auf $]0, \infty[$ an der Stelle $x_0 = 0$.

[2]) Dabei übersteigt auf einem endlichen Segment $[a, b]$ die Anzahl der Unstetigkeitsstellen mit einem Sprung $\geqslant \varepsilon$ nicht die Zahl $\frac{1}{\varepsilon}(f(b) - f(a))$.

§ 4. Funktionen von endlicher[1] Variation

Jede endliche Menge von Punkten eines Segments $[a, b]$, in der die beiden Endpunkte enthalten sind, heißt ein *Gitter des Segments.* Jedes Gitter eines Segments läßt sich in der Form

$$G = \{a = x_0, x_1, \ldots, x_n, x_{n+1} = b\} \tag{1}$$

aufschreiben, wobei man stets

$$x_1 < \ldots < x_n$$

voraussetzt[2]. Es sei f irgendeine auf $[a, b]$ definierte Funktion. Als *Variation der Funktion f bezüglich des Gitters* (1) bezeichnet man die nichtnegative Zahl

$$V_G f = \sum_{k=0}^{n} |f(x_{k+1}) - f(x_k)|.$$

Die obere Grenze der Menge aller Zahlen $V_G f$ ist, wenn G die Menge aller Gitter des Segments $[a, b]$ durchläuft, entweder eine nichtnegative Zahl oder $+\infty$; sie heißt die *Totalvariation der Funktion f auf dem Segment $[a, b]$* und wird mit $V_a^b f$ bezeichnet. Ist $V_a^b f$ endlich, so nennt man f eine *Funktion von endlicher Variation auf $[a, b]$.*

Bevor wir einige Betrachtungen über die Totalvariation einer Funktion anstellen, machen wir noch folgende Bemerkung:

Hilfssatz 1. *Für je zwei Punkte a' und b' eines Segments $[a, b]$ gilt stets*

$$|f(b') - f(a')| \leqslant V_a^b f. \tag{2}$$

Zum Beweis genügt es, ein Gitter zu konstruieren, das die Punkte a' und b' als benachbarte Punkte enthält. Ist $a' = a$, $b' = b$, so ist das Punktepaar a, b solch ein Gitter; wenn jedoch etwa $a < a' < b' \leqslant b$ ist, so kann man $\{a, a', b\}$ im Falle $b' = b$ und $\{a, a', b', b\}$ im Falle $b' < b$ als das gesuchte Gitter nehmen.

Insbesondere ist

$$|f(b) - f(a)| \leqslant V_a^b f. \tag{2_0}$$

Aus dem Hilfssatz 1 folgt, daß jede Funktion von endlicher Variation auf $[a, b]$ dort auch beschränkt ist; für eine unbeschränkte Funktion f läßt sich nämlich zu jeder positiven Zahl N ein $x \in [a, b]$ finden, so daß $|f(x) - f(a)| > N$ und damit erst recht $V_a^b f > N$ ist, d. h., da N beliebig groß sein kann, $V_a^b f = +\infty$.

Satz 15. *Jede auf einem Segment $[a, b]$ monotone Funktion f ist eine Funktion von endlicher Variation auf $[a, b]$, wobei*

$$V_a^b f = |f(b) - f(a)|$$

ist.

---

[1]) In der älteren deutschen Literatur meist (nicht sehr sinngemäß) „von beschränkter Variation". Wir schließen uns hier dem Sprachgebrauch von Natanson an. (Anm. der Redaktion der deutschen Ausgabe.)

[2]) Man spricht dann von einer *Zerlegung* des Segments. (Anm. der Redaktion der deutschen Ausgabe.)

Für jede auf $[a, b]$ wachsende Funktion und jedes Gitter $G = \{a = x_0, x_1, \ldots, x_n, x_{n+1} = b\}$ gilt nämlich

$$V_G f = \sum_{k=0}^{n} |f(x_{k+1}) - f(x_k)| = \sum_{k=0}^{n} [f(x_{k+1}) - f(x_k)] = f(b) - f(a) = |f(b) - f(a)|.$$

Hilfssatz 2. *Für je zwei auf $[a, b]$ definierte Funktionen f_1 und f_2 und jedes Gitter G gilt*

$$V_G(f_1 + f_2) \leqq V_G f_1 + V_G f_2.$$

Setzen wir nämlich $f(x) = f_1(x) + f_2(x)$, so erhalten wir

$$V_G f = \sum_{k=0}^{n} |f(x_{k+1}) - f(x_k)| = \sum_{k=0}^{n} |[f_1(x_{k+1}) - f_1(x_k)] + [f_2(x_{k+1}) - f_2(x_k)]|$$

$$\leqq \sum_{k=0}^{n} |f_1(x_{k+1}) - f_1(x_k)| + \sum_{k=0}^{n} |f_2(x_{k+1}) - f_2(x_k)| = V_G f_1 + V_G f_2,$$

womit der Hilfssatz 2 bewiesen ist. Aus ihm geht hervor, daß erst recht für jedes Gitter G

$$V_G(f_1 + f_2) \leqq V_a^b f_1 + V_a^b f_2$$

und daher auch

$$\sup_{(G)} V_G(f_1 + f_2) \leqq V_a^b f_1 + V_a^b f_2$$

gilt.

Damit haben wir schon den folgenden Satz bewiesen:

Satz 16. *Für zwei beliebige auf $[a, b]$ definierte Funktionen f_1 und f_2 gilt*

$$V_a^b(f_1 + f_2) \leqq V_a^b f_1 + V_a^b f_2.$$

Folgerung. *Die Summe zweier Funktionen von endlicher Variation auf $[a, b]$ ist wieder eine Funktion von endlicher Variation auf $[a, b]$.*

Ist f eine Funktion von endlicher Variation, dann besitzt offenbar auch die Funktion $-f$ diese Eigenschaft. Daher ergibt sich aus der eben formulierten Folgerung des Satzes 16, daß auch die Differenz zweier Funktionen von endlicher Variation eine Funktion von endlicher Variation sein muß. Etwas schwieriger ist der Beweis dafür, daß das Produkt zweier Funktionen von endlicher Variation auf $[a, b]$ eine Funktion von endlicher Variation ist. Für den Quotienten ist dieser Satz sicher falsch: Die Funktion $f(x) = \begin{cases} x & \text{auf } [-1, 0[\text{ und }]0, 1] \\ 1 & \text{in } 0 \end{cases}$ ist auf $[-1, 1]$ von endlicher Variation, während $\dfrac{1}{f(x)}$ als eine auf $[-1, 1]$ unbeschränkte Funktion nicht von endlicher Variation sein kann.

In der Theorie der Funktionen von endlicher Variation ist der folgende Satz von grundlegender Bedeutung.

S a t z 17. *Ist* $a < c < b$, *so gilt für jede auf* $[a, b]$ *definierte Funktion* f

$$V_a^b f = V_a^c f + V_c^b f. \tag{3}$$

Zunächst beweisen wir folgenden Hilfssatz:

H i l f s s a t z 3. *Ist ein Gitter* G *eines Segments* $[a, b]$ *eine Untermenge eines Gitters* G' *desselben Segments, so ist* $V_G f \leqq V_{G'} f$.

Es genügt, den Hilfssatz in dem Spezialfall zu beweisen, daß die Zerlegung G' außer den Punkten $a = x_0, x_1, \ldots, x_n, x_{n+1} = b$ der Zerlegung G nur noch einen einzigen Punkt[1] c enthält, der in dem Intervall $]x_i, x_{i+1}[$ liege. Dann treten alle Summanden der Summe

$$V_G = \sum_{k=0}^{n} |f(x_{k+1}) - f(x_k)|$$

auch als Summanden in der Summe $V_{G'}$ auf mit Ausnahme von $|f(x_{i+1}) - f(x_i)|$, das durch die Summe $|f(x_{i+1}) - f(c)| + |f(c) - f(x_i)|$ ersetzt wird. Es ist aber

$$|f(x_{i+1}) - f(x_i)| \leqq |f(x_{i+1}) - f(c)| + |f(c) - f(x_i)|,$$

womit der Hilfssatz bewiesen ist.

B e w e i s d e s S a t z e s 17. Jedes Gitter des Segments $[a, b]$, das den Punkt c enthält, nennen wir s p e z i e l l e s Gitter dieses Segments. Jedes spezielle Gitter des Segments $[a, b]$ hat offenbar die Form

$$G' = \{a = x_0, \ldots, x_i = c, x_{i+1}, \ldots, x_{n+1} = b\}$$

und zerfällt in die beiden Gitter

$$G'_{ac} = \{a = x_0, \ldots, x_i\}$$

und

$$G'_{cb} = \{x_i, \ldots, x_{n+1} = b\}$$

der Segmente $[a, c]$ bzw. $[c, b]$. Umgekehrt ergibt ein beliebiges Gitter G_{ac} des Segmentes $[a, c]$ zusammen mit einem beliebigen Gitter G_{cb} des Segments $[c, b]$ ein gewisses spezielles Gitter G' des Segments $[a, b]$. Dabei ist

$$V_{G'} f = V_{G_{ac}} f + V_{G_{cb}} f.$$

Hieraus folgt, daß die Menge aller Zahlen $V_{G'} f$ mit der Menge aller Zahlen $V_{G_{ac}} f + V_{G_{cb}} f$ identisch ist; dabei durchläuft G' alle speziellen Gitter des Segments $[a, b]$, G_{ac} alle Gitter des Segments $[a, c]$ und G_{cb} alle Gitter des Segments $[c, b]$. Die obere Grenze der Menge aller Zahlen $V_{G_{ac}} f + V_{G_{cb}} f$ ist aber nichts anders als $V_a^c f + V_c^b f$. Daher ist $\sup\limits_{G'} V_{G'} f = V_a^c f + V_c^b f$ (wobei G' alle speziellen Gitter von $[a, b]$ durchläuft).

Es bleibt

$$\sup_{G'} V_{G'} f = V_a^b f \tag{4}$$

zu beweisen.

---

[1]) Nur diesen Spezialfall werden wir später benötigen.

Da die Menge aller speziellen Gitter G' ein Teil der Menge aller Gitter G des Segments $[a, b]$ ist, gilt

$$\sup_{G'} V_{G'} f \leqslant \sup_{G} V_G f = V_a^b f. \tag{5}$$

Andererseits kann man jedes Gitter G durch Hinzufügen eines Punktes c in ein spezielles Gitter verwandeln, wobei sich die Variation der Funktion längs der Gitter nur vergrößern kann (Hilfssatz 3). Zu jedem Gitter G existiert also ein spezielles Gitter $G' \supset G$, für das $V_G f \leqslant V_{G'} f$ ist.

Hieraus folgt

$$\sup_{G} V_G f \leqslant \sup_{G'} V_{G'} f. \tag{6}$$

Fassen wir die Ungleichungen (5) und (6) zusammen, so erhalten wir die Gleichung (4). Damit ist auch der Beweis von Satz 17 abgeschlossen.

Aus Satz 17 ergibt sich sofort die

Folgerung: *Gibt es ein Gitter*

$$G = \{a = x_0, x_1, \ldots, x_n, x_{n+1} = b\} \tag{1}$$

des Segments $[a, b]$ *derart, daß die auf* $[a, b]$ *definierte Funktion* f *auf jedem der Segmente* $[x_k, x_{k+1}]$ *von endlicher Variation ist, so muß die Funktion* f *auch auf dem ganzen Segment* $[a, b]$ *von endlicher Variation sein.*

Kann insbesondere ein Gitter (1) so gewählt werden, daß die Funktion f auf jedem der Segmente $[x_k, x_{k+1}]$ monoton ist, so ist f eine Funktion von endlicher Variation auf $[a, b]$. Hieraus folgt ferner, daß eine auf $[a, b]$ stetige Funktion, die nur endlich viele Maxima und Minima besitzt, von endlicher Variation ist[1].

Wir beweisen jetzt einen schärferen Satz, und zwar

Satz 18. *Kann ein Gitter* (1) *so ausgewählt werden, daß die als beschränkt vorausgesetzte Funktion* f *auf jedem der Intervalle* $]x_k, x_{k+1}[$ *monoton ist, so ist die Funktion* f *auf* $[a, b]$ *von endlicher Variation.*

Zum Beweis des Satzes 18 genügt es offenbar, folgenden Hilfssatz zu beweisen:

Hilfssatz 4. *Ist eine auf einem Segment* $[a, b]$ *definierte Funktion beschränkt und auf dem Intervall* $]a, b[$ *monoton, so ist sie auf dem Segment von endlicher Variation.*

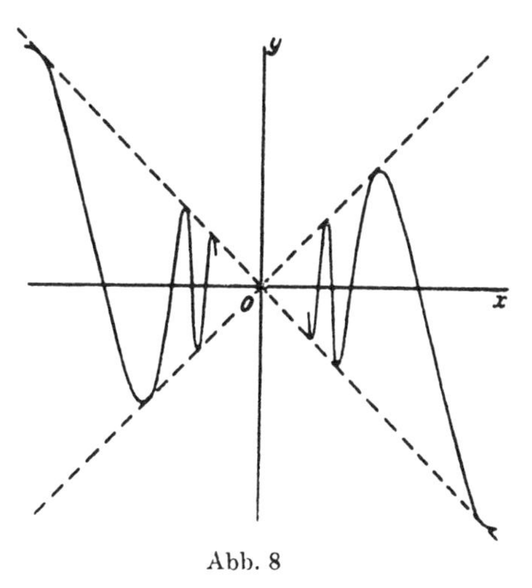

Abb. 8

Wir bemerken, daß der Hilfssatz 4 im Falle einer auf $[a, b]$ definierten stetigen Funktion f trivial ist, da eine auf $[a, b]$ stetige und auf $]a, b[$ monotone Funktion

[1]) Sind $x_0 < x_1 < \ldots < x_{n+1}$ alle Maxima und Minima der auf $[a, b]$ stetigen Funktion f, so ist die Funktion f auf jedem der Segmente $[x_i, x_{i+1}]$ monoton.

auch auf $[a, b]$ monoton ist. Diese letzte Behauptung kann jedoch für unstetige Funktionen falsch sein[1].

Der Hilfssatz 4 seinerseits geht aus der folgenden, noch schärferen Behauptung hervor:

Hilfssatz 4'. *Ist eine auf $[a, b]$ definierte beschränkte Funktion f auf $]a, b[$ monoton und ist M ihre obere, m ihre untere Grenze auf diesem Segment, so ist* $V_a^b f \leq 3(M - m)$.

(Wie das in der Fußnote[1] angeführte Beispiel zeigt, läßt sich diese Abschätzung nicht weiter verbessern.)

Der Hilfssatz 4' ergibt sich daraus, daß für eine auf $]a, b[$ wachsende Funktion f und für jedes Gitter (1) gilt:

$$V_G f = |f(x_1) - f(a)| + [f(x_n) - f(x_1)] + |f(b) - f(x_n)|$$
$$\leq (M - m) + (M - m) + (M - m) = 3(M - m).$$

Bemerkung. Wir sahen, daß alle „einfachen" stetigen Funktionen, nämlich alle Funktionen, die nur endlich viele Maxima und Minima besitzen, Funktionen von endlicher Variation sind. Jedoch ist nicht jede auf $[a, b]$ stetige Funktion von endlicher Variation auf $[a, b]$. So ist z. B. die auf der Zahlengeraden durch die Gleichungen

$$f(x) = x \cos \frac{\pi}{x} \quad \text{für} \quad x \neq 0, \ f(0) = 0$$

(s. Abb. 8) definierte Funktion stetig und nimmt in den Punkten $c_n = \frac{1}{n}$ die Werte $f(c_n) = (-1)^n \cdot \frac{1}{n}$ an. Zwischen c_{n+1} und c_n liegt der Punkt $d_n = \frac{1}{n + \frac{1}{2}}$, in welchem f den Wert 0 annimmt. Daher ist längs des Gitters

$$G_{n,p} = \left\{0, \ c_{n+p}, \ d_{n+p-1}, \ c_{n+p-1}, \ d_{n+p-2}, \ \ldots, \ c_{n+1}, \ d_n, \ \frac{2}{\pi}\right\}$$

die Variation der Funktion gleich

$$|f(c_{n+p}) - f(0)| + |f(d_{n+p-1}) - f(c_{n+p})|$$
$$+ |f(c_{n+p-1}) - f(d_{n+p-1})| + \cdots + |f(d_n) - f(c_{n+1})| + \left|f\left(\frac{2}{\pi}\right) - f(d_n)\right|$$
$$> \frac{1}{n+p} + \frac{1}{n+p} + \frac{1}{n+p-1} + \frac{1}{n+p-1} + \cdots + \frac{1}{n+1} + \frac{1}{n+1} > \sum_{k=n+1}^{n+p} \frac{1}{k}.$$

Infolge der Divergenz der harmonischen Reihe $\sum_{k=1}^{\infty} \frac{1}{k}$ erhalten wir für hinreichend großes p ein Gitter $G_{n,p}$, für welches die Variation der Funktion beliebig

[1] Wir definieren die Funktion f in dem Segment $[0, 1]$ wie folgt: $f(0) = 1$, $f(1) = 0$, $f(x) = x$ für $0 < x < 1$; diese Funktion ist auf $]0, 1[$ monoton, auf $[0, 1]$ jedoch nicht. Dabei ist $V_0^1 f = 3$.

groß wird. Folglich ist

$$V_0^1 f = +\infty .$$

Ebenso überzeugen wir uns davon, daß auch die auf der ganzen Zahlengeraden durch die Gleichungen

$$f(x) = x \sin \frac{1}{x} \quad \text{für} \quad x \neq 0 , \ f(0) = 0$$

definierte Funktion stetig und von unendlicher Variation ist.

Die Struktur der Funktionen von endlicher Variation wird aus dem folgenden Satz völlig klar:

Satz 19. *Jede Funktion f von endlicher Variation auf $[a, b]$ läßt sich als Differenz zweier auf $[a, b]$ monoton wachsender Funktionen darstellen.*

Beweis. Es darf angenommen werden, daß $f(a) = 0$ ist — sonst hätte man nur $f(x)$ durch $f(x) - f(a)$ zu ersetzen. Setzen wir für jedes $x \in [a, b]$

$$\begin{cases} \varphi(x) = V_a^x f & (x > a), \ \varphi(a) = 0, \\ \psi(x) = V_a^x f - f(x) & (x > a), \ \psi(a) = f(a), \end{cases}$$

so ist offenbar

$$f(x) = \varphi(x) - \psi(x) .$$

Nach Satz 17 gilt für $x' < x''$ stets

$$\varphi(x'') - \varphi(x') = V_{x'}^{x''} f \geqslant 0 ,$$

d. h., φ ist eine wachsende Funktion auf $[a, b]$. Andererseits ist nach Hilfssatz 1

$$V_{x'}^{x''} f \geqslant |f(x'') - f(x')| ,$$

und damit

$$\psi(x'') - \psi(x') = V_a^{x''} f - V_a^{x'} f - f(x'') + f(x') = V_{x'}^{x''} f - [f(x'') - f(x')] \geqslant 0 ,$$

d. h., auch ψ ist eine monoton wachsende Funktion, womit Satz 19 bewiesen ist.

Da die Summe bzw. die Differenz zweier Funktionen von endlicher Variation, insbesondere zweier monotoner Funktionen, eine Funktion von endlicher Variation ist, fällt die Klasse der Funktionen von endlicher Variation auf $[a, b]$ mit der Klasse der Funktionen zusammen, die sich als Differenz zweier monoton wachsender oder (was dasselbe ist) als Summe von zwei monotonen Funktionen darstellen lassen.

Hieraus und aus den Sätzen 12 und 13 folgt:

Satz 20. *Jede Unstetigkeit einer Funktion von endlicher Variation ist eine Unstetigkeit erster Art.*

Satz 21. *Die Menge aller Unstetigkeitsstellen einer Funktion von endlicher Variation ist höchstens abzählbar.*

§ 5. Funktionenfolgen; gleichmäßige und ungleichmäßige Konvergenz

Wir sagen, eine Folge von Funktionen

$$f_1, f_2, \ldots, f_n, \ldots, \tag{1}$$

die auf einer gegebenen Menge E definiert sind, *konvergiere* auf dieser Menge gegen eine Funktion f (oder *besitze* die Funktion f als *Limes*), wenn für jeden Punkt $x \in E$ die Zahlenfolge

$$f_1(x), f_2(x), \ldots, f_n(x), \ldots \tag{2}$$

gegen den Wert der Funktion f im Punkte x konvergiert. Zu jedem vorgegebenen Punkt $x \in E$ und zu jedem $\varepsilon > 0$ muß sich also eine natürliche Zahl N angeben lassen derart, daß für jedes $n \geqslant N$

$$|f(x) - f_n(x)| < \varepsilon \tag{3}$$

ist.

Die Zahl N hängt im allgemeinen nicht nur von ε, sondern auch vom Punkte x ab: Bei ein und demselben ε, aber verschiedenen x, muß man verschiedene N wählen, wenn die Ungleichung (3) gelten soll.

Es sei z. B. E das Intervall $]0, 1[$ der Zahlengeraden und

$$\varphi_n(x) = x^n, \quad n = 1, 2, 3, \ldots. \tag{4}$$

Die Kurven dieser Funktionen sind Bögen von Parabeln verschiedener Ordnung; für $n = 1$ ergibt sich eine Gerade, für $n = 2$ eine gewöhnliche Parabel, für $n = 3$ eine kubische Parabel usw.

Für jedes $x \in E$, d. h. $0 < x < 1$, konvergiert die Folge $x, x^2, \ldots, x^n, \ldots$ gegen Null, so daß die Funktionenfolge (2) auf E gegen die Funktion $\varphi(x) \equiv 0$ konvergiert. Wählen wir jedoch z. B. $\varepsilon = \frac{1}{2}$, so läßt sich zu jeder Zahl n ein hinreichend nahe an 1 gelegener x-Wert finden, für den $\varphi_n(x) > \frac{1}{2}$, d. h. $|\varphi(x) - \varphi_n(x)| > \varepsilon$ ist; man kann also für $\varepsilon = \frac{1}{2}$ keine Zahl n finden, so daß die Ungleichung $|\varphi(x) - \varphi_n(x)| < \varepsilon$ in allen Punkten von E erfüllt wäre.

Wir betrachten nun die Folge (4) nicht auf dem Intervall $]0, 1[$, sondern auf dem Segment $[0, 1]$. Da für jedes n die Beziehung $\varphi_n(1) = 1$ gilt, muß auch $\varphi(1) = \lim \varphi_n(1) = 1$ sein. Also konvergiert die Folge (4) auf dem Segment $[0, 1]$ gegen eine Funktion φ, die in allen Punkten des Intervalls $]0, 1[$ verschwindet und im Punkte $x = 1$ den Wert Eins hat. Hieraus ersieht man, daß der Limes einer konvergenten Folge von stetigen Funktionen keine stetige Funktion zu sein braucht.

Im Zusammenhang mit dieser Möglichkeit erinnern wir an den aus der Analysis bekannten Begriff der gleichmäßigen Konvergenz.

Definition 5. Eine Folge (1) *konvergiert gleichmäßig* gegen eine Funktion f, wenn sich zu jedem $\varepsilon > 0$ ein N_ε finden läßt derart, daß für $n > N_\varepsilon$ in allen Punkten $x \in E$ die Ungleichung

$$|f(x) - f_n(x)| < \varepsilon$$

erfüllt ist.

Die Folge $\{\varphi_n(x)\} = \{x^n\}$ konvergiert gleichmäßig gegen Null auf dem Segment $[0, c]$, wobei c beliebig aus dem Intervall $]0, 1[$ sein kann.

Zum Beweis dieser Behauptung genügt es, zu jedem $\varepsilon > 0$ ein N_ε so zu wählen, daß bei $n > N_\varepsilon$ für alle x mit $x \in [0, c]$ gilt: $|x^n - 0| = x^n < \varepsilon$. Dazu braucht man bei vorgegebenem ε die Zahl N_ε nur so zu wählen, daß für $n > N_\varepsilon$ die Ungleichung $c^n < \varepsilon$ gilt; denn aus $x < c$ folgt $x^n < c^n$. Damit gilt aber für alle in dem Segment $[0, c]$ gelegenen Punkte x erst recht $x^n < \varepsilon$.

Wir machen noch einige einfache Bemerkungen über die gleichmäßige Konvergenz:

1⁰ Konvergiert eine Folge (1) auf einer Menge E gleichmäßig, so konvergiert sie auch auf jeder Menge $E_0 \subseteq E$ gleichmäßig.

2⁰ Besteht die Menge E nur aus endlich vielen Punkten, so konvergiert jede auf E konvergente Folge (1) auf E gleichmäßig.

3⁰ Ist jede der Funktionen $f_n(x)$ einer Folge (1) auf E konstant und konvergiert die Folge (1) auf E, so konvergiert sie gleichmäßig.

4⁰ Es sei eine endliche Anzahl von Mengen $E_1, \ldots, E_s$ gegeben. Konvergiert die Folge (1) auf jeder einzelnen von ihnen gleichmäßig, so konvergiert sie auch auf der Menge $E_1 \cup \ldots \cup E_s$ gleichmäßig.

Für den Fall von abzählbar vielen Mengen M_k gilt im allgemeinen die analoge Aussage nicht: Die Folge $\{\varphi_n(x)\} = \{x^n\}$ konvergiert auf jedem der Segmente $M_k = \left[\frac{k-1}{k}, \frac{k}{k+1}\right]$, $k = 1, 2, 3, \ldots$, gleichmäßig, auf der Vereinigung dieser Segmente jedoch, d. h. auf dem halboffenen Intervall $[0, 1[$ konvergiert sie nicht gleichmäßig.

Satz 22. *Ist eine auf einer Menge E definierte Funktion f Grenzwert einer (auf E) gleichmäßig konvergenten Folge stetiger Funktionen*

$$f_1, f_2, \ldots, f_n, \ldots, \tag{1}$$

so ist f auf der Menge E stetig.

Es sei x_0 irgendein Punkt der Menge E und $y_0 = f(x_0)$. Wir geben uns ein $\varepsilon > 0$ vor. Es ist die Existenz einer Umgebung $U = U(x_0, \eta)$ zu zeigen, die so beschaffen ist, daß für jedes $x \in U$ die Ungleichung $|f(x_0) - f(x)| < \varepsilon$ gilt. Unter Benutzung der gleichmäßigen Konvergenz der Folge (1) läßt sich zunächst ein n angeben derart, daß

$$|f(x) - f_n(x)| < \frac{\varepsilon}{3} \quad \text{für alle } x \in E \tag{5}$$

ist. Da die Funktion f_n stetig ist, läßt sich eine Umgebung U des Punktes x_0 finden derart, daß

$$|f_n(x_0) - f_n(x)| < \frac{\varepsilon}{3} \quad \text{für alle } x \in U \tag{6}$$

ist. Setzen wir in (5) $x = x_0$, so ergibt sich

$$|f(x_0) - f_n(x_0)| < \frac{\varepsilon}{3}. \tag{7}$$

Aus den Ungleichungen (7), (6), (5) erhalten wir für jedes $x \in U$

$$|f(x_0) - f(x)| \leqq |f(x_0) - f_n(x_0)| + |f_n(x_0) - f_n(x)| + |f_n(x) - f(x)| < \frac{\varepsilon}{3} + \frac{\varepsilon}{3} + \frac{\varepsilon}{3} = \varepsilon,$$

womit der Satz bewiesen ist.

Die eben durchgeführte Überlegung zeigt:

Für die Stetigkeit der Limesfunktion f einer Folge von stetigen Funktionen (1) *ist folgende* (*unter dem Namen* DINI-Bedingung *bekannte*) *Bedingung hinreichend:*

Zu jedem $\varepsilon > 0$ läßt sich eine natürliche Zahl n so wählen, daß für alle $x \in E$ $|f(x) - f_n(x)| < \varepsilon$ ist. Wie wir jedoch sofort an einem Beispiel sehen werden, ist für die Stetigkeit der Limes-Funktion f die wohl hinreichende DINI-Bedingung nicht notwendig (eine notwendige und hinreichende Bedingung ist im Anhang 2 zu Kapitel VII angegeben).

Wir definieren in dem Segment $[0, 1]$ eine Funktionenfolge durch

$$\psi_n(x) = \begin{cases} 2^{n+1} x & \text{für } x \in \left[0, \dfrac{1}{2^{n+1}}\right], \\ 2^{n+1}\left(\dfrac{1}{2^n} - x\right) & \text{für } x \in \left[\dfrac{1}{2^{n+1}}, \dfrac{1}{2^n}\right], \\ 0 & \text{für } x \in \left[\dfrac{1}{2^n}, 1\right]. \end{cases}$$

Die graphische Darstellung der Funktion ψ_n zeigt Abb. 9. Eine Vorstellung von der ganzen Folge erhält man aus Abb. 10.

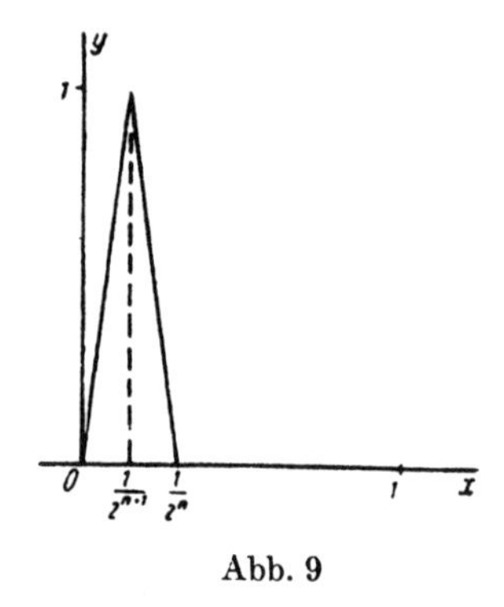

Abb. 9

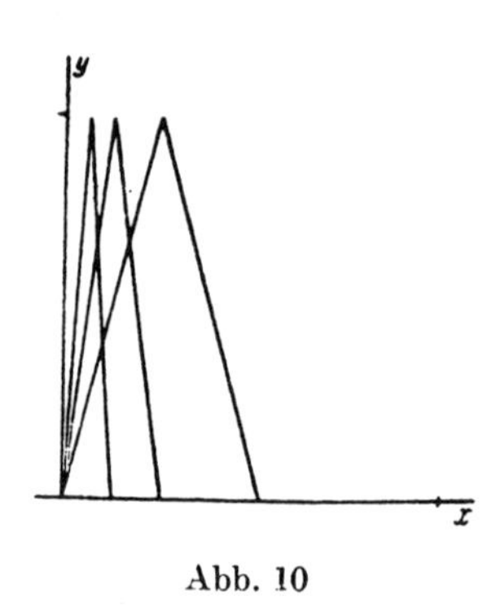

Abb. 10

Die Folge

$$\psi_1, \psi_2, \ldots, \psi_n, \ldots \tag{8}$$

konvergiert auf dem Segment $[0, 1]$ gegen Null. Denn im Punkte $x = 0$ sind alle Funktionen ψ_n gleich Null; ist aber $x > 0$, so läßt sich ein N finden derart, daß $\dfrac{1}{2^N} < x$ und für jedes $n \geqslant N$ der Wert der Funktion ψ_n in diesem Punkte x gleich Null ist.

Die Folge (8) konvergiert aber nicht gleichmäßig. Überdies genügt sie nicht der DINI-Bedingung, da sich zu jedem n ein Punkt, und zwar $x = \dfrac{1}{2^{n+1}}$, angeben läßt, in welchem der Wert der Funktion $\psi_n(x)$ gleich 1 ist und sich somit um 1 von dem Wert der Limesfunktion unterscheidet, die identisch gleich Null ist.

Beispiel einer Folge von stetigen Funktionen, die auf keinem Intervall gleichmäßig konvergiert. Wir definieren die Funktion $f_n(x)$ durch einen Streckenzug, dessen geradlinige Abschnitte durch aufeinanderfolgende Verbindung der Punkte der Ebene mit den Koordinaten

$$(0, f(0)), \left(\frac{1}{2^{n+1}}, f\left(\frac{1}{2^{n+1}}\right)\right), \left(\frac{2}{2^{n+1}}, f\left(\frac{2}{2^{n+1}}\right)\right), \ldots, \left(\frac{p}{2^{n+1}}, f\left(\frac{p}{2^{n+1}}\right)\right), \ldots$$

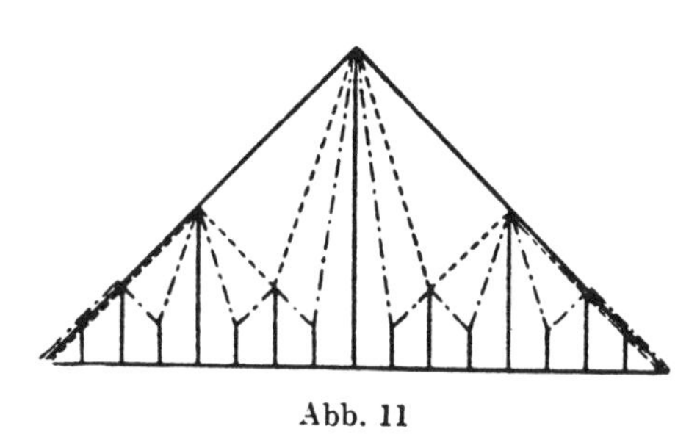

Abb. 11

entstanden sind, wobei $p = 0, 1, \ldots, 2^{n+1}$ und $f(x)$ die Funktion des Beispiels 7, § 2 ist. Die Funktionen $f_1(x)$, $f_2(x)$, $f_3(x)$ sind in Abb. 11 zu sehen (und zwar $f_1(x)$ ausgezogen, $f_2(x)$ gestrichelt und $f_3(x)$ strichpunktiert). Man sieht leicht ein, daß die Folge $\{f_n(x)\}$ auf $[0, 1]$ gegen die oben erwähnte Funktion $f(x)$ konvergiert. Da diese Funktion in keinem Intervall stetig ist, konvergiert auch die Folge $\{f_n(x)\}$ auf keinem Intervall gleichmäßig.

§ 6. Das Problem der analytischen Darstellung von Funktionen; der Satz von Weierstrass; Begriff der Baireschen Klassifikation

Wir definierten eine reelle Funktion f einer reellen Veränderlichen x als Abbildung einer Menge von reellen Zahlen auf eine andere. Dabei fragten wir nicht nach der Existenz einer Formel, die es erlaubt, zu jedem vorgelegten Wert x den entsprechenden Wert der Funktion $f(x)$ zu berechnen. Das Auffinden solcher Formeln ist jedoch sowohl vom prinzipiellen als auch vom praktischen Standpunkt aus sehr wichtig. Für stetige, auf einem Segment der Zahlengeraden definierte Funktionen wird das gestellte Problem durch den folgenden Satz völlig gelöst:

Satz 23 (Weierstrass). *Jede auf einem Segment $[a, b]$ stetige Funktion $f(x)$ ist Limes einer auf $[a, b]$ gleichmäßig konvergenten Folge von Polynomen $P_n(x)$ (und kann daher als Summe einer auf $[a, b]$ gleichmäßig konvergenten Reihe von Polynomen dargestellt werden*[1]).

Wir bringen hier den von S. N. Bernstein stammenden Beweis des Weierstrassschen Satzes. Dieser Beweis ist nicht nur sehr kurz, sondern hat auch den Vorzug, daß er die Polynome effektiv anzugeben gestattet, die eine vorgegebene stetige Funktion mit beliebiger Genauigkeit gleichmäßig approximieren.

Wir setzen zunächst voraus, es sei $a = 0$, $b = 1$, und wählen auf $[0, 1]$ irgendeine stetige Funktion f. Das Polynom

$$B_n(x) = \sum_{k=0}^{n} f\left(\frac{k}{n}\right)\binom{n}{k} x^k (1-x)^{n-k}$$

[1]) Die zweite Behauptung ist offenbar nur eine andere Formulierung der ersten: Konvergiert die Folge $\{P_n(x)\}$ auf $[a, b]$ gleichmäßig gegen $f(x)$, so sind

$$u_0(x) = P_0(x), \ldots, u_n(x) = P_n(x) - P_{n-1}(x), \quad n = 1, 2, 3, \ldots$$

ebenfalls Polynome, und die Reihe $\sum_{n=0}^{\infty} u_n(x)$ konvergiert auf $[a, b]$ gleichmäßig gegen die Funktion $f(x)$.

(wobei die $\binom{n}{k}$ Binomialkoeffizienten sind) heißt *n-tes* BERNSTEIN*sches Polynom*. Der Satz von WEIERSTRASS für das Segment $[0, 1]$ ist in folgendem zuerst von S. N. BERNSTEIN bewiesenen Satz enthalten:

Für $n \to \infty$ konvergieren die BERNSTEIN*schen Polynome $B_n(x)$ einer vorgegebenen, auf $[0, 1]$ stetigen Funktion $f(x)$ auf $[0, 1]$ gleichmäßig gegen die Funktion $f(x)$.*

Dem Beweis dieses Satzes stellen wir zwei elementare algebraische Identitäten voran[1]:

$$\sum_{k=0}^{n} \binom{n}{k} x^k(1-x)^{n-k} = 1 \quad \text{(für jedes } x\text{)}, \tag{1}$$

$$\sum_{k=0}^{n} (k - n x)^2 \binom{n}{k} x^k(1-x)^{n-k} = n x (1-x). \tag{2}$$

Die erste dieser Identitäten erhält man unmittelbar aus dem binomischen Satz

$$(a+b)^n = \sum_{k=0}^{n} \binom{n}{k} a^k b^{n-k},$$

wenn man $a = x$ und $b = 1 - x$ setzt.

Die zweite Identität läßt sich zwar auch elementar algebraisch beweisen, der einfachste Beweis ist jedoch sicherlich der folgende. Wir differenzieren die Identität

$$\sum_{k=0}^{n} \binom{n}{k} z^k = (1+z)^n \tag{3}$$

nach z und erhalten

$$\sum_{k=0}^{n} k \binom{n}{k} z^{k-1} = n (1+z)^{n-1}.$$

Multiplizieren wir beide Seiten mit z, so ergibt sich

$$\sum_{k=0}^{n} k \binom{n}{k} z^k = n z (1+z)^{n-1}. \tag{4}$$

Wir differenzieren noch einmal und multiplizieren erneut beide Seiten mit z. Nach elementaren Vereinfachungen erhalten wir

$$\sum_{k=0}^{n} k^2 \binom{n}{k} z^k = n z (1 + n z) (1+z)^{n-2}. \tag{5}$$

Wir setzen nun in (3), (4) und (5) $z = \dfrac{x}{1-x}$ und multiplizieren die erhaltenen

[1]) Den Aufbau des hier angeführten Beweises von S. N. BERNSTEIN haben wir dem Buch I. P. NATANSON, „Theorie der Funktionen einer reellen Veränderlichen", Deutsche Übersetzung: Akademieverlag, Berlin 1954, entnommen.

Identitäten mit $(1-x)^n$. Nach leichten Umformungen ergibt sich

$$\sum_{k=0}^{n} \binom{n}{k} x^k(1-x)^{n-k} = 1, \tag{6}$$

$$\sum_{k=0}^{n} k \binom{n}{k} x^k(1-x)^{n-k} = nx, \tag{7}$$

$$\sum_{k=0}^{n} k^2 \binom{n}{k} x^k(1-x)^{n-k} = nx(1-x+nx). \tag{8}$$

Multiplizieren wir (6) mit n^2x^2, (7) mit $-2nx$ und addieren die Resultate zu (8), so erhalten wir die gesuchte Identität (2).

Wir setzen nun für die Identität (2) $0 \leqslant x \leqslant 1$ voraus; dann ist $x(1-x) < 1$, und wir erhalten schließlich aus der Identität (2) die Ungleichung

$$\sum_{k=0}^{n} \binom{n}{k} (k-nx)^2 x^k (1-x)^{n-k} < n, \tag{9}$$

die beim Beweis des Satzes von S. N. Bernstein wesentlich verwendet wird. Wir beginnen nun unmittelbar mit diesem Beweis. Es genügt, für jedes $\varepsilon > 0$ ein n_ε zu finden derart, daß für alle $n > n_\varepsilon$ die Ungleichung

$$|B_n(x) - f(x)| < \varepsilon \tag{10}$$

für alle Punkte x des Segments $[0, 1]$ erfüllt ist. Dazu wählen wir zu vorgegebenem $\varepsilon > 0$ ein $\delta > 0$ so, daß für $|x'' - x'| < \delta$ stets

$$|f(x'') - f(x')| < \frac{\varepsilon}{2}$$

ist (was auf Grund der gleichmäßigen Stetigkeit von f möglich ist). Wir bezeichnen das Maximum der Funktion $f(x)$ in dem Segment $[0, 1]$ mit M. Nach Identität (1) ist

$$f(x) = \sum_{k=0}^{n} f(x) \binom{n}{k} x^k(1-x)^{n-k}$$

für jedes $x \in [0, 1]$, woraus sich (ebenfalls für jedes $x \in [0, 1]$)

$$|B_n(x) - f(x)| \leqslant \sum_{k=0}^{n} \left| f\left(\frac{k}{n}\right) - f(x) \right| \binom{n}{k} x^k(1-x)^{n-k} \tag{11}$$

ergibt. Wir wählen einen bestimmten Punkt x des Segments $[0, 1]$ aus und teilen die Menge der Zahlen $0, 1, 2, \ldots$ in zwei Untermengen A und B, indem wir zu A alle diejenigen ganzzahligen k mit $0 \leqslant k \leqslant n$ zählen, für die

$$\left|\frac{k}{n} - x\right| < \delta,$$

zu B aber diejenigen k, für welche

$$\left|\frac{k}{n} - x\right| \geqslant \delta$$

ist. Die Summen

$$\sum_{k \in A} \left| f\left(\frac{k}{n}\right) - f(x) \right| \binom{n}{k} x^k (1-x)^{n-k}$$

und

$$\sum_{k \in B} \left| f\left(\frac{k}{n}\right) - f(x) \right| \binom{n}{k} x^k (1-x)^{n-k}$$

schätzen wir jetzt einzeln ab.

Ist $k \in A$, so ist (entsprechend der Wahl von δ) $\left| f\left(\frac{k}{n}\right) - f(x) \right| < \frac{\varepsilon}{2}$; unter Berücksichtigung der Identität (1) ergibt sich

$$\sum_{k \in A} \left| f\left(\frac{k}{n}\right) - f(x) \right| \binom{n}{k} x^k (1-x)^{n-k}$$
$$< \frac{\varepsilon}{2} \sum_{k \in A} \binom{n}{k} x^k (1-x)^{n-k} \leqslant \frac{\varepsilon}{2} \sum_{k=0}^{n} \binom{n}{k} x^k (1-x)^{n-k} = \frac{\varepsilon}{2}. \quad (12)$$

Ist aber $k \in B$, so gilt $\frac{|k - nx|}{n\delta} \geqslant 1$ und damit

$$\frac{(k - nx)^2}{n^2 \delta^2} \geqslant 1.$$

Multiplizieren wir auf der rechten Seite der (entsprechend der Wahl von M offenbar geltenden) Ungleichung

$$\sum_{k \in B} \left| f\left(\frac{k}{n}\right) - f(x) \right| \binom{n}{k} x^k (1-x)^{n-k} \leqslant 2M \sum_{k \in B} \binom{n}{k} x^k (1-x)^{n-k}$$

jeden Summanden der Summe $\sum\limits_{k \in B}$ mit $\frac{(k - nx)^2}{n^2 \delta^2}$, so wird diese rechte Seite sicher nicht kleiner, und wir erhalten

$$\sum_{k \in B} \left| f\left(\frac{k}{n}\right) - f(x) \right| \binom{n}{k} x^k (1-x)^{n-k} \leqslant \frac{2M}{n^2 \delta^2} \sum_{k \in B} \binom{n}{k} (k - nx)^2 x^k (1-x)^{n-k}.$$

Schätzen wir die letzte Summe nach Formel (9) ab, so ergibt sich schließlich

$$\sum_{k \in B} \left| f\left(\frac{k}{n}\right) - f(x) \right| \binom{n}{k} x^k (1-x)^{n-k} < \frac{2M}{n^2 \delta^2} n = \frac{2M}{n \delta^2}. \quad (13)$$

Aus (11), (12), (13) schließen wir, *daß für jeden Punkt x des Segments $[0, 1]$ die Ungleichung*

$$|B_n(x) - f(x)| \leqslant \sum_{k=0}^{n} \left| f\left(\frac{k}{n}\right) - f(x) \right| \binom{n}{k} \cdot x^k (1-x)^{n-k} = \sum_{k \in A} + \sum_{k \in B} < \frac{\varepsilon}{2} + \frac{2M}{n\delta^2} \tag{14}$$

erfüllt ist. Es sei n_ε die erste natürliche Zahl, die größer ist als $\frac{4M}{\varepsilon\delta^2}$. Dann gelten für alle $n \geqslant n_\varepsilon$ die Beziehungen $\frac{2M}{n\delta^2} \leqslant \frac{2M}{n_\varepsilon \delta^2} \leqslant \frac{2M\varepsilon\delta^2}{4M\delta^2} = \frac{\varepsilon}{2}$, so daß sich durch Einsetzen in (14) für jedes $x \in [0, 1]$

$$|B_n(x) - f(x)| < \frac{\varepsilon}{2} + \frac{\varepsilon}{2} = \varepsilon$$

ergibt. Damit ist der Satz von S. N. BERNSTEIN und zugleich der Satz von WEIERSTRASS für das Segment $[0, 1]$ bewiesen.

Um den WEIERSTRASSschen Approximationssatz für ein beliebiges Segment $[a, b]$ zu beweisen, ist es erforderlich, zu jeder auf $[a, b]$ stetigen Funktion $f(x)$ und zu jedem $\varepsilon > 0$ ein Polynom $P(x)$ zu konstruieren, das der Ungleichung

$$|f(x) - P(x)| < \varepsilon \quad \text{für alle} \quad x \in [a, b] \tag{15}$$

genügt.

Wir setzen zu diesem Zweck

$$\varphi(t) = f(a + (b-a)t), \quad 0 \leqslant t \leqslant 1.$$

Die Funktion $\varphi(t)$ ist auf $[0, 1]$ stetig; daher gibt es ein der Bedingung

$$|\varphi(t) - B_n(t)| < \varepsilon \quad \text{für} \quad 0 \leqslant t \leqslant 1$$

genügendes Polynom $B_n(t)$.

Ist $a \leqslant x \leqslant b$, so ist $t = \frac{x-a}{b-a} \in [0, 1]$ und damit

$$\left| \varphi\left(\frac{x-a}{b-a}\right) - B_n\left(\frac{x-a}{b-a}\right) \right| < \varepsilon,$$

d. h.

$$\left| f(x) - B_n\left(\frac{x-a}{b-a}\right) \right| < \varepsilon \quad \text{für alle } x \in [a, b].$$

Mit anderen Worten, das Polynom $P(x) = B_n\left(\frac{x-a}{b-a}\right)$ erfüllt die Bedingung (15).

Damit kann also jede auf einem Segment der Zahlengeraden stetige Funktion als Summe einer auf diesem Segment gleichmäßig konvergenten Reihe von Polynomen dargestellt werden. Da auch umgekehrt jede gleichmäßig konvergente Reihe stetiger Funktionen eine stetige Summe besitzt, *fällt die Klasse der auf einem gegebenen Segment stetigen Funktionen mit der Klasse der Funktionen zusammen, die sich in eine Reihe nach Polynomen entwickeln lassen, welche auf diesem Segment gleich-*

mäßig konvergiert. Wir finden auf diese Weise, daß die Klasse der analytischen Ausdrücke der Klasse der stetigen Funktionen adäquat ist. Dieses Ergebnis kann als Präzisierung der etwas verschwommenen Vorstellung EULERS angesehen werden, für den stetige Funktionen solche Funktionen waren, die einen „hinreichend einfachen" analytischen Ausdruck besitzen.

Indem wir der Bezeichnungsweise des französischen Mathematikers BAIRE folgen, wollen wir die (auf einem vorgegebenen Segment $[a, b]$) stetigen Funktionen *Funktionen der nullten Klasse* nennen. Funktionen, die unstetig auf $[a, b]$, jedoch Limites von auf $[a, b]$ konvergenten Folgen stetiger Funktionen sind, heißen *Funktionen der ersten Klasse.* Ist allgemein α eine Ordnungszahl, $\alpha < \omega_1$, dann nennen wir — unter der Voraussetzung, daß bereits alle Funktionen aus Klassen $< \alpha$ auf $[a, b]$ definiert sind — alle Funktionen, die zu keiner der Klassen $< \alpha$ gehören, aber als Limites auf $[a, b]$ konvergenter Folgen von Funktionen aus Klassen $< \alpha$ dargestellt werden können, *Funktionen der Klasse* α. Die so erhaltenen Funktionen aller möglichen Klassen $\alpha < \omega_1$ heißen *Funktionen der* BAIRE*schen Klassifikation* oder einfach BAIRE*sche Funktionen.* Wie man leicht einsieht, kann die Gesamtheit aller BAIREschen Funktionen (auf einem vorgelegten Segment $[a, b]$) auch folgendermaßen definiert werden: Als BAIRE*schen Körper* auf $[a, b]$ bezeichnet man jede Menge $\mathfrak{S}$ auf $[a, b]$ definierter Funktionen, welche folgende Eigenschaften besitzt:

1°. Alle auf $[a, b]$ stetigen Funktionen sind Elemente der Menge $\mathfrak{S}$.

2°. Konvergiert eine Folge von Funktionen

$$f_1, f_2, \ldots, f_n, \ldots,$$

die sämtlich Elemente der Menge $\mathfrak{S}$ sind, auf $[a, b]$ gegen eine Funktion f, so ist auch f Element der Menge $\mathfrak{S}$.

Man beweist ohne Mühe (dieser Beweis kann dem Leser überlassen bleiben), daß der Durchschnitt jeder Menge von BAIREschen Körpern ein BAIREscher Körper ist. Daher kann man von dem kleinsten BAIREschen Körper (auf dem Segment $[a, b]$) sprechen, indem man ihn als Durchschnitt aller BAIREschen Körper (auf $[a, b]$) definiert. *Dieser kleinste* BAIRE*sche Körper besteht aus allen* BAIRE*schen Funktionen und nur aus diesen.*

Wir bemerken, daß nach dem Satz von WEIERSTRASS die Bedingung 1° in der Definition des BAIREschen Körpers durch die folgende Bedingung ersetzt werden kann:

1'°. *Alle Polynome sind Elemente der Menge* $\mathfrak{S}$.

Hieraus folgt, daß man, ausgehend von den Polynomen, alle BAIREschen Funktionen und nur diese durch endlich oder abzählbar unendlich viele Grenzübergänge erhalten kann. Dies war der Grund dafür, daß man die Funktionen der BAIREschen Klassifikation *analytisch darstellbare Funktionen* nannte (LEBESGUE).

Ein grundlegender, die Klassifikation BAIRES berührender Satz wurde von LEBESGUE bewiesen. *Wie auch immer eine Ordnungszahl* $\alpha < \omega_1$ *gewählt sein mag, stets existiert eine Funktion der Klasse* α (die Klassen der BAIREschen Klassifikation sind also nicht leer). Einen Beweis dieses wichtigen Satzes kann man in dem Buch von И. П. НАТАНСОН „Основы теории функций вещественной переменной", Deutsche Übersetzung: I. P. NATANSON, „Theorie der Funktionen einer reellen Veränderlichen", Akademie-Verlag, Berlin 1954, oder in dem Buch von HAUSDORFF, „Grundzüge der Mengenlehre", nachlesen.

Satz 24 (BAIRE). *Jede Funktion der ersten Klasse besitzt eine überall dichte Menge von Stetigkeitsstellen.*

Hilfssatz 1. *Es sei* f *eine Funktion der ersten Klasse auf dem Segment* $R = [a, b]$. *Wie auch immer* $\varepsilon > 0$ *gewählt sein mag, stets existiert ein Segment* $CU_\varepsilon \subset R$ *derart, daß für je zwei seiner Punkte* x', x'' *die Beziehung*

$$|f(x') - f(x'')| < \varepsilon \tag{16}$$

gilt.

Da f Funktion der ersten Klasse ist, existiert eine Folge von stetigen Funktionen

$$f_1, f_2, \ldots, f_n, \ldots, \tag{17}$$

die gegen die Funktion f konvergiert. Wir wählen irgendein positives $\varepsilon' < \frac{\varepsilon}{4}$ und bezeichnen die (in R abgeschlossene) Menge aller Punkte $x \in R$, in denen

$$|f_n(x) - f_{n+p}(x)| \leqq \varepsilon'$$

ist, mit $E_{n,p}$. Ferner setzen wir $E_n = \bigcap_{p=1}^{\infty} E_{n,p}$. Nach Satz 8 sind die Mengen E_n abgeschlossen. Man sieht leicht, daß

$$R = \bigcup_{n=1}^{\infty} E_n$$

ist. Da nämlich die Folge (17) in jedem Punkt $x \in R$ konvergiert, liegt x nach Definition der Konvergenz in einem gewissen E_n.

Da R nach § 7 des vorigen Kapitels nicht auf sich selbst von erster Kategorie sein kann, existiert ein $n = n_0$ derart, daß E_{n_0} in einem Intervall $H \subset R$ dicht ist; da aber E_{n_0} abgeschlossen ist, gilt $H \subseteq E_{n_0}$. Wir wählen irgendeinen Punkt x_0 aus H. Da die Funktion f_{n_0} in x_0 stetig ist, existiert eine Umgebung U dieses Punktes, die in H liegt und die Eigenschaft besitzt, daß für jeden Punkt $x \in CU$ gilt: $|f_{n_0}(x_0) - f_{n_0}(x)| < \varepsilon'$. Daher gilt für beliebige $x' \in CU$, $x'' \in CU$ stets $|f_{n_0}(x') - f_{n_0}(x'')| < 2\varepsilon'$. Ferner gilt nach Definition der Menge E_{n_0} mit $E_{n_0} \supseteq CU$ für $x \in CU$ und jedes natürliche p:

$$|f_{n_0}(x) - f_{n_0+p}(x)| \leqq \varepsilon'.$$

Damit ist auch

$$|f_{n_0}(x) - f(x)| \leqq \varepsilon',$$

und für beliebige $x' \in CU$, $x'' \in CU$ ergibt sich

$$|f(x') - f(x'')| \leqq |f(x') - f_{n_0}(x')| + |f_{n_0}(x') - f_{n_0}(x'')| + |f_{n_0}(x'') - f(x'')|$$
$$< \varepsilon' + 2\varepsilon' + \varepsilon' = 4\varepsilon' < \varepsilon.$$

Das Segment CU ist also das gesuchte Segment CU_ε.

Aus dem Hilfssatz 1 folgert man leicht den

Hilfssatz 2. *In jeder nichtleeren, in R offenen Menge Γ ist ein Segment $CU = [x_0 - \delta, x_0 + \delta]$ enthalten derart, daß für je zwei Punkte $x' \in CU$, $x'' \in CU$ die Bedingung* (16) *erfüllt ist.*

Zum Beweis wählen wir einen Punkt $x_1 \in \Gamma$ und $r > 0$ hinreichend klein, so daß $[x_1 - r, x_1 + r] \subset \Gamma$. Betrachten wir die Funktion f auf dem Segment $[x_1 - r, x_1 + r]$, so läßt sich ein in diesem Segment gelegenes Segment CU_ε finden, in welchem für je zwei Punkte $x' \in CU$, $x'' \in CU$ die Bedingung (16) erfüllt ist.

Wir wählen jetzt in dem Segment R ein beliebiges Intervall Γ. Geben wir der Zahl ε die gegen Null strebenden Werte $\varepsilon_1, \varepsilon_2, \ldots$, so erhalten wir nach Anwendung von Hilfssatz 2 eine Folge in Γ liegender Segmente

$$CU_1, \ldots, CU_n, \ldots$$

mit den Radien $\delta_n \to 0$ derart, daß $CU_{n+1} \subset U_n$ und die Schwankung der Funktion f in CU_n nicht größer als ε_n ist. Der einzige Punkt des Durchschnitts aller CU_n (gleichzeitig auch Punkt des Durchschnitts aller U_n) ist eine in Γ gelegene Stetigkeitsstelle der Funktion f. Da das Intervall $\Gamma \subset R$ willkürlich gewählt war, ist die Menge der Stetigkeitsstellen der Funktion f in R dicht, womit unsere Behauptung bewiesen ist.

B e m e r k u n g 1. Die eben durchgeführten Überlegungen sind (nach dem in Bemerkung 4 im § 7 des Kapitels IV Gesagten) auf jede perfekte Menge $\Phi \subset R$ anwendbar und führen zu dem folgenden [illegible] unter dem Namen d i r e k t e r BAIREscher S a t z bekannt ist:

S a t z 24'. *Es sei f eine Funktion der ersten Klasse auf einem Segment R, $\Phi \subseteq R$ eine beliebige perfekte Menge. Betrachtet man f nur auf Φ, so ist die Menge der Stetigkeitsstellen dieser Funktion eine in Φ überall dichte Menge*[1].

B e m e r k u n g 2. Es sei dem Leser selbst überlassen zu beweisen, daß die DIRICHLETsche Funktion $f(x)$, die gleich 1 ist für alle rationalen und gleich 0 für alle irrationalen Werte der reellen Veränderlichen x, in der Form

$$f(x) = \lim_{m \to \infty} \left(\lim_{n \to \infty} (\cos m!\,\pi x)^{2n} \right)$$

dargestellt werden kann. Hieraus folgt, daß diese Funktion aus einer Klasse $\leqslant 2$ ist. Die Funktion besitzt jedoch auf der Zahlengeraden keine Stetigkeitsstelle; sie kann also nicht zur ersten (und erst recht nicht zur nullten) Klasse gehören und ist daher eine Funktion der zweiten Klasse. Der Leser beweist leicht, daß jede Funktion, die höchstens abzählbar viele Unstetigkeitsstellen besitzt (insbesondere jede Funktion von endlicher Variation) eine Funktion der nullten oder der ersten Klasse ist.

§ 7. Die Ableitung

Als Ableitung $f'(x)$ einer Funktion $f(x)$ im Punkte x wird bekanntlich der Limes des Ausdrucks

$$f_h(x) = \frac{f(x+h) - f(x)}{h}$$

für gegen Null strebendes h bezeichnet, d. h. eine Zahl $f'(x)$, für welche zu beliebigem $\varepsilon > 0$ ein $\delta > 0$ existiert derart, daß für $|h| < \delta$ stets

$$|f'(x) - f_h(x)| < \varepsilon$$

ist. Besitzt $f_h(x)$ für $h \to 0$ keinen Grenzwert, so sagt man, die Ableitung im Punkte x existiere nicht.

S a t z 25. *Die Menge der Punkte x, in denen die Ableitung $f'(x)$ einer stetigen Funktion $f(x)$ existiert, ist eine Menge vom Typus $F_{\sigma\delta}$*[2].

Zum Beweis bezeichnen wir mit Φ_{mn} die Menge aller der Punkte x, für welche die folgende Bedingung erfüllt ist: Für $|h| \leqslant \frac{1}{m}$, $|h'| \leqslant \frac{1}{m}$ gilt

$$|f_h(x) - f_{h'}(x)| \leqslant \frac{1}{n}. \tag{1}$$

---

[1] Auch die U m k e h r u n g d e s BAIREschen S a t z e s ist richtig: *Jede auf einem Segment R definierte Funktion, die auf jeder perfekten Menge $\Phi \subseteq R$ eine überall dichte Menge von Stetigkeitsstellen* (bezüglich R) *besitzt, ist eine Funktion höchstens der ersten Klasse auf R.* Beweis: Siehe I. P. NATANSON (a. a. O.). Offenbar genügt es, in der Formulierung der Umkehrung des Satzes von BAIRE zu fordern, daß jede perfekte Menge $\Phi \subseteq R$ w e n i g s t e n s e i n e S t e t i g k e i t s s t e l l e der Funktion f (bezüglich Φ) besitzt. Dann ergibt sich von selbst, daß die Menge der Stetigkeitsstellen der Funktion f bezüglich jeder abgeschlossenen Menge E in E überall dicht ist.

[2] Die Mengen vom Typ $F_{\sigma\delta}$ wurden im § 7 des Kapitels IV definiert.

Da $f(x)$ nach Voraussetzung eine stetige Funktion ist, sind $f_h(x)$ und $f_{h'}(x)$ ebenfalls stetig; daher ist die Menge Φ_{mn} abgeschlossen. Wir bezeichnen ferner die Vereinigung

$$\bigcup_m \Phi_{mn}$$

mit E_n. Die Punkte der Menge E_n lassen sich durch folgende Eigenschaft charakterisieren: Man kann eine Zahl m finden derart, daß für $|h| \leqslant \frac{1}{m}$, $|h'| \leqslant \frac{1}{m}$ die Ungleichung (1) gilt.

Wir setzen

$$D = \bigcap_n E_n.$$

Die Menge D ist nach Konstruktion eine Menge vom Typus $F_{\sigma\delta}$. Wir zeigen, daß die Menge D mit der Menge der Punkte zusammenfällt, in denen eine Ableitung $f'(x)$ existiert. Nehmen wir an, daß $f'(x_0)$ existiert; dann läßt sich zu jedem n ein $\delta > 0$ finden derart, daß aus $|h| < \delta$

$$|f'(x_0) - f_h(x)| \leqslant \frac{1}{2\nu}$$

folgt. Wenn daher $\frac{1}{m} < \delta$ ist, so muß bei $|h| < \frac{1}{m}$ und $|h'| < \frac{1}{m}$ für $x = x_0$ die Ungleichung (1) erfüllt sein. Es zeigt sich also, daß der Punkt x_0 für jedes n in E_n enthalten ist, also auch in dem Durchschnitt aller E_n, d. h. in der Menge D. Jetzt nehmen wir umgekehrt an, daß x_0 in D liegt, und beweisen, daß $f'(x_0)$ existiert. Wir betrachten die Folge $f_{\frac{1}{m}}(x_0)$. Da $x_0 \in E_n$ ist, läßt sich ein m_0 finden derart, daß für $m \geqslant m_0$ (folglich $\frac{1}{m} \leqslant \frac{1}{m_0}$) die Ungleichung

$$|f_{\frac{1}{m}}(x_0) - f_{\frac{1}{m_0}}(x_0)| \leqslant \frac{1}{n}$$

erfüllt ist. Da hierbei n willkürlich gewählt war, genügt unsere Folge dem CAUCHYschen Konvergenzkriterium, d. h., sie konvergiert gegen einen Grenzwert $f^*(x_0)$. Bei passender Wahl von m_0 folgt aus $|h| \leqslant \frac{1}{m_0}$ die Ungleichung

$$|f_h(x_0) - f_{\frac{1}{m_0}}(x_0)| \leqslant \frac{1}{n},$$

d. h., $f_h(x_0)$ konvergiert für gegen Null strebendes h (wenn h irgendeine Nullfolge durchläuft und nicht nur die Folge $h = \frac{1}{m}$) gegen $f^*(x_0)$. Wir können dann $f^*(x_0) = f'(x_0)$ schreiben.

S a t z 26. *Die Ableitung $f'(x)$ einer stetigen (auf einer Menge D definierten) Funktion $f(x)$ ist eine Funktion der ersten (oder der nullten) Klasse.*

Die Funktionen $f_{\frac{1}{n}}(x)$ sind nämlich stetig, und $f'(x)$ ist ihr Limes.

Wir zeigen, daß die Funktion $f'(x)$ sogar dann, wenn sie überall (in allen Punkten des Definitionsbereichs der Funktion $f(x)$) existiert, nicht stetig zu sein braucht.

Beispiel 1.

$$f(x) = \begin{cases} x^2 \sin \frac{1}{x} & \text{für} \quad x \neq 0, \\ 0 & \text{für} \quad x = 0 \end{cases}$$

(Abb. 12). Für $x \neq 0$ ergibt sich

$$f'(x) = 2x \sin \frac{1}{x} - \cos \frac{1}{x}.$$

Andererseits ist

$$f'(0) = \lim_{h \to 0} \frac{f(h) - f(0)}{h} = \lim_{h \to 0} h \sin \frac{1}{h} = 0.$$

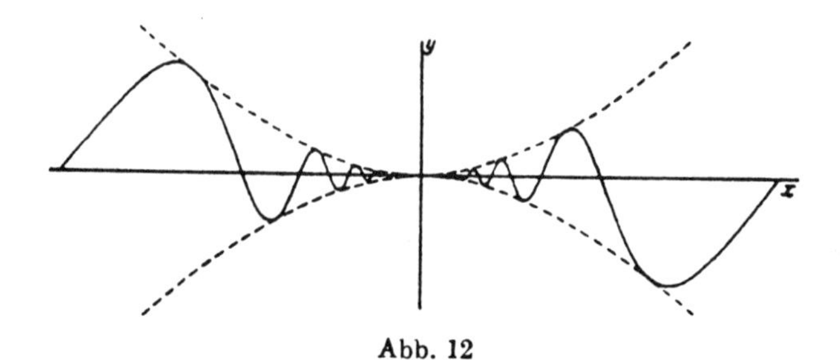

Abb. 12

Die Funktion $2x \sin \frac{1}{x}$ ist im Punkte $x = 0$ stetig (wenn man sie dort gleich Null setzt), der zweite Summand $\cos \frac{1}{x}$ im Ausdruck für $f'(x)$ besitzt jedoch für $x = 0$ eine nichthebbare Unstetigkeit. Folglich ist $f'(x)$ für $x = 0$ unstetig. Dabei ist dies eine Unstetigkeit zweiter Art. Wir werden im folgenden sehen, daß eine Ableitung, wenn sie in jedem Punkte x_0 existiert, überhaupt keine Unstetigkeiten erster Art besitzen kann.

Beispiel 2.

$$f(x) = \begin{cases} x^2 \sin \frac{1}{x^2} & \text{für} \quad x \neq 0, \\ 0 & \text{für} \quad x = 0, \end{cases}$$

Wie im ersten Beispiel ist hier $f'(0) = 0$. Für $x \neq 0$ jedoch ist

$$f'(x) = 2x \sin \frac{1}{x^2} - \frac{2}{x} \cos \frac{1}{x^2}.$$

Also existiert $f'(x)$ überall, ist jedoch in keiner Umgebung des Punktes $x = 0$ beschränkt.

Existiert $f'(x)$ in jedem Punkt, so kann $f'(x)$ als Funktion der nullten oder der ersten Klasse nicht in jedem Punkte unstetig sein. Wir werden jedoch zeigen, daß (ein in jedem Punkte definiertes) $f'(x)$ in allen Punkten einer beliebigen abgeschlossenen nirgends dichten Menge auf der Zahlengeraden unstetig sein kann (die im folgenden gemachte Voraussetzung, daß diese Menge im Segment $[0, 1]$ gelegen sei, ist unwesentlich).

Beispiel 3. Es sei Φ eine abgeschlossene nirgends dichte in dem Segment $[0, 1]$ gelegene Menge. Wir setzen $f(x) = 0$ auf der Menge Φ und in den Punkten, die rechts von der Menge Φ liegen, ebenso in den Punkten, die links von der Menge Φ liegen. In den Zwischenintervallen der Menge Φ definieren wir die Funktion $f(x)$ folgendermaßen: Es seien α und β die Endpunkte eines Zwischenintervalls $\Delta =]\alpha, \beta[$; dann setzen wir in Δ

$$f(x) = (x-\alpha)^2 (x-\beta)^2 \sin \frac{1}{(x-\alpha)^2 (x-\beta)^2}\,.$$

Der Leser (dem wir empfehlen, eine Skizze anzufertigen) beweist leicht, daß auf Φ und in den „äußeren" Punkten (die rechts oder links der ganzen Menge Φ liegen) die Ableitung $f'(x)$ existiert und gleich Null ist. In den Punkten des Zwischenintervalls $\Delta =]\alpha, \beta[$ gilt jedoch

$$f'(x) = 2(x-\alpha)(x-\beta)(2x-\alpha-\beta) \sin \frac{1}{(x-\alpha)^2 (x-\beta)^2} + \left(\frac{2}{x-\alpha} + \frac{2}{x-\beta}\right) \cos \frac{1}{(x-\alpha)^2 (x-\beta)^2}\,.$$

Das erste Glied des Ausdrucks für $f'(x)$ ist beschränkt, das zweite jedoch bleibt in den α und β benachbarten Punkten nicht mehr beschränkt. Jeder Punkt x der Menge Φ ist Randpunkt eines Zwischenintervalls oder Limes solcher Randpunkte, folglich ist die Ableitung $f'(x)$ in der Umgebung eines solchen Punktes x unbeschränkt und überdies unstetig.

§ 8. Rechts- und linksseitige Ableitungen; die Ableitung nimmt alle Zwischenwerte an; obere und untere Ableitungen

In vielen Fällen besitzt $f_h(x)$ keinen bestimmten Grenzwert, wenn h gegen Null strebt, indem es sowohl positive als auch negative Werte durchläuft; wohl aber existieren zwei verschiedene Grenzwerte für $f_h(x)$, je nachdem, ob h bei der Annäherung an Null positiv oder negativ bleibt.

Definition 6. Strebt für einen gegebenen Punkt x bei $h \to 0$ und $h > 0$ die Funktion $f_h(x)$ gegen einen bestimmten Grenzwert $D_r f(x)$, so heißt dieser Grenzwert die *rechtsseitige Ableitung der Funktion* $f(x)$ im Punkte x; analog heißt der Grenzwert für negative h *linksseitige Ableitung* und wird mit $D_l f(x)$ bezeichnet.

Es sei x_0 ein Punkt, in welchem die Funktion f ein (relatives) Maximum annimmt, d. h. ein Punkt, für den bei hinreichend kleinem $\eta > 0$ für $|x - x_0| < \eta$ die Ungleichung $f(x) \leqslant f(x_0)$ erfüllt ist. Besitzt die Funktion f für $x = x_0$ eine Ableitung $f'(x_0)$, dann ist $f'(x_0)$ bekanntlich gleich Null. Im Falle der Existenz einer rechts- und einer linksseitigen Ableitung kann man nur behaupten, daß in einem Punkt, in welchem ein Maximum vorliegt,

$$D_r f(x) \leqslant 0, \quad D_l f(x_0) \geqslant 0,$$

in einem Punkt, in welchem ein Minimum vorliegt, dagegen

$$D_r f(x_0) \geqslant 0, \quad D_l f(x_0) \leqslant 0$$

ist. Der Leser beweist diese Beziehungen leicht selbst.

Beispiel 1.

$$f(x) = |x|.$$

$$D_r f(x) = \begin{cases} -1 & \text{für} \quad x < 0, \\ +1 & \text{für} \quad x \geqslant 0, \end{cases} \qquad D_l f(x) = \begin{cases} -1 & \text{für} \quad x \leqslant 0, \\ +1 & \text{für} \quad x > 0. \end{cases}$$

Im Punkte $x = 0$, in welchem ein Minimum vorliegt, ist

$$D_r f(x) = +1, \quad D_l f(x) = -1.$$

Dieses Beispiel zeigt, daß es Funktionen gibt, bei denen D_r und D_l beide nur zwei Werte annehmen. Im Gegensatz dazu gilt bei Existenz der Ableitung einer Funktion folgender bemerkenswerter Satz:

Satz 27. *Eine Funktion $f(x)$ besitze eine in jedem Punkte des Segments $[a, b]$ definierte Ableitung $f'(x)$. Dann nimmt $f'(x)$ in $]a, b[$ alle zwischen $f'(a)$ und $f'(b)$ gelegenen Werte an.*

Beweis. Wir nehmen an, es sei

$$f'(a) < z < f'(b).$$

(Im Falle $f'(a) > z > f'(b)$ verläuft der Beweis analog.) Da $f_h(a)$ für $h \to 0$ gegen $f'(a)$, $f_h(b)$ unter denselben Voraussetzungen gegen $f'(b)$ strebt, läßt sich ein hinreichend kleines $h > 0$ finden derart, daß

$$f_h(a) = \frac{f(a+h) - f(a)}{h} < z < \frac{f(b) - f(b-h)}{h} = f_h(b-h) = f_{-h}(b)$$

gilt. Nach Wahl eines solchen h betrachten wir $f_h(x)$ als Funktion von x. Für $x = a$ ist diese Funktion kleiner als z, für $x = b - h$ dagegen größer als z; da sie stetig ist, existiert ein x_0, das den Bedingungen

$$a < x_0 < b - h,$$

$$\frac{f(x_0 + h) - f(x_0)}{h} = f_h(x_0) = z \tag{1}$$

genügt. Nach dem Mittelwertsatz folgt aus (1) die Existenz eines $x_1 = x_0 + \Theta h$, $0 < \Theta < 1$, das die Gleichung

$$f'(x_1) = \frac{f(x_0 + h) - f(x_0)}{h} = z$$

erfüllt. Damit ist der Satz bewiesen.

Folgerung. *Existiert eine Ableitung $f'(x)$ in jedem Punkte, so kann sie keine Unstetigkeiten erster Art besitzen.*

Strebt $f_h(x)$ für $h \to 0$ nicht gegen einen bestimmten Grenzwert, so läßt sich das Verhalten von $f_h(x)$ bei sehr kleinem $|h|$ bis zu einem gewissen Grade mit Hilfe des oberen und des unteren Limes von $f_h(x)$ bei $h \to 0$ charakterisieren (§ 1). Die Definition des oberen und des unteren Limes wird in unserem Fall folgendermaßen aussehen: Es sei $f_\Delta^+(x)$ die obere Grenze von $f_h(x)$ bei $|h| < \Delta$. Wird Δ verkleinert, so kann $f_\Delta^+(x)$ nicht wachsen, strebt also bei $\Delta \to 0$ gegen einen bestimmten Grenzwert. Dieser Grenzwert ist gerade der obere Limes von $f_h(x)$ bei $h \to 0$. Wir wollen ihn *obere Ableitung* der Funktion $f(x)$ im Punkte x nennen und mit $f^+(x)$ bezeichnen. Dabei kann $f^+(x)$ sowohl endlich als auch $+\infty$ oder $-\infty$ sein. Analog definiert man die *untere Ableitung* $f^-(x)$ als unteren Limes von $f_h(x)$ für $h \to 0$. Offenbar ist stets $f^+(x) \geqq f^-(x)$.

Eine endliche obere Ableitung $f^+(x)$ läßt sich folgendermaßen charakterisieren. Zu beliebigem $\varepsilon > 0$ existiert ein $\delta > 0$ derart, daß für $|h| < \delta$ stets

$$f_h(x) < f^+(x) + \varepsilon$$

ist. Zugleich läßt sich für jedes $\delta > 0$ ein h angeben derart, daß $|h| < \delta$ und

$$f_h(x) > f^+(x) - \varepsilon$$

ist.

Zur geometrischen Bedeutung der oberen und unteren Ableitungen folgendes: Eine Funktion $y = f(x)$ sei als Kurve dargestellt; wir verbinden den Punkt M mit den Koordinaten $x, y = f(x)$ und den beweglichen Punkt M' mit den Koordinaten $x', y' = f(x')$ durch die Gerade MM'. Bei Annäherung des Punktes M' an den konstanten Punkt M nähert sich im Falle der Existenz der Ableitung $f'(x)$ die Gerade MM' der Tangente

$$Y = y + f'(x)(X - x)$$

(hier sind X und Y die Koordinaten des laufenden Punktes der Tangente). Existiert jedoch die Ableitung $f'(x)$ nicht, so wird die Gerade MM' schwanken; bei Annäherung von M' an M liegen diese Schwankungen mit wachsender Genauigkeit in dem Winkel zwischen den Geraden

$$Y = y + f^+(x)(X - x)$$

und

$$Y = y + f^-(x)(X - x).$$

Für die *Existenz einer Ableitung $f'(x)$ ist offenbar notwendig und hinreichend, daß $f^+(x)$ und $f^-(x)$ endlich und einander gleich sind; dabei ist dann*

$$f'(x) = f^+(x) = f^-(x).$$

Ist

$$u(x) = f(x) + g(x)$$

und existieren die Ableitungen $f'(x)$, $g'(x)$, so existiert bekanntlich auch $u'(x)$, und es gilt

$$u'(x) = f'(x) + g'(x).$$

Für die obere (oder untere) Ableitung gilt eine analoge Gleichung nicht. Existiert jedoch $g'(x)$ und ist $u(x) = f(x) + g(x)$, so gilt

$$u^+(x) = f^+(x) + g'(x),$$
$$u^-(x) = f^-(x) + g'(x).$$

Diese Formeln werden häufig angewandt.

Wir beweisen nun, daß für eine auf $[a, b]$ *stetige Funktion $f(x)$ die Funktionen $f^+(x)$ und $f^-(x)$ höchstens zur zweiten Klasse gehören.*

Der Beweis wird nur für $f^+(x)$ durchgeführt. Wir betrachten die Funktion $f^+_{\delta\Delta}(x)$, die für $\delta \leqslant |h| < \Delta$ gleich der oberen Grenze von $f_h(x)$ ist. Die Funktion $f^+_{\delta\Delta}(x)$ ist bezüglich x stetig. Wegen der Stetigkeit von $f(x)$ auf dem Segment $[a, b]$ existiert zu jedem $\varepsilon > 0$ ein $\eta > 0$ derart, daß aus $|x' - x''| < \eta$ die Beziehung $|f(x') - f(x'')| < \varepsilon$ folgt (auf dem Segment $[a, b]$). Dann erhalten wir für $\delta \leqslant |h| < \Delta$ und $|x' - x''| < \eta$ die Ungleichung

$$|f_h(x') - f_h(x'')| \leqslant \frac{1}{|h|} \{|f(x') - f(x'')| + |f(x' + h) - f(x'' + h)|\} \leqslant \frac{2\varepsilon}{\delta}.$$

Folglich unterscheiden sich auch die oberen Grenzen der Funktionen $f_h(x')$ und $f_h(x'')$ für $\delta \leqslant |h| < \Delta$ voneinander um nicht mehr als $\frac{2\varepsilon}{\delta}$:

$$|f^+_{\delta\Delta}(x') - f^+_{\delta\Delta}(x'')| \leqslant \frac{2\varepsilon}{\delta}.$$

Da ε willkürlich ist, folgt hieraus gerade die Stetigkeit von $f^+_{\delta\Delta}(x)$ bezüglich x.

Wird δ verkleinert, so kann $f^+_{\delta\Delta}(x)$ nicht fallen. Für $\delta \to 0$ strebt $f^+_{\delta\Delta}(x)$ gegen $f^+_\Delta(x)$. Wählen wir eine Folge $\delta_n \to 0$, so ist offensichtlich

$$f^+_\Delta(x) = \lim_n f^+_{\delta_n \Delta}(x).$$

Die Funktion $f^+_\Delta(x)$ ist als Limes einer Folge stetiger Funktionen $f^+_{\delta_n \Delta}$ eine Funktion der nullten oder der ersten Klasse. Ferner gilt

$$f^+(x) = \lim_{\Delta \to 0} f^+_\Delta(x).$$

Hieraus folgt aber, daß $f^+(x)$ eine Funktion höchstens der zweiten Klasse ist.

§ 9. Beispiel für eine stetige Funktion, die in keinem Punkte eine Ableitung besitzt

Wir konstruieren jetzt eine stetige Funktion $f(x)$, für die der Ausdruck

$$f_h(x) = \frac{f(x+h) - f(x)}{h}$$

für $h \to 0$ in keinem Punkt x einen endlichen Grenzwert besitzt. Die ersten Funktionen dieser Art wurden von WEIERSTRASS konstruiert. Das hier angeführte Beispiel stammt von VAN DER WAERDEN.

Wir setzen $f_0(x)$ gleich dem Abstand des Punktes x von dem nächsten ganzzahligen Punkt. Den Verlauf dieser Funktion zeigt Abb. 13. Offenbar ist $f_0(x)$ eine periodische Funktion mit der Periode 1. Außerdem ist $f_0(x)$ linear in jedem Segment $\left[\frac{s-1}{2}, \frac{s}{2}\right]$, wobei s eine ganze Zahl ist. Die Steigung der Kurve von $f_0(x)$ ist in jedem solchen Segment gleich ± 1.

Wir setzen jetzt

$$f_n(x) = \frac{f_0(4^n x)}{4^n}.$$

Abb. 14 zeigt das Bild der Funktion $f_n(x)$. Die Funktion $f_n(x)$ besitzt die Periode $\frac{1}{4^n}$ und ist in jedem Segment $\left(\frac{s-1}{2\cdot 4^n}, \frac{s}{2\cdot 4^n}\right)$ linear, wobei der Steigungskoeffizient der Kurve in jedem solchen Segment gleich ± 1 ist.

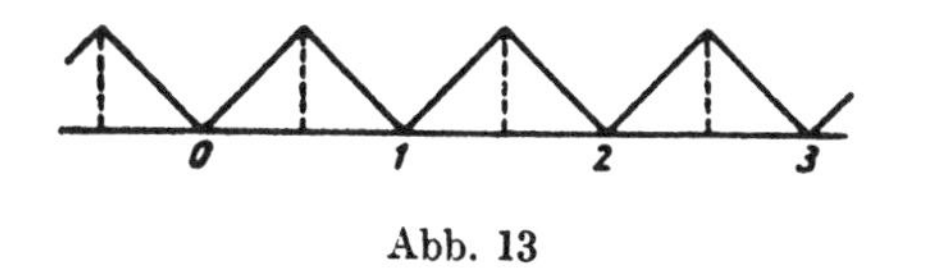

Abb. 13

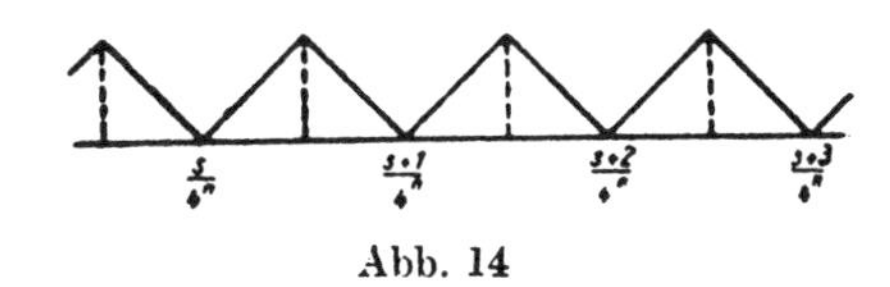

Abb. 14

Wir setzen

$$f(x) = \sum_{n=0}^{\infty} f_n(x).$$

Wegen

$$0 \leqslant f_n(x) \leqslant \frac{1}{4^n}$$

konvergiert die unsere Funktion $f(x)$ definierende Reihe gleichmäßig, und aus der Stetigkeit der Funktionen $f_n(x)$ ergibt sich die Stetigkeit der Funktion $f(x)$. Eine Vorstellung von dieser Funktion kann man aus Abb. 15 erhalten.

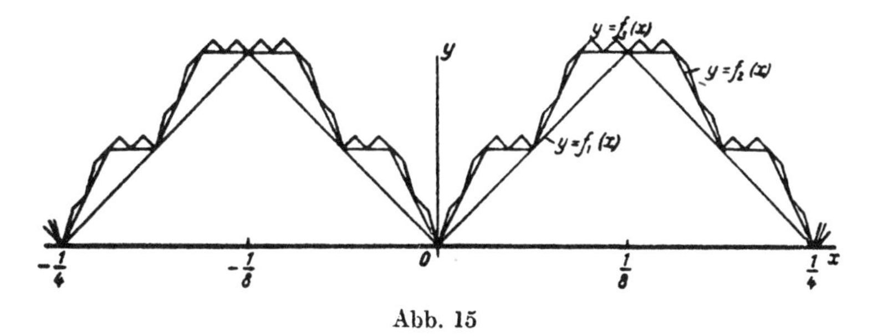

Abb. 15

Wir betrachten einen beliebigen Punkt x. Stets kann man eine Folge ineinandergeschachtelter Segmente Δ_n der Form

$$\Delta_n = \left(\frac{s_n - 1}{2\cdot 4^n}, \frac{s_n}{2\cdot 4^n}\right) \quad (s_n \text{ ganz})$$

finden, die diesen Punkt x enthalten. In jedem Segment Δ_n der Länge $\frac{1}{2\cdot 4^n}$ läßt sich stets ein Punkt x_n finden, der von x den Abstand $\frac{1}{4^{n+1}}$ hat. Da $\frac{1}{4^{n+1}}$ ein ganzzahliges Vielfaches der Perioden aller Funktionen $f_k(x)$ für $k > n$ ist, ergibt sich

$$\frac{f_k(x_n) - f_k(x)}{x_n - x} = 0 \quad \text{für} \quad k > n.$$

Ferner ist für $k \leqslant n$ die Funktion $f_k(x)$ auf Δ_k linear. Daher gilt

$$\frac{f_k(x_n) - f_k(x)}{x_n - x} = \pm 1 \quad \text{für} \quad k \leqslant n.$$

Gliedweise Addition dieser Beziehungen ergibt

$$\frac{f(x_n) - f(x)}{x_n - x} = \sum_{k=0}^{\infty} \frac{f_k(x_n) - f_k(x)}{x_n - x} = \sum_{k=0}^{n} (\pm 1)$$

$$= \begin{cases} \text{gerade ganze Zahl bei ungeradem } n, \\ \text{ungerade ganze Zahl bei geradem } n. \end{cases}$$

Wir sehen also, daß der Quotient

$$\frac{f(x_n) - f(x)}{x_n - x}$$

für $n \to +\infty$ keinem endlichen Grenzwert zustreben kann. Da hierbei x_n gegen x strebt, ist $f(x)$ in x nicht differenzierbar.

Literatur

ALEXANDROFF, P. S. (АЛЕКСАНДРОВ, П. С.)

[1] Sur les ensembles de la première classe et les espaces abstraits, C.R. Acad. Sci. Paris **178** (1924), 185–187.

[2] Zur Begründung der n-dimensionalen mengentheoretischen Topologie, Math. Ann. **94** (1925), 296–308.

[3] Über stetige Abbildungen kompakter Räume, Proc. Koninkl. Acad. Amsterdam **28** (1926), 997–999; Math. Ann. **96** (1927), 555–571.

[4] Untersuchungen über Gestalt und Lage abgeschlossener Mengen beliebiger Dimension, Ann. Math. **30** (1928/1929), 101–187.

[5] Sur les suites d'espaces topologiques, C.R. Acad. Sci. Paris **200** (1935), 1708–1711.

[6] К теории топологических пространств, ДАН СССР **2** (1936), 51–54.

[7] О бикомпактных расширениях топологических пространств, Матем. сб. **5** (47) (1939), 403–424.

[8] О понятии пространства в топологии, УМН **2**:1 (1947), 5–57.

[9] Основные теоремы двойственности для незамкнутых множеств n-мерного пространства, Матем. сб. **21** (63) (1947), 161–231.

[10] Комбинаторная топология, Гостехиздат, Москва-Ленинград 1947.

[11] Лекции по аналитической геометрии, Наука, Москва 1968.

ALEXANDROFF, P., und H. HOPF

[1] Topologie I, Springer, Berlin 1935.

ALEXANDROFF, P. S., und B. A. PASSYNKOW (АЛЕКСАНДРОВ, П. С., и Б. А. ПАСЫНКОВ)

[1] Введение в теорию размерности. Введение в теорию топологических пространств и обшую теорию размерности, Наука, Москва 1973.

ALEXANDROFF, P. S., und P. S. URYSOHN (АЛЕКСАНДРОВ, П. С., и П. С. УРЫСОН)

[1] Une condition nécessaire et suffisante pour qu'une classe (L) soit une classe (D), C.R. Acad. Sci. Paris **177** (1923), 1274–1276.

[2] Мемуар о компактных топологических пространствах, Изд. 3, Наука, Москва 1971.

ARCHANGELSKI, A. W. (АРХАНГЕЛЬСКИЙ, А. В.)

[1] Аддиционная теорема для веса множеств, лежащих в бикомпактах, ДАН СССР **126** (1959), 239–241.

[2] О мощности бикомпактов с первой аксиомой счетности, ДАН ССР **187** (1969), 967–970.

ČECH, E.

[1] Sur la dimension des espaces parfaitement normaux, Bull. Int. Acad. Sci. de Bohême **33** (1932), 149–183.

[2] On bicompact spaces, Ann. Math. **38** (1937), 823–844.

HAUSDORFF, F.

[1] Mengenlehre, 3. Aufl., W. de Gruyter, Berlin 1934; (2. Aufl. 1927. Die 2. Aufl. ist gegenüber der 1. Aufl. von 1914 stark gekürzt; russ. Übers. Moskau 1934).

Iwanowski, L. N. (Ивановский, Л. Н.)
[1] Об одной гипотезе П. С. Александрова, ДАН СССР **123** (1958), 129—193.

Jech, Th. J.
[1] Lectures in set theory. With particular emphasis on the method of forcing, Lecture Notes Math. 217, Springer-Verlag, Berlin—Heidelberg—New York 1971 (russ. Übers. Moskau 1973).

Kuratowski, C.
[1] Topologie, Vol 1, 4. éd.; Vol. 2, 3. éd., PWN, Warszawa 1958, 1961 (russ. Übers. Moskau 1966, 1969).

Kurosch, A. G.
[1] Kombinatorischer Aufbau der bikompakten topologischen Räume, Compositio Math. **2** (1935), 471—476.

Kusminow, W. I. (Кузьминов, В. И.)
[1] О гипотезе П. С. Александрова в теории топологических групп, ДАН СССР **125** (1959), 727—729.

Lefschetz, S.
[1] Algebraic topology, Colloq. Publ. Amer. Math. Soc. No. 27, New York 1942 (russ. Übers. Moskau 1949).

Mistschenko, A. S. (Мищенко, А. С.)
[1] О финально компактных пространствах, ДАН СССР **145** (1962), 1224—1227.

Ponomarjew, W. I. (Пономарев, В. И.)
[1] О свойствах типа компактности, Вестн. Моск. ун-та, сер. Матем., **2** (1962), 33—36.
[2] Паракомпакты, их проекционные спектры и непрерывные отображения, Матем. сб. **60** (1963), 89—119.
[3] Об абсолюте топологического пространства, ДАН СССР **149** (1963), 26—29.
[4] О пространствах, соабсолютных с метрическими, УМН **21**:4 (1966), 101—132.

Saizew, W. I. (Зайцев, В. И.)
[1] К теории тихоновских пространств, Вестн. Моск. ун-та, сер. матем., **3** (1967), 48—57.
[2] О некоторых классах топологических пространств и их бикомпактных расширений, ДАН СССР **178** (1968), 778
[3] Проекционные спектры, Тр. Моск. матем. о-ва **27** (1972), 129—193.

Schanin, N. A. (Шанин, Н. А.)
[1] О произведении топологических пространств, Тр. Матем. ин-та АН СССР им. Стеклова **24** (1948).

Smirnow, J. M. (Смирнов, Ю. М.)
[1] О пространствах близости, Матем. сб. **31** (73) (1952), 543—574.

Stone, A. H.
[1] Paracompactness and product spaces, Bull. Amer. Math. Soc. **54** (1948), 977—982.

Stone, M. H.
[1] Applications of the theory of Boolean rings to general topology, Trans. Amer. Math. Soc. **41** (1937), 375—481.

Stschepin, J. W. (Щепин, Е. В.)
[1] Действительные функции и пространства, близкие к нормальным, Сиб. матем. ж. **13** (1972), 1182—1196.

Namen- und Sachverzeichnis

Aus unserem Verlagsprogramm

Teil 3/2:
Anfangsgründe der Funktionentheorie – Konforme Abbildung und ebene Felder – Anwendungen der Residuentheorie – Ganze und gebrochene Funktionen – Funktionen mehrerer Veränderlicher und von Matrizen – Lineare Differentialgleichungen – Spezielle Funktionen der mathematischen Physik – Reduktion von Matrizen auf kanonische Form
599 Seiten, 85 Abb., geb.,
ISBN 3-8171-1300-5

Teil 4/1:
Integralgleichungen – Variationsrechnung – Ergänzungen zur Theorie der Funktionenräume. Verallgemeinerte Ableitungen. Ein Minimalproblem für quadratische Funktionale
300 Seiten, 4 Abb., geb.,
ISBN 3-8171-1301-3

Teil 4/2:
Allgemeine Theorie der partiellen Differentialgleichungen – Randwertprobleme
469 Seiten, 16 Abb., geb.,
ISBN 3-8171-1302-1

Teil 5:
Das Stieltjessche Integral – Mengenfunktionen und das Lebesguesche Integral – Mengenfunktionen. Absolute Stetigkeit – Verallgemeinerung des Integralbegriffs – Metrische und normierte Räume – Der Hilbertsche Raum
545 Seiten, 3 Abb., geb.,
ISBN 3-8171-1303-X

Alle 7 Bände zusammen:
ISBN 3-8171-1419-2